VOM WASSER
95. BAND · 2000

WILEY-VCH

VOM WASSER

Wasserchemische Gesellschaft,
Fachgruppe in der Gesellschaft
Deutscher Chemiker

vertreten durch

Martin Jekel (Obmann)
gemeinsam mit
Heinz-Günter Korber
(Stellvertreter des Obmanns)
Eckhard Worch
(Stellvertreter des Obmanns)
Gudrun Abbt-Braun
Wolfgang Calmano
Detlef Düputell
Thomas Grischek
Klaus Johannsen
Rolf Klopp
Dietmar Knopp
Rainer Köster
Jörg W. Metzger
Marlies Raudschus

als Redaktionskollegium

95. Band · November 2000

WILEY-VCH

Weinheim · New York · Chichester
Brisbane · Singapore · Toronto

Gedruckt auf säurefreiem Papier.

Satz: Hagedorn Kommunikation, D-68519 Viernheim.
Druck: betz-druck gmbh, D-64291 Darmstadt
Buchbinder: Wilhelm Osswald + Co., Großbuchbinderei, D-67433 Neustadt.
Printed in the Federal Republic of Germany

Unsere Toten

Dipl.-Ing. Heinz Henke
Wuppertal

Dr. Dieter Imbery
Heitersheim
verstorben am 29. 08. 1999

Dipl.-Chem. Franz Sturies
Heidelberg
verstorben am 31. 07. 1999

Dr. Karl F. Blomeyer
Overijse (Belgien)
verstorben am 27. 11. 1999

Dr.-Ing. Gerhard Werner
Langenau
verstorben am 06. 11. 1999

Dipl.-Chem. Hans Branz
Mannheim
verstorben am 14. 01. 2000

Prof. Dr. Heinz Frischherz
Klosterneuberg (Österreich)
verstorben am 01.01. 2000

Dr. Radu Haller
Stuttgart
verstorben am 01. 03. 2000

Die Wasserchemische Gesellschaft wird ihr Andenken
stets in Ehren halten.

Vorwort

Der Rücktritt von Prof. Dr. Klaus Haberer von der Obmannschaft des früheren Redaktionskollegiums zum Jahreswechsel und weitergehende Überlegungen zur zukünftigen Gestaltung der traditionsreichen Buchreihe „VOM WASSER“ in der Wasserchemischen Gesellschaft, bei den Mitgliedern des Redaktionskollegiums und beim Verlag Wiley-VCH in Weinheim haben eine Reihe von Veränderungen induziert. Bevor ich darauf näher eingehe, will ich das Wirken von Prof. Dr. Klaus Haberer als Obmann würdigen. Er hat, obwohl schon für einige Zeit im Ruhestand, die manchmal nicht einfachen Aufgaben der Obmannschaft herausragend gut erledigt, wofür ich ihm persönlich, im Namen der Wasserchemischen Gesellschaft und des Verlags Wiley-VCH hier ausdrücklich und herzlich danke. Wir wünschen ihm für die weiteren Jahrzehnte viel Gesundheit und Lebensfreude. Weiterhin scheidet Frau Dr. Sybille Schmidt, Leverkusen, aus dem Redaktionskollegium aus. Auch ihr möchte ich sehr herzlich für ihre tatkräftige Mitarbeit danken.

Die zweimal jährlich aufgelegten Bände VOM WASSER erscheinen neben dem zweiten Publikationsorgan der Wasserchemischen Gesellschaft, der „Acta hydrochimica et hydrobiologica“, die in sechs Ausgaben pro Jahr als Journal herausgegeben wird, mit überwiegend englischsprachigen Beiträgen in unterschiedlichen Sparten. Daneben werden zur Jahrestagung jeweils ein Band mit den ausführlichen Abstracts der Vorträge und Poster, die Mitteilungen in der „Acta“ und ein neues Mitteilungsblatt von der Wasserchemischen Gesellschaft herausgegeben. Die Positionierung der Buchreihe „Vom Wasser“ und der Erhalt der hohen Attraktivität vor allem im deutschsprachigen Raum waren Anlaß für inhaltliche Erweiterungen und Änderungen sowie für einen personellen Neubeginn des Redaktionskollegiums zum Juli 2000.

Die 13 Mitglieder des Redaktionskollegiums aus Hochschulen, Wasserverbänden und Behörden haben ihre Arbeit zu diesem 95. Band bereits begonnen, jedoch nach den Regeln früherer Bände. Ich freue mich sehr, dass hier junge Nachwuchswissenschaftler genauso wie etablierte Professorenkollegen und zwei weibliche Fachvertreterinnen bereit sind, an der Neugestaltung für VOM WASSER mitzuwirken.

Was ändert sich ab dem nächsten, dem 96. Band? Wie bisher werden wissenschaftliche Originalarbeiten die überwiegende Menge des Inhalts bestimmen, jedoch wird für diese ein Referee-System mit anonymen Gutachtern eingeführt, die neben den fachlich zuständigen RK-Mitgliedern diese Beiträge bewerten und bearbeiten. Damit ist sichergestellt, dass die Originalbeiträge als „referiert“ auch im internationalen Kontext zu bewerten sind.

Bereits vor ca. 1 Jahr wurde begonnen, Übersichtsbeiträge („Reviews“) aus kompetenter Hand aufzunehmen, die längere Texte sein können, den gegenwärtigen Stand der Kenntnisse mit einer umfassenden Auswertung der Fachliteratur wiedergeben, Interessierten den Einstieg in ein Forschungsgebiet erleichtern und umfangreiche eigene Vorarbeiten abkürzen. Die Rückmeldungen zeigen, dass dies ein erfolgreicher Ansatz ist und dass hierfür eigentlich gute Voraussetzungen gegeben sind. Die z. T. umfangreichen Literaturkapitel von Dissertationen und Habilitationen stellen meines Erachtens einen Fundus dar, der zu wenig genutzt wird und in den üblichen Publikationsformen nicht aufgenommen werden kann.

Es wurde auch deutlich, dass VOM WASSER für die Praxis des Wasserfachs eine wichtige Buchreihe ist, auch wegen der abgedruckten Normentwürfe. Es erscheint deshalb sinnvoll, ausdrücklich eine neue Sparte „Praxisbeiträge“ aufzunehmen, die Inhalte aus der täglichen Arbeit und interessante Ergebnisse der im Wasserfach Tätigen enthalten sollten.

Weiterhin wurde eine Sparte „Kurzbeiträge“ geschaffen, in der in knapper Form ausführlichere Abstracts von Tagungen oder Zusammenfassungen von Dissertationen und von Forschungsberichten aufgenommen werden sollten, aber auch Kurzberichte von interessanten nationalen und internationalen Tagungen.

Ich bin überzeugt, dass dieses neue Konzept für VOM WASSER bei aktiver Mit- und Zuarbeit der Mitglieder der Wasserchemischen Gesellschaft erfolgreich sein wird und dass diese traditionsreiche Buchreihe nicht nur den bald anstehenden Jubiläumsband Nr. 100 sondern viele weitere Bände hervorbringen wird, mit hoher Attraktivität für Autoren und Bezieher.

Für das Redaktionskollegium
Prof. Dr. Martin Jekel

Sachliches Inhaltsverzeichnis

Originalarbeiten

Abwasser

Altlasten und Deponien

Analytik

Biologie und Ökologie

Grundwasser und Boden

Problemstoffe

Trinkwasserqualität

Wasseraufbereitung

Wasserhaushalt

Übersichtsarbeit

Inhalt/Contents

Contents/Inhalt

Charakterisierung verschiedener Abwasserteilströme einer Zellstoffabrik

Characterization of Pulp Mill Effluents

Antje Töpfer und *Hans-Jürgen Stan**

Schlagwörter

AMD-HPTLC, HPLC-Gelchromatographie, GC-MS, Zellstoffabwasser

Summary

Several methods used to characterize pulp mill effluent with respect to its toxicity, organic molecular size and contamination are described here. The methods, namely Thin Layer Chromatography with Automated Multiple Development (HPTLC-AMD), Gel Chromatography, Bacterioluminescence Tests and Dissolved Organic Carbon (DOC) measurements may be applied without previous sample preparation. Changes in the contaminant substances, which could alter the classification of the waste water, can thus be avoided. Combination of these methods allows classification of the individual pulp mill component effluents produced during the manufacturing process. It will also be shown that the toxic components of the effluent originate from the EOP (Extraction, Oxygen, Peroxide) bleaching process and that these are mainly of lower molecular weight. The two stages of biological waste treatment at the pulp factory are, however, clearly capable of reducing both the organic and toxic burdens of the effluent and release less contaminated waste water to the flocculator.
About 20 % of the organic burden of the EOP waste water results from compounds with relative molecular mass smaller than 3000. In this fraction of lower molecular weight resin acids have been determined by GC-MS after solid phase extraction and derivatization with pentafluorobenzyl bromide. Carbonic acids and phenols were identified and determined after insitu derivatization with butylchloroformate. Additionally, formic, acetic and glycolic acid were determined by isotachophoresis. These 3 acids represented about 12 % of DOC. With the methods applied, appr. 20 % of DOC could be identified and quantified. This means that almost all compounds of lower molecular weight present in higher concentrations could be identified and determined.

Zusammenfassung

Es werden verschiedene Methoden vorgestellt, mit deren Hilfe eine Beschreibung von Zellstoffabwasser hinsichtlich Toxizität, organischer Belastung und Molekülgröße möglich ist. Die eingesetzten Methoden, Dünnschichtchromatographie mit automatischer Mehrfachentwicklung (HPTLC-AMD), Gelchromatographie, Leuchtbakterientest und DOC-Messung (dissolved organic carbon) können im Originalabwasser ohne vorherige Probenaufarbeitung durchgeführt werden. Dadurch werden Veränderungen der Inhaltsstoffe vermieden, die die Bewertung der Abwässer beeinträchtigen können. Die Kombination dieser Methoden erlaubt die Beurteilung der einzelnen Abwasserteilströme bei der Zellstoffherstellung. Es wird gezeigt, daß die toxischen Inhaltsstoffe des Abwassers während der EOP-Bleicherei entstehen

* Diplom-Leb.Chem. A. Töpfer, Prof. Dr. H.-J. Stan, Institut für Lebensmittelchemie, Technische Universität Berlin, Gustav-Meyer-Allee 25, D-13355 Berlin.

und hauptsächlich niedermolekularer Natur sind. Die biologischen Klärstufen des Zellstoffwerkes sind aber offensichtlich in der Lage, sowohl die organische Fracht als auch die Toxizität des Abwassers zu senken, so daß ein wenig belastetes Abwasser in den Vorfluter entlassen wird. Mit den eingesetzten Methoden konnte klar gezeigt werden, daß durch die Bleichprozesse der DOC in erster Linie durch hochmolekulare Verbindungen aus dem Holz erhöht wird, nur etwa 20 % der organischen Belastung des EOP-Bleichereiabwassers haben eine relative Molekülmasse kleiner als 3000. In dieser niedermolekularen Fraktion konnten mittels GC-MS nach Festphasenextraktion und Derivatisierung mit Pentafluorbenzylbromid als Inhaltsstoffe Harzsäuren und durch in-situ-Derivatisierung mit Butylchloroformat Phenole und organische Säuren identifiziert werden. Ameisen-, Essig- und Glykolsäure wurden mit Isotachophorese quantitativ bestimmt. Diese 3 Säuren entsprachen einem DOC von etwa 12 %. Mit den eingesetzten Methoden wurden ca. 20 % des DOC identifiziert und quantifiziert. Damit konnten praktisch alle in größeren Konzentrationen vorhandenen niedermolekularen Inhaltsstoffe erkannt und bestimmt werden.

1 Einleitung

Zellstoff wird durch verschiedene Aufschlußverfahren aus Holz und anderen Rohstoffen gewonnen. Der dabei entstehende Rohzellstoff wird je nach Produktanforderung mit oxidierenden Chemikalien gebleicht. Bei diesen Prozessen entstehen Abwässer, die sehr hoch mit organischer Substanz belastet sind. Das Verbindungsspektrum dieser komplex zusammengesetzten Abwässer reicht dabei von niedermolekularen, teilweise hochtoxischen bis hochmolekularen schwer abbaubaren Verbindungen. Durch werkseigene Kläranlagen mit biologischen Klärstufen ist man bemüht, diese organische Belastung herabzusetzen.

Die in der vorliegenden Arbeit untersuchten Abwässer stammen aus der Zellstoffproduktion mit chlorfrei geführtem Bleichprozeß. Es wurden Abwasserteilströme und Kläranlagenabläufe eines Zellstoffwerkes untersucht. Anstelle chlorhaltiger Chemikalien wurden in diesem Werk nach alkalischer Extraktion (E) Sauerstoff (O) und Peroxid (P) für den Bleichprozeß des Rohzellstoffes eingesetzt. In Bild 1 ist eine Übersicht über die anfallenden Abwasserteilströme des Zellstoffwerkes dargestellt.

Zu den von uns untersuchten Abwasserteilströmen gehörten sowohl Abwässer, die vor der eigentlichen Bleicherei entstehen *(SW-Abwasser)*, als auch die Bleichereiabwässer *(EOP, P1, P2)* und die Zu- bzw. Abläufe der Kläranlage.

Frühere Arbeiten [1 bis 3] beschränkten sich in erster Linie auf die niedermolekulare Fraktion (<500 g/mol) des EOP-Abwassers, da die toxischen Verbindungen bisher im niedermolekularen Bereich nachgewiesen wurden und zu vermuten sind [4 bis 6]. Dazu wurden verschiedene Extraktions- und Chromatographieverfahren kombiniert und es gelang, den Großteil der toxischen Verbindungen zu erfassen und zu identifizieren [3].

Bei den hier vorgestellten Arbeiten lag der Schwerpunkt auf der Charakterisierung der Originalabwässer ohne Überführung in organische Lösungsmittel und vorherige Abtrennung der niedermolekularen Fraktion.

Unser Ziel war es, die Abwasserteilströme in ihrer unverfälschten Form chemisch zu charakterisieren. Dafür kommen in erster Linie in-situ Methoden und Übersichtsanalysen in Betracht. Die toxikologischen Tests dienten der Bewertung der aeroben Klärstufen. Zur Abschätzung der Belastung der Abwasserteilströme wurde der gelöste organische Kohlenstoff (DOC) gemessen.

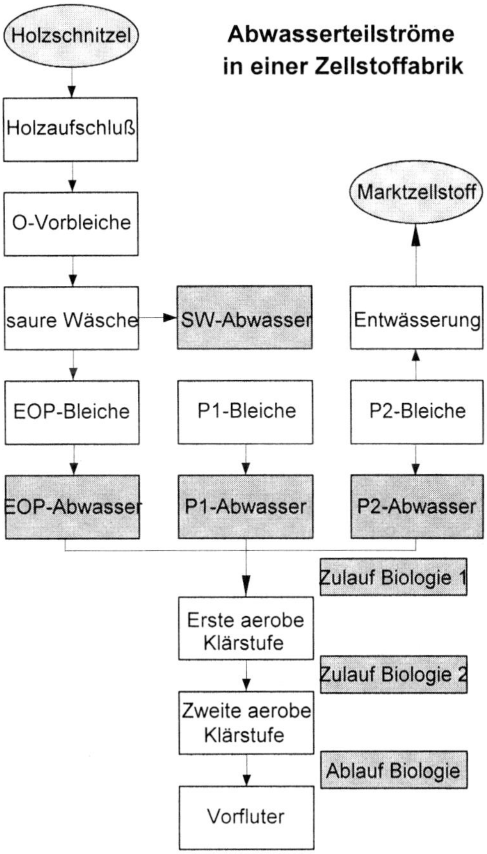

Bild 1. Fließschema der Abwasserteilströme.

2 Analytische Methoden

2.1 AMD-HPTLC

Die hochauflösende Dünnschichtchromatographie (high performance thin layer chromatography, HPTLC) mit automatischer Mehrfachentwicklung (automated multiple development, AMD) wurde bislang erfolgreich zur Übersichtsanalyse von Pestiziden in Trinkwasser eingesetzt, wobei Pestizide unterschiedlicher Verbindungsklassen und Polaritäten untersucht wurden [7 bis 9]. Sie ist für eine erste Beschreibung eines komplexen Abwassers besonders gut geeignet. In früheren Arbeiten konnte die AMD-Technik bei der Beurteilung der Extraktionsverfahren bei komplexen Zellstoffabwässern genutzt werden [2].

Die Chromatographie der Probe erfolgt dabei auf hochauflösenden Kieselgelplatten. Spezielle Entwicklungskammern mit Gradientenmischer und automatischem Steuergerät der Fa. Camag sorgen für reproduzierbare Bedingungen bei der Chromatographie mit Gradienten. Die Entwicklung der HPTLC-Platten erfolgt bei dieser Technik bis zu 30fach in gleicher Laufrichtung, wobei die Laufstrecke bei jedem Schritt um ein konstantes Stück verlängert wird. So entstehen Laufstrecken im Meterbereich, die eine gute Trennleistung bewirken. Zwischen den Einzelläufen wird das Fließmittel aus der Kammer entfernt und die Platte vakuumgetrocknet.

Durch die automatisch gesteuerte Mehrfachentwicklung wird die Trennleistung der HPTLC gegenüber der klassischen TLC deutlich gesteigert und ist vergleichbar mit HPLC-Verfahren [10 und 11].

Die AMD-Technik mit Gradientenelution erlaubt die gleichzeitige Trennung von sehr polaren bis zu unpolaren Inhaltsstoffen und schließt damit in ihrer Trennleistung die Lücke zwischen TLC und HPLC. Während in der HPLC mehrheitlich die Gradientenelution an Umkehrphasen durchgeführt wird, ist dies an Kieselgel-Normalphasen bisher nur schwer zu realisieren. Ein weiterer Vorteil besteht darin, daß Inhaltsstoffe, die sich im chromatographischen System nur wenig oder gar nicht bewegen, dennoch detektiert werden können. Das beruht darauf, daß die Analyten nicht die gesamte Trennstrecke durchlaufen müssen, um nachgewiesen werden zu können. Sie bleiben vielmehr nach einer für sie charakteristischen Laufstrecke am Ende auf der Platte als Substanzbande fixiert. Die Detektion erfolgt dann mit einem kommerziell erhältlichen DC-Scanner im UV-VIS-Bereich über den gesamten Trennstreckenbereich. Da nach der Trennung mittels TLC ein „eingefrorenes" Chromatogramm vorliegt, lassen sich anschließend weitere Nachweisverfahren anwenden.

2.2 HPLC-Gelchromatographie

Auch die Gelchromatographie ist eine anerkannte Methode zur Trennung organischer Wasserinhaltsstoffe. Auf der Basis synthetischer Trenngele (Vinylpolymere) mit Hydroxyl- und Ethergruppen an den Porenoberflächen ist es möglich, die Originalabwässer ohne umfangreiche Probenaufarbeitung zu untersuchen. Eine Aufarbeitung der Proben kann zu unerwünschten Veränderungen der Inhaltsstoffe führen und soll daher möglichst vermieden werden [12].

Obwohl die Auftrennung primär nach der Molekülgröße erfolgt, führen die Vielfalt der chemischen Strukturen, die Unterschiede in der Polarität und des sterischen Aufbaus der Inhaltsstoffe zu unterschiedlichen Wechselwirkungen untereinander und mit der Geloberfläche. Dadurch wird zusätzlich das Elutionsverhalten beeinflußt. Daraus ergibt sich, daß die Trennung nach Molekülgrößen nur für bestimmte Substanzklassen möglich ist [13].

In Proben bekannter Zusammensetzung ist die Bestimmung der Molekülgröße mit entsprechend ausgewählten Kalibriersubstanzen möglich. Bei komplexen Abwässern unbekannter Zusammensetzung mit Verbindungen unterschiedlichster Struktur ist dies aber problematisch, da wirklich geeignete Kalibriersubstanzen nicht zur Verfügung stehen. Ein häufig gewählter Kompromiß besteht in der Verwendung von globulären Proteinen und Peptiden verschiedener Größe, oder Oligosacchariden und Dextranen.

2.3 Toxizitätsuntersuchungen und DOC-Bestimmung

Zur Abschätzung der biologischen Aktivität wurden bisher Toxizitätstests, wie Leuchtbakterientest, Wachstumshemmtest bei Bakterien und Daphnientest erfolgreich eingesetzt. DETHLEFS et al. [1 und 3] beurteilten so die durch alkalische Festphasenextration an RP-C18-Material gewonnene Fraktion und stellten fest, daß der Hauptteil der toxischen Komponenten aus dem untersuchten EOP-Bleichereiabwasser extrahiert werden kann.

In der vorliegenden Arbeit diente der Leuchtbakterientest, in Zusammenhang mit DOC-Messungen, zur Abschätzung der Toxizität und der organischen Fracht im Rahmen der Beurteilung der Wirksamkeit biologischer Klärstufen bei der Behandlung der Abwässer des beprobten Zellstoffwerkes.

Beim Leuchtbakterientest (nach DIN 38412L 341) wird die Biolumineszenz gemessen, die in engem Zusammenhang mit den Prozessen der Energiegewinnung des Organismus steht. Durch toxische Stoffe kann sie erniedrigt werden und daher als Indikator für die Stoffwechselaktivität dienen. Die Abnahme der Lichtemission wird als Maß für die akute Toxizität einer Probe verwendet, dabei wird als EC 50 die Konzentration eines Stoffes bezeichnet, die die Lumineszenz auf 50 % reduziert. Bei Abwasserproben wird mit Verdünnungen gearbeitet und die Hemmwirkung der Probe als 1/EC 50-Wert angegeben.

2.4 Gaschromatographie – Massenspektrometrie (GC-MS)

Zur Identifizierung einzelner Substanzen wurde die Kapillargaschromatographie in Verbindung mit der Massenspektrometrie (GC-MS) eingesetzt. Kommerziell erhältliche sowie eigene Massenspektrenbibliotheken wurden zur Identifizierung von Inhaltsstoffen des Abwassers herangezogen.

2.5 Derivatisierung

Für die Untersuchungen einzelner Inhaltsstoffe wurden verschiedene Derivatisierungsverfahren eingesetzt, von denen sich die schon in früheren Arbeiten vorgestellte Pentafluorbenzylierung für die Harzsäuren [14 und 15] und die in dieser Arbeit neu eingeführte in-situ Derivatisierung mit Butylchloroformat für polare Inhaltsstoffe als besonders geeignet herausstellten.

2.6 In-situ Derivatisierung mit Butylchloroformat

Niedermolekulare Carbonsäuren, Hydroxysäuren, aromatische Säuren oder Phenole müssen für die gaschromatographische Analyse derivatisiert werden, zudem lassen sie sich nur schwer vollständig aus Wasser extrahieren. Deshalb wurde die in-situ Derivatisierung mit verschiedenen Chloroformaten getestet, die wir in anderer Form bereits erfolgreich zur Bestimmung von herbiziden Phenoxycarbonsäuren eingesetzt haben [16]. Angeregt durch Arbeiten von MINERO et al. [17 und 18] wurden verschiedene Chloroformate unter Anwendung von Ultraschall im Mikromaßstab hergestellt. Durch Einführen weiterer Heteroatome ins Molekül sollte die Möglichkeit geschaffen werden, zusätzliche Detektoren einzusetzen (z. B. AED, ECD). Unter anderen wurden folgende Chloroformate getestet: p-Nitrophenylchloroformat, Trichlorethylchloroformat, p-Nitrobenzylchloroformat, Bromphenylchloroformat und Butylchloroformat. Die Versuche haben gezeigt, daß die genannten Chloroformate weniger, aber Butylchloroformat (BCF) sehr gut für in-situ Derivatisierungen geeignet ist.

Die Umsetzung findet im Ultraschallbad statt, wodurch eine sehr gute Durchmischung der Reaktionspartner und der für eine schnelle Reaktion notwendige Energieeintrag gewährleistet ist. Eine vorherige Probenaufarbeitung ist nicht notwendig, so daß der zeitliche Aufwand für die Derivatisierung nur wenige Minuten beansprucht. Die Derivate sind ausreichend unpolar, so daß sie problemlos in ein organisches Lösungsmittel extrahiert und der Gaschromatographie zugänglich gemacht werden können. In der vorliegenden Arbeit wird diese neue in-situ Derivatisierung mit Butylchloroformat auf Polycarbonsäuren, Hydroxysäuren, Phenole u. a. angewandt.

2.7 Isotachophorese

Die Isotachophorese ist ein elektrophoretisches Trennverfahren mit hoher Auflösung und erlaubt die Trennung und Bestimmung verschiedener Ionenarten aus einer komplexen Mischung. Der Vorteil liegt vor allem in der geringen Probenvorbereitung, die sich bei wäßrigen Proben auf eine Membranfiltration und Einstellen des gewünschten pH-Wertes beschränkt. Der apparative Aufbau ist in der Literatur [19 und 20] ausführlich beschrieben und wird hier nur sehr kurz gefaßt dargestellt, weil die Methode nicht als allgemein bekannt vorausgesetzt wird.

Eine analytische Isotachophorese-Einheit, wie sie für diese Arbeiten zum Einsatz kam, ist in Bild 2 dargestellt. Die Trennkapillare aus Polytetrafluorethylen (PTFE) ist mit den Vorratsbehältern für Leit- und Folgeelektrolyten verbunden, in denen sich die Elektroden des Netzgerätes befinden. Als Detektoren werden meist ein spezifischer UV-Detektor und ein universeller Leitfähigkeitsdetektor verwendet.

Das Trennprinzip beruht auf der Wanderung gleichsinnig geladener Ionen in einem elektrischen Feld in diskreten Zonen. Die Analyten ordnen sich dabei entsprechend ihrer effektiven Beweglichkeit hinter einer Zone höherer Mobilität (Leitelektrolyt) und vor einer Zone geringerer Mobilität (Folgeelektrolyt) an. Die Beweglichkeit der geladenen Teilchen ist abhängig von der Eigenladung, dem Dissoziationsgrad und dem Reibungswiderstand bedingt durch Partikelgröße und Viskosität des Mediums.

Durch Veränderung des pH-Wertes des umgebenen Puffersystems und der Leit- und Folgeelektrolyten können unterschiedliche Trennbedingungen eingestellt werden. Die Quantifizie-

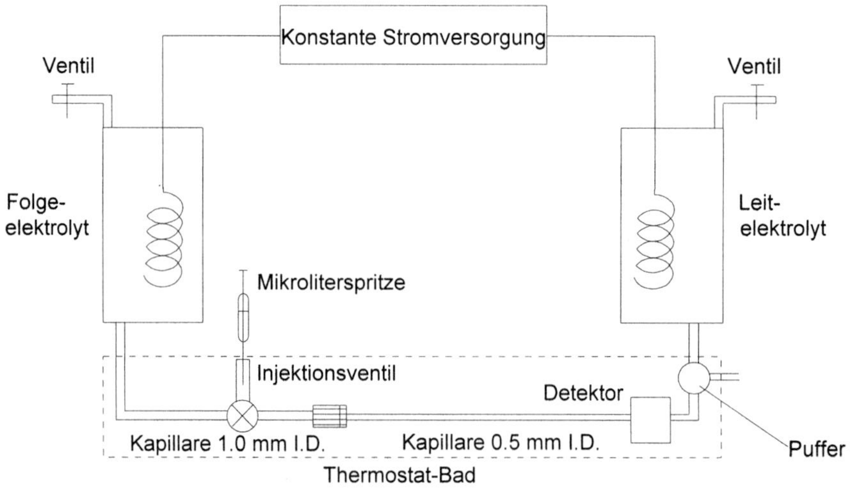

Bild 2. Prinzipieller Aufbau der Isotachophorese-Einheit.

rung der Analyten erfolgt über die Zonenbreite, die von der Konzentration abhängig ist. Die Konzentration des Analyten wiederum ist von der Konzentration des Leitelektrolyten abhängig [21].

3 Experimentelle Durchführung

3.1 AMD-HPTLC

Geräteparameter:

Sorbens:	HPTLC-Fertigplatten Kieselgel 60 F_{254}, 10 × 20 cm, 200 µm Schichtdicke (Merck, Darmstadt)
Entwicklung:	AMD-System (Camag, Muttenz, Schweiz)
Auftragegerät:	Linomat III 100 µl Spritze (Camag)
Detektion:	TLC-Scanner II, Deuteriumlampe (Camag)
Auswertesoftware	Cats 3.04 (Camag)

Vorbereitung der Platten:
Zur Entfernung von Verunreinigungen, die aus der Verpackung, der Laborluft oder aus der Sorbensschicht selbst stammen, werden die Platten zunächst mit Dichlormethan : Methanol (50 : 50, v/v) entwickelt, bei 60 °C im Trockenschrank getrocknet und anschließend bis zum Gebrauch verschlossen im Exsikkator aufbewahrt.

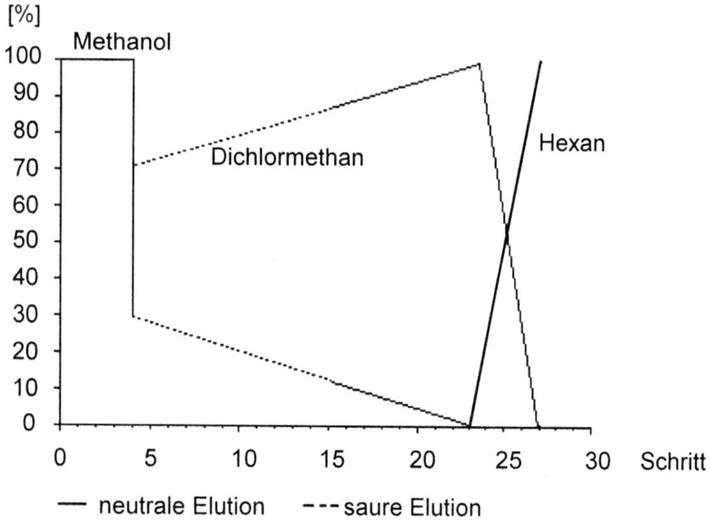

Bild 3. Zusammensetzung des Gradienten im Verlauf der AMD-Entwicklung.

Auftragen der Proben und Entwicklung der Platten:
Die Abwasserproben wurden ohne Aufarbeitung mit dem Auftragegerät auf die gereinigten HPTLC-Platten gesprüht. Der Bahnabstand betrug 4 mm, die Bandbreite der einzelnen Flecken 6 mm.

Die Entwicklung der Platten erfolgte mit einem für komplexe Abwässer entwickelten Gradienten, der von DETHLEFS und STAN [2] beschrieben worden ist. Er ist in Bild 3 dargestellt.

Die Detektion wurde mit einem TLC-Scanner bei unterschiedlichen Wellenlängen im UV durchgeführt.

3.2 Gelchromatographie

HPLC-Parameter

Säule:	TSK G 2000 SWXL (7,8 mm ID, 30 cm L, 5 µm) Nr. S3942, Trennleistung für die relative Molekülmasse von 150.000 bis 5000 (Supelco, Deisenhofen)
Flow:	0,8 ml/min
Druck:	79 bar
Eluent:	0,01 m Phosphatpuffer pH = 6–7, isokratisch
Detektion:	Diodenarraydetektor (DAD) (Hewlett Packard, Waldbronn) Standards zusätzlich mit RI-Detektor 78.00 (Knauer, Berlin)
Standards:	Dextran Blau, Rinderserumalbumin, Pepsin A, Myoglobin vom Pferd, Ribonuclease A und Insulin vom Rind, Vitamin B12, Tyrosin (alle von Fluka, Neu-Ulm), Apoferritin (Sigma-Aldrich, Deisenhofen)

Messungen der Standards und Proben
Die Standards wurden im Eluenten gelöst und anschließend membranfiltriert (1 g/l). Die Abwasserproben wurden mit Phosphatpufferkonzentrat auf Laufmittelbedingungen verdünnt. Die Proben wurden vor der Injektion ebenfalls membranfiltriert.

3.3 Parameter für GC-MS

Gaschromatograph:	HP 5890 A series II
Kapillarsäule:	25 m × 0,32 mm, OV 17; Filmdicke 0,25 µm
Retention gap:	5 m × 0,32 mm, desaktiviert mit Phenylsiliconphase
Trägergasfluß:	Helium 4,6 ca. 2,5 ml/min
GC-Temperaturprogramm:	1 min 90 °C, 5 °C/min auf 200 °C für 2 min, 10 °C/min auf 240 °C für 10 min, 10 °C/min auf 260 °C für 15 min.

Probengeber:	HP 7673 A
Kaltaufgabesystem:	KAS 3, Gerstel (Mühlheim/Ruhr)
Injektion:	150 °C 12 °C/s auf 240 °C für 1 min 12 °C/s auf 300 °C für 5 min spitless: 1,8 min Volumen: 2,5 µl
Massenspektrometer	HP 5958 A, MS Engine
Ionisation	Elektronenionisation (EI) mit 70 eV
Quellentemperatur	200 °C
Modus/Massenbereich	Full scan: 50–500 m/z

3.4 Aufarbeitung und Derivatisierung für GC-MS

3.4.1 Chemikalien

Methanol, Dichlormethan, Hexan und Toluol, PESTANAL von Riedel-de Haen (Seelze), sonstige Lösungsmittel wurden von Merck (Darmstadt) in z. A. Qualität bezogen. Triethylamin, Butylchloroformat sowie Säuren und Phenole wurden von Merck-Schuchardt (Hohenbrunn), Pyridin, 99,9 % HPLC-Grad von Sigma-Aldrich (Steinheim) und RP-C18 Adsorbens von Baker (Deventer, Niederlande) bezogen. Alle Harzsäuren wurden von Helix Biotechnologies (Richmond, BC, Canada) bezogen, sie besaßen unterschiedliche Reinheitsgrade zwischen 90 und 99 %, Pimarsäure enthielt 15 % Sandarocopimarsäure.

3.4.2 Festphasenextraktion für Harzsäuren

Glassäulchen, gefüllt mit RP-C18 Adsorbens wurden für die Festphasenextraktion (SPE) eingesetzt. Vor der SPE wurde das Adsorbens durch Waschen mit 6 ml Methanol gefolgt von 8 ml deionisiertem Wasser mit 10 % Methanol, pH eingestellt auf 8–9, konditioniert.

10 ml der Wasserprobe (z. B. EOP-Abwasser) wurden mit Unterstützung durch eine schwaches Vakuum langsam durch die Säule gesaugt. Die Säulen wurden zuerst durch Anlegen eines stärkeren Vakuums und dann mittels eines leichten Stickstoffstromes getrocknet. Die Harzsäuren wurden mit 8 ml Methanol in einen kleinen Spitzkolben eluiert und das Lösungsmittel mittels eines Rotationsverdampfers entfernt.

3.4.3 Derivatisierung mit Pentafluorbenzylbromid (PFBBr)

200 µl einer 2%igen PFBBr-Lösung in Toluol und 10 µl Triethylamin wurden zum trockenen Extraktrückstand hinzugefügt, das Gefäß verschlossen und 1 Stunde bei 90 °C gehalten. Das überschüssige Reagenz wurde mit Stickstoff abgeblasen. Die PFB-Derivate wurden in 1 ml Toluol aufgenommen und mittels GC-MS analysiert.

3.4.4 In-situ Derivatisierung mit Butylchloroformat

300 µl der Abwasserprobe wurden in ein GC-Samplerfläschchen pipettiert, mit 40 µl Pyridin versetzt und in ein Ultraschallbad gestellt. Dann wurden nach und nach 50 µl BCF zugetropft, um eine zu schnelle Reaktion zu verhindern. Nach Abklingen der Reaktion, die an der Gasbildung zu erkennen ist, wurden die Derivatisierungsprodukte in 300 µl Toluol extrahiert und 2,5 µl davon für die GC-MS-Analyse eingesetzt.

3.5 DOC-Messungen

DOC-Messungen wurden in den Proben der Abwasserteilströme und den Fraktionen der Gelchromatographie mit dem Schnelltest von Fa. Dr. Lange (Berlin) durchgeführt. Die Proben wurden vorher membranfiltriert (0,45 µm), um ungelöste Stoffe zu entfernen.

3.6 Toxizitätsuntersuchungen

Da mit dem Leuchtbakterientest nur die gelösten Stoffe untersucht werden können, wurden zunächst mit einem Membranfilter (0,2 µm) die Schwebstoffe aus dem Abwasser abgetrennt. Für die Messungen wurden Verdünnungsreihen (jeweils Faktor 2) mit NaCl-Lösung (20 g/l) erstellt. Die entstandenen sukzessiven Verdünnungen wurden mit Leuchtbakterien inkubiert, bis keine Hemmwirkung mehr sichtbar war. Aus der Verdünnungsreihe wurde der EC 50-Wert durch Interpolation ermittelt und als 1/EC 50-Wert angegeben. Die Tests wurden freundlicherweise von *Dr. Kalnowski* am Institut für Umwelthygiene und Technische Hygiene der TU Berlin durchgeführt.

3.7 Untersuchungen mittels Isotachophorese (ITP)

Parameter für die Isotachophorese:

Gerät:	Isotachophoretic Analyzer IP-A2, Shimadzu (Japan)
Vorsäule:	PTFE, 100 mm Länge, 0,5 mm I. D.
Trennsäule:	PTFE, 150 mm, Länge 0,5 mm I. D.
Leitelektrolyt:	7 mM HCl/Glycylglycin, 0,2 % Hydroxypropylmethylcellulose (HPMC), pH = 2,9
Folgeelektrolyt:	7 mM Carponsäure, pK = 4,88
Detektion:	UV (254 nm), Leitfähigkeit

Die Proben wurden membranfiltriert und, wenn nötig, angesäuert. Anschließend wurden mit einer Mikroliterspritze 2 bzw. 3 µl injiziert. Die Identifizierung und Quantifizierung erfolgte über den Vergleich mit Standards.

4 Ergebnisse und Diskussion

4.1 DOC-Bestimmung

In den Abwasserproben wurde zunächst der DOC als Summenparameter bestimmt, um einen Überblick über die gesamte organische Belastung zu gewinnen. In Tabelle 1 sind die Werte zusammengestellt.

Tabelle 1. DOC-Werte der Abwasserproben.

Name der Probe	DOC
Saure Wäsche	350 mg/l
EOP	1840 mg/l
P1	1770 mg/l
P2	915 mg/l
Zulauf Biologie 1	970 mg/l
Zulauf Biologie 2	370 mg/l
Ablauf Biologie	260 mg/l

Die organische Belastung ist in den Bleichereiabwässern (*EOP, P1, P2*) wie erwartet am stärksten, da während dieses Prozesses noch anhaftende Ligninreste und färbende Substanzen von der Zellulosefaser gelöst und ins Wasser überführt werden. Ebenso ist der DOC im *Zulauf Biologie* der Kläranlage sehr hoch. In diesem Abwasser sind alle Abwasserströme des Werkes – die hoch belasteten ebenso wie die niedriger belasteten – zusammengeführt. Daher erklärt sich auch die Verdünnung auf 970 mg/l DOC gegenüber der höchsten Belastung von 1840 mg/l DOC.

Während der aeroben Klärung wird die organische Belastung stufenweise bis auf 260 mg/l DOC herabgesetzt, so daß der Ablauf aus der Kläranlage und damit aus dem Zellstoffwerk in die Umwelt nur noch eine geringe organische Fracht aufweist. Die biologische Behandlung des Abwassers mit zwei hintereinander geschalteten aeroben Stufen ist offenbar leistungsfähig genug, um die organischen Verbindungen, die bei der chlorfreien Bleiche entstehen, zu einem erheblichen Teil abzubauen. Die in Tabelle 1 zusammengestellten Werte sind jedoch nur als eine Abschätzung der Größenordnung zu verstehen, da alle Werte aus einer Probenahme an einem Tag gewonnen worden sind.

4.2 Toxizitätsuntersuchungen

Aus den Ergebnissen der toxikologischen Untersuchungen geht hervor, daß die aeroben Klärstufen die vom standardisierten Leuchtbakterientest angezeigte Toxizität deutlich herabsetzen, also ein Ab- bzw. Umbau der hemmenden Verbindungen durch die biologische Behandlung stattfindet. In Tabelle 2 sind die Ergebnisse als 1/EC 50-Werte und die biologische Hemmwirkung in Prozent wiedergegeben. Der 1/EC 50-Wert gibt die Verdünnung der Ausgangsprobe im Testansatz an, die eine Verringerung der Lumineszenz um 50 % bewirkt. Hohe 1/EC 50-Werte bedeuten demnach starke biologische Hemmung.

Tabelle 2. Ergebnisse des Lumineszenzhemmtests.

Abwasser	1/EC 50	Hemmung
Saure Wäsche	17	72 %
EOP	800	100 %
P1	240	98 %
P2	210	100 %
Zulauf Biologie 1	6	82 %
Zulauf Biologie 2	2	52 %
Ablauf Biologie	–	34 %

Die Abwässer aus der Bleicherei weisen alle eine hohe biologische Hemmwirkung im Biolumineszenztest nach DIN 38412 L341 auf. Die toxischen Substanzen entstehen dabei in erster Linie während der alkalischen Bleichprozesse, was an der starken Zunahme der Hemmwirkung gegenüber der Vorbleiche *(Saure Wäsche)* zu erkennen ist.

Die Toxizitätsuntersuchungen zeigen, daß nicht nur die Verdünnung mit niedrig belasteten Abwässern für die Abnahme der Toxizität verantwortlich ist, sondern auch die biologische Klärung zur weiteren Entgiftung beiträgt. Beides zusammen ist offensichtlich ausreichend, um ein Abwasser aus dem Werk in den Vorfluter zu entlassen, das in dem verwendeten Test keine nennenswerte biologische Wirkung mehr aufweist.

In Bild 4 ist die gemessene Hemmwirkung über dem Volumenanteil der Probe im Testansatz dargestellt.

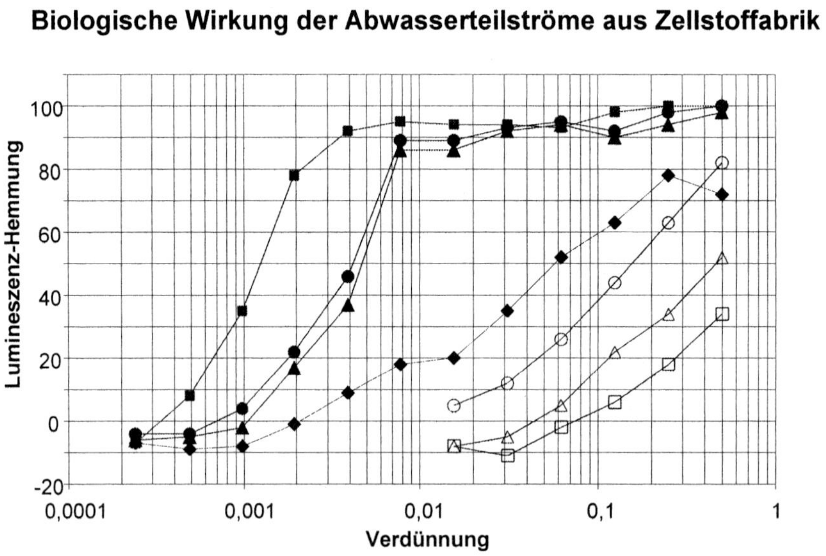

Bild 4. Konzentration-Wirkungsbeziehungen der Abwasserteilströme im Lumineszenzhemmtest mit Vibrio fischeri.
◆ Saure Wäsche ● P1 ▲ P2 ■ EOP
○ Zulauf Biologie 1 △ Zulauf Biologie 2 □ Ablauf Biologie

4.3 AMD-HPTLC

Mit Hilfe der AMD-HPTLC als Übersichtsanalyse wurden die Proben hinsichtlich der Polarität der enthaltenden Verbindungen aufgetrennt. Die Laufstrecke steigt dabei mit abnehmender Polarität. In Bild 5 ist ein HPTLC-Chromatogramm der Abwasserteilströme dargestellt. Es ist zu erkennen, daß bei allen untersuchten Proben ein Großteil der detektierten Verbindungen sehr polar ist. Die größten Peaks bleiben direkt am Auftragepunkt liegen bzw. werden nur etwa 20 mm durch den Elutionsgradienten bewegt.

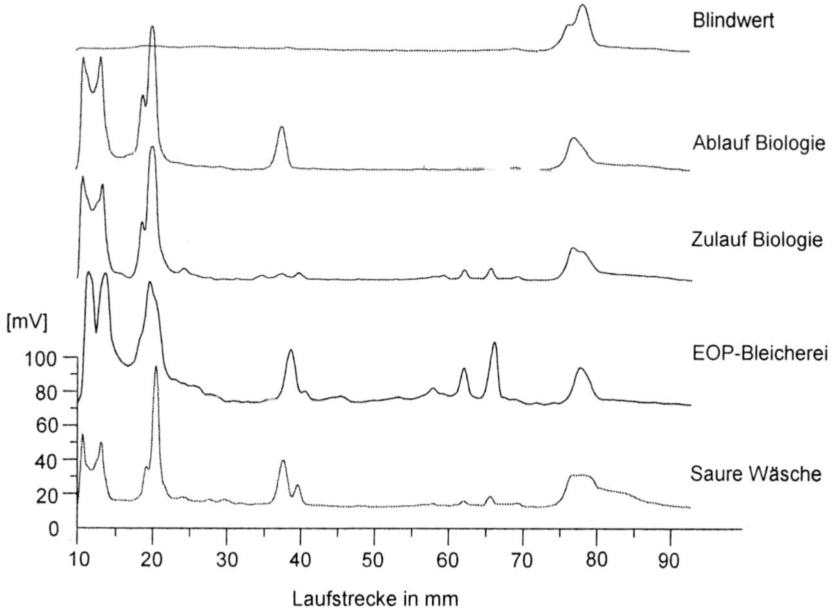

Bild 5. HPTLC-Chromatogramm der Abwasserteilströme bei 220 nm.

Den Hauptteil der sehr polaren Verbindungen machen wahrscheinlich neben einigen niedermolekularen organischen Säuren und Phenolen, die von uns gaschromatographisch nachgewiesen werden konnten [siehe 4.5.2], hochmolekulare Verbindungen aus, die mittels AMD-HPTLC nicht aufgetrennt werden können. Diese entziehen sich auch der Identifizierung durch Einzelstoffanalysen mit GC- und HPLC-Methoden.

Zu den unpolaren Verbindungen mit einer Laufstrecke zwischen 55 mm und 70 mm gehören toxische Verbindungen wie die Harzsäuren. Sie sind im *EOP-Bleichereiabwasser,* das die größte Hemmwirkung im Lumineszenztest zeigt, am stärksten enthalten, im *Zulauf Biologie* noch nachweisbar und im *Ablauf Biologie* nicht mehr detektierbar [siehe 4.5.1].

Bei den weniger polaren bis unpolaren Verbindungen handelt es sich um niedermolekulare Substanzen, die mit Festphasenextraktion aus dem Wasser entfernt werden können und bei einem Großteil der Toxizität jedoch nur maximal 10 % des DOC ausmachen. Dies konnte bereits in früheren Arbeiten an einem anderen Zellstoffabwasser gezeigt werden [2 und 3], es wurde ebenfalls als ein Hinweis auf einen recht großen Anteil hochmolekularer Verbindungen im Abwasser gewertet.

Im *Ablauf Biologie* entstehen Verbindungen (Peak bei 38 mm) mittlerer Polarität, die im *Zulauf Biologie* nicht nachweisbar sind. Es könnten polare Abbauprodukte der toxischen Verbindungen sein. Außerdem könnte dieser Peak ein Abbauprodukt höhermolekularer Verbindungen sein, da er im *EOP-Abwasser* und in der *Sauren Wäsche* ebenfalls enthalten ist. Dort könnten sie durch chemische Spaltung während des Bleichvorganges aus den hochmolekularen Holzbestandteilen entstanden sein.

4.4 Gelchromatographie

Die Gelchromatographie wurde mit dem Ziel durchgeführt, die Aussagen der vorhergehenden Analysen über den Anteil höhermolekularer Verbindungen zu untermauern. Um die Molekülgrößen abschätzen zu können, wurde zunächst eine Kalibrierung mit Proteinen und Peptiden, wie in Bild 6 dargestellt, durchgeführt. Sie erwiesen sich gegenüber einer Kalibrierung mit Dextranen und Oligosacchariden in Vorversuchen als geeigneter. Durch die Kalibrierung wurde ein Ausschlußvolumen der Säule von 5,6 ml (7,1 min) und ein Einschlußvolumen von 11,4 ml (14,25 min) ermittelt. Der annähernd lineare Bereich der Kalibrierkurve, der für die Molekülgrößenbestimmung verwendet wurde, liegt zwischen 6,4 ml (8 min) und 10,5 ml (13,1 min). Dies entspricht einem Trennbereich für die relative Molekülmasse von ca. 5.000 bis 100.000.

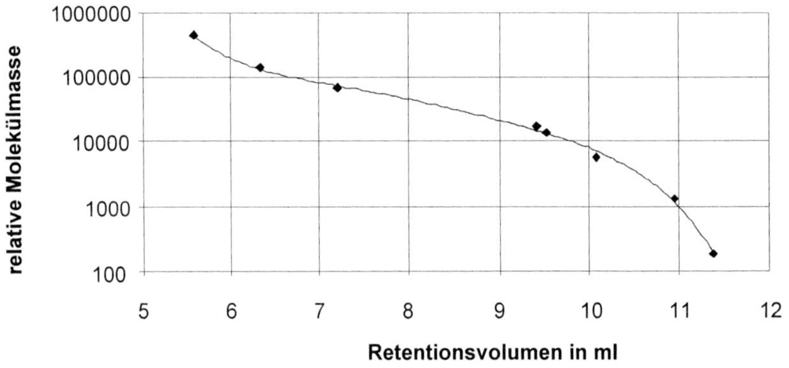

Bild 6. Kalibrierfunktion für die Molekulargewichtsabschätzung durch Gelpermeationschromatographie mit dem Gel TSK G 2000 SW XL mit Proteinen und Peptiden.

Die Chromatogramme der *Sauren Wäsche,* des *EOP-Bleichereiabwassers* und des *Ablauf Biologie* aus der Kläranlage sind in Bild 7 beispielhaft dargestellt. Die Abwasserteilströme aus der *P1-* und *P2-Bleicherei* liefern Chromatogramme, die mit dem der *EOP-Bleicherei* fast identisch sind. Die Chromatogramme von *Zulauf* und *Ablauf Biologie* ähneln sich ebenfalls sehr, so daß sie zugunsten der Übersichtlichkeit nicht einzeln abgebildet sind.

Das Spektrum der Substanzen ist in Abhängigkeit von der relativen Molekülmasse in den komplexen Abwässern der *EOP-Bleicherei* und *Ablauf Biologie* so groß, daß sie über den gesamten Trennbereich eluieren. Verbindungen mit einer relativen Molekülmasse größer als 10.000 werden im Abwasser nicht aufgetrennt, erst unterhalb 10.000 werden einzelne

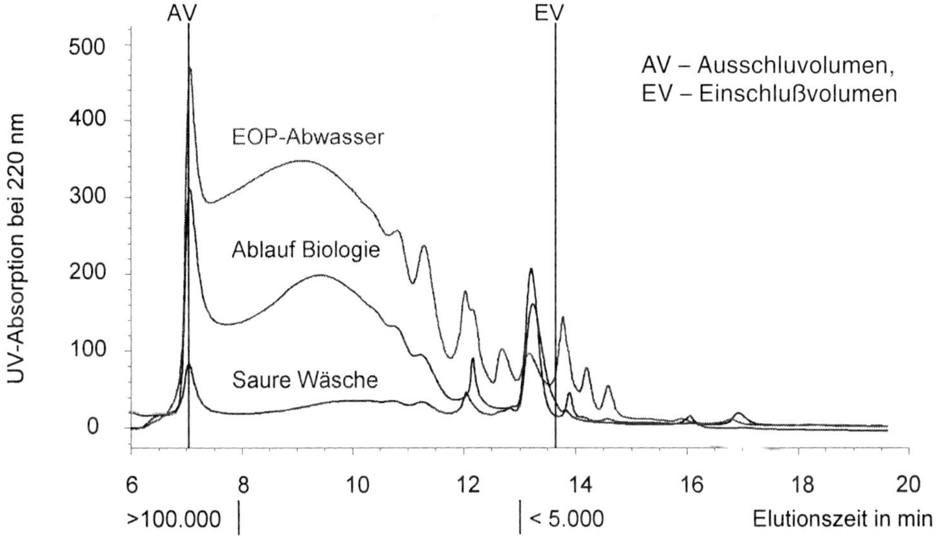

Bild 7. GPC-Chromatogramm von EOP-Abwasser, Saurer Wäsche und Ablauf Biologie mit dem Gel TSK G 2000 SWXL.

Peaks detektiert. Der Verdacht, daß der Großteil der Substanzen im Abwasser hochmolekulare Verbindungen sind, wird durch die gelchromatographischen Untersuchungen bestätigt.

Im Abwasser der *Sauren Wäsche* hingegen erscheint der größte Peak erst unterhalb einer relativen Molekülmasse von 5000 (nach dem Einschlußvolumen) und es sind deutlich weniger hochmolekulare Verbindungen vorhanden. Auch dieser Befund bestätigt die Vorstellungen, die sich aus den Ergebnissen der vorhergehenden Übersichtsanalysen ergeben: Die hochmolekularen Verbindungen gelangen erst durch die alkalische Bleiche ins Abwasser, und die toxischen Verbindungen sind in erster Linie niedermolekular, denn die *Saure Wäsche* hat trotz eines viel niedrigeren DOC eine recht hohe Toxizität.

Aus dem Chromatogramm geht ebenfalls hervor, daß nach dem ermittelten Einschlußvolumen (EV) von 11,4 ml noch Verbindungen eluiert werden, was auf Wechselwirkungen der Substanzen untereinander und mit der Oberfläche des Säulenmaterials schließen läßt. Solche Wechselwirkungen verschiedener Substanzklassen mit dem Säulenmaterial sind in der Literatur bereits beschrieben worden [12]. Sie sind der Grund, weshalb eine genauere Molekulargewichtsabschätzung bei der Fraktionierung so komplexer Abwässer unbekannter Zusammensetzung nicht möglich ist. Es werden daher Abschätzungen angegeben, die nur eine Zuordnung zu höher- und niedermolekularen Verbindungen zulassen.

Da die Wiedergabe des prozentualen Anteils der nieder- bzw. hochmolekularen Verbindungen an der gesamten organischen Fracht aufgrund unterschiedlicher UV-Aktivität nicht über die Detektion bei 220 nm möglich ist, wurde das Abwasser über den gesamten Elutionsbereich in sechs Fraktionen zerlegt (Bild 8) und der DOC der einzelnen Fraktionen ermittelt.

Die Ergebnisse dieser Fraktionierung wurden mit Hilfe der Ultrafiltration mit verschiedenen Porengrößen der Filter bestätigt. Der niedermolekulare Bereich mit einer relativen Molekülmasse unter 10.000 konnte weiter differenziert werden, da auch Filter der Porengrößen 3000 und 1000 zur Verfügung standen. In Bild 9 sind die Ergebnisse der Ultrafiltration als Säulendiagramme dargestellt.

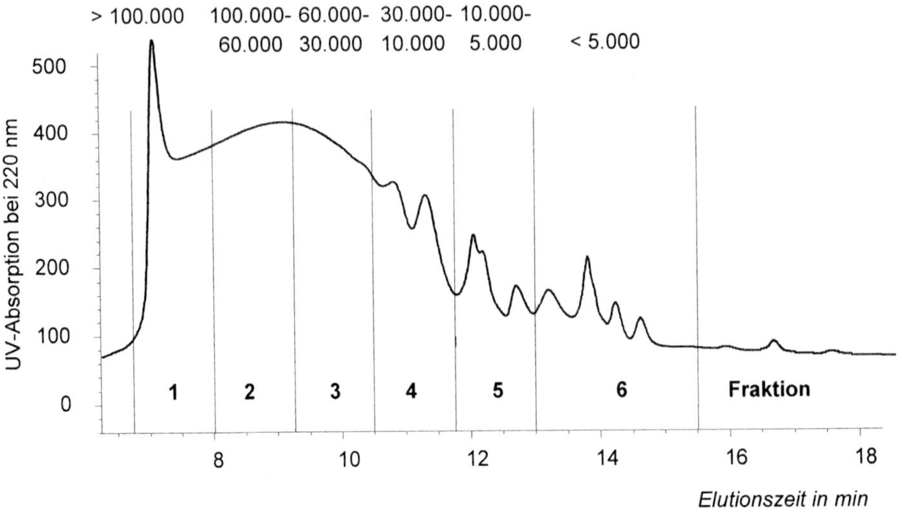

Bild 8. Fraktionierung von EOP-Abwasser mit dem Gel TSK G 2000 SWXL.

Im oberen Teil des Bildes sind die absoluten Werte des DOC, die in den einzelnen Fraktionen gemessen wurden, dargestellt. Sie vermitteln einen Eindruck über die unterschiedliche organische Belastung der einzelnen Abwasserströme. Darunter wurde der prozentuale Anteil der relativen Molekülmassenfraktionen am DOC der jeweiligen Abwasserproben wiedergegeben, da aus diesem Diagramm die Verteilung der relativen Molekülmassen besser hervorgeht.

Die *Saure Wäsche* ist verhältnismäßig wenig belastet und enthält kaum Verbindungen mit der relativen Molekülmasse über 50.000. Der weitaus größte Anteil besteht mit 39 % aus Verbindungen unter 1000. Durch den Bleichprozeß wird die organische Belastung durch hochmolekulare Verbindungen enorm erhöht, was in beiden Diagrammen sehr deutlich wird. Die Verbindungen mit einer relativen Molekülmasse größer 50.000 machen fast 50 % der gesamten organischen Belastung des EOP-Abwassers aus. Nur 17 % haben eine relative Molekülmasse kleiner als 3000.

Das Mischen der Abwasserteilströme führt einerseits zu einer niedrigeren organischen Belastung im *Zulauf Biologie,* aber andererseits auch zu einer gleichmäßigeren Verteilung der hoch- und niedermolekularen Verbindungen. Nur noch 35 % haben eine relative Molekülmasse über 50.000. Die aerobe Klärung führt zu einer deutlichen Abnahme des DOC, wobei der Abbau offensichtlich gleichmäßig unabhängig von der relativen Molekülmasse stattfindet. Die Tatsache mag überraschen, daß die hochmolekularen Verbindungen nicht schlechter abgebaut werden als die niedermolekularen. Jedenfalls bleibt die prozentuale Verteilung in etwa gleich.

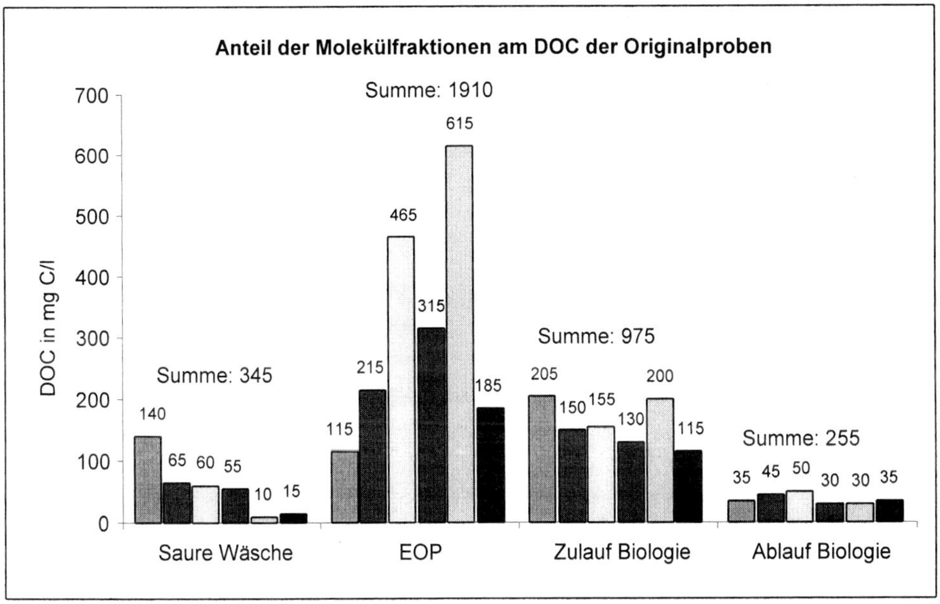

< 1.000 | 1.000-3.000 | 3.000-5.000 | 10.000-50.000 | 50.000-100.000 | > 100.000

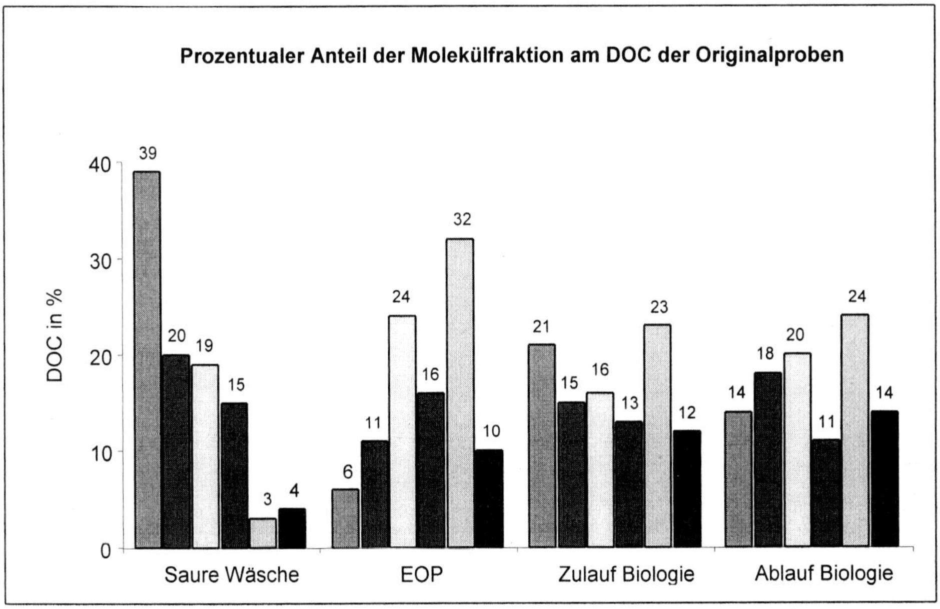

Bild 9. Anteil der relativen Molekülmassenfraktionen am DOC (im Bild oben: absolut; im Bild unten: prozentual).

4.5 Gaschromatographie – Massenspektrometrie (GC-MS)

Mit Hilfe der GC-MS-Analyse ließen sich eine Anzahl niedermolekularer Stoffe nach Extraktion und Derivatisierung mit PFBBr bzw. nach in-situ Derivatisierung mit BCF mit anschließender Extraktion identifizieren und quantitativ bestimmen.

4.5.1 Bestimmung der Harzsäuren

Die Harzsäuren wurden nach Extraktion an Umkehr-Festphasen mit Pentafluorbenzylbromid (PFBBr) nach DETHLEFS et al. [15] einzeln bestimmt. In Bild 10 sind die Strukturformeln der häufigsten in Koniferenholz vorkommenden Harzsäuren dargestellt. Diese und 3 weitere, die von uns bisher in ihrer Struktur nicht identifiziert aber aufgrund ihrer Massenspektren eindeutig den Harzsäuren zugeordnet werden konnten, wurden in den Abwasserteilströmen bestimmt.

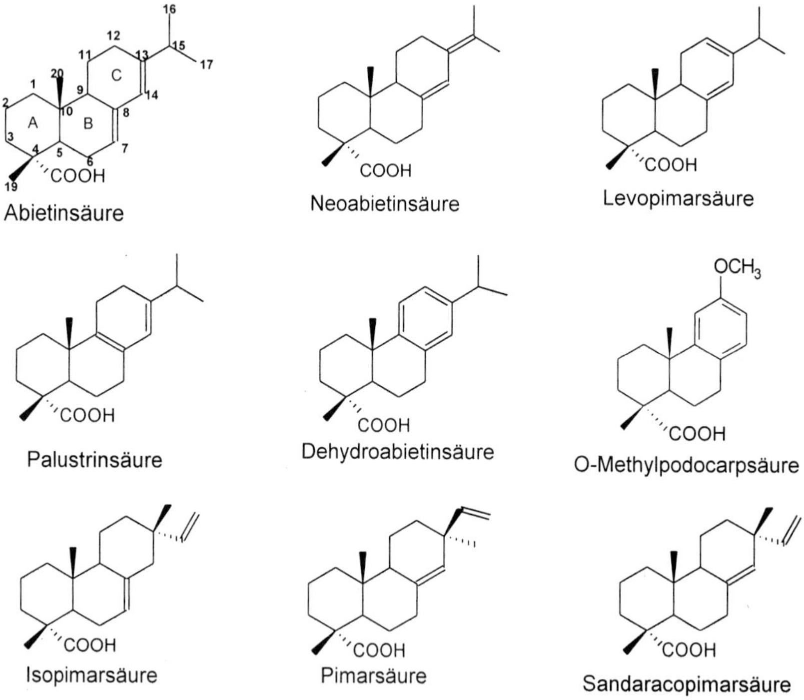

Bild 10. Strukturformeln der häufigsten in Koniferenholz vorkommenden Harzsäuren und von O-Methylpodocarpsäure.

In Tabelle 3 sind die Gehalte der einzelnen nachgewiesenen Harzsäuren und deren Summe in den einzelnen Abwasserteilströmen angegeben.

Tabelle 3. Gehalte von Harzsäuren in den untersuchten Abwasserteilströmen; Extraktion mit RP-C18-Material – Bestimmung als PFB-Ester.

Harzsäure	**Saure Wäsche mg/l**	**EOP mg/l**	**P1 mg/l**	**P2 mg/l**	**Zulauf Bio 1 mg/l**
Dehydroabietinsäure	9,9	32,3	23,4	15,1	5,0
Secodehydroabietinsäure	0,5	1,2	0,7	0,6	–
8,15-Isopimarsäure	1,7	6,1	4,1	2,1	0,3
8,15-Pimarsäure	0,7	2,9	1,9	1,0	0,1
Harzsäure A (MW 480)	0,3	1,2	0,9	0,7	–
Pimarsäure	1,7	7,1	5,2	2,9	0,2
Sandaracopimarsäure	1,2	4,8	3,6	2,2	–
Harzsäure B (MW 496)	1,3	1,9	1,4	–	–
Isopimarsäure	1,9	7,0	4,6	2,6	0,4
Harzsäure C (MW 496)	2,1	4,4	3,1	–	0,2
6,8,11,13-Abietatetraensäure	–	4,5	3,4	2,3	0,3
Dehydroabietinsäure-methylester	0,4	1,1	1,2	0,8	–
7-Oxodehydroabietinsäure	7,6	21,3	14,1	2,9	4,0
Summe	29,3	95,8	67,6	33,3	10,6

Die Harzsäuren A, B und C sind in ihrer Struktur nicht bekannt, die Verbindungen konnten jedoch mit Hilfe der charakteristischen Fragmentierungsmuster eindeutig den Harzsäuren zugeordnet werden.

Die Harzsäuren machen ca. 4 % des DOC des Abwassers aus. Die höchste Konzentration wurde im *EOP-Abwasser*, gefolgt vom *P1-Abwasser* gemessen. Im *Zulauf Biologie 1* sind nur noch 10 mg/l enthalten, im *Zulauf Biologie 2* und im *Ablauf Biologie* konnten keine Harzsäuren mehr nachgewiesen werden.

Die Harzsäuren zählen zu den stärker toxischen Verbindungen von Zellstoffabwässern [1], was durch einen Vergleich der Harzsäuregehalte der hier analysierten einzelnen Abwasserströme mit den Ergebnissen der Toxizitätsuntersuchungen gestützt wird.

4.5.2 Bestimmung polarer Inhaltsstoffe durch in-situ Derivatisierung

Durch die Derivatisierung mit BCF konnten unterschiedlichste Verbindungsklassen wie Carbonsäuren, Dicarbonsäuren, Hydroxysäuren auch mit mehreren Hydroxylgruppen, aromatische Säuren und Phenole direkt in der Wasserprobe umgesetzt und nach wenigen Minuten gaschromatographisch analysiert werden.

In Bild 11 ist das Chromatogramm einer Standardmischung und in Bild 12 das Chromatogramm des derivatisierten EOP-Abwassers dargestellt.

Mit Hilfe der in-situ Derivatisierung konnten neun Verbindungen im *EOP-Abwasser* anhand ihrer Retentionszeit (Bild 12) und ihrer Massenspektren identifiziert werden. In gleicher Weise wurden die anderen Abwasserteilströme untersucht. Die Bleichereiabwässer *P1* und *P2*

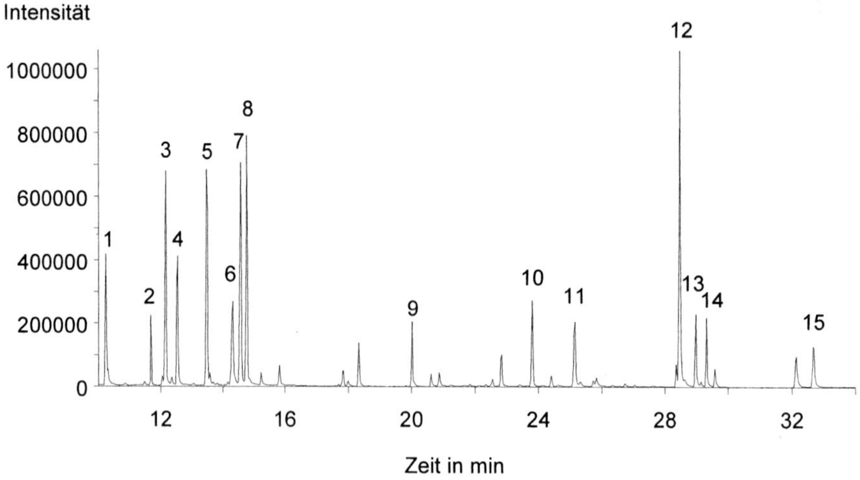

Bild 11. TIC-Chromatogramm einer mit BCF derivatisierten Standardmischung.
1 = Benzoesäure, 2 = Malonsäure, 3 = Phenol, 4 = Salicylsäure, 5 = o-Cresol, 6 = Glykolsäure, Milchsäure, 7 = m-Cresol, 8 = p-Cresol, 9 = p-Hydroxybenzaldehyd, 10 = Syringol, 11 = Vanillin, 12 = Resorcin, 13 = Stearinsäure, 14 = Syringaaldehyd, 15 = Coniferylalkohol

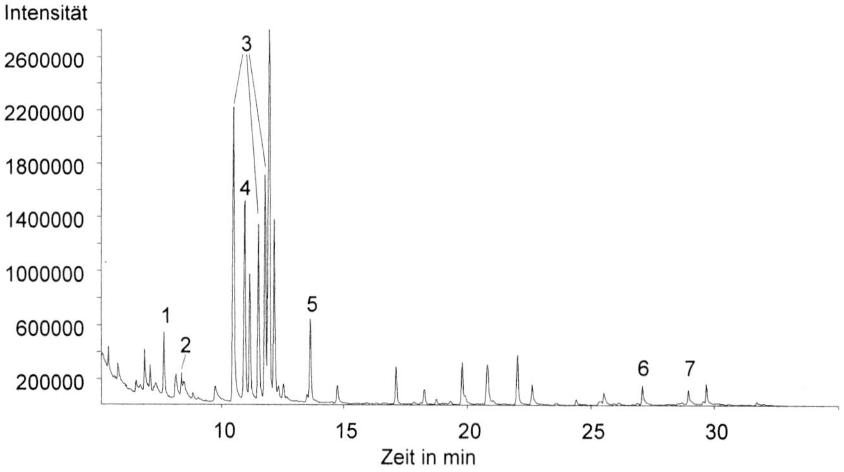

Bild 12. TIC-Chromatogramm eines mit BCF derivatisierten EOP-Abwassers.
1 = Benzoesäure, 2 = Malonsäure, 3 = o, m, p-Cresol, 4 = Glykolsäure, 5 = Milchsäureisomer, 6 = Äpfelsäure, 7 = Ligninmonomer

zeigten eine ähnliche Zusammensetzung wie das *EOP-Abwasser,* während in den Abwässern der *Sauren Wäsche* und der Kläranlage *(Zulauf Biologie1 und 2, Ablauf Biologie)* keine dieser Säuren und Phenole nachgewiesen werden konnte.

Tabelle 4. Anteil der durch in-situ Derivatisierung nachgewiesenen Verbindungen am DOC im EOP-Abwasser.

Name der Verbindung	Verbindung mg/l	Kohlenstoffgehalt mg/l	Anteil am DOC %
Malonsäure	12	4,2	0,2
Glykolsäure	90	28	1,5
Äpfelsäure	32	11,5	0,6
o-Cresol	5	3,9	0,2
m-Cresol	2	1,6	0,1
p-Cresol	3	2,3	0,1
Milchsäureisomer	126	39,8	2,2
Benzoesäure	42	28,9	1,6

Aus der Tabelle 4 geht hervor, daß lediglich 6,5 % des DOC mit der in-situ Derivatisierung identifiziert werden können. Zusammen mit der Bestimmung der Harzsäuren, die 4 % vom DOC ausmachen, ließen sich also durch GC-MS-Methoden insgesamt 10,5 % des DOC im *EOP-Abwasser* identifizieren und quantitativ bestimmen.

4.6 Isotachophorese

Die isotachophoretischen Untersuchungen wurden mit verschiedenen Elektrolytsystemen durchgeführt, um unterschiedliche Inhaltsstoffe zu erfassen. In den Bleichereiabwässern *(EOP, P1, P2)* konnten zusätzlich Ameisen- und Essigsäure nachgewiesen werden, Glykolsäure wurde durch die isotachophoretischen Untersuchungen bestätigt (Tabelle 5). In den Abwässern der Kläranlagen *Zu- bzw. Ablauf Biologie* und der *Sauren Wäsche* konnten weder diese 3 Säuren noch weitere Inhaltsstoffe nachgewiesen werden. Die Isotachopherogramme entsprachen etwa dem Leerwert.

Tabelle 5. Anteil der durch Isotachophorese nachgewiesenen Verbindungen am DOC im EOP-Abwasser.

Name der Verbindung	Verbindung mg/l	Kohlenstoffgehalt mg/l	Anteil am DOC %
Glykolsäure	235	74	4
Ameisensäure	200	52	2,8
Essigsäure	265	106	5,8

Durch Nachweis der Ameisen- und Essigsäure wurde ein weiterer Anteil von 8,6 % am DOC bestimmt, außerdem erhöhte sich die Konzentration der Glykolsäure und damit ihr Anteil am DOC von 1,5 % auf 4 % erheblich, so daß mit den eingesetzten Methoden ca. 20 % des DOC identifiziert und quantifiziert werden konnte. Der Unterschied in der Glykolsäurebestimmung ist erklärbar durch die Tatsache, daß mit der in-situ Derivatisierung mit BCF nur 30 % der Glykolsäure erfaßt werden, während für Malonsäure eine 95%ige und für Äpfelsäure eine 75%ige Umsetzung beobachtet wird [STAN und TÖPFER, unveröffentlicht]. Da es sich im vorliegenden Fall um eine Momentaufnahme handelt, wurde auf die Identifizierung der einzelnen Säuren mittels GC-MS größerer Wert gelegt als auf deren quantitativer Bestimmung. Gleichzeitig sollte aber der Wert der Isotachophorese für die quantitative Bestimmung sehr polarer Säuren wie Ameisensäure und Essigsäure demonstriert werden.

5 Zusammenfassende Diskussion und Schlußfolgerungen

In der vorliegenden Arbeit sind ausgewählte Ergebnisse aus Übersichtsanalysen von Zellstoffabwässern dargestellt, die sich von uns interpretieren lassen und geeignet sind, das Abwasser zu charakterisieren. Die einzelnen Abwasserströme wurden hinsichtlich Polarität, Toxizität, organischer Belastung und Verteilung der relativen Molekülmassen untersucht. Da der Schwerpunkt unserer früheren Arbeiten [1 bis 3] auf der Untersuchung des niedermolekularen Anteils des DOC lag, wurde in dieser Arbeit insbesondere auf die Charakterisierung der Originalabwässer ohne vorherige Extraktion in organische Lösungsmittel und Abtrennung der niedermolekularen Fraktion abgehoben.

Von der von uns eingesetzten Vielzahl von Methoden wurden hier nur die vorgestellt, die eine Beschreibung und Beurteilung der Abwasserteilströme erlauben. Es konnte erfreulicherweise festgestellt werden, daß durch die zweistufige aerobe Klärung der Abwässer in dem von uns untersuchten Werk die organische Fracht und die Toxizität erheblich gesenkt werden. Das in den Vorfluter geleitete Abwasser weist in dem verwendeten Leuchtbakterientest keine nennenswerte biologische Wirkung mehr auf.

In früheren Arbeiten konnten von uns nur ca. 10 % des DOC eines Zellstoffabwassers als Einzelsubstanzen identifiziert werden, während der weitaus größere Anteil mit den herkömmlichen Methoden, GC oder HPLC, nicht erfaßt werden konnte. Die Vermutung, daß es sich dabei um hochmolekulare Inhaltsstoffe handelt, wurde durch die hier dargestellten gelchromatographischen Untersuchungen und parallel dazu durch Ultrafiltration bestätigt. Es wurde gezeigt, daß die Bandbreite der Verbindungen hinsichtlich der relativen Molekülmasse sehr groß ist und oberhalb 10.000 eine Auftrennung in konkrete Peaks nicht möglich ist. Mit den uns zur Verfügung stehenden Methoden erscheint zur Zeit eine Identifizierung von Einzelsubstanzen oder auch nur eine Charakterisierung dieser hochmolekularen Verbindungen über ihre relative Molekülmasse nicht möglich. Versuche mit HPLC-MS-Kopplung und MALDI-TOF-Massenspektrometrie (MALDI = matrix assisted laser desorption ionization, TOF = time of flight) brachten keine auswertbaren Ergebnisse. Wahrscheinlich liegt eine Vielzahl von Einzelverbindungen vor, deren Konzentration jeweils zu gering ist, um sie als definierte Einzelsubstanzen erfaßbar zu machen. Es handelt sich hierbei um eine Situation, wie sie für refraktäre organische Substanzen charakteristisch ist.

Mit den eingesetzten Methoden konnte aber klar gezeigt werden, daß durch die Bleichprozesse der DOC in erster Linie durch hochmolekulare Verbindungen aus dem Holz erhöht wird, nur 17 % der organischen Belastung des EOP-Bleichereiabwassers haben eine relative Molekülmasse kleiner als 3000, wie sich aus Ultrafiltrationsversuchen ergab. In dieser niedermolekularen Fraktion konnten als Inhaltsstoffe Harzsäuren, Phenole und organische Säuren identifiziert werden, die einem DOC von etwa 20 % entsprachen. Damit konnten praktisch alle in größeren Konzentrationen vorhandenen niedermolekularen Inhaltstoffe erkannt und bestimmt werden, wenn man die Ungenauigkeit der Fraktionierung durch Gelpermeationschromatographie und Ultrafiltration in Betracht zieht.

Danksagung

Die Untersuchungen erfolgten im Rahmen des von der DFG geförderten Forschungsvorhabens „Charakterisierung der Reststoffzusammensetzung von Zellstoffabwässern" STA 157/12-1. Wir danken Dr. Kalnowski vom Institut für Umwelthygiene und Technische Hygiene der TU Berlin für die Durchführung der Toxizitätsmessungen mit dem Leuchtbakterien-Test.

Literatur

[1] Dethlefs, F., Stan, H.-J. u. Kalnowski, G.: Chemical and toxicological characterization of pulp mill EOP bleachery effluent. Vom Wasser *85*, 149–165 (1995).
[2] Dethlefs, F. u. Stan, H.-J.: Analysis of pulp mill EOP bleaching process effluent by thin layer chromatography with automated multiple development (AMD-HPTLC). Acta Hydrochim. Hydrobiol. *24*, 77–84 (1996).
[3] Dethlefs, F.: Chemische und toxikologische Charakterisierung von Abwasser aus der Alkali-Sauerstoff-Peroxid-Bleiche (EOP-Bleiche) der Zellstoffproduktion. Dissertation D83/FB15, Nr. 070, TU-Berlin 1996.
[4] Kringstad, K. P. u. Lindström, K.: Spent bleach liquors from pulp bleaching. Environ. Sci. Technol. *18*, 236A–248A (1984).
[5] Holmbom, B.: A procedure for analysis of toxic compounds in pulp and paper mill waste waters. Pap. Puu *9*, 523–531 (1980).
[6] Walden, C. C. u. Howard, T. E.: Toxicity of pulp and paper mill effluents. A review. Pulp Pap. Can. *82*, 115–125 (1981).
[7] Butz, S.: Bestimmung von Pflanzenschutzmittelrückständen in Wasser – Entwicklung einer Multimethode –. Dissertation D83, TU-Berlin, ISBN 3-928943-14-6, Wiss. und Technik-Verl. Gross, Berlin (1994).
[8] Butz, S. u. Stan, H.-J.: Screening of 265 pesticides in water by thin-layer chromatography with automated multiple development. Anal. Chem. *67*, 620–630 (1995).
[9] De La Vigne, U. u. Jänchen, D.: Determination of pesticides in water by HPTLC using automated multiple development. J. Plan. Chromatogr. *3*, 6–9 (1990).
[10] Burger, K.: Multimethode zur Ultraspurenbestimmung: Pflanzenschutzmittel in Grund- und Trinkwasser, analysiert durch DC/AMD (Automated Multiple Development). Pflanzenschutz-Nachrichten Bayer *41*, 173–224 (1988).
[11] Perry, J. A., Haag, K. W. u. Glunz, L. J.: Programmed multiple development in thin layer chromatography. J. Chromatogr. Sci. *194*, 288–293 (1976).
[12] Fuchs, F.: Gelchromatographische Trennung von organischen Wasserinhaltsstoffen. Teil I: Durchführung der Messungen. Vom Wasser *64*, 129–144 (1985).
[13] Huber, S., Gremm, T. u. Frimmel, F. H.: Chromatographische Trennung natürlicher organischer Wasserinhaltsstoffe mit UV-, Fluoreszenz- und DOC/TOC-Detektion ohne Probenvoranreicherung: Auswahl geeigneter Trennsysteme. Vom Wasser *75*, 331–342 (1990).
[14] Dethlefs, F., Gerhardt, K. O. u. Stan, H.-J.: Gas Chromatography/Mass Spectrometry of 13 Resin Acids as their PFB Esters. J. Mass Spectrom. *13*, 1163–1168 (1996).
[15] Dethlefs, F. u. Stan, H.-J.: Determination of resin acids in pulp mill EOP bleaching process effluent. Fresenius J. Anal. Chem. *356*, 403–410 (1996).

[16] Butz, S. u. Stan, H.-J.: Determination of chlorophenoxy- and other acidic herbicide residues in groundwater by capillary gas chromatography of their alkyl esters by rapid derivatization using various chloroformates. J. Chromatogr. *643*, 227–238 (1993).
[17] Minero, C., Vincenti, M., Lago, S. u. Pelizzetti, E.: Determination of trace amounts of highly hydrophilic compounds in water by direct derivatization and gas chromatography-mass spectrometry. Fresenius J. Anal. Chem. *350*, 403 (1994).
[18] Vincenti, M., Minero, C. u. Lago, S.: Determination of hydroxycarbamates in aqueous matrices by direct derivatization and GC-MS analysis in chemical ionization mode. J. High Resolut. Chromatogr. *18*, 359 (1995).
[19] Everaerts, F. M., Beckers, J. L. u. Verheggen, Th. P. E. M.: Isotachophoresis theory, instrumentation and application. J. Chromatogr. Library, Vol. 6, Elsevier Scientific Publishing Company, Amsterdam (1976).
[20] Hjalmarsson, S. G. u. Baldesten, A.: A critical Review of capillary Isotachophoresis. Anal. Chem., *261*, 352 (1981).
[21] Offizorz, P., Krüger, E. u. Rubach, K.: Prinzip und Anwendung der Kapillar-Isotachophorese in der Getränkeanalytik. Monatsschrift für Brauwissenschaft, *4*, 168 (1984).

Kupfer im Trinkwasser aus Hausinstallationen – Entwicklung eines kinetischen Modells zur Beschreibung der Kupferfreisetzung in Korrosionsversuchen nach DIN 50931-1

Copper in Drinking Water Supplies – The Development of a Kinetic Model to describe the Copper By-product release in Corrosion Tests using DIN 50931-1

Thore Alex und *Klaus Johannsen**

Schlagwörter

Kupfer, Hausinstallation, Stagnationsversuche, Kinetikmodell, Reaktionsgeschwindigkeit, Trinkwasser

Summary

Drinking water pipes made of copper could cause a contamination of water. Corrosion tests using the DIN 50931-1 test program will be realized to investigate the impact of operational and different water conditions on copper by-product release in drinking water supplies. DIN 50931-1 describes a standardized program to check the change of drinking water by corrosion products considering real conditions.

The kinetic model offers a description of all corrosion test results using DIN 50931-1. It allows to calculate the change of copper- and oxygen concentration with time during the stagnation approximately. The prediction of corrosivity in drinking water supplies, depending on water conditions, stagnation and running times, could be realized.

Zusammenfassung

Trinkwasserleitungen aus Kupfer können zu einer Belastung des Wassers führen. Anhand von Korrosionsversuchen nach DIN 50931-1 wird der Einfluss der Betriebsparameter und Wasserinhaltsstoffe auf die Kupferfreisetzung in Trinkwasserinstallationen untersucht. Die DIN 50931-1 beschreibt ein standardisiertes Versuchsprogramm zur Prüfung der Veränderungen des Trinkwassers durch Korrosionsprodukte unter Berücksichtigung realer Betriebsverhältnisse.

Das kinetische Modell ermöglicht die Beschreibung der Ergebnisse der Korrosionsversuche nach DIN 50931-1. Das Modell erlaubt die näherungsweise Berechnung des Kupfer- und Sauerstoffkonzentrationsverlaufs während der Stagnationsphase. Die Vorhersage über das Korrosions- und Metallabgabeverhalten von Wasserleitungsrohren in Abhängigkeit von den Wasserparametern und den Stagnations- und Betriebslaufzeiten wird somit möglich.

---

* Dipl.-Ing. T. Alex und Dr.-Ing. habil. K. Johannsen, Technische Universität Hamburg-Harburg, Arbeitsbereich Wasserwirtschaft und Wasserversorgung, D-21071 Hamburg.

1 Einleitung

Der flächenhafte Abtrag (Flächenkorrosion) von Kupfer aus Trinkwasserhausinstallationen führt zu einer Belastung des Trinkwassers. Hohe Kupferwerte werden insbesondere bei längerer Stagnation des Wassers in den Leitungen erreicht. Dabei kommt es bei der Flächenkorrosion von Kupferleitungen zwar zu keiner Schädigung der Leitungen, wie etwa bei der Lochkorrosion, kann aber bei ungünstiger Wasserzusammensetzung zu einer erheblichen Kupferbelastung (über 10 mg/l) des Trinkwassers und damit zu einer Gesundheitsgefährdung des Verbrauchers führen. In der Vergangenheit gab es nur unzureichende Untersuchungen zur Flächenkorrosion in Trinkwasserleitungen und es fehlte der direkte Zusammenhang zu den Entnahmebedingungen in einer Hausinstallation. Dabei ist das Betriebsverhalten (Verbrauchsgewohnheiten) ein entscheidender Faktor bei der Beurteilung der Kupferbelastung in Trinkwasserhausinstallationen.

Die umfangreiche Untersuchung der bei der Flächenkorrosion in Trinkwasserleitungen aus Kupfer ablaufenden Prozesse und Mechanismen erfolgt auf der Grundlage eines standardisierten Versuchsprogramms nach DIN 50931-1 [3]. Bestandteil des Projektes ist die Durchführung von Korrosionsversuchen mit realen Trinkwässern und die Modellierung der Korrosionsvorgänge in Abhängigkeit von den Betriebsparametern und Wasserinhaltsstoffen für die speziellen Bedingungen in einer Trinkwasserhausinstallation. Die Berechnung der Kupferfreisetzung ist dabei ein entscheidendes Mittel zur Vorhersage des Korrosions- und Metallabgabeverhaltens in einer Trinkwasserleitung und könnte langfristig dazu führen, den Einsatz des aufwändigen Prüfprogramms nach DIN 50931-1 auf bestimmte Sonderfälle zu beschränken.

Aufgrund der Einführung eines Parameterwertes für Kupfer im Trinkwasser von 2 mg/l statt des derzeit nach der Trinkwasserverordnung gültigen Richtwertes von 3 mg/l und der geplanten Beschränkung des Einsatzbereiches für den Werkstoff Kupfer (Basekapazität bis pH 8,2 $\leq$ 0,6 mmol/l statt bisher 1,0 mmol/l), ist eine Überprüfung der Einsetzbarkeit von Kupferrohren in der Hausinstallation in vielen Versorgungsgebieten nach DIN 50931-1 und E DIN 50930-6 [7] erforderlich.

In der folgenden Arbeit werden die Ergebnisse aus den Korrosionsversuchen nach DIN 50931-1 zur Kupferfreisetzung in einer Kupferhausinstallation an vier Trinkwässern unterschiedlicher Zusammensetzung vorgestellt. Weiterhin erfolgt die Beschreibung und Anwendung eines numerischen Modells auf der Basis eines reaktionskinetischen Ansatzes zur Abschätzung des Korrosionsverhaltens in einer Trinkwasserhausinstallation aus Kupfer.

2 Material und Methoden

2.1 Testanlage

In Bild 1 ist der schematische Aufbau der Testanlage nach DIN 50931-1 zur Bestimmung der Kupferabgabe dargestellt. Die Funktionsweise der Anlage ist vom Technologiezentrum Wasser (TZW) in Karlsruhe entwickelt worden. Die Testanlage besitzt eine Vorrichtung zur Steuerung des Wasserdurchsatzes über Durchflussbegrenzer und Miniturbine (Impulsgeber) und zur definierten Entnahme von Stagnationswasser und Sammelproben über pneumatisch gesteuerte Ventile. Die Steuerung der Schließ- und Öffnungszeiten sowie der Ablauf der Probenahme wird über einen Personalcomputer geregelt. Die Testanlage besteht aus sechs unabhängig voneinander angeordneten parallelen Teststrecken. In jeder Teilstrecke wird ein jeweils 5 m langes, u-förmig gebogenes, Kupferrohr mit einem Innendurchmesser von 13 mm eingesetzt. Diese Rohre weisen ein für Korrosionsversuche günstiges Verhältnis der Werkstoffoberfläche zum Wasservolumen auf. Die wichtigsten Parameter, wie pH-Wert, Leitfähigkeit, Sauerstoffkonzentration und Temperatur, werden kontinuierlich gemessen und aufgezeichnet. Für die Korrosionsversuche werden ausschließlich hartgezogene Kupferrohre verwendet, die für die Trinkwasserinstallation nach DVGW-Arbeitsblatt GW 392 [4] zugelassen sind (Kupferrohr EN 1057 – R290 – 15 x 1,0).

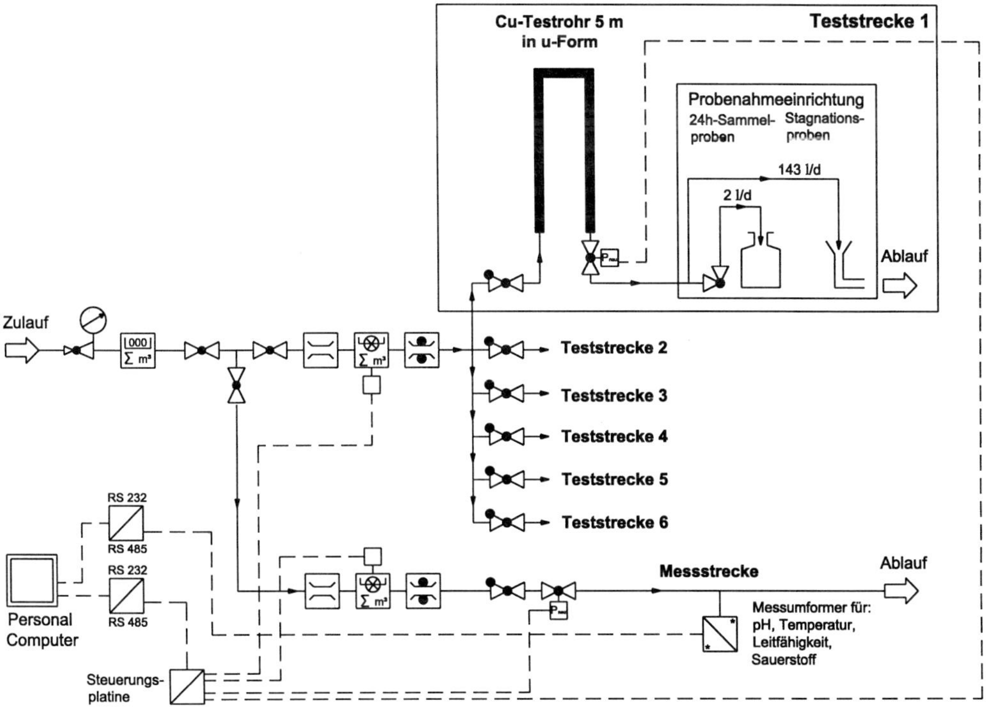

Bild 1. Schematische Darstellung der Testanlage zur Durchführung von Stagnationsversuchen in Trinkwasserinstallationen nach DIN 50931-1.

2.2 Versuchsprogramm

Die Beurteilung des Kupferabgabeverhaltens von Trinkwasser in einer Neuinstallation erfolgt gemäß DIN 50931-1 [3]. Diese Norm beschreibt Prüfanordnung und Betriebsbedingungen für die Durchführung von standardisierten Korrosionsversuchen im Hinblick auf die Veränderung der Trinkwasserbeschaffenheit durch Korrosionsprodukte. Die vorgeschriebene Form der Betriebsweise berücksichtigt beispielhaft die realen Verhältnisse einer Trinkwasserinstallation im Laufe eines Tages. Der genaue Ablaufplan des Versuchsbetriebes ist in Tabelle 1 dargestellt. Die Beprobung der Stagnationswässer erfolgt nach unterschiedlich langen Messphasen T nach Inbetriebnahme der Versuchsanlage (T = 1, 2, 3, 6, 12, 18, 26 Wochen). Pro Messphase wird das Wasser nach jeweils 8 Stagnationszeiten t von ¼ bis 16 Stunden (h) (in Tabelle 1 fett dargestellt) beprobt und analysiert. Für die 16 h Stagnationsprobe muss das kontinuierlich ablaufende Versuchsprogramm kurzfristig abgeändert werden. Die Stagnationsphasen werden durch kurze Wasserentnahmen von jeweils 5 bzw. 10 Litern (l) bei einer Gesamtwasserentnahme von 145 Litern pro Tag unterbrochen.

Tabelle 1. Ablaufplan des kontinuierlichen Versuchsbetriebes nach DIN 50931-1 unter Berücksichtigung der realen Verhältnisse einer Trinkwasserinstallation. Angabe der Stagnationsdauer t in Stunden.

Uhrzeit	t, h	Uhrzeit	t, h	Uhrzeit	t, h
22:01–06:00	**8**	**11:02–11:30**	**1/2**	18:31–19:00	1/2
06:01–06:30	1/2	11:31–11:45	1/4	19:02–19:15	1/4
06:31–07:00	1/2	11:46–12:00	1/4	19:16–19:30	1/4
07:02–07:15	1/4	12:02–12:30	1/2	19:31–20:00	1/2
07:16–07:30	1/4	12:31–13:00	1/2	20:01–21:00	1
07:31–08:00	**1/2**	**13:01–17:00**	**4**	21:01–22:00	1
08:02–09:00	**1**	**17:02–18:00**	**1**	optional:	
09:02–11:00	**2**	18:01–18:30	1/2	**06:00–22:00**	**16**

Die Kupferkonzentration wird photometrisch (Dr. Lange, LP2W) mittels Schnelltests der Firma Merck Eurolab (Spectroquant 14767) bei 595 nm Wellenlänge ermittelt. Die Überprüfung der Messmethode erfolgt stichprobenartig mittels ICP-AES (Atom-Emissions-Spektroskopie mit induktiv gekoppeltem Plasma) nach DIN 38406-7 [2].

2.3 Versuchsauswertung

Die Auswertung der Versuche erfolgt nach DIN 50931-1. Jede Messphase T wird über die verschiedenen Stagnationszeiten durch eine Stagnationskurve charakterisiert. Aus den Messdaten lässt sich ein Mittelwert M(T) und eine maximale Kupferkonzentration $C_{max}(t)$ ermitteln. Da der Mittelwert sich jeweils aus den einzelnen Stagnationsproben zusammensetzt, liegt aufgrund der Doppelbestimmung der kurzen Stagnationszeiten von ½ und 1,0 Stunden Stagnation (siehe Tabelle 1) eine Gewichtung des Mittelwertes vor. Der Maximalwert ergibt sich direkt aus der Stagnationsmessung. Die Mittel- und Maximalwerte sind die Grundlage für die Überprüfung des Gültigkeitsbereiches bzw. der Einsetzbarkeit für den Werkstoff Kupfer nach dem Entwurf der DIN 50930-6.

2.4 Versuchswässer

Die Durchführung der Korrosionsversuche nach DIN 50931-1 erfolgt mit Trinkwässern unterschiedlicher Zusammensetzung aus dem Bereich der Norddeutschen Tiefebene (siehe Tabelle 2). Ausschlaggebend für die Auswahl der Wässer waren unterschiedliche Basekapazitäten, der Sulfat- und Chloridgehalt sowie der Anteil an organischen Wasserinhaltsstoffen, um ein möglichst breites Spektrum untersuchen zu können. Bei den Trinkwässern handelt es sich ausschließlich um aufbereitete Grundwässer. Zum jetzigen Stand des Vorhabens sind vier Versuchswässer A bis D untersucht worden. Die wichtigsten Inhaltsstoffe sind in der Tabelle 2 aufgeführt. Die Basekapazität der eingesetzten Versuchswässer liegt zwischen 0,55 und 0,93 mmol/l.

Bei den Versuchswässern B bis D handelt sich um Wässer, die sich aufgrund der geplanten Verschärfung des Einsatzbereiches [6] für den Werkstoff Kupfer auf $K_{B\,8,2} \leq 0{,}6$ mmol/l zur Zeit in einem kritischen Einsatzbereich befinden. Das Versuchswasser A wäre demnach uneingeschränkt einsetzbar.

Tabelle 2. Übersicht über die wichtigsten Inhaltsstoffe der nach DIN 50931-1 beprobten Versuchswässer A bis D.

Parameter	Versuchswasser A	Versuchswasser B	Versuchswasser C	Versuchswasser D
pH	7,5	7,3	7,2	7,3
Temperatur, °C	10,6	11,0	11,1	11,1
κ_{25}, mS/m	73,4	60,5	53,7	60,5
$K_{S\,4,3}$, mmol/l	6,84	5,59	5,70	6,00
$K_{B\,8,2}$, mmol/l	0,55	0,72	0,93	0,77
$c(Cl^-)$, mmol/l	0,94	0,87	0,51	0,60
$c(SO_4^{2-})$, mmol/l	0,21	0,10	<0,05	0,31
DOC, mg/l	1,50	2,31	2,10	1,54

3 Kinetisches Modell (Stagnationsmodell)

Erste Überlegungen [1], aufbauend auf den Arbeiten von Kuch und Wagner [9] und Kuch [8], beruhten auf der Theorie der instationären Stoffübertragung in einem Zylinder. Dieses Modell wurde von Schock [10] zur Abschätzung der Kupferkonzentration während der Stagnation benutzt. Die Anwendung des Stoffübergangmodells hat aber gezeigt, dass abnehmende Kupferkonzentrationen bei längeren Stagnationszeiten (siehe Bild 2, Abschnitt 4.1) nicht berücksichtigt werden konnten [1].

Im Folgenden erfolgt die Modellierung der Korrosionsvorgänge über einen reaktionskinetischen Ansatz. Die Reaktionszeit wird durch die Dauer der jeweiligen Stagnation t begrenzt. Die Konzentration des zweiwertigen Kupfers während der Stagnation im vollständig mit Wasser gefüllten Kupferrohr wird dabei durch zwei wesentliche Prozesse beeinflusst:

1. Durch Oxidation des metallischen Kupfers zu zweiwertigem Kupfer unter Reduktion des im Trinkwasser gelösten Sauerstoffs (Gleichung 1):

$$Cu + \frac{1}{2}\, O_2\,(aq) + H_2O \underset{k_{\text{RÜCK}\,1}}{\overset{k_{\text{HIN}\,1}}{\rightleftharpoons}} Cu^{2+} + 2\, OH^- \qquad (1)$$

mit der Gleichgewichtskonstante

$$K_{\text{Oxidation}} = \frac{[Cu^{2+}] \cdot [OH^-]^2}{[O_2]^{1/2}}$$

und log $K_{Oxidation} = 3{,}51$ (25 °C) [11].

2. Durch das Löslichkeitsgleichgewicht zwischen dem zweiwertigen Kupfer und Malachit (Gleichung 2). Für die Modellrechnungen wurde als Festphase das basische Kupfercarbonat Malachit gewählt, welches nach Literaturangaben [10] eine schützende Deckschicht auf der Rohrinnenoberfläche bildet.

$$Cu^{2+} + OH^- + \frac{1}{2}\,CO_3^{2-} \underset{k_{RÜCK2}}{\overset{k_{HIN2}}{\rightleftarrows}} \frac{1}{2}\,(CuCO_3 \cdot Cu\,(OH)_2) \quad (2)$$

mit dem Löslichkeitsprodukt von Malachit

$$K_{Malachit} = [Cu^{2+}] \cdot [OH^-] \cdot [CO_3^{2-}]^{1/2}$$

und log $K_{Malachit} = 16{,}586$ (25 °C) [5].

Die Differentialgleichung, welche die Kupferkonzentration im Trinkwasser in Abhängigkeit von der Stagnationszeit beschreibt, folgt aus den Gleichungen 1 und 2:

$$\frac{d\,[Cu^{2+}]}{dt \cdot A_{Rohr}} = k_{HIN1} \cdot [O_2]^{1/2} - k_{RÜCK1} \cdot [Cu^{2+}] \cdot [OH^-]^2 - k_{HIN2} \cdot [Cu^{2+}] \cdot [OH^-] \cdot [CO_3^{2-}]^{1/2} + k_{RÜCK2} \quad (3)$$

Die Spezies gehen mit ihren Aktivitäten in Gleichung 3 ein. A_{Rohr} bezeichnet die Innenoberfläche des Kupferrohres pro Volumen Trinkwasser in cm^2/l. Mit $k_{HIN\,1}/k_{HIN\,2}$ und $k_{Rück\,1}/k_{Rück\,2}$ werden die Reaktionsgeschwindigkeitskonstanten für die Hin- bzw. Rückreaktionen der Oxidations- und der Gleichgewichtreaktion mit Malachit beschrieben. Die Einheiten der Reaktionsgeschwindigkeitskonstanten ergeben sich aus Gleichung 3:

$$k_{HIN1} = \frac{mmol}{cm^2 \cdot s}\left(\frac{1}{mmol}\right)^{1/2} \qquad k_{RÜCK1} = \frac{mmol}{cm^2 \cdot s}\left(\frac{1}{mmol}\right)^{3}$$

$$k_{HIN2} = \frac{mmol}{cm^2 \cdot s}\left(\frac{1}{mmol}\right)^{5/2} \qquad k_{RÜCK2} = \frac{mmol}{cm^2 \cdot s}.$$

Im Gleichgewicht, d. h. $(d[Cu^{2+}]/dt) = 0$, gilt:

$$K_{Oxidation} = \frac{k_{HIN1}}{k_{RÜCK1}} \text{ und } K_{Malachit} = \frac{k_{RÜCK2}}{k_{HIN2}}.$$

Die Lösung der Differentialgleichung erfolgt numerisch über die Bildung des Differenzenquotienten:

$$\frac{d\,[Cu^{2+}]}{dt} = \lim_{\Delta t \to 0} \frac{\Delta\,[Cu^{2+}]}{\Delta t} \quad \text{mit} \quad \Delta y_k \overset{Def}{=} y_{k+1} - y_k.$$

Nach jedem Rechenschritt Δt müssen sämtliche Konzentrationen bzw. Aktivitäten neu berechnet werden. Die Änderung der Sauerstoffaktivität in der Lösung ergibt sich aus der stöchiometrischen Beziehung zwischen Sauerstoffreduktion und Kupferoxidation nach Gleichung 1:

$$\Delta\,[O_2] = -\frac{\Delta\,[Cu^{2+}]_{Oxidation}}{2}.$$

Die Reaktionsgeschwindigkeitskonstanten k_{HIN1} und k_{HIN2} sind unbekannte Größen. Sie dienen als Parameter zur Anpassung des Modells an die praktischen Versuchsergebnisse. Diese Parameter berücksichtigen die Deckschichteigenschaften und die Betriebszeit, d. h. das Alter der Kupferrohre. Ein wesentliches Ziel bei der Anwendung des Modells ist es, die ermittelten Geschwindigkeitskonstanten in einen Zusammenhang mit der Gesamtlaufzeit der Rohre und den Wasserinhaltsstoffen zu bringen. Hierdurch soll die Basis zur Abschätzung der Konstanten geschaffen werden, um eine Berechnung der Stagnationskurven allein aufgrund der Kenntnis der Wasseranalysen zu ermöglichen.

4 Ergebnisse und Diskussion

4.1 Stagnationsversuche

Bild 2 zeigt die Änderung der Kupferkonzentration, aufgetragen in mmol/l bzw. mg/l, pro Messphase gegen die Stagnationszeit in Stunden. In Bild 3 ist die durch die Oxidation des metallischen Kupfers zu zweiwertigem Kupfer bedingte Sauerstoffreduktion in mmol/l bzw. mg/l in Abhängigkeit der Stagnationszeit angegeben. In Bild 2 und Bild 3 sind jeweils exemplarisch die aus den Stagnationsversuchen erzielten Ergebnisse der Messphasen 1, 6 und 18 für das Versuchswasser D dargestellt. Ebenfalls in die Bilder 2 und 3 mit aufgenommen sind die mit dem kinetischen Modell (Kapitel 3) berechneten Kupfer- und Sauerstoffkonzentrationen (durchgezogene Linien). Vergleich und Diskussion zwischen Modell und Rechnung erfolgt in Kapitel 4.2.

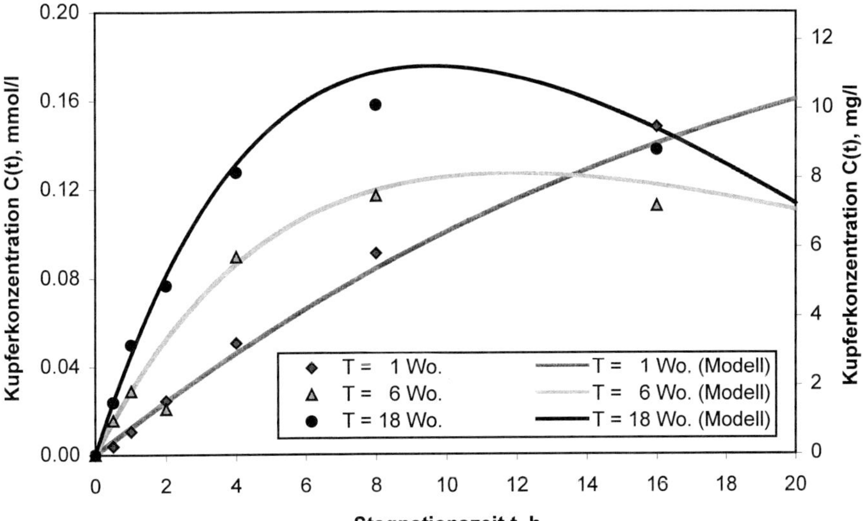

Bild 2. Darstellung der experimentell ermittelten Kupferfreisetzung (Datenpunkte) im Vergleich zu den mit dem kinetischen Modell berechneten Werten (Linien) in Abhängigkeit von der Stagnationszeit t in Stunden. Exemplarisch wiedergegeben für die Messphasen 1, 6 und 18 Wochen (Versuchswasser D).

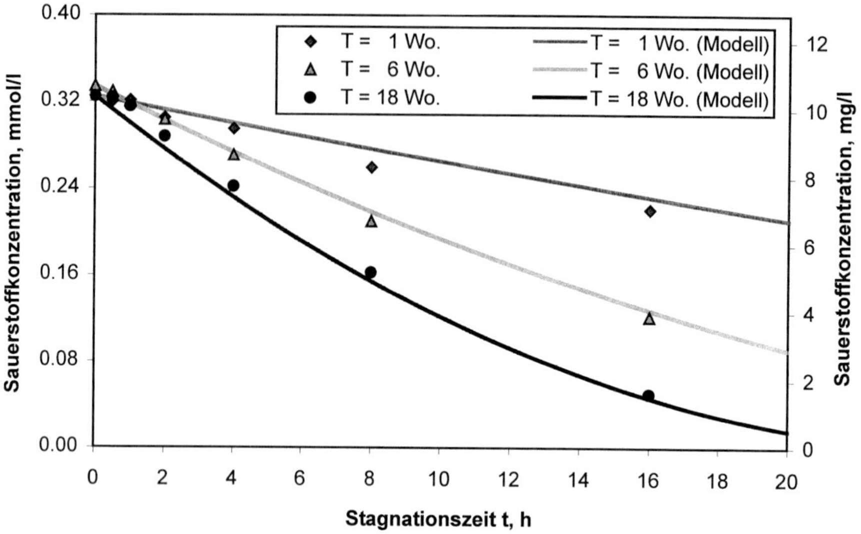

Bild 3. Darstellung der experimentell ermittelten Sauerstoffreduktion (Datenpunkte) im Vergleich zu den mit dem kinetischen Modell berechneten Werten (Linien) in Abhängigkeit von der Stagnationszeit t in Stunden. Exemplarisch wiedergegeben für die Messphasen 1, 6 und 18 Wochen (Versuchswasser D).

In Bild 2 erkennt man die deutliche Abhängigkeit der Kupferfreisetzung von der Stagnationsdauer und der Laufzeit der Versuche. Die Kupferwerte der ersten Messphase steigen über den gesamten Messbereich von $\frac{1}{2}$ bis zu 16 Stunden Stagnation nahezu linear an. Bei den älteren Kupferrohren (Messphase 6 und 18) ergibt sich ein Kurvenverlauf, der etwa bei 8 h Stagnation ein Maximum durchläuft und bis zur 16 h Messung wieder abfällt. Ein Vergleich der beiden Bilder zeigt, dass die Abnahme der Kupferkonzentration im Trinkwasser erst einsetzt, wenn die Sauerstoffkonzentration auf unter 4 mg/l zurückgegangen ist. Der nach EG-Richtlinie [6] geltende Parameterwert für Kupfer von 2 mg/l wird teilweise schon nach Stagnationszeiten von ungefähr zwei Stunden erreicht oder sogar überschritten.

Die exemplarisch dargestellten Verläufe der Kupferfreisetzung in Trinkwasserleitungen unter den speziellen Versuchsbedingungen nach DIN 50931-1 für Versuchswasser D sind typisch. Untersuchungen der ersten beiden Betriebswochen zeigen für die vier verschiedenen Versuchswässer (A bis D) jeweils einen linearen Anstieg der Kupferkonzentration. Danach ist ausschließlich der oben beschriebene kurvenförmige Verlauf der Kupferfreisetzung zu beobachten, der sich bis zur 26. Betriebswoche nicht ändert. Die Versuchswässer unterscheiden sich aufgrund der unterschiedlichen Basekapazität lediglich in dem Konzentrationsniveau, d. h. in der Höhe der jeweiligen Kupferkonzentration.

Tabelle 3 gibt eine Gesamtübersicht über die aus den Stagnationsversuchen ermittelten Maximal- und Mittelwerte in Abhängigkeit von der Betriebszeit der Kupferrohre für die Versuchswässer A bis D. Sämtliche Konzentrationen sind in mg/l angegeben.

In Abhängigkeit von der Zusammensetzung der einzelnen Versuchswässer ergeben sich doch deutliche Unterschiede in den einzelnen Werten. So variiert der Maximalwert der Kupferkonzentration zwischen 4,2 mg/l (Versuchswasser A, Betriebswoche 18, $K_{B\ 8,2}$ =

0,55 mmol/l) und 15,0 mg/l (Versuchswasser C, Betriebswoche 1, $K_{B\,8,2}$ = 0,93 mmol/l). Dabei spielt die Basekapazität eine entscheidende Rolle bei der Beurteilung der Kupferbelastung (Tabelle 3). Berücksichtigt man den zukünftigen Einsatzbereich für den Werkstoff Kupfer nach E DIN 50930-6 von $K_{B\,8,2} \leq 0{,}6$ mmol/l, ist das Material Kupfer als Rohrmaterial lediglich für das Versuchswasser A uneingeschränkt einsetzbar. Aber auch hier werden nach 26 Wochen Betrieb immer noch Mittelwerte von knapp 3,0 mg/l erreicht.

Tabelle 3. Darstellung der aus den Stagnationsversuchen nach DIN 50931-1 ermittelten Kupferkonzentrationen (mg/l). Angabe der Maximalwerte $C_{max}(t)$ und der Mittelwerte M(T) in Abhängigkeit der Messphasen T (Wochen) für die Versuchswässer A bis D.

Laufzeit	Versuchswasser A		Versuchswasser B		Versuchswasser C		Versuchswasser D	
T Wochen	$C_{max}(t)$	M(T)	$C_{max}(t)$	M(T)	$C_{max}(t)$	M(T)	$C_{max}(t)$	M(T)
				mg/l				
1	4,64	1,29	7,58	2,26	14,95	3,43	9,47	2,75
2	5,73	1,84	7,75	2,13	12,30	2,90	8,89	2,72
3	6,57	3,68	8,74	4,89	5,77	2,06	8,33	4,34
6	6,36	3,39	9,10	4,67	11,78	5,18	7,48	3,43
12	5,94	3,30	8,78	4,53	10,93	4,09	8,59	4,44
18	4,17	1,95	9,32	4,73	12,01	5,76	10,11	5,18
26	5,74	2,98	8,82	4,69	11,96	5,17	8,48	4,39

Werner [12 und 13] beschreibt die Abnahme der Kupferkonzentration bei längeren Stagnationszeiten mit dem Einsetzen einer Rückreaktion, bei der unter Sauerstoffmangel die gelösten, zweiwertigen Kupferionen zu einwertigem Kupfer reduziert und in die Deckschicht eingebaut werden. Die Oxidation von metallischem Kupfer zu zweiwertigem Kupfer kommt dabei wegen des Sauerstoffmangels quasi zum Erliegen. Werner konnte diesen Effekt aber erst bei extremem Sauerstoffmangel, d. h. bei Sauerstoffkonzentrationen von unter 1,0 mg/l, feststellen. Dieses deckt sich nicht mit den hier beschriebenen Ergebnissen. Die Kupferreduktion setzt in der Regel schon bei Sauerstoffkonzentrationen von deutlich über 3,0 mg/l ein.

4.2 Kinetisches Modell (Stagnationsmodell)

Das in Kapitel 3 beschriebene kinetische Modell geht von der Theorie aus, dass die Abnahme der Kupferkonzentration bei längerer Stagnation durch das Einstellen des Löslichkeitsgleichgewichtes mit einer festen Phase bedingt ist. Aufgrund der Geschwindigkeitsunterschiede der beiden Reaktionen führt die Oxidationsreaktion zu einem schnellen Anstieg der Kupferkonzentration und damit zu einer starken Übersättigung der Lösung bezüglich der löslichkeitsbestimmenden Festphase. Erst wenn die Sauerstoffkonzentration im System abnimmt, verlangsamt sich die Reaktion. Kupferionen werden nicht mehr so schnell nachgeliefert, und es kommt zu einer Abnahme der Kupferkonzentration durch die Einstellung des Löslichkeitsgleichgewichtes.

Für die hier vorgestellten Berechnungen mit dem Stagnationsmodell wurde das basische Kupfercarbonat Malachit als löslichkeitsbestimmende Festphase berücksichtigt. Die für die Berechnung benötigten Eingabedaten sind in Tabelle 4 wiedergegeben.

Tabelle 4. Übersicht über die Eingabedaten des numerischen Modells zur Berechnung der Stagnationskurven. Exemplarisch durchgeführt für die Messphasen 1, 6 und 18 Wochen (Versuchswasser D).

Eingabedaten	**Messphase T, Wochen**			**Einheiten**
	1	**6**	**18**	
$[Cu^{2+}]_{t=0}$	0	0	0	mmol/l
$[O_2]_{t=0}$	0,325	0,325	0,325	mmol/l
$[OH^-]$	2,014E-04	2,014E-04	2,014E-04	mmol/l
$[CO_3^{2-}]$	6,569E-03	6,569E-03	6,569E-03	mmol/l
pH	7,3	7,3	7,3	
Temperatur	25	25	25	°C
Ionenstärke	0	0	0	mmol/l
$K_{S\,4,3}$	6,0	6,0	6,0	mmol/l
A_{Rohr}	3077	3077	3077	cm^2/l
Stagnation t	20	20	20	h
Δt	20	20	20	s
k_{HIN1}	2,00E-09	5,00E-09	8,00E-09	s. Kapitel 3
$k_{RÜCK1}$	1,954E-20	4,886E-20	7,818E-20	s. Kapitel 3
k_{HIN2}	2,00E-04	1,00E-03	1,00E-03	s. Kapitel 3
$k_{RÜCK2}$	1,954E-20	4,886E-20	7,818E-20	s. Kapitel 3

Im Modellansatz wurden die folgenden Vereinfachungen getroffen:

- Temperatur: 25 °C.
- Ionenstärke: 0 mmol/l.
- Konstanter pH-Wert und konstante Konzentration der Carbonationen (CO_3^{2-}) über den gesamten Stagnationszeitraum einer Messphase T.
- Berechnung ohne Berücksichtigung der Komplexbildung.

Die berechneten Stagnationskurven nach dem in Kapitel 3 beschriebenen kinetischen Modell werden mit den experimentellen Stagnationswerten in Bild 2 und Bild 3 verglichen. Die durchgezogenen Linien stellen die numerischen Ergebnisse für die Messphasen 1, 6 und 18 Wochen (Versuchswasser D) dar.

Die nach DIN 50931-1 durchgeführten Stagnationsversuche (Kapitel 4.1) können mit dem kinetischen Modell über den gesamten Stagnationsbereich hinreichend genau beschrieben werden. Sowohl die Sauerstoffkonzentration als auch die Kupferkonzentration werden mit dem Modell als Funktion der Stagnationszeit mit guter Übereinstimmung zu den experimentellen Werten berechnet. Die Reaktionsgeschwindigkeiten dienen dabei als Anpassungsparameter (Tabelle 4). Ein konkreter Zusammenhang zwischen Geschwindigkeitskonstanten, Wasserinhaltsstoffen und Alter der Installation lässt sich zum gegenwärtigen Stand der Untersuchung noch nicht herstellen.

5 Schlussbetrachtung

Die Korrosionsversuche haben gezeigt, dass gerade in einer Neuinstallation sehr hohe Kupferkonzentrationen schon nach kurzen Stagnationszeiten von 2 bis 4 Stunden auftreten können. Der Parameterwert von 2,0 mg/l [6] wird teilweise deutlich überschritten. Das Maximum der Kupferkonzentration liegt dabei in der Regel je nach Alter der Kupferrohre zwischen 8 und 16 Stunden Stagnation.

Mit der Entwicklung des reaktionskinetischen Modells ist es möglich geworden, die experimentellen Korrosionsversuche nach DIN 50931-1 sehr genau zu beschreiben. Erste Rechnungen haben dieses bewiesen. Die Kupferkonzentration im Trinkwasser wird dabei durch die Geschwindigkeit der Oxidationsreaktion des metallischen Kupfers und der Einstellung des Löslichkeitsgleichgewichtes mit Malachit beschrieben. Die Berücksichtigung der Eigenschaften der Deckschicht, das Alter der Kupferrohre und der Einfluss verschiedener Inhaltsstoffe erfolgt dabei über die Geschwindigkeitskonstanten der Hinreaktionen. Die Entwicklung des kinetischen Modells schafft die Voraussetzung zur Vorhersage des Korrosionsverhaltens in einer Trinkwasserinstallation.

In einem nächsten Schritt erfolgt die Berücksichtigung der Ionenstärke und des Temperatureinflusses auf die Modellierung. Außerdem müssen sämtliche Aktivitäten nach jedem Zeitschritt neu berechnet werden. Für die Validierung des Stagnationsmodells werden weitere Stagnationsversuche mit unterschiedlichen Stagnationswässern durchgeführt. Dabei sind unter anderem Wässer ausgewählt worden, die sich deutlich im Sulfat- und DOC-Gehalt voneinander unterscheiden, um auch den Einfluss dieser Stoffgruppen untersuchen zu können. Die Bedeutung der Reaktionsgeschwindigkeitskonstanten und deren Abhängigkeit von dem Alter der Rohrleitung und den verschiedenen Wasserinhaltsstoffen muss ebenfalls in einem nächsten Schritt untersucht werden. Aber auch dafür werden noch weitere Versuchsdaten unter Berücksichtigung der DIN 50931-1 benötigt.

Die Anpassung des kinetischen Modells an neue Erkenntnisse bezüglich der Deckschichtzusammensetzung bzw. der löslichkeitsbestimmenden Festphase ist ebenfalls jederzeit möglich.

Danksagung

Die Autoren danken dem Bundesministerium für Bildung, Wissenschaft, Forschung und Technologie für die finanzielle Unterstützung im Rahmen des Projektes BMBF 02WT9827/8.

Literatur

[1] Alex, T., Johannsen, K. u. Wichmann, K.: Beurteilung der Trinkwasserbelastung durch Kupfer aus Trinkwasserhausinstallationen. Posterbeitrag Nr. 55, Jahrestagung der Wasserchemischen Gesellschaft, Fachgruppe in der Gesellschaft Deutscher Chemiker 2000.

[2] DIN 38406-7: Deutsche Einheitsverfahren zur Wasser-, Abwasser- und Schlammuntersuchung. Kationen (Gruppe E). Bestimmung von Kupfer mittels Atomabsorptionspektrometrie (AAS) (E7) (September 1991).

[3] DIN 50931-1: Korrosion der Metalle. Korrosionsversuche mit Trinkwässern. Teil 1: Prüfung der Veränderung der Trinkwasserbeschaffenheit (November 1999).
[4] DVGW-Arbeitsblatt GW 392: Nahtlosgezogene Rohre aus Kupfer für Gas- und Wasserinstallationen. Anforderungen und Prüfbestimmungen (1997).
[5] Edwards, M., Schock, M. R. u. Meyer, T. E.: Alkalinity, pH, and copper corrosion by-product release. J. Am. Water Works Assoc. *3*, 81–94 (1996).
[6] EG-Richtlinie 98/83/EG: Richtlinie über die Qualität von Wasser für den menschlichen Gebrauch (November 1998).
[7] Entwurf DIN 50 930-6: Korrosion der Metalle. Korrosion metallischer Werkstoffe im Inneren von Rohrleitungen, Behältern und Apparaten bei Korrosionsbelastung durch Wässer. Teil 6: Beeinflussung der Trinkwasserbeschaffenheit (Juni 2000).
[8] Kuch, A.: Untersuchungen zum Mechanismus der Aufeisenung in Trinkwasserverteilungssystemen. Diss. Univ. Karlsruhe (TH) 1984.
[9] Kuch, A. u. Wagner, I.: A mass transfer model to describe lead concentrations in drinking water. Water Research *17*, 10, 1303–1307 (1983).
[10] Schock, M. R., Darren, A. L. u. Clement, J. A.: Effect of pH, DIC, orthophosphate and sulfate on drinking water cuprosolvency. U. S. Environmental Protection Agency Cincinnati 1995.
[11] Stumm, W. u. Morgan, J. J.: Aquatic Chemistry. An introduction emphasizing chemical equilibria in natural waters. 3. Ed. John Wiley & Sons 1995.
[12] Werner, W.: Untersuchungen zum Mechanismus der Flächenkorrosion in Trinkwasserleitungen aus Kupfer. Diss. Univ. Karlsruhe (TH) 1992.
[13] Werner, W. u. a.: Untersuchungen zur Flächenkorrosion in Trinkwasserleitungen aus Kupfer. gwf – Wasser/Abwasser *135*, 92–103 (1994).

Mechanismen der Entcarbonisierung bei der Aufbereitung von Trinkwasser

Mechanisms of the Softening Process in Drinking Water Treatment

*Klaus Johannsen**

Schlagwörter

Entcarbonisierung, Calciumcarbonat, Kristallisation, Calciumhydroxid, Lösekinetik

Summary

In most softening processes calcium is precipitated as calcium carbonate. As precipitation agent milk of lime is most commonly used. The most important mechanisms are the crystallization of calcium carbonate and the dissolution of milk of lime. It is shown that the effect of inhibitors of the crystallization depends on their concentration, the surface area of calcium carbonate as well as the extend of oversaturation with respect to calcium carbonate. Milk of lime particles represent crystallization seeds for calcium carbonate. Thus milk of lime particles promote the formation of suspended solids, that are carried out of the reactor (carry over).

Zusammenfassung

Bei den meisten Entcarbonisierungsverfahren wird Calcium als Calciumcarbonat nach Zugabe von Kalkmilch ausgefällt. Die wichtigsten Prozesse dabei sind die Kristallisation von Calciumcarbonat und die Auflösekinetik von Kalkmilch. Es wird gezeigt, dass der Einfluss von Kristallisationsinhibitoren von der Konzentration der Inhibitoren, der zur Verfügung stehenden Calciumcarbonat-Oberfläche und der Übersättigung abhängt. Kalkmilch-Partikel können als Kristallisationskeim für Calciumcarbonat dienen und tragen hierdurch zur wesentlich zur Bildung von Feststoffen bei, die aus dem Reaktor ausgetragen werden (carry over).

1 Einleitung

Seit vielen Jahren werden Entcarbonisierungsverfahren in der Trinkwasseraufbereitung eingesetzt. Einen umfassenden Überblick über die Vor- und Nachteile sowie die Verfahrenstechnik der unterschiedlichen Entcarbonisierungs- und Enthärtungsverfahren geben Stetter und Overath [1–3].

Am weitesten verbreitet ist die Schnellentcarbonisierung. Ein wichtiges Problem bei der Schnellentcarbonisierung in Verbindung mit dem Einsatz von Kalkmilch besteht in der im Reaktorablauf auftretenden Trübung. Wesentliche Verbesserungen sind durch die Optimie-

* Dr.-Ing. habil. K. Johannsen, TU Hamburg-Harburg, Arbeitsbereich Wasserwirtschaft und Wasserversorgung, Schwarzenbergstr. 95, 21071 Hamburg.

rung der Reaktivität der Kalkmilch erreicht worden [4]. Hier liegen viele Erfahrungen vor, die grundlegenden Mechanismen sind jedoch unzureichend bekannt. Die hydraulischen Vorgänge in einem Schnellreaktor können zwar modelliert werden, die Vorausberechnung des zu erwartenden Feststoffgehaltes im Reaktorablauf ist bisher aber nicht möglich.

Auch die in der Praxis beobachteten unterschiedlichen Anforderungen hinsichtlich der Gehalte an Inhibitoren wie Phosphat, Eisen und organischen Wasserinhaltsstoffen deuten darauf hin, dass wesentliche Effekte bei der Entcarbonisierung noch nicht verstanden sind.

Im folgenden werden die wichtigsten Ergebnisse der Untersuchungen von JOHANNSEN [5] zusammenfassend dargestellt. Dabei stehen Untersuchungen zur Kristallisation von Calciumcarbonat und deren Beeinflussung durch Inhibitoren, sowie Untersuchungen zur Lösekinetik von Calciumhydroxid im Vordergrund.

2 Kristallisationskinetik von Calciumcarbonat

Es gibt eine umfangreiche Literatur, die sich mit dem Einfluss von Fremdstoffen auf die Kristallisationsgeschwindigkeit von Calciumcarbonat beschäftigt. Beispielsweise hat MEYER [6] den Einfluss von 34 unterschiedlichen Zusätzen untersucht. Allen bisher in der Literatur beschriebenen Untersuchungen zum Einfluss von Fremdstoffen auf die Kristallisationskinetik von Calciumcarbonat ist gemeinsam, dass die Experimente jeweils für die Versuchsbedingungen ausgewertet und dargestellt wurden. Bisher ist noch kein Versuch einer einheitlichen Darstellung der unterschiedlichen Effekte unternommen worden.

Bei Untersuchungen zum Einfluss von Huminstoffen auf die Kristallisationsgeschwindigkeit von Calciumcarbonat hat RUDEK [7] gezeigt, dass Huminstoffe an der Calcit-Oberfläche adsorbieren können. Demzufolge hat er den Rückgang der Kristallisationsgeschwindigkeit durch eine teilweise Belegung der Oberfläche mit Huminstoffen erklärt. Daraus ergibt sich ein Zusammenhang zwischen dem Verhältnis der Geschwindigkeiten mit und ohne Einfluss von Huminstoffen (R_{CC}, $R_{CC,0}$) und der relativen Beladung der Calcit-Oberfläche. Unter der Voraussetzung, dass sich die Adsorptionsisothermen mit der Isothermengleichung von LANGMUIR beschreiben lassen, ergibt sich schließlich ein Zusammenhang zwischen dem Geschwindigkeitsrückgang und der Gleichgewichtskonzentration c(i) sowie der LANGMUIR-Konstante $k_L(i)$.

$$\frac{R_{CC,0}}{R_{CC}} = 1 + k_L(i) \cdot c(i) \qquad (1)$$

mit $R_{CC,0}$ Kristallisationsgeschwindigkeit ohne Einfluss eines Fremdstoffes, mmol/l s
R_{CC} Kristallisationsgeschwindigkeit, mmol/l s
$k_L(i)$ Konstante, l/mmol
c(i) Konzentration des Fremdstoffes i, mmol/l

Diese Gleichung wurde von RUDEK [7] zur Beschreibung des Einflusses von Huminstoffen auf die Kristallisationsgeschwindigkeit von Calciumcarbonat eingesetzt. Es gelingt aber nicht mit dieser Gleichung den Einfluss eines Fremdstoffes für unterschiedliche Versuchsbedingungen einheitlich zu beschreiben. Dies liegt daran, dass die Anfangskonzentration und nicht die Gleichgewichtskonzentration des Fremdstoffes bekannt ist. Ist die adsorbierte

Menge groß, ist die Konzentration im Gleichgewicht kleiner als am Anfang. Wenn lediglich die Anfangskonzentration $c_0(i)$ zur Verfügung steht, kann dies berücksichtigt werden, indem die Anfangskonzentration auf die zur Verfügung stehende Calciumcarbonat-Oberfläche A_{CC} bezogen wird. Andererseits muss der Einfluss der Übersättigung berücksichtigt werden. Nach den Untersuchungen von TAKASAKI et al. [8] nimmt der Einfluss von Fremdstoffen mit abnehmender Übersättigung zu. Der Einfluss der Übersättigung kann berücksichtigt werden, indem die Anfangskonzentration zusätzlich auf die Übersättigung $\Omega_0^{0,5}$ bezogen wird (Gl. 2).

$$\frac{R_{CC,0}}{R_{CC}} = 1 + k(i) \cdot \frac{c_0(i)}{A_{CC} \cdot \Omega_0^{0,5}} \tag{2}$$

mit $R_{CC,0}$ Kristallisationsgeschwindigkeit ohne Einfluss eines Fremdstoffes, mmol/l s
R_{CC} Kristallisationsgeschwindigkeit, mmol/l s
$k(i)$ Konstante, cm^2/mmol
$c_0(i)$ Anfangskonzentration des Stoffes i, mmol/l
A_{CC} Calciumcarbonat-Oberfläche, cm^2/l
Ω_0 Anfangsübersättigung

$$\Omega_0 = \frac{a(Ca^{2+}) \cdot a(CO_3^{2-})}{K_{CC}}$$

$a(i)$ Aktivität des Ions i, mmol/l
K_{CC} Löslichkeitsprodukt für Calciumcarbonat, $(mmol/l)^2$

Die in dem Bild 1 dargestellte Auswertung gemäß Gl. (2) belegt, dass eine einheitliche Darstellung des Einflusses von Fe^{2+} auf die Kristallisationsgeschwindigkeit für unterschiedliche Bedingungen möglich ist. Diese Darstellung berücksichtigt die wesentlichen Mechanismen. Ein Faktor $R_{CC,0}/R_{CC}=10$ bedeutet, dass die Kristallisationsgeschwindigkeit nur 10 % der Geschwindigkeit ohne Fremdeinfluss beträgt.

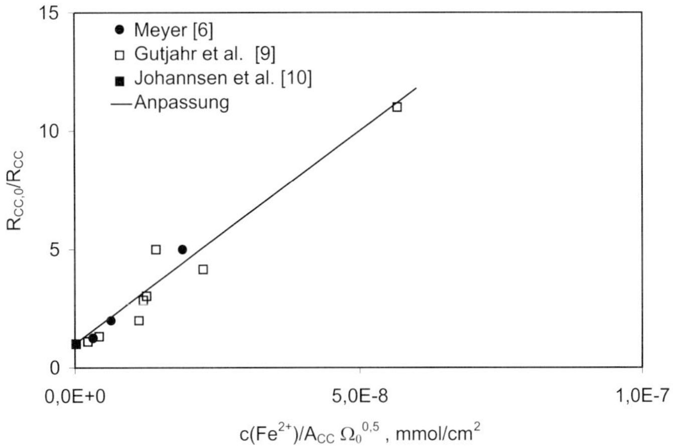

Bild 1. Einfluss von Fe^{2+} auf die Kristallisationsgeschwindigkeit von Calciumcarbonat.

Der Einfluss des Fremdstoffes wird mit zunehmendem Abzissenwert größer. Man kann der Gl. 2 entnehmen, dass sich eine Verdopplung der Konzentration der Fremdstoffe genauso negativ auf die Kristallisationsgeschwindigkeit auswirkt wie eine Halbierung der Kristallisationsoberfläche oder eine Halbierung der Übersättigung. Die Gleichung zeigt ebenfalls, dass eine höhere Fremdstoffkonzentration durch eine höhere Kristallisationsoberfläche und/oder eine höhere Übersättigung „ausgeglichen" werden kann.

Ähnliche Auswertungen können für dreiwertiges Eisen (Fe^{3+}), Phosphat (PO_4^{3-}) und für natürliche organische Wasserinhaltsstoffe durchgeführt werden. Danach besitzen diese Stoffe eine stark inhibierende Wirkung auf das Kristallwachstum von Calciumcarbonat.

In dem Bild 2 sind für die betrachteten Inhibitoren die Konzentrationen, welche eine Verminderung der Ausfallgeschwindigkeit für Calciumcarbonat um 90 % bewirken, als Funktion des Sättigungsindex unter der Annahme der Gültigkeit der Gl. (2) aufgetragen. Dabei wurde eine Calciumcarbonat-Oberfläche von $A_{CC} = 6$ m²/l angenommen. Wie die Berechnungen zeigen, ist nach Phosphat zweiwertiges Eisen der stärkste Inhibitor. Für die gegebene Oberfläche und eine Anfangsübersättigung von SI = 3 führen 5 mg/l Gesamtphosphat (pH = 10) oder ca. 7 mg/l Fe^{2+} zu einer Verminderung der Kristallisationsgeschwindigkeit um 90 %. Die gleiche Wirkung weisen 15 mg/l natürliche organische Wasserinhaltsstoffe bei einem Sättigungsindex von ca. 2,3 und 15 mg/l Fe^{3+} bei einem Sättigungsindex von ca. 1,8 auf.

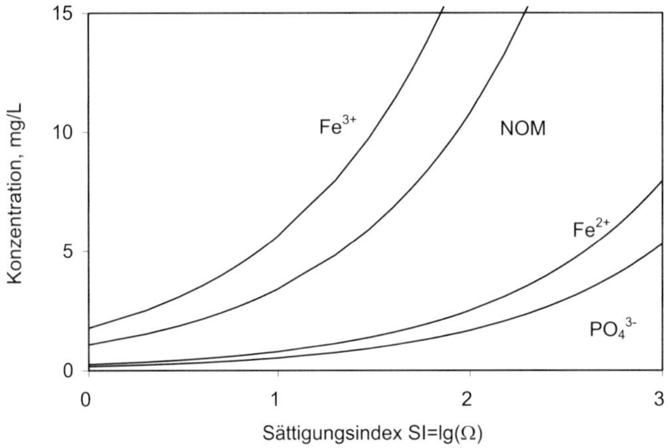

Bild 2. Einfluss von unterschiedlichen Wasserinhaltsstoffen auf die Kristallisationsgeschwindigkeit von Calciumcarbonat ($R_{CC,0}/R_{CC}=10$; $A_{CC}=6$ m²/l; pH=10 für PO_4^{3-}).

Die in dem Bild 2 dargestellten Berechnungen belegen, dass die Randbedingungen, d. h. die Calciumcarbonatoberfläche und die Übersättigung die Wirkung der Inhibitoren maßgeblich beeinflussen. Je größer die Oberfläche und die Übersättigung ist, desto weniger stark wirken sich die Inhibitoren aus.

3 Lösekinetik von Calciumhydroxid

In der Wasseraufbereitung wird Calciumhydroxid sowohl als Lösung (Kalkwasser) als auch als Suspension (Kalkmilch) eingesetzt. Der Vorteil von Kalkmilch gegenüber Kalkwasser ist, dass auf Grund der geringen Löslichkeit von Calciumhydroxid kleinere Volumina dosiert werden müssen. Auf der anderen Seite verursacht der Einsatz von Kalkmilch hohe Trübungswerte, was zusätzliche Aufbereitungsschritte wie z. B. Filtration und/oder Dosierung von Kohlensäure erfordert. Die Lösegeschwindigkeit von Calciumhydroxid spielt bei diesen Vorgängen eine entscheidende Rolle. Die Auflösung von festem Calciumhydroxid kann unter Berücksichtigung einer Hin- und einer Rückreaktion mit einem einfachen kinetischen Modell beschrieben werden [11].

$$Ca(OH)_2(s) \underset{k_{RÜCK}}{\overset{k_{HIN}}{\rightleftarrows}} Ca^{2+} + 2\ OH^- \qquad (3)$$

k_{HIN} Geschwindigkeitskonstante für die Hinreaktion, $mmol\ s^{-1}\ cm^{-2}$

$k_{RÜCK}$ Geschwindigkeitskonstante für die Rückreaktion, $l^3\ mmol^{-2}\ s^{-1}\ cm^{-2}$

Wie das Bild 3 belegt, hat die Anwesenheit von Hydrogencarbonat im Lösewasser einen Einfluss auf die Auflösung von Kalkhydrat. Die dargestellten Daten zeigen, dass mit zunehmender Hydrogencarbonat-Konzentration geringere pH-Werte erreicht werden. Hier könnte nun eine Verzögerung des Lösevorganges vermutet werden. Die Tatsache, dass geringere End-pH-Werte erreicht werden, bedeutet aber, dass auch geringere Calciumkonzentrationen in der Lösung vorhanden sind. Demzufolge findet parallel zur Auflösung von Calciumhydroxid ein Ausfallen von Calciumcarbonat statt. Durch eine einfache Modellvorstellung können beide Mechanismen beschrieben werden. Da am Anfang des Lösevorganges kein festes Calciumcarbonat in der Lösung vorhanden ist, wird angenommen, dass die Fläche der Calciumhydroxid-Partikel als Aufwuchsfläche zur Verfügung steht. Wie die in dem Bild 3 durchge-

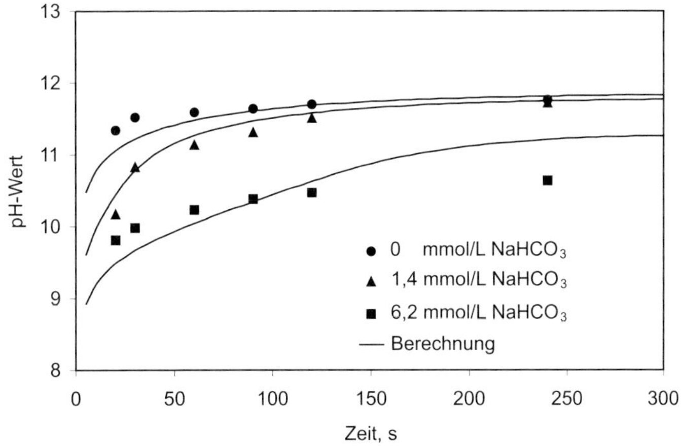

Bild 3. Auflösung von Calciumhydroxid für unterschiedliche Hydrogencarbonatkonzentrationen (Kalkhydrat, $c(Ca(OH)_2)$=4,1 mmol/l, Θ=25°C, Durchmesser=3,8 μm).

zogenen Linien zeigen, gelingt es mit dieser einfachen Annahme die Versuchsergebnisse zu beschreiben.

Die wichtigste Konsequenz dieses Modells ist die Tatsache, dass neben der Auflösung der Hydroxid-Partikel Calciumcarbonat-Partikel in der gleichen Größenordnung entstehen. Das Bild 4 zeigt Experimente, bei denen zusätzlich Calciumcarbonat-Partikel in die Lösung gegeben wurden. Es wurde ein Versuch mit Kalkhydrat und ein Versuch mit einer Kalkmilch durchgeführt. Es zeigt sich, dass der pH-Wert zunächst ansteigt und dann abfällt. Bei der Anwendung der Kalkmilch, die wegen des geringeren Durchmessers der Partikel reaktiver ist, werden am Anfang höhere pH-Werte und ein ausgeprägtes Maximum erreicht. Die durchgezogenen Linien sind mit der beschriebenen Modellvorstellung berechnet worden. Calciumhydroxid-Partikel stellen demnach einen Keim für eine heterogene Nukleierung dar. Dies ist ein wesentlicher Mechanismus, der bei der Anwendung von Kalkmilch zur Bildung von Trübung im Reaktorablauf führt.

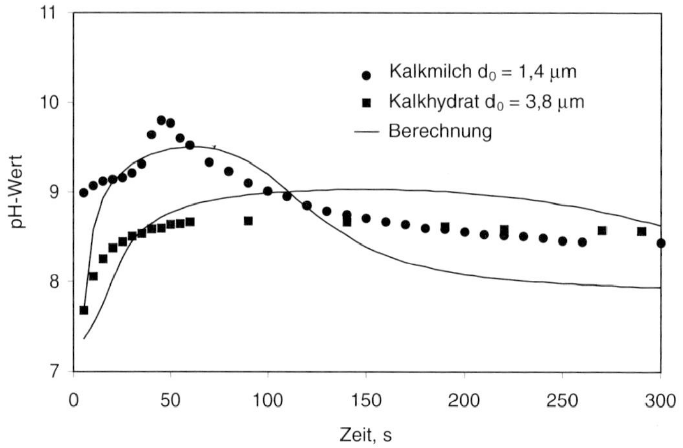

Bild 4. Auflösung von $Ca(OH)_2$ und gleichzeitiges Kristallisieren von Calciumcarbonat ($c(Ca^{2+})_0$=3,41 mmol/l, $c(C)_0$=7,65 mmol/l, $c(Ca(OH)_2)$=2,85 mmol/l, A_{CC}=4,4 m^2/l, Θ=20 °C)).

4 Modellierung der Schnellentcarbonisierung

Aufbauend auf die umfassenden Untersuchungen zur Hydraulik des Fließbettes in einem Schnellreaktor von Wilms [12] und van Dijk und Wilms [13] wurde ein Modell entwickelt, welches es unter Berücksichtigung der im Abschnitt 3 beschriebenen Mechanismen gestattet, den Verlauf der Entcarbonisierung in einem Schnellreaktor zu beschreiben. Dabei wird angenommen, dass ein Teil der Oberfläche der Calciumhydroxid-Partikel für die Kristallisation von Calciumcarbonat zur Verfügung steht. Hieraus lässt sich ein theoretischer Feststoffgehalt im Reaktorablauf berechnen. Die Anwendung der Modellvorstellung wird an einem praktischen Beispiel deutlich.

Die wichtigsten Daten für die Berechnung sind in der Tabelle 1 zusammengestellt. Der Einfluss von Kristallisationsinhibitoren wurde durch Vergleich von gemessenen und berechneten pH-Zeit-Kurven aus Becherglasversuchen ermittelt. Dabei ergab sich jeweils ein Wert von

Tabelle 1. Zusammenstellung der wichtigsten Daten für die untersuchte Schnellentcarbonisierungsanlage.

Rohwasser		
Temperatur, Θ	9,5	°C
m-Wert	7,31	mmol/l
Kohlensäuresumme, c(C)	9,68	mmol/l
$c(Ca)_{T,\ Zulauf}$	6,13	mmol/l
$c(Ca)_{T,\ Ablauf}$	2,74	mmol/l
$R_{CC,0}/R_{CC}$	1,0	–
Kalkmilch		
Durchmesser der oberflächengleichen Kugel	2,50	µm
Dosierung	5,70	mmol/l
Geschwindigkeitskonstante, k_{HIN}	$7{,}5 \cdot 10^{-5}$	$mmol\ s^{-1}\ cm^{-2}$
Geschwindigkeitskonstante, $k_{RÜCK}$	$7{,}6 \cdot 10^{-8}$	$l^3\ mmol^{-2}\ s^{-1}\ cm^{-2}$
Impf-/Pelletmaterial		
Dichte	2,84	g/cm^3
Durchmesser der oberflächengleichen Kugel	0,14	mm
Menge des Impfmaterials	400	kg
Maximaler Pelletdurchmesser	0,70	mm
Reaktor		
Unterer Durchmesser	0,5	m
Höhe	8,0	m
Oberer Durchmesser	3,5	m
Volumenstrom, Q	125	m^3/h

$R_{CC,0}/R_{CC}=1$. Die Konstanten für die Lösekinetik der eingesetzten Kalkmilch wurden in Löseversuchen bestimmt. Der maximale Pelletdurchmesser ist der Durchmesser, bei dem die Pellets aus dem Reaktor entfernt werden.

Das Bild 5 zeigt sowohl den berechneten Feststoffgehalt als auch die praktisch ermittelten Trübungswerte im Reaktorablauf als Funktion des Durchsatzes. Zunächst ist der typische Kurvenverlauf auffällig. Die Werte für den berechneten Feststoffgehalt sinken zunächst stark ab, erreichen einen konstanten Wert und steigen erst langsam und schließlich sehr stark wieder an. Dieses Verhalten ist typisch für den diskontinuierlichen Betrieb eines Schnellreaktors, da die Kristallisationsoberfläche im Reaktor zunächst gering ist und durch das Anwachsen der Pellets ansteigt. Hierdurch erfolgt die Kristallisation des Calciumcarbonats mit zunehmendem Durchsatz im Fließbett. Der Gehalt an aus dem Reaktor ausgetragenen Feststoffen nimmt hierdurch ab. Darauf folgt eine Phase, bei der sich die Zunahme der Oberfläche durch das Pelletwachstum und die Abnahme der Oberfläche durch das Entfernen der Pellets, welche den maximalen Durchmesser erreicht haben, in etwa ausgleichen. Dies ist ein Zustand der bei einem kontinuierlichen Betrieb erreicht wird, wenn die abgezogenen Pellets durch die gleiche Anzahl an Impfpartikeln ersetzt werden. In dieser Phase ist die Änderung des Feststoffgehaltes im Reaktorablauf nur gering. Schließlich überwiegt die Abnahme der Oberfläche durch das Entfernen der Pellets, was zu einem starken Anstieg des Feststoffgehaltes führt.

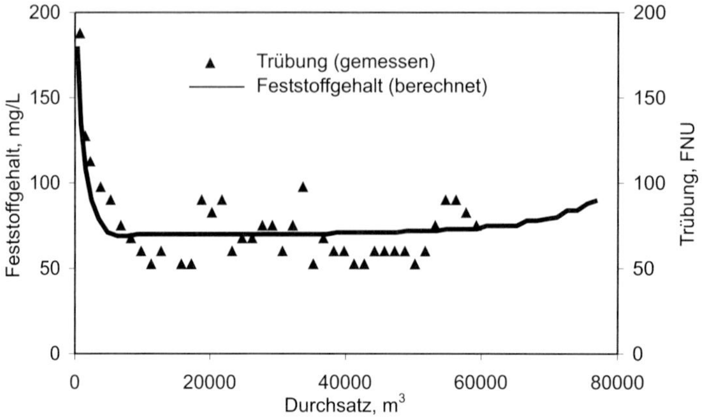

Bild 5. Berechneter Feststoffgehalt und gemessene Trübungswerte im Ablauf eines Schnellreaktors in Anbhängigkeit vom Durchsatz (Tabelle 1).

Die Berechnung zeigt, dass hohe Feststoffgehalte im Reaktorablauf immer dann auftreten, wenn die Ablagerung von Calciumcarbonat bevorzugt an den Calciumhydroxid-Partikeln erfolgen kann. Demnach bewirkt eine Erhöhung der Pelletoberfläche eine Verminderung des Feststoffgehaltes. Dies kann durch eine Erhöhung der Pelletmasse und/oder durch den Einsatz eines Pelletmaterials mit kleinerem Durchmesser erfolgen. Der Feststoffgehalt im Reaktorablauf wird dagegen erhöht, wenn die Kristallisationsgeschwindigkeit von Calciumcarbonat durch den Einfluss von Inhibitoren vermindert wird. Einen besonderen Einfluss auf den Feststoffgehalt besitzt die Lösegeschwindigkeit der Kalkmilch. Je schneller sich die Kalkmilch auflöst, desto geringer ist der Feststoffgehalt am Reaktorablauf [4,5].

5 Literatur

[1] Stetter, D., Overath, H.: Stand und neuere Entwicklungen bei der zentralen chemischen Enthärtung von Trinkwasser, Teil 1. bbr. *47*, 3, 33–40, 1996.

[2] Stetter, D., Overath, H.: Stand und neuere Entwicklungen bei der zentralen chemischen Enthärtung von Trinkwasser, Teil 2. bbr. *47*, 4, 34–40, 1996.

[3] Stetter, D., Overath, H.: Zentrale chemische Enthärtung und Entcarbonisierung von Trinkwasser. Berichte aus dem Rheinisch-Westfälischen Institut für Wasserchemie und Wassertechnologie GmbH (IWW). *Band 12*, 173–226, 1998.

[4] van Eekeren, M. W. M., Paassen, J. A. M., Merks, C. W. A. M.: Improved milk-of-lime for softening of drinking water – The answer to the carry-over problem. Aqua. *43*, 1, 1–10, 1994.

[5] Johannsen, K.: Mechanismen der Entcarbonisierung bei der Aufbereitung von Trinkwasser. Veröffentlichungen aus dem Technologiezentrum Wasser Karlsruhe. *Band 11*, 2000.

[6] Meyer, H. J.: The influence of impurities on the growth rate of calcite. J. Crystal Growth. *66*, 639–646, 1984.

[7] Rudek, R.: Untersuchungen zum Einfluß von natürlichen organischen Wasserinhaltsstoffen auf die Vorgänge bei der Korrosion. Dissertation Universität Karlsruhe, 1979.

[8] Takasaki, S., Parsiegla, K. I., Katz, J. L.: Calcite growth and the inhibiting effect of iron(III). Crystal Growth. *143*, 261–268, 1994.

[9] Gutjahr, A., Dabringhaus, H., Lacmann, R.: Studies of the growth and dissolution kinetics of the $CaCO_3$ polymorphs calcite and aragonite II. The influence of divalent cation additives on the growth and dissolution rates. J. Crystal Growth. *158*, 310–315, 1996.
[10] Johannsen, K., Alex, T., Burwieck, H, Dorsch, T., Wichmann, K: Effect of iron and manganese ions on the crystal growth of calcium carbonate. Acta hydrochim. hydrobiol. *25*, 4, 202–207, 1997.
[11] Johannsen, K., Rademacher, S.: Modelling the kinetics of calcium hydroxide dissolution in water. Acta hydrochim. hydrobiol. *27*, 2, 72–78, 1999.
[12] Wilms, D. A.: Onthardingsverloop in een korrelreactor kwantifering van de invloed van procesvariabelen. H_2O. *22*, 20, 628 -632, 1989.
[13] van Dijk, J. C., Wilms, D. A.: Water treatment without waste material – fundamentals and state of the art of pellet softening. Aqua. *40*, 5, 263–280, 1991.

Direkte Photolyse und Reaktion von Nitrophenolen und Nitrobenzoesäuren mit OH-Radikalen in umweltrelevanten, wässrigen Systemen

Direct Photolysis and Reaction of Nitrophenols and Nitrobenzoic Acids with OH Radicals in Environmentally Relevant Aqueous Systems

Wolf-Ulrich Palm und *Cornelius Zetsch**

Schlagwörter

Nitrophenole, Nitrobenzoesäuren, OH-Radikale, direkte Photolyse, Quantenausbeute, OH-Geschwindigkeitskonstante, Atmosphäre, Wolken

Summary

Nitrophenols (4-methyl-2-nitrophenol, 2,4-dinitrophenol, 2,6-dinitro-p-cresol) and nitrobenzoic acids (3-nitrobenzoic acid, 4-methyl-3-nitrobenzoic acid) were investigated with respect to direct photolysis and OH-radical reactivity in aqueous solution. Quantum yields and OH-rate constants determined were used to calculate half-lives in surface water and cloud water and by using an incremental system in the gas phase for comparison. Direct photolysis calculated from the quantum yields ($6 \cdot 10^{-4} < \Phi < 4 \cdot 10^{-7}$) with half-lives in the range of weeks is a slow process compared to OH-reactivity. Using nitrobenzene and benzoic acid as reference compounds OH-rate constants ($6.6 \cdot 10^{9} < k_{OH}/M^{-1}\,s^{-1} < 10.5 \cdot 10^{9}$) were found to be high and at the diffusion limit, as known for most aromatics in aqueous solution. Low half-lives in the range of hours are calculated in cloud waters due to their high OH levels. The influence of pH on the distribution between the aqueous phase and gas phase and their contribution to degradation is discussed.

Zusammenfassung

Nitrophenole (4-Methyl-2-nitrophenol, 2,4-Dinitrophenol, 2,6-Dinitro-p-Cresol) und Nitrobenzoesäuren (3-Nitrobenzoesäure, 4-Methyl-3-nitrobenzoesäure) wurden bezüglich ihrer direkten Photolyse und ihrer OH-Reaktion in umweltrelevanten pH-Bereichen in wässrigen Systemen untersucht. Aus den ermittelten Quantenausbeuten und OH-Geschwindigkeitskonstanten wurden die Halbwertszeiten in Oberflächengewässern und in Wolkenwasser sowie durch ein Inkrementverfahren in der Gasphase zum Vergleich berechnet. Die ermittelten äußerst geringen Quantenausbeuten ($6 \cdot 10^{-4} < \Phi < 4 \cdot 10^{-7}$) liefern für die direkte Photolyse aller Substanzen einen relativ zur OH-Reaktivität langsamen Abbauweg mit Halbwertszeiten im Bereich von Wochen.

* Dr. Wolf-Ulrich Palm, Universität Lüneburg, Institut für Ökologie und Umweltchemie, Scharnhorststr. 1, D-21335 Lüneburg (Germany).
Prof Dr. Cornelius Zetzsch, Fraunhofer-Institut für Toxikologie und Aerosolforschung, Nikolai-Fuchs-Str. 1, D-30625 Hannover (Germany).

Die über Referenzsubstanzen (Nitrobenzol und Benzoesäure) ermittelten OH-Geschwindigkeitskonstanten ($6.6 \cdot 10^9 < k_{OH}/M^{-1} s^{-1} < 10.5 \cdot 10^9$) liegen, wie für die meisten Aromaten bekannt, nahe der Diffusionsgrenze. Der Abbau durch OH-Radikale liefert besonders im Wolkenwasser aufgrund der hohen OH-Konzentrationen geringe Halbwertszeiten im Bereich von Stunden. Der Einfluss des pH-Wertes auf die Verteilung zwischen der wässrigen Phase und der Gasphase und deren Anteil am Abbau werden diskutiert.

1 Einleitung

Obwohl Nitrophenole in z. T. hohen Konzentrationen in Regenwässern bzw. in der Gasphase gefunden werden [1–5] und damit ein direkter Eintragspfad auch in das limnische System eröffnet wird, sind die Quellen und Senken dieser potentiell phytotoxischen Substanzen nicht geklärt. Als Quellen werden neben der direkten Emission von Nitrophenolen im besonderen die Nitrierung aromatischer Verbindungen in der Gasphase [6] (über N_2O_5) und die seit den grundlegenden Arbeiten von Ingold [7] bekannten Nitrierungsreaktionen allgemein über das NO_2^+-Kation in wässrigen Lösungen diskutiert. Als abiotische Senken der Nitrophenole wurde im besonderen die direkte Photolyse an einigen beispielhaften Modellsubstanzen (z. B. 4-Nitrophenol) untersucht und neben dem pH-abhängigen Abbau z. T. äußerst geringe Quantenausbeuten ($\Phi < 10^{-4}$) gefunden [8, 9]. Über die Reaktion mit OH-Radikalen, in der Umwelt eine der wichtigsten abiotischen Senken, liegen neben der Reaktion des 4-Nitrophenols (bzw. des 4-Nitrophenolat-Anions) keine weiteren Daten vor. Deshalb wurden fehlende physikalische Parameter wie Löslichkeiten bzw. pK_s-Werte und Quantenausbeuten der direkten Photolyse sowie OH-Geschwindigkeitskonstanten in wässrigen Lösungen einiger ausgewählter Nitrophenole und Nitrobenzoesäuren ermittelt [10]. Aus den nunmehr vorliegenden Ergebnissen wird eine erste Bewertung des abiotischen Abbaus unter typischen Umweltbedingungen vorgenommen.

2 Experimentelles

2.1 Verwendete Substanzen und Analytik

Die verwendeten und in der Tabelle 1 zusammengestellten Substanzen sind kommerziell (Aldrich) erhältlich (Name [Abkürzung] Reinheit: 4-Methyl-2-nitrophenol [MNP] 99 %; 2,4-Dinitrophenol [DNP] 97 %; 2,6-Dinitro-p-cresol [DNPC] 90 %; 3-Nitrobenzoesäure [NBS] 99 %; 4-Methyl-3-nitrobenzoesäure [MNBS] 99 %). Die Substanzen 2,4-Dinitrophenol (DNP) und 2,6-Dinitro-p-cresol (DNPC) wurden durch Umkristallisieren aus Methanol/Wasser nachgereinigt. Alle verwendeten Lösungsmittel hatten HPLC-Qualität. Der pH der verwendeten Phosphatpuffergemische (c = 0.003–0.02 M, pH = 2.6–6) wurde mit einem über kommerzielle Puffer (Aldrich) kalibrierten pH-Meter (Schott, CG820) überprüft. Die Analytik erfolgte über HPLC (Waters QA1; RP18-Säule; Durchfluss 1.5 ml/min; 50 µl Injektionsvolumen; Laufmittel isokratisch: Acetonitril/Puffer (pH 2.6) = 50/50; UV-Detektor 254 nm).

Tabelle 1. In dieser Arbeit bestimmte (unterstrichen) und aus der Literatur entnommene physiko-chemische Parameter der untersuchten Substanzen sowie ermittelte Geschwindigkeitskonstanten und Quantenausbeuten und entsprechende in der Umwelt berechnete Halbwertszeiten.

	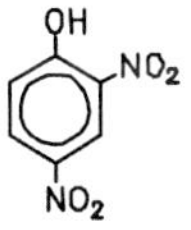 **DNP**	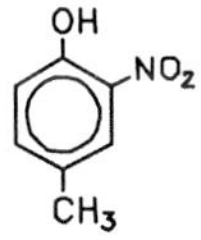 **MNP**	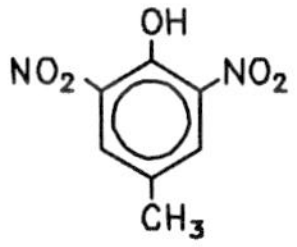 **DNPC**	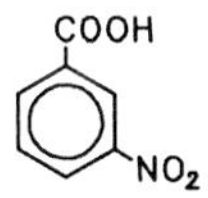 **NBS**	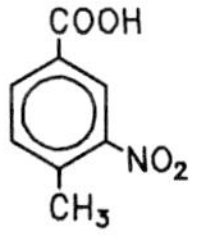 **MNBS**
pK_s	3.94 [21]	7.63 [21] **7.5**	**4.1**	3.45 [22]	3.62 [22]
Löslichkeit in Wasser L/g l^{-1} (20 °C)	0.34 [21]	0.43 [21]	**0.39**	3.1 [22]	**0.27**
Dampfdruck P/Pa (20 °C)	0.05 [21]	4.6 [21] **2.0**		< **0.1** unsicher	
Henry-Konstante H/Pa M^{-1} (20 °C)	30 [21]	1600 [21] **700**		< **0.5** unsicher	
$k_{OH}/10^{-12}$ cm^3 s^{-1} Gasphase, Abschätzung [16]	1.0	5.4	0.3	0.6	0.9
$t_{1/2}$ (OH)/Tage ($[OH]_g = 10^6$ cm^{-3}) [20]	8	1.5	26.5	13	9
$k_{OH}/10^9$ M^{-1} s^{-1} wässrige Phase		**10.5** pH = 6.0	**6.6** pH = 5.8		**7.4** pH = 7.0
$t_{1/2}$ (OH)/Tage ($[OH]_l = 2.5 \cdot 10^{-16}$ M) [18] Oberflächenwasser		**4.4**	**7.0**		**6.2**
$t_{1/2}$ (OH)/Tage ($[OH]_l = 10^{-13}$ M) [19] Wolkenwasser		**0.01**	**0.02**		**0.02**
Φ (wässrige Phase)	$\mathbf{1.1 \cdot 10^{-5}}$ pH = 2.6 $\mathbf{3.8 \cdot 10^{-6}}$ pH = 7.0	$\mathbf{3.3 \cdot 10^{-6}}$ pH = 6.0	$\mathbf{0.4 \cdot 10^{-6}}$ pH = 6.0	$\mathbf{(8 \pm 8) \cdot 10^{-5}}$ pH = 5.0	$\mathbf{6.0 \cdot 10^{-4}}$ pH = 5.0
$t_{1/2}$ (Φ)/Tage (50° N, Sommer → Winter)	**16→120** pH = 2.6 **5→35** pH = 7.0	**32→180**	**55→320**	praktisch photostabil	**2→14**

2.2 UV-Spektren und direkte Photolyse

Experimente zur direkten Photolyse und damit zur Ermittlung der Quantenausbeute wurden in einer kommerziell erhältlichen, jedoch modifizierten Karussellapparatur (Mangels, Bornheim) mit einer polychromatischen Lichtquelle (Xenon-Hochdruckstrahler, Philips XOP7, 500W) für Wellenlängen $\lambda > 290$ nm bei T = 22 °C vorgenommen (der genaue Versuchsaufbau ist in [11, 12] beschrieben). Absolute Lichtintensitäten wurden über Aktinometrie (Eisenoxalat), relative Lichtintensitäten mit einer Eichlampe (Oriel, Modell 63361) über eine übliche Monochromator (Bentham, M300 HRA)-Photomultiplier (RCA, 1P28)-Kombination erhalten. Die in Puffern in Konzentrationsbereichen von $c = 10^{-5}$ mol/l gelösten Substanzen wurden nach definierten Bestrahlungszeiträumen (bis zu einer Woche) über HPLC analysiert und aus dem Konzentrations-Zeitverlauf und den absoluten Lichtintensitäten der verwendeten Xenonlampe die jeweilige Quantenausbeute über die folgende Beziehung berechnet [11] (N_A = Avogadrokonstante, c = Konzentrationen in mol/l, $J_{abs,\lambda}$ = absorbierte, absolute Lichtintensität in Photonen s^{-1} nm^{-1} cm^{-3}, t = Zeit in s, ϕ = Quantenausbeute).

$$\frac{(c_0 - c_t) \cdot N_A}{1000 \cdot \sum_{\lambda_2}^{\lambda_1} J_{abs,\lambda}} = \phi \cdot t$$

Die ermittelten Quantenausbeuten werden aufgrund der polychromatischen Lichtquelle als Mittelwerte über den verwendeten Wellenlängenbereich erhalten. Die Fehler ($\pm$ 2σ) in den Quantenausbeuten von ca. 20–30 % ergeben sich aus den Einzelfehlern der aktinometrischen Messungen, den Unsicherheiten der ermittelten relativen Lichtintensitäten und den Fehlern der Konzentrationen zu verschiedenen Bestrahlungszeiten. Alle in den entsprechenden Lösungen vorliegenden Substanzen waren im Dunkeln über die verwendeten Meßzeiträume thermisch stabil. UV-Spektren (Uvikon 860, Kontron Instruments) der einzelnen Substanzen wurden in Puffergemischen bzw. weit oberhalb und unterhalb des pK_s in 1 cm-Küvetten aufgenommen.

2.3 OH-Geschwindigkeitskonstanten

OH-Radikale wurden in der Karussellapparatur ebenfalls bei 22 °C durch die Photolyse von NO_3^- erzeugt. In Experimenten mit MNP und MNBS wurde dafür Natriumnitrat (c = 0.1 M), in Experimenten mit DNPC ein dem kontinentalen Aerosol entsprechendes Gemisch [13] aus $Ca(NO_3)_2$, NH_4NO_3, $(NH_4)_2SO_4$, KCl und NaCl (jeweils 0.0039, 0.007, 0.0325, 0.0015 und 0.0021 mol/l) verwendet. Die Messungen erfolgten jeweils relativ zu einer Referenzsubstanz, deren OH-Geschwindigkeitskonstante aus der Literatur bekannt ist: für DNPC und MNP wurde Nitrobenzol, $k_{OH} = 3.9 \cdot 10^9$ M^{-1} s^{-1} (in Wasser) [14], für MNBS wurde Benzoesäure, $k_{OH} = 6.0 \cdot 10^9$ M^{-1} s^{-1} (pH = 6–9.4) [14], in jeweiligen Konzentrationen von $c = 10^{-5}$ mol/l verwendet. Die OH-Geschwindigkeitskonstante der untersuchten Substanz ergibt sich aus dieser Relativmessung nach folgender Beziehung:

$$\left(\ln\frac{c}{c_0}\right)_{\text{Substanz}} = \frac{k_{OH,Substanz}}{k_{OH,Referenz}} \cdot \left(\ln\frac{c}{c_0}\right)_{\text{Referenz}}$$

Ohne Berücksichtigung der Fehler in den OH-Geschwindigkeitskonstanten der Referenzverbindungen betragen die Fehler (± 2σ) in den ermittelten OH-Geschwindigkeitskonstanten aus den Steigungen $k_{OH,Substanz}/k_{OH,Referenz}$ jeweils ca. 10 %.

2.4 Dampfdrücke, Löslichkeiten und pK_s-Werte

Löslichkeiten in Wasser wurden aus bei T = 40 °C gerührten und gesättigten, anschließend bei T = 20 °C 2 Tage thermostatisierten Lösungen der entsprechenden Substanzen ermittelt. Die Fehler (± 2σ) aus drei Konzentrationsmessungen lagen bei 10 %.

Zur Ermittlung der Dampfdrücke wurde ein mit der entsprechenden feinkristallinen Substanz bei T = 20 °C gesättigter Stickstoffstrom (10–30 ml/min für 15–45 min) ausgefroren, in Acetonitril aufgenommen und über HPLC analysiert. Aus 4–5 Messungen wurden Fehler (± 2σ) von ca. ± 10 % erhalten. Die pK_s-Werte wurden aus den für verschiedene pH-Werte aufgenommenen UV-Spektren ermittelt. Fehler (± 2σ) in den pK_s-Werten lagen unterhalb von 3 %.

3 Ergebnisse

3.1 Direkte Photolyse

Die an den Beispielen MNP und NBS in Bild 1 dargestellten UV-Spektren der untersuchten Nitrophenole zeigen die bekannt starke pH-Abhängigkeit und das daraus resultierende drastisch unterschiedliche UV-Spektrum des Phenolatanions im Vergleich zur undissoziierten

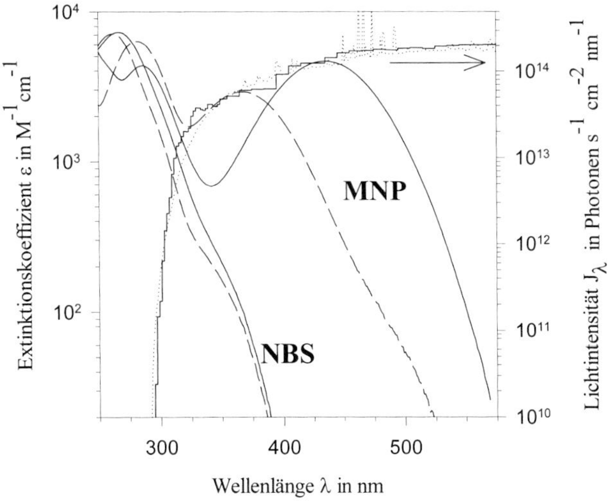

Bild 1. UV-Spektren von MNP und NBS als Beispiele der untersuchten Nitroverbindungen (gestrichelte Kurven: pH < pK_s, durchgezogenen Kurven: pH > pK_s) und typische absolute Intensitäten der verwendeten Xenonlichtquelle (gepunktete Kurve) sowie eines Sonnenlichtspektrums im Juni für 50 °N.

Substanz. Nitrobenzoesäuren dagegen zeigen kaum eine pH-Abhängigkeit in den UV-Spektren, weil sich das konjugierte System bei Dissoziation vergleichsweise wenig ändert. Die Quantenausbeuten wurden aus den in Bild 2 dargestellten Konzentrationsverläufen und mit den in Bild 1 dargestellten absoluten Lichtintensitäten der verwendeten Xenonlichtquelle ermittelt und sind in Tabelle 1 zusammengefaßt. Alle Substanzen besitzen sehr geringe Quantenausbeuten, die nur aufgrund der sehr ausgeprägten UV-Spektren und der Nutzung einer polychromatischen Lichtquelle oberhalb von 290 nm meßbar sind. Die Quantenausbeuten für MNP, DNPC, NBS und MNBS wurden bei den in der Umwelt relevanten pH-Werten von 5 bzw. 6 ermittelt (MNP liegt an diesem pH-Wert zu nur 2.2 % dissoziiert, DNPC, NBS und MNBS dagegen mit mehr als 96 % praktisch vollständig dissoziiert vor), während die Quantenausbeute von DNP sowohl oberhalb als auch unterhalb des pK_s gemessen wurde. Obwohl die Photolysegeschwindigkeitskonstante am pH = 7 (pH > pK_s) größer ist als für den pH = 2.3 (pH < pK_s), ist die mittlere Quantenausbeute am pH = 7 aufgrund des sehr ausgeprägten UV-Spektrums geringer. Dies steht qualitativ im Einklang mit den pH-abhängigen Quantenausbeuten von 4-Nitrophenol [8]. Die ebenfalls in Tabelle 1 aus den Quantenausbeuten und mit verfügbaren Sonnenintensitäten (GCSOLAR [15]) für 50 °N berechneten Halbwertszeiten liegen im Bereich von Wochen. Diese ermittelten Halbwertszeiten müssen jedoch als Minimalwerte angesehen werden, da in diesen Berechnungen Oberflächengewässer mit geringen Eigenabsorptionen angenommen werden. Obwohl im besonderen Nitroaromaten und Nitrobenzoesäuren das Sonnenlicht aufgrund der ausgeprägten UV-Spektren sehr gut absorbieren, ist die Abbaugeschwindigkeitskonstante durch das Sonnenlicht demnach sehr klein.

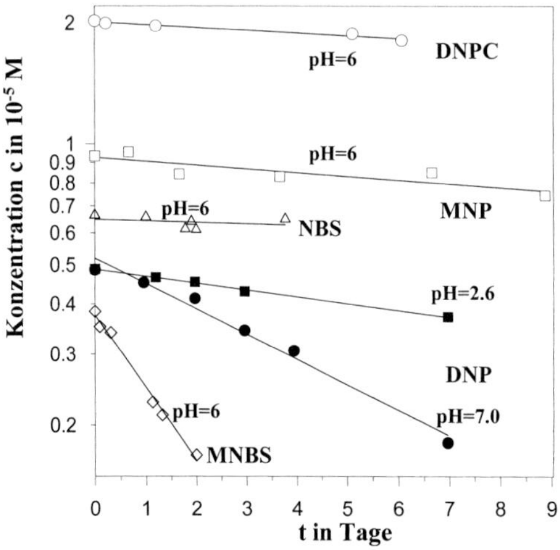

Bild 2. Direkte Photolyse der drei untersuchten Nitrophenole und der beiden Nitrobenzoesäuren in gepufferten Lösungen. Innerhalb der analytischen Fehler von ± 3 % war der Dunkelverlust aller Substanzen im jeweiligen Meßzeitraum vernachlässigbar.

3.2 Abbau durch OH-Radikale

In allen Abbauexperimenten über OH-Radikale wurde ein exponentieller Verlust sowohl der Referenzen als auch der untersuchten Nitroaromaten gefunden. Aus den jeweiligen Abbaugeschwindigkeitskonstanten der Referenzsubstanz Nitrobenzol in den Experimenten mit DNPC und MNP von $k = 3 \cdot 10^{-6}\ s^{-1}$ bzw. $k = 1 \cdot 10^{-5}\ s^{-1}$ und der Referenzsubstanz Benzoesäure in den Experimenten mit MNBS von $k = 5 \cdot 10^{-5}\ s^{-1}$ und den entsprechenden OH-Geschwindigkeitskonstanten werden unter den verwendeten experimentellen Bedingungen jeweils nahezu konstante OH-Konzentrationen im Bereich von $7 \cdot 10^{-16}$–$8 \cdot 10^{-15}$ mol/l berechnet. Aus den in Bild 3 dargestellten normierten Konzentrationen der untersuchten Substanzen relativ zu den verwendeten Referenzsubstanzen wurden die in Tabelle 1 zusammengefaßten OH-Geschwindigkeitskonstanten ermittelt. Ebenfalls in Tabelle 1 wurden zum Vergleich die auf Grundlage des Inkrementsystem nach Atkinson und Zetzsch [16] über die Hammett-Gleichung mit dem Programm AOP [17] abgeschätzten OH-Geschwindigkeitskonstanten in der Gasphase eingefügt.

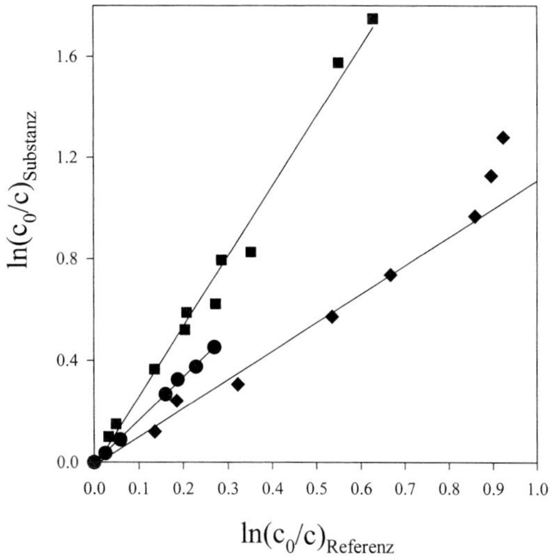

Bild 3. Auftragung der logarithmierten, normalisierten Konzentrationen von MNP (Quadrate), DNPC (Kreise) und MNBS (Rauten) aus dem Abbau durch OH-Radikale gegen die entsprechenden logarithmierten, normalisierten Konzentrationen der verwendeten Referenzsubstanzen (Nitrobenzol in den Messungen für MNP und DNPC, Benzoesäure in den Messungen für MNBS). Die Steigungen der dargestellten Geraden liefern das Verhältnis k_{OH}(Substanz)/k_{OH}(Referenz) und damit die gesuchte OH-Geschwindigkeitskonstante.

4 Diskussion

Alle untersuchten Substanzen besitzen in Lösung OH-Geschwindigkeitskonstanten an der Diffusionsgrenze, typisch für die meisten aromatischen Substanzen in wässriger Lösung [14]. Daraus ergeben sich mit OH-Konzentrationen für Oberflächengewässer von z. B. $c_{OH} = 2.5 \cdot 10^{-16}$ mol/l [18] Halbwertszeiten im Bereich von einer Woche, mit den in Wolkenwässern aus Modellen berechneten OH Konzentrationen im Bereich von $c_{OH} = 10^{-13}$ mol/l [19] wesentlich geringere Halbwertszeiten im Bereich unterhalb einer Stunde, während sich in der Gasphase mit einer mittleren OH-Konzentration von $c_{OH} = 10^6\ cm^{-3}$ [20] längere Halbwertszeiten zwischen einem Tag und einem Monat ergeben würden.

Bezüglich des Abbaus über direkte Photolyse liegen bis auf MNBS die gefundenen Halbwertszeiten der untersuchten Substanzen im Bereich einiger Wochen bis Monate und damit wesentlich höher als entsprechende Halbwertszeiten des Abbauprozesses über OH-Radikale in Wasser. Generell stellt die direkte Photolyse demnach keinen effektiven Abbaupfad der untersuchten Nitroaromaten in der Umwelt dar.

In Oberflächengewässern werden dagegen bezüglich der OH-Reaktion mit den in Tabelle 1 angewendeten OH-Konzentrationen Halbwertszeiten der untersuchten Nitroaromaten im Bereich von einer Woche berechnet.

Der wohl wichtigste Aspekt in der Beurteilung des abiotischen Abbaus der untersuchten Nitroaromaten in Wolkenwässern ist die Verteilung zwischen der wässrigen Phase und der Gasphase, intensiv diskutiert von Herterich und Herrmann [3], Schwarzenbach u. a. [21] und Lüttke u. a. [5]. Aus diesem Grund sind in der Tabelle 1 ebenfalls Dampfdrücke, Löslichkeiten in Wasser und die entsprechend bisher zur Verfügung stehenden, abgeschätzten Henry-Konstanten für DNP, MNP und NBS zusammengefaßt. Der Einfluss des pK_s-Wertes und der Henry-Konstanten auf die Berechnung der Verteilung zwischen Gasphase und flüssiger Phase einiger Nitrophenole ist z. B. in [3] beschrieben. Für Wolken folgt entsprechend unter Verwendung eines Volumens von 1 ml Wasser pro m^3 Gasphase (dies entspricht dem typischen Flüssigwassergehalt, LWC $= 10^{-6}$, für Wolken), daß

- MNP für $pH < 7$ fast vollständig in der Gasphase vorliegt (> 95 %) und damit aufgrund der OH-Geschwindigkeitskonstante in der Gasphase eine effektive Halbwertszeit von 1–2 Tagen besitzt,
- DNP für $pH < pK_s$ ($= 3.94$) zu ca. 10 %, aber für $pH = 5$ schon zu ca. 50 % in der wässrigen Phase vorliegt, und damit aufgrund der (berechneten) sehr hohen OH-Konzentrationen sehr geringe Halbwertszeiten im Bereich von Stunden liefert,
- NBS schon für $pH < pK_s$ ($= 3.45$) zu mehr als 80 % in der flüssigen Phase vorliegen sollte und ebenfalls in Wolkenwasser gut abbaubar sein sollte.

Die direkte Photolyse von DNP wurde sowohl für die dissoziierte als auch für die undissoziierte Substanz untersucht. MNP liegt aufgrund seines pK_s-Wertes sowohl in den Untersuchungen zur direkten Photolyse als auch für die OH-Reaktivität zu nur ca. 2 % dissoziiert vor. Dagegen beziehen sich die ermittelten Geschwindigkeitskonstanten und Halbwertszeiten aller anderen untersuchten Substanzen aufgrund der pK_s-Werte und der gewählten pH-Werte auf die praktisch vollständig dissoziierte Substanz.

Für die Nitrophenole sollen im folgenden einige allgemeine Gesetzmäßigkeiten zum pH-abhängigen Abbau diskutiert werden. Für DNP wurden die Quantenausbeuten für die dissoziierte (Φ_{A^-}) bzw. undissoziierte Substanz (Φ_{HA}) bestimmt. Unter der Annahme, dass die Quantenausbeute Φ linear mit den entsprechenden Anteilen der dissoziierten (x_{A^-}) und undissoziierten Substanz (x_{HA}) verknüpft ist ($x_{A^-} + x_{HA} = 1$), folgt mit

$$\phi = (\phi_{A^-} - \phi_{HA})x_{A^-} + \phi_{HA}$$

und dem Zusammenhang zwischen pK_s-Wert und pH:

$$pK_s = pH - \log \frac{x_{A^-}}{1 - x_{A^-}}$$

und $f = 10^{pH - pK_s}$

$$\phi = \frac{f\phi_{A^-} + \phi_{HA}}{1 + f}$$

Aufgrund der höheren Extinktionskoeffizienten des Phenolatanions oberhalb 400 nm wird für DNP eine wesentlich geringere Halbwertszeit relativ zur undissoziierten Substanz bezüglich der direkten Photolyse durch das Sonnenlicht berechnet, obwohl die Quantenausbeute für die undissoziierte Substanz größer ist. Im Gegensatz zur Quantenausbeute kann eine allgemeine Funktion der Abhängigkeit der Halbwertszeit für die direkte Photolyse vom pH-Wert nicht angegeben werden, da die Abbaugeschwindigkeitskonstante (und damit die Halbwertszeit) von den empirisch für jeden pH-Wert zu bestimmenden Extinktionskoeffizienten abhängt.

Im Gegensatz zur direkten Photolyse kann für den Abbau über OH-Radikale vermutet werden, dass die jeweils dissoziierten Nitrophenole prinzipiell schneller abgebaut werden. Diese Vermutung begründet sich auf der experimentellen Kenntnis, dass einige (wenige) Aromaten wie z. B. Nitrobenzol, 1,4-Dicyanobenzol oder p-Nitrobenzoat mit überwiegend stark elektronenziehenden Substituenten OH-Geschwindigkeitskonstanten unterhalb der Diffusionsgrenze im Bereich von $k_{OH} = 0.8–3 \cdot 10^9\ M^{-1}\ s^{-1}$ besitzen [14]. Einem inzwischen auch in der Gasphasenchemie angewendeten Konzept folgend [16, 23] wird der Angriff des elektrophilen OH-Radikals an den aromatischen Kern durch Substituenten mit hohen positiven, aus der Hammett-Beziehung abgeleiteten σ^+-Werten verlangsamt. Da die σ^+-Werte des Substituenten OH ($\sigma^+(m) = 0.05$, $\sigma^+(o,p) = -1.0$) [24] weniger negativ sind als für den extrem aktivierenden Substituenten O^- ($\sigma^+ (m) = -1.5$, $\sigma^+ (o,p) = -2.5$) [24], sollten diesem Konzept nach die dissoziierten Nitrophenole schneller mit OH-Radikalen reagieren.

Der Abbau im besonderen über OH-Radikale bei verschiedenen pH-Werten muss demnach in Fortführung der bisherigen Messungen untersucht werden. Des weiteren sind die bisher vorliegenden Daten fundamentaler Eigenschaften wie Löslichkeiten oder Dampfdrücke der Nitrophenole bzw. Nitrobenzoesäuren sehr lückenhaft. Im besonderen jedoch fehlen experimentelle Daten zum abiotischen Abbau der Nitroaromaten in der Gasphase, zu OH-Konzentrationen in umweltrelevanten, wässrigen Systemen und ein Referenzsystem zur Untersuchung der vermutlich pH-abhängigen OH-Geschwindigkeitskonstanten.

Danksagung

Die Autoren danken der Europäischen Union für die finanzielle Unterstützung im Rahmen des Projektes UNARO (ENV4-CT97-0411).

Literatur

[1] Nojima, K. u. a.: Studies on photochemical reaction of air pollutants. X. Identification of nitrophenols in suspended particulates. Chem. Pharm. Bull. *31*, 1047–1051 (1983).

[2] Leuenberger, C. u. a.: Nitrated phenols in rain: atmospheric occurrence of phytotoxic pollutants. Chemosphere *17*, 511–515 (1988).

[3] Herterich, R. u. Herrmann, R.: Comparing the distribution of nitrated phenols in the atmosphere of two German hill sites. Environ. Technol. *11*, 961–972 (1990).

[4] Richartz, H. u. a.: Nitrated phenols in fog. Atmos. Environ. *24A*, 3067–3071 (1990).

[5] Lüttke, J. u. a.: Occurrence and formation of nitrated phenols in and out of clouds. Atmospheric Environment *31*, 2637–2648 (1997).

[6] Zielinska, B. u. a.: Formation of methylnitronaphthalenes from the gas-phase reactions of 1- and 2-methylnaphthalene with OH radicals and N_2O_5 and their occurrence in ambient air. Environ. Sci. Technol. *23*, 723–729 (1989).

[7] Ingold, C. K.: Structure and mechanism in organic chemistry. Cornell University Press, Ithaca 1969.

[8] ECETOC Technical Report No 12: The Phototransformation of Chemicals in Water: Results of a Ring-Test. European Chemical Industry Ecology & Toxicology Centre, Brussels 1984.

[9] Alif, A., Boule, P. u. Lemaire, J.: Compotement photochimique du nitro-4 phenol en solution aqueuse. Chemosphere *16*, 2213–2223 (1987).

[10] Palm, W.-U., Behnke, W. u. Zetzsch, C.: Light induced reactions of nitrophenols – a possible sink in the atmosphere? In: Becker, K. H. u. Angeletti, G.: Chemical mechanisms of atmospheric processes. Air pollution research report *67*, S. 377–382, EU DGXII, Brussels 1999.

[11] Palm, W.-U. u. Zetzsch, C.: Investigation of the photochemistry and quantum yields of triazines using polychromatic irradiation and UV-spectroscopy as analytical tool. Int. J. Environ. Anal. Chem. *65*, 313–329 (1996).

[12] Palm, W.-U. u. Zetzsch, C.: Photochemical reactions of metamitron. Chemosphere *35*, 1117–1130 (1997).

[13] Warneck, P.: Chemistry of the Natural Atmosphere, Academic Press, San Diego 1988.

[14] Ross, A. B. u. a.: NDRL-NIST Solution Kinetics Database: Ver. 1, National Institute of Standards and Technology, Gaithersburg 1992.

[15] Zepp, R. G. u. Cline, D. M.: Rates of direct photolysis in aquatic environment. Environ. Sci. Technol. *11*, 359–366 (1977). Zepp, R. G. u. Cline, D. M.: GCSOLAR, Release Date: 29-Oct. 1984.

[16] Atkinson, R.: Estimation of gas-phase hydroxyl radical rate constants for organic chemicals. Environ. Toxicol. Chem. *7*, 435–442 (1988). Kwok, E. C. u. Atkinson, R.: Estimation of hydroxyl radical reaction rate constants for gas-phase organic compounds using a structure-reactivity relationship: an update. Atmos. Environ. *29*, 1685–1695 (1995).

[17] Meylan, W. u. Howard, P.: Atmospheric Oxidation Program – AOP (Version 1.7), Syracuse Research Corporation, Syracuse, NY 1995.

[18] Zepp, R. G., Hoigne, H. u. Bader, H.: Nitrate-induced photooxidation of trace organic chemicals in water. Environ. Sci. Technol. *21*, 443–450 (1987).

[19] Zellner, R. u. Herrmann, H.: Free Radical Chemistry of the Aqueous Atmospheric Phase. In: Clark, R. J. H. u. Hester, R. E.: Advances in Spectroscopy, Vol. 24, S. 381–451, Wiley, Chichester 1995.

[20] Prinn, R. G. u. a.: Atmospheric trends and lifetimes of methyl chloroform and global hydroxyl radical concentration. Science *269*, 187–192 (1995).

[21] Schwarzenbach, R. u. a.: Compound properties relevant for assessing the environmental partitioning of nitrophenols. Environ. Sci. Technol. *22*, 83–92 (1988).

[22] Beilstein, F. K.. *Handbuch der organischen Chemie.* Band *9*, S. 376 (NBS), Band 9, S. 502 (NMBS) und jeweils entsprechende Ergänzungsbände, Springer, Berlin 1918.

[23] Zetzsch, C.: Predicting the abiotic degradability of organic chemicals in the atmosphere by OH using structure reactivity relations. In: Christiansen, K. u. a.: Proceedings Chemicals in the Environment, S. 302–312, Lyngb, Denmark 1982.

[24] Taylor, R.: Electrophilic Aromatic Substitution. Wiley, Chichester 1990.

Sonderdruck aus **VOM WASSER** 95. Band 2000

Stoffflussszenario Abwasser eine Skizze zukünftiger Abwassersubstanzflüsse

A Substance Flow Scenario of futural Municipal Sewage Treatment

*Claus Raach** und *Hubert Wiggering***

Schlagwörter

Abwasserszenario, Kommunale Kläranlagen, Nährstoffe, Schwermetalle, Stoffflussanalyse, Zukunftsfähigkeit

Summary

A Substance Flow Scenario of Municipal Sewage Treatment Systems is developed based on the Substance Flow Analysis of German Sewage Treatment Systems showing a representative model region of the present sewage treatment. Many measures including the potential of implementation are considered therefore. They are concentrated with the entry of sewage treatment systems in terms of precipitation, household external water and additional loads of auxiliary substances.

Substance flow diagrams of the seven non-metals organic carbon, nitrogen, phosphorus, sulphur, calcium, chlorine and boron as well as the five metals iron, cadmium, mercury, lead and aluminium are presented. Further elements with structural similarities in their substance flow diagrams are mentioned as well.

The quantity of water due to this scenario is reduced up to 50 %, the whole material flux of water outflow is reduced up to 66 % and the material flux of sewage sludge up to 91 %; the material flux of water outflow of carbon, nitrogen or phosphorus for example up to 50 %. In addition the concentration of heavy metals in the sewage sludge diminishes to less than appr. 2/3.

The study enables an adaptation to different local conditions. Due to that this would yield better differentiation and decentralization of municipal sewage treatment. Even many ecosystematic, social and educational functions of urban systems are influenced in a positive way.

Zusammenfassung

Aufbauend auf der „Stoffflussanalyse Abwasser", die eine Modellregion der derzeitigen Abwasserbehandlung repräsentativ abbildet, wird ein zukunftsfähiges „Stoffflussszenario Abwasser" entworfen. Hierfür werden zahlreiche Maßnahmen einbezogen, einschließlich ihrer Umsetzungspotentiale. Diese setzen bei den Niederschlags-, Haushalts-, Fremdwasser- sowie bei den Zusatzstoff-Einträgen der kommunalen Kläranlage an.

Die Stoffflussdiagramme der sieben Nichtmetalle Kohlenstoff, Stickstoff, Phosphor, Schwefel, Calcium, Chlor und Bor sowie der fünf Metalle Eisen, Cadmium, Quecksilber, Blei und Aluminium werden beispielhaft vorgestellt. Auf weitere Elemente, deren Stoffflussdiagramme strukturelle Ähnlichkeiten mit denen der oben genannten Elemente aufweisen, wird hingewiesen.

---

* Dipl.-Ökol. Dipl.-Ing. (FH) C. Raach, Gutenbergstr. 8, D-88250 Weingarten.

** Dir. u. Prof Dr. H. Wiggering, Rat von Sachverständigen für Umweltfragen, Postfach 5528, D-65180 Wiesbaden.

Im „Stoffflussszenario Abwasser“ werden die Wassermengen um 50 %, die gesamte Abflussfracht um 33 % sowie die Klärschlammfracht um 9 % reduziert. Hierbei verringert sich beispielsweise die Kohlenstoff-, Stickstoff- oder Phosphor-Abflussfracht jeweils um 50 %. Weiterhin werden die Schwermetallkonzentrationen im Klärschlamm zum Teil deutlich reduziert. Das „Stoffflussszenario Abwasser“ ermöglicht eine Anpassung an unterschiedlichste lokale Verhältnisse. Gleichzeitig führt es zu einer flächendeckenden Differenzierung und Dezentralisierung der Abwasserbehandlung, wobei auch zahlreiche ökosystemare, soziale und pädagogische Funktionen urbaner Systeme positiv beeinflusst werden.

1 Einleitung

Die derzeitige Lebensform menschlicher Gesellschaften ist nicht „zukunftsfähig“ [1]. Baccini und Oswald gelangen zu folgender Hypothese [2]:

„Der Weg zu einer „zukunftsfähigen Lebensform menschlicher Gesellschaften“ führt in den nächsten Jahrzehnten über den Umbau bestehender urbaner Systeme.“

Von der stofflichen Sicht aus betrachtet, stellen urbane Siedlungen reine „Durchflussreaktoren“ dar und zeigen keine signifikante Kreislaufwirtschaft auf [3]. Wasser ist von allen Gütern, die der Mensch in urbanen Siedlungen umsetzt, mengenmäßig mit rund 80 % das bedeutendste Gut [3]. Es verlässt urbane Siedlungen als gereinigtes Abwasser und ist für die Stoff- und Energieflüsse im urbanen Stoffhaushalt von wesentlicher Bedeutung [4].

Nachfolgend wird für das Entstehen und Behandeln von kommunalem Abwasser ein zukunftsfähiges Stoffflussszenario entworfen und quantifiziert. Dieses „Stoffflussszenario Abwasser“ optimiert den Status quo im Hinblick auf das Leitbild „sustainable development“.

2 Vorgehen

2.1 Grundlagen

Das stoffflussoptimierte Abwasserszenario folgt dem Entwurfsprozess von Baccini und Oswald [2] und entwickelt diesen für das „Stoffflussszenario Abwasser“ weiter:

Ziele	⇒	Analyse	⇒	Ideen	⇒	Szenario
⇓		⇓		⇓		
Umweltpolitische Ziele	⇒	Stoffflussanalyse Abwasser	⇒	Maßnahmen	⇒	Stoffflussszenario Abwasser

Die nachfolgend aufgeführten Ergebnisse bauen auf der „Stoffflussanalyse Abwasser – eine Abschätzung der Substanzflüsse deutscher Kläranlagen“ [5] auf, wobei die „Stoffflussanalyse Abwasser“ bereits dem zweiten Schritt des Entwurfprozesses entspricht.

Bei der „Stoffflussanalyse Abwasser“ lagen die Ziele des Leitbildes „sustainable development“ zugrunde [6]. Folglich entspricht der Ausgangspunkt, d. h. der erste Schritt des Entwurfprozesses, des „Stoffflussszenarios Abwasser“ diesem Leitbild mit seinen Leitlinien, den hiervon abgeleiteten Umweltzielen mit ihren konkretisierten Umweltqualitätszielen (UQZ) und die diese operationalisierenden Umwelthandlungszielen (UHZ).

Beispielhaft sind nachfolgend einige für die Abwasserbehandlung relevante umweltpolitische Ziele aufgeführt:

- Flächendeckender Grundwasser- und Gewässerschutz (UQZ) [7 und 8],
- Grundwassernutzung regional – soweit möglich – soll der Grundwasserneubildung entsprechen (UQZ) [7 und 8],
- Vermeidung anthropogener Einträge (UHZ) [7 und 8],
- Flächenverbrauch begrenzen bzw. reduzieren (UQZ) [7 und 8],
- Anteil naturnaher städtischer Flächen vermehren (UQZ) [7],
- Verbesserung der Versickerungsmöglichkeiten von Regenwasser (UHZ) [7],
- Minimierung des Trinkwasserverbrauchs (UHZ) [9],
- Schutz des Grundwassers durch Optimierung der Reinigungsleistung bei den Anlagen zur zentralen und dezentralen Abwasserbehandlung (UHZ) [9],
- Minimierung des Schmutzeintrages in das Abwasser bei allen Abwasserverursachern, damit sich schädliche Stoffe, die sich im Klärschlamm ablagern oder mit dem Abwasser in den Vorfluter geraten könnten, nicht in das Abwasser gelangen (UHZ) [9],
- Nutzung der bestehenden Entsiegelungspotentiale durch den Rückbau versiegelter Flächen sowie die qualitative Flächenaufwertung (UHZ) [7],
- Verminderung des Eintrags von Stoffen, welche die notwendigen Bodenfunktionen dauerhaft gefährden (UHZ) [7],
- Wasserbedarf soll der Verfügbarkeit entsprechen (UHZ) [10].

Die „Stoffflussanalyse Abwasser", die die Herkunft und den Verbleib einzelner Elemente im Abwasser von kommunalen Kläranlagen (KKA) untersuchte, ermittelte die Quellen von Nährstoffen und Schwermetallen und ihre dissipativen Verluste in die Fließgewässer, ebenso wie die für den Betrieb der KKA benötigten Zusatzstoff-Frachten [5]. Die auf bundesdeutsche Verhältnisse übertragenen Daten des Ruhreinzugsgebiets dienten hierbei mehr oder weniger als repräsentative Grundlage zur Beschreibung einer Modellregion [5].

Hierbei konnte dargelegt werden, dass die Reinigungsfunktion von KKA's Anfang bis Mitte der 90er Jahre teilweise als sehr ineffizient und die Recyclingfunktion als langfristig ungenügend angesehen werden muss [5]. Die Studie verdeutlichte weiterhin, dass bei einer KKA die Wassermenge gegenüber den Substanzflüssen den um mehrere Zehnerpotenzen größeren Ressourcenfluss darstellt [5]. So wurde auch deutlich wie wichtig gerade das zukunftsfähige Management der Wassermengen für das Grundwasser und die Oberflächengewässer ist. Beispielsweise wird sowohl durch die stoffliche als auch durch die hydraulische Belastung von Mischwassereinleitungen der Stoffhaushalt und die Biozönose von Fließgewässern negativ beeinflusst [11].

2.2 Maßnahmen

Der dritte Schritt des Entwurfprozesses stellt eine Zusammenstellung konkreter Maßnahmen, einschließlich ihrer Umsetzungspotentiale, dar. Hierbei handelt es sich um in mehr oder weniger großem Umfang bereits realisierte Maßnahmen. Der letzte Schritt, das Szenario, erhält hierdurch einen stark anwendungsorientierten Charakter. Für die Umsetzung der angeführten Potentiale werden teilweise längere Zeiträume benötigt, so dass das nachfolgend aufgeführte „Stoffflussszenario Abwasser" die Abwasserbehandlung beispielhaft bis etwa 2030 beschreibt. Voraussetzung für ein Gelingen ist allerdings ein unmittelbarer Beginn der Umsetzung der aufgeführten Maßnahmen. Mittels der umsetzbaren, konkreten und quantifizierten Maßnahmen wird das Reduktionspotential der Stoffflüsse für das zu entwickelnde Abwasserszenario berechnet. Eine Vorselektion der einzelnen Maßnahmen fand aufgrund der Ergebnisse der „Stoffflussanalyse Abwasser" statt. Die folgende Auflistung erhebt aus diesem Grund nicht den Anspruch auf Vollständigkeit aller derzeit realisierbaren Maßnahmen.

2.2.1 Abfließende Niederschläge

Die bei den abfließenden Niederschlägen ansetzenden Maßnahmen und ihre Umsetzungspotentiale sind:

- die Entsiegelung und Renaturierung von Flächen. Die Bundesforschungsanstalt für Landeskunde und Raumordnung (BfLR) hat ermittelt, dass 10 % der gesamten Bodenversiegelung entsiegelt und weitere 22 % mit versiegelungsfreundlicherem Belag versehen werden können (BfLR 1996 in [7]). Für die Modellregion Ruhreinzugsgebiet bedeutet dies bei 257 km^2 befestigter Fläche, dass 25,7 km^2 entsiegelt und 56,5 km^2 mit einem versiegelungsfreundlicherem Belag versehen werden sollten. Wird bei letzterem ein durchschnittlicher Versiegelungsfaktor von 0,7 angenommen, ergibt sich bei einem durchschnittlichen Niederschlag von 790 mm/Jahr [12] ein Reduktionspotential der abfließenden Niederschläge von 17 % durch Entsiegelung und 11 % durch versiegelungsfreundlichere Beläge.
- die Dachbegrünung. Auf verlässliche Statistiken für den Gründachmarkt kann nicht zurückgegriffen werden (Hämmerle in [13]). Verwertbare Daten über abgedichtete Flachdächer liefert die Abdichtungsbranche. Schätzungen gehen von ca. 1,5 Mrd. m^2 Flachdächern in Deutschland mit einer Lebensdauer von ca. 15–20 Jahren aus [14]. Im Jahr 1997 etwa wurden ca. 90 Mio. m^2 Flachdächer gebaut und abgedichtet. Auf die Sanierung entfielen 60 % und auf den Neubau 40 % (Hämmerle in [13]); davon wurden ca. 11 Mio. m^2 Flachdächer begrünt (Hämmerle in [13]). Mittlerweile ist hierbei eine steigende Tendenz zu beobachten. Unter der Annahme, dass durch den anhaltenden Trend und verstärkte Bemühungen innerhalb von ca. 30 Jahren 50 % des Flachdachbestandes begrünt wird, ergibt sich für Deutschland eine durchschnittliche jährliche Flachdachbegrünung von ca. 20 Mio. m^2. In ca. 30 Jahren ergibt sich für die Modellregion bei 790 mm/a Niederschlag und einer durchschnittlichen Retentionsleistung von 50 % eine Reduzierung des abfließenden Niederschlages in die Kanalisation von ca. 7,5 Mio. m^3/a. Die abfließenden Niederschläge werden hierdurch um 6 % verringert. Eine Dachbegrünung hält in geringem Umfang auch Nährstoffe und Schwermetalle zurück.
- die Regenwasserversickerung. Derzeit werden zahlreiche Neubaugebiete in der Weise angelegt, dass kein Regenwasser in die Kanalisation gelangt. Nach einer Umfrage der Abwassertechnischen Vereinigung (ATV) stehen die Kommunen in Deutschland der Versickerung von Niederschlagswasser sehr positiv gegenüber. Etwa 40 % der Gemeinden ziehen eine verstärkte Versickerung in Betracht [15]. Die ATV-Umfrage ergab weiterhin, dass derzeit durchschnittlich 10 % des Niederschlagsabflusses versickert werden. Das maximale Versickerungspotential wird von den Kommunen auf 17 % geschätzt [15]. Für die weiteren Betrachtungen wird mit einem Reduktionspotential der abfließenden Niederschläge in der Modellregion von 7 % ausgegangen.

- die Stadtgestaltung mit Regenwasser. Die hierbei stattfindende Verdunstung und Versickerung bewirkt eine Reduktion der in die KKA fließenden Niederschläge. Sie lässt sich nicht repräsentativ quantifizieren, genauso wie das Ausmaß der direkten Ableitung von unbedenklichen Niederschlägen in Oberflächengewässer.
- die verstärkte Straßenreinigung. Eine verstärkte Reinigung stark belasteter Straßen vermindert besonders den Schadstoffeintrag in die KKA und ermöglicht eine zweckmäßige Entsorgung der konzentrierten Schadstofffrachten. Aufgrund der komplexen Zusammenhänge zwischen kommunaler Autonomie, Häufigkeit der Straßenreinigung, Belastung der Straßen etc. kann hierbei keine exakte Annahme über eine mögliche Frachtreduktion gemacht werden [16].
- die Regenwassernutzung für gewerbliche Zwecke. In Anbetracht der zahlreichen Möglichkeiten für eine gewerbliche Nutzung von Regenwasser sowie der bisher geringen Ausschöpfung der vorhandenen Umsetzungspotentiale und aufgrund fehlender Untersuchungen für die Modellregion wird wie bei der Dachbegrünung ein Einsparpotential von 6 % abgeschätzt.
- die Behandlung von belastetem Regenabfluss. Das quantitative Ausmaß der Frachtreduktionen kann durch die Behandlung von belastetem Regenwasser für die Modellregion nicht abgeschätzt werden.
- die Festsetzungen durch die Bauleitplanung.
- die Erstellung kommunaler Richtlinien.
- die Öffentlichkeitsarbeit.
- finanzielle Anreize. Wie bei der vorhergehenden Aufzählung ist auch hier kein quantifizierbares Umsetzungspotential für die einzelnen Maßnahmen zu benennen.

2.2.2 Haushalt

Beim Haushaltseintrag werden folgende Maßnahmen und ihre Umsetzungspotentiale berücksichtigt:

- dezentrale Hausklärung. Den Berechnungen der „Stoffflussanalyse Abwasser" für die Modellregion liegen ausschließlich die an die öffentlichen Abwasserbehandlungsanlagen angeschlossenen Einwohner zu Grunde, so dass sich die in der Modellregion betrachteten Stoffflüsse nicht verändern.
- Spar-Geräte. Wassersparende Wasch- und Spülmaschinen sind inzwischen Stand der Technik [17]. In den nächsten Jahrzehnten ist mit einem vollständigen Ersatz alter Geräte zu rechnen. Die möglichen Umsetzungspotentiale aufgrund dieses Austausches lassen sich für die Modellregion nicht abschätzen. Aus diesem Grund wird angenommen, dass diese vermutlich geringen Umsetzungspotentiale in den nachfolgenden Maßnahmen inbegriffen sind.
- Spar-Armaturen. Entsprechende Maßnahmen lassen sich größtenteils sehr leicht auch nachträglich installieren. Sie können den Pro-Kopf-Verbrauch um ca. 50 Liter pro Tag senken [17]. Dies entspricht 25 % bei einem täglichen Gesamtverbrauch von 200 l pro Einwohner in der Modellregion. Mit der Annahme, dass Spar-Armaturen in ca. 30 Jahren Standard sind und derzeit ein gewisser Teil der Bevölkerung sie bereits verwendet, wird angenommen, dass zusätzlich in jeder zweiten Wohneinheit Wasser sparende Armaturen installiert werden. Daraus resultiert ein Reduktionspotential von ca. 12 % des Trinkwasserverbrauches.

- Wasserdruck- und Leitungsverlustreduzierung. Hierbei betragen die Verluste in Trinkwassertransportleitungen bundesweit ca. 10 % (LAWA in [17]). Das Aufspüren und Verschließen von undichten Stellen in den Trinkwasserleitungen wird seit einiger Zeit von vielen Gemeinden forciert [18]. Für dicht bebaute Gebiete ist eine Reduzierung des Wasserverlusts in Trinkwassertransportleitungen von ca. 2 % technisch machbar [18]. Die Reduzierung der Leitungsverluste hat jedoch auf die Rohabwassermengen keinen Einfluss. Die Reduzierung des Wasserdruckes kann auf lokaler Ebene auf technische Schwierigkeiten stoßen, sodass diese teilweise nicht umgesetzt werden kann. Die möglichen Sparpotentiale lassen sich schwer abschätzen.
- Wasserzähler in jeder Wohneinheit. Untersuchungen in ca. 2500 Wohnungen ergaben, dass hierdurch ein Einsparpotential von durchschnittlich 15 % erzielt wird [18]. Wasserzähler sind derzeit nur in geringem Umfang in den Wohneinheiten installiert, sodass für die Modellregion ein Einsparpotential von 14 % angenommen wird.
- effizienter Waschen/Putzen/Reinigen. In einem Modellhaushalt konnten beispielsweise ca. 40 % des Wasserverbrauchs beim Wäschewaschen gegenüber einem Modell-Durchschnitts-Haushalt eingespart werden [19]. Daraus ergibt sich eine mögliche Reduktion von ca. 8 l/(E · d) bzw. 4 % vom Gesamthaushaltsverbrauch. Angaben über Einsparpotentiale beim Reinigen und Putzen sind nicht bekannt, werden jedoch erwartet. Mit der Annahme, dass drei viertel der Bevölkerung ihr Verhalten beim Wäschewaschen ändert, ergibt sich ein Einsparpotential von 3 %.
- Grauwassernutzung. Die Einsparung im Wohnungsbau beträgt 45 l/(E · d) (im Hotelwesen mehr als 60 l pro Gast und Tag) [20]. Umgerechnet auf die Modellregion entspricht dies einem Reduktionspotential von 20 %. Der Platzbedarf sowie die semizentrale Betriebsweise schränken die Anwendungsmöglichkeiten etwas ein. So wird angenommen, dass in ca. 30 Jahren jeder zehnte Einwohner der Modellregion an eine Grauwasser-Recyclinganlage angeschlossen ist. Die resultierende Verringerung des Trinkwasserverbrauchs beträgt dann 2 %. Die Reduzierung der Frachten kann mangels verfügbarer Daten nicht quantifiziert werden.
- Regenwassernutzung im Haushalt. Die Verwendung von Regenwasser in Haus und Garten führt zu einer 30 %-igen Einsparung des Trinkwasserverbrauches [21]. Mit der Annahme, dass in ca. 30 Jahren zusätzlich 10 % der Haushalte in der Modellregion Regenwasser nutzen, ergibt sich ein Einsparpotential von 3 %.
- Betriebswassernutzung im Gewerbe. Innerhalb von 25 Jahren sind Einsparpotentiale von 30 % des derzeitigen Trinkwasserverbrauches möglich und jeweils die Hälfte kommt durch Reduktion des Gesamtverbrauches bzw. durch die Substitution mit Betriebswasser zustande [2]. Dem liegt zu Grunde, dass ca. 2/3 des gewerblichen Wassers aus dem öffentlichen Wassernetz bezogen wird. Hieraus resultiert ein Einsparpotential aus der öffentlichen Wasserversorgung von ca. 20 %. Es wird angenommen, dass Regenwasser bereits 6 % des Trinkwasserbedarfs ersetzt (vgl. oben), was ein Einsparpotential von 14 % durch Brauchwassernutzung bzw. Reduzierung des Gesamtverbrauches beim Gewerbe zur Folge hat.
- Vakuumtoiletten. Diese führen bei einem Wasserverbrauch von ca. 1 Liter pro Spülgang [17] Fäkalien und Urin ab [22]. Die Annahmen über das Umsetzungspotential der Vakuumtoiletten werden aufgrund der ähnlichen Auswirkungen mit der nachfolgend angeführten Mini-Flush-Toilette auf die weitere Behandlung der Fäkalien und des Urins, ebenda gemeinsam angeführt.

- Mini-Flush-Toiletten. Diese können wie herkömmliche Systeme benutzt werden. Sie sind direkt an die Wasserleitung angeschlossen und benötigen 0,8 Liter pro Spülgang [23]. Mini-Flush-Toiletten können nach Herstellerangaben jede zweite Haustoilette ersetzen [23]. Wie bei der Vakuumtoilette ist bei einer separaten Erfassung eine Vergärung der Fäkalien und des Urins möglich [23]. Gegenüber herkömmlichen „6 Liter-Toiletten" reduzieren beide Systeme den Trinkwasserverbrauch im Haushalt um 20 % [17 und 23]. Für die Modellregion wird angenommen, dass innerhalb von ca. 30 Jahren beide Systeme insgesamt in jedem vierten Haushalt eingesetzt werden und somit ein Einsparpotential von 5 % des Wasserverbrauchs besitzen.
- Urinseparierung. Der Urin-Anteil der Nährstoffe N, P und K beträgt am bisherigen KKA-Gesamteintrag 50 % bis 68 % [5]. Diese Maßnahme verbessert auch das C/N-Verhältnis im Rohabwasser und optimiert somit den Abwasserreinigungsprozess in der KKA. Schließlich können mit der Verwertung des Urins im Gartenbau oder in der Landwirtschaft die Nährstoffe wieder genutzt werden [22]. Angaben über die Verbreitung der Urinseparierung mit anschließender gesonderter Urinverwertung sind nicht bekannt. Ohne entsprechende Angaben kann kein Umsetzungspotential dieser Maßnahme angenommen werden.
- Bioabfall- und Fäkalien-Vergärung. Für die Mini-Flush- und Vakuum-Toiletten wird angenommen, dass beide Systeme zusammen betrachtet in jeder vierten Wohnung eingesetzt werden. Es bietet sich geradezu an, die beiden Systeme mit der Vergärung zu kombinieren. Der Gärbehälter benötigt einen gewissen Platz, der bei nachträglicher Installation evtl. nicht vorhanden sein könnte. Aus diesem Grund wird angenommen, dass fast jede zehnte Wohnung in der Modellregion ihre Bioabfälle zusammen mit ihren Fäkalien und dem Urin vergärt.
- Bioabfall- und Fäkalien-Kompostierung. Diese Anlagen werden größtenteils in Einfamilienhäusern mit bis zu 6 Personen angewendet [23]. Sie bedeuten allerdings für die Benutzer eine erhebliche Verhaltensänderung mit den damit verbundenen Akzeptanzproblemen [17]. Aus diesem Grund wird ihr Umsetzungspotential als vergleichsweise gering eingeschätzt. Zusammen mit der Bioabfall- und Fäkalien-Vergärung wird von einem Einsparpotential der Einträge in die KKA aus menschlichen Ausscheidungen und Küchenabfällen von 10 % ausgegangen.
- effizienterer Wasch-, Putz- und Reinigungsmitteleinsatz. Für einen Modellhaushalt wurde davon ausgegangen, dass der Waschmitteleinsatz um ca. 60 % gegenüber einem Modell-Durchschnitts-Haushalt gesenkt werden kann [19]. Vergleichbare Angaben über Einsparpotentiale beim Reinigen und Putzen sind nicht bekannt. Die Datenerhebung und die Toleranzen der „Stoffflussanalyse Abwasser" bedingen, dass beim Eintragspfad Waschen/Reinigen die jeweiligen Frachtanteile des Wassers, des Schmutzes und der Wasch-, Putz- und Reinigungsmittel nicht ermittelt werden konnten (vgl. [5]). Deshalb wird aus pragmatischen Gründen von dem gleichen Einsparpotential wie beim effizienten Waschen, Putzen und Reinigen von 3 % durch effizienteren Einsatz der Wasch-, Putz- und Reinigungsmittel ausgegangen.
- Materialwechsel des Rohrleitungssystems. Die exakte quantitative Bestimmung der Einträge durch Trinkwasserleitungen aus den Ergebnissen der „Stoffflussanalyse Abwasser" ist nicht möglich. Die Erfahrungen mit dem Austausch von Bleirohren zeigen zudem, dass es sehr lange dauern kann bis Trinkwasserleitungen erneuert werden. Die Reduktionspotentiale durch den Austausch der Leitungen, beispielsweise durch PE-Rohre, kann aus

diesen Gründen nicht abgeschätzt werden. Aus toxikologischer Sicht wird der unumgängliche Ersatz schwermetallhaltiger Rohre nicht bestritten [24].
- Materialwechsel bei Ver-/Gebrauchsgegenständen. Für zahlreiche Elemente (Ca, K, Fe, Zn, Cu, Si, Al, Ni, Pb und Cd) ist ein relevanter Eintrag durch Ver- und Gebrauchsgegenstände des Haushaltes ermittelt worden [5]. Aus der Vielfalt und Vielzahl der Ver- und Gebrauchsgegenstände des Haushaltes wird deutlich, dass ein Reduktionspotential aber nicht quantifiziert werden kann. Aus Gründen der Abwasserbehandlung sollten bei diesen Artikeln weniger abwasserrelevante Materialien bzw. Bestandteile verwendet werden. Für die Abwasserreinigung wären hierbei biologisch-abbaubare Materialien ganz besonders von Vorteil.
- Festsetzungen durch die Bauleitplanung (vgl. Kapitel 2.2.1),
- Erstellung kommunaler Richtlinien (vgl. Kapitel 2.2.1),
- Öffentlichkeitsarbeit (vgl. Kapitel 2.2.1),
- finanzielle Anreize (vgl. Kapitel 2.2.1).

2.2.3 Fremdwasser

Beim Fremdwasser sind es die folgenden Maßnahmen, einschließlich ihrer Umsetzungspotentiale:
- Sanierung der Kanäle. Die großen lokalen Unterschiede und Schwierigkeiten zu konkreten Befunden über Fremdwassereinträge zu gelangen bedingen, dass trotz durchgeführter Kanalsanierungen derzeit keine exakten Angaben zu der hiermit zusammenhängenden Fremdwasserreduktion existieren. Mit der Umsetzung der „Eigenkontrollverordnung" ergeben sich aber günstige Voraussetzungen dafür, dass die Kanalschäden in den nächsten Jahrzehnten weitestgehend saniert werden. Aus diesem Grund wird angenommen, dass in der Modellregion durch Sanierung der Kanäle der Fremdwasseranteil in ca. 30 Jahren von 21 % auf 10 % vom gesamten Rohabwasser reduziert wird.
- Verwendung anderer Rohre. Im Wesentlichen gibt es zwei Gründe andere Rohre zu verwenden. Erstens kann mit anderen Rohrmaterialien die Lebensdauer oder der Abrieb toxischer Stoffe optimiert werden. Kunststoffrohre besitzen hierbei nicht zu bestreitende Vorteile [18]. Zweitens kann mit anderen Rohrprofilen die Schleppspannung bei Trockenwetterabfluss gegenüber dem heute meist gebräuchlichen Kreisprofil erhöht werden. Einsparpotentiale für die Verringerung des Fremdwasseranteils oder für die resultierende bessere Reinigungsleistung der KKA können durch diese Maßnahme nicht angegeben werden. Die Verwendung anderer Rohre unterstützt bzw. ergänzt andere Maßnahmen wie beispielsweise die Sanierung der Kanäle oder Maßnahmen in der KKA.
- Kanalnetzmanagement. Hiermit kann eine Retentionsleistung von ca. 48 % erreicht werden [18]. Die zeitliche Entzerrung des Rohabwassers entlastet die KKA sowie die Regenüberlaufbecken. Jedoch werden die KKA-Stoffflüsse mit dieser Maßnahme nicht verringert.
- Verlagerung der Kanalnetzverantwortung. Mit der Verlagerung der Kanalnetzverantwortung auf den öffentlichen Betreiber bis in den Keller der Häuser liegt die Verantwortung für das gesamte Kanalnetz in einer Hand. Hiermit wird für das Gesamtnetz die Eigenkontrolle sowie die ihrem Schadens- und Gefährdungspotential entsprechende Sanierung und Unterhaltung möglich [25]. Es wird angenommen, dass mit dieser Maßnahme die Umsetzung der anderen beim Fremdwasser ansetzenden Maßnahmen, wie beispielsweise die Sanierung der Kanäle, unterstützt bzw. ergänzt wird.

2.2.4 Kommunale Kläranlage

Maßnahmen, einschließlich ihrer Umsetzungspotentiale, die bei der Kläranlage in Betracht kommen:

- effizienterer Chemikalieneinsatz. Der Zusatzstoffverbrauch hängt entscheidend mit dem Nährstoffeintrag in die KKA und dem hieraus resultierenden Klärschlammanfall zusammen. Die in den Kapiteln 2.2.1, 2.2.2 und 2.2.3 angeführten Maßnahmen summieren sich zu einer an dieser Stelle nicht zu quantifizierenden Nährstoffreduzierung. Mit der Verringerung der Nährstoffe C, N und P kann der operative Zusatzstoffeintrag in die KKA gesenkt werden. Weiterhin existieren zahlreiche weitere Möglichkeiten anlagenintern in der KKA den Chemikalieneinsatz zu reduzieren, beispielsweise bei der P-Elimination, Denitrifikation oder Eindickung bzw. Konditionierung des Überschuss- bzw. Faulschlammes. Als Wert für die Reduktion des Zusatzstoffverbrauchs wird die kleinste Gesamtreduktion der Nährstoffeinträge von C, N oder P in die KKA plus zusätzliche 10 % angenommen.
- effizientere Abwasserreinigung. Eine effizientere Reinigungsleistung im Allgemeinen hat bei gleichen gesetzlichen Anforderungen immer eine Reduzierung des Zusatzstoff-Einsatzes zur Folge. Aus diesem Grund wird kein weiteres Einsparpotential angenommen.
- weitere Reinigungsstufen. Die Anforderungen an die Qualität der KKA-Abläufe sind in den letzten Jahren ständig gestiegen. Zusätzlich verschärfen sich andere Gefahrenpotentiale wie beispielsweise Keime im Abfluss der KKA. Bei anhaltendem Trend werden aus diesen Gründen weitere Reinigungsstufen die derzeit gebräuchliche Klärtechnik ergänzen. Dies kann beispielsweise durch die Nachrüstung der KKA mit einer UV-Desinfektion des Abflusses oder die Reinigung des Abwassers mit Hilfe der Membrantechnik erfolgen. Die UV-Desinfektion bewirkt keine Veränderung der Stoffflüsse einer KKA. Die zukünftige Verbreitung der Membrantechnik in KKA's ist derzeit nicht quantifizierbar.
- optimierte Steuer- und Regelungssysteme. Ein optimierter Betrieb der Belüftung und der Fällmitteldosierung reduziert beispielsweise die Zusatzstoffmengen und verbessert die Reinigungsleistung der KKA. Der Einsatz von Steuer- und Regelsystemen auf KKA's wird in den nächsten Jahren zunehmen [26]. Jedoch kann weder von einem konkreten Einsparpotential bei den Zusatzstoffen noch von einer quantifizierbar besseren Reinigungsleistung ausgegangen werden.
- Vereinbarungen mit Indirekteinleitern. Die Abwasserbehandlung kann zum Beispiel über die bedarfsgerechte Verwendung externer C-Quellen in der KKA optimiert werden [26]. In der Praxis werden hierzu Vereinbarungen mit Indirekteinleitern getroffen. So werden bereits zum Teil von Indirekteinleitern Rückhaltebecken für deren C-haltige Abwässer aufgefüllt und besonders nachts, wenn C-Mangel im Belebungsbecken der KKA auftritt, werden diese Abwässer der KKA zugeführt. Die hiermit verbundenen Einsparpotentiale für Zusatzstoffe sowie die verbesserte Reinigungsleistung der KKA lassen sich nicht quantifizieren.

Es wird deutlich, dass die derzeit gebräuchliche zentrale Abwasserbehandlung im Mischsystem durch eine große Zahl an Maßnahmen ergänzt werden kann, wobei für viele dieser Maßnahmen die Umsetzungspotentiale derzeit nicht quantifizierbar sind. Folglich stellen die im „Stoffflussszenario Abwasser" ermittelten Ergebnisse eine eher zurückhaltende Skizze eines möglichen zukünftigen Stoffflussszenarios dar.

Die oben angeführten Maßnahmen führen neben stoffflussbezogenen zu weiteren ökologischen, psychologischen und energetischen Veränderungen in urbanen Systemen. Beispielsweise werden positive ökologische und landschaftsästhetische Wirkungen durch die Entsiegelung und Renaturierung von Flächen, die Dachbegrünung, die Regenwasserversickerung, die Stadtgestaltung mit Regenwasser und durch die dezentrale Hausklärung mit Pflanzenkläranlagen oder Bodenfiltern erreicht. Ob für notwendige Verhaltensänderungen die entsprechende Akzeptanz besteht, kann hier nicht abgeschätzt werden (vgl. auch [17]). Inwieweit größere private bauliche Veränderungen bei einer nicht vorhandenen Kompatibilität mit dem Status quo akzeptiert werden, kann ebenfalls nicht abgeschätzt werden. Allgemein können deshalb die Maßnahmen leichter umgesetzt werden, die keine Verhaltensänderungen der einzelnen Bürger verlangen und gleichzeitig mit dem Status quo kompatibel sind. Wird für den Betrieb einer Maßnahme Energie benötigt, sollte eine Maßnahme mit entsprechenden Wirkungen, die jedoch ohne Energieeinsatz betrieben werden kann, bevorzugt werden.

2.3 Stoffflussszenario Abwasser

Für das „Stoffflussszenario Abwasser" werden für alle relevanten Eintragsmöglichkeiten in die KKA die oben aufgeführten Maßnahmen mit ihren Potentialen gebündelt. In einem Stoffflussdiagramm wird nachfolgend für jedes einzelne Element der Status quo dem „Stoffflussszenario Abwasser" vergleichend gegenübergestellt.

Die Maßnahmen beim abfließenden Niederschlag, dem Haushaltseintrag und dem Fremdwasser führen zu einer Gesamtreduktion der in die Kanalisation abfließenden Wassermengen von insgesamt 50 %. Im Haushalt wird hierbei der Trinkwasserverbrauch halbiert. Mit Hilfe der Bioabfall- und Fäkalienvergärung zusammen mit der Bioabfall- und Fäkalienkompostierung werden die Einträge in die kommunalen Kläranlagen aus menschlichen Ausscheidungen und Küchenabfällen um 10 % gesenkt. Zusätzlich werden durch einen effizienteren Wasch-, Putz- und Reinigungsmitteleinsatz deren Einträge um 3 % reduziert. Durch einen effizienteren Chemikalieneinsatz kann der Zusatzstoffeintrag in die kommunale Kläranlage um insgesamt 20 % verringert werden.

Aufgrund der Technischen Anleitung (TA) Siedlungsabfall ist eine Deponierung von nicht verbranntem Klärschlamm zukünftig ausgeschlossen. Durch eine angestrebte Reduzierung der Schwermetall-Frachten sowie der Schwermetall-Konzentrationen im Klärschlamm wird eine 50 %-ige Ausweitung der landwirtschaftlichen Klärschlammverbringung angenommen. Im „Stoffflussszenario Abwasser" bleibt die Menge der sonstigen Verbringung unverändert, der restliche Klärschlamm wird verbrannt. Daraus ergibt sich eine prozentuale Klärschlammentsorgung von 49 % in der Landwirtschaft, 27 % zur Verbrennung und 24 % sonstige Verbringung.

Die oben aufgeführten Maßnahmen und ihre Umsetzungspotentiale beziehen sich direkt auf den Status quo bzw. auf die von ihm abgeleiteten Annahmen. Sie stellen die ausschließlichen Unterschiede zwischen dem Status quo und dem Szenario dar. Hiermit besitzen der Status quo und das „Stoffflussszenario Abwasser" die gleichen sozioökonomischen und administrativ-politischen Rahmenbedingungen. Mögliche Veränderungen dieser Rahmenbedingungen vorherzusagen, sind immer mit größeren Unsicherheiten und Fehlern behaftet [27 und 28]. Das heißt, bei sogenannten „Trendszenarien" und „Alternativ- oder Kontrastszenarien" ist nachteilig, dass sich große Ungenauigkeiten zu tatsächlich eintretenden Veränderungen der Rahmenbedingungen aller Szenarien ergeben können. Da sich das „Stoffflussszenario Abwasser" lediglich dadurch vom Status quo unterscheidet, dass es Annahmen über den denkbaren Einsatz konkreter, bereits vorhandener Maßnahmen beinhaltet, wird die Unbestimmtheit vermuteter zukünftiger Entwicklungstendenzen umgangen. So spielen weitere Modifikationen, die im Laufe des Umsetzungszeitraumes eintreten könnten, keine Rolle. Solche Modifikationen sind beispielsweise Veränderungen der Bevölkerungsdichte und der Siedlungsstruktur, weiterer Flächenverbrauch, Zunahme der fleischlosen Ernährung, was eine Abnahme der Stickstoff-Einträge aus menschlichen Ausscheidungen bedeuten würde, spekulative technische Entwicklungen bzw. Erfindungen oder Abnahme der Schadstoffeinträge in die KKA aufgrund abgeschwemmter Verbrennungsrückstände durch die Abnahme des motorisierten Individualverkehrs mit Verbrennungsmotoren und/oder die Verbesserung der Abgasreinigung in Heizkraftwerken.

3 Ergebnisse

3.1 Darstellungsweise

Entsprechend der „Stoffflussanalyse Abwasser" [5] werden aus den Stofffrachten (Tabelle 1) die den Stoffflussdiagrammen zugrunde liegenden prozentualen Verteilungen berechnet. Bezogen auf die Modellregion ist jeweils in einem Stoffflussdiagramm ein Element des Szenarios dem Status quo vergleichend gegenübergestellt. Der Status quo ist als gestricheltes, das Szenario als durchgezogenes Stoffflussdiagramm dargestellt. Hierbei beziehen sich die Prozentangaben der Diagramme auf das Szenario.

Der Block mit der Abkürzung KKA umfasst alle Einzelprozesse innerhalb der KKA. Für eine technologieunabhängige und einheitliche Darstellungsweise der Input-Ströme wurde bei allen Stoffflussdiagrammen der KKA-Zufluss (Rohabwasser) gleich 100 % gesetzt. Das hat zur Folge, dass Zusatzstoffe den Gesamt-KKA-Input auf mehr als 100 % erhöhen (vgl. auch [5]).

Der Trinkwasser-Hintergrund berechnet sich aus durchschnittlichen Trinkwasserkonzentrationen [29 bis 31] und dem häuslichen Wasserverbrauch. Der Trinkwasser-Hintergrund stellt somit die „unverschmutzte" Grundfracht dar, die durch den häuslichen Wassergebrauch in die KKA eingebracht wird (vgl. auch [5]).

Tabelle 1. Frachten und Konzentrationen der Input- und Output-Ströme des Stoffflussszenarios Abwasser (Zeitraum: ca. 2030).

		[Einheit]	Kohlenstoff	Stick-stoff	Pho-sphor	Schwe-fel	Cal-cium	Chlor	Bor	Eisen	Blei	Cad-mium	Queck-silber	Alumi-nium
Herkunft:														
Niederschlag	Staubförmig	[t/a]	5251 C	98		433	709	394		249	4,7	0,013		347
	Flüssig	[t/a]	608 CSB	104	10	456	300	384	3,5	22	0,9	0,011		
	Abfließend	[t/a]		202	10	889	1009	778	3,5	271	5,6	0,024	0,059	347
	Abfließend	[mg/l]		3,4	0,167	14,8	16,8	13,0	0,058	4,5	0,107	0,008	0,001	5,8
Trinkwasser		[t/a]	217 CSB	286	7,5	1073	3129	2034	7,5	0,6	0,035	0,008	0,005	4,3
		[mg/l]	2,9 CSB	3,8	0,1	14,4	42	27,3	0,101	0,008	0,0005	0,0001	0,0001	0,058
Haushalt	Mensch: Harn	[t/a]	4021 CSB	6902	1005	871	147	4356		0,5				
	Mensch: Fäzes	[t/a]	24795 CSB	1274		134	536	67		4				
	ges, Ausscheid.	[t/a]	28816 CSB	8176	1072	1005	683	5495	13,5	4,5	0,27	0,005	0,008	
	Küchenabfälle	[t/a]		134	201	134		1340						
	Waschen/Reinigen	[t/a]		939	289	2528			253		13,7	0,058	0,05	
	sonst. Haushalt	[t/a]	80944 CSB			1905	8138	2035	7,5	33	0,27			
	Gesamt	[t/a]	109760 CSB	9249	1555	5572	8821	8870	274	37,5	14,2	0,063	0,058	240
	Gesamt	[mg/l]	1463 CSB	120	20,7	74,3	118	118	3,66	0,505	0,189	0,0008	0,0007	3,2
Deponie	Sickerwasser	[t/a]	745 CSB	250	1,2	241	266	363	5	11	<0,0007	<0,0007	0,0002	
Fremdwasser		[t/a]	319 CSB	164	2,2	509	1468	1047	3,5	4,5	0,02	0,005	0,002	2,0
		[mg/l]	9 CSB	4,6	0,060	14,1	41,5	29,6	0,091	0,130	0,0005	0,0001	0,0001	0,058
Kommunale Kläranlage:														
Rohabwasser		[t/a]	58596 TOC	9865	1575	7211	11564	11058	286	324	19,8	0,092	0,119	589
		[mg/l]	345 TOC	56,2	9,23	42,4	68,0	65,0	1,68	1,91	0,117	0,0005	0,0007	3,47
Zusatzstoffe		[t/a]	−7232 CO_2-C	−1736		458	5970	1511		2064	0,006	0,0003	0,0003	90
Abfluss		[t/a]	4420 TOC	2941	136	6490	11593	12527	284	339	7,6	0,046	0,011	19
		[mg/l]	26 TOC	17,3	0,8	38,2	68,2	73,7	1,67	2,0	0,045	0,0003	0,0001	0,114
Klärschlamm	Rohschlamm	[t/a]	46334 TOC	5188	1439	1179	5941	42	2,0	2049	12,2	0,046	0,108	660
	Faulschlamm	[t/a]	35725 TOC	5179	1439	1042	5941	42	2,0	2049	12,2	0,046	0,108	660
	Faulschl.	[mg/kgTS]	559070 TOC	75624	22418	16147	92975	649	29,0	32075	192	0,721	1,67	10334
	Faulgas	[t/a]	10367 C	9		137								

3.2 Stoffflussdiagramme

3.2.1 Zur Wasserbilanz (Bild 1):

Im „Stoffflussszenario Abwasser" verringert sich die Wasserbilanz auf 50 % gegenüber dem Status quo. Der prozentuale Anteil vom Sickerwasser spielt hierbei weiterhin eine untergeordnete Rolle. Dieser wurde nicht verändert, sodass er sich bei Halbierung der Gesamtmenge von 0,2 % auf 0,4 % verdoppelt.

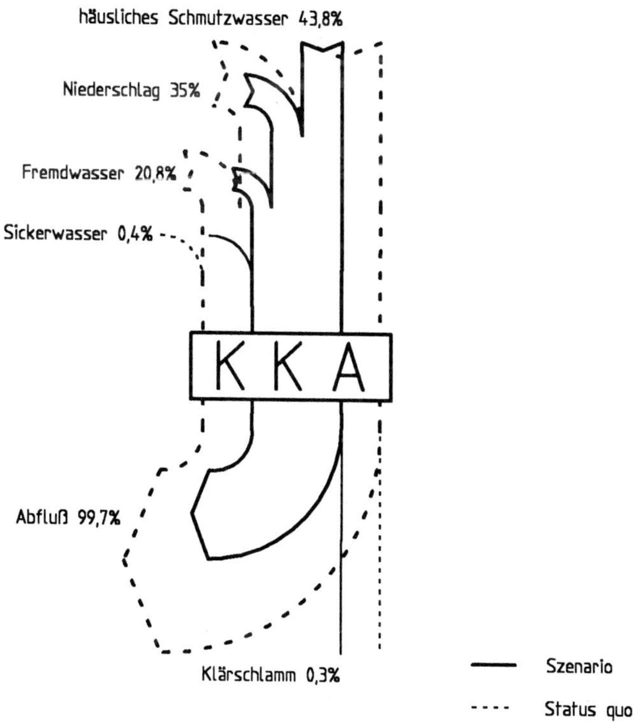

Bild 1. Stoffflussdiagramm der Wasserbilanz / 100 % = 83,5 $m^3/(E \cdot a)$.

3.2.2 Zu den Nichtmetallen

– Kohlenstoff C (Bild 2):

Der Gesamt-Kohlenstofffluss verringert sich um 11 % gegenüber dem Status quo auf 28725 g TOC/(E · a) (78,7 g TOC/(E · d). Der Niederschlagseintrag hat mit 14 % den größten Anteil an der gesamten Frachtreduktion. Der bereits geringe Fremdwasseranteil verliert am gesamten Rohabwasser vollständig an Bedeutung. Die menschlichen Ausscheidungen verringern sich auf 14125 g CSB/(E · a) (38,7 g CSB/(E · d)). Ihr Anteil am Rohabwasser steigt jedoch aufgrund der Reduktion bei den Niederschlagseinträgen gegenüber dem Status quo von 22 % auf 30 %.

Mit der Einhaltung gesetzlicher Vorschriften und der daraus resultierenden Beibehaltung der Kohlenstoff-Abfluss-Konzentration reduziert sich seine Fracht um 2127 g TOC/(E · a) (5,8 g TOC/(E · d)) bzw. der Anteil von 13 % auf 8 %. Die atmosphärischen Emissionen verringern sich um 726 g CO_2-C/(E · a) (2 g CO_2-C/(E · d)). Der Klärschlammfluss reduziert sich um 11 % gegenüber dem Status quo. Bei der Klärschlammverbringung ist (wie bei den folgenden Elementen) die entfallene Deponierung sowie die deutliche Zunahme der Verbrennungsanteile besonders markant.

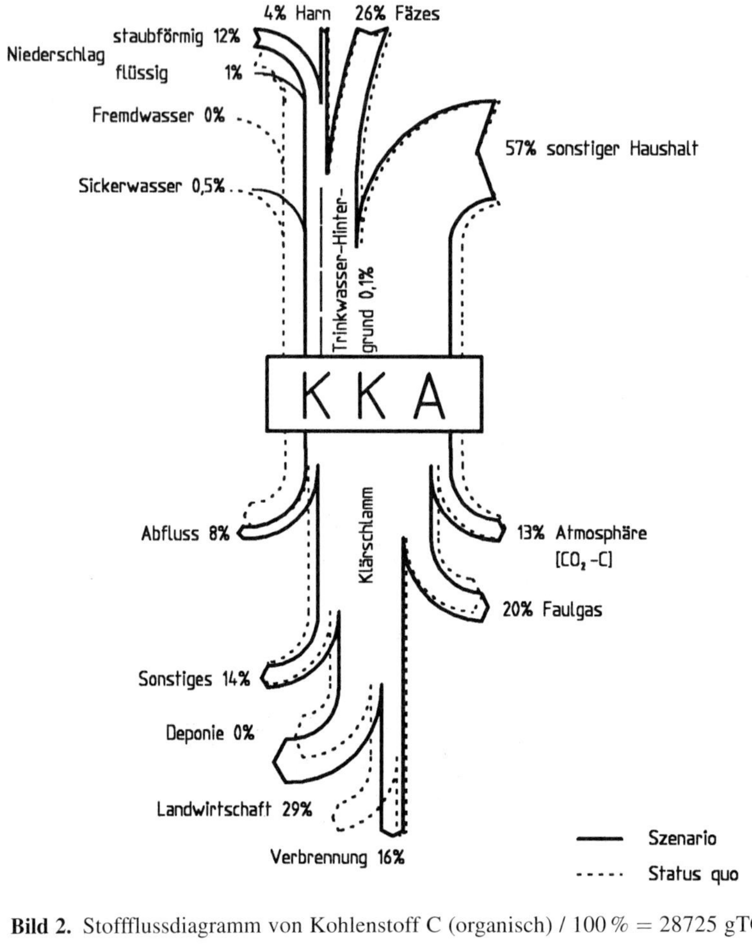

Bild 2. Stoffflussdiagramm von Kohlenstoff C (organisch) / 100 % = 28725 gTOC/(E · a).

– Stickstoff N (Bild 3):

Der Rohabwasserfluss von Stickstoff beträgt 4836 g/(E · a) (13,2 g/(E · d)). Das entspricht einer Reduktion um 12 % gegenüber dem Status quo. Dies beruht im Wesentlichen auf den verringerten Einträgen aus menschlichen Ausscheidungen um 445 g/(E · a) (1,2 g/(E · d)). Durch Niederschläge, Fremdwasser und Trinkwasser-Hintergrund ergibt sich jeweils nur eine geringe Senkung der eingetragenen Frachten.

Die Abflussfracht halbiert sich gegenüber dem Status quo und der Abfluss-Anteil verringert sich von 52 % auf 31 %. Die atmosphärischen Fracht-Emissionen verringern sich um 17 %. Der Faulschlammfluss nimmt dagegen um 50 % gegenüber dem Status quo auf 2539 g/(E · a) (7,0 g/(E · d)) zu. Der Faulgas-Fluss verändert sich unwesentlich.

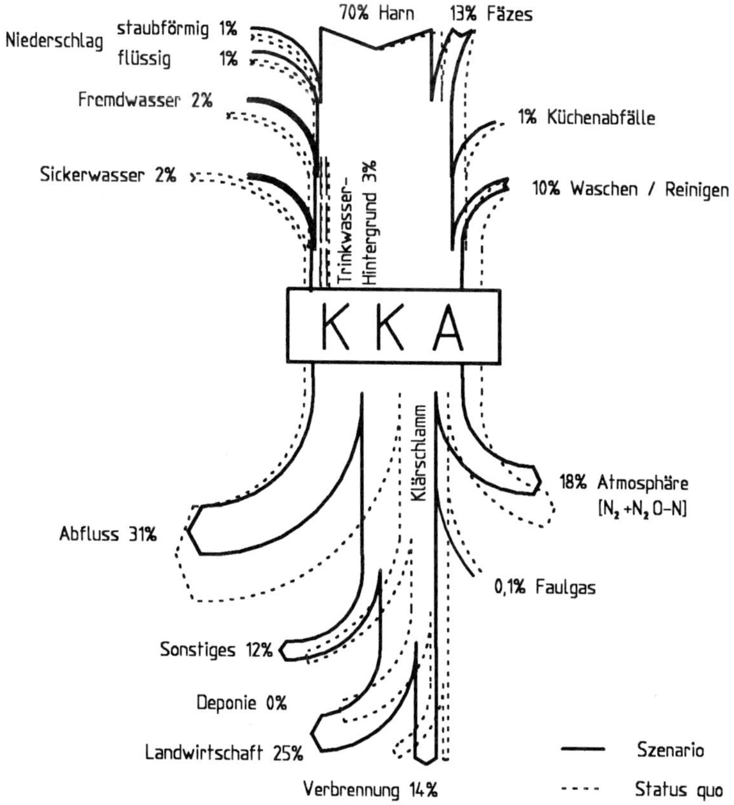

Bild 3. Stoffflussdiagramm von Stickstoff N / 100 % = 4836 g/(E · a).

– Phosphor P (Bild 4):

Der Phosphorfluss verringert sich gegenüber dem Status quo um 10 % auf 772 g/(E · a) (2,1 g/(E · d)). Dies ist nach Bor die geringste Reduktion von allen Elementen. Die Einträge aus abfließenden Niederschlägen und durch Fremdwasser ändern sich dabei nur geringfügig. Für den Fremdwasser-Eintrag bedeutet dies, dass er unbedeutend wird gemessen am Gesamteintrag. Verändertes Wasch-, Putz- und Reinigungsverhalten bewirkt ebenfalls keine große Veränderung der Phosphor-Frachten. Relevante Reduktionen werden durch die getrennte Fäkal-, Urin- und Küchenabfallbehandlung hervorgerufen.

Aufgrund der gleichbleibenden Abfluss-Konzentration halbiert sich die Fracht in die Vorflut. Die Eliminationsleistung der KKA verbessert sich von 84 % auf 91 %. Der verringerte Rohabwasser-Eintrag führt dazu, dass die Klärschlamm-Menge ebenfalls verringert wird. Die Reduktion der Klärschlamm-Fracht beträgt 2 %.

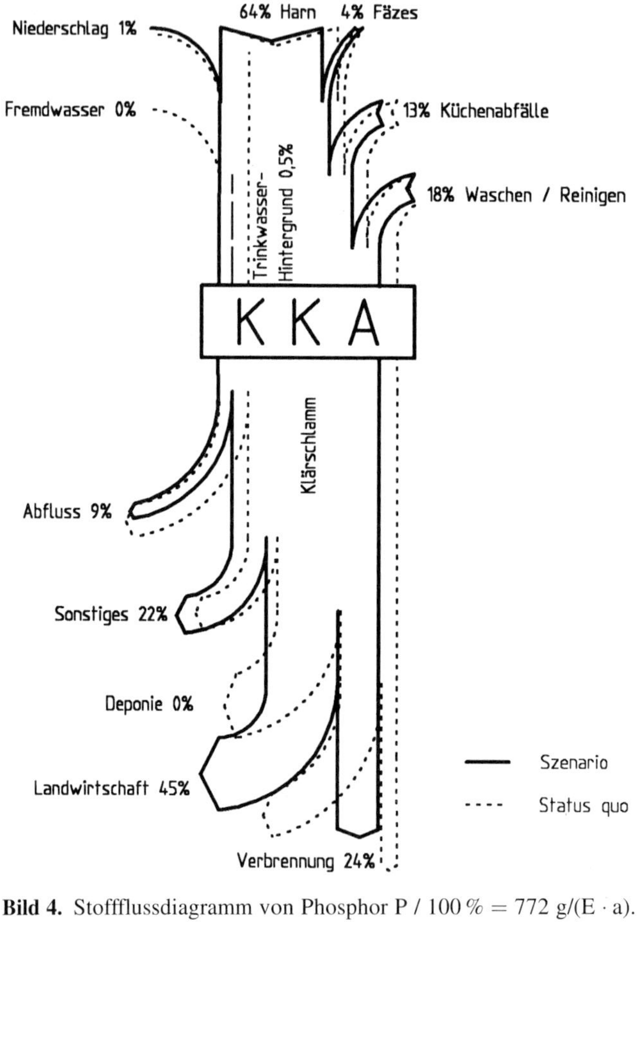

Bild 4. Stoffflussdiagramm von Phosphor P / 100 % = 772 g/(E · a).

– Schwefel S (Bild 5):

Der Rohabwasser-Eintrag von Schwefel verringert sich um 27 % gegenüber dem Status quo auf 3535 g (E · a) (9,7 g/(E · d)). Mit der Annahme aus Kapitel 2, dass der Zusatzstoffverbrauch etwa 10 % plus der kleinsten Gesamtreduktion der Nährstoffeinträge von Kohlenstoff (11 %), Stickstoff (12 %) oder Phosphor (10 %) beträgt, reduziert sich die Zusatzstoffmenge um insgesamt 20 %. Hiermit ergibt sich ein Gesamt-Eintrag in die KKA von 3760 g (E · a) (10,3 g/(E · d)). Beim Trinkwasser-Hintergrund wird die größte Reduktion erreicht, die sich im kleineren sonstigen Haushalts-Eintrag widerspiegelt. Daneben tragen die verringerten Niederschlags- und Fremdwasser-Einträge in erheblichem Maße zur Gesamtreduktion bei.

Die Abfluss-Fracht reduziert sich bei gleichbleibender Eliminationsleistung um 27 % gegenüber dem Status quo.

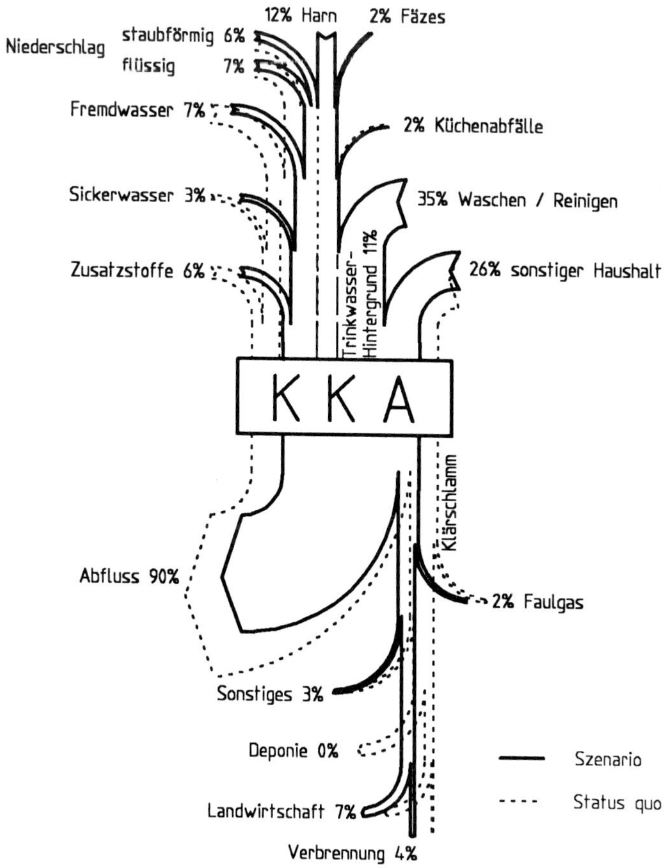

Bild 5. Stoffflussdiagramm von Schwefel S / 100 % = 3535 g/(E · a).

– Calcium Ca (Bild 6):

Der Calcium-Rohabwasser-Fluss reduziert sich gegenüber dem Status quo um 33 % auf 5669 g/(E · a) (15,5 g/(E · d)). Mit den um 20 % verringerten Zusatzstofffrachten ergibt sich ein Gesamteintrag in die KKA von 8595 g/(E · a) (23,5 g/(E · d)) und eine KKA-Gesamtreduktion von 29 %. Neben den Zusatzstoffen tragen der Trinkwasser-Hintergrund, der im sonstigen Haushalt enthalten ist, die abfließenden Niederschläge sowie das Fremdwasser erwähnenswert zur Gesamtreduktion bei.

Aufgrund der aufgeführten Maßnahmen werden die Zusatzstoffe für die KKA relevanter. Ihr Anteil am Rohabwasser nimmt von 43 % auf 52 % zu. Dadurch ergibt sich bei gleicher Eliminationsleistung der KKA wie beim Status quo, ein Abfluss-Anteil von 101 % gegenüber dem Status quo von 95 %. Reell reduziert sich die Abfluss-Fracht wie die Klärschlamm-Fracht um 29 %.

Entsprechend der „Stoffflussanalyse Abwasser" kann davon ausgegangen werden, dass die möglichen Reduktionen der Stoffflüsse der Erdalkalimetalle Calcium, Magnesium, Strontium und Barium (letzte drei Elemente ohne Bild) eine ähnliche Größenordnung erreichen.

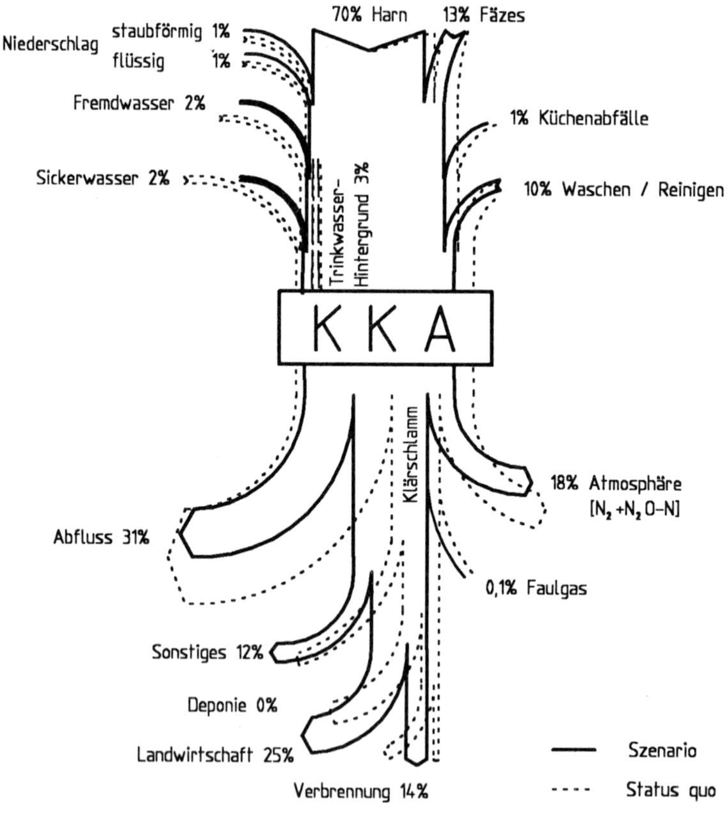

Bild 6. Stoffflussdiagramm von Calcium Ca / 100 % = 5669 g/(E · a).

– Chlor Cl (Bild 7):

Der Chlor-Rohabwasser-Fluss verringert sich um 30 % gegenüber dem Status quo auf 5420 g/(E · a) (14,8 g/(E · d)). Mit den Zusatzstoffen ergibt sich ein Gesamt-Eintrag in die KKA von 6161 g/(E · a) (16,9 g/(E · d)) bzw. eine Reduktion gegenüber dem Status quo von 29 %, die der Abfluss-Fracht entspricht. Die Anteile an den verminderten Rohabwassermengen werden durch den Trinkwasser-Hintergrund, das Fremdwasser, die abfließenden Niederschläge und die menschlichen Ausscheidungen erbracht. Die Klärschlamm-Fracht wird um 6 % reduziert.

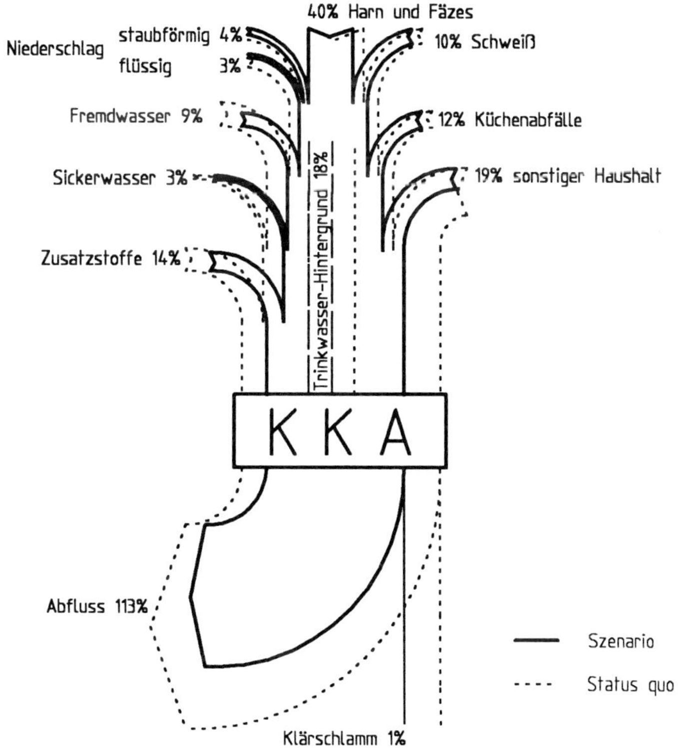

Bild 7. Stoffflussdiagramm von Chlor Cl / 100 % = 5420 g/(E · a).

– Bor B (Bild 8):

Von allen Elementen ist bei Bor die kleinste Reduktion gegenüber dem Status quo zu verzeichnen, nämlich 8 %. Der Rohabwasser-Fluss verringert sich auf 140 g/(E · a) (0,38 g/(E · d)). Die Reduktion resultiert aus verminderten Einträgen durch das Waschen/Reinigen sowie den Trinkwasser-Hintergrund. Andere Eintragspfade senken den Rohabwasser-Fluss in unerheblichem Maße.

Die Abfluss-Fracht wird um 7 % und die Klärschlamm-Fracht um 9 % gegenüber dem Status quo verringert.

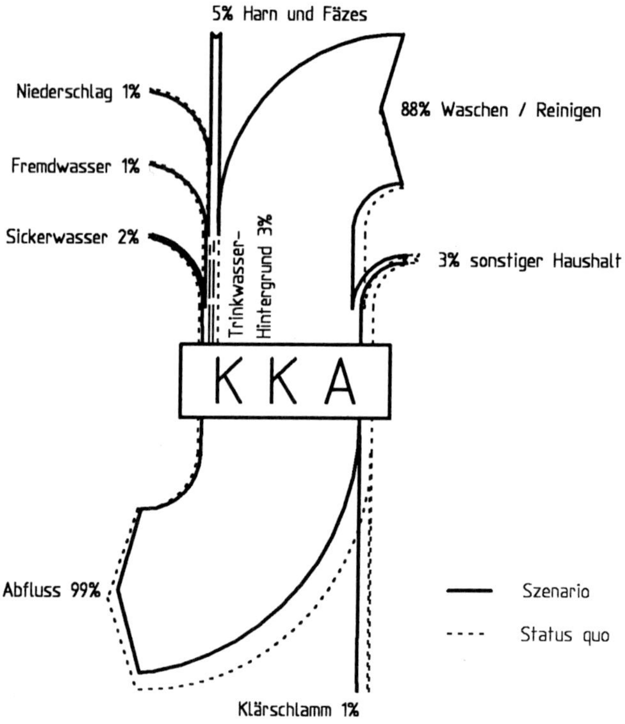

Bild 8. Stoffflussdiagramm von Bor B / 100 % = 140 g/(E · a).

3.2.2 Zu den Metallen:

– Eisen Fe (Bild 9):

Die größte Reduktion des Rohabwasser-Flusses von 46 % gegenüber dem Status quo weißt Eisen auf. Der KKA-Eintrag von 159 g/(E · a) (0,44 g/(E · d)) erhöht sich durch die Zusatzstoffe auf 1171 g/(E · a) (3,2 g/(E · d)). So wird eine Gesamtreduktion von 25 % bzw. 389 g/(E · a) (1,1 g/(E · d)) gegenüber dem Status quo erreicht. Die verringerte Rohabwasser-Fracht ist fast ausschließlich durch die abfließenden Niederschläge bedingt.

Die Reduktion der Abfluss- und der Klärschlamm-Frachten entspricht der gesamten Reduktion von 25 %.

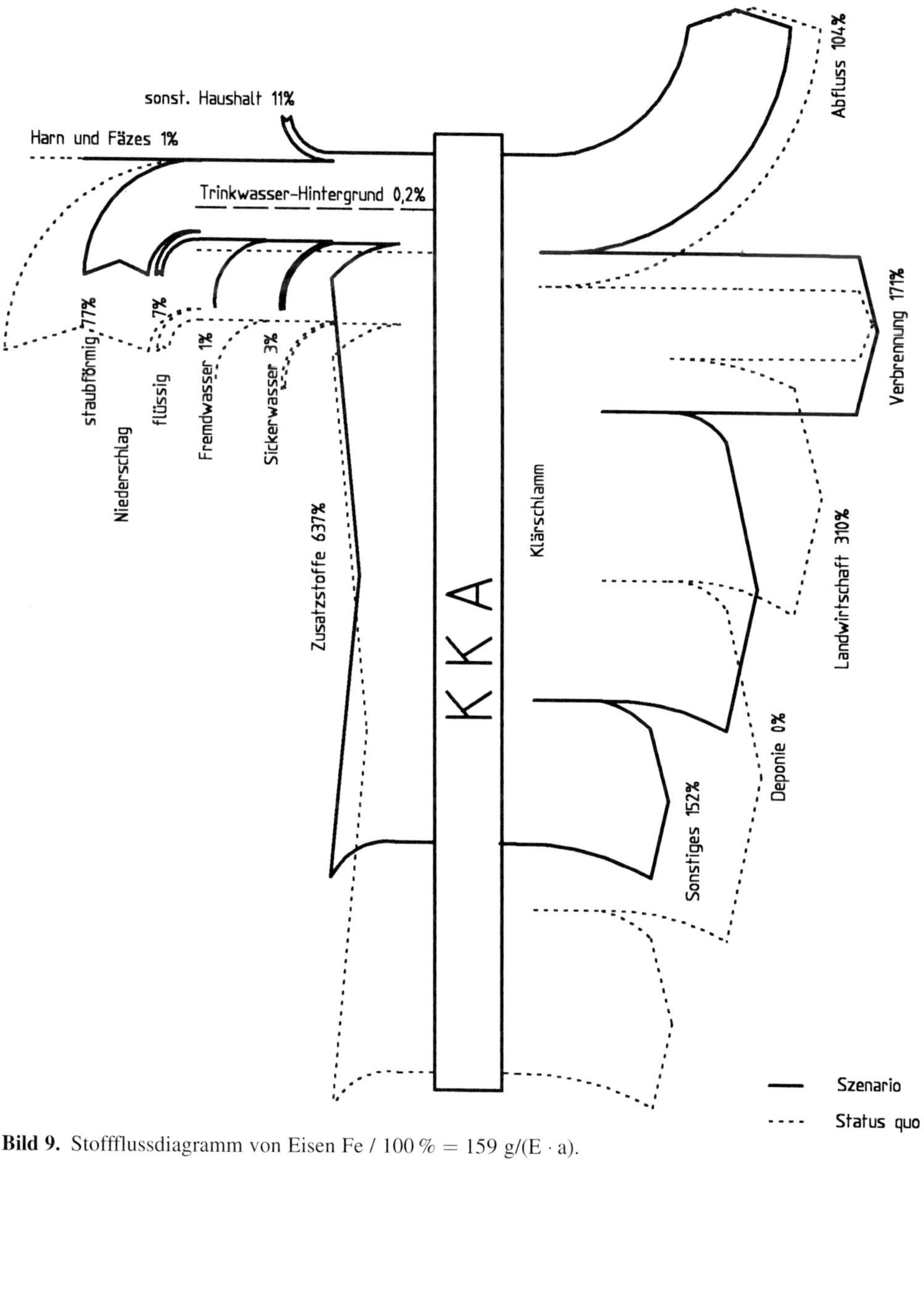

Bild 9. Stoffflussdiagramm von Eisen Fe / 100 % = 159 g/(E · a).

– Blei Pb (Bild 10):

Die Blei-Stoffflüsse verringern sich gegenüber dem Status quo um 28 % auf 9,7 g/(E · a) (27 mg/(E · d)). Der Fremdwasser-Eintrag wird hierbei bedeutungslos. Der Waschen/Reinigen-Eintrag trägt in geringem Umfang zur Reduktion bei. Den Hauptteil der Reduktion stellen die verminderten Niederschlags-Flüsse dar.

Die Abfluss- sowie die Klärschlamm-Fracht reduzieren sich um jeweils 28 % gegenüber dem Status quo.

Dem Stoffflussdiagramm von Blei strukturell und in ihrer Reduktion gegenüber dem Status quo sehr ähnlich sind die von Kupfer mit 14,2 g/(E · a) (39 mg/(E · d)) und Zink mit 51 g/(E · a) (140 mg/(E · d)) (beide Elemente ohne Bild), wobei Zink eine Reduktion von 26 % und Kupfer eine Reduktion um 27 % gegenüber dem Status quo aufweist. Bei beiden Elementen trägt der abfließende Niederschlag mit jeweils 23 % zu der Gesamtreduktion bei. An der weiteren Verringerung der Stoffflüsse beteiligen sich menschliche Ausscheidungen, Waschen/Reinigen, Trinkwasser-Hintergrund und Fremdwasser mit jeweils knapp einem Prozent.

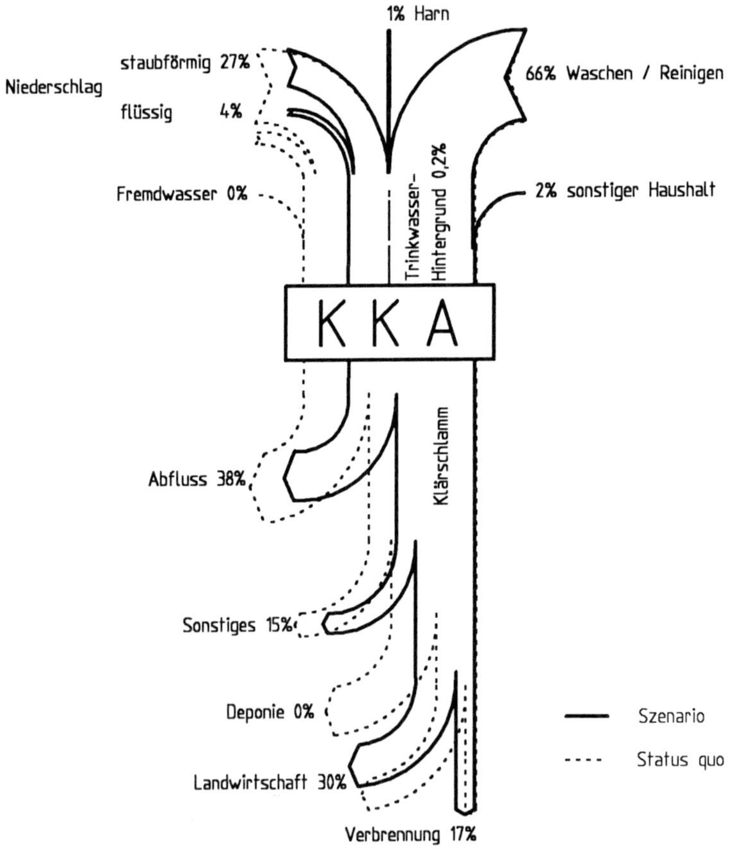

Bild 10. Stoffflussdiagramm von Blei Pb / 100 % = 10,1 g/(E · a).

– Cadmium Cd (Bild 11) / Quecksilber Hg (Bild 12):

Die beiden Schwermetall-Flüsse reduzieren sich gegenüber dem Status quo in ähnlicher Weise. Die Verringerung erfolgt hauptsächlich durch verminderte Niederschlags-Einträge. Von untergeordneter Bedeutung sind hierbei die Einträge durch den Trinkwasser-Hintergrund und/oder durch Waschen/Reinigen. Bei Cadmium (Bild 11) entfallen hierdurch die sonstigen Haushalts-Einträge. Der Rohabwasser-Eintrag von Cadmium reduziert sich um 32 % auf 45 mg/(E · a) (0,12 mg/(E · d)) und von Quecksilber (Bild 12) um 36 % auf 58 mg/(E · a) (0,16 mg/(E · d)). Die im Status quo bereits sehr geringen Zusatzstoff-Einträge beider Elemente werden im Szenario schließlich bedeutungslos.

Die Abfluss- bzw. Klärschlamm-Frachten verringern sich für Cadmium um 33 % bzw. 32 % und für Quecksilber um jeweils 37 %.

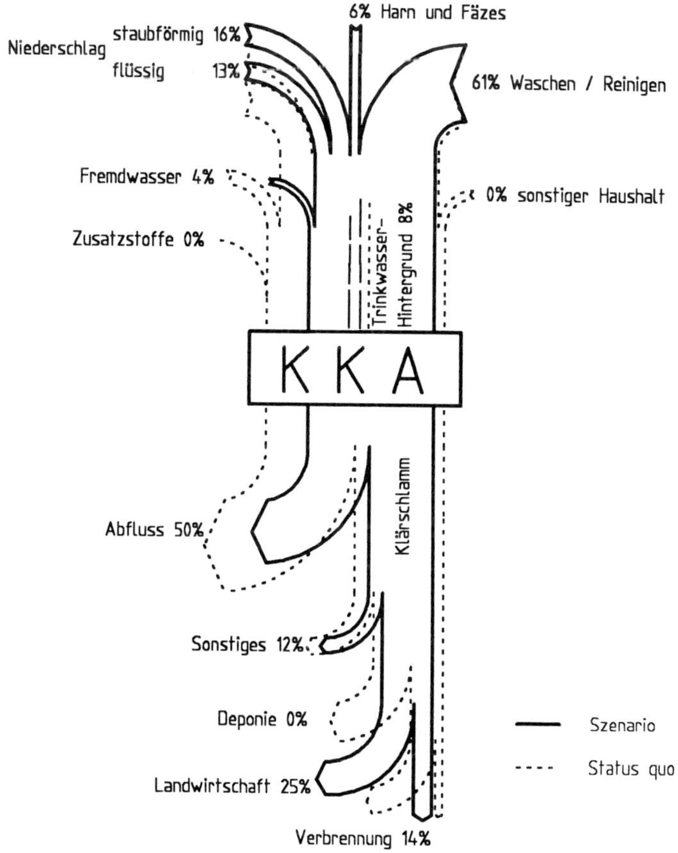

Bild 11. Stoffflussdiagramm von Cadmium Cd / 100 % = 45 mg/(E · a).

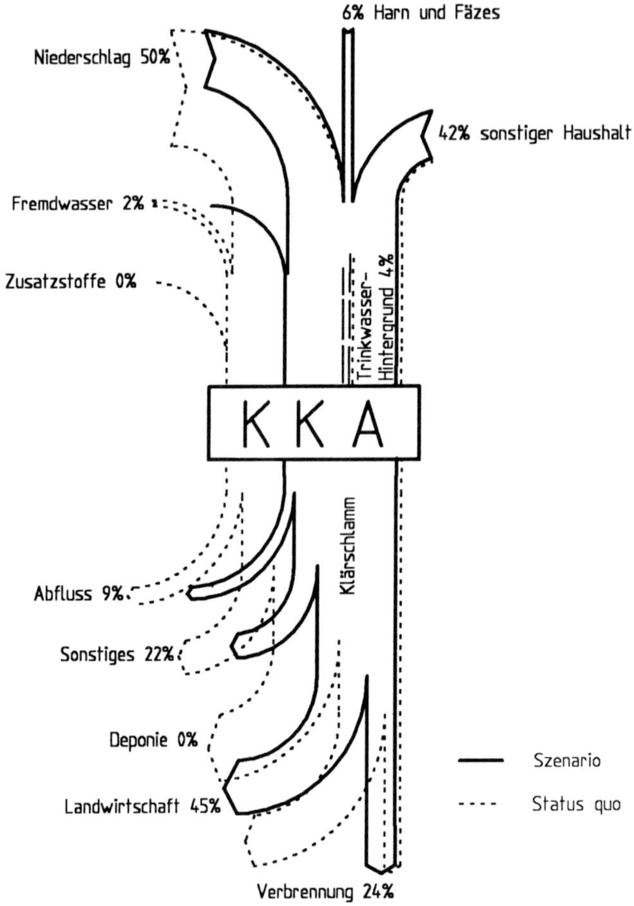

Bild 12. Stoffflussdiagramm von Quecksilber Hg / 100 % = 58 mg/(E · a).

– Aluminium Al (Bild 13):

Bei Aluminium verringert sich der Rohabwasser-Fluss gegenüber dem Status quo um 38 % auf 289 g/(E · a) (0,8 g/(E · d)). Hierzu tragen ausschließlich die abfließenden Niederschläge bei. Der Trinkwasser-Hintergrund spielt bei Aluminium keine bedeutende Rolle. Die Reduktion im Haushalt kann nicht quantifiziert werden. Zusatzstoffe erhöhen den Gesamt-Eintrag in die KKA auf 333 g/(E · a) (0,9 g/(E · d)). Das entspricht einer Verringerung von 36 % gegenüber dem Status quo.

Analog zur Gesamtreduktion beträgt die Abfluss- und die Klärschlamm-Reduktion 36 %.

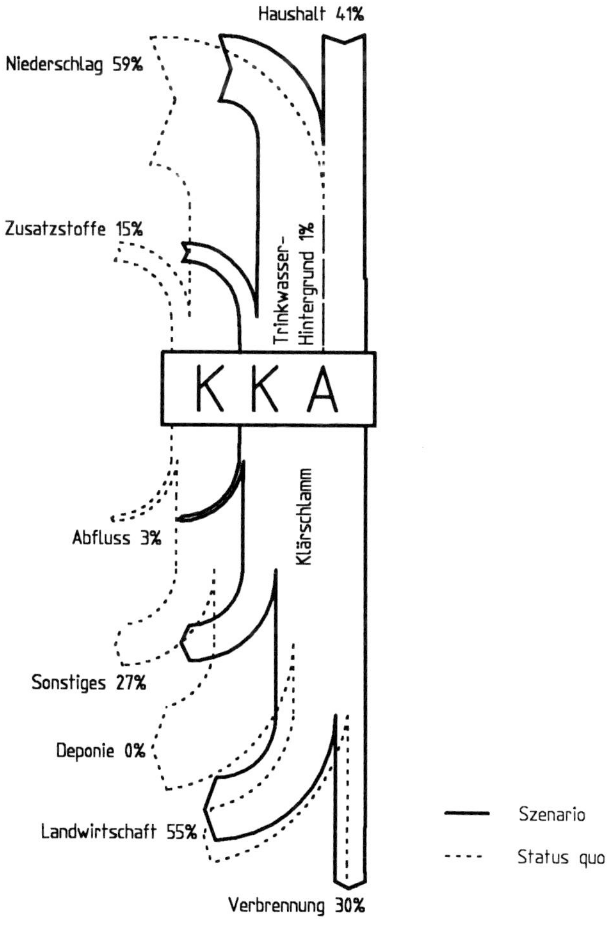

Bild 13. Stoffflussdiagramm von Aluminium Al / 100 % = 289 g/(E · a).

4 Diskussion

Im „Stoffflussszenario Abwasser“ werden umfangreiche Reduktionen sowohl beim gesamten Kläranlagen-Eintrag mit 19 % als auch bei den Stoffflüssen einzelner Elemente und den einzelnen Eintragspfaden erreicht. Bei der Verringerung des gesamten Kläranlagen-Stoffeintrages trägt alleine die Halbierung der Wassermengen mit 17 % bei. Die gesamte Abfluss-Fracht reduziert sich um 33 % und die Klärschlamm-Fracht um 9 %. So werden im „Stoffflussszenario Abwasser“ die Oberflächengewässer und das Grundwasser entscheidend entlastet.

Die Schwermetall-Konzentrationen der Klärschlämme sinken um bis zu 37 %. Gleichzeitig steigen die Nährstoffgehalte von Kohlenstoff um 9 %, Stickstoff sogar um 65 % und Phosphor um 7 % im Szenario-Klärschlamm (vgl. Tabelle 1). Aufgrund der deutlichen Schwermetall-Reduktion und der Nährstoff-Aufkonzentration sind die Klärschlämme gegenüber dem Status quo grundlegend besser für die landwirtschaftliche Verwertung geeignet. Mit der angenommenen Steigerung der landwirtschaftlichen Klärschlammverwertung nimmt die von der Abwasserbehandlung betroffene Fläche zu.

Die Ergebnisse aus Kapitel 3 zeigen, dass die Maßnahmen mit ihren angenommenen Umsetzungspotentialen positive Wirkungen für die Abwasserbehandlung nach sich ziehen können, allerdings mit der Ausnahme der teilweise erhöhten Abflusskonzentrationen. Vor dieser Situation werden nachfolgend Einschätzungen zur Frage vorgenommen, welche Maßnahmen leichter bzw. schwerer umsetzbar sind. Gerade die Maßnahmen sind hierbei interessant, bei denen keine konkreten Annahmen getroffen werden konnten, weil mangels existierender Untersuchungen bei den Berechnungen ihre Auswirkung auf die Stoffflüsse bisher nur ungenügend berücksichtigt werden konnte. Beispiele hierfür sind die verstärkte Straßenreinigung, der Materialwechsel des Rohrleitungssystems und der Ver-/Gebrauchsgegenstände im Haushalt sowie weitere Reinigungsstufen in der KKA. Bei verstärkter Umsetzung dieser Maßnahmen im „Stoffflussszenario Abwasser“ wird die zuvor geschilderte Problematik deutlich gemildert.

Den Hauptanteil der in Kapitel 2 aufgeführten Maßnahmen machen wassersparende Maßnahmen aus. Bei diesen sind im Allgemeinen konkrete Einsparpotentiale ermittelt worden, die dann in der Summe nominell 140 % ergeben (siehe Kapitel 2.2.2). Einige Maßnahmen schließen sich gegenseitig aus, sodass das reale Einsparpotential niedriger liegt. Beispielsweise schließen die Mini-Flush- und die Vakuum-Toilette, die sehr wenig Wasser benötigen, die Nutzung des reichlich anfallenden Regenwassers für diesen Zweck nahezu aus.

Es zeigt jedoch, dass zahlreiche Möglichkeiten existieren, mit denen die Wassereinsparung von 50 % in den Szenario-Haushalten zu erreichen ist. Das bedeutet wiederum, dass die angenommene Wasserreduktion im Haushalt vergleichsweise schnell und leicht umgesetzt werden kann.

Bei den Wassermengen des Niederschlags und des Fremdwassers stellt sich die Situation etwas anders dar. Die Ansatzpunkte zum Senken dieser Mengen sind hinreichend bekannt und mit entsprechenden Maßnahmen vielfach realisiert worden. Bisher wurden die Maßnahmen nur punktuell umgesetzt wie beispielsweise in Neubaugebieten oder in Modellprojekten. Die großflächige Realisierung und die damit verbundenen Erfahrungen über tatsächlich erreichbare Gesamtreduktionen stehen noch aus, zumindest für ein Gebiet von der Größe der Modellregion, die dieser Arbeit zugrunde liegt.

Gleichzeitig stellen die Maßnahmen beim Niederschlag häufig Eingriffe in die städtische Struktur dar, wie beispielsweise Entsiegelung und Renaturierung von Flächen, Dachbegrünung, Regenwasserversickerung und Stadtgestaltung mit Regenwasser. Aus den genannten Gründen müssen für die Umsetzung der Maßnahmen und ihrer Umsetzungspotentiale beim Niederschlag und beim Fremdwasser ein vergleichsweise langer Zeitraum sowie gesellschaftliche Hindernisse einkalkuliert werden.

Wie oben beschrieben (siehe Kapitel 2), wird auch deutlich, dass entsprechende Umsetzungspotentiale der Maßnahmen mit vorrangig frachtreduzierender Wirkung sowohl für Schadstoffe als auch für Nährstoffe in der derzeitigen Abwasserbehandlung wenig untersucht sind. Deshalb konnten für das „Stoffflussszenario Abwasser" häufig keine beziehungsweise nur vorsichtige Annahmen bezüglich ihrer Umsetzung getroffen werden. Das führt zu einer relativ großen Differenz zwischen der Reduktion der Wassermengen und den gebündelten Stoffflüssen im Szenario. Daraus resultieren wiederum die höheren Konzentrationen im Abfluss des Szenarios. Es kann daher davon ausgegangen werden, dass mit der Umsetzung der in Kapitel 2 nicht quantifizierten Maßnahmen sowohl eine weitere Verringerung der Stoffflüsse als auch eine weitere Senkung der Abfluss-Konzentrationen des Szenarios erreicht wird. Das trifft in ganz besonderem Maße auch für die Maßnahmen in der Kläranlage zu, wie beispielsweise für die effizientere Abwasserreinigung und für weitere Reinigungsstufen.

5 Schlussbetrachtung

Das „Stoffflussszenario Abwasser" ermöglicht durch die Einbeziehung aller relevanten Eintrags- und Austragspfade der Kläranlagen und durch seine große Variationsbreite der Maßnahmen eine Anpassung an unterschiedlichste lokale Bedingungen (siehe auch Kapitel 2.1). Diese sind als wesentliche Kriterien eines integrativen Stoffstrommanagements in der Abwasserbehandlung anzusehen. Gleichzeitig zeigt das „Stoffflussszenario Abwasser", dass ausschließlich die Summation vieler kleiner Einzelmaßnahmen die derzeitigen Abwasser-Stoffflüsse entscheidend verringern kann. Die Vielzahl und der Umfang der Maßnahmen verdeutlichen jedoch auch, welch große Anstrengungen in urbanen Siedlungen hierfür notwendig sind.

Die Umsetzung der Maßnahmen bewirkt eine verstärkte Differenzierung und Dezentralisierung der Abwasserbehandlung. Beispielsweise führen Dachbegrünung, Regenwasserversickerung, Regenwasser- und Grauwassernutzung sowie die verschiedenen Möglichkeiten der Fäkalien- und Urinbehandlung verstärkt dazu, dass verschiedene Wasserqualitäten genutzt werden und kurzgeschlossene Kreisläufe entstehen können, u. a. durch Mehrfachnutzung bzw. Nutzungskaskaden der Stoffflüsse.

So führen die Maßnahmen bei der Niederschlagsbehandlung auch dazu, dass ca. 10 % von der Stadtfläche entsiegelt werden, ca. 22 % mit versiegelungsfreundlicherem Belag ausgestattet werden, ca. 5 % in begrünte Dächer umgestaltet werden und ca. 6 % zur Regenwasserversickerung herangezogen werden. Die damit verbundene stärkere Dezentralisierung der Niederschlags(Ab-)Wasserbehandlung führt zu einer flächendeckenden Umstrukturierung urbaner Siedlungen. Aus der Gestaltung mit Regenwasser kann aber zusätzlich eine positive Veränderung des Stadtbildes resultieren. Maßnahmen mit besonders großem Flächenanspruch müssen schwerpunktmäßig in städtischen Außenbezirken und in Dörfern umgesetzt werden. Es kann davon ausgegangen werden, dass einzelne Stadtbezirke und Dörfer ihr abfließendes Niederschlagswasser vollständig mit entsprechenden Maßnahmen erfassen können, wie dies derzeit in Modellprojekten bereits realisiert wird.

Mit der Begrünung der Siedlungen können die ökosystemaren, sozialen und pädagogischen Funktionen von Flora und Fauna in der Stadt (Wittig in [32], [33]) wieder besser erfüllt werden. Die Sichtbarkeit des Wassers und seiner Behandlung führt zu einer Wiederentdeckung des Erlebniselementes Wasser [34].

Die Szenariohaushalte werden vollständig mit Wasserzählern in jeder Wohneinheit, jeder zweite mit Spar-Armaturen, jeder vierte mit einer Mini-Flush- oder Vakuumtoilette ausgestattet. Jeweils jeder zehnte nutzt Regen- oder Grauwasser und ebenfalls jeder zehnte kompostiert oder vergärt separat seine Fäkalien und Küchenabfälle. Alle Haushalte waschen und reinigen effizienter. Das Gewerbe verstärkt seine Regenwasser- und Brauchwassernutzung sowie sonstige Einsparmöglichkeiten. Durch ihre verstärkte Differenzierung und Dezentralisierung der (Ab-)Wasserbehandlung führen die Maßnahmen bei den Haushalten wie beim Niederschlag ebenfalls zu flächendeckenden Veränderungen in den Siedlungen.

Die gesteigerte landwirtschaftliche Klärschlammverwertung führt ebenfalls zu einer Ausdehnung der von der Abwasserbehandlung betroffenen Fläche. Letztlich erfordert das „Stoffflussszenario Abwasser" eine flächendeckende Veränderung innerhalb und außerhalb der Siedlungen.

Das „Stoffflussszenario Abwasser" nähert sich im Vergleich zur derzeitigen Abwasserbehandlung zahlreichen umweltpolitischen Zielen an bzw. erreicht diese. So kann mit der Umsetzung des „Stoffflussszenarios Abwasser" die Abwasserbehandlung entscheidend „zukunftsfähiger" und im Sinne des *„sustainable development"* optimiert werden.

Literatur

[1] Meadows, D., Meadows, D.L. u. Randers, J.: Die neuen Grenzen des Wachstums. DVA Stuttgart 1992.

[2] Baccini, P. u. Oswald, F. (Hrsg.): Netzstadt – Transdisziplinäre Methoden zum Umbau urbaner Systeme. Vdf Hochschulverlag AG an der ETH Zürich 1998.

[3] Baccini, P., Daxbeck, H., Glenck, E. u. Henseler, G.: Metapolis – Güterumsatz und Stoffwechselprozesse in den Privathaushalten einer Stadt. Bericht 34A des NFP „Stadt und Verkehr". Zürich 1993.

[4] Henseler, G., Scheidegger, R. u. Brunner, P. H.: Die Bestimmung von Stoffflüssen im Wasserhaushalt einer Region. Vom Wasser *78*, 91–116 (1992).

[5] Raach, C., Wiggering, H. u. Bringezu, S.: Stoffflußanalyse Abwasser – eine Abschätzung der Substanzflüsse deutscher Kläranlagen. Vom Wasser *92*, 11–35 (1999).

[6] Raach, C.: Von den Wasserwerken bis zu den Kommunalen Kläranlagen – eine Abschätzung bundesdeutscher Abwasser-Stoffflüsse. Studienarbeit an der GHS Essen. Unveröffentlicht 1997.

[7] Enquete-Kommission „Schutz des Menschen und der Umwelt" – Ziele und Rahmenbedingungen einer nachhaltigen zukunftsverträglichen Entwicklung: Konzept Nachhaltigkeit – Fundamente für die Gesellschaft von morgen. Zwischenbericht. Bonn 1997.

[8] Sachverständigenrat für Umweltfragen (SRU): Sondergutachten Grundwasserschutz. Metzler-Poeschel, Stuttgart 1998.

[9] Kommission der Europäischen Gemeinschaften: Für eine dauerhafte und umweltgerechte Entwicklung – Ein Programm der Europäischen Gemeinschaften für Umweltpolitik und Maßnahmen im Hinblick auf eine dauerhafte und umweltgerechte Entwicklung. Teil II. Brüssel 1992.

[10] Umweltbundesamt (UBA) (Hrsg.): Umweltqualitätsziele und Umwelthandlungsziele im Gewässerschutz. UBA Texte *Nr. 63/96*. Berlin 1996.

[11] Fuchs, S.: Auswirkungen von Mischwassereinleitungen auf den Stoffhaushalt und die Biozönose von Fließgewässern – Fallbeispiel Maisenbach (Baden-Württemberg), ein kleines Mittelgebirgsgewässer im ländlichen Raum. Gwf Wasser/Abwasser *139/6.* 323–329 (1998).
[12] Bundesanstalt für Gewässerkunde (BfG): Jahresbericht '95. Koblenz 1996.
[13] Dachdecker-Handwerk (DDH) (Hrsg.): DDH-Edition Gründach. Rudolf Müller Verlag, Köln 1998.
[14] BRAAS: Flachdachmarkt. Persönliche Mitteilung von L. Vogel der BRAAS Flachdach Systeme GmbH & Co 1998.
[15] ATV – Abwassertechnische Vereinigung (Hrsg.): Regenwasserversickerung. ATV-Information. Eigenverlag Hennef 1997.
[16] Golwer, A. u. Schneider, W.: Untersuchungen über die Belastungen des unterirdischen Wassers mit anorganischen toxischen Spurenstoffen im Gebiet von Straßen/Untersuchungen über die Belastung des Grundwassers mit organischen Stoffen im Bereich von Straßen. Heft 391 Schriftenreihe „Forschung Straßenbau und Straßenverkehrstechnik". Hrsg. vom Bundesministerium für Verkehr – Abteilung Straßenbau. Bonn 1983.
[17] Lehn, H., Steiner, M. u. Mohr, H.: Wasser – die elementare Ressource. Springer-Verlag, Berlin Heidelberg 1996.
[18] Hildebrand, R.: Wasser und Abwasser – Konzepte und Handlungsvorschläge für den kommunalen Umweltschutz. Reihe Umweltschutz in der Gemeinde. Deutscher Gemeindeverlag und Verlag W. Kohlhammer, Köln 1994.
[19] Umweltbundesamt (UBA) (Hrsg.): Produktlinienanalyse Waschen und Waschmittel. UBA Texte *Nr. 1/97,* Bedin 1997
[20] Nolde, E.: Wassernöte in Ballungsgebieten? In: Politische Ökologie: Naturtrüb oder glasklar? Strategien gegen die Wasserkrise. Sonderheft 5, 44–49 (1994).
[21] Bullermann, M. u. Kunsmann, C.: Regenwasserbewirtschaftung – Von der zentralen Behandlung zur Haustechnik. Wasserwirtschaft *88/2,* 72–76 (1998).
[22] Lange, J. u. Otterpohl, R.: Abwasser – Handbuch zu einer zukunftsfähigen Wasserwirtschaft. Mall-Beton, Donaueschingen 1997.
[23] Berger, W.: Erläuterungen zur Mini-Flush-Toilette der Berger Biotechnik GmbH. Persönliche Mitteilung, Hamburg 1999.
[24] Overath, H., Becker, A., Patzelt, T. u. Nissing, W.: Abschätzung der Belastung des Klärschlamms mit Kupfer durch Trinkwasser aus Kupferhausinstallationen Vom Wasser *89/1,* 63–82 (1997).
[25] Krauth, Kh.: Kommunale Abwasserbehandlung in der Zukunft. Korrespondenz Abwasser *42* 1256–1258 (1995).
[26] Kommunale Umwelt-Aktion (UAN) (Hrsg.): Optimierung von Kläranlagen. Schriftenreihe, Heft *32.* Hannover 1998.
[27] Spies, M.: Unsicheres Wissen – Wahrscheinlichkeit, Fuzzy-Logik, neuronale Netze und menschliches Denken. Spektrum Verlag, Heidelberg 1993.
[28] Dörner, D.: Die Logik des Mißlingens – Strategisches Denken in komplexen Situationen. Rowohlt Verlag, Hamburg 1989.
[29] Koppe, P. u. Stozek, A.: Kommunales Abwasser – Seine Inhaltsstoffe nach Herkunft, Zusammensetzung und Reaktionen im Reinigungsprozeß einschließlich Klärschlämme. 3. Aufl., Vulkan-Verlag, Essen 1993.
[30] Gelsenwasser AG: Trink- und Ruhrwasseranalysen einiger Wasserwerke vom Jahre 1995. Persönliche Mitteilung 1997.
[31] Landesumweltamt NRW (LUA): Ruhrwasseranalysen 1993–1995. Persönliche EDV-Mitteilung 1997.
[32] Sukopp, H. u. Wittig, R. (Hrsg.): Stadtökologie – Ein Fachbuch für Studium und Praxis. 2. Aufl. Gustav Fischer Verlag, Stuttgart 1998.
[33] Sachverständigenrat für Umweltfragen (SRU): Umweltgutachten 2000 – Schritte ins nächste Jahrtausend. Metzler-Poeschel, Stuttgart 2000.
[34] Ipsen, D. u. Schramm, D. (Hrsg.): Wasserkultur – Beiträge zu einer nachhaltigen Stadtentwicklung. Stadtökologie Band 2. Analytica Verlag, Berlin 1998.

Vorkommen von Chloralkylphosphaten in den Abläufen kommunaler Kläranlagen des deutschen Ostsee-Einzugsgebietes

Occurrence of Chloralkylphosphates in Effluents from Municipal Wastewater Treatment Plants of the German Baltic Sea Catchment Area

Joachim Prösch, Wilfried Puchert* und Michael Gluschke***

Schlagwörter

Kläranlagenabläufe, TCPP, Leitsubstanz, Fließgewässerbelastung, Kontaminationsindikator, Ostsee-Einzugsgebiet

Summary

This report shows the results of a study concerning the occurrence of the Chloralkylphosphates Tris(2-chlorethyl)phosphate (TCEP) and Tris(chlorisopropyl)phosphate (TCPP) in effluents of municipal wastewater treatment plants in the German Baltic sea catchment area. The substances which are used as flame retardants were detected in all 13 investigated municipal wastewater treatment plants. Because of the comparatively high average effluent concentrations, most of all TCPP must be regarded as characteristic substances in the effluents of municipal wastewater treatment plants. TCPP input is possible over both industrial and domestic (textile washing) wastewater.

As a result of the detected emissions from the municipal wastewater treatment plants contaminations of receiving waters with TCPP and TCEP are to be expected.

Because of their critical environmental health quality and to avoid extended contaminations of aqueous systems discharges of TCEP and TCPP into waters should be reduced.

Zusammenfassung

In dieser Arbeit werden die Ergebnisse einer Untersuchung zum Vorkommen der Chloralkylphosphate Tris(2-chlorethyl)phosphat (TCEP) und Tris(chlorisopropyl)phosphat (TCPP) in den Abläufen kommunaler Kläranlagen des deutschen Ostsee-Einzugsgebietes vorgestellt. Die als Flammschutzmittel eingesetzten Substanzen waren in allen 13 untersuchten Kläranlagen durchgängig nachweisbar. Wegen der vergleichsweise hohen durchschnittlichen Ablaufkonzentrationen muss vor allem TCPP als eine charakteristische Verbindung im Emissionsspektrum kommunaler Kläranlagen angesehen werden. Als mögliche Zuflussquellen kommen sowohl gewerbliche als auch häusliche (Waschlaugen) Abwässer in Betracht.

Als Folge der festgestellten Kläranlagenemissionen sind Belastungen angebundener Fließgewässer zu erwarten. Auf Grund einiger bedenklicher umweltmedizinischer Eigenschaften (TCEP) und zur Vermeidung weitreichender Kontaminationen aquatischer Systeme sollten Einleitungen von TCEP und TCPP in Gewässer reduziert werden.

---

* Dr. J. Prösch, Dr. W. Puchert, Landeshygieneinstitut Mecklenburg-Vorpommern, Außenstelle Schwerin, Bornhövedstr. 78, D-19055 Schwerin.

** Dr. M. Gluschke, Landesamt für Umwelt, Naturschutz und Geologie Mecklenburg-Vorpommern, Postfach 1338, D-18263 Güstrow.

1 Einleitung

Die Chloralkylphosphate Tris(2-chlorethyl)phosphat (TCEP) und Tris(chlorisopropyl)phosphat (TCPP) sind in den Fließgewässern Mecklenburg-Vorpommerns weit verbreitet [1]. Dies ergaben Messungen, die 1996 [2] und 1998 [3] im Rahmen der Fließgewässerüberwachung des Landes durchgeführt wurden. Insbesondere für TCPP waren vergleichsweise hohe Werte charakteristisch. Auch in der Elbe wurde TCPP mit Konzentrationen gefunden, die teilweise deutlich über 0,10 µg/l lagen [2 bis 4]. Die allgemeine Verbreitung des TCPP in aquatischen Systemen zeigt auch sein Vorkommen in verschiedenen Seen Mecklenburg-Vorpommerns [5]. Darüber hinaus wurde TCPP in einigen Einzelwasserversorgungsanlagen des Landes nachgewiesen [6]. Beobachtungen, die im Rahmen von Untersuchungen zur Erfassung der Belastung des Oderästuars mit organischen Spurenstoffen [7] gemacht wurden, deuten zudem darauf hin, dass die Substanz in relevanten Mengen in die Ostsee eingetragen wird. Gemessen an der Verbreitung des als Flammschutzmittel genutzten TCPP ist der aktuelle Kenntnisstand über die ökologisch und umwelthygienisch bedeutsamen Eigenschaften unzureichend. Das ebenfalls gefundene strukturell verwandte TCEP weist einige umweltmedizinisch bedenkliche Eigenschaften auf [8 bis 10] und musste 1998 als krebserzeugend (K2) und reproduktionstoxisch (R_F 3) eingestuft werden. Kritisch bewertet wurde TCEP auch im Zusammenhang mit seiner ubiquitären Verbreitung in Innenräumen (Hausstäube)* [11].

Insgesamt sollten Einträge von Chloralkylphosphaten in die Umwelt weitestgehend minimiert werden. Voraussetzung hierfür sind unter anderem auch Kenntnisse über die wesentlichen Eintragsquellen und -mengen im aquatischen Bereich.

Ziel dieser Arbeit ist es deshalb, erste Erkenntnisse über die Herkunft von Chloralkylphosphaten in deutschen Flüssen mit Ostseeanbindung zu vermitteln und auf mögliche Konsequenzen hinzuweisen.

2 Probenmaterial und Analytik

Ausgangspunkt der Messungen waren auffällige Befunde, die sich bei der Bestimmung von phosphorhaltigen Pestiziden in den Abläufen kommunaler Kläranlagen des deutschen Ostsee-Einzugsgebietes ergaben. Die Erfassung der phosphorhaltigen Pestizide war obligater Bestandteil eines vom Umweltbundesamt geförderten Forschungsprojektes [12]. Als analytische Methode kam hierbei die Festphasenextraktion in Verbindung mit der Gaschromatographie zum Einsatz [2, 12, 17]. Zur Detektion der phosphorhaltigen Substanzen wurde der FPD herangezogen. Dies ermöglichte sehr empfindliche Bestimmungen in den organisch meist stark belasteten Abwasserproben. Da mit den angewandten Verfahren neben phosphorhaltigen Pestiziden auch andere Phosphorverbindungen erfasst werden, ließen sich die hohen Gehalte an Alkyl- und Chloralkylphosphaten in den Ablaufproben nicht übersehen (Bild 1).

* Auf Grund ihrer hygienischen Relevanz sind TCEP und TCPP im Innenraumbereich (Hausstaubanalysen) feste Bestandteile der Schadstoffmonitoringprogramme vieler Prüflabore.

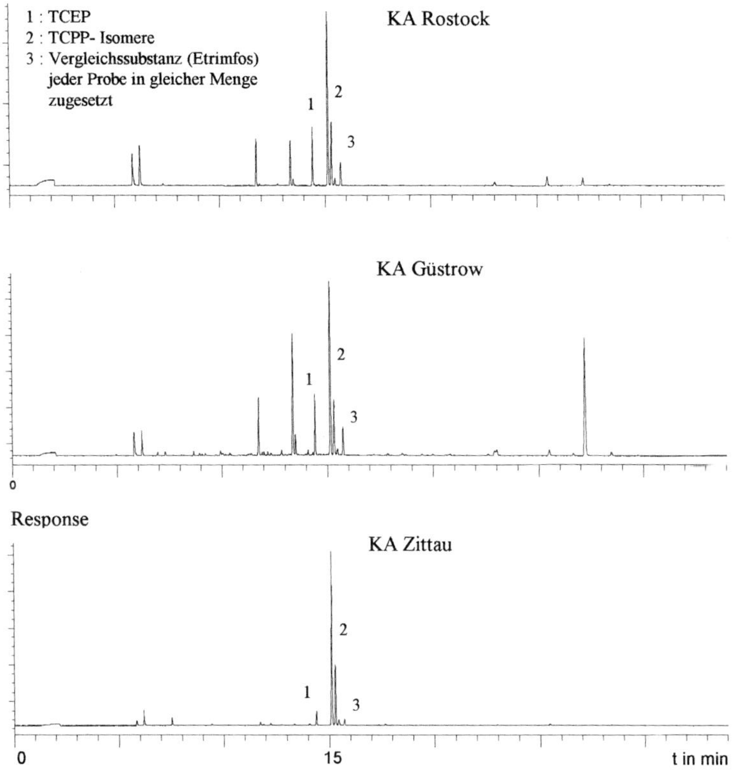

Bild 1. Charakteristische Gaschromatogramme verschiedener Kläranlagenablaufproben KA (GC-FPD). Zur Veranschaulichung der Konzentrationsverhältnisse erfolgte eine Normalisierung auf den höchsten Peak.

Gaschromatographische Bedingungen:

Gerät:	HP 3890 series II
Trägergas:	Stickstoff
Säule:	HP-1,25 m × 0,33 mm i. D. × 0,2 µm d
Injektion:	Splitless, 1 µl
Temperaturprogramm:	1 min 70 °C; 10°/min bis 200 °C; 5 min 200 °C; 6°/min bis 260 °C; 5 min 260 °C
Detektor:	FPD

GC/MS-Messungen ergaben, dass es sich hierbei um die in den Flüssen Mecklenburg-Vorpommerns ubiquitär verbreiteten Substanzen handelte [1 und 2]. Vor allem die relativ hohen TCPP-Konzentrationen waren Anlass, die Chloralkylphosphate TCEP und TCPP im Rahmen des genannten Projektes zur Bestimmung von Schadstoffen in Kläranlagenabläufen fakultativ mitzubestimmen. Zu diesem Zweck wurden 1998 insgesamt 13 kommunale

Kläranlagen einmal monatlich beprobt und auf ihre TCPP (Isomerensumme)- und TCEP-Gehalte hin untersucht.

3 Ergebnisse und Diskussion

In Tabelle 1 sind die gemessenen Maximal-, Minimal- sowie die Mittelwerte für TCEP und TCPP (Isomerensumme) wiedergegeben.

Bei den Messungen fielen vor allem die hohen TCPP-Gehalte auf. In Bezug auf die methodisch erfassbaren Phosphorverbindungen erwies sich TCPP in den meisten Proben als Hauptkomponente. Die Konzentrationen bewegten sich häufig oberhalb von 1 µg/l. Ähnliche Chloralkylphosphatgehalte sind auch in den Abläufen schwedischer Kläranlagen [13 und 14] gefunden worden. Im Jahresverlauf schwankten die Konzentrationen vergleichsweise wenig (Bild 2 bis 4). Abgesehen von der Kläranlage Eisenhüttenstadt traten auch zwischen den einzelnen Klärwerken trotz großer Unterschiede bei den Jahresabwassermengen und den Einwohnerwerten (Tab. 1) nur relativ geringe Differenzen im Konzentrationsniveau auf. Offensichtlich wird TCPP ganzjährig und kontinuierlich in die Kläranlagen eingetragen und gehört gleichzeitig zu den Problemstoffen des Klärprozesses, die auch in modernen Kläranlagen nur unzureichend eliminiert werden. Ein Vergleich zwischen den Zulauf- und Ablaufkonzentrationen von Chloralkylphosphaten in einer schwedischen Kläranlage [14] zeigt, dass diese Substanzen den Klärprozess unbeschadet überstehen. Dies ist offenbar darauf zurückzuführen, dass TCEP und TCPP auf Grund ihrer relativ geringen Lipophilie nur im untergeordneten Maße am Klärschlamm (obwohl auch hier schon gefunden [15]) fixiert werden und außerdem persistent genug sind, um einem biochemischen Abbau in der wässrigen Phase zu widerstehen.

Die konkreten Eintragspfade für TCEP und TCPP in die Abwässer sind derzeit noch unklar. Da die Substanzen Bestandteil des nichtfäkalen Abwasseranteils der Kläranlagen sein dürften, kommen als Quellen vor allem gewerbliche oder industrielle Indirekteinleitungen in Betracht.

Tabelle 1. TCEP- und TCPP-Konzentrationen in den Abläufen kommunaler Kläranlagen 1998, JAM = Jahresabwassermenge, EW = Einwohnerwerte (EW = Einwohner + Einwohnergleichwerte)

Kläranlage	JAM 1998 in Kubikmeter/Jahr	EW	TCEP, c in µg/l			TCPP, c in µg/l		
			Min.	Mittel.	Max.	Min.	Mittel.	Max.
Frankfurt/Oder	5.780.000	120.000	0,15	0,30	0,45	0,65	0,93	1,43
Eisenhüttenstadt	3.100.000	99.000	0,36	0,60	0,81	6,11	14,19	26,72
Schwedt	2.070.000	65.000	0,20	0,46	1,57	0,61	0,87	1,38
Altfriedland	763.000	22.000	0,21	0,34	0,64	0,92	1,23	1,98
Rostock	16.200.000	320.000	0,19	0,26	0,42	0,81	1,21	1,88
Stralsund	6.260.000	120.000	0,24	0,51	1,17	0,96	1,25	1,93
Wismar	3.520.000	66.000	0,06	0,20	0,26	0,28	0,80	1,21
Güstrow	2.800.000	40.000	0,06	0,18	0,29	0,28	0,64	1,08
Görlitz	3.440.000	140.000	0,21	0,28	0,47	0,58	0,93	1,31
Zittau	3.480.000	85.000	0,10	0,32	1,66	0,61	2,33	6,92
Rothenburg	226.000	17.000	0,14	0,24	0,37	0,68	1,03	1,40
Kiel	23.100.000	525.000	0,24	0,45	0,78	0,63	1,16	1,99
Osterby	50.000	1.100	0,06	0,15	0,25	0,18	0,42	0,80

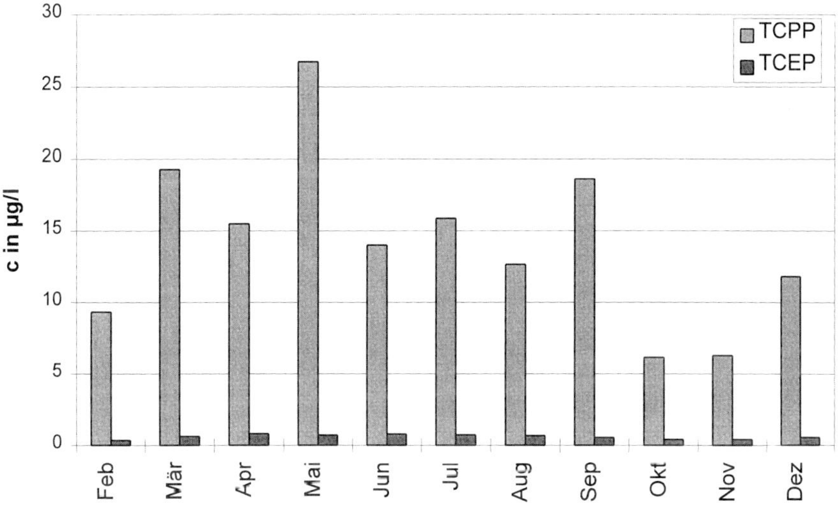

Bild 2. TCPP und TCEP in der Kläranlage Eisenhüttenstadt 1998.

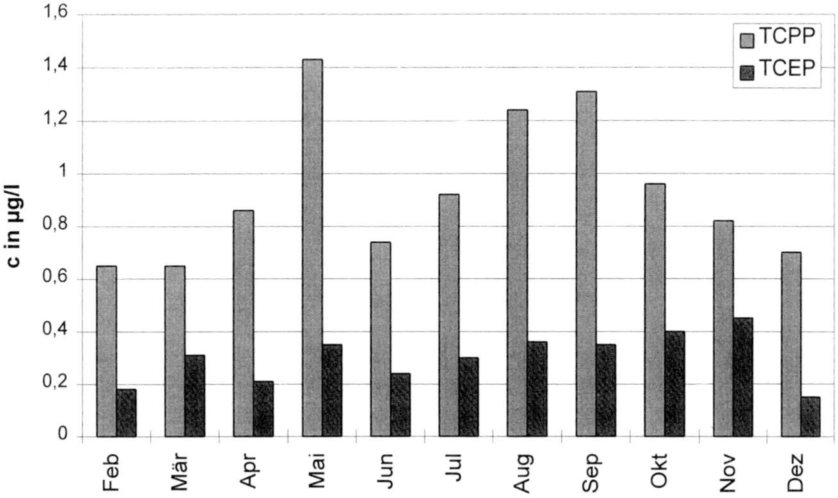

Bild 3. TCPP und TCEP in der Kläranlage Frankfurt/Oder 1998.

Hierfür sprechen auch die ganzjährig hohen TCPP-Konzentrationen in den Abläufen der Kläranlagen Eisenhüttenstadt und Zittau mit größeren industriellen Abwasseranteilen. Für die Kläranlage Zittau betrug der industrielle Abwasseranteil 1998 beispielsweise 18 %, wovon 10 % auf die Textilindustrie entfielen. Berücksichtigt man, dass Chloralkylphosphate auch als Flammschutzmittel in technischen Textilien eingesetzt werden, liegt hierin möglicherweise eine Erklärung für die erhöhten Gehalte. Die Funde von TCPP/TCEP in Ablaufproben industriell weniger angebundener Kläranlagen weisen aber auch auf nicht unbeträchtliche

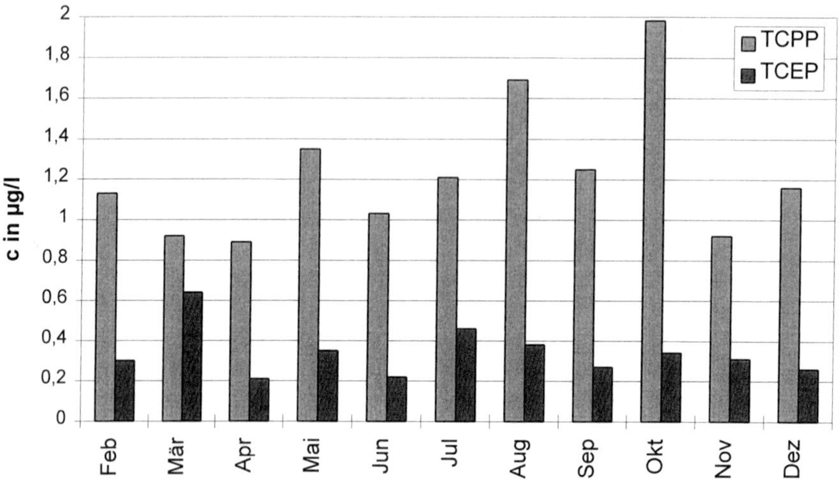

Bild 4. TCPP und TCEP in der Kläranlage Alt Friedland 1998.

Zuflüsse über häusliche Abwässer hin. Auf Grund der vielfältigen Verwendung von TCEP [16] und TCPP (PU-Schäumen, Polster) als Weichmacher und Flammschutzmittel sind sie, wie die eingangs erwähnten Hausstaubbelastungen belegen [11], im häuslichen Bereich häufig anzutreffen. Als Belastungsquellen von Hausabwässern kommen nach unserer Auffassung vor allem Waschlaugen in Betracht. Bei orientierenden Untersuchungen wurden in den Waschlaugen unsortierter Buntwäsche TCEP und TCPP gefunden.

Die Chloralkylphosphatgehalte der Abläufe kommunaler Kläranlagen im Odereinzugsbereich ließen eine Belastung des Flusses erwarten. Messungen (fakultativ), die im Rahmen des genannten Forschungsprojektes erfolgten, ergaben für die Odermesspunkte Franfurt/O. und Hohenwietzen mittlere TCEP- und TCPP-Konzentrationen von 0,04/0,28 bzw. 0,08/0,20 µg/l. Vergleichbare Konzentrationen wurden 1998 auch in der Elbe (Boizenburg) [3] beobachtet. Obwohl nicht ausgeschlossen werden kann, dass Chloralkylphosphate auch auf direktem Weg (Boote, Schleusenbetriebe) in die Oberflächenwässer gelangen, scheint der Abwasserpfad die größte Bedeutung zu besitzen. Zur Veranschaulichung dieses Sachverhaltes sind auf Bild 5 Gaschromatogrammausschnitte von verschiedenen Kläranlagenablaufproben mit Oderanbindung, Oderwasserproben sowie einer Probe vom Oderhaff (zentraler Messpunkt) und von der Pommerschen Bucht dargestellt. Des Weiteren ist zu Vergleichszwecken das Chromatogramm einer unbelasteten Trinkwasserprobe zu sehen. Deutlich erkennbar ist die gute Übereinstimmung in der Chromatogrammstruktur zwischen den Abwasser- und Oberflächenwasserproben.

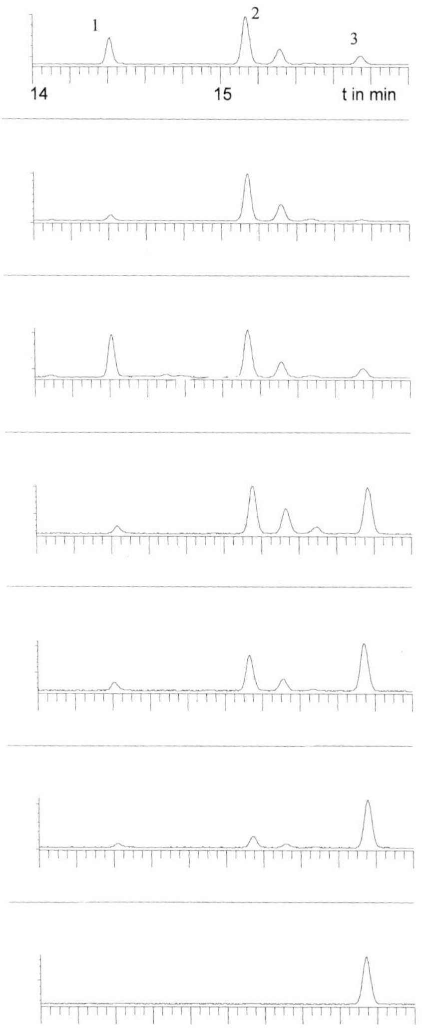

Ablaufprobe der Kläranlage
Altfriedland
November 1998

Ablaufprobe der Kläranlage
Eisenhüttenstadt
November 1998

Ablaufprobe der Kläranlage
Frankfurt/Oder
November 1998

Oder bei Hohenwietzen
November 1998

Zentralgelegener Messpunkt
im Stettiner Haff (KHM)
November 1998
(Chromatogramm aus
Oderästuarmessprogramm [7])

Pommersche Bucht
Messpunkt OB IV
November 1998
(Chromatogramm aus
Oderästuarmessprogramm [7])

Trinkwasser
(unbelastete Vergleichsprobe)

Bild 5. Gaschromatogrammausschnitte verschiedener Kläranlagenablaufproben und angebundener Oberflächengewässer (GC-FPD), 1,2,3 wie in Bild 1. Zur Veranschaulichung der Konzentrationsverhältnisse erfolgte eine Normalisierung auf den höchsten Peak.

4 Zusammenfassung

1. Die Chloralkylphosphate TCEP und TCPP waren in den untersuchten Kläranlagenabläufen allgegenwärtig. TCPP muss nach den bisherigen Messungen als eine Leitsubstanz im Emissionsspektrum kommunaler Kläranlagen angesehen werden.
2. Die vergleichsweise hohen TCPP-Ablaufkonzentrationen deuten auf eine unzureichende Eliminierung dieser Substanz während des Klärprozesses hin. Da die Verbindung zudem in der aquatischen Umwelt offenbar nur langsam abgebaut wird, können Kläranlagenemissionen zu einer weitreichenden Belastung angebundener Fließgewässer führen. Aus diesem Grund stellt TCPP möglicherweise auch eine sehr aussagekräftige Indikatorverbindung bei der Feststellung, Zuordnung und Verfolgung von Abwasserkontaminationen dar.
3. Die konkreten Eintragspfade von TCEP und TCPP in die beprobten Kläranlagen sind derzeit noch unklar. Als Hauptquellen werden industrielle Indirekteinleiter und nichtfäkale Hausabwässer (Waschlaugen!) vermutet.
4. Obwohl die von einer TCEP/TCPP-Gewässerbelastung ausgehenden umweltrelevanten Risiken derzeit noch nicht abschließend beurteilt werden können, scheint eine Reduzierung der Einträge aus Kläranlagen auf Grund bereits vorliegender Daten, zum Beispiel zur Karzinogenität von TCEP, geboten.

5 Literatur

[1] Prösch, J. u. Puchert, W.: Analytik und Vorkommen von P-Organika in Wasserproben Mecklenburg-Vorpommerns. Umwelttagung der GDCh „Umwelt und Chemie" Ulm 1996.

[2] Landesmessprogramm des Landesamtes für Umwelt, Naturschutz und Geologie (LAUN) Mecklenburg-Vorpommern (1996) in Gewässergütebericht 1996/1997. Umweltministerium des Landes Mecklenburg-Vorpommmern 1998.

[3] Landesmessprogramm des Landesamtes für Umwelt, Naturschutz und Geologie (LAUN) Mecklenburg-Vorpommern 1998.

[4] ARGE Elbe: Wassergütedaten der Elbe-Zahlentafel 1996, Wassergütestelle Elbe, Hamburg 1996.

[5] Untersuchungen zum Vorkommen von PBSM, Arzneimitteln, Coffein, Alkyl- und Chloralkylphosphaten in Badeseen Mecklenburg-Vorpommerns, Landeshygieneinstitut Mecklenburg-Vorpommern 1999, (unveröffentlicht).

[6] Untersuchungen zum Vorkommen von PBSM in Hausbrunnen Mecklenburg-Vorpommerns, Landeshygieneinstitut Mecklenburg-Vorpommern 1997, (unveröffentlicht).

[7] Messprogramm Organische Spurenstoffe im Oderästuar 1998, LAUN Mecklenburg-Vorpommern 1998.

[8] Morrissey u. a.: Evaluation of rodent sperm, vaginal cytology, and reproductive organ weight data from National Toxicology Program 13-week studies. Fund. Appl. Toxicol. *11*. 343–358 *(1988)*.

[9] Anfrage an das WaBoLu: Bewertung von (Chlor)-Alkylphosphaten im Trinkwasser. Umweltmedizinischer Informationsdienst *4*, 56 (1996).

[10] Matthews, H. B., Eustis, S. L. u. Haseman, J.: Toxicity and carcinogenicity of chronic exposure to Tris(2-chlorethyl)phosphate. Fundam. Appl. Toxicol. *20*, 477–485 (1993).

[11] Sagunski, H., Ingerowski G., Mattulat A. u. Scheutwinkel, M.: Tris(2-chlorethyl)-phosphat: Exposition und umweltmedizinische Bewertung. Umweltmed. Forsch. Prax. *2* (3) 185–192 (1997).

[12] Forschungsvorhaben 297 25 527 „Emissionsinventar deutsches Ostseeeinzugsgebiet 1998" des Umweltbundesamtes Berlin, Durchführung: Landesamt für Umwelt, Naturschutz und Geologie Mecklenburg-Vorpommern, Gülzow 1998.

[13] Paxeus, N: Organic pollutants in the effluent of large wastewater treatment plants in Sweden. Wat. Res. *30*, 1115–1122 (1996).

[14] Paxeus, N. u. Schröder, H. F.: Screening for non-regulated organic compounds in municipal wastewater in Göteborg, Sweden. Wat. Sci. Tech. *33*, 9–15 (1996).

[15] Weißer, M.: Untersuchungen zur Belastung kommunaler Klärschlämme durch organische Schadstoffe. ISW-Bericht Nr. 63. Institut für Siedlungswasserwirtschaft, Karlsruhe 1992.

[16] BUA: Tris(2-chlorethyl)phosphat. BUA-Stoffbericht 20. Beratungsgremium für umweltrelevante Altstoffe der Gesellschaft Deutscher Chemiker. VCH- Verlagsgesellschaft, Weinheim 1988.

[17] Prösch, J. u. Puchert, W.: Coffein: Vorkommen in Fließgewässern Mecklenburg-Vorpommerns. Vom Wasser *91*, 207–214 (1998).

Prüfung von Abwasser auf aquatische Toxizität mit einem Gärungstest der Hefe *Saccharomyces cerevisiae*

Testing the Aquatic Toxicity of Sewage by a Fermentation Assay with the Yeast *Saccharomyces cerevisiae*

Jürgen Weber, Anita Plantikow und *Jupp Kreutzmann**

Schlagwörter

Gärungstest, ***Saccharomyces cerevisiae,*** Abwassertest, Schadstoffe, Nährstoffbelastung, Biotestvergleich

Summary

172 communal and industrial sewages were tested by the yeast assay, the photobacteria assay and the fish assay. The COD, the BOD_5, ammonia-N, nitrite-N, total phosphate, and as far as necessary sulfate, sulfide, AOX, heavy metal ions, hydrocarbons and surfactants were also determined. The new yeast assay based on fermentation performance allows a classification of the samples into toxic, polytrophic, suspect and neutral within 24 h. Considerably less ($< 50\,\%$) samples were classified as toxic by the yeast assay compared to the fish resp. the photobacteria assay. All of them were also toxic in both or one of these assays, showing no false positive assessment by the yeast assay. On the other hand around half of the samples being toxic in the fish and photobacteria assay were classified as polytrophic by the yeast assay. None of the samples assessed as neutral in the yeast assay, but as suspect in the other assays, was detectable polluted by toxicants. Around 90 % of polytrophic samples (characterized by a $BOD_5 \geq 20$) were classified as polytroph by the yeast assay, also resulting in 3 false positive assessed samples. The detection of toxicant polluted samples and distinguishing them from nutrient polluted is a fundamental advantage of the yeast assay.

Zusammenfassung

172 kommunale und gewerbliche Abwässer wurden mit dem Hefetest, dem Leuchtbakterientest und dem Goldorfentest bewertet und der CSB, BSB_5, Ammonium-N, Nitrit-N, Gesamtphosphat, und soweit erforderlich Sulfat, Sulfid, AOX, Schwermetallionen, Kohlenwasserstoffe und Tenside bestimmt. Der neue, auf der Gärleistung beruhende Hefetest ermöglicht innerhalb von 24 Stunden eine Einstufung der Proben in toxisch, nährstoffbelastet, auffällig und neutral. Im Hefetest werden, verglichen mit dem Fisch- und dem Leuchtbakterientest, wesentlich weniger ($< 50\,\%$) Proben als toxisch eingestuft. Diese Proben erwiesen sich auch in einem oder beiden der genannten Bioteste als toxisch, also war keine Bewertung falsch positiv. Andererseits zeigte sich etwa die Hälfte der mit dem Fisch- und Leuchtbakterientest als toxisch eingestuften Proben im Hefetest als nährstoffbelastet. Keine der in diesen Biotesten auffälligen, im Hefetest aber als neutral eingestuften Proben, war nachweisbar schadstoffbelastet. Nährstoffreiche Proben (charakterisiert durch einen $BSB_5 \geq 20$) wurden zu etwa 90 % als solche im Hefetest erkannt, drei Proben erwiesen sich als falsch positiv. Das Erkennen schadstoffbelasteter Proben und ihre Unterscheidung von nährstoffbelasteten Proben ist ein grundlegender Vorteil des Hefetests.

---

* Dr. J. Weber, Dr. A. Plantikow, Prof. Dr. J. Kreutzmann, NORDUM Institut für Umwelt und Analytik GmbH & Co. KG, Am Weidenbruch 22, D-18196 Kessin/Rostock.

1 Einleitung

Ein wichtiges Ziel der Abwasserprüfung ist der Schutz der Gewässer vor Schadstoffeinträgen. Biologische Testverfahren ergänzen dabei die chemische Analyse der Einzelparameter. Sie geben Aufschluß über die gemeinsame biologische Wirkung aller Inhaltsstoffe des Abwassers auf einen Testorganismus. Für eine weitergehende Abschätzung der Wirkung vom „one species test" auf die Vielfalt der Biozönose des Gewässers ist die Wahl des Testorganismus von wesentlichem Einfluß. Ein solcher Schluß ist in begrenztem Umfang möglich, wenn der Testorganismus eine wichtige ökologische Funktion im Gewässer erfüllt. Testverfahren mit Bakterien, Algen, Protozoen, Daphnien und Fischen sind standardisiert (DIN-Verfahren). Neben ökologischen bestimmen auch laborpraktische Aspekte die Wahl des Testorganismus. Diese zwingen zur Aufwandminimierung z. B. für die Haltung der Testorganismen, für die Einhaltung langandauernder Testbedingungen, für meßtechnische Ausrüstungen u. a. Ein Ausweichen auf zelluläre und suborganismische Testsysteme, die einfach und schnell handhabbar sind, wird in der Regel mit Einbußen an ökologischer Relevanz bezahlt. So wird die Suche nach Kompromissen fortgesetzt: praktikable Schnelltests mit ökologischer Relevanz.

Wir haben die Hefe *Saccharomyces cerevisiae* als Testorganismus für die Abwasserprüfung erprobt. *S. cerevisiae* ist ein eukaryotischer Einzeller, der leicht handhabbar wie Bakterien ist, dessen Genetik und Entgiftungssysteme aber denen höherer Eukaryoten entsprechen. Detaillierte Untersuchungen mit toxischen Einzelstoffen (organische und anorganische) ergaben, daß die Hefe zu 90 % in ihren Reaktionen auf aquatoxische Einträge mit dem Protozoen *Tetrahymena pyriformis* übereinstimmt, einem ökologisch verbreiteten Vertreter der Ciliaten [1]. Mit der Ausführung des Hefetests als Gärungstest (Messung der Gärleistung) wird auch eine vergleichbare Testempfindlichkeit erreicht [1]. Da im Gegensatz zum Protozoentest beim Hefetest auf steriles Arbeiten verzichtet werden kann, bietet sich letzterer zur Untersuchung von Abwasser an. Analytisch ist Abwasser für Bioteste allgemein problematisch, da es neben gelösten und farbigen Teilen noch kolloidale und suspendierte Partikel sowie eine Fülle von Mikroorganismen und Organismen des Zooplanktons enthalten kann. Diese Organismen können zum Testorganismus als Antagonisten oder Konkurrenten auftreten. Sie müssen ausgeschaltet werden (z. B. durch sterilisieren der Abwasserprobe im Dampftopf [2]), denn eine Unterlegenheit des Testorganismus würde eine Schadwirkung vortäuschen.

Es wurden 172 kommunale und gewerbliche Abwässer mit dem Hefetest untersucht, von denen der CSB, der BSB_5, Ammonium-N und Nitrit-N, Gesamt-Phosphat-P sowie, wenn erforderlich, Sulfid, Sulfat, AOX, Schwermetallionen, Kohlenwasserstoffe und Tenside bestimmt wurden. Zusätzlich wurde die biologische Wirkung der Abwässer auf Fische (Goldorfen) und Leuchtbakterien *(Vibrio fischeri)* erfaßt. Die Analysendaten sollen Aufschluß darüber geben, inwieweit sich der Hefetest als Screening zur Bewertung von Abwässern eignet.

2 Material und Methoden

2.1 Stämme und Nährmedien

Hefe *Saccharomyces cerevisiae* (Isolat N 06.98, als Frostkonserve zu beziehen bei NORDUM GmbH & Co. KG), als Testmedium dient ein modifiziertes, auf pH 3,2 gepuffertes Minimalmedium nach [3] mit 10 mg/L Chloramphenicol (zu beziehen bei NORDUM GmbH & Co. KG), Leuchtbakterien *Vibrio fischeri* (NRRL-B-11177, zu beziehen bei DR. LANGE GmbH).

2.2 Standardmethoden

Leuchtbakterientest nach DIN 38 412-L34 (ausgeführt als Screening), Fischtest (akute Toxizität mit Goldorfen) nach DIN 38 412-L31, BSB_5 nach DIN 38 409-H51, CSB nach DIN 38 409-H41, Ammonium-N nach DIN 38 406-E5, Nitrit-N nach DIN EN 26 777-D10, Gesamtphosphat nach DIN EN 1189-D11, Sulfid nach DIN 38 405-D26, Sulfat nach DIN EN ISO 10 304-1, D19, AOX nach DIN EN 1485-H14, Chrom, Kupfer, Zink und Nickel nach DIN EN ISO 11 885-E22, Quecksilber nach DIN EN 1483-E12, Blei nach DIN 38 406-E6, Cadmium nach DIN EN ISO 5961-E19, Kohlenwasserstoffe nach DIN 38 409-H18, nichtionische Tenside nach DIN 38 409-H23.

2.3 Hefetest

Der Test wird in verschließbaren 15 ml Teströhrchen (TR) durchgeführt, in denen je 1 ml Testmedium (zehnfach konzentriert) vorgelegt wird. Die Abwasserproben werden mit ~0,3 molarer Salzsäure auf einen pH Wert 3,0...3,5 eingestellt. Von jeder Probe werden 3 TR mit 9 ml und 3 TR mit 3 ml versetzt, letztere werden mit Trinkwasser auf 10 ml aufgefüllt. 6 TR mit 9 ml Trinkwasser dienen als Bezugsprobe (Kontrolle). Es wird mit je 0,1 ml Zellsuspension (Optische Dichte OD_{600} ~1,9) angeimpft. Die Impflösung wird ein bis zwei Stunden vorher durch suspendieren einer Frostkonserve (2 ml) in 8 ml 1 %iger Glukose in 10 mmol Phosphatpuffer pH 5,0 hergestellt. Nach dem Animpfen werden die TR mit 5 ml Gärröhrchen versehen, verschlossen und für 16–18 h bei 28 °C inkubiert. Danach werden die TR im Wasserbad rasch auf 40 °C erwärmt und nach ~40 min mit gefülltem Gärröhrchen und gelockertem Verschluß bei 40 °C zur Gärung aufgestellt (Bild 1). Nach 3–4 h erreicht die Gärblase der Kontrollen 30±5 mm Länge (alle TR vor der Messung einzeln mehrmals kräftig aufstoßen). Die Länge L (mm) der Gärblasen wird mit einem Lineal vermessen. Die Proben werden nach der Gärleistung des Testorganismus bewertet im Vergleich zur Kontrolle (deren Mittelwert L = 100 % gesetzt wird). Dazu wird die Gärleistung (%) der unverdünnten (Triplett 1) und verdünnten Ansätze (Triplett 2) herangezogen (Tab. 1).

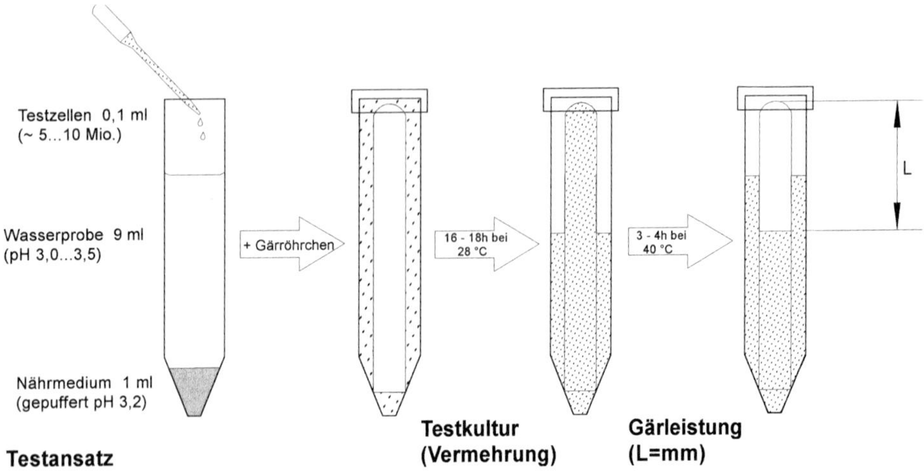

Bild 1. Funktionsschema des Gärungstests mit der Hefe *Saccharomyces cerevisiae.*

Tabelle 1. Bewertung der Abwasserproben nach der Gärleistung der Hefe (bezogen auf die Kontrollen = 100 % Gärleistung, Triplett 1 = unverdünnt, Triplett 2 = verdünnt 1 auf 3).

Abwasserprobe:	Triplett 1 9 ml	Triplett 2 3 ml	Bewertung
% Gärleistung	> 130	> 130 80–130	nährstoffbelastet/Tenside
		> 130	nährstoffbelastet
	80–130	80–130	neutral
		50–80	auffällig*
		> 130	nährstoffbelastet
	50–80	80–130	auffällig*
		50–80	auffällig*
		> 130	nährstoffbelastet
	<50	80-130	toxisch
		50–80	toxisch
		<50	stark toxisch

* durch geringe Schadwirkung.

3 Ergebnisse und Diskussion

3.1 Eigenschaften des Hefetestes

Der Test wird im pH-Bereich 3,0 bis 3,5 durchgeführt mit einem Minimalmedium für Hefen, das Glukose, Mineralsalze als N-, S- und P-Quellen, sowie Vitamine, Spurenelemente und das Antibiotikum Chloramphenicol enthält. Der niedrige pH-Wert und das Chloramphenicol erlauben eine geringe Inokulumdichte von 0,5 bis 1 Millionen Hefezellen pro ml am Testbeginn, indem sie die Begleitorganismen in der Abwasserprobe soweit unterdrücken, daß die Vermehrung und Gärleistung der Hefezellen durch Konkurrenz (z. B. Milchsäurebakterien, wilde Hefen u. a.) nicht beeinträchtigt werden. Ein Vorteil der geringen Inokulumdichte ist, dass eine weitere Verminderung der Zelldichte durch eventuell vorhandene Schadstoffe nach der zeitlich begrenzten Vermehrungsphase als verringerte Gärleistung deutlich messbar wird. Andererseits bewirken Abwasserproben mit einem hohen Gehalt an organischen Nährstoffen, wie er durch einen $BSB_5 > 20$ charakterisiert wird, eine erhöhte Gärleistung (bis auf 170 %) gegenüber den Kontrollproben (vgl. Tab. 2). Neben einem erhöhten Angebot an Ammonium und Phosphaten werden von den Hefezellen hier insbesondere Aminosäuren und Peptide als „bessere" N-Quellen [4] direkt aufgenommen und für das Wachstum genutzt. Damit wird es möglich, nicht nur Schadstoffe an ihrer Hemmwirkung zu erkennen, sondern

Tabelle 2. Analysendaten der Abwasserproben, die im Hefetest als „nährstoffbelastet", im Leuchtbakterien- oder/und Fischtest als „toxisch" eingestuft werden. (* gewerbliche Ab- bzw. Prozeßwässer, biologische Behandlung erfolgte über OTN/OTK = Oxidationsteich natürlich/künstlich belüftet, KKA = Kompaktkläranlage-Tropfkörper, BB = Belebungsbecken, %G = Gärleistung, %H = Hemmung, GF = Verdünnungsstufe, KW = Kohlenwasserstoffe, T+ = Tensidgehalt > 1 mg/L).

Probe	Biolog. Behand.	Hefetest %G 9 ml	3 ml	CSB mg/L	BSB_5 mg/L	NH_4-N mg/L	NO_2-N mg/L	Σ PO_4-P mg/L	Sonstige (mg/L)	Leuchtb.-Test %H	Fisch-Test GF
B1	KKA	142	126	294	119	74	0,0	6,0	–	44	12
B2	BB	147	122	115	31	98	0,2	6,0	–	26	8
B3	OTK	135	129	139	84	20	0,0	3,7	–	54	3
B4	OTN	153	140	432	261	90	0,0	10,6	–	69	6
B5	–	127	144	681	254	60	0,0	7,9	–	69	4
B6	–	106	135	1703	512	93	0,0	7,7	–	94	4
B7	–	94	145	1088	508	96	0,0	11,6	–	94	4
B8	–	128	136	497	167	24	0,0	6,3	–	73	2
B9*	–	138	120	317	–	–	–	–	KW 0,1; T+	83	2
B10*	–	90	140	398	–	–	–	–	KW 1,2; T+	72	3
B11	OTN	100	142	140	122	66	0,0	7,5	–	81	6
B12	–	102	139	443	325	73	0,2	10,2	–	84	6
B13	KKA	123	130	147	102	56	0,1	12,7	–	35	6
B14	OTN	137	114	205	78	63	0,0	9,1	–	38	6
B15*	–	156	140	77	–	–	–	–	–	2	6
B16	OTN	138	117	132	41	112	0,0	9,2	–	36	6
B17	KKA	138	114	307	97	68	0,0	6,5	–	40	6
B18	OTN	137	108	90	28	1,8	0,1	3,7	–	57	2
B19*	–	48	132	312	–	–	–	–	KW 0,2; T+	99	6
B20*	–	5	171	11160	–	–	–	–	NaCl 3200	98	>6
B21	OTK	143	122	208	41	42	0,6	5,2	–	54	3
B22	KKA	133	130	200	90	33	0,0	6,6	–	64	2
B23*	–	105	146	306	112	–	–	–	–	97	2
B24	KKA	145	125	234	94	28	0,0	9,4	–	64	4
B25	–	146	114	135	32	25	0,0	–	–	53	2

auch eine Nährstoffbelastung der Proben durch ihre Förderwirkung auf die Gärleistung der Hefe. Biologisch unzureichend geklärte Abwässer enthalten für die Hefe zusätzlich nutzbare Nährstoffe (vgl. Tab. 2). Damit ermöglicht der Hefetest, Proben mit einer Gärleistung von $\geq$130 % als „nährstoffbelastet“ einzuordnen.

Von den insgesamt 172 Proben wiesen 49 Proben einen BSB_5 >20 auf und waren ohne auffälligen Schadstoffgehalt (Nitrit, Sulfid, AOX, Schwermetalle und Kohlenwasserstoffe). Davon wurden 45 (= 91 %) über die erhöhte Gärleistung erfaßt. Der Anteil dieser Kategorie erweiterte sich um weitere 12 „falsch positive“ Proben auf 57. In 9 dieser Proben waren Tenside (>1 mg/L) nachweisbar, die zusätzlich zu den Nährstoffen die Gärung fördern (vgl. 3.3). Da der Abbau von Tensiden ebenfalls ein Ziel der biologischen Abwasserklärung ist, sind tensidhaltige Proben in der Kategorie „nährstoftbelastet“ tolerierbar. Dann reduziert sich die Zahl der „falsch positiv“ nährstoffbelasteten auf drei. Das ist für eine Screeningmethode ein befriedigendes Ergebnis.

Die Standardstreuung von Trinkwasserproben liegt bei s% = 5...7. Da es sich bei Abwässern um sehr komplexe, häufig auch inhomogene Gemische handeln kann, treten gelegentlich abweichende Einzelwerte auf. Es empfiehlt sich, alle Proben als Triplett zu testen.

3.2 Vergleichende Bewertung der Abwässer mit den Testorganismen Goldorfen Leuchtbakterien und Hefe

Um die Ergebnisse der Bioteste mit den sehr verschiedenen Testorganismen vergleichen zu können, wurden die Proben jeweils den Kategorien neutral, auffällig (= geringe Schadwirkung), toxisch und nährstoffbelastet (nur Hefetest) nach folgendem Schema zugeordnet:

Biotest	Meßgröße	Kategorie			
		neutral	auffällig	toxisch	nährst.-bel.
Goldorfe	Verd.-stf. GF	2	3–4	> 4	–
Leuchtbakt.	% Hemmung	0–19	20–49	≥ 50	–
Hefe	% Gärleistung	81–129	51–80	≤ 50	≥ 130

Der Anteil der einzelnen Kategorien am gesamten Probenvolumen (n = 172) ist für die drei Bioteste in Bild 2 dargestellt. Auffällig ist der geringe Anteil „toxischer“ Proben im Hefetest, der in den anderen Biotesten mehr als doppelt so hoch ist. Ein Grund dafür dürfte eine Hemmung der Testorganismen durch eine hohe Nährstoffbelastung sein. Das täuscht einen Schadstoffgehalt vor. Dieser Effekt tritt auch bei der Hefe auf, ist aber durch Verdünnen der Proben als Nährstoffbelastung erkennbar an einer Gärleistung von $\geq$ 130 % (vgl. Tab. 2). Aus ökologischer Sicht ist eine Trennung von Nährstoffbelastung und Schadstoffbelastung sinnvoll, erstere kann von Mikroorganismen leicht metabolisiert werden (mit der Gefahr eines Sauerstoffmangels im Gewässer), letztere kann bei mangelndem Abbau durch Gewässerorganismen akkumuliert werden und in der Nahrungskette weitere Schädigungen hervorrufen. Der Anteil nährstoffbelasteter Proben in der Kategorie „toxisch“ übersteigt sowohl beim Fisch- als auch Leuchtbakterientest den der tatsächlich (durch chemische Analysen nach 2.2 belegten) schadstoffhaltigen Proben (Bild 2). Insbesondere im Leucht-

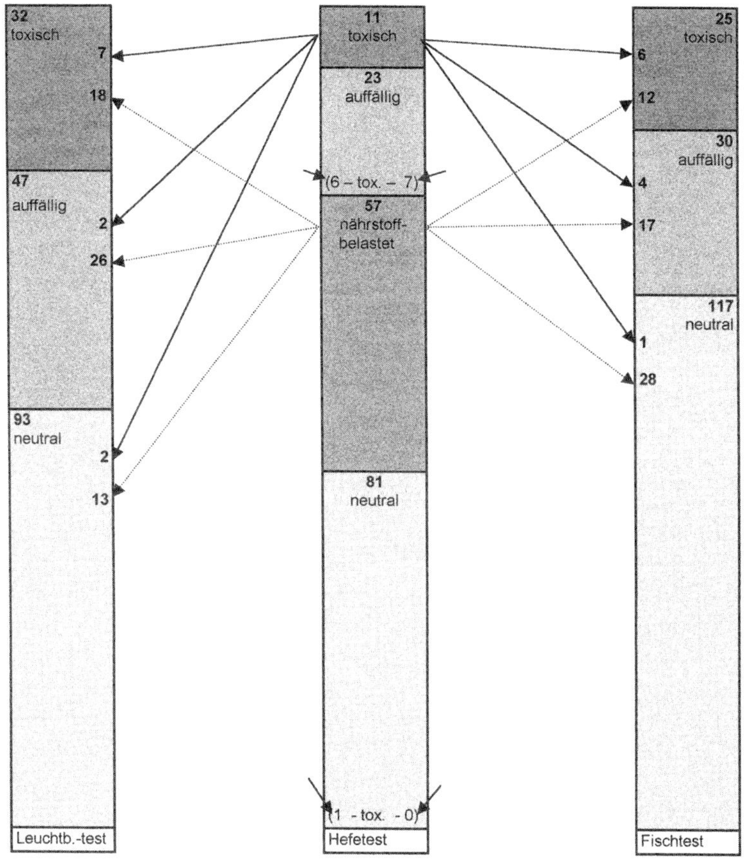

Bild 2. Einstufung der 172 Abwasserproben durch die drei Bioteste in die Klassen toxisch, auffällig, neutral und nährstoffbelastet (Schema der Klassifizierung s. 3.2). Die langen Pfeile zeigen die Verteilung der im Hefetest toxischen und nährstoffbelasteten Proben auf die Klassen der anderen Bioteste, die kurzen Pfeile die Einstufung der verbleibenden leuchtbakterien- und fischtoxischen Proben im Hefetest.

bakterientest ist die Zahl „toxischer" und „auffälliger" Proben recht hoch. Das Problem der „falsch positiven" Proben im Leuchtbakterientest, die insbesondere bei CSB-Gehalten >1 g/L auftreten können, ist bekannt [5, 6]. Insgesamt verteilen sich die im Hefetest als „nährstoffbelastet" eingestuften Proben über alle drei Kategorien des Fisch- bzw. Leuchtbakterientestes.

Wesentliche Kriterien für einen Biotest auf Aquatoxizität sind: Was wird als toxisch erkannt? Und: Welche Schadstoffe durchlaufen unerkannt den Biotest? In Tab. 3a) sind die Analysendaten der als „toxisch" eingestuften Proben aufgelistet. Abweichend vom Fischtest werden nitrithaltige Proben (>1 mg/L) besser angezeigt und im Vergleich zum Leuchtbakterientest sind es die Proben mit hohem (fischtoxischen) Sulfatgehalt. Keine der 11 hefetoxischen Proben erwies sich als falsch positiv. In Tab. 3b) sind die Daten der im Hefetest „neu-

Tabelle 3. Analysendaten der Abwasserproben, die im Hefetest als **a)** toxisch und **b)** neutral (jedoch abweichend im Fisch- bzw. Leuchtbakterientest) eingestuft werden. (SO_4^{2-} = Sulfat, S^{2-} = Sulfid, F^- = Fluorid, weitere Abkürzungen wie in Tab. 2).

Probe	Hefetest %G 9 ml	Hefetest %G 3 ml	CSB mg/L	BSB_5 mg/L	NH_4-N mg/L	NO_2-N mg/L	Σ PO_4-P mg/L	sonstige Faktoren (mg/L)	Leuchtb.-Test %H	Fischtest GF
a) toxisch										
G1*	0	5	-	-	-	-	-	S^{2-} 28	88	> 6
G2*	40	74	105	-	-	-	-	? (stechd. Geruch)	99	17
G3*	10	81	56	-	1,5	-	-	SO_4^{2-} 1350; F^- 1,7	14	6
G4	0	0	282	30	36	9,8	14,1		60	3
G5*	8	80	82	-	2,0	-	-	SO_4^{2-*} 1660	0	4
G6	11	62	31	19	2,6	4,0	-		57	2
G7	4	68	355	129	64	8,8	18,6		57	4
G8*	0	0	-	-	-	-	-	S^{2-} 9,9; KW 36	99	> 6
G9	45	60	66	8	57	1,4	8,0		44	6
G10	9	57	57	4	22	5,1	6,9		49	3
G11	3	54	91	16	58	6,5	-		52	6
b) neutral										
N1	107	90	217	97	18	0,0	3,0	-	66	2
N2	113	107	86	27	49	0,0	15,8	-	44	4
N3	103	102	80	44	20	0,4	2,4	-	12	4
N4	117	88	81	13	15	0,0	3,4	-	28	3
N5	117	109	64	6	42	0,0	1,4	-	21	4
N6	122	103	57	8	22	0,2	9,2	-	4	4
N7	124	88	78	19	18	0,6	3,9	-	40	2

tralen“ Proben angegeben, die in den anderen Biotesten auffällig waren. Es handelt sich überwiegend um Proben mit relativ hohen Werten für BSB_5 und Ammonium-N. Toxische Schadstoffkonzentrationen konnten mit der Methodik nach 2.2 nicht ausgewiesen werden. Damit wäre keine der 172 untersuchten Proben im Hefetest als falsch negativ zu werten. Allerdings zeigte der Hefetest bei diesen Proben (Tab. 3b) auch keine erhöhten Gärleistungen entsprechend den hohen Nährstoffgehalten. Möglicherweise werden hier Schadstoffwirkungen durch die Nährstoffe kompensiert. Abgesehen von der Probe N1 (Tab. 3b) wurden die leuchtbakterien- bzw. fischtoxischen Proben im Hefetest als auffällig eingestuft, sofern sie hier nicht als nährstoffbelastet oder ebenfalls toxisch erkannt wurden (Bild 2).

3.3 Einfluß von Nährstoffen und Tensiden auf die Schadstoffempfindlichkeit der Hefe

Abwässer sind komplexe Gemische, die hefehemmende Schadstoffe und wachstumfördernde Nährstoffe nebeneinander enthalten können. Für aquatoxische Untersuchungen ist zu klären, inwieweit die Wirkung von Schadstoffen durch Nährstoffe kompensiert werden kann und damit eventuell unerkannt bleibt. Dazu wurden zwei Meßreihen angelegt, die steigende Konzentrationen von Nitrit (= polarer Schadstoff) und Nonan (= unpolarer Schadstoff) enthielten.

Als komplexer Nährstoff wurde Hefeextrakt, als Tensid Na-Dodecylbenzolsulfonat zugesetzt. Es wurden die effektiven Konzentrationen (EC) der beiden Schadstoffe nach [1] ermittelt. Die Ergebnisse in Tab. 4 zeigen, dass Nährstoffe die Schadstoffempfindlichkeit der Hefe verringern. Dieser Effekt ist bei geringer Schadstoffwirkung deutlicher ausgeprägt (EC_{20} für 20 % Gärminderung) als bei einer toxischen Wirkung (EC_{50} für 50 % Gärminderung). Damit wird der Charakter der Förderwirkung der Nährstoffe deutlich. Sie kommt nur den die Giftwirkung überlebenden Zellen durch verbesserte Wachstumbedingungen zugute. Der Effekt reicht nicht aus, um die primäre Schadwirkung auf die relativ kleine Grundgesamtheit der Zellen des Inokulums am Testbeginn soweit zu kompensieren, daß toxische Konzentrationen unerkannt bleiben. Das ist selbst dann noch der Fall, wenn die Kontrollproben nicht eine gleichgute Nährstoffversorgung aufweisen (Tab. 4 – alle EC-Werte auf die Kontrolle mit Minimalmedium bezogen). Allerdings wird die Nachweisgrenze der Schadstoffe deutlich erhöht (vgl. Beispiel Nitrit in Tab. 4).

Schwieriger ist die Interpretation der Tensidwirkung. Einerseits beeinflussen Tenside die Schadstoffaufnahme z. B. durch Vermindern lipophiler/hydrophiler Trennfunktionen, andererseits erleichtern Tenside die Gärblasenbildung durch Vermindern der Oberflächenspannung des Wassers. Doch auch für die Tensidwirkung dürfte gelten: Eine primäre toxische Wirkung wird nicht vollständig kompensiert.

Der Ausgleich von Schadstoffwirkungen durch Nährstoffe wird als Verfahrensstörung betrachtet. Wie beim Leuchtbakterientest kann er aufgrund der Verwendung von nicht optimalen Medien auftreten [6]. Diese Störung kann aber bei einem Biotest, der als Screening eingesetzt werden soll, toleriert werden. Es ist anzunehmen, dass für die Mehrzahl der in Tab. 3b) angeführten, im Hefetest „neutralen“ Proben mit hohen BSB_5-Werten der Sachverhalt eines „Ausgleichs“ zutrifft. Insgesamt betrifft das nur einen geringen Teil des gesamten Probenaufkommens.

Tabelle 4. Einfluß von Nährstoffen und Tensiden auf die Gärleistung und die Empfindlichkeit der Hefe gegenüber Nitrit und Nonan. Die EC_{20}- bzw. EC_{50}-Werte geben die Schadstoffkonzentrationen an, die zu 20 bzw. 50 %ig verminderter Gärleistung führen (* entspricht $BSB_5 = 130$; alle Werte bezogen auf Trinkwasser = 100 % Gärleistung).

Zusatz	Nitrit		Nonan		schadstofffrei
	EC_{20} (mg/L)	EC_{50} (mg/L)	EC_{20} (mg/L)	EC_{50} (mg/L)	Gärleistung (%)
ohne	0,8	2,0	1,8	3,0	100
Na-Dodecylbenzolsulfonat 5 mg/L	0,6	1,8	1,6	2,8	105
Hefeextrakt 200 mg/L*	2,1	3,5	2,3	3,7	133
Hefeextrakt + Dodecylbenzolsulf.	2,3	3,8	3,0	4,0	141

4 Schlußbetrachtung

Der Hefetest ist als Screeningtest zur Bewertung von Abwässern geeignet. Alle als toxisch eingestuften Proben wurden auch mit dem Fisch- bzw. Leuchtbakterientest als toxisch bewertet. Bei geringem Kostenaufwand sind innerhalb von 24 Stunden ökologisch brauchbare Bewertungen zu erhalten. Insbesondere die Unterscheidung schadstoffbelasteter von nährstoffbelasteten Proben ist ein grundlegender Vorteil. Der Leuchtbakterientest ist automatisierbar und liefert auch schneller Ergebnisse, doch mit mehr als doppelt soviel „toxischen" und „auffälligen" Proben im Vergleich zum Hefetest wird ein Großteil nährstoffbelasteter Abwässer in diesen Kategorien miterfaßt. Dazu können ebenfalls Empfindlichkeitsunterschiede beitragen, denn die prokaryotischen Leuchtbakterien besitzen kein Entgiftungssystem, wie es in den eukaryotischen Hefezellen etabliert ist und diese bis zu einem gewissen Grade gegen verschiedene Schadstoffe schützen kann.

Die Prüfzeit des Hefetestes (16–18 h) umfasst 5 bis 6 Zellgenerationen. Das verleiht dem Test die Potenz, neben den direkten Giften auch Regulationsgifte (wird z. B. genutzt beim Hefetest auf gentoxische Verbindungen [7]) zu erfassen, deren Wirkung erst in der Nachkommenschaft auftritt. Damit dürfte er in der Palette der erfaßbaren Schadstoffe ebenfalls den beiden Vergleichstesten überlegen sein.

Danksagung

Die Arbeiten wurden im Rahmen des Förderprojektes V-501-630.5-111 vom Wirtschaftsministerium des Landes Mecklenburg-Vorpommern finanziell unterstützt.

Literatur

[1] Weber, J., Plantikow, A. u. Kreutzmann J.: Ein neuer Biotest mit der Hefe *Saccharomyces cerevisiae* auf aquatische Toxizität. Z. Umweltchem. Ökotox. *12* (4), 185–189 (2000).

[2] Anonym: Bestimmung der biologischen Schadwirkung toxischer Abwässer gegen Protozoen. Deutsche Einheitsverfahren zur Wasser-, Abwasser- und Schlammuntersuchung. Bd.V, L 10. Wiley-VCH Verlag, Weinheim, 1968.

[3] Hohmann, S. u. Mager, W. H.: Yeast stress responses. S. 55. Springer Verlag, New York, 1997.

[4] Cooper, T. G.: Nitrogen metabolism in *Saccharomyces cerevisiae.* In: The molecular biology of the yeast *Saccharomyces.* Metabolism and gene expression. S. 39–100. Cold Spring Harbor Laboratory (1982).

[5] Kanne, R.: Wirkung industrieller Abwässer auf das Wachstum und die Lichtemission von *Photobacterium phosphoreum.* Vom Wasser *75*, 143–148 (1991).

[6] Krebs, F.: Der Leuchtbakterientest für die Wassergesetzgebung. In: K. G. Steinhäuser und P.-D. Hansen: Biologische Testverfahren. S. 591–624. Fischer Verlag, Stuttgart/New York, 1992.

[7] Marquardt, H. u. Schäfer, S. G.: Lehrbuch der Toxikologie. S.114. BI-Wiss. Verlag, Mannheim, 1994.

Simulation des Selektionsdrucks der Antibiotika Ciprofloxacin und Ceftazidim in Oberflächengewässern mittels klassischer Methoden

Simulation of the Selection Pressure of the Antibiotics Ciprofloxacin and Ceftazidim in Surface Waters by Means of Classic Methods

Jürgen Wiethan, Ali Al-Ahmad, Almut Henninger und *Klaus Kümmerer**

Schlagwörter

Closed Bottle Test, BIOLOG®, Bakterienidentifikation, Selektionsdruck, Antibiotika-Empfindlichkeitsprüfung, biologischer Abbau, abiotische Elimination

Summary

Due to the frequent detection of antibiotics in the aquatic environment it has been investigated, whether a selection pressure can be stimulated by these substances in surface water within the microbial flora. The fate of two antibiotics, ciprofloxacin and ceftazidim, was investigated on the base of the closed bottle test, as a simple model for surface water, by means of HPLC in two concentrations respectively. Their effects on the inoculum were investigated by classic microbiological procedures.
In high concentration ciprofloxacin proved as persistent and caused growth inhibition as well as strong shifts in the germ spectrum while it remained unobtrusive in low concentration within the scope of the test selection.
Ceftazidim was eliminated approximately by half within 28 days, at which a large part was caused by abiotic elimination. The effects on the inoculum remained restricted in both concentrations to a test internal selection, which had to be attributed to the experimental conditions.
A well-founded assumption exists, that the actually available average concentrations of ciprofloxacin and ceftazidim in surface water will be clearly below the low test concentrations, which caused no influence. Under this condition it seems to be improbable, that selective effects on bacterial communities are caused by these substances in surface waters. However, some methodic restrictions have to be taken into account.

Zusammenfassung

Aufgrund des häufigen Nachweises von Antibiotika in der aquatischen Umwelt wurde untersucht, ob sich durch diese Substanzen in Oberflächengewässern ein Selektionsdruck innerhalb der mikrobiellen Flora entwickeln kann. Auf der Basis des Closed Bottle Tests, einem einfachen Modell für die Simulation des Verhaltens abbaubarer Inhaltsstoffe in Oberflächengewässern, wurden zwei antibiotisch wirksame Substanzen, Ciprofloxacin und Ceftazidim, in jeweils zwei unterschiedlichen Konzentrationen mittels HPLC auf ihre Stabilität hin analysiert. Ihre Auswirkungen auf das Inokulum wurden durch klassische mikrobiologische Verfahren erfasst.

* Dipl.-Ing. (FH) J. Wiethan, Dr. rer. nat. A. Al-Ahmad, Dipl.-Ing. (FH) A. Henninger und Priv.-Doz. Dr. rer. nat. K. Kümmerer, Institut für Umweltmedizin und Krankenhaushygiene, Hugstetterstr. 55, D-79106 Freiburg.

Ciprofloxacin erwies sich als persistent, wirkte in hoher Konzentration wachstumshemmend und verursachte starke Verschiebungen im Keimspektrum, während es in niedriger Konzentration im Rahmen der Testselektion unauffällig blieb.
Ceftazidim wurde in 28 Tagen ungefähr zur Hälfte eliminiert, wobei der Großteil durch abiotische Elimination verursacht wurde. Die Auswirkungen auf das Inokulum blieben in beiden Konzentrationen im wesentlichen auf eine testinterne Selektion beschränkt, die auf die Versuchsbedingungen zurückzuführen war.
Unter der begründeten Annahme, dass die tatsächlich vorhandenen durchschnittlichen Konzentrationen von Ciprofloxacin und Ceftazidim in Oberflächengewässern deutlich unterhalb der keinen Einfluss zeigenden niedrigen Testkonzentrationen liegen, erscheinen selektive Effekte dieser Substanzen auf die dort vorhandene Bakteriengemeinschaft eher unwahrscheinlich, jedoch sind einige methodische Einschränkungen zu berücksichtigen.

1 Einleitung

Mehrere Veröffentlichungen der letzten Jahre, z. B. [1, 2, 3], beschäftigten sich mit dem Vorkommen von Antibiotika in der aquatischen Umwelt, da die meisten dieser Substanzen zum Großteil unverstoffwechselt vom Körper wieder ausgeschieden und dadurch dem Abwassersystem zugeführt werden. In nahezu jedem Kompartiment der aquatischen Umwelt konnten Vertreter dieser Medikamentengruppe nachgewiesen werden, wobei je nach Probenahmestelle Konzentrationen im Bereich von ng/l bis wenige µg/l ermittelt werden konnten. Aufgrund dieser Nachweise diskutierten die Autoren häufig, ob auf der Basis eines möglichen Selektionsdrucks der Antibiotika, der zu einer Begünstigung von wirkstoffunempfindlicheren Teilen einer bakteriellen Population oder einer verstärkten Übertragung von bakteriellen Resistenzgenen im Abwasser führen kann, ein Risikopotential bestehen könnte. Die Zunahme multiresistenter Keime im Abwasser [4], die vermehrt auftretende Resistenz bei *Acinetobacter spp.* aus Abwässern [5] oder die Transformierbarkeit von Resistenzgenen zwischen Pseudomonaden und *E.coli* in Belebtschlamm [6] sind nur einige Veröffentlichungen, welche diese Annahme zu bestätigen scheinen.

Dagegen deuten sowohl die Analyse als auch die Bilanzierung [7] von Antibiotika in Oberflächengewässern darauf hin, dass die dort zu erwartenden Konzentrationen in der Regel weit unterhalb der minimalen Hemmkonzentrationen (MHK) medizinisch relevanter Keime liegen. Ob sich unter diesen Bedingungen überhaupt ein Selektionsdruck entwickeln kann und welche Rolle die Stabilität der Antibiotika dabei im Wasser spielt, wurde am Beispiel von Ciprofloxacin, einem bedeutenden Vertreter der Gruppe der Chinolone und Ceftazidim, einem β-Lactam-Antibiotika und Vertreter der Cephalosporine in Simulationstests untersucht.

2 Material und Methoden

2.1 Oberflächenwassersimulation

Die Grundlage aller weiterer Untersuchungen stellte der Closed Bottle Test (CBT) in Anlehnung an die Richtlinien der OECD 301 D [8] als einfaches Testsystem dar. Er wurde ursprünglich zur Überprüfung der leichten biologischen Abbaubarkeit von Stoffen verwendet. In den vorliegenden Untersuchungen wurde er vor allem aufgrund seiner niedrigen Nährstoff- und Bakteriendichte als grobe Simulation der mikrobiologischen Verhältnisse in Oberflächengewässern eingesetzt, da standardisierte Testsysteme für diesen Bereich bisher nicht existieren [9]. Jede Testreihe, bestehend aus Blindwert, Qualitätskontrolle, Toxizitätskontrolle und Testansatz, wurde in Doppelbestimmung durchgeführt, so wie es in [10] beschrieben wurde. Die Testdauer betrug jeweils 28 Tage. Die zu untersuchende Substanz wurde jeweils in einer hohen, an die Testvorschrift angelehnten, und einer niedrigen Konzentration eingesetzt. Die niedrige Konzentration lag im Sinne eines worst case Szenarios ca. um den Faktor 70–200 über den real im Oberflächenwasser zu erwartenden Werten (s. Tab. 1). Das Inokulum wurde jeweils dem Kläranlagenablauf der kommunalen Kläranlage Forchheim (Abwasserzweckverband Breisgauer Bucht, ca. 600.000 Einwohnergleichwerte) entnommen.

Für Ceftazidim wurden zusätzlich sterile, bis auf das Inokulum gleichwertige Ansätze hergestellt, um zu erwartende hydrolytische Eliminationsprozesse nachweisen zu können.

Tabelle 1. Substanzeintrag und -elimination im CBT.

Substanz	Konzentration	biol. Abbau (O_2-Verbrauch)	Primärelimination (HPLC)
Ciprofloxacin	3,29 mg/l	0 %	0 %
	3,29 µg/l	nicht messbar	0 %
Ceftazidim	4 mg/l	0 %	52,4 % im Testansatz; 34,4 % im Sterilansatz
	30 µg/l	nicht messbar	Messung an Bestimmungsgrenze

2.2 Klassische mikrobiologische Untersuchungen

Aus allen Ansätzen des CBT wurden parallel zur Sauerstoffmessung die Kolonie bildenden Einheiten (KBE) nach [10] auf einem Medium nach Kappesser [11] bestimmt. Eine repräsentative Auswahl der Keime aller Ansätze des ersten und letzten Versuchstages wurde für die weitere mikrobiologische Diagnostik herangezogen, die folgende Parameter umfasste: Gram-Färbung, Nachweis verschiedener Enzyme wie Katalase, Zytochromoxidase oder Aminopeptidase, Dreizucker-Eisen-Agar, Identifizierung mit dem BIOLOG®-System (Fa. BIOLOG Inc., Hayward, USA) und Bestimmung der Antibiotikaempfindlichkeit als auch der MHK-Werte.

Die Untersuchungen zur Morphologie und zur Vordifferenzierung wurden nach gängigen Vorschriften durchgeführt, wie sie z. B. in [12] beschrieben sind.

Das BIOLOG®-Testsystem ist ein kommerzielles, auf biochemischen Reaktionen beruhendes Identifizierungssystem, das in Mikrotiterplatten durchgeführt wird. Grundlage ist die Nutzung bzw. Oxidation verschiedener Kohlenstoffquellen, die nach Beimpfung und Inkubation durch eine Indikatorreaktion, der Reduktion eines farblosen Tetrazoliumsalzes zu violettem Formazan, sichtbar wird. Somit ergibt sich für die getesteten Keime ein charakteristisches Profil positiver Reaktionen, der sogenannte „metabolische Fingerprint" [13]. Entgegen den üblicherweise nur für medizinisch relevante Keime adaptierten Systemen, berücksichtigt das BIOLOG®-System in seiner integrierten Datenbank auch viele Spezies aus dem Umweltbereich [14]. Aufgrund des erfahrungsgemäß vorherrschenden gram-negativen Keimspektrums im Inokulum wurde das BIOLOG®-System aus ökonomischen Gründen auch nur für die Identifizierung dieser taxonomischen Gruppe eingesetzt.

Die Identifizierung geschah in Anlehnung an die Vorschrift des Herstellers. Zur Anzucht wurde der BIOLOG® Universal Growth Agar (BUG) mit 5%igem Schafsblutzusatz (Fa. ACILA, Walldorf) verwendet. Die im Test eingesetzten Isolate entstammten der zweiten Kultivierung. Das Einstellen der Inokulumsdichte im Suspensionsmedium (GN/GP-IF) wurde im Spektralphotometer (Junior Modell 35, Perkin Elmer, Überlingen) bei einer Wellenlänge von 590 nm entsprechend der Transmission des eingesetzten BIOLOG®-Trübungsstandards (GN-NENT/GN-ENT/GN-FAS) im vorgesehenen Toleranzbereich (±3 % Transmission) vorgenommen. Nach Überführen der homogenen Suspension in ein steriles Reservoir erfolgte das Beimpfen der Mikrotiterplatten (GN2). Dabei wurden mittels einer Mehrkanalpipette (Electronic 1200 µl Dispenser, Merlin, Bomheim-Hersel) in jede Vertiefung 150 µl überführt. Die Inkubation erfolgte 16–24 h, entweder bei 30 °C (GN-NENT) oder bei 37 °C (GN-ENT bzw. GN-FAS). Die Farbreaktionen wurden visuell abgelesen und deren Resultate in die Software des BIOLOG-Systems (MicroLog 1, Version 4.01A) importiert. Durch einen internen Vergleich der eingegebenen Daten mit der integrierten Datenbank (GN) erfolgte die Identifikation automatisch.

Aus den mit dem BIOLOG-System untersuchten Bakterienstämmen wurde eine repräsentative Stichprobe aus allen Ansätzen ausgewählt und sowohl die jeweiligen Resistenzmuster im Agardiffusionstest als auch eine MHK-Bestimmung gegen das im jeweiligen CBT eingesetzte Antibiotikum nach der DIN-Norm 58 940 [15] bestimmt. Diese Untersuchungen wurden freundlicherweise von der Abteilung für Hygiene und Umweltmedizin an der Universitätsklinik Mainz, Arbeitsgruppe Prof. Jansen/Dr. Kohnen, durchgeführt und die Resultate zur Verfügung gestellt.

2.3 Wirkstoffanalytik

Die Ansätze des CBT, die mit Testsubstanz beaufschlagt waren, wurden einer stoffspezifischen Analytik unterzogen. Dazu wurde die HPLC (System LC 10 mit Software, Fa. Shimadzu, Duisburg) eingesetzt, mit deren Hilfe auch eine abiotische Stoffelimination nachgewiesen werden kann, die durch die Verfolgung der Sauerstoffkonzentration im CBT nicht feststellbar ist. Dies ist v. a. durch den Vergleich von CBT-Proben und gleichwertigen sterilen Proben möglich (s. 2.1).

Da die Proben des CBT keine Störkomponenten aufweisen, ist i. d. R. keine gesonderte Probenaufbereitung nötig. Bei der Analyse der niedrigen Ciprofloxacinkonzentration wurde jedoch eine Online-Extraktion durchgeführt (s. unten), um eine Aufkonzentrierung des Wirkstoffes zu erreichen. Mit folgenden Parametern wurden die Analysen durchgeführt (alle Lösungsmittel waren mindestens vom Reinheitsgrad „für die Chromatographie“):

- Ciprofloxacin (hohe Konzentration): Reversed-Phase-Säule RP-18 CC250/4; Vorsäule CC8/4 Nucleosil 100-5 C18 (jeweils Macherey & Nagel, Düren); Natriumhydrogenphosphatpuffer (50 mM, pH 2,6) und Acetonitril (Merck, Darmstadt) isokratisch im Verhältnis 80:20 bei 0,6 ml/min und Umgebungstemperatur; Injektionsvolumen 50 µl, Fluoreszensdetektion (Anregungswellenlänge 278 nm, Emissionswellenlänge 445 nm).
- Ciprofloxacin (niedrige Konzentration): Online-Extraktion mit Extraktionssäule RP-8 ADS (Merck), Methodik in Anlehnung an [16], Fluß 0,8 ml/min über 20 min, dann 8 min Herunterwaschen mit Formiatpuffer (12,5 mM, pH 3,0) und Transfer auf analytische Säule

(Natriumhydrogenphosphatpuffer 50 mM, pH 2,6 und Acetonitril im Verhältnis 80:20, 8 min). Chromatographieparameter: s. hohe Konzentration.

- Ceftazidim (hohe Konzentration): Reversed-Phase-Säule RP-18 CC250/4; Vorsäule CC8/4 Nucleosil 100-5 C18; Natriumhydrogenphosphatpuffer (50 mM; pH 5,0) und Acetonitril im Verhältnis 96:4 bei 1,0 ml/min und Temperatur von 35 °C; Injektionsvolumen von 100 µl, UV-Detektion bei 258 nm mit Diodenarray-Detektor. Methodik in Anlehnung an [16].
- Ceftazidim (niedrige Konzentration) s. hohe Konzentration, wegen der höheren Empfindlichkeit wurde ein UV-VIS-Detektor statt eines Diodenarray-Detektors eingesetzt.

3 Ergebnisse und Diskussion

3.1 Biologische Abbaubarkeit und Primärelimination

Bei beiden Wirkstoffen konnte in hoher Konzentration kein biologischer Abbau anhand der Sauerstoffzehrung festgestellt werden. Die niedrigen Konzentrationen wurden nur wirkstoffspezifisch verfolgt, da durch den begrenzten Meßbereich der Sauerstoffelektrode hier keine repräsentativen Resultate möglich gewesen wären. Zum Teil ergaben sich negative Abbauraten, die durch eine Hemmwirkung der Antibiotika auf die Bakterien verursacht worden sein könnten. Diese konnte mit Hilfe der Bestimmung der KBE jedoch nur für die hohe Ciprofloxacinkonzentration bestätigt werden (s. 3.2). Dies steht in Einklang mit Ergebnissen aus dem *Pseudomonas putida*-Wachstumshemmtest, der eine IC_{50} von 80 µg/l erbrachte [17], also rund 1/40 der eingesetzten hohen Konzentration. Laut Testvorschrift konnte keine Toxizität nachgewiesen werden, da die Differenz zwischen errechneter und gemessener Toxizitätskontrolle überwiegend weit unterhalb der 25 % blieb, die von der OECD als Grenzwert festgelegt wurde. Dies unterstreicht die Ansicht, dass die Toxizitätskontrolle alleine nicht ausreichend ist, um die Hemmung gegenüber einer Testsubstanz zu beurteilen [17,18].

Durch die substanzspezifische Analytik konnte gezeigt werden, dass Ciprofloxacin im CBT keiner Form der Elimination unterliegt, die Konzentrationen blieben über 28 Tage nahezu konstant, hingegen konnte bei hoher Ceftazidimkonzentration eine Elimination im Testansatz festgestellt werden (s. Tabelle 1). Da in der parallel angesetzten Sterilkontrolle ca. 65 % der Gesamtelimination stattfand, ist ein Großteil der Primärelimination vermutlich auf die Instabilität des β-Lactam-Rings im wässrigen Medium zurückzuführen.

Im Verlauf des Versuchs konnte anhand der HPLC-Chromatogramme neben der Abnahme des Ceftazidim-Peaks analog die Zunahme eines unbekannten Peaks beobachtet werden. Da dieser Effekt auch in den Sterilkontrollen auftrat, könnte es sich um ein Hydrolyseprodukt handeln, zumal die Elution auf der unpolaren RP-18-Phase unter gleichen Bedingungen früher erfolgte als die von Ceftazidim bei ähnlichem UV-Spektrum. Dies deutet auf eine etwas polarere Substanz als Ceftazidim hin. Entsprechende Messungen bei niedriger Ceftazidimkonzentration fanden an der Bestimmungsgrenze statt, die ohne Anreicherung bei ca. 20 µg/l lag. Aus diesem Grund wird auf eine quantitative Bewertung verzichtet, tendenziell war jedoch ein ähnlicher Verlauf festzustellen.

Ungefähr ein Drittel der Gesamtelimination im Testansatz scheint durch die Aktivität von Mikroorganismen verursacht zu sein, ohne sich im Sauerstoffbedarf widerzuspiegeln. Gründe hierfür könnten in einer sauerstoffunabhängigen enzymatischen Inaktivierung durch z. B.

β-Lactamasen liegen, in der Bildung stabiler Metabolite (primärer biologischer Abbau) mit einem geringen Sauerstoffverbrauch unterhalb der Messempfindlichkeit der Elektrode oder in Mechanismen, die in Zusammenhang mit Co-Metabolismus stehen.

Bei der Bewertung dieser Ergebnisse muss berücksichtigt werden, dass gewisse Formen der Stoffelimination, wie z. B. die Adsorption an Sedimente oder photochemischer Abbau, die in Realgewässern ablaufen können und z. B. für Ciprofloxacin in Testsystemen nachgewiesen wurden [19, 20] sowie anaerobe Abbauvorgänge in Schlämmen oder Sedimenten, nicht im CBT erfasst werden können. Zudem ist der Test aufgrund seiner geringen Nährstoff- und Bakteriendichte als sehr streng einzustufen und bildet ein statisches System ab, so dass eine breitere mikrobielle und nährstoffbezogene Diversität unter dynamischen Prozessen zu anderen Resultaten führen könnte. Schließlich konnte auch gezeigt werden, dass Ergebnisse im CBT stark von der Durchführungsart und der Variation des Begleitmediums abhängen [9]. Demzufolge könnte im Realgewässer mit einer höheren Eliminationsrate in Verbindung mit einer geringeren ökotoxikologischen Belastung gerechnet werden, auch die Entwicklung eines Selektionsdrucks betreffend.

3.2 Mikrobiologie

Das im CBT verwendete Inokulum (s. 2.1) erbrachte auf Kappesser-Agar jeweils zwischen 5,7 und 5,9 × 10^4 KBE/ml, und wurde ca. 1:30.000-fach verdünnt eingesetzt (ein Tropfen pro Liter VE-Wasser). Die Betrachtung der KBE zeigt durchaus unterschiedliche Einflüsse der Antibiotika gegenüber dem eingesetzten Inokulum. Eine deutliche Hemmung des Keimwachstums zeigte sich zu Testbeginn bei hoher Ciprofloxacinkonzentration (Verschiebung der exponentiellen Wachstumsphase in Testansatz und Toxizitätskontrolle um zwei bis drei Tage; Keimzahlen des Testansatzes unterhalb derer des Blindwertes), bei niedriger Konzentration waren keine nennenswerten Effekte sichtbar (s. Bild 1).

Tabelle 2. Bakterienisolate aus den CBT.

Ansatz	Anzahl der Isolate		Gram-negative Stäbchen		Gram-positive Bakterien	
	Tag 1	Tag 28	Tag 1	Tag 28	Tag 1	Tag 28
Ciprofloxacin hohe Konz.	17	34	94 %	47 %	6 %	50 %
Ciprofloxacin niedrige Konz.	78	34	99 %	100 %	0 %	0 %
Toxizitätskontrolle hohe Konz.	24	33	96 %	21 %	0 %	79 %
Toxizitätskontrolle niedrige Konz.	49	28	100 %	100 %	0 %	0 %
Qualitätskontrolle	60	33	100 %	100 %	0 %	0 %
Blindwert	36	26	100 %	92 %	0 %	8 %
Inokulum	63		94 %		6 %	
Ceftazidim hohe Konz.	20	20	75 %	100 %	25 %	0 %
Ceftazidim niedrige Konz.	15	10	87 %	100 %	13 %	0 %
Toxizitätskontrolle hohe Konz.	17	20	94 %	100 %	6 %	0 %
Toxizitätskontrolle niedrige Konz.	15	10	93 %	100 %	7 %	0 %
Inokulum	23		78 %		22 %	

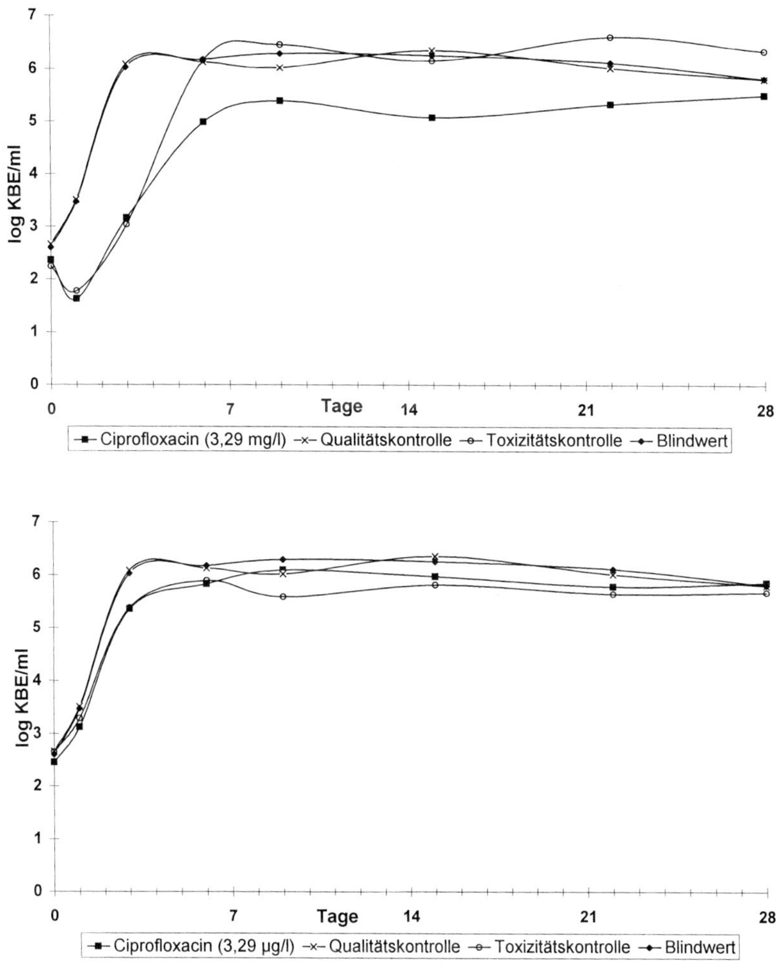

Bild 1. Verlauf der KBE im CBT mit Ciprofloxacin.

Bei hoher Ceftazidimkonzentration trat nach ca. einer Woche ein kontinuierlicher Abfall der KBE in der Toxizitätskontrolle auf (Ceftazidim+Natriumacatat), der zu Testende ca. zwei log-Stufen umfasste (Daten nicht gezeigt). Im reinen Testansatz dagegen blieben die KBE im Laufe des Versuchs analog und parallel zum Blindwert relativ konstant, sodass eine substratabhängige Wirkstoffinaktivierung angenommen werden kann. Bei niedriger Ceftazidimkonzentration waren keine Effekte einer Hemmung sichtbar.

Die KBE-Platten des CBT wurden dazu verwendet, Isolate für die weiteren mikrobiologischen Untersuchungen zu gewinnen. Dazu wurden jeweils der erste und der 28. Versuchstag sowie das Inokulum ausgewählt. Aufgrund der Resultate im Ciprofloxacinversuch und vorheriger Untersuchungen (s. unten), sowie morphologisch weitgehend uniformer Kolonien wurden die Keime aus der Qualitätskontrolle und dem Blindwert aus dem Ceftazidimversuch nicht weiter untersucht. Wie Tab. 2 zeigt, handelte es sich in beiden Tests überwiegend um

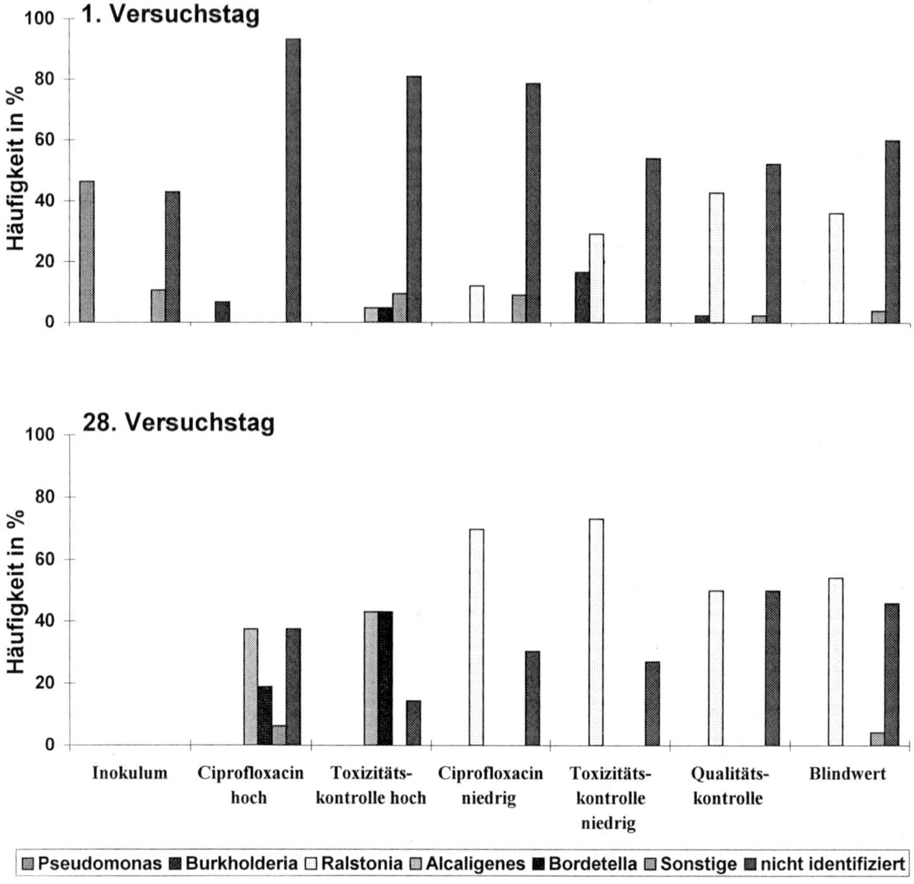

Bild 2. Identifizierung der gram-negativen Keime aus dem CBT mit Ciprofloxacin.

gram-negative Stäbchen mit Ausnahme der hochkonzentrierten Ciprofloxacinansätze des 28. Versuchstages.

Dies ist ein deutlicher Hinweis darauf, dass durch Ciprofloxacin in der hohen Konzentration von 3,29 mg/l ein nicht unerheblicher Selektionsdruck unter der Bakterienpopulation erzeugt wurde, während bei niedriger Konzentration und im Ceftazidim-Test solche Anzeichen eher fehlen.

Betrachtet man die Identifikationsergebnisse der gram-negativen Isolate mit dem BIOLOG®-System, so werden ähnliche Effekte sichtbar (s. Bild 2, Daten für Ceftazidim nicht abgebildet). Es zeigte sich, dass das Testsystem ohne Zugabe der Testsubstanz einen eigenen Selektionsdruck entwickelt, was an der Vorherrschaft des Keimes *Ralstonia pickettii* sichtbar wurde, der auch schon in anderen Untersuchungen am Institut für Umweltmedizin und Krankenhaushygiene den Hauptbestandteil der Bakterienflora im Testsystem bildete [21]. Auch die nicht identifizierten Isolate entsprachen weitgehend in ihrem Reaktionsmuster diesem Keim und verfehlten das datenbankinterne Identifikationskriterium meist nur knapp. Ähnliche Resultate wurden am 28. Versuchstag bei beiden Ceftazidimkonzentrationen und bei niedriger

Ciprofloxacinkonzentration erzielt, was für eine Angleichung der testsubstanzhaltigen Ansätze an die wirkstofffreien spricht und dementsprechend nicht auf einen wirkstoffabhängigen Selektionsdruck schließen lässt. Dagegen zeigt das Identifikationsmuster bei hoher Ciprofloxacinkonzentration ein ganz anderes Bild. Zum Versuchsende zeigten sich in den hochdotierten Ansätzen neben den gram-positiven Stäbchen vor allem Keime, die *als Alcaligenes xylosoxydans* und *Bordetella avium* identifiziert wurden, die weder im Inokulum noch in den anderen Ansätzen nachgewiesen worden waren (nur vereinzelt in den hochdotierten Ansätzen des ersten Versuchstages). Untersuchungen zur Antibiotikaempfindlichkeit ergaben gegenüber Ciprofloxacin MHK-Werte zwischen 1 und 4 mg/l, d. h. es wurden auch Bereiche von Resistenz erreicht, die nach den Richtlinien der DIN 58 940 bei $\geq$2 mg/l liegen. Die im Agardiffusionstest erhaltenen Resistenzmuster sind innerhalb der gram-positiven Stäbchen nahezu identisch. Unter den 15 getesteten Antibiotika traten nur Resistenzen gegenüber Ciprofloxacin und Oxacillin auf, in einem Fall zusätzlich gegen Penicillin G. Eine Oxacillinresistenz war bei allen Keimen, die der Prüfung zugänglich waren (s. unten), festzustellen, während eine Resistenz gegenüber Penicillin G in der Mehrheit bei Keimen des ersten Versuchstages festzustellen war. Innerhalb der gram-negativen Keime aus den hochdotierten Ansätzen des 28. Versuchstages liegen trotz zum Teil unterschiedlicher Identifizierung mit dem BIOLOG-System nahezu identische Antibiogramme vor, die eine Resistenz gegenüber 9 der 15 Antibiotika beinhalten, z. T. aber auf das natürliche Wirkungsspektrum zurückzuführen ist. Die ausgewählten Keime aus den niedrig dosierten und den wirkstofffreien Ansätzen wiesen überwiegend MHK-Werte von 0,125 bis 0,25 mg/l bei Ciprofloxacin auf, die Antibiogramme waren mit einer Ausnahme identisch. Die große Anzahl der identischen Antibiogramme besonders über die Ansatzgrenzen des CBT hinweg zeigt deutlich zum einen die Eigenselektivität der Versuchsbedingungen, die aufgrund der niedrigen Nährstoff- und Bakteriendichte aber auch wegen des statischen Versuchaufbaus erzwungen werden, andererseits unterstützt dies aber auch die These, dass Ciprofloxacin in niedriger Konzentration keinen unmittelbaren Einfluss auf das Verteilungsmuster und die Resistenzlage im Inokulum ausgeübt haben dürfte.

Aus technischen Gründen konnten die Untersuchungen zur Antibiotikaempfindlichkeit an den meisten Keimen aus dem CBT mit Ceftazidim nicht mehr durchgeführt werden.

Prinzipiell bestanden große Schwierigkeiten, die angezüchteten Umweltkeime mit den meist auf medizinischer Grundlage beruhenden Verfahren zu untersuchen. Die mit dem BIOLOG®-System erzielten Ergebnisse unterscheiden sich hinsichtlich ihrer Verwertbarkeit deutlich in Abhängigkeit des Versuchstages und des Testansatzes. So führten vor allem die Ansätze des ersten Versuchstages und hoher Wirkstoffkonzentration zu hohen Anteilen von Nicht-Identifikation (insgesamt 15–93 %) bzw. Nicht-Anzüchtbarkeit (insgesamt 0–60 %) auf dem BIOLOG®-Nährmedium. Die deutlich besseren Resultate am 28. Versuchstag deuten zum einen auf eine Adaptation der Keime an das jeweilige Medium hin, die eine Normalisierung der biochemischen Reaktionen beinhaltet – im Sinne der in den BIOLOG-Datenbanken hinterlegten Reaktionen. Zum anderen ist sicherlich auch die selektive Einschränkung in der Diversität durch Wirkstoff oder Testsystem dafür verantwortlich.

Ein ähnliches Bild zeigt sich bei den Untersuchungen zur Antibiotikaempfindlichkeit. Von den ausgewählten Keimen des Ciprofloxacintests des ersten Versuchstages (n = 100) konnten nur bei 33 % die MHK-Bestimmung und nur bei 16 % die Erstellung eines Antibiogramms nach den Standardvorschriften der DIN 58 940 durchgeführt werden, die Keime des 28. Versuchstages (n = 56) konnten dagegen zu 90 bzw. 82 % ausgewertet werden.

4 Schlußbetrachtung

Ciprofloxacin und Ceftazidim erwiesen sich, wie andere Antibiotika auch [17, 22] im CBT als biologisch nicht abbaubar. Übertragen auf das Oberflächengewässer bedeutet dies eine prinzipiell mögliche Ausbildung eines Selektionsdrucks in der Bakterienpopulation. Ein solcher Effekt war im Versuch jedoch nur bei Ciprofloxacin in hoher Konzentration feststellbar, der aufgrund einer sehr hohen Dosierung, die im Bereich therapeutischer Serumspiegel lag [23], vermutlich nicht auf die aquatische Umwelt übertragbar ist. Die eingesetzten niedrigen Konzentrationen lagen immer noch deutlich über den bisher bilanzierten Werten für Oberflächengewässer, bei denen außer einer 1:10-Verdünnung keine weitere Eliminierung auf dem Abwasserpfad berücksichtigt wurde [7], wovon aber nach neueren Erkenntnissen auszugehen ist [24]. Dies konnte im Fall des Ceftazidims auch im CBT gezeigt werden. Demzufolge erscheint es eher unwahrscheinlich, dass diese beiden Wirkstoffe in Oberflächengewässern größere Auswirkungen auf die bakterielle Flora haben. Einschränkend muss allerdings darauf hingewiesen werden, dass die Selektivität der Kulturbedingungen bei umweltmikrobiologischen Untersuchungen nicht zu unterschätzen ist und damit eine erhebliche Einschränkung der Aussagekraft möglich ist. Weitere Erkenntnisse werden von derzeit stattfindenden Untersuchungen auf der Grundlage höherer Biodiversität und Biomasse in Kläranlagensimulationen gekoppelt mit der Bestimmung chemotaxonomischer Parameter erwartet, welche eine Verfolgung der mikrobiellen Populationsentwicklung und -dynamik ermöglichen und unabhängig von selektiven Anzuchtbedingungen sind.

Weiterhin ist zu berücksichtigen, dass die aquatische Umwelt durch eine vorhandene Stoffvielfalt gekennzeichnet ist, zu der u. a. auch Desinfektionsmittel [25] und andere Antibiotika gehören. Ähnlichkeiten in den Wirkmechanismen oder -spektren könnten zu additiven oder synergistischen Effekten auf die mikrobielle Biozönose führen, die bei der Einzelstoffuntersuchung entfallen.

Danksagung

Die Untersuchungen wurden im Rahmen des vom BMBF geförderten Projektes „Antibiotikaresistenz – Vorkommen und Übertragung in Abwasser, Oberflächenwasser und Trinkwasser, Teil 2 Resistenzausbildung und Verbreitung durch Antibiotikaeintrag in Abwasser und Kläranlagen: Untersuchung mittels Chemotaxonomie und Kläranlagensimulationen" (Förderkennzeichen: 02WU9871/2) durchgeführt. Darüber hinaus danken wir der Arbeitsgruppe Prof. Jansen/Dr. Kohnen von der Abteilung für Hygiene und Umweltmedizin an der Universität Mainz für die Durchführung einiger Untersuchungen zur Antibiotikaempfindlichkeitstestung.

Literatur

[1] Hirsch R. u. a.: Occurence of antibiotics in the aquatic environment. Sci. Tot. Environ. *225*,109–118 (1999).

[2] Ternes T. u. a.: Nachweis und Screening von Arzneimittelrückständen, Diagnostika und Antiseptika in der aquatischen Umwelt. BMBF Abschlussbericht (02WU9567/3), 1999.

[3] Halling-Sørensen B. u. a.: Occurence, fate and effects of pharmaceutical substances in the environment – A review. Chemosphere *36*, 357–393 (1998).

[4] Feuerpfeil I. u. a.: Antibiotikaresistente Bakterien und Antibiotika in der Umwelt. Bundesgesundhblatt *42*, 37–50 (1999).

[5] Guardabassi L., Dalsgaard A. u. Olsen J. E.: Phenotypic characterization and antibiotic resistance of *Acinetobacter spp.* isolated from aquatic sources. J. Appl. Microbiol. *87*, 659–667 (1999).

[6] Pühler A.: Horizontaler Gentransfer von Antibiotikaresistenzgenen – Diskussion und Erkenntnisse. Nachr. Chem. Tech. Lab. *47*, 1088–1092 (1999).

[7] Henninger A. u. a.: Environmental loads of antibiotics used in medicine: predicted environmental concentrations in sewage and surface water in Germany and effects against bacteria. In Vorbereitung.

[8] OECD: Guideline for testing of chemicals (301 D): Closed bottle test. Organisation of Economic Cooperation and Development, Paris (1992).

[9] Gotvajn A. Z. u. Zagorc-Koncan J.: Laboratory simulation of biodegradation of chemicals in surface waters: closed bottle and respirometric test. Chemosphere *38*, 1339–1346 (1999).

[10] Kümmerer K., Al-Ahmad A. u. Steger-Hartmann T.: Verhalten des Zytostatikums Epirubicinhydrochlorid in der aquatischen Umwelt. Umweltmed. Forsch. Prax. *1*, 133–137 (1996).

[11] Kappesser S.: Populationsanalysen, Nährstoffansprüche und Physiologie der Belebtschlamm-Mikroflora sowie spezieller Bakterienkulturen für die aerobe Abwasserbehandlung. Dissertation an der TH Darmstadt 1990.

[12] Burkhardt F. (Hrsg.): Mikrobiologische Diagnostik. 1. Aufl., Georg Thieme Verlag. Stuttgart New York 1992.

[13] Bochner B. R.: Sleuthing out bacterial identities. Nature *339*, 157–158 (1989).

[14] Klingler J. M. u. a.: Evaluation of the Biolog automated microbial identification system. Appl. Environ. Microbiol. , 2089–2092 (1992).

[15] Deutsches Institut für Normung e. V.: Methoden zur Empfindlichkeitsprüfung von bakteriellen Krankheitserregern gegen Chemotherapeutika. Grenzwerte von antibakteriellen Wirkstoffen für die Bewertung der minimalen Hemmkonzentration (MHK). DIN 58 940 Beuth Verlag. Berlin 1995.

[16] Ehrlich M., Daschner F. D. u. Kümmerer K.: Rapid drug monitoring: meropenem and ceftazidime determination in serum and bronchial secretions by HPLC-integrated sample preperation. J. Chromatogr. B., zur Veröffentlichung angenommen.

[17] Al-Ahmad A., Daschner F. D. u. Kümmerer K.: Biodegradability of cefotiam, ciprofloxacin, meropenem, penicillin G and sulfamethoxazole and inhibition of waste water bacteria. Arch. Environ. Contam. Toxicol. *37*,158–163 (1999).

[18] Al-Ahmad A. u. Kümmerer K.: Ist die Toxizität von Stoffen gegenüber Bakterien in der Umwelt unter ökosystemaren Gesichtspunkten bestimmbar? Tagungsband Jahrestagung Fachgruppe Wasserchemie S. 173–177, Lübeck 18–20-Mai 1998.

[19] Spiteller M.: Aerobic metabolism of ^{14}C-ciprofloxacin in an aequatic model ecosystem. Bayer PF-Report 3539, July 29 (1991).

[20] Hellpointer E.: Determination of the quantum yield and estimation of the environmental halflife of the direct photodegradation of ciprofloxacin hydrochloride. Bayer PF-Report 3351, March 28 (1990).

[21] Bürhaus I.: Einfluss der Herkunft des Inokulums auf das Abbauverhalten von Benzalkoniumchlorid im Geschlossenen Flaschentest (OECD 301 D). Diplomarbeit Fachhochschule Albstadt-Sigmaringen 1995.

[22] Kümmerer K., Al-Ahmad A. u. Mersch-Sundermann V.: Biodegradability of some antibiotics, elimination of the genotoxicity and affection of waste water bacteria in a simple test. Chemosphere *40*, 701–710 (2000).

[23] Simon C. u. Stille W.: Antibiotika-Therapie in Klinik und Praxis. 8. Aufl., Schattauer, Stuttgart, New York 1993.
[24] Kümmerer K. u. a.: unveröffentlichte Ergebnisse.
[25] Kunz P. u. Frietsch G.: Mikrobizide Stoffe in biologischen Kläranlagen. 1. Aufl., Springer-Verlag. Berlin Heidelberg 1986.

Oxidation eines industriellen Mischabwassers mit Ozon und UV/H_2O_2

Oxidation of an Industrial Waste Water by Ozone and UV/H_2O_2

Philip Hörsch und *Fritz H. Frimmel**

Schlagwörter

Industrieabwasserbehandlung, Ozonung, Advanced Oxidation Processes (AOP), Kombination Oxidation/biologischer Abbau, Leuchtbakterienhemmtest, Daphnienimmobilisierungstest

Summary

The use of ozone and UV/H_2O_2-oxidation for the treatment of a poorly biodegradable industrial waste water was investigated. The aim was to enhance biodegradability and to decrease toxicity and relevant parameters. Dissolved organic carbon (DOC), spectral absorbance at $\lambda =$ 254 nm and 436 nm, the biochemical oxygen demand (BOD) and the toxicity against *Vibrio fischeri* and *Daphnia magna* were measured.
Results showed that the biodegradability of the oxidized waste water samples could be slightly enhanced. The decrease of DOC and the spectral absorbance was mainly caused by chemical oxidation and not by biodegradation. On the other hand, toxic effects of the oxidized samples disappeared after biodegradation. *Daphnia magna* showed similar reactions on all oxidized samples, whereas *Vibrio fischeri* was more sensitive against UV/H_2O_2 treated samples. In the combined chemically and biologically treated samples almost no difference in the toxicity could be observed depending on the oxidation method applied.

Zusammenfassung

In dieser Arbeit wurde der Einsatz von Ozon und der UV/H_2O_2-Oxidation für die Behandlung eines biologisch schlecht abbaubaren industriellen Abwassers untersucht. Ziel war die Verbesserung der biologischen Abbaubarkeit sowie eine Verringerung der Toxizität und relevanter Parameter. Bestimmt wurden der gelöste organisch gebundene Kohlenstoff (DOC), der spektrale Absorptionskoeffizient bei $\lambda =$ 254 nm und 436 nm, der biochemische Sauerstoffbedarf (BSB) und die Toxizität gegenüber *Vibrio fischeri* und *Daphnia magna.*
Die Ergebnisse zeigten, daß die biologische Abbaubarkeit der oxidierten Proben geringfügig verbessert werden konnte. Die Abnahme des DOC und der spektralen Absorption wurde hauptsächlich durch die chemische Oxidation und nicht durch den biologischen Abbau hervorgerufen. Andererseits verschwanden die toxischen Effekte der oxidierten Proben nach der biologischen Behandlung. *Daphnia magna* zeigte ein ähnliches Verhalten gegenüber allen oxidierten Proben, während *Vibrio fischeri* auf die UV/H_2O_2-behandelten Proben empfindlicher reagierte. In den kombiniert chemisch-biologisch behandelten Proben konnte kaum ein Unterschied in der Toxizität in Abhängigkeit von der eingesetzten Oxidationsmethode beobachtet werden.

---

* Dipl.-Biol. t.o. Philip Hörsch, Prof. Dr. F. H. Frimmel, Engler-Bunte-Institut, Bereich Wasserchemie, Universität Karlsruhe, Engler-Bunte-Ring 1, D-76131 Karlsruhe.

Vom Wasser, *95*, 119–130 (2000)

1 Einleitung

Industrielle Abwässer bedürfen neben der konventionellen biologischen Reinigung häufig einer zusätzlichen Behandlung mit chemischen und/oder physikalischen Methoden. Dies ist entweder aufgrund hoher Konzentrationen organischen Materials oder aufgrund der Anwesenheit toxischer Substanzen notwendig [1]. Physikalische Methoden beruhen auf Flockungs-, Fällungs- oder Flotationsmethoden und/oder mechanischer Abtrennung und Absorptionsverfahren. Mit Hilfe chemischer Reaktionen wird versucht, störende Inhaltsstoffe gänzlich zu eliminieren oder refraktäre, biologisch nicht abbaubare Substanzen in biologisch zugängliche umzusetzen. Rein chemische Behandlungen bedingen eine vollständige Oxidation der organischen Inhaltsstoffe, d. h. die Mineralisierung bis zum Kohlenstoffdioxid. Da dies mit erheblichem Energieaufwand verbunden ist, ist es sinnvoll, eine chemische Voroxidation mit nachgeschaltetem biologischem Abbau zu kombinieren [1, 2, 3]. Anwendung erfahren naßchemische Oxidationsverfahren mit Sauerstoff als Oxidationsmittel unter Verwendung hoher Temperaturen und hoher Drücke. Interessant ist weiterhin der Einsatz von Ozon, Wasserstoffperoxid, UV-Bestrahlung und verschiedener (Photo-)Katalysatoren. Kombinationsverfahren dieser Anwendungen werden gemeinhin als AOP (Advanced Oxidation Processes) bezeichnet. Radikalische Oxidationsreaktionen, ausgehend vom OH•-Radikal, stehen dabei im Vordergrund. Sie können unter Umständen kostengünstige Alternativen darstellen. Bei entsprechendem Einsatz der Reagenzien werden keine belastenden Stoffe ins Wasser abgegeben oder gebildet.

Diese Oxidationsverfahren haben sich teilweise als sinnvolle Behandlungsmethoden für bestimmte Abwässer bzw. Wasserinhaltsstoffe erwiesen [4, 5, 6, 7, 8]. Die oxidative Behandlung realer Abwässer wird in der Praxis noch relativ selten eingesetzt. Ein Grund hierfür ist die meist nötige Anpassung des Oxidationssystems auf das jeweilige Abwasser. Allgemeine Aussagen über die Eignung der verschiedenen Oxidationsmethoden für unterschiedliche Abwässer sind häufig nur möglich, wenn alle Wasserinhaltsstoffe bekannt sind, was in der Praxis meist nicht zutrifft.

Die oxidative Behandlung ist vor allem dann sinnvoll einzusetzen, wenn alle biologisch abbaubaren Stoffe entfernt sind und sich die chemische Oxidation auf die restliche Fracht beschränken kann [1].

2 Experimentelle Angaben

In der vorliegenden Arbeit wurde die Oxidation eines Mischabwassers aus der chemischen Industrie untersucht. Bei diesem Abwasser handelte es sich um die vereinigten Abflüsse mehrerer Einzelbetriebe einer chemischen Fabrik. Diese passieren betriebsintern einen Turmreaktor und werden daraufhin der kommunalen Abwasserreinigung zugeführt. In der kommunalen Kläranlage wird die Möglichkeit eines weiteren Abbaus durch Kometabolismus genutzt. Weiterhin führt die Mischung mit kommunalem Abwasser zu einem Verdünnungseffekt, so daß für die produktionsbedingten Belastungen niedrigere Ablaufkonzentrationen in den Vorfluter und eine Verringerung der Toxizität resultieren.

Die Untersuchungen wurden mit dem Ablauf des biologischen Turmreaktors nach Neutralisation durchgeführt (s. Tabelle 1).

Tabelle 1. Werte des eingesetzten Abwassers (chargenabhängig).

DOC in mg/L	SAK_{254} in m^{-1}	SAK_{436} in m^{-1}	CSB in mg/L	pH-Wert (25 °C)	GL_{20}	EC_{50} (48 h) in %
69–87	320–390	41–51	200–350	7–7,5	12–16	50

2.1 Chemische Oxidation

Als chemische Oxidationsverfahren wurden die Ozonung sowie das UV/H_2O_2-Verfahren eingesetzt. Die Versuche wurden bei Raumtemperatur durchgeführt. Bild 1 und 2 zeigen die eingesetzten Reaktoren.

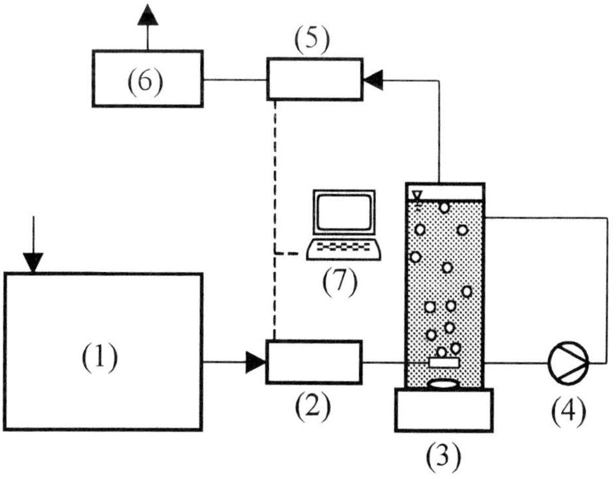

Bild 1. Ozonungsreaktor. (1) = Ozongenerator, Speisung mit Sauerstoff, (2) und (5) = Ozonmesszellen, (3)=Begasungssäule mit Rührer, (4) = Pumpe, (6) = Restozonvernichter, (7) = Computer zur Datenerfassung und Berechnung des Ozoneintrags. Volumen: 1,3 L, Gasvolumenstrom 20 L/h, Ozoneingangskonzentration 7 mg/L.

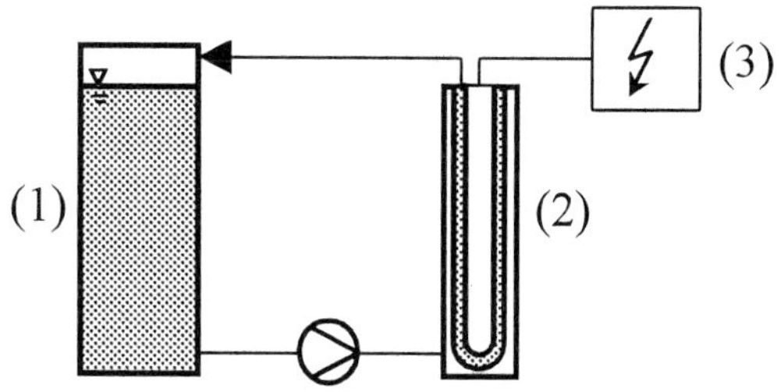

Bild 2. UV-Reaktor. (1) = Vorlagegefäß, (2) = UV-Reaktor mit 15 W Niederdruckstrahler, (3) = Netzgerät. Volumen: 1 L.

Ozonung
Bei gleichbleibenden Reaktionsbedingungen wurde der Ozoneintrag variiert (s. Tabelle 2). Der pH-Wert betrug 7–7,3.

Zusätzlich wurde eine Langzeit-Ozonung vorgenommen, bei der so lange ozont wurde (4,25 h), bis kein weiterer Ozonverbrauch im Reaktor zu verzeichnen war. Dabei wurde keine Berechnung des Ozoneintrages vorgenommen.

Tabelle 2. Durchgeführte Ozonungen A, B und C.

	Ozonungsdauer in min	Ozoneintrag in mg/L	molares Verhältnis DOC/O_3	Massenverhältnis O_3/DOC
Ozonung A	15	21,5	13	0,31
Ozonung B	28	35	8	0,50
Ozonung C	37	52	5,5	0,73

UV/H_2O_2-Behandlung
Es wurden zwei verschiedene Oxidationen durchgeführt, bei denen das molare Verhältnis DOC:H_2O_2 variiert wurde (s. Tabelle 3). Der pH-Wert betrug hierbei 7–7,4.

Tabelle 3. Durchgeführte UV/H_2O_2-Behandlungen (Oxidation 1 und 2).

	molares Verhältnis DOC/H_2O_2	Massenverhältnis H_2O_2/DOC	Bestrahlungsdauer in h	Energieaufwand kWh/m^3
Oxidation 1	2	1,42	4	60
Oxidation 2	1	2,83	4	60

2.2 Charakterisierung

Die einzelnen Behandlungsschritte wurden anhand der Summenparameter DOC (dissolved organic carbon, gelöster organischer Kohlenstoff, Shimadzu TOC-5000) und SAK (spektraler Absorptionskoeffizient), gemessen bei $\lambda = 254$ nm und 436 nm (Milton Roy Spectronic 1201) beurteilt.

Die biologische Abbaubarkeit wurde in einem Respiromat (Voith/IBUK Sapromat D12) bestimmt (T = 20 °C). Als Inokulum wurde 100 µL gewaschener Belebtschlamm einer Labormodellkläranlage verwendet. Der biochemische Sauerstoffbedarf (BSB) wurde während des Versuchs aufgezeichnet. Bei Erreichen eines Plateaus (kein weiterer Sauerstoffverbrauch) wurde der Versuch beendet. Das synthetische Abwasser (SAW) zur Untersuchung kometabolischer Aktivität wurde laut OECD-Guideline 303A/91 angesetzt.

Das toxische Potential wurde mit Hilfe des Leuchtbakterienhemmtests (DIN 38 412 L34/341) und des akuten Daphnienimmobilisierungstests (DIN EN ISO 6341:1996) abgeschätzt. Für den Leuchtbakterienhemmtest wurden kommerziell erhältliche, flüssiggetrocknete Leuchtbakterien *(Vibrio fischeri* NRLL-B-11177, Dr. Lange) laut DIN 38 412 L341 kultiviert und in 200 µL Aliqouts bei −20 °C tiefgefroren, die bei Bedarf frisch aufgetaut wurden. *Daphnia magna* Straus wurde in Einzeltierzucht in M4-Medium [9] gehältert. Die für Untersuchungszwecke verwendeten Jungtiere waren zwischen 4-28 h alt.

Im Falle des Leuchtbakterienhemmtests erfolgte die Angabe der Toxizität als GL_{20}-Wert (Verdünnungsstufe, bei der die Hemmung < 20 % ist), im Falle des Daphnienimmobilisierungstests als EC_{50} (48 h)-Wert (Konzentration, bei der nach 48 h bei 50 % der Testtiere ein Effekt zu beobachten ist, hier: Immobilisierung).

3 Ergebnisse und Diskussion

Die durchgeführten Oxidationen sind anhand der abwasserrelevanten Summenparameter DOC und SAK bei λ = 254 nm und 436 nm in Bild 3 zusammengefaßt.

Bei den Ozonungen A bis C ist zu erkennen, daß die Oxidation zwar eine teilweise Mineralisierung bewirkte (DOC < 100 %), gleichzeitig aber bei gesteigertem Ozoneintrag zu einem erhöhten Nachweis des DOC führten, was auf die bessere Oxidierbarkeit der voroxidierten Abwasserinhaltsstoffe im thermischen Nachweisverfahren (Shimadzu) zurückzuführen ist. Erst bei erhöhtem Oxidationsmitteleinsatz (Langzeit-Ozonung) bewirkt die Teilmineralisierung des DOC zu Kohlenstoffdioxid eine deutliche Abnahme des DOC. Demgegenüber konnte der SAK sowohl bei 254 nm als auch bei 436 nm deutlich gesenkt werden, im Falle der Langzeit-Ozonung bis auf 27 % (SAK_{254}) bzw. 21 % (SAK_{436}). Durch die UV/H_2O_2-Oxidationen konnten aufgrund der höheren molaren Verhältnisse Oxidationsmittel/DOC im Vergleich zu den Ozonungen A bis C geringere Werte für DOC und SAK_{254} erreicht

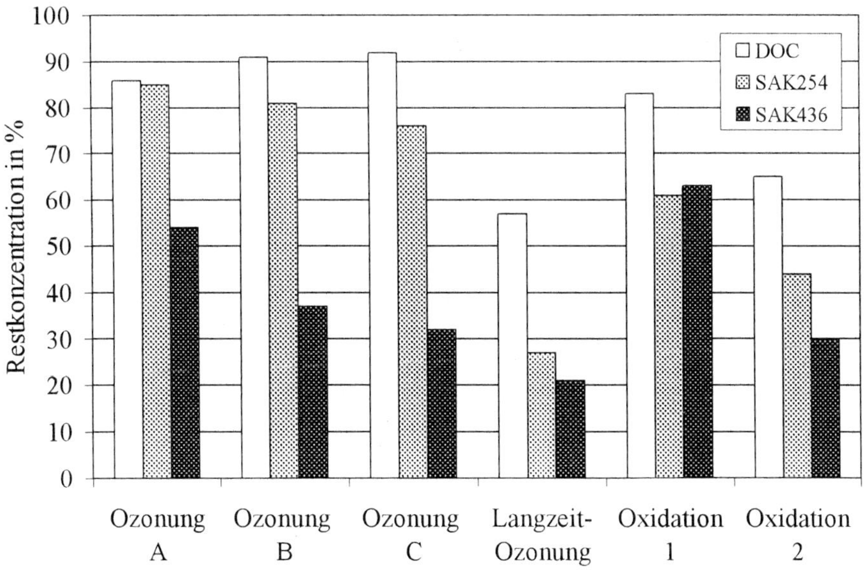

Bild 3. Änderung der Werte für DOC und SAK nach den durchgeführten Oxidationen mit Ozon und UV/H_2O_2 bezogen auf unbehandeltes Abwasser (100 %-Wert).

werden. Auch Ausgasungseffekte durch die lange Versuchsdauer (4 h) können hierbei eine Rolle gespielt haben. Im Hinblick auf die Entfärbung des Abwassers (SAK_{436}) war die Ozonung mit höheren Dosen jedoch effizienter.

Wichtiges Beurteilungskriterium der chemischen Voroxidationen war die Verbesserung der biologischen Abbaubarkeit und die Detoxifizierung des Abwassers. Bild 4 zeigt den BSB gemessen über 400 h der ozonten Proben.

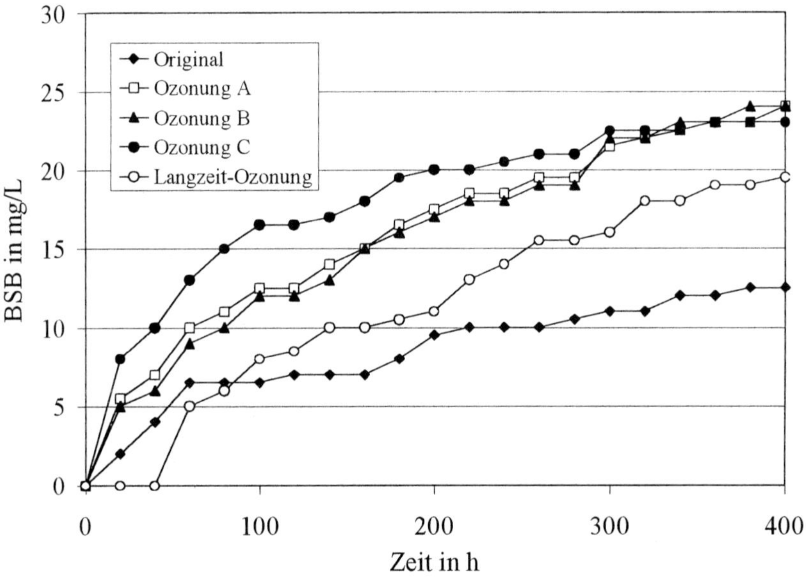

Bild 4. BSB der ozonten Proben im Vergleich zum unbehandelten Abwasser.

Der BSB der ozonten Proben betrug zwar ungefähr das Doppelte der unbehandelten Probe, war jedoch im Verhältnis zu den Ausgangskonzentrationen von DOC (69 mg/L) und CSB (ca. 300 mg/L) noch sehr gering. Weiterhin konnte durch intensiven Einsatz von Ozon die biologische Abbaubarkeit nicht wesentlich verbessert werden. Es stellt sich die Frage, ob in kontinuierlichen Verfahren mit adaptierter Biomasse bessere Ergebnisse erzielt werden können.

Durch das UV/H_2O_2-Verfahren konnten etwas höhere Werte für den BSB erreicht werden (s. Bild 5). Bemerkenswert ist hierbei, daß sich ein Sauerstoffverbrauch erst bei 80 h zeigte, was vermutlich auf Restkonzentrationen von Wasserstoffperoxid zurückzuführen war. Eine Analyse der Probe nach Oxidation 2 zeigte, daß 20 % des H_2O_2 noch nicht abreagiert hatte.

Zusätzlich wurde ein biologischer Abbauversuch des unbehandelten Abwassers vermischt mit synthetischen Abwasser (SAW) durchgeführt.

Dies diente zur Untersuchung auf einen möglichen kometabolischen Abbau des Industrieabwassers unter Anwesenheit leicht abbaubarer Substanzen (s. Bild 6). Hierzu wurde das Abwasser im Verhältnis 1:1 mit dem synthetischen Abwasser vermischt.

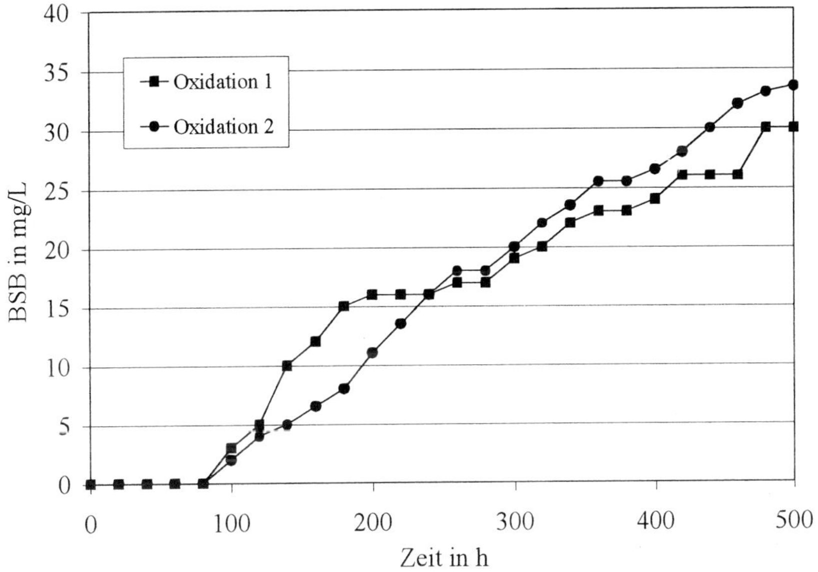

Bild 5. BSB des Abwassers nach UV/H_2O_2-Oxidation über 500 h.

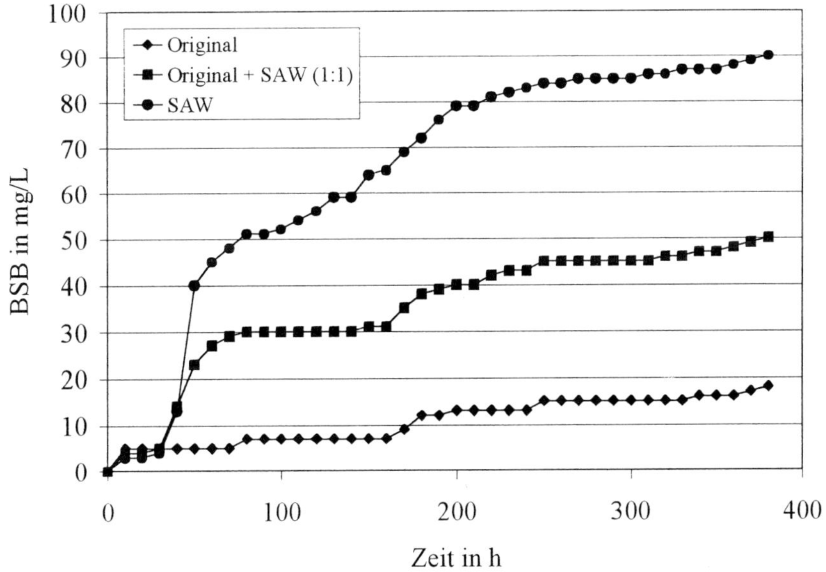

Bild 6. BSB-Versuch zur Untersuchung auf kometabolischen Abbau. SAW = synthetisches Abwasser.

In diesem Versuch konnte gezeigt werden, daß in einer batch-Kultur keine kometabolische Aktivität zu verzeichnen war. Reale Bedingungen in einer Kläranlage können jedoch einen Kometabolismus begünstigen.

Die oxidierten Proben wurden nach den BSB-Bestimmungen über 0,45 µm (Cellulosenitrat) abfiltriert und erneut analysiert, um eine Charakterisierung der kombinierten chemisch-biologischen Behandlung zu erhalten. Bild 7 zeigt die Werte für DOC, SAK_{254} und SAK_{436}.

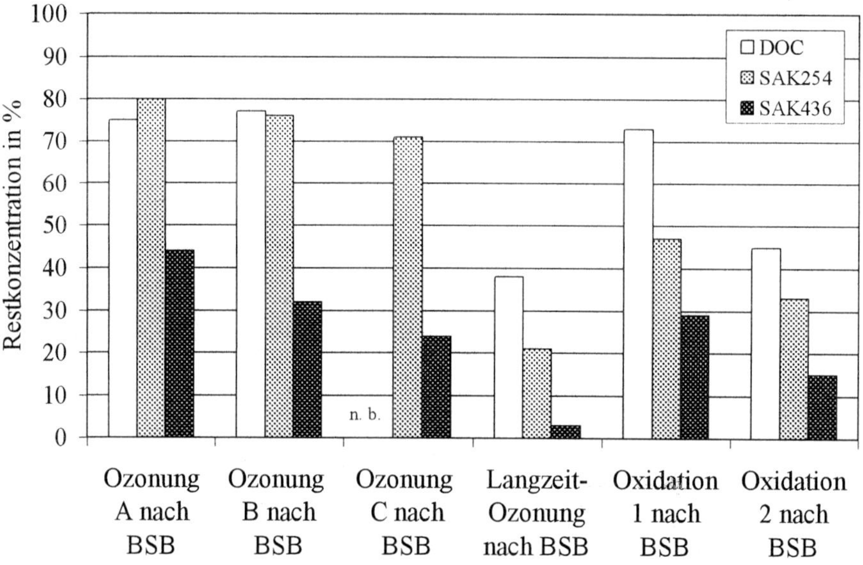

n.b. = nicht bestimmt

Bild 7. Änderung der Werte für DOC und SAK durch Oxidation und nach biologischer Behandlung bezogen auf unbehandeltes Abwasser (100 %-Wert).

Mit Hilfe der Ozonung bei geringen Ozondosen (Ozonung A–C) und anschließendem biologischen Abbau konnten der DOC und der SAK_{254} auf 70 – 80 % gesenkt werden. Der SAK_{436} nahm auf 24 % ab. Der intensive Einsatz von Ozon im Langzeitversuch mit anschließender biologischer Behandlung zeigte eine fast vollständige Entfärbung des Abwassers sowie eine deutliche Reduzierung des DOC und des SAK_{254}. Dies wurde jedoch hauptsächlich durch den chemisch-oxidativen Schritt erreicht und nicht durch biologischen Abbau (siehe auch Bild 8). Hinsichtlich einer kostengünstigen Verfahrensweise in der Praxis wäre eine Intensivierung des biologischen Abbaus wünschenswert.

Die Kombination UV/H_2O_2-Oxidation und biologischer Abbau bewirkte im Vergleich zu den Ozonungen A bis C eine verstärkte Reduzierung von DOC und SAK_{254} und eine geringere Reduzierung des SAK_{436}. Wie die BSB-Werte zeigten, waren die Oxidationsprodukte etwas besser biologisch abbaubar, wobei der relative Anteil des biologischen Abbaus am Gesamtabbau vergleichbar dem der Ozonung war (s. Bild 8). Einzig der biologische Abbau der Substanzen, die für die Absorption bei $\lambda = 436$ nm verantwortlich waren, fiel bei Oxidation 1 am stärksten aus.

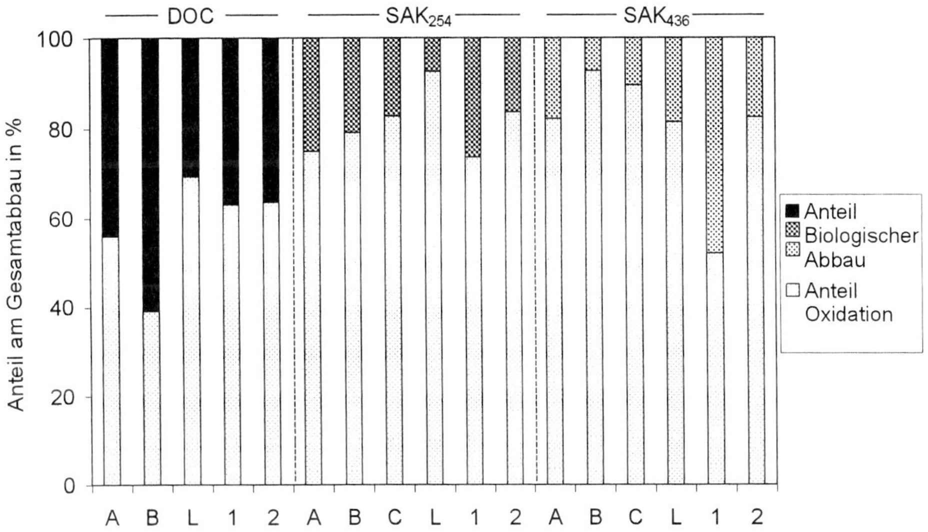

Bild 8. Anteil des chemischen bzw. biologischen Abbaus am Gesamtabbau bezüglich DOC, SAK_{254} und SAK_{436}. A = Ozonung A, B = Ozonung B, C = Ozonung C, L = Langzeit-Ozonung, 1 = Oxidation 1, 2 = Oxidation 2.

Eine Bewertung des Toxizitätpotentials des oxidierten und des kombiniert chemisch-biologisch behandelten Abwassers wurde mit Hilfe des Leuchtbakterienhemmtests und des akuten Daphnienimmobilisierungstests durchgeführt (Bild 9 und 10).

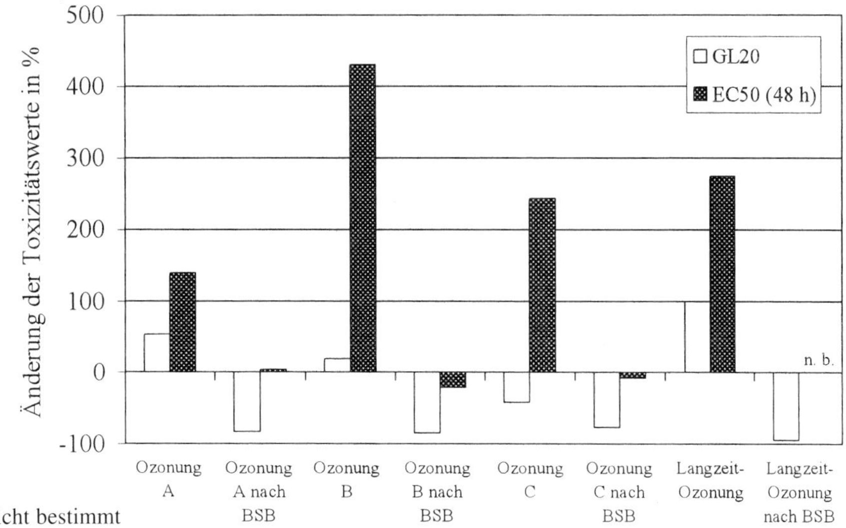

n.b. = nicht bestimmt

Bild 9. Änderung der Toxizität der ozonten Proben sowie bei der Ozonung nach biologischem Abbau (BSB). GL_{20}: Leuchtbakterienhemmtest, Verdünnungsstufe, bei der die Hemmung <20 % ist. EC_{50}: akuter Daphnienimmobilisierungstest, mittlere effektive Konzentration.

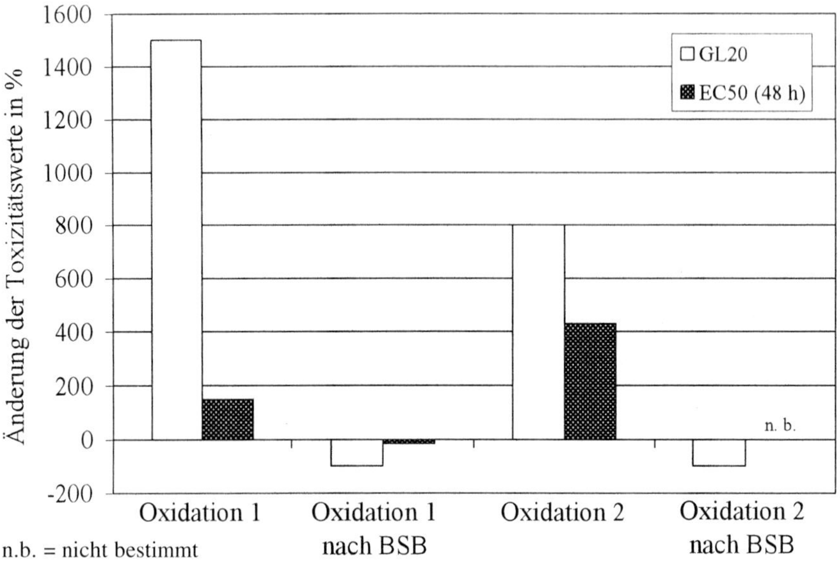

Bild 10. Änderung der Toxizität der UV/H_2O_2-behandelten Proben sowie bei UV/H_2O_2-Behandlung nach biologischem Abbau (BSB).

Zu beobachten war ein unterschiedliches Ansprechen der beiden Testsysteme auf das oxidierte Abwasser. Die ozonten Proben besaßen einen starken toxischen Effekt auf *Daphnia magna,* während die Hemmung im Leuchtbakterienhemmtest kaum anstieg bzw. sich bei Ozonung C im Vergleich zum unbehandelten Abwasser sogar verringerte. Den kombiniert chemisch-biologisch behandelten Proben gleich war die fast vollständige Detoxifizierung im Leuchtbakterienhemmtest und eine Immobilisierungsrate im Daphnientest, die sich kaum von der des unbehandelten Abwasser unterschied.

Demgegenüber zeigten die UV/H_2O_2-behandelten Proben im Leuchtbakterienhemmtest eine sehr viel stärkere Hemmung, während *Daphnia magna* ähnlich wie bei den ozonten Proben reagierte. Offensichtlich spielte hier neben der möglichen Entstehung toxischer Oxidationsprodukte die Restkonzentration von Wasserstoffperoxid eine große Rolle. Sowohl im Leuchtbakterienhemmtest als auch im Daphnienimmobilisierungstest zeigte sich ein ähnliches Verhalten aller kombiniert chemisch-biologisch behandelten Proben: Der GL_{20}-Wert wurde auf annähernd 0 reduziert, während der EC_{50} fast unverändert blieb.

4 Schlussbetrachtung

Mit Hilfe der chemischen Voroxidationen mit darauffolgender biologischer Behandlung konnte zwar eine deutliche Erniedrigung der Parameter DOC und SAK sowie ein leichte (Daphnienimmobilisierungstest) bis starke (Leuchtbakterienhemmtest) Detoxifizierung erreicht werden, eine entsprechende Erhöhung der biologischen Abbaubarkeit jedoch nicht. Dies wäre hinsichtlich eines kostengünstigen Einsatzes der Oxidationsverfahren und einer optimalen Ausnutzung der biologischen Stufe jedoch wünschenswert. Weitere Untersuchungsmöglichkeiten und Verbesserungen liegen in veränderten Versuchsbedingungen (z. B. pH-Wert) und im Einsatz weiterer AOP. Toxizitätstests zur Beurteilung der Oxidationsschritte zeigten sich als äußerst sinnvoll. Damit können sowohl toxische Zwischenprodukte als auch deren biologische Abbaubarkeit nachgewiesen werden. Die Ergebnisse zeigen, daß akut toxisch oder hemmend auf Testorganismen wirkende Substanzen in bakteriellen Mischpopulationen abgebaut bzw. detoxifiziert werden können.

Eine Verbesserung der biologischen Abbaubarkeit könnte in kontinuierlichen Systemen mit adaptierter Biomasse erreicht werden.

Problematisch bei der oxidativen Behandlung industrieller Mischabwässer ist die Komplexität und die zeitliche Schwankung ihrer Zusammensetzung. Dies macht den Einsatz eines bestimmten Oxidationsverfahrens prinzipiell schwierig. Erfolgversprechend ist die gezielte Behandlung von Abwasserteilströmen, da diese häufig eine definierte Zusammensetzung besitzen oder miteinander verwandter Stoffgruppen beinhalten, die dann mit einer bestimmten Oxidationsmethode effektiv behandelt werden können.

Danksagung

Wir danken der DFG für die finanzielle Unterstützung im Rahmen des Graduiertenkollegs „Grenzflächenphänomene in aquatischen Systemen und wässrigen Phasen" (III GK – GRK 366/1-97).

Literatur

[1] Scott, J. P. u. Ollis, D. F.: Integration of chemical and biological oxidation for water treatment: review and recommendations. Envir. Prog. *14* (2), 88–103 (1995).

[2] Möbius, C. H., Cordier, D., Helble, A., Kaulbach, R. u. Cordes-Tolle, M.: Elimination persistenter Verbindungen in biologisch gereinigtem Abwasser mit Ozon und weitergehender biologischer Reinigung. Gas-Wasserfach, Wasser-Abwasser *137* (12), 646–651 (1996).

[3] Ollis, D. F.: Sequential chemical and biological oxidation for water and waste water remediation and treatment. CUTEC serial publication *46*, 2nd International conference on oxidation technologies for water and wastewater treatment, 19–20 (2000).

[4] Gilbert, E.: Einsatz von Wasserstoffperoxid zur Behandlung hochbelasteter Industrieabwässer. Vom Wasser *62*, 307–320 (1984).

[5] Heinzle, E., Geiger, F., Fahmy, M. u. Kut, O. M.: Integrated ozonation-biotreatment of pulp bleaching effluents containing chlorinated phenolic compounds. Biotechnol. Prog. *8*, 67–77 (1992).

[6] Jones, B. M., Sakaji, R. H. u. Daughton, C. G.: Effects of ozonation and ultraviolett irradiation on biodegradability of oil shale wastewater organic solutes. Wat. Res. *19* (11), 1421–1428 (1985).

[7] Karrer, N. J., Ryhiner, G. u. Heinzle, E.: Applicability test for combined biological-chemical treatment of wastewaters containing biorefractory compounds. Wat. Res. *31*(5), 1013–1020 (1997).

[8] Krull, R., Hemmi, M., Otto, P. u. Hempel, D. C.: Pretreatment of industrial wastewaters – combined biological and chemical treatment of highly concentrated residual dyehouse liquors. Wat. Sci. Tech. *38* (4–5), 339–346 (1998).

[9] Elendt, B. P.: Nutritional quality of a microencapsulated diet for Daphnia magna. Effects on fatty acid composition and midgut ultrastructure. Archiv. Hydrobiol. *118*, 461–475 (1995).

Abfallvermeidung im FENTOX®-Verfahren bei der Behandlung von Textilfärberei-Abwässern

Waste Avoidance within the FENTOX® Process during the Treatment of Textile Dyehouse Wastewaters

*Tina Renner**, *Oliver Specht** und *Dietrich Wabner**

Schlagwörter

Entfärbung, CSB-/TOC-Abbau, Katalysatorrecycling, Fentons Reagenz, Reaktivfarbstoffe, Textilfarbstoffe

Summary

In this paper an application of the modified FENTOX®process for textile dyehouse wastewater using Fentons reagent is presented. The removal of parameters like COD, DOC, AOX and colour could be achieved by the treatment with H_2O_2/Fe^{2+} as well as with H_2O_2/Fe^{3+}, applied as iron(III)hydroxide. Therefore iron(III)-hydroxide, which is formed by neutralisation at the end of the FENTOX®process and always had to be deposited until now, may be recycled. Recycling of the iron hydroxide sludge may be a solution of the waste problem of this process. The results showed that the multiple recycled iron sludge did not loose its catalytic activity for the FENTOX®process in batch experiments as well as in a continuously operated pilot plant. In all experiments it was possible to decolourise the wastewater. Compared to H_2O_2/Fe^{2+} treatment the removal of COD, DOC and AOX sometimes showed even better results using iron(III) as catalyst. But the reaction always lasted longer with recycled iron(III) hydroxide than with fresh iron(II) salts, but the reaction times for H_2O_2/Fe^{3+} treatment could be substantially shortened by increasing the reaction temperature.

Zusammenfassung

In der vorliegenden Arbeit wird ein modifiziertes FENTOX®-Verfahren, welches auf dem Einsatz von Fentons Reagenz beruht, für die Behandlung von Textilabwässern mit Reaktivfarbstoffen präsentiert. Die Verminderung von Parametern wie CSB, TOC, AOX und Farbigkeit wird sowohl durch die Behandlung mit dem klassischen Fentons Reagenz H_2O_2/Fe^{2+} als auch mit H_2O_2/Fe^{3+} erreicht. Deshalb kann das Eisen(III)hydroxid, welches durch die Neutralisation am Ende des FENTOX®-Prozesses entsteht, rezykliert werden und so einerseits die Kosten für neue Eisensalze gespart und andererseits eine Lösung für das Abfallproblem „Eisenhydroxidschlamm" dieses Verfahrens geschaffen werden. Die Ergebnisse zeigen, daß der mehrmals eingesetzte Eisenschlamm seine katalytische Aktivität für den FENTOX®-Prozess in Batchversuchen und auch in der kontinuierlich arbeitenden Fenton-Labor-Anlage nicht verloren hat. In allen Experimenten war es möglich, das Abwasser zu entfärben. Im Vergleich zur H_2O_2/Fe^{2+}-Behandlung war der Abbau von CSB, TOC und AOX mit dem Eisen(III)katalysator oft besser. Allerdings ist die Reaktionszeit bei Verwendung von rezykliertem Eisen(III)hydroxid länger als bei frischen Eisen(II)salzen. Durch Erhöhung der Reaktionstemperatur kann jedoch auch hier die Reaktionsdauer verkürzt werden.

* Dipl.-Chem. T. Renner, Dr. O. Specht, Prof. Dr. D. Wabner, Arbeitsgruppe Angewandte Elektrochemie und Chemische Umwelttechnik, TU München, Lichtenbergstr. 4, 85748 Garching, Tel.: 089/289 13086, Fax: 089/289 13473, e-mail: tina.renner@lrz.tum.de oder aae@lrz.tum.de.

1 Einleitung

Die Textilveredelungsindustrie zählt trotz vielfältiger Entwicklungen und Verbesserungen in den Produktionsverfahren nach wie vor zu den abwasserintensiven Branchen. Hier bereiten insbesondere die Reaktivfarbstoffe, die in der Färbung heutzutage überwiegend Verwendung finden, bei der Abwasseraufbereitung Probleme. Wie viele Arbeiten zeigen, können hier weiterentwickelte Oxidationsverfahren, die sogenannten Advanced Oxidation Technologies, wertvolle Hilfe liefern. Gerade Fentons Reagenz mit seiner unspezifischen Oxidationswirkung, wie auch das auf diesem Prinzip beruhende FENTOX®-Verfahren zeigen hier erstaunlich gute Resultate.

Fentons Reagenz, ein Gemisch aus Wasserstoffperoxid und Eisen(II)salz, aus dem Hydroxylradikale gebildet werden, wurde im technischen Maßstab bisher nur zur Behandlung einiger weniger Abwässer verwendet. In der Arbeitsgruppe Angewandte Elektrochemie und Chemische Umwelttechnik der Technischen Universität München wurde ein Prozess entwickelt, der es erlaubt, dieses Reagenz auf ein breites Spektrum verschiedener Abwässer anzuwenden [1]. Gleichung 1 zeigt den Start der Radikal-Ketten-Reaktion, bei dem Hydroxylradikale gebildet werden. Die Eisen(II)ionen werden in nachgeordneten Reaktionsschritten eines insgesamt recht komplexen Reaktionsschemas auch wieder zurückgebildet. Deshalb kann das Eisensalz in quasi-katalytischen Mengen – stöchiometrisch zwischen 5–10 % der H_2O_2-Menge – eingesetzt werden.

$$H_2O_2 + Fe^{2+} \rightarrow Fe^{3+} + OH^- + OH^\bullet \qquad (1)$$

Ein gravierendes Problem von Fentons Reagenz und damit auch des sogenannten FENTOX®-Verfahrens war und ist jedoch, daß bei der anschließenden Neutralisation das Eisen, welches am Ende der Reaktion zum allergrößten Teil als Eisen(III)ion vorliegt, als Eisen(III)hydroxidschlamm anfällt. Dieser Schlamm kann organische Substanzen und Schwermetalle enthalten und muß deshalb aufwendig und teuer behandelt oder deponiert werden. Dieser Nachteil ließ den Gesamtprozess ungeachtet vieler unbestrittener Vorteile oftmals unwirtschaftlich erscheinen.

Eine Lösung dieses Problems ist die Rückführung des anfallenden Eisenschlamms in den FENTOX®-Prozess, da sich gezeigt hat, daß nicht nur Eisen(II)ionen, sondern auch Eisen(III)ionen die Fenton-Reaktion katalysieren [2].

2 Experimentelles

2.1 Chemikalien

Die verwendeten Chemikalien waren soweit nicht anders angegeben der Qualität p. A. und wurden von der Fa. Merck, Darmstadt, bezogen. Wasserstoffperoxid wurde von der Fa. Solvay Interox, Bernburg, bezogen. Bei den Farbstoffen handelt es sich um kommerziell erhältliche Farbstoff-Formulierungen, nicht dagegen um Reinstsubstanzen, die nur durch aufwendige Reinigungsschritte zu gewinnen gewesen wären.

2.2 Analytik

Die Bestimmung des Chemischen Sauerstoffbedarfs CSB erfolgte photometrisch mit Dr. Lange Küvettentests, wobei die eigentliche Oxidation weitgehend analog DIN 38 409 H 41 [4] geschieht.

Der gesamte organische Kohlenstoff (TOC) wurde mit einem Shimadzu Total Carbon Analyzer TOC 500 entsprechend der Vorschrift EN 1484 [5] bestimmt.

Die Durchsichtsfarbzahlen wurden in einem Perkin-Elmer UV/VIS-Spektrophotometer Lambda 5 mit Quarzglasküvetten der Schichtdicke 1 cm entsprechend der Vorschrift EN ISO 7887 [6] ermittelt.

Wasserstoffperoxid wurde photometrisch durch Umsetzung mit Titanylsulfat entsprechend der Vorschrift DIN 38 409 H15 [7] bestimmt.

Die Bestimmung von Eisen erfolgte photometrisch durch Umsetzung mit 1,10-Phenantrolin entsprechend der Vorschrift DIN 38 406 E1 [8].

2.3 Batchversuche

In Batchversuchen wurde jeweils 1 Liter der Modell- bzw. Realabwässer behandelt, indem mit Schwefelsäure ein pH von 2,0 eingestellt und eine für die vollständige Mineralisierung rein rechnerisch ausreichende Menge an Wasserstoffperoxid und Eisenionen im molaren Verhältnis von 10:1 zugegeben wurde. Die vollständige Umsetzung des Oxidationsmittels zeigt das Ende der Reaktion an. Nach anschließender Neutralisation wurde der Eisenhydroxidschlamm entweder für analytische Untersuchungen abfiltriert oder für die Versuche zum Wiedereinsatz in einem Scheidetrichter abgesetzt, von welchem aus er dem nächsten zu behandelnden Abwasser bei pH 2,0 zugefügt wurde. Die Zugabe von H_2O_2 startet den weiteren Versuch. Dieses Vorgehen wurde mehrmals wiederholt, so daß ein und dieselbe Katalysatorcharge für die Modellabwässer mit *Reaktiv Schwarz 5* dreimal, mit *Reaktiv Violett 33* achtmal und für ein reales Färbereimischabwasser fünfmal eingesetzt werden konnte.

2.4 Kontinuierliche Versuche in der Fenton-Labor-Anlage

Für den Übergang von den Batchversuchen zu Versuchen in der kontinuierlich laufenden Fenton-Labor-Anlage wurde eine technische Lösung für die Absetzung und Rückführung des Eisenschlamms entwickelt. Bild 1 zeigt das Schema der in der Arbeitsgruppe Angewandte Elektrochemie und Chemische Umwelttechnik entwickelten Fenton-Labor-Anlage. Zur bereits bestehenden Anlage, bei der sich der Ablauf direkt nach dem Neutralisationsgefäß befand, wurde nun ein sogenannter Lamellen-Schrägklärer konstruiert, an dessen schrägen Einsätzen der Eisenschlamm zurückgehalten wird und in den trichterförmigen Boden des Klärers rutscht, von dem aus er in den Prozess zurückgeführt werden kann. An der Oberkante des Schrägklärers läuft das behandelte, geklärte Abwasser ab und kann zur Analyse aufgefangen werden.

Der Durchfluß betrug bei allen Versuchen 1 L/h. Die Laufzeiten der Versuche wurden ausschließlich durch den jeweiligen Modellabwasservorrat begrenzt. Die Reaktionstemperatur wurde so gewählt, daß die H_2O_2-Konzentration im Ablauf der Anlage unterhalb der Bestim-

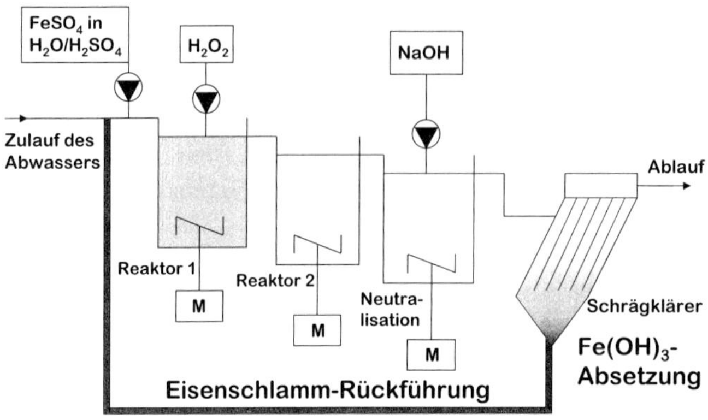

Bild 1. Schematische Darstellung der erweiterten Fenton-Labor-Anlage.

mungsgrenze von 3 mg/L lag. Die Rückführgeschwindigkeit des Eisenhydroxidschlamms wurde zunächst so eingestellt, daß die für die Fenton-Reaktion theoretisch benötigte Eisenionenmenge (molares Verhältnis $Fe:H_2O_2=1:10$) in den ersten Reaktor gelangte. Dazu wurde im Vorfeld der Gehalt an Eisen in der wäßrigen Schlammsuspension durch deren Aufschluß nach DIN 38 406 E1 bestimmt.

Zu Beginn eines jeden Versuchs wurde zunächst für einige Stunden mit Eisen(II)sulfat als Katalysator behandelt, um einen ausreichenden Vorrat an Eisen(III)hydroxid für die Eisen-Rückführung zu produzieren.

3 Ergebnisse und Diskussion

3.1 Einsatz verschiedener Katalysatoren

Die Untersuchungen zeigten, daß der Abbau von gefärbten Modellabwässern (z. B. Textilfarbstoff: *Reaktiv Schwarz 5*, Tabelle 1) nicht nur mit Eisen(II)sulfat als Katalysator für die Fenton-Reaktion funktioniert, sondern auch mit Eisen(III)sulfat, Eisen(III)chlorid oder frisch gefälltem Eisen(III)hydroxid. Die Farbigkeit, gemessen als Durchsichtsfarbzahl (DFZ) gemäß EN ISO 7887 bei 436 nm, 525 nm und 620 nm, wird bei allen diesen Wellenlängen um 100 %,

Tabelle 1. Einsatz verschiedener Eisensalze als Katalysator beim Fenton-Abbau von *Reaktiv Schwarz 5* (Farbstoffkonzentration: 620 mg/L) bei Raumtemperatur.

Abbau mit	Verminderung in % von		
H_2O_2/...	$DFZ_{436nm, 525nm, 620nm}$	CSB	TOC
$Fe^{II}SO_4$	100	86	64
$Fe^{III}(SO_4)_3$	100	76	41
$Fe^{III}Cl_3$	100	76	44
$Fe^{III}(OH)_3$	100	87	68

der CSB um bis zu 87 % sowie der TOC um bis zu 68 % verringert. Beim Abbau mit Eisen(III)hydroxid wurden die besten Ergebnisse erzielt, sogar bessere als mit Eisen(II)sulfat.

Bei der Verwendung von Fe(III)chlorid konnte eine Neubildung von 1,6 ppm AOX beobachtet werden.

3.2 Mehrmaliger Einsatz des Katalysators in Batchversuchen

Tabelle 2 zeigt die CSB-Abbauergebnisse nach mehrmaligem Einsatz des Katalysators im Vergleich zu den Ergebnissen, die durch den Abbau mit dem klassischen Fentons Reagenz erreicht wurden. Der hier erreichte höhere CSB-Abbau für *Reaktiv Schwarz 5* mit H_2O_2/Fe(II)-sulfat ist darauf zurückzuführen, daß im ersten Fall der Farbstoff in destilliertem Wasser gelöst und im zweiten Fall vergleichbar einer Textilfärbung in Leitungswasser angesetzt wurde.

Der Vergleich der beiden Katalysatorformen zeigt, daß durch Einsatz des Eisen(III)hydroxidschlamms oft bessere Ergebnisse erzielt werden als mit Eisen(II)sulfat. Vergleichbare Ergebnisse wurden auch für den TOC-Abbau beobachtet, der zwischen 79 und 91 % bei der Verwendung von Eisen(II)katalysator und zwischen 58 und 91 % bei der Verwendung von Eisen(III)katalysator lag.

Tabelle 2. CSB-Abbau durch Behandlung mit H_2O_2/Fe(II)sulfat und H_2O_2/Fe(III)hydroxidschlamm bei Raumtemperatur (*bzw. 55 °C) in Batchversuchen.

Abbau mit H_2O_2/...	CSB-Abbau in % Reaktiv Schwarz 5 CSB$_0$: 500 mg/L	Reaktiv Violett 33 CSB$_0$: 630 mg/L	reales Mischabwasser* CSB$_0$: 300 mg/L
Fe(II)	94	94	95
Fe(III)	97$^{(3)}$	95$^{(8)}$	96$^{(5)}$

$^{(3,5,8)}$ nach 3-, 5- bzw. 8maligem Einsatz des Eisenschlamms.

Für *Reaktiv Rot 159* wurde sowohl mit Eisen(II)- als auch mit Eisen(III)katalysator ein AOX-Abbau von 96 % und für *Reaktiv Violett 33* ein Abbau von 94 % beobachtet. Die Entfärbung verlief in allen Versuchen schnell und nahezu vollständig.

In der Versuchsreihe zum achtmaligen Wiedereinsatz des Eisenschlamms bei der Behandlung von *Reaktiv Violett 33* wurde nicht nur der Farbstoffabbau in der filtrierten Lösung gemessen, sondern auch der nach jedem Einsatz ausgefällte Eisenschlamm untersucht. Die Ergebnisse zeigen, daß der Eisenschlamm seine Katalysatorwirkung auch nach dem achten Mal noch nicht verloren hat. CSB und TOC nahmen sogar mit jedem weiteren Einsatz stärker ab und konnten um bis zu 99 % bzw. 95 % verringert werden (Bild 2).

Eine nicht unerhebliche Menge an CSB und TOC befand sich dabei im Eisenschlamm, wobei eine tendenzielle Anreicherung an Organik im Schlamm mit zunehmender Zahl an Wiedereinsätzen (Zyklen) nicht zu erkennen war (Bild 3). Das deutet darauf hin, daß die Organik, die mit dem Schlamm zurückgeführt wird, im nächsten Behandlungszyklus auch wieder abgebaut wird.

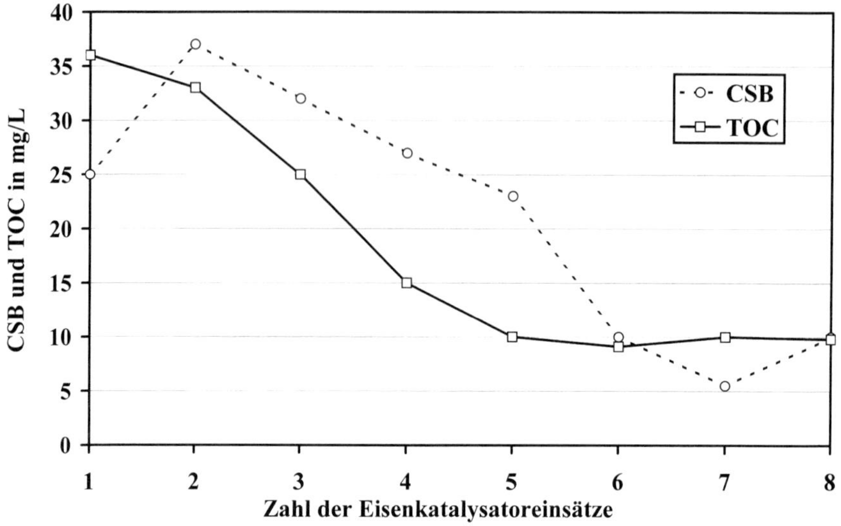

Bild 2. Abbauergebnisse der Filtrate beim 8maligen Wiedereinsatz des Eisenschlamms bei der Behandlung von *Reaktiv Violett 33* bei 35 °C in Batchversuchen (Ausgangswerte: CSB = 630 mg/L, TOC = 221 mg/L).

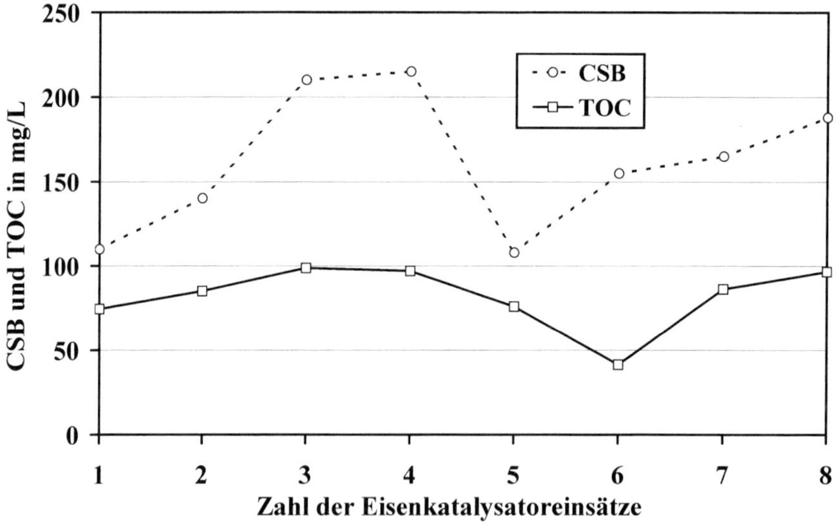

Bild 3. Untersuchung der Eisenschlämme nach jedem der 8 Einsätze bei der Behandlung von *Reaktiv Violett 33* bei 35 °C in Batchversuchen nach Rücklösung in H_2SO_4 und Auffüllen auf das dem Reaktionsvolumen entsprechenden Volumen (1L).

3.3 Kontinuierliche Versuche in der Fenton-Labor-Anlage

In der kontinuierlich laufenden Fenton-Labor-Anlage wurden die Textilfarbstoffe *Reaktiv Violett 33, Reaktiv Schwarz 5* und *Reaktiv Rot 159* behandelt.

Es zeigte sich, daß sich ein Teil des rückgeführten Schlamms trotz pH 1,9 im ersten Reaktor nicht wieder löst und sich auch gelöste Eisenkomplexe in den Reaktoren befinden, so daß bei der Behandlung von *Reaktiv Schwarz 5* und *Reaktiv Rot 159* nicht genügend freie Eisenionen für den Abbau zur Verfügung standen. Deshalb wurde bei diesen Versuchen entsprechend mehr Eisenschlamm zurückgeführt (Tabelle 3). Bei der Behandlung von *Reaktiv Violett 33* war keine höhere Rückführgeschwindigkeit erforderlich, da vermutlich die im Farbstoff enthaltenen Kupferionen neben den Eisenionen den Fenton-Abbau katalysierten [3].

Tabelle 3. Versuchsparameter und Ergebnisse bei der Behandlung der Modellabwässer.

Farbstoff	Laufzeit in h	Temperatur in °C	Rückführrate in mL/h	∅ CSB-Abbau in %	∅ TOC-Abbau in %	∅ Fe-Konz. im 1. Reaktor in ppm	Fe-Konz. im Ablauf in ppm
Reaktiv Schwarz 5	35	35	400	94	86	490	7–22
Reaktiv Rot 159	78	45	300	80	58	411	3–11
Reaktiv Violett 33	90	35	200	95	90	60	5–12

Ausgangswerte: Reaktiv Schwarz 5: c = 620 mg/L, CSB = 500 mg/L, TOC = 197 mg/L;
Reaktiv Rot 159: c = 800 mg/L, CSB = 550 mg/L, TOC = 195 mg/L;
Reaktiv Violett 33: c = 600 mg/L, CSB = 630 mg/L, TOC = 221 mg/L.

Für den Farbstoff *Reaktiv Violett 33* wurde beispielsweise der Eisenhydroxidschlamm mit einer Geschwindigkeit von 200 mL/h zurückgeführt. Die Fenton-Labor-Anlage konnte so 90 Stunden lang betrieben werden, ohne daß der rückgeführte Eisenschlamm an katalytischer Wirkung verloren hatte. Nach 90 Stunden hatte der Eisenschlamm, entsprechend der mittleren Verweilzeit über die gesamte Anlage, seinen 18. Zyklus beendet und der Versuch wurde abgebrochen. Die Ergebnisse des Ablaufs sind in Bild 4 gezeigt.

Daraus ist ersichtlich, daß der CSB-Abbau über die gesamte Betriebszeit der Anlage zwischen 91 und 97 % liegt und auch nach 90 Stunden noch mit bis zu 91 % beachtlich ist. Der TOC-Abbau verläuft nahezu proportional dem CSB-Abbau und liegt zwischen 86 und 95 %. Die Schwankungen der Werte kommen vermutlich daher, daß die Rückführung des Eisenschlamms nicht ganz gleichmäßig erfolgte. So sind zwischen 5 und 12 mg Eisenionen pro Liter und Stunde im Ablauf zu finden, die wahrscheinlich durch anhaftende Organik den CSB und TOC entsprechend der Ablaufkonzentration unterschiedlich stark erhöhen.

Tabelle 4 zeigt die Anzahl der Zyklen der Eisenschlammrückführung und die CSB-Werte der Eisenschlämme zu Beginn und am Ende der jeweiligen Versuche. Die unterschiedliche Zahl der Zyklen resultiert aus der Laufzeit des Gesamtversuchs und der im Schrägklärer vorgelegten Eisenschlammmenge. Vergleicht und bewertet man die Ergebnisse der Eisenschlammuntersuchungen nach der Behandlung von *Reaktiv Violett 33*, bei welcher der Eisen-

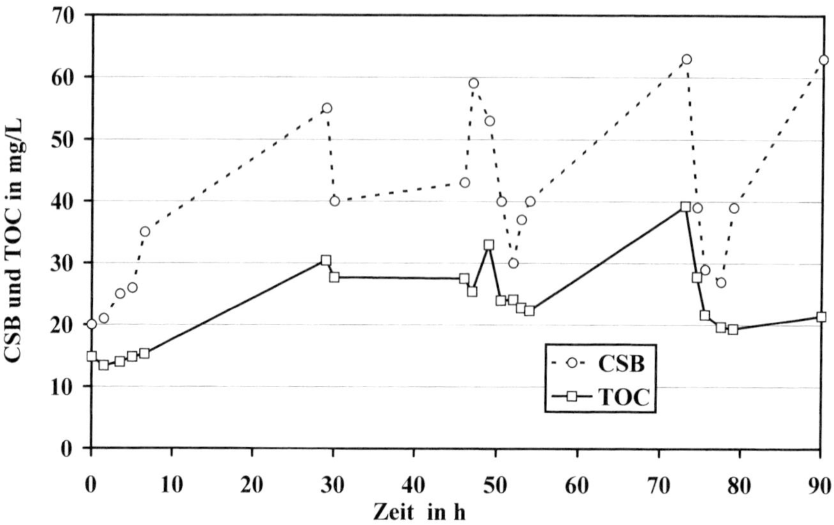

Bild 4. Ergebnisse bei der Behandlung von *Reaktiv Violett 33* bei 35 °C in der Fenton-Labor-Anlage mit rezykliertem Eisenschlamm (Ausgangswerte: CSB = 630 mg/L, TOC = 221 mg/L).

Tabelle 4. Rückführzyklen und CSB-Eintrag in den 1. Reaktor durch die rezyklierten Eisenschlämme in einer Betriebsstunde bzw. pro Liter Abwasser (Durchfluß = 1 L/h).

Farbstoff	Zyklen	CSB im rückgeführten Eisenschlamm in mg/h	
		zu Beginn	am Ende
Reaktiv Schwarz 5	5	640	510
Reaktiv Rot 159	5	1054	1140
Reaktiv Violett 33	18	400	616

schlamm die Anlage 18 mal durchlaufen hat, mit den anderen beiden Versuchen, in denen nur 5 Zyklen erfolgten, stellt man folgendes fest: Eine Anreicherung von Organik und damit CSB im Eisenschlamm nimmt, wenn sie überhaupt auftritt, keine dramatischen Ausmaße an. Sie ist aber, wie zu erwarten, von Abwasser zu Abwasser, in diesem Fall von Farbstoff zu Farbstoff verschieden. Während sich im gesamten Versuchszeitraum bei *Reaktiv Violett 33* der CSB im rückgeführten Eisenschlamm um 50 % und bei *Reaktiv Rot 159* um 8 % erhöht, nahm er bei *Reaktiv Schwarz 5* im Laufe der Zeit etwas ab, beobachtet wurden 20 %. In den Eisenhydroxidschlämmen kann eine gewisse Anreicherung von CSB durch anhaftende Organik bei der abschließenden Fällung oder auch durch organische Eisenkomplexe wohl nicht verhindert werden, jedoch deuten die durchschnittlichen CSB-Werte in den Abläufen (Tabelle 3), gleichsam den Filtrat-CSB-Werten der Batchversuche (Bild 2), darauf hin, daß der mit dem Eisenhydroxidschlamm zurückgeführte CSB in der Anlage wieder abgebaut wird. Dies wird besonders deutlich, wenn man sich vor Augen führt, welche Mengen an CSB innerhalb der gesamten Versuchszeit tatsächlich abgebaut werden und eben nicht nur als Fällungsprodukte aus dem Abwasser entfernt werden.

4 Ausblick

In den bisherigen Versuchen wurde die Grenze der katalytischen Aktivität des Eisenschlamms noch nicht erreicht. Entsprechende Langzeitversuche müssen zeigen, wie oft der Eisenschlamm rezykliert werden kann, ohne daß sich der Farb- bzw. Schadstoffabbau verschlechtert. In weiteren Versuchen werden reale Farbbad- und Mischabwässer kontinuierlich in der Fenton-Labor-Anlage mit Eisenschlammrückführung behandelt. Hinsichtlich des derzeit noch zu hohen Eisenaustrags muß die Abtrennung des Eisenkatalysators verbessert werden. Erste Untersuchungen zeigen, daß hier ein kleiner rückspülbarer Sandfilter ausreichen sollte. Zu den zu hohen Eisenkonzentrationen im Ablauf ist aber auch zu sagen, daß sich der Lamellen-Schrägklärer zwar prinzipiell nahezu beliebig auf Labormaßstab verkleinern läßt, im Gegensatz zu den bei der Neutralisation auftretenden Hydroxidflocken, deren Größe und Fällungseigenschaften von ganz anderen Faktoren beeinflußt werden. Als Fazit ist deshalb zu sagen, daß in diesem Fall durch eine weitgehend maßstabsgetreue Verkleinerung des Lamellen-Schrägklärers negative Effekte hinsichtlich des Eisenaustrags durch Mitreißen der Flocken in der Aufwärtsströmung der dann schon fast zu kleinen Kanäle auftreten. Diese sind dann in größeren Ausführungen sicherlich unproblematischer, so daß dann mit hoher Wahrscheinlichkeit auch kein Sandfilter mehr notwendig sein sollte.

Zu untersuchen ist sicherlich auch die Änderung des CSB-Gehaltes im Eisenschlamm über die Zahl der Zyklen, ebenso wie die Abhängigkeit des rückgeführten CSB von der im jeweiligen Versuch notwendigen Eisenschlammrückführgeschwindigkeit sowie der für die Reaktion jeweils notwendigen Menge an Eisenionen.

Danksagung

Wir bedanken uns bei der Deutschen Bundesstiftung Umwelt, die diese Forschungsarbeiten im Rahmen eines Promotionsstipendiums fördert.

Literatur

[1] Specht, O., Wurdack, I. u. Wabner, D.: Mehrstufige Pilotanlage zur oxidativen Abwasserbehandlung nach dem Fentox-Verfahren, Chemie Ingenieur Technik *6*, 724–728 (1996).

[2] Flaherty, K. A. u. Huang, C. P.: Batch and continuous flow applications of Fentons reagent and Fenton-like chemistry of refractory wastewaters, Chemical Oxidation – The Technology for the Nineties *3*, 112–133 (1994).

[3] Walling, Ch.: Fenton's Reagent Revisited, Acc. Chem. Res. *8*, 125–131(1975).

[4] DIN 38 409 H41: Bestimmung des Chemischen Sauerstoffbedarfs (CSB) im Bereich über 15 mg/L.

[5] EN 1484: Anleitung zur Bestimmung des gesamten organischen Kohlenstoffs (TOC) und des gelösten organischen Kohlenstoffs (DOC).

[6] EN ISO 7887: Bestimmung der Färbung.

[7] DIN 38 409 H15: Bestimmung von Wasserstoffperoxid und seinen Addukten.

[8] DIN 38 406 E1: Bestimmung von Eisen.

GETRIX: Entwicklung einer Software zur Beurteilung der Gewässerqualität auf Basis der Kosten der Trinkwasseraufbereitung

GETRIX: Development of a Software for the Evaluation of Water Quality on Basis of Drinking Water Treatment Costs

Hans-Joachim Mälzer, André Lerch**, Markus Gerlach***, Rolf Gimbel**,*, Steffen Stock***** und *Peter Chamoni*****

Schlagwörter

Gewässergüte, Trinkwasseraufbereitungskosten, Trinkwasserindex, Flusswasser, Software Programm

Summary

In a project financed by the German Ministry for Education and Research (BMBF) a prototype of a software programme was developed which can be used for the evaluation of river water quality on basis of drinking water treatment costs. By this software the necessary treatment process with the lowest costs is automatically selected and the total costs for the treatment process within a given range of operation time is calculated. Dividing these total costs for the complete necessary treatment process by the total costs for the natural process of bank filtration a number results which characterizes the suitability of river water for drinking water treatment. This number can be used as an index-number to assess the pollution of a river by compounds which can be removed in drinking water treatment by technical processes only.

Zusammenfassung

Zur Beurteilung der Gewässerqualität anhand der Kosten, die für die Aufbereitung eines Flusswassers zu Trinkwasser anfallen würden, wurde im Rahmen eines vom Bundesministerium für Bildung und Forschung (BMBF) geförderten Forschungsvorhabens ein Prototyp eines Berechnungsprogramms erstellt. Mittels dieses Berechnungsprogramms kann gemäß der Flusswasserqualität automatisch das kostengünstigste Aufbereitungsverfahren ermittelt und die Gesamtkosten der Trinkwasseraufbereitung über einen vom Nutzer anzugebenden Betrachtungszeitraum berechnet werden. Bezieht man diese Kosten auf die Kosten, die bei alleiniger Anwendung des natürlichen Verfahrens der Uferfiltration anfallen würden, so erhält man eine Bewertungszahl, die ein Maß für die Eignung des Flusswassers zur Trinkwasseraufbereitung darstellt bzw. als Index für die Belastung eines Gewässers durch Schadstoffe angesehen werden kann, die ein apparatives Aufbereitungsverfahren erforderlich machen.

* Dr.-Ing. H.-J. Mälzer und Prof. Dr.-Ing. R. Gimbel, IWW Rheinisch-Westfälisches Institut für Wasserforschung gGmbH, Moritzstr. 26, D 45476 Mülheim a. d. R.

** Dipl.-Ing. A. Lerch und Prof. Dr.-Ing. R. Gimbel, Gerhard-Mercator-Universität Duisburg, FB Maschinenbau, FG Verfahrenstechnik/Wassertechnik, Bismarckstr. 90, D 47057 Duisburg.

*** Dr.-Ing. M. Gerlach, Passavant Roediger Anlagenbau GmbH, Kinzigheimer Weg 104–106, D 63450 Hanau.

**** Dipl.-Kfm. S. Stock und Prof. Dr. rer. oec. P. Chamoni, Gerhard-Mercator-Universität Duisburg, FB Wirtschaftswissenschaften, FG Wirtschaftsinformatik und Operations Research, Lotharstr. 65, D 47048 Duisburg.

1 Einführung

Ein integratives Management der Wasserressourcen, wie es z. B. in der EU-Wasserrahmenrichtlinie zum Ausdruck kommt, erfordert eine übergreifende Betrachtung sowohl der Wassermengen als auch der Gewässerqualität. Zur Zeit existiert jedoch kein allgemeingültiges Klassifizierungssystem zur Bewertung der Gewässerqualität im Hinblick auf die Trinkwasseraufbereitung. Somit fehlt auch die Basis für eine umfassende Beurteilung der Gewässerqualität und deren zeitliche und räumliche Entwicklung hinsichtlich der Auswirkungen auf die Kosten der Trinkwasseraufbereitung, speziell auch bei der Aufbereitung von Oberflächenwässern. Um diese Lücke zu schließen, wurde im Rahmen des vom BMBF geförderten Forschungsvorhabens „Entwicklung eines Systems zur Bewertung der Gewässergüte nach einem Trinkwasserindex (GETRIX), Föderkennzeichen 02WT9633/1“ [1] ein System zur ökonomischen Bewertung der Qualität von Fliessgewässern entwickelt, die zur Trinkwasseraufbereitung genutzt werden können. Dieses Bewertungssystem erlaubt eine Bewertung der Gewässergüte nach dem Trinkwasserindex auf der Basis der Kosten, die infolge der Gewässerbelastung mit Schad- oder Störstoffen bei der Trinkwasseraufbereitung entstehen. Mittels des Bewertungssystems GETRIX wird somit ein Index für einen betrachteten Gewässerstandort ermittelt, der die Aufbereitungskosten in einem Wasserwerk mit verschiedenen apparativen Aufbereitungsverfahren als Vielfaches der Kosten wiedergibt, die bei ausschließlicher Anwendung natürlicher Aufbereitungsverfahren (z. B. Uferfiltration) entstünden. Dabei werden sowohl Investitions- als auch Betriebskosten berücksichtigt.

2 Aufbau und Funktionsweise des GETRIX-Programms

Nach Analyse der produktionsspezifischen, wirtschaftlichen und verfahrenstechnischen Zusammenhänge wurde ein Softwaresystem entwickelt und implementiert, das die Erfassung und Verwaltung von standortspezifischen Daten der Rohwasserqualität, physikalisch-chemische Eigenschaften von Einzelstoffen und Stoffgruppen, die gängigen Aufbereitungsverfahren zur Trinkwasseraufbereitung und deren Investitions- und Betriebskosten erlaubt und durch deren Verknüpfung im Rahmen eines Berechnungsalgorithmus der Trinkwasserindex ermittelt werden kann. Hierbei werden sowohl die Parameter der Trinkwasserverordnung, als auch zusätzliche Summen- und Gruppenparameter sowie Einzelstoffe von allgemeinem Interesse bei der Trinkwasseraufbereitung mit berücksichtigt, wobei die Parameterliste durch den Nutzer bei Bedarf erweitert und verändert werden kann. Die Investitions- und Betriebskosten werden derzeit im Rahmen einer vom Deutschen Verein des Gas- und Wasserfaches e.V. (DVGW) geförderten Studie zur Erfassung der Kosten für Verfahren zur Trinkwasseraufbereitung durch eine Umfrage bei ausgewählten Ingenieurbüros, Anlagenbauern und Wasserwerken ermittelt und werden in das bestehende Softwaresystem integriert. In dem im Rahmen des BMBF-Forschungsvorhabens entwickelten Prototypen des GETRIX-Programms sind die Grundverfahren Uferfiltration, Be- und Entgasung, Enteisenungsfiltration, Flockungsfiltration und Aktivkohleadsorption (Kornkohleadsorber) implementiert und die Einbindung weiterer Verfahren wie z. B. Ozonung, Flockung und Desinfektion bereits vorgesehen. Durch den modularen Aufbau können zusätzliche Verfahren flexibel ergänzt werden.

Der Trinkwasserindex ist wie folgt definiert:

$$Trinkwasserindex = \frac{Kosten\ der\ gesamten\ Trinkwasseraufbereitung}{Kosten\ des\ natürlichen\ Aufbereitungsverfahrens}$$

Der Trinkwasserindex ist somit

- standortspezifisch, da er nur für einen ausgewählten Standort an einem Fließgewässer gültig ist.
- landesspezifisch, da er die Anforderungen an die Trinkwasserqualität und die Aufbereitungskosten im jeweiligen Anwendungsland berücksichtigt.
- durchsatzspezifisch, da er die Ausbaugröße des Wasserwerks berücksichtigt.
- anwenderunabhängig, da er anhand eines Algorithmus automatisch ermittelt wird.

Um eine Vergleichbarkeit zwischen verschiedenen Standorten oder Fließgewässern zu gewährleisten, ist es angeraten, für einige Verfahren, wie z. B. für die Uferfiltration, Standardbedingungen hinsichtlich der Anordnung der Entnahmebrunnen und der Aquifereigenschaften zu Grunde zu legen. Im Rahmen der standortspezifischen Angaben muss der Nutzer auch festlegen, für welchen mittleren und maximalen Durchsatz eines Wasserwerkes die Berechnung des Trinkwasserindex erfolgen soll.

In Getrix sind die Parameter der deutschen Trinkwasserverordnung sowie zusätzlich noch Summen- und Gruppenparameter sowie Einzelstoffe von allgemeinem Interesse berücksichtigt. Die einzelnen Parameter werden zu Stoffgruppen zusammengefasst, die Parameter ähnlicher Bedeutung oder Entfernbarkeit durch gewisse Aufbereitungsverfahren beinhalten. In Tabelle 1 sind Beispiele derartiger Stoffgruppen aufgeführt. Für diejenigen Parameter, die bei der Berechnung des Trinkwasserindex berücksichtigt werden sollen, muss der Nutzer die maximalen und die im Mittel auftretenden Konzentrationen möglichst als repräsentative Konzentrationen [2,3] angeben.

Der Nutzer kann weiterhin Eigenschaften (sog. verfahrenstechnische Modellparameter) für einzelne Parameter angeben, wie bspw. Wasserlöslichkeit, Halbwertszeiten des biologischen Abbaus und die Parameter der Freundlichisothermen zur Beschreibung des Adsorptionsverhaltens an Aktivkohle. Diese werden in einer Datenbank abgelegt und stehen für weitere nachfolgende Berechnungen zur Verfügung. Zusammen mit den Eigenschaften muss der Nutzer auch angeben, für welches Wasser diese Werte ermittelt wurden (z. B. bidestilliertes Wasser, Flusswasser, Probenahmestelle am Fluss usw.). Ein Bewertungsalgorithmus wählt aus den vorhandenen Werten diejenigen aus, die dem zu bewertenden Gewässer am nächsten kommen. Vorzugsweise werden, falls vorhanden, Werte ausgewählt, die am betrachteten Gewässer und an der betrachteten Probenahmestelle ermittelt wurden. Liegen diese Werte nicht vor, so werden Werte gewählt, die an diesem Gewässer, jedoch von einer anderen Probenahmestelle ermittelt wurden oder Werte, die an einem anderen Gewässer ermittelt wurden. Mit der geringsten Präferenz werden Werte ausgewählt, die mit bidestilliertem Wasser ermittelt oder aus geeigneten Mess- oder Literaturwerten berechnet wurden.

Weiterhin muss der Nutzer ein sogenanntes Trinkwasserszenario, d. h. die maximalen Konzentrationen bzw. Parameterwerte festlegen, die im aufbereiteten Trinkwasser höchstens enthalten sein dürfen. In einem sogenannten Abschreibungsszenario muss der Nutzer weiterhin den Betrachtungszeitraum angeben, über den das Wasserwerk betrieben werden soll und die Nutzungsdauer einzelner Anlagenteile sowie die während des Betrachtungszeitraums anzunehmenden Werte für die Preissteigerung und den Kalkulationszinssatz benennen.

Tabelle 1. Beispiele für Stoffgruppen und darin zusammengefasste Parameter.

Stoffgruppe	Parameter
SENSOR	Färbung (SAK 436)
	Geruch 12 °C
	Geruch 15 °C
PARTIKEL	Trübung
	Schwebstoffgehalt
	Sinkstoffgehalt
FERRUM	Eisen
	Mangan
GAS	Sauerstoff
	Stickstoff
	Schwefelwasserstoff
	Ozon
	Chlor
	Chlordioxid
ORGA-SUM	DOC
	AOX
XENO-BIO	biologisch abbaubare Xenobiotika
XENO-OX	chemisch oxidierbare Xenobiotika
XENO-ADS	an Aktivkohle adsorbierbare Xenobiotika
XENO-BIOOX	biologisch abbaubare und oxidierbare Xenobiotika
XENO-BIOADS	biologisch abbaubare und adsorbierbare Xenobiotika
XENO-OXADS	oxidierbare und adsorbierbare Xenobiotika
XENO-BIOOXADS	biologisch abbaubare, oxidierbare und adsorbierbare Xenobiotika
FÄKAL-MO	*E. Coli*

Für die Aufbereitung des Flusswassers stehen verschiedene sog. Grundverfahren zur Verfügung wie z. B. Uferfiltration, Be- und Entgasung, Enteisenungsfiltration, Flockungsfiltration und Aktivkohleadsorption. Innerhalb eines Grundverfahrens kann ggf. weiterhin zwischen verschiedenen Verfahrensvarianten unterschieden werden. So kann die Be- und Entgasung z. B. mit Füllkörperkolonnen, Profilblockkolonnen oder mit Wellbahnkolonnen betrieben werden und die Filtrationsverfahren können mit offenen oder geschlossenen Filtern durchgeführt werden.

Zur Berechnung eines Trinkwasserindex besteht die Möglichkeit, ein fertiges Verfahrenskonzept bestehend aus der Abfolge bekannter Verfahrensvarianten vorzugeben oder geeignete Verfahrenskonzepte automatisch durch das Programm erstellen zu lassen.

Kernstücke des Algorithmus zur automatischen Erstellung eines Aufbereitungskonzeptes sind die sogenannte Verfahrenswahlmatrix, die Verfahrensstörmatrix und die Verfahrenszielmatrix, die im Folgenden näher erläutert werden.

Die Verfahrenswahlmatrix enthält alle Grundverfahren und alle Stoffgruppen. Tabelle 2 zeigt einen Auszug aus der Verfahrenswahlmatrix.

Die Zellen des Wertebereichs der Verfahrenswahlmatrix enthalten sogenannte Eignungszahlen, die wiedergeben, in wieweit sich ein Verfahren zur Entfernung der innerhalb einer Stoffgruppe enthaltenen Parameter eignet. So werden diejenigen Grundverfahren, die einen

Tabelle 2. Auszug aus der Verfahrenswahlmatrix.

Stoffgruppen	Grundverfahren				
	Uferfiltration	Be- und Entgasung	Enteisungsfiltration	Flockungsfiltration	Aktivkohleadsorption
SENSOR	1	1	0	0	0
PARTIKEL	1	0	0	1	0
FERRUM	0	0	1	0	0
GAS	0	1	0	0	0
ORGA-SUM	1	0	0	1	1
XENO-BIO	1	0	0	0	0
XENO-OX	1	0	0	0	0
XENO-ADS	0	0	0	0	1
XENO-BIOOX	1	0	0	0	0
XENO-BIOADS	1	0	0	0	1
XENO-OXADS	0	0	0	0	1
XENO-BIOOXADS	1	0	0	0	1
FÄKAL-MO	1	0	0	1	0

positiven Aufbereitungseffekt gegenüber einer Stoffgruppe bewirken, mit einer 1 belegt und diejenigen Verfahren die einen negativen Effekt bewirken, mit dem Wert −1. Grundverfahren, die keinen Effekt auf die Parameter innerhalb einer Stoffgruppe ausweisen, werden mit dem Wert 0 belegt.

Die Verfahrensstörmatrix ist wie die Verfahrenswahlmatrix aufgebaut. Tabelle 3 zeigt einen Auszug aus der Verfahrensstörmatrix.

In den Zellen des Wertebereichs der Verfahrensstörmatrix sind sogenannte Störungszahlen enthalten. Diejenigen Verfahren, die durch das Vorhandensein von Stoffen aus den jeweiligen

Tabelle 3. Auszug aus der Verfahrensstörmatrix.

Stoffgruppen	Grundverfahren				
	Uferfiltration	Be- und Entgasung	Enteisungsfiltration	Flockungsfiltration	Aktivkohleadsorption
SENSOR	0	0	0	0	0
PARTIKEL	0	0	0	0	1
FERRUM	0	0	0	0	1
GAS	0	0	0	0	0
ORGA-SUM	0	0	0	0	0
XENO-BIO	0	0	0	0	0
XENO-OX	0	0	0	0	0
XENO-ADS	0	0	0	0	0
XENO-BIOOX	0	0	0	0	0
XENO-BIOADS	0	0	0	0	0
XENO-OXADS	0	0	0	0	0
XENO-BIOOXADS	0	0	0	0	0
FÄKAL-MO	0	0	0	0	0

Gruppen in ihrer Funktion gestört werden, werden im Wertebereich mit dem Wert 1 belegt. So wird beispielsweise die Aktivkohlefiltration durch partikuläre Stoffe gestört, falls diese nicht ausreichend vorher aus dem Wasser entfernt wurden.

Die Verfahrenszielmatrix enthält alle implementierten Parameter und Verfahrensvarianten. Erst im Verlauf der automatischen Erstellung von möglichen Aufbereitungskonzepten werden die Wertebereiche innerhalb der Verfahrenszielmatrix mit Werten belegt. In den Wertebereich im Kopf der Matrix wird die Nummer des aktuellen Verfahrenskonzeptes geschrieben unter der an anderer Stelle die Reihenfolge der bereits ausgewählten Verfahrensvarianten innerhalb des Verfahrenskonzeptes abgespeichert ist. Während die Verfahrenszielmatrix und die Verfahrensstörmatrix vom Systementwickler mit Eignungs- bzw. Störungszahlen gefüllt werden müssen und im weiteren Programmablauf nicht verändert werden, wird die Verfahrenszielmatrix im Verlauf der automatischen Auswahl eines Verfahrenskonzeptes immer wieder aufgerufen und gemäß der automatisch gewählten Verfahrensvarianten aktualisiert. In den unteren Teil des Wertebereichs werden für die einzelnen Parameter die Differenzen zwischen Ablaufkonzentration der jeweiligen Verfahrensvariante und dem Zielwert gemäß dem gewählten Aufbereitungsszenario geschrieben. Der untere Teil des Wertebereichs enthält somit die Konzentrationsdifferenzen zwischen Ablauf einer Aufbereitungsstufe und dem gewünschten Konzentrationswert im Trinkwasser. Ist der Wert nach einer Verfahrensvariante kleiner oder gleich 0, so ist für diesen Parameter die im Aufbereitungsszenario festgelegte Trinkwasserqualität erreicht. Ist nach einer Aufbereitungsstufe für alle Parameter die Trinkwasserqualität erreicht, so ist das Verfahrenskonzept abgeschlossen. Tabelle 4 zeigt einen Auszug aus einer möglichen Verfahrenszielmatrix für ein abgeschlossenes Verfahrenskonzept.

Der Programmablauf bei der automatischen Wahl eines Aufbereitungsverfahrens folgt dem in Bild 1 dargestellten Flussdiagramm. Nach Eingabe der Standortdaten, der Flusswasserkonzentrationen am betrachteten Standort und Angabe des Trinkwasser- und Abschreibungsszenarios wird im Rahmen der automatischen Erstellung der Verfahrenskonzepte grundsätzlich als erstes Verfahren das Grundverfahren Dargebot ausgewählt, für das keine Verfahrensvarianten existieren. Da das Dargebot keine Aufbereitungsstufe im eigentlichen Sinne darstellt, erfolgen bei der verfahrenstechnisch optimalen Auslegung keine Berechnungen und es werden direkt für die Parameter, für die der Nutzer Konzentrationswerte im Flusswasser angegeben hat, die Konzentrationsdifferenzen zur gewünschten Trinkwasserqualität ermittelt und unter Dargebot in den Wertebereich der Verfahrenszielmatrix geschrieben. Sollte das

Tabelle 4. Auszug aus einer möglichen Verfahrenszielmatrix für ein abgeschlossenes Verfahrenskonzept.

Nummer des Aufbereitungs-konzeptes	1 Dargebot	Ufer-filtration	Flockungs-filtration offene Filter	Flockungs-filtration geschlos-sene Filter	Aktivkohle-adsorption offene Filter	Aktivkohle-adsorption geschlossene Filter
Trübung in FNU	9,5	0,5	0		0	
DOC in mg/l	2	1,5	1		0	
E. Coli in 1/100 ml	1000	10	0		0	

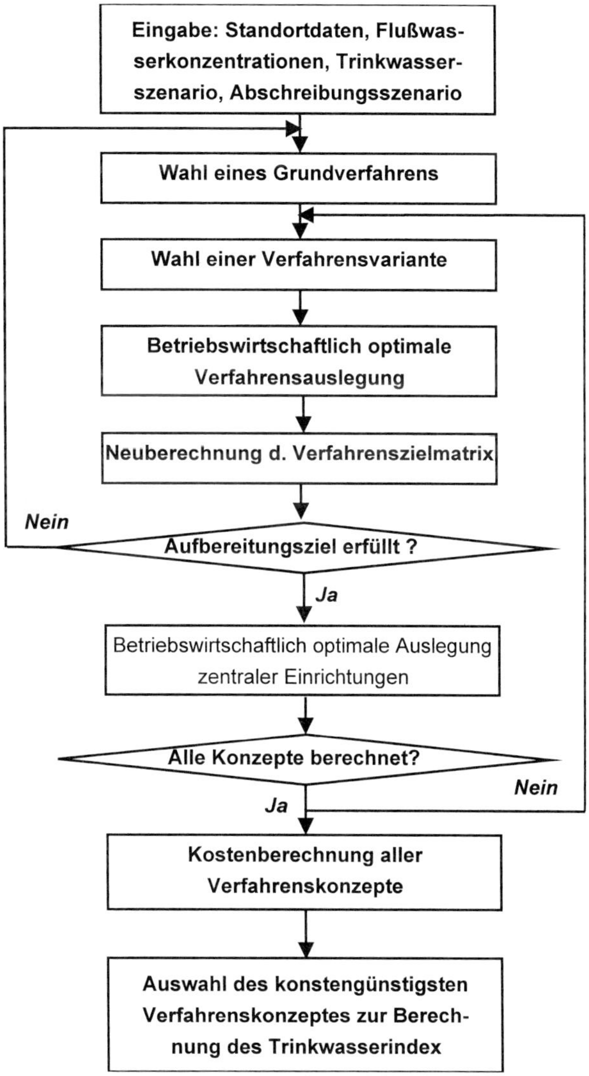

Bild 1. Flussdiagramm zum generellen Programmablauf bei der Berechnung des Trinkwasserindex.

Flusswasser nicht der erforderlichen Trinkwasserqualität entsprechen, so wird automatisch ein nachfolgendes Grundverfahren ausgewählt.

Hierzu wird anhand der Verfahrenszielmatrix ermittelt, für welche Parameter ein Aufbereitungsbedarf besteht, d. h. sich im Wertebereich ein Zahlenwert größer als Null befindet. Dieser Aufbereitungsbedarf wird als nächstes der gesamten Stoffgruppe zugeschrieben, zu der der betreffende Parameter gehört (vgl. Tabelle 1). Weiterhin können nur diejenigen Grundverfahren ermittelt werden, die noch nicht im aktuellen Aufbereitungskonzept ausgewählt wurden. Aus diesen noch nicht ausgewählten Grundverfahren werden weiterhin nur diejenigen Grundverfahren ausgewählt, die nicht durch eine Stoffgruppe, für die ein Aufbereitungsbedarf besteht, gestört werden, d. h. deren Störzahl 0 ist. Schließlich werden die Eignungszahlen der verbliebenen ausgewählten Grundverfahren zu einer Bewertungszahl addiert.

Grundverfahren können aus folgenden Gründen eine Bewertungszahl kleiner oder gleich 0 erhalten:

1. Weil das Verfahren der Entfernung anderer Stoffgruppen entgegenwirkt.
2. Weil das Grundverfahren zwar zur Entfernung gewisser Stoffgruppen geeignet sein könnte, aber durch das Vorhandensein bestimmter Wasserinhaltsstoffe gestört wird.
3. Weil das Grundverfahren schon einmal in diesem Verfahrenskonzept ausgewählt wurde.
4. Weil für das entsprechende Grundverfahren noch nicht die Wirksamkeiten bezüglich der Entfernung der einzelnen Stoffgruppen festgelegt worden sind (einige Grundverfahren wurden in der Entwicklungsphase des Programms zwar angelegt aber noch nicht implementiert).

Bei der nun folgenden automatischen Auswahl des Grundverfahrens werden nur Grundverfahren mit positiver Bewertungszahl berücksichtigt. Der Nutzer hat weiterhin die Möglichkeit, die Anzahl der auszuwählenden Grundverfahren durch die Angabe eines Restriktionsniveaus zu beeinflussen. Wird das höchste Restriktionsniveau angegeben, so wird lediglich das Verfahren mit der höchsten resultierenden Bewertungszahl ausgewählt. Das niedrigste Restriktionsniveau führt zur Auswahl aller Verfahren mit positiver resultierenden Bewertungszahl. Erhalten mehrere Grundverfahren dieselbe höchste resultierende Bewertungszahl oder kommen aufgrund der Wahl des Restriktionsniveaus mehrere Verfahren mit unterschiedlicher positiver resultierender Bewertungszahl als nächstes Grundverfahren in Frage, so verzweigt an dieser Stelle der Auswahlalgorithmus das Verfahrenskonzept, was zur Ausbildung eines sogenannten Entscheidungsbaumes führt, wie es schematisch in Tabelle 5 dargestellt ist. Der Entscheidungsbaum beinhaltet alle automatisch ausgewählten Verfahrenskonzepte.

Ausgehend vom Dargebot (d. h. vom Rohwasser) wurde in dem in Tabelle 5 aufgeführten Beispiel die Uferfiltration als erstes Grundverfahren ausgewählt. Im folgenden Ablauf wurden die Flockungsfiltration und die Aktivkohleadsorption als gleichermaßen geeignet eingestuft und der Entscheidungsbaum verzweigt sich an dieser Stelle. Während die Aktivkohleadsorption bereits zur gewünschten Trinkwasserqualität führt, besteht nach der Flockungsfiltration noch weiterer Aufbereitungsbedarf, was zur Wahl der Aktivkohleadsorption führt.

Tabelle 5. Schematische Darstellung eines Beispiels für die Bildung eines Entscheidungsbaumes.

Dargebot Uferfiltration	
Flockungsfiltration Aktivkohleadsorption	Aktivkohleadsorption

Aus dem in Tabelle 5 gezeigten Beispiel eines Entscheidungsbaumes würden sich die in Tabelle 6 aufgeführten Verfahrenskonzepte ergeben.

Für ein ausgewähltes Grundverfahren wird gemäß dem in Bild 1 dargestellten Flussdiagramm die am besten geeignete bzw. kostengünstigste Verfahrensvariante ausgewählt und

Tabelle 6. Aus dem in Tabelle 5 dargestellten Entscheidungsbaum resultierende Verfahrenskonzepte.

Verfahrenskonzept 1	Verfahrenskonzept 2
Dargebot	Dargebot
Uferfiltration	Uferfiltration
Flockungsfiltration	Aktivkohleadsorption
Aktivkohleadsorption	

für den maximal zu erwartenden Durchsatz ausgelegt, d. h. die Abmessungen der Apparate und Bauteile bestimmt. Diese Vorgehensweise impliziert, dass jedes Verfahren so ausgelegt wird, dass das zugehörige Aufbereitungsziel bezüglich der in der Verfahrenswahlmatrix für dieses Verfahren festgelegten Einzelstoffe bzw. Stoffgruppen erreicht wird. Die automatische Auslegung der Verfahren orientiert sich dabei an den vom Nutzer angegebenen maximalen Konzentrationen im Flusswasser sowie am maximalen Durchsatz des Wasserwerks. Weiterhin sorgen Restriktionen dafür, dass unsinnige Dimensionierungen oder Betriebszustände vermieden werden. Nach erfolgter Auslegung eines Verfahrens werden die Konzentrationen der Wasserinhaltsstoffe im Ablauf der Stufe berechnet. Sollte das Aufbereitungsziel für alle Parameter noch nicht erreicht sein, so wird automatisch anhand der Verfahrenswahlmatrix ein weiteres Aufbereitungsverfahren ausgewählt, das dem bereits bestehenden Verfahren nachgeschaltet wird. Sollten hierbei wiederum verschiedene Verfahren in Frage kommen, so resultieren daraus weitere Verfahrenskonzepte. Ergibt die Berechnung der Verfahrenszielmatrix am Ende eines Verfahrens, dass die Konzentrationen aller Wasserinhaltsstoffe unterhalb der in den Aufbereitungszielen festgelegten Konzentrationen liegen, so kann die automatische Auslegung von ggf. erforderlichen zentralen Einrichtungen (z. B. Pumpstation, Trinkwasserspeicher, Werkstatt, Labor, usw.) erfolgen, was in der derzeitigen Programmversion zwar bereits vorgesehen ist, jedoch noch nicht als funktioneller Programmteil implementiert wurde. Nach Auslegung der zentralen Einheiten ist die Auslegung eines Verfahrenskonzeptes beendet. Sollten im Verlauf der Verfahrenswahl mehrere Verfahrenskonzepte angelegt worden sein, so werden analog zur geschilderten Vorgehensweise alle Verfahrenskonzepte ausgelegt. Abschließend erfolgt die Berechnung der Investitionskosten für die anhand der maximalen Flusswasserkonzentrationen ausgelegten Verfahrenskonzepte sowie die Berechnung der Betriebskosten für die im Mittel im Flusswasser vorliegenden Stoffkonzentrationen. Weiterhin werden bei der Berechnung der Kosten die vom Nutzer im Rahmen des Abschreibungsszenarios angegebenen Werte des Betrachtungszeitraums, über den das Wasserwerk betrieben werden soll, des Kalkulationszinssatzes und der Preissteigerung sowie der Nutzungsdauer der einzelnen Anlagenkomponenten berücksichtigt. Das Verfahrenskonzept mit den geringsten Gesamtkosten für den Betrachtungszeitraum wird schließlich zur Berechnung des Trinkwasserindex ausgewählt.

3 Ausblick

Im Rahmen des Forschungsvorhabens wurde zunächst eine Reihe wichtiger Grundverfahren im Prototypen des GETRIX-Programms implementiert. Für eine Weiterentwicklung des Programms und damit generelle Anwendbarkeit des Systems ist eine Erweiterung der Grundverfahren insbesondere um die Verfahren der Oxidation, Flockung und Desinfektion anzustreben. Weiterhin mussten für die automatische Verfahrensauslegung z. T. starke Vereinfachungen zur Beschreibung der biologischen und physikalisch-chemischen Prozesse angenommen werden, die im Verlaufe einer Weiterentwicklung einer differenzierteren Betrachtung unterzogen werden sollten. Dies trifft ebenfalls auf die Berechnung der Kosten der Anlagenteile und Betriebsmittel zu, wobei hierzu die noch ausstehenden Untersuchungsergebnisse aus der bereits erwähnten DVGW-Studie zur Erfassung der Kosten für Verfahren zur Trinkwasseraufbereitung einen wesentlichen Beitrag leisten können. Nach erfolgter Weiterentwicklung des Prototypen wird schließlich noch die Aufgabe bestehen, das GETRIX-Programm anhand von mittleren und maximalen repräsentativen Konzentrationen ausgewählter Parameter, die an verschiedenen Fließgewässern ermittelt wurden, zu validieren.

Danksagung

Die Autoren danken Herrn Dipl.-Ing. Peter Berg, Herrn Dr.-Ing. Ralph Hobby, Frau Dipl.-Ing. Anja Rohn, Herrn Christian Berns und Herrn Andreas Laroche für die Mitarbeit bei der Entwicklung des GETRIX-Programms sowie dem Projekträger Wassertechnologie beim BMBF für die finanzielle Förderung.

Literatur

[1] Gimbel, R. u. Chamoni, P.: Entwicklung eines Systems zur Bewertung der Gewässergüte nach einem Trinkwasserindex (GETRIX). Abschlußbericht zum BMBF-Forschungsvorhaben 02WT9633/1. Gerhard-Mercator-Universität Duisburg 2000.

[2] Gimbel, R.; Gerlach, M.; Nahrstedt, A.; Rohn, A: Zur Aussagefähigkeit und Bewertbarkeit der Analysenbefunde von Fließgewässern. Vom Wasser *88*, 13–32 (1997).

[3] Gerlach, M.: Zur Bedeutung von Huminstoffen bei der Trinkwassergewinnung aus Uferfiltrat. Gewässerschutz Wasser Abwasser *172*, 39/1–39/1 (1999).

Quantifizierung des kolloidalen Transportpfades in Labor- und Feldexperimenten

Quantification of the Colloidal Transport Through Laboratory and Field Experiments

*Thomas Baumann**, *Norbert Huber***, *Stefan Müller** und *Reinhard Nießner**

Schlagworte

Grundwasser, Kolloide, Grundwasserkontamination, Schadstoffausbreitung, Arsen, Chrom, Nickel, PCP, Pyren

Summary

The mass transfer of groundwater contaminants with colloids is of major importance for groundwater protection. During the presented research project the mass transfer for As, Ni, Cr, PCP, and pyrene was quantified under natural conditions at flow distances ranging from 0.2 m (lab scale) to 200 m (field scale). The results indicate that for the given aquifers the colloidal transport pathway, which had a mean fraction of 15 % by mass, is of minor impact but should not be neglected.

Zusammenfassung

Der an Kolloiden stattfindende Massentransfer von Kontaminanten ist von wesentlicher Bedeutung für den Grundwasserschutz. Im Rahmen des vorgestellten Projekt wurde dieser Massentransfer für die Schwermetallionen As, Cr, Ni, sowie für PCP und Pyren auf Fließstrecken von 0,2 m (Labormaßstab) bis 200 m (Feldmaßstab) unter natürlichen Bedingungen quantifiziert. Die Ergebnisse zeigen, dass der kolloidale Transportpfad mit einem Massenanteil von durchschnittlich 15 % für diese Schadstoffe in diesen porösen Grundwasserleitern in der Regel gering ausfällt, aber nicht vernachlässigt werden darf.

1 Hintergrund

Vor 10 Jahren stand bei der Betrachtung kolloidaler Transportprozesse im Untergrund die reine Mobilität der Kolloide und der möglicherweise daran gebundenen Schadstoffe, ungeachtet des tatsächlichen Massentransfers, im Vordergrund [1]. Trotz vielfältiger Aktivitäten, die dabei wirksamen Prozesse zu verstehen, zu simulieren und zu skalieren, ist die Übertragung von Labordaten in den Feldmaßstab und die Entwicklung quantitativer Szenarien des kolloidalen Transports noch schwer bis unmöglich [2–5]. In der praktischen Auswirkung stellt

* Dr. Thomas Baumann, Tel.: +49 89 70 95-79 93, thomas.baumann@ch.tum.de, Dr. Stefan Müller, stef.mue@gmx.de, o. Univ.-Prof. Reinhard Nießner, reinhard.niessner@ch.tum.de. Institut für Wasserchemie, Technische Universität München, Marchioninistr. 17, D-81377 München.
** Dr. Norbert Huber, jetzt: Materna GmbH, D-81669 München, norbert.huber@m.materna.de.

sich mehr und mehr die Frage nach der Relevanz kolloidaler Transportprozesse für gängige Kontaminanten, d. h., müssen die Kolloide für die Abschätzung des Gefährdungspotentials von Deponien, Altlasten, Altstandorten oder anderen Schadensfällen berücksichtigt werden?

Für den kolloidalen Stofftransport sind zwei wesentliche Transportszenarien vorstellbar: Erstens können Kolloide dann den Transport von Schadstoffen beschleunigen, wenn sie sich relativ zu den gelösten Schadstoffen schneller bewegen [6, 7]. Diese Randbedingung trifft vor allem für stark sorbierende Stoffe zu [8]. Implizit dürfen in diesem Fall die Kolloide selbst keinen wesentlichen Wechselwirkungen mit der Matrix des Grundwasserleiters unterliegen und müssen unter den gegebenen Bedingungen stabil bleiben. Ein Beispiel für dieses Transportszenario ist der Transport von Radionukliden im Umfeld des geplanten Endlagers Gorleben [9, 10]. Im zweiten Fall unterliegen die Kolloide selbst erheblichen Wechselwirkungen mit der Matrix. Durch Filtration und Fällung bei veränderten hydrochemischen Bedingungen können dadurch Partikelniederschläge auf den Sedimentoberflächen entstehen, die das Verteilungsgleichgewicht eines Schadstoffs auf die Seite des Sediments verschieben können. In diesem Fall, der im Umfeld von nicht abgedichteten Deponien beobachtet werden kann, wird in Anwesenheit von Kolloiden der Transport von Schadstoffen verlangsamt [11, 12].

In jedem Fall kann ein wesentlicher Massentransfer an Kolloiden nur dann erfolgen, wenn ausreichend Kolloide vorhanden sind und an den Kolloiden eine nennenswerte Stoffmasse sorbiert ist [13].

Das vorgestellte Forschungs- und Entwicklungsvorhaben E 18, gefördert vom Bayerischen Landesamt für Wasserwirtschaft, hatte die Quantifizierung des kolloidalen Transportpfades für deponierelevante Schadstoffe im naturräumlichen Maßstab zum Ziel. Als Aufhänger der Untersuchungen dienten drei Standorte in Bayern. In der Münchner Schotterebene, stellvertretend für einen fluvioglazialen Porengrundwasserleiter mit großer Heterogenität, befindet sich das Messfeld München-Nord mit Fließlängen zwischen 50 m und 200 m. Das Messfeld Sengenthal in den Flugsanden des Neumarkter Beckens ist ein Beispiel für einen äußerst homogenen Porengrundwasserleiter. In den Verwitterungsdecken des kristallinen Grundgebirges ist das Messfeld Nabburg eingerichtet, geprägt durch geringe hydraulische Durchlässigkeit und einen geschichteten Aufbau. Kolloide, also Teilchen mit einem typischen Durchmesser zwischen 1 nm und 1 µm [14] bzw. 10 µm [15], die entgegen der Schwerkraft in Suspension bleiben, treten in allen Grundwasserleitern in Teilchenkonzentrationen zwischen $1 \cdot 10^6$ und $1 \cdot 10^{15}$ Teilchen pro Liter auf [10]. Aus Sicht der Kolloidgenese sind die natürlichen Kolloide, also feinste Matrixbestandteile oder Zersetzungsprodukte organischer Substanz, von den anthropogen eingebrachten Kolloiden, beispielsweise als Folge der ungeordneten Restmüllbeseitigung, zu unterscheiden. Im Forschungsvorhaben standen die natürlichen Kolloide als Transportvehikel für Schadstoffe im Mittelpunkt.

Als deponierelevante Kontaminanten wurden aus der Gruppe der Schwermetalle Cadmium, Chrom, Kupfer, Nickel und Zink, Arsen aus der Gruppe der polyzyklischen aromatischen Kohlenwasserstoffe das Pyren und aus der Gruppe der Herbizide und Fungizide das Pentachlorphenol (PCP) herausgegriffen.

Das Versuchsprogramm gliederte sich für jeden dieser Standorte in vier Schritte. In Laborversuchen wurden die grundsätzlichen Prozesse der Kolloidfiltration und der Kolloidmobilisierung für den Standort quantifiziert. Mit Säulenversuchen wurde das Transportverhalten der Kontaminanten und der kolloidal transportierte Anteil unter definierten hydrochemischen Randbedingungen bestimmt.

Im Technikumsmaßstab (Fließstrecken bis 10 m) wurde unter kontrollierten hydrochemischen Bedingungen und mit voller Kontrolle der Massenbilanz die Skalierbarkeit der Laborversuche überprüft und der Einfluss der Heterogenität abgebildet. Der Einfluss der Änderung der hydraulischen Randbedingungen auf das Transportverhalten von Kolloiden und Kontaminanten wurde dargestellt.

Wesentlicher und aufwendigster Bestandteil des Vorhabens waren die Feldversuche. Mit den drei Versuchsfeldern stehen Einrichtungen zur Verfügung, mit denen die Transportprozesse im naturräumlichen Maßstab mit außergewöhnlich hoher räumlicher und zeitlicher Auflösung aufgezeichnet werden können.

2 Experimentelles

Sorption und Desorption

Die Sorptions- und Desorptionsversuche wurden mit zwei natürlichen Sedimenten aus den Versuchsfeldern (s. u.), *Münchner Kies* und *Sengenthaler Sand,* durchgeführt. *Münchner Kies* ist ein heterogenes quartäres Kies-Sand-Gemisch, dessen Komponenten zu 80 % aus Calcit und Dolomit bestehen. Der Rest besteht aus kristallinem Material. Für die Sorptionsexperimente wurde die Korngrößenfraktion <10 mm verwendet. Der *Sengenthaler Sand* ist ein äußerst gleichförmiger quartärer Quarzsand, der als Flugsand abgelagert wurde. Die Sedimente wurden vor Versuchsdurchführung nicht vorbehandelt.

Die Sorptionskinetik wurde mit Batchversuchen aufgenommen: 10 g Sediment und 100 mL Lösung wurden bei 8 °C in einem Überkopfschüttler vermischt. Als Lösung wurde ultrareines Wasser, sowie ultrareines Wasser mit NaCl bzw. $CaCl_2$ (Ionenstärke I = 0.001 bzw. 0.01) verwendet. Die Anfangskonzentrationen der Schadstoffe betrugen 500 µg/L für As(V), Cr(VI), Ni(II), 1 mg/L für PCP und 50 µg/L für Pyren. Nach 10–240 Minuten wurde jeweils ein Aliquot entnommen, 4 min bei 10000/min zentrifugiert und dann durch einen 10-nm-Polycarbonatmembranfilter filtriert. Alle Experimente wurden dreimal wiederholt.

Als Vorbereitung für die Desorptionsexperimente wurden die Sedimente 72 h mit den obengenannten Lösungen, jetzt mit Konzentrationen von 5 mg/L für As(V), Cr(VI), Ni(II), PCP und 50 µg/L für Pyren, äquilibriert. Aus der Gleichgewichtskonzentration wurde der sorbierte Anteil errechnet. Das Sediment wurde über einen 10-nm-Polycarbonatmembranfilter filtriert und lyophilisiert. 10 g des vorbereiteten Sediments wurden mit 100 mL schadstofffreier Versuchslösung versetzt und in einen Überkopfschüttler gegeben. Nach 10–240 Minuten wurde jeweils ein Aliquot entnommen, 4 min bei 10000/min zentrifugiert und dann durch einen 10-nm-Polycarbonatmembranfilter filtriert. Alle Experimente wurden dreimal wiederholt.

Die Konzentrationen von As(V), Cr(VI) und Ni(II) wurden mit Atomabsorptionsspektrometrie (AAS 4100, Perkin Elmer, Überlingen) bestimmt, für PCP kam ein Immunoassay [16] zum Einsatz, die Konzentration von Pyren wurde fluoreszenzspektrometrisch (LS 50, Perkin Elmer, Überlingen) bestimmt.

Die experimentell ermittelten Daten wurden unter Annahme einer Kinetik erster Ordnung mit Gl. 1 gefittet.

$$\log K_D = \log \frac{c_s(t=0)}{c_L(t=0)} + \frac{k \cdot t}{\ln(10)} \qquad (1)$$

Kolloidfraktionierung und -messung

Die Kolloidgrößenverteilung wurde durch Ultrafiltration in einer Vakuumfiltrationsanlage mit teflonbeschichtetem Lochblech (Sartorius, Göttingen) bestimmt. Es wurden Oberflächenfilter aus Polycarbonat (Porengrößen 10 µm, 1 µm, 100 nm, 10 nm, Infiltec, Speyer) und Tiefenfilter aus Polysulfon (1 nm, Millipore, Eschborn) verwendet. Die eingesetzten Volumina betrugen je nach Kolloidkonzentration zwischen 50 und 250 mL. Die Filter wurden vor Gebrauch mehrfach mit destilliertem, partikelfreiem Wasser gespült, im Exsikkator getrocknet und gewogen. Nach erfolgter Filtration wurden die Filter wiederum getrocknet und gewogen. Die mineralogische und chemische Charakterisierung wurde am Rasterelektronenmikroskop (Cambridge Instruments, Oxford) mit energiedispersivem Detektor (Röntec, Berlin) durchgeführt.

Technikumsaufbau

Der Technikumsaufbau besteht aus zwei Edelstahltanks mit einer Länge von 10 m und einer Breite von 1,0 m bzw. 1,5 m, die jeweils in einer Sicherungswanne aus Normstahl gebettet sind (Bild 1). Die Fließstrecken betragen für den *Münchner Kies* 10 m und beim *Sengenthaler Sand* 5 m. Nach Einstellung des hydraulischen Gleichgewichts innerhalb der Sedimente wurden die zu untersuchenden Schadstoffe in den Zulauf eingegeben. Die Probenahme erfolgte an den Messstellen in einer Höhe von 1 m über Grund. In den Vorversuchen konnte ein nahezu eindimensionales Fließregime festgestellt werden, die Konzentrationsunterschiede quer zur Fließrichtung und in der Vertikalen lagen unter 10 %.

Als Fluid wurde in den Technikumsversuchen Leitungswasser eingesetzt. Dieses entspricht dem Grundwasser der Münchner Schotterebene und mit geringen Abweichungen bei den Konzentrationen von Na^+ und NO_3^- auch dem Grundwasser in Sengenthal. Der pH-Wert des Leitungswassers im Einlauf betrug 7.86, nach Passage der Sedimente betrugen die pH-Werte im *Münchner Kies* 7.0–7.8 und im *Sengenthaler Sand* 7.3–7.5. Die Ionenstärke des Leitungswassers betrug 0.008. Beim Durchströmen der Versuchsaquifere wurden aufgrund der relativ hohen Fließgeschwindigkeiten nur geringe Änderungen des Chemismus festgestellt. Auffällig

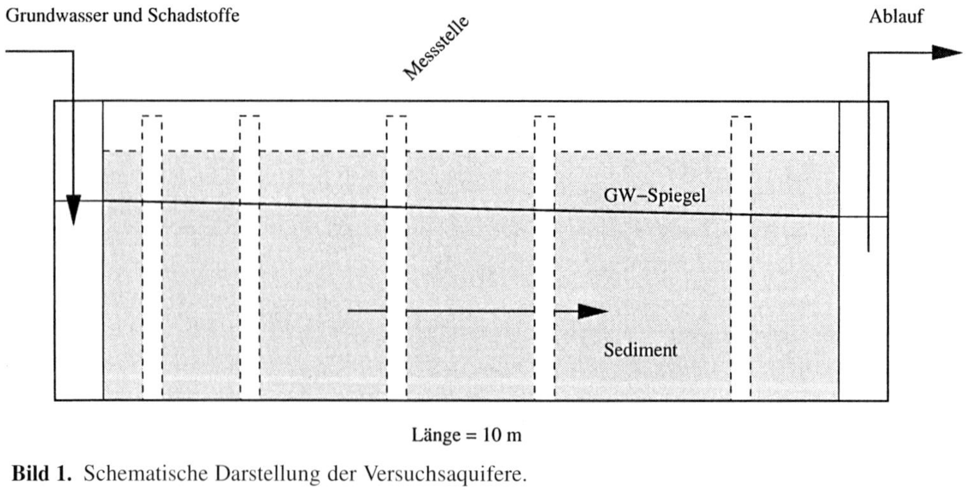

Bild 1. Schematische Darstellung der Versuchsaquifere.

waren ein leichter Anstieg der Chlorid-Konzentration und ein leichter Abfall der Sulfatkonzentration im *Sengenthaler Sand.* Während der Migrationsversuche wurde immer ein weitgehend konservativer Markierungsstoff, meist Na-Fluorescein (Merck, Darmstadt) eingesetzt, um den Transport des Wassers zu visualisieren.

Versuchsfelder

Dem Institut standen drei Feldversuchsflächen in natürlichen Grundwasserleitern zur Verfügung, auf denen die Freilandversuche durchgeführt wurden. Die Versuchsfelder wurden mit Fördermitteln des Bayerischen Staatsministeriums für Landesentwicklung und Umweltfragen in München, Nabburg/Opf. und Sengenthal eingerichtet. Zielsetzung der damaligen Arbeiten war die Klärung der lateralen Ausbreitung von Schadstoffen [17]. Sie weisen bei Fließstrecken von 5–250 m quer zur Fließrichtung Messstellenabstände von 1–10 m auf.

Die wesentlichen hydraulischen und hydrogeologischen Rahmenbedingungen sind in Tabelle 1 zusammengefasst.

Die Versuche an den Messfeldern München und Sengenthal wurden unter natürlichen Bedingungen durchgeführt, während im Messfeld Nabburg das hydraulische Gefälle künstlich erhöht wurde, um die Versuchszeiten abzukürzen. Die Probenahme erfolgt mit Pumpen aus dem Grundwasserleiter. Die Konzentration der Tracerfarbstoffe wurden vor Ort durch Fluoreszenzspektrometrie (FP-177, Jasco, Groß-Zimmern) bestimmt. Die Proben für die Schwermetallbestimmung wurden angesäuert (5 mL HNO_3 p. a., As: 5 ml HCl p. a.) und kühl ins Labor transportiert, um dort mit AAS vermessen zu werden. Ein Teil der Proben wurden vor Ort filtriert (10 nm Polycarbonatmembranfilter, Infiltec, Speyer).

Tabelle 1. Hydraulische und hydrogeologische Kenndaten der Versuchsflächen.

Versuchsfläche	München	Nabburg	Sengenthal
Aquifer	Porengrundwasserleiter		
Sedimenttyp	Sandige Kiese	Verwitterte Gneise	Mittelsand
Fließgeschwindigkeit, m/d	21	2,5	0,25
Dispersivität, m	1,8–24,1	0,2–1,5	0,03–1,24
Fließlängen, m	50–200	10–20	5–250
Ionenstärke	0.008	0.003	0.007
pH-Wert	7,25–7,65	5,97–6,37	7,16–7,57

3 Ergebnisse

3.1 Charakterisierung der sedimenteigenen Kolloide

Das Partikelspektrum im Technikumsmaßstab ist durch die Zugabe der Versuchslösung beeinflusst. Durch Präzipitation aus übersättigter Lösung entstehen nahezu kugelige Calciumcarbonatpartikel, die sich bis etwa zwei Meter Fließlänge verfolgen lassen. Erst im weiteren Verlauf stellt sich ein grundwasserähnliches Gleichgewicht zwischen Fluid und Matrix ein (Bild 2).

Im *Münchner Kies* dominieren carbonatische Partikel, untergeordnet treten Agglomerate silikatischer Partikel auf. Die größeren Kolloide (>1 µm) weisen geringfügig höhere Massen-

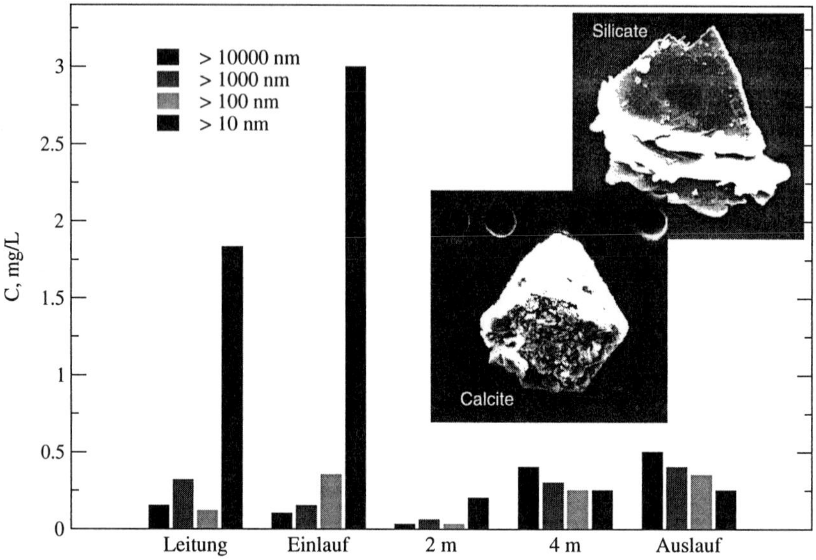

Bild 2. Partikelspektrum im Technikumsversuch, *Münchner Kies*.

anteile auf. Im Versuchsfeld dominieren bei ähnlicher Kolloidkonzentration (3.5 mg/L) die kleineren Kolloide (<0.1 µm). Die Kolloide im *Sengenthaler Sand* sind vorwiegend silikatisch, wobei Schichtsilikate besonders häufig auftreten. Es dominieren Partikelgrößen zwischen 0.1 µm und 10 µm. Im Versuchsfeld treten mit 2.7 mg/L ähnliche Konzentrationen auf. Die Kolloidgrößenverteilung ist vergleichbar, allerdings sind innerhalb des Testfelds größere Schwankungen beobachtet worden. In den Nabburger Sedimenten liegen die Partikelkonzentrationen bei 8 mg/L. Die Partikel bestehen aus Schichtsilikaten teilweise mit Mangankrusten und Carbonaten.

Die chemisch-mineralogische Zusammensetzung der Aquifermatrix gibt ein getreues Abbild der Kolloidzusammensetzung. Die Voraussetzungen für einen kolloidalen Transport sind aufgrund der geringen Kolloidkonzentrationen in allen Versuchsfeldern mäßig. Dies gilt insbesondere für die transportierbaren Stoffmassen. Durch die Probenahme und den Messstellenausbau können Partikelkonzentration und Partikelgrößenverteilung verfälscht werden. Wie die Technikumsversuche zeigen, kann auch das Einbringen fremder Wässer in den Grundwasserleiter zur *in situ* Genese von Kolloiden führen.

3.2 Sorption und Desorption an die Sedimente

Sorption und Desorption der Kontaminanten an die Sedimentmatrix verlaufen in einem zweistufigen Prozess (Bild 3, 4). Die Sorption an den gut zugänglichen und chemisch attraktiven Sorptionsplätzen ist nach etwa 50–90 Minuten abgeschlossen, daran schließt sich ein Sorptionsschritt an weniger attraktive Plätze an, der auch nach 4 Stunden noch nicht abgeschlossen ist.

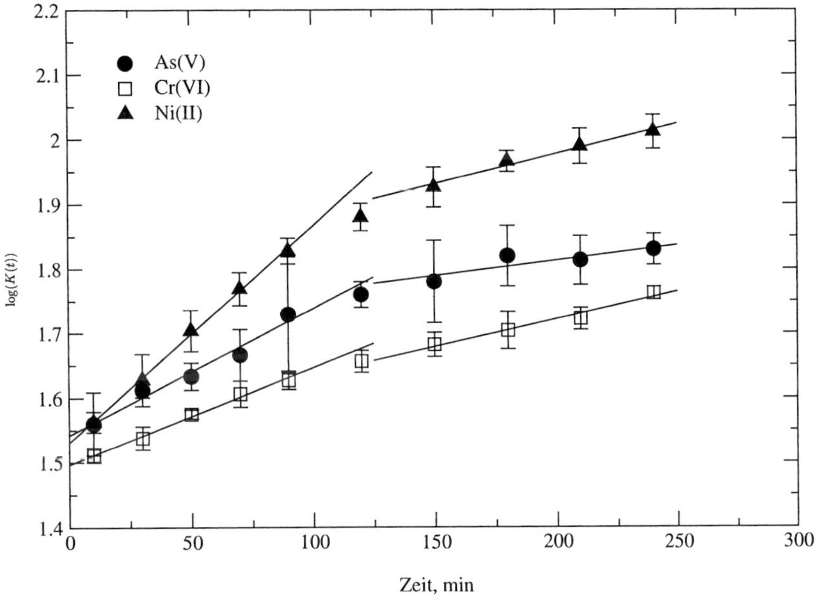

Bild 3. Sorptionskinetik ausgewählter Kontaminanten, Reinstwasser, *Münchner Kies* (1s, n = 3).

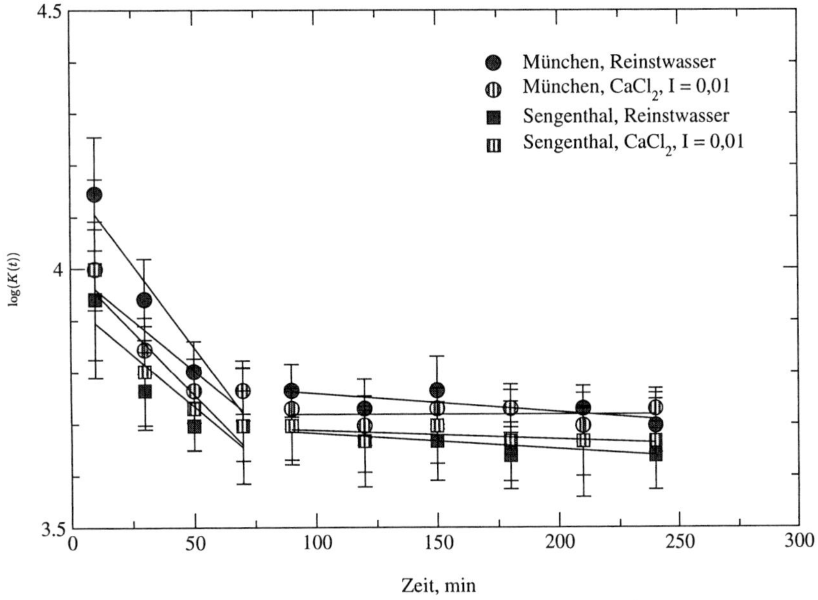

Bild 4. Desorptionskinetik für Pyren bei unterschiedlicher Zusammensetzung der Lösung (1s, n = 3).

Die Desorption von diesen Plätzen ist nach 10–30 Minuten beendet. Die Ratenkonstanten unterscheiden sich in beiden Stufen bei der Sorption um maximal eine Größenordnung, die Desorptionsratenkonstanten lagen bei den hydrophoben Kontaminanten um etwa zwei Größenordnungen niedriger. Die Sorptionsgleichgewichte lagen beim *Münchner Kies* deutlicher auf der Seite der Matrix als beim *Sengenthaler Sand.*

Die Sorptions- und Desorptionskonstanten sind in Tabelle 2 und 3 zusammengestellt. Für die untersuchten Sedimente und Schadstoffe ist eine rasche, aber nicht unmittelbare Einstellung der Sorptions- und Desorptionsgleichgewichte festzuhalten. Bei höheren Fließgeschwindigkeiten im Grundwasserleiter kommt es deshalb nur zu einer partiellen Gleichgewichtseinstellung. Die Ionenstärke der Lösung wirkt sich bei den polaren Stoffen stärker auf Sorptionskinetik und Verteilungsgleichgewicht aus als bei den nicht polaren Stoffen. Gleiches wurde für das calcitische Material des *Münchner Kies* im Vergleich zum silikatischen Material des *Sengenthaler Sand* gefunden. Die k_D-Werte der Verteilungsgleichgewichte steigen von PCP über die Schwermetalle zum Pyren um zwei Größenordnungen an. Die ausgeprägte Sorptionsneigung zur Matrix als Grundvoraussetzung für einen Massentransfer an Kolloiden ist in der Abstufung Pyren >Ni(II) >As(V) >Cr(VI) >PCP gegeben.

Tabelle 2. *Münchner Kies*, Sorptions- (k_1, k_2), Desorptionsraten (k_{-1}, k_{-2}) in 10^{-3}/min und Verteilungskoeffizienten $\log(k_D)$ in log(L/kg).

		H_2O dest.	NaCl I = 0,001	NaCl I = 0,01	$CaCl_2$ I = 0,001	$CaCl_2$ I = 0,01
As(V)	k_1	5,45	4,51	2,85	4,93	4,19
	k_2	1,35	1,84	1,75	1,85	1,59
	k_{-1}	16,6	5,7	10,5	10,7	10,8
	k_{-2}	0,11	0,22	0,30	0,08	0,02
	$\log(k_D)$	1,96	1,99	2,00	1,94	2,03
Cr(VI)	k_1	3,71	2,76	3,02	2,81	3,20
	k_2	2,03	1,64	1,33	1,50	1,33
	k_{-1}	31,3	26,5	35,9	33,2	31,8
	k_{-2}	0,08	0,05	0,02	0,04	0,06
	$\log(k_D)$	1,79	1,82	1,83	1,76	1,85
Ni(II)	k_1	7,69	6,24	4,72	5,36	3,41
	k_2	3,58	3,18	3,50	3,18	2,90
	k_{-1}	11,6	12,6	12,0	–	–
	k_{-2}	0,32	0,44	0,31	–	–
	$\log(k_D)$	2,01	2,01	2,03	–	–
Pyren	k_1	382	353	355	353	335
	k_2	15,4	15,8	17,2	15,9	12,7
	k_{-1}	18,9	16,0	16,3	16,1	17,5
	k_{-2}	0,72	0,39	0,42	0,88	0,34
	$\log(k_D)$	3,70	3,73	3,73	3,70	3,70
PCP	k_1	22,4	20,8	21,1	19,9	19,5
	k_2	4,6	4,9	3,0	4,6	2,3
	k_{-1}	33,4	26,5	35,7	–	–
	k_{-2}	1,86	1,85	1,57	–	–
	$\log(k_D)$	1,38	1,39	1,47	–	–

Tabelle 3. *Sengenthaler Sand*, Sorptions- (k_1, k_2), Desorptionsraten (k_{-1}, k_{-2}) in 10^{-3}/min und Verteilungskoeffizienten $\log(k_D)$ in log(L/kg).

		H_2O dest.	NaCl I = 0,001	NaCl I = 0,01	$CaCl_2$ I = 0,001	$CaCl_2$ I = 0,01
As(V)	k_1	5,39	4,33	4,01	4,05	2,95
	k_2	2,08	2,05	1,31	2,06	1,44
	k_{-1}	17,5	16,2	18,8	15,1	15,4
	k_{-2}	0,33	0,11	0,94	0,22	0,40
	$\log(k_D)$	1,80	1,82	1,86	1,85	1,94
Cr(VI)	k_1	3,18	2,83	2,42	2,69	2,30
	k_2	1,40	1,66	1,42	1,50	1,31
	k_{-1}	30,7	29,2	21,8	26,2	20,1
	k_{-2}	0,06	0,02	0,01	0,06	0,05
	$\log(k_D)$	1,68	1,71	1,74	1,67	1,76
Ni(II)	k_1	6,11	5,70	4,55	7,35	3,18
	k_2	1,52	1,79	1,75	1,84	1,68
	k_{-1}	10,6	7,50	18,6	11,4	11,9
	k_{-2}	1,10	0,98	0,91	1,42	0,71
	$\log(k_D)$	1,91	1,92	1,93	1,92	1,95
Pyren	k_1	397	385	394	401	402
	k_2	13,3	14,0	12,6	12,1	11,8
	k_{-1}	20,2	22,7	20,3	40,8	22,7
	k_{-2}	0,72	1,07	0,74	0,69	0,66
	$\log(k_D)$	3,64	3,64	3,67	3,67	3,69
PCP	k_1	29,2	22,9	21,3	19,4	19,8
	k_2	6,1	5,2	4,8	4,9	4,4
	k_{-1}	35,9	36,2	40,1	–	–
	k_{-2}	1,27	1,03	0,88	–	–
	$\log(k_D)$	1,32	1,32	1,36	–	–

3.3 Transportweite der Kolloide

Grundsätzlich kann die Filterwirkung poröser Grundwasserleiter für Kolloide mit der Filtrationstheorie beschrieben werden [18, 19]. Aus den Untersuchungen ergibt sich als charakteristischer Filterkorndurchmesser der Durchmesser bei 10 % Siebdurchgang (d_{10}). Die reine Größenfiltration (Siebeffekt) spielt eine untergeordnete Rolle. Im oberen Größenbereich (>1 µm) wirkt vor allem die Sedimentation während im kleinen Größenbereich (<100 nm) die diffusionsbedingte Abscheidung dominiert (Bild 5).

Im *Münchner Kies* war wie im *Sengenthaler Sand* die Filtrationseffizienz für Kolloide mit einem Durchmesser um 600 nm am geringsten. Für diese resultieren damit die größten Transportweiten (Bild 6).

Die Anwendung der Filtrationstheorie allein liefert regelmäßig zu hohe Abscheideeffizienzen und damit zu geringe Transportweiten. Erst die Einführung eines Attachment-Parameters α, der nach Normierung auf die Ladung des in der Lösung dominierenden Kations eine lineare

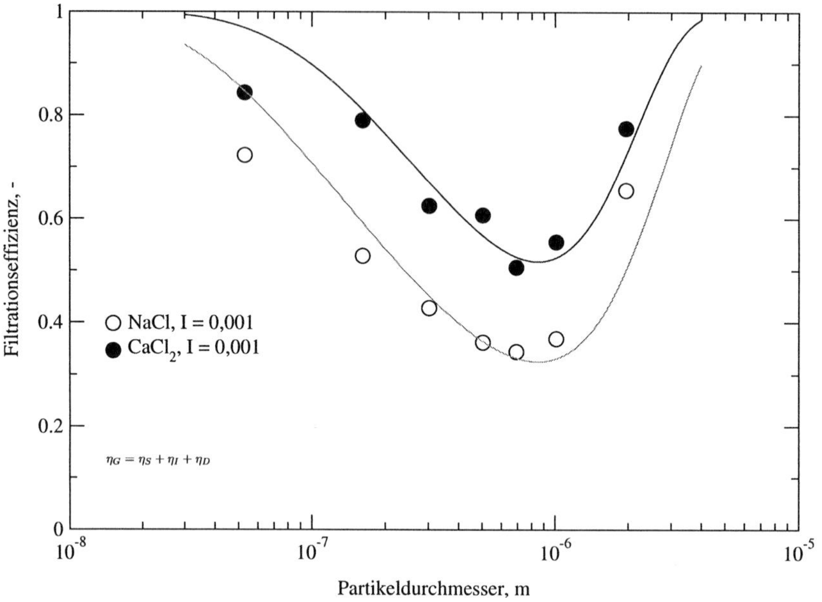

Bild 5. Filterkennlinie für den *Münchner Kies.*

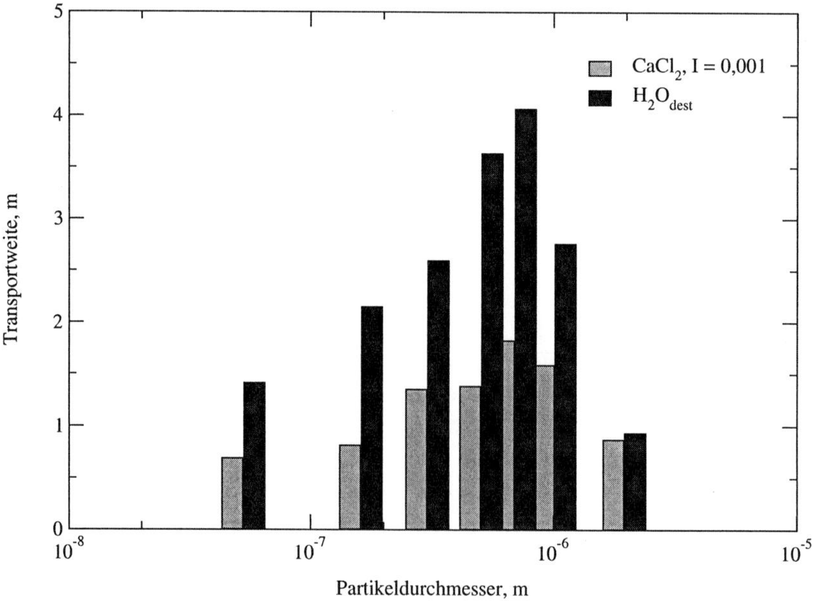

Bild 6. Transportweiten von Kolloiden im *Münchner Kies.*

Abhängigkeit von der Elektrolyt-Konzentration zeigt, ermöglicht die Anwendung und Übertragung der rechnerischen Ergebnisse [20].

3.4 Transportversuche im Labormaßstab

Nach der Äquilibrierung der Sedimentsäulen wurde der Versuchslösung der gelöste Kontaminant in konstanter Konzentration zugesetzt (Phase 1). Nach der Gleichgewichtseinstellung (konstante Konzentration am Säulenauslass) wurde zunächst die Ionenstärke der Lösung um den Faktor 10 verringert und in der Versuchslösung das dominierende Kation (Ca^{2+} gegen Na^+) ausgetauscht (Phase 2). Danach wurde destilliertes Wasser eingesetzt (Phase 3, Bild 7).

Im zeitabhängigen Konzentrationsverlauf in Phase 1 spiegeln sich die Sorptionseigenschaften der Schadstoffe wider. Je deutlicher das Gleichgewicht zur festen Phase hin verschoben war, desto langer waren die Zeiten bis zum vollständigen Durchbruch. Eine vollständige Beladung der Matrix konnte in keinem Fall beobachtet werden. In Phase 3 war bei Arsen, Nickel und Pyren ein starker Anstieg der Konzentrationen zu verzeichnen, der allein auf kolloidale Transportvorgänge zurückzuführen war. Dieser kolloidgebundene Stofftransport konnte nur für die Schadstoffe nachgewiesen werden, deren Verteilungsgleichgewicht stark auf die Seite der Matrix verschoben war. Die Konzentration der Kolloide stieg bis 140 mg/L an, entsprechend der l0fachen bis 20fachen natürlichen Konzentration. Die Größenverteilung der Kolloide änderte sich dabei nicht. Im Hinblick auf den Massentransfer hatte der kolloidale Transportpfad trotz hoher Einzelkonzentrationen kaum Bedeutung.

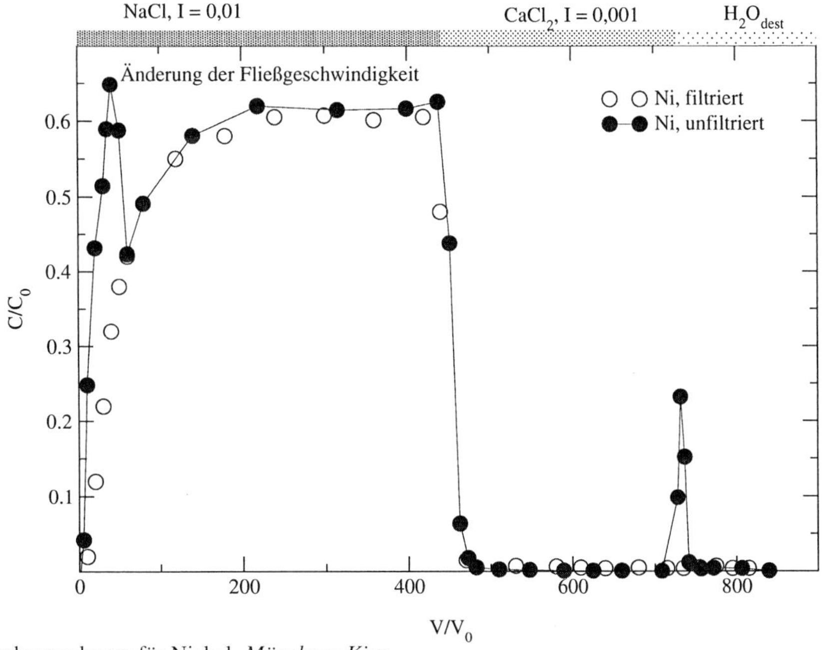

Bild 7. Durchgangskurve für Nickel, *Münchner Kies.*

Durch Änderung der hydrochemischen Randbedingungen, namentlich durch die Reduzierung der Ionenstärke, lassen sich Kolloide im Grundwasserleiter mobilisieren. Mit ihnen können auch Schadstoffe mobilisiert werden. Als praxisnahes Beispiel kommt hier die Sanierung von Deponien oder Altlasten in Frage, bei denen die Reduzierung der Gesamtkontamination des Grundwassers über die Mobilisierung von Kolloiden von der kontaminierten Matrix im Umfeld zu kurzfristig auftretenden Konzentrationsmaxima führen kann.

3.5 Transportversuche im Technikumsmaßstab

Nach einer einmaligen Injektion der Schwermetalle nahmen die Wiedererhalte generell mit zunehmender Fließstrecke mit exponentiellem Verlauf stark ab. Die Fließgeschwindigkeiten liegen für die untersuchten Schadstoffe nahe an der Fließgeschwindigkeit des konserativen Tracers. Die kolloidalen Transportanteile lagen bei Cr(III) und Cu(II) mit je etwa 45 % in nennenswerten Größenordnung (Bild 8), sonst bei unter 10 %. Unter Berücksichtigung des Wiedererhalts kann die Mobilität der Schwermetalle in den Münchner Kiesen abgestuft werden Ni(II) $\geq$ Cr(III) $\geq$ Co(II) > Cu(II). Die Beladung der Kolloide lag mit 1–10 µg/mg noch deutlich unter der Maximalbeladung.

Im *Sengenthaler Sand* konnte kein signifikanter Schwermetalltransport festgestellt werden. Als Folge der Zugabe von Cd(II), Cr(VI), Ni(II) und As(V) stiegen die Konzentrationen gleichmäßig an und erreichten Werte, die der Gleichgewichtskonzentration zwischen Fluid und Feststoff entsprachen. Ein kolloidaler Transport konnte nicht beobachtet werden. Für Pyren konnte weder in den Münchner Kiesen noch in den Sengenthaler Sanden ein Transport nachgewiesen werden. Ursache ist die starke Sorptionsneigung. Das Transportverhalten von PCP entspricht in den Sengenthaler Sanden dem Transportverhalten des konservativen Tra-

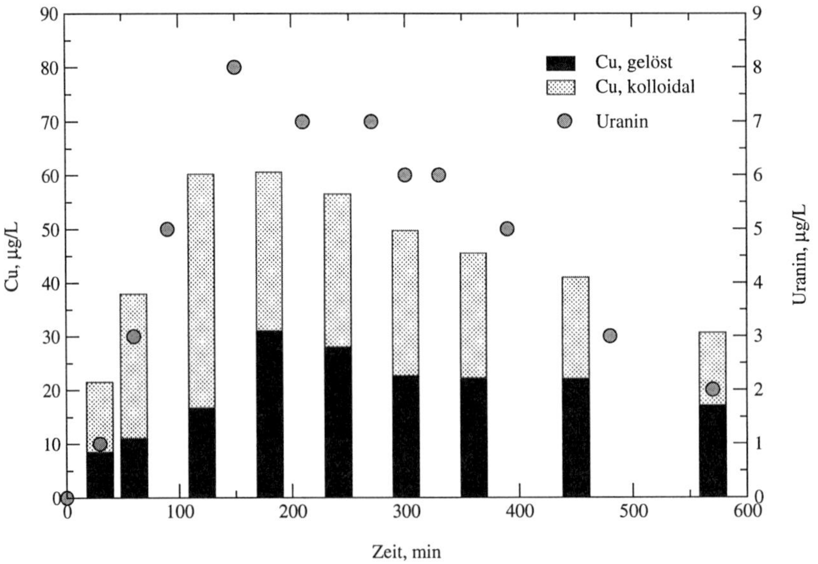

Bild 8. Durchbruchskurven für Kupfer und Uranin, *Münchner Kies.*

cers. Der kolloidal transportierte Anteil betrug zwischen 10 % und 20 %, worin sich das Verteilungsgleichgewicht zwischen Fluid und Matrix widerspiegelt.

Nach einer instantanen Erhöhung des hydraulischen Gradienten konnte eine hydraulische Fokussierung der gelösten Schwermetalle beobachtet werden, die kurzfristig zu einem deutlichen Konzentrationsanstieg führte. Die Kolloidkonzentration und -verteilung blieb davon unberührt. Der Transport der Schwermetalle erfolgte nahezu ausschließlich in gelöster Form.

Obwohl die Voraussetzungen für einen kolloidalen Transport nicht ungünstig waren, war dessen Bedeutung für den Massentransfer untergeordnet. Dafür ist die geringe Partikelkonzentration im Zusammenspiel mit der hohen Filtrationseffizienz der Sedimente verantwortlich.

3.6 Transportversuche im Feldmaßstab

Cr(VI) erwies sich im Testfeld München als erstaunlich mobil. Der Anstieg der Konzentrationen erfolgte nach 50 m und nach 200 m nahezu zeitgleich mit dem konservativen Tracer, erst in dem ausgeprägteren Tailing zeigen sich die Wechselwirkungen mit der Matrix (Bild 9). Die Wiedererhalte betrugen nach 50 m 81 % und nach 200 m 31 %. Die Zunahme der kolloidalen Transportanteile von 6 % nach 50 m auf 12 % nach 200 m deutet auf eine Bevorzugung des kolloidalen Transportpfades mit zunehmender Fließstrecke. As(V) zeigte nach 50 m Fließstrecke ein ähnliches Transportverhalten wie Cr(VI), allerdings lag die Wiederfindung mit 1.4 % deutlich niedriger. Der kolloidal transportierte Anteil betrug 17 %. Nach 200 m konnte kein As(V) mehr nachgewiesen werden. Einen deutlich verzögerten Transport zeigte Ni(II) bei Wiedererhalten von unter 5 %. Etwa 20 % der transportierten Masse befand sich an Kolloiden. In keiner der Durchgangskurven konnte ein signifikanter Unterschied der Transport-

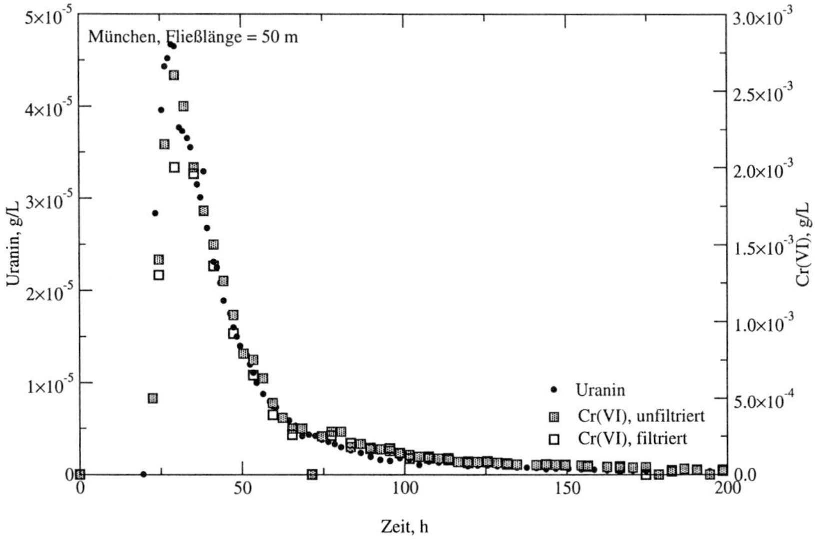

Bild 9. Durchbruchskurven für Cr(VI) im Feldversuch München.

geschwindigkeiten der Kolloide und der gelösten Kontaminanten festgestellt werden. Dies legt ein dynamisches Gleichgewicht zwischen Kolloid und Lösung nahe.

Die Versuche auf dem Testfeld Nabburg waren durch die niedrigen Wiederfindungsraten geprägt. Für Cr(VI) betrug der Wiedererhalt 5 %, für Ni(II) 7 %, Arsen konnte schon nach einer Fließstrecke von 10 m nicht mehr nachgewiesen werden. Der kolloidale Anteil lag zwischen 15 % und 25 %. Durch gezielte Erhöhung des hydraulischen Gradienten konnte eine kurzzeitige Konzentrationserhöhung verursacht werden (Bild 10). Wie im Technikumsversuch ist diese auf hydraulische Fokussierung zurückzuführen. Im Feldversuch stiegen die Kolloidkonzentrationen und die kolloidalen Transportanteile um 5 bis 10 Prozentpunkte an. Die Veränderung der hydraulischen Randbedingungen führte hier auch zu einer Mobilisierung von Kolloiden.

Wie sich bereits in den Ergebnissen der Technikumsversuche andeutete, spielt der kolloidale Transport in den drei Standorten eine untergeordnete Rolle. Selbst für stark sorbierende Kontaminanten fehlt bei den geringen Kolloidkonzentrationen eine entsprechende Anzahl an Vehikeln.

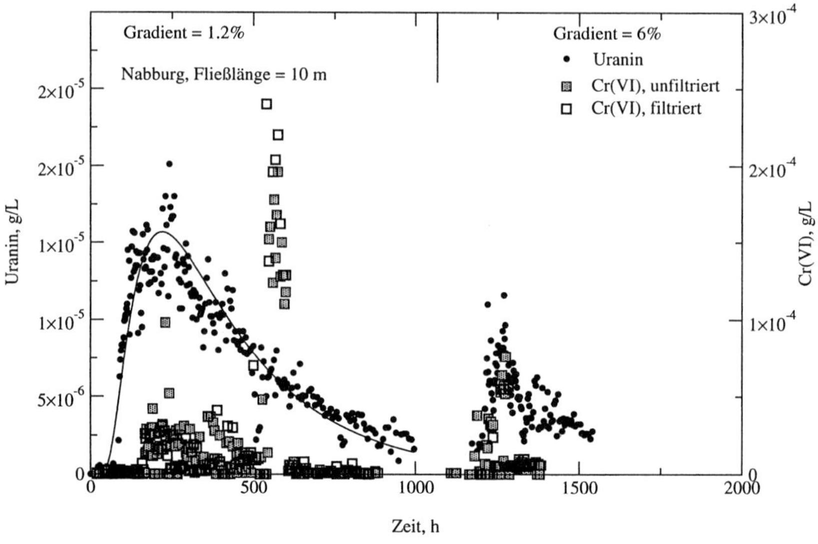

Bild 10. Durchbruchskurven für Cr(VI) im Feldversuch Nabburg.

4 Schlußfolgerungen

Die im Rahmen des Projekts durchgeführten Untersuchungen zeigen, dass der kolloidale Transportpfad für die gewählten Szenarien keine besondere Rolle spielt, aber auch nicht völlig vernachlässigt werden darf. Die Grundvoraussetzung, eine hohe Anzahl stabiler und mobiler Partikel, trifft für die untersuchten Standorte nicht zu. Aufgrund der dynamischen Gleichgewichtseinstellung zwischen Kontaminant, Fluid und Kolloid und der begrenzten Transportweite der Kolloide ist ein nennenswerter Beitrag zum Massentransfer nur für Kontaminanten zu erwarten, deren Verteilungsgleichgewicht weit auf Seite der festen Phase liegt. Das Auftreten von kolloidal gebundenen Schadstoffen in größerer Entfernung von der Eingabe- bzw. Kontaminationsstelle ist unter den gegebenen Bedingungen primär auf die Einstellung eines dynamischen Gleichgewichts zwischen Schadstoff, Sediment, Wasser und Kolloiden zurückzuführen und erst in zweiter Linie auf eine tatsächliche Verfrachtung von Kolloiden. Bei Änderung der hydrodynamischen Randbedingungen oder beim Vorliegen bevorzugter Fließwege kann der Anteil der über längere Strecken mobiler Kolloide stark ansteigen.

Hydrochemische Änderungen – beispielsweise im Zuge der Altlastensanierung – können wie hydrodynamische Änderungen zu einer Mobilisierung von Kolloiden und daran gebundenen Schadstoffen führen.

Literatur

[1] McCarthy, J. F. u. Zachara, J. M.: Subsurface transport of contaminants. Environ. Sci. Technol. *23,* 496–502 (1989).

[2] Rehmann, L. L., Welty, C. u. Harvey, R. W.: Stochastic analysis of virus transport in aquifers. Water Resour. Res *35,* 1987–2006 (1999).

[3] Roy, S. B. u. Dzombak, D. A.: Sorption nonequilibrium effects on colloid-enhanced transport of hydrophobic organic compounds in porous media. J. Contam. Hydrol. *30,* 179–200 (1998).

[4] Buffle, J., Wilkinson, K. J., Stoll, S., Filella, M. u. Zhang, J.: A generalized description of aquatic colloidal interactions: The three-colloidal component approach. Environ. Sci. Technol. *32,* 2887–2899 (1998).

[5] Lührmann, L., Noseck, U. u. Tix, C.: Model of contaminant transport in porous media in the presence of colloids applied to actinide migration in column experiments. Water Resour. Res *34,* 421–426 (1998)

[6] Kretschmar, R., Borkovec, M., Grolimund, D. u. Elimelech, M.: Mobile sub-surface colloids and their role in contaminant transport. Adv. Agron. *66*, 121–193 (1999).

[7] McCarthy, J. F.: Colloid-facilitated transport of contaminants in groundwater: Mobilization of transuranic radionuclides from disposal trenches by natural organic matter. Phys. Chem. Earth *23*(2), 171–178 (1998).

[8] Grolimund, D., Borkovec, M., Barmettler, K. u. Sticher, H.: Colloid-facilitated transport of strongly sorbing contaminants in natural porous media: A laboratory column study. Environ. Sci. Technol. *30,* 3118–3123 (1996).

[9] Kim, J. I., Zeh, P. u. Delakowitz, B.: Chemical interactions of actinide ions with groundwater colloids in Gorleben aquifer systems. Radiochim. Acta *58/59,* 147–154 (1992).

[10] Kim, J. I., Buckau, G., Rommel, H. u. Sohnius, B.: The migration behaviour of transuranium elements in Gorleben aquifer systems: Colloid generation and retention process. Mater. Res. Soc. Symp. Proc. *127,* 849 (1989).

[11] Baumann, T., Fruhstorfer, P. u. Nießner, R.: Sickerwassertransport von Kolloiden und Schwermetallen in Bergbaufolgelandschaften – Felduntersuchungen und Laborversuche. Grundwasser *3,* 3–13 (1998).

[12] Ivanovich, M., Nießner, R., Baumann, T., Tellam, J. H. u. Read, D.: The role of colloids in the transport of pollutants in shallow groundwaters: Development of monitoring and assessment procedures. CEC-Contract EV5V-CT92-0228, 4th Progress Report (1995).

[13] Hinton, S. W., Brunck, R. u. Walbridge, L.: Mass transfer of TCDD/F from suspended sediment particles. Water Sci. Technol. *28*, 181–190 (1993).

[14] O'Melia, C. R.: Aquasols: The behaviour of small particles in aquatic systems. Environ. Sci. Technol. *14*, 1052–1060 (1980).

[15] Stumm, W.: Coagulation and filtration in water and wastewater treatment become more efficient by modifying the chemical variables to improve the efficiency of collisions between particles and particles and filter grains. Environ. Sci. Technol. *11*, 1066–1069 (1977).

[16] Schütz, A. J., Winklmair, M., Weller, M. G. u. Nießner, R.: Selection of hapten structures for indirect immunosensor arrays. Fresenius J. Anal. Chem. *363,* 625–631(1999).
[17] Lindner, J., Haas, J. u. Pfaff, T.: Untersuchungen zur großräumigen Stoffausbreitung in Naturmessfeldern. Z. dt. geol. Ges. *146,* 184–190 (1995).
[18] Rajagopalan, R. u. Tien, C.: Trajectory analysis of deep bed filtration with the sphere-in-cell porous media model. AIChE J. *22,* 523–533 (1976).
[19] Happel, J.: Viscous flow in multiparticle systems: Slow motion of fluids relative to beds of spherical particles. AIChE J. *4,* 197–201 (1958).
[20] Huber, N., Baumann, T. u. Nießner, R.: Assessment of colloid filtration in natural porous media by filtration theory. Environ. Sci. Technol. *34,* 3774–3779 (2000).

Aufbau und Betrieb einer Schachtfilteranlage zur dezentralen Behandlung des Niederschlagsabflusses von Verkehrsflächen

Design and Operation of a Filtration Unit for Decentralised Treatment of the Runoff from Traffic Areas

Volker Pick, Joachim Fettig, Manfred Miethe, Claudia Steinert und *Jürgen Fenske**

Schlagwörter

Niederschlagsabfluß, Filtration, Adsorption, Organische Stoffe, Schwermetalle, Schachtfilter, Verkehrsflächen

Summary

The runoff from traffic areas is polluted by anthropogenic substances and must not be infiltrated into the ground without passing the upper soil horizon. The pretreatment of this type of runoff by presedimentation followed by two-stage filtration is investigated in a research project. During the first year of operation, the hydrological and hydraulic boundary conditions were evaluated, and the removal efficiency of the filtration unit with respect to suspended solids and dissolved compounds was studied. While suspended matter could be removed fairly well, TOC reduction was only 24 % on an average. However, oil and grease compounds were almost completely retained in the filter. Removal of heavy metals depended on whether they belonged to the dissolved fraction or were associated with suspended solids.

Zusammenfassung

Der Niederschlagsabfluß von Verkehrsflächen ist mit anthropogenen Stoffen belastet und darf daher nicht unterhalb der belebten Bodenzone versickert werden. Im Rahmen eines mehrjährigen Untersuchungsvorhabens wird eine Vorbehandlung des belasteten Abflusses in einer zweistufigen Filteranlage mit vorgeschaltetem Absetzschacht erprobt. Während einer ersten einjährigen Betriebsphase wurden die hydrologischen und hydraulischen Randbedingungen ermittelt und die Reinigungsleistung der Filteranlage bezüglich ungelöster und gelöster Wasserinhaltsstoffe untersucht. Während das Rückhaltevermögen für Sink- und Schwebstoffe insgesamt als gut anzusehen war, wurde der TOC-Wert im Mittel nur um 24 % verringert. Mineralölkohlenwasserstoffe wurden dagegen praktisch vollständig eliminiert. Die Entfernungsleistung für Schwermetalle war davon abhängig, ob sie in partikulärer oder gelöster Form vorlagen.

---

* Dipl.-Ing. V. Pick, Westfälisches Umwelt Zentrum, GS Höxter, An der Wilhelmshöhe 44, D-37671 Höxter.
Prof. Dr. J. Fettig, Prof. M. Miethe, Dipl.-Ing. C. Steinert, Universität-GH Paderborn, Fachbereich Technischer Umweltschutz, An der Wilhelmshöhe 44, D-37671 Höxter.
Dipl.-Ing. J. Fenske, Amt für Infrastruktur und Umweltplanung der Stadt Höxter, Westerbachstr. 45, D-37671 Höxter.

1 Einleitung

Im Land Nordrhein-Westfalen besteht seit 1996 u. a. in Neubaugebieten die Pflicht, das auf Grundstücken und Verkehrsflächen anfallende Regenwasser vor Ort zu versickern, sofern es die jeweilige Bodenbeschaffenheit erlaubt. Da das von Verkehrsflächen abfließende Wasser mit anthropogenen Stoffen belastet ist, zu denen beispielsweise Tropfverluste an Kraftstoffen und Motorölen, Abriebe von Bremsbelägen und Reifen, Emissionen aus der Kraftstoffverbrennung und von den Fahrzeugen abgewaschene Lackpflege- und Konservierungsmittel sowie Korrosionsprodukte zählen [1, 2, 3], wird für dieses Wasser bislang nur eine Versickerung über Flächen oder Mulden durch die belebte Bodenzone zugelassen. Um dagegen eine platzsparende Schachtversickerungsanlage einsetzen zu können, wäre es erforderlich, das Wasser zuvor in einer kompakten dezentralen Reinigungsanlage zu behandeln.

Zur Erprobung einer solchen Vorbehandlung ist auf dem Gelände der Hochschulabteilung Höxter eine zweistufige Filteranlage errichtet worden, der das Ablaufwasser einer etwa 300 m^2 großen Straßen- und Parkplatzfläche zugeleitet wird. Die gesamte Fläche hat ein Gefälle von 1–4 % und ist mit Betonpflastersteinen versehen, die vor mehr als 25 Jahren verlegt wurden und deren Zwischenräume nur eine geringe Durchlässigkeit aufweisen. Während einer ersten einjährigen Betriebsphase im Zeitraum von März 1999 bis März 2000 wurden das hydraulische Verhalten der Anlage bei verschiedenen Regenereignissen und ihre Reinigungsleistung bezüglich ungelöster und gelöster Wasserinhaltsstoffe untersucht. Auf der Grundlage der hierbei und der im nun folgenden zweiten Betriebsjahr ermittelten Daten soll dann bewertet werden, inwieweit die gewählte Vorbehandlung die Reinigungsleistung der oberen Bodenschicht ersetzen kann, und welche Kriterien ggf. bei der Planung und Dimensionierung derartiger Reinigungsanlagen zur Behandlung von belastetem Niederschlagswasser beachtet werden müssen.

2 Aufbau der Versuchsanlage

Die gesamte Reinigungsanlage besteht aus einem Absetzschacht zur Abscheidung ungelöster sedimentierbarer Stoffe und einem nachgeschalteten Filterschacht von 1 m Durchmesser, dessen Aufbau schematisch in Bild 1 dargestellt ist. Die Reinigung des Wassers erfolgt zunächst über eine in zwei Siebkörben angeordnete Kiesschüttung von 2×20 cm Tiefe. Anschließend durchfließt das Wasser zwei weitere Siebkörbe, die Aktivkohleschüttungen von jeweils 20 cm Tiefe enthalten. Sämtliche Einsatzelemente können vor Ort auf einfache Weise entnommen werden, um die Filtermaterialien nach Erschöpfung der Kapazitäten auch unabhängig voneinander auszutauschen.

Im Rahmen von Vorversuchen im Labormaßstab mit Wasserproben aus dem Absetzschacht sind die Eignung verschiedener Filtermaterialien für die obere Schicht beurteilt und ihre optimale Korngröße ermittelt worden. Als Material wurde Weserkies der Fraktion 0,5–8 mm für den ersten Siebkorb und der Fraktion 0,5–4 mm für den zweiten Siebkorb ausgewählt. Damit konnten die Trübungswerte im vorsedimentierten Wasser um 34–80 % verringert werden. Die verbleibenden partikulären Stoffe haben einer Teilchengrößenanalyse zufolge überwiegend Durchmesser von <3 μm und sind damit ohne Zugabe von Flockungsmitteln schwierig abzufiltrieren. Die Kiesfiltrationsstufe hat jedoch in erster Linie die Aufgabe, die Aktivkohleschüttung vor einer raschen Belegung mit Trübstoffen zu schützen. Feine Partikeln, die sich hier nur

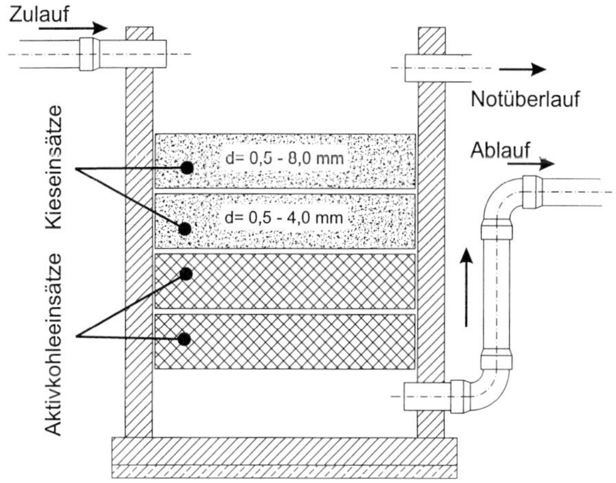

Bild 1. Schematische Darstellung des Filterschachtes.

unvollständig zurückhalten lassen, sollten aber auch im Aktivkohlefestbett schlecht abscheidbar sein.

In der unteren Filterschicht wird reaktivierte Aktivkohle (Industrial React, Chemviron Carbon) eingesetzt. Zur Abschätzung der zu erwartenden Adsorptionskapazität für gelöste organische Stoffe wurden Isothermen mit filtrierten Proben aus dem Absetzschacht aufgenommen. Bild 2 zeigt beispielhaft, daß Beladungen von bis zu 50 mg/g DOC erreicht werden können; allerdings ist am Verlauf der Isotherme auch das Vorhandensein eines nichtadsorbierbaren Anteils zu erkennen.

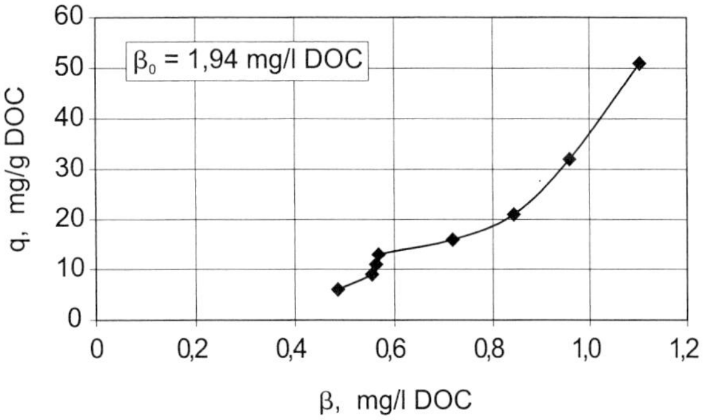

Bild 2. Adsorptionsisotherme für eine filtrierte Wasserprobe aus dem Absetzschacht.

3 Hydrologische und hydraulische Bedingungen

Die Regenspende wird aus Aufzeichnungen der hochschuleigenen Wetterstation ermittelt, die in einer Entfernung von etwa 150 m von der Verkehrsfläche steht. Im laufenden Betrieb der Reinigungsanlage werden der Zufluß zum Filterschacht sowie der Notüberlauf des Filterschachtes über Meßwehre erfaßt und durchgängig aufgezeichnet.

Während des ersten Betriebsjahres betrug die Regenmenge insgesamt 277 m^3, entsprechend einer Niederschlagshöhe von 923 mm/Jahr. Aufgrund von Versickerungs- und vor allem Verdunstungsverlusten war diese Menge im Mittel allerdings nur zu 41 % abflußwirksam, d. h. durch die Anlage wurden im betrachteten Zeitraum 114 m^3 durchgesetzt. Die Monatssummenwerte für die Regenmenge und den Abfluß sind in Bild 3 wiedergegeben. Die Daten zeigen, daß der abflußwirksame Anteil starken Schwankungen unterliegt. Ursache hierfür sind die unterschiedlichen Intensitäten der Niederschläge: Ein schwacher Regen füllt zunächst die Rinnen und Mulden auf der Fläche des Einzugsgebietes. Daraus verdunstet das Wasser auch noch nach Regenende und kommt somit im Extremfall gar nicht zum Abfluß. Ein Starkregen wird dagegen sehr schnell und je nach seiner Dauer auch in hohem Maße abflußwirksam. In Bezug auf die stoffliche Belastung der Reinigungsanlage ist jedoch der mittlere abflußwirksame Anteil der Regenmenge nicht so entscheidend, denn die Verunreinigungen verbleiben bei der Verdunstung des Wassers auf der Verkehrsfläche und führen dann entweder gleich oder zeitversetzt zu einer Konzentrationserhöhung im Abfluß.

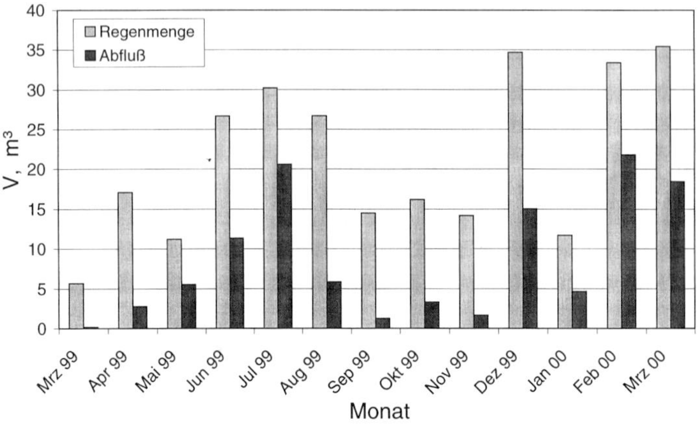

Bild 3. Monatssummenwerte der Regenmenge und des Abflusses.

Der im Untersuchungszeitraum gemessene maximale stündliche Zufluß zur Reinigungsanlage betrug 2,97 m^3/h, dabei wurde der Notüberlauf noch nicht aktiviert. Die Stundenmittelwerte der hydraulischen Belastung der Filterschüttungen bewegten sich damit im Bereich von 0–3,8 $m^3/(m^2 \cdot h)$.

4 Darstellung und Diskussion der Untersuchungsergebnisse

4.1 Mittlere Reinigungsleistungen

Die Probenahme im Zu- und Abfluß des Filterschachtes erfolgt mengenproportional durch automatische Probenehmer. Die Bestimmung der Wasserqualitätsparameter nach den jeweiligen DIN-Methoden wird i. d. R. an Wochenmischproben vorgenommen mit Ausnahme der Parameter AOX, polycyclische aromatische Kohlenwasserstoffe (PAK) und Mineralöl-Kohlenwasserstoffe (MKW), die in monatlichen Stichproben gemessen werden.

Tabelle 1. Mittlere Konzentrationen im Zu- und Ablauf der Filteranlage.

Parameter	Einheit	Zulaufwert	Ablaufwert	Wirkungsgrad
pH-Wert	–	7,0	7,4	–
Leitfähigkeit	µS/cm	121	206	–
Abfiltrierbare Stoffe	mg/l	13,7	6,3	54 %
TOC	mg/l	3,19	2,43	24 %
MKW	mg/l	0,33	<0,01	97 %
AOX	µg/l	<15		–
PAK	µg/l	<0,1		–
Zn	µg/l	122	74	43 %
Cu	µg/l	29	25	14 %
Cr	µg/l	40 (Winter)	36	10 %
Cd, Ni, Pb, Hg	µg/l	nicht signifikant		–

Die mittleren Konzentrationen im Zu- und Ablauf der Filteranlage für das erste Betriebsjahr, die mit den genannten Ausnahmen aus jeweils 32 Meßdaten berechnet wurden, sind in Tabelle 1 aufgeführt.

Anhaltspunkte für die Zusammensetzung des Niederschlagsabflusses von Verkehrsflächen sind u. a. in [1] und [4] zu finden. Die dort aufgeführten Daten weisen recht große Streuungen auf, die durch unterschiedliche Verkehrsbelastungen und weitere Standorteinflüsse sowie vor allem durch die Intensität der jeweiligen Niederschlagsereignisse bedingt sind. Die in dieser Untersuchung gefundenen Zulaufwerte liegen im unteren Bereich der in der Literatur angegebenen Daten. Neben den Standortfaktoren dürfte hierfür die Vorsedimentation des Wassers im Absetzschacht mit verantwortlich sein.

Die Ablaufwerte zeigen, daß die Reinigungsleistungen für partikuläre Stoffe höher sind als für die Summe der ungelösten und gelösten organischen Stoffe (TOC). Sehr gut werden dagegen Mineralölkohlenwasserstoffe zurückgehalten, während über die Gruppenparameter AOX und PAK wegen der niedrigen Zulaufwerte keine Aussagen getroffen werden können. Letzteres gilt auch für die Schwermetalle Cd, Ni, Pb und Hg. Die Zulaufkonzentrationen an Zn, Cu und Cr werden in unterschiedlichem Ausmaß verringert, worauf im folgenden noch näher eingegangen wird.

4.2 Abfiltrierbare Stoffe

Aus einer genaueren Betrachtung der Einzeldaten für die abfiltrierbaren Stoffe zusammen mit den Niederschlagsereignissen in den jeweiligen Wochenzeiträumen geht hervor, daß diese Stoffgruppe vor allem bei Starkregen eingetragen wird, offenbar weil dann die Schleppwirkung des abfließenden Wassers am größten ist. Der zeitliche Verlauf der Zu- und Ablaufwerte zeigt aber auch, daß sich das Rückhaltevermögen der Filterschichten mit zunehmender Betriebszeit stark verschlechterte. In Bild 4 sind die Zu- und Ablauffrachten der abfiltrierbaren Stoffe in den einzelnen Betriebswochen dargestellt. Demzufolge lag der frachtbezogene Rückhalt im ersten Halbjahr immer deutlich über 50 %, während es im zweiten Halbjahr sogar

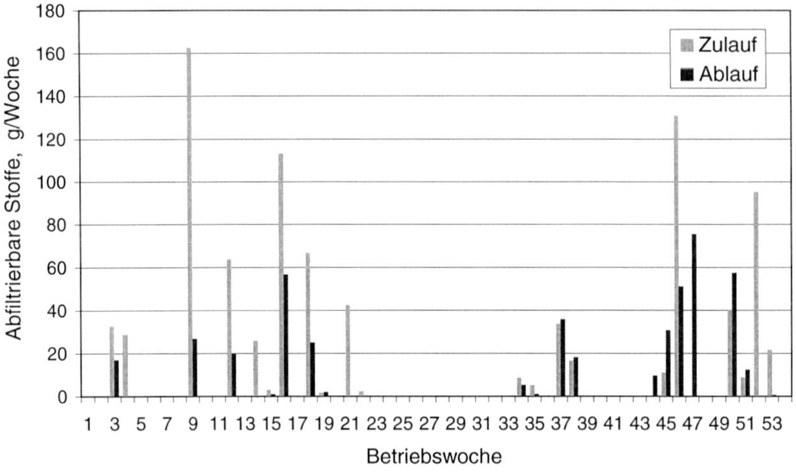

Bild 4. Zu- und Ablauffrachten der abfiltrierbaren Stoffe in den einzelnen Betriebswochen.

zur Freisetzung von partikulären Stoffen kam, die wahrscheinlich durch Stoßbelastungen ausgelöst wurde.

Als Ursache für die zeitliche Abnahme des Rückhaltevermögens ist die zunehmende Erschöpfung der Filterkapazität anzunehmen. Daher wurde nach Ablauf des ersten Betriebsjahres eine Reinigung des Filterkieses vorgenommen, so daß im nun laufenden zweiten Jahr u. a. auch die Wirkung dieser Maßnahme untersucht werden kann.

4.3 Summe der ungelösten und gelösten organischen Stoffe

Die TOC-Werte werden Tabelle 1 zufolge im Mittel nur um 24 % verringert. Bild 5 zeigt ergänzend den zeitlichen Verlauf der TOC-Frachten im Zu- und Ablauf des Filterschachtes. Es wird deutlich, daß zeitweise kaum eine Elimination stattfand, während in anderen Wochen 50 % und mehr der zugeführten TOC-Fracht zurückgehalten wurden.

Die zum Vergleich stichprobenhaft gemessenen DOC-Werte lagen nur geringfügig unter den zugehörigen TOC-Daten. Daher ist anzunehmen, daß die abfiltrierbaren Stoffe vorwiegend mineralischer Art waren. Nimmt man vereinfacht an, daß der TOC ausschließlich von der Aktivkohle zurückgehalten wurde und berechnet, ausgehend von einer Bilanz, die im ersten Betriebsjahr erhaltene mittlere TOC-Beladung, so ergibt sich ein Wert von unter 1 mg/g. Kontrolluntersuchungen an der vorbeladenen Aktivkohle ergaben, daß die Adsorptionskapazität tatsächlich noch weitgehend vorhanden war. Die Gründe für den geringen Wirkungsgrad der Filteranlage bezüglich des Parameter TOC, der sich aus den Isothermendaten (Bild 2) nicht ableiten läßt, sind derzeit noch nicht klar ersichtlich und müssen in weiteren Untersuchungen ermittelt werden.

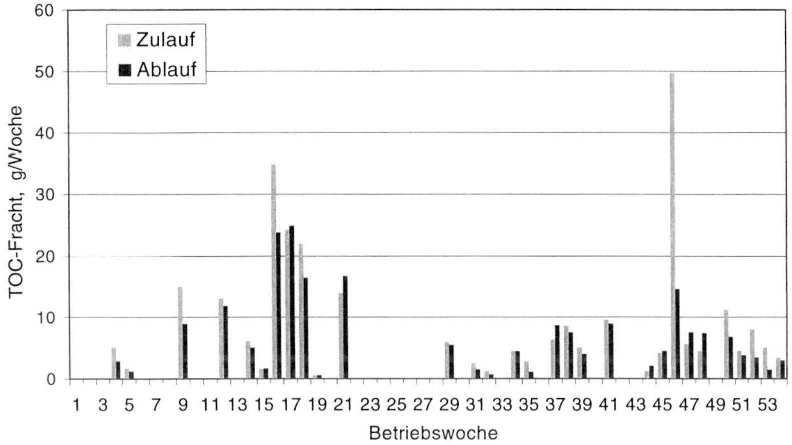

Bild 5. Zu- und Ablauffrachten des TOC in den einzelnen Betriebswochen.

4.4 Schwermetalle

Die Zinkkonzentrationen werden Tabelle 1 zufolge im Mittel um 43 % verringert. Bild 6 zeigt ergänzend den zeitlichen Verlauf der Konzentrationen im Zu- und Ablauf des Filterschachtes. Demzufolge ist eine relativ gleichmäßige Eliminationsleistung festzustellen, wobei die Zulaufwerte im ersten Halbjahr fast durchweg höher waren als im zweiten Halbjahr. Inwiefern dies ein jahreszeitlich bedingter Effekt ist, kann erst das zweite Betriebsjahr zeigen. Eine genauere Betrachtung der Einzeldaten für die Parameter Zink und abfiltrierbare Stoffe läßt den Schluß zu, daß die Zinkelimination vor allem auf den Rückhalt partikulärer oder an Partikeln gebundener Zinkspezies zurückgeführt werden kann.

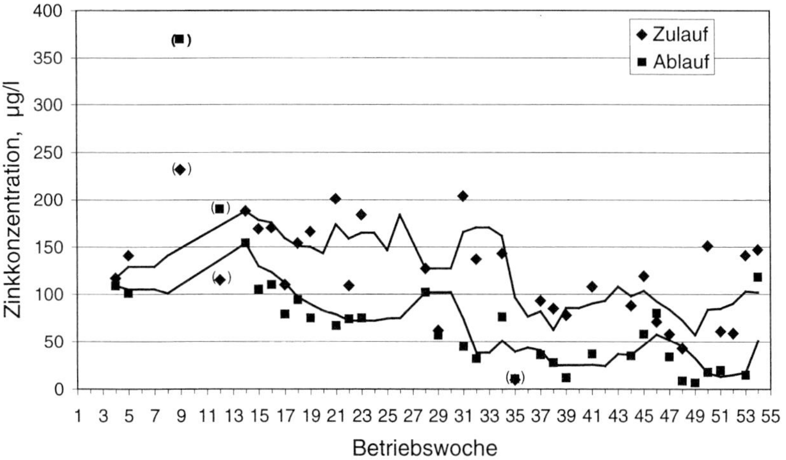

Bild 6. Zeitlicher Verlauf der Zu- und Ablaufkonzentrationen an Zink.

Die Kupferkonzentrationen werden Tabelle 1 zufolge im Mittel nur um 14 % verringert. Bild 7 veranschaulicht den zeitlichen Verlauf der Konzentrationen im Zu- und Ablauf des Filterschachtes. Abgesehen von einer leichten Abnahme des Konzentrationsniveaus kann daraus keine eindeutige Tendenz abgeleitet werden. Aufgrund der geringen Eliminationsleistung ist anzunehmen, daß die Kupferspezies überwiegend in gelöster Form vorliegen und auch nicht adsorptiv gebunden werden können.

Die in den Wintermonaten gemessenen Chromkonzentrationen werden Tabelle 1 zufolge im Mittel um 10 % verringert. Bild 8 zeigt erläuternd den zeitlichen Verlauf der Konzentratio-

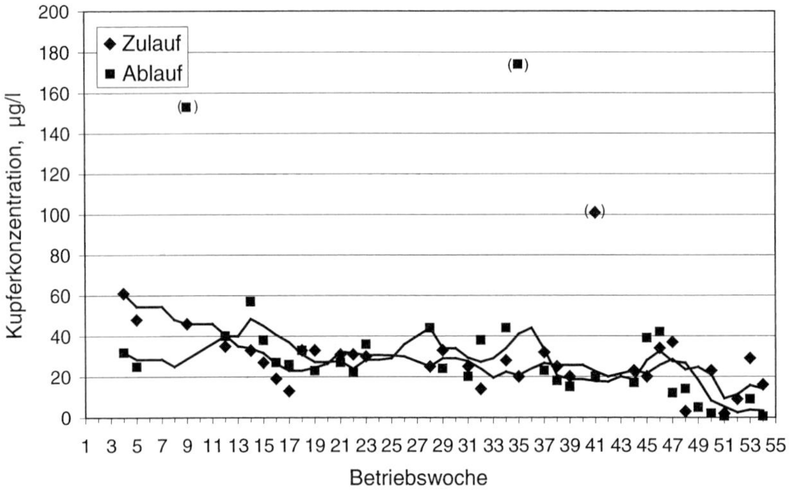

Bild 7. Zeitlicher Verlauf der Zu- und Ablaufkonzentrationen an Kupfer.

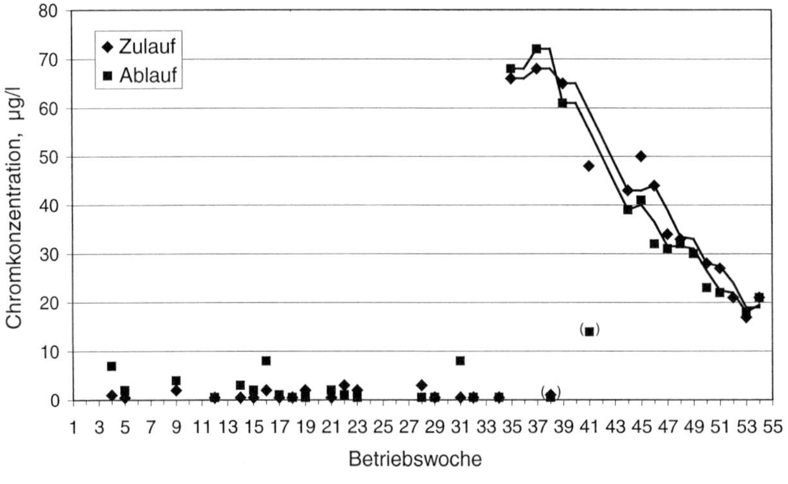

Bild 8. Zeitlicher Verlauf der Zu- und Ablaufkonzentrationen an Chrom.

nen im Zu- und Ablauf des Filterschachtes. Es ist erkennbar, daß sämtliche Werte bis Mitte November unterhalb von 10 µg/l lagen. Anschließend erfolgte ein plötzlicher Anstieg des Zulaufwertes auf etwa 70 µg/l, der bis Anfang März wieder auf etwa 20 µg/l zurückging. Die Ursache für diesen Verlauf ist bisher noch unklar. Wie beim Parameter Kupfer ist auch hier aufgrund der geringen Eliminationsleistung anzunehmen, daß die Chromspezies überwiegend in gelöster Form vorliegen und weder durch Filtration noch durch Adsorption zurückgehalten werden können.

5 Ausblick

Das erste Betriebsjahr der Schachtfilteranlage hat demonstriert, daß an der Anlage eine kontinuierliche Erfassung der durchgesetzten Wassermenge und eine mengenproportionale Probenahme im Zu- und Ablauf stabil und sicher möglich sind. Damit ist die Voraussetzung für einen Dauerbetrieb über mehrere Jahre gegeben, der erforderlich ist, um das Langzeitverhalten der Anlage im Hinblick auf ihre praktische Anwendbarkeit zu ermitteln.

Die bisherigen Betriebserfahrungen zeigen, daß die Rückhalteleistung für abfiltrierbare Stoffe recht gut ist, die Kiesschüttung allerdings bereits nach 6–8 Monaten gereinigt werden sollte. Dies wird im nun laufenden zweiten Jahr noch näher untersucht werden. Außerdem ist vorgesehen, den vorgeschalteten Absetzschacht zu entschlammen und die dort abgeschiedene Feststoffmenge zu ermitteln. Proben der sedimentierten und abfiltrierten Feststoffe sollen ferner auf ihren Gehalt an organischen Stoffen und Schwermetallen untersucht werden.

Die Aktivkohle wies nach einem Jahr erst eine sehr niedrige Gesamtbeladung mit organischen Stoffen auf, so daß noch kein Austausch vorgenommen wurde. Während für MKW eine praktisch vollständige Rückhaltung gefunden wurde, ließen sich für die Gruppenparameter PAK und AOX keine quantitativen Aussagen treffen, da die Zulaufwerte zu niedrig waren. Erfahrungen mit der adsorptiven Entfernung dieser Stoffgruppen lassen aber erwarten [5], daß die Aktivkohleschüttung eine wirkungsvolle Barriere für sie darstellt, wenn sie in höheren Konzentrationen im Niederschlagsabfluß vorkommen sollten. Der weiteren Klärung bedarf jedoch noch der verhältnismäßig geringe Wirkungsgrad für die TOC-Entfernung. Als mögliche Ursachen kommen hier u. a. kinetische Effekte oder starke Schwankungen in der Adsorbierbarkeit der gelösten organischen Komponenten in Frage.

Mit dem konzipierten Reinigungskonzept scheint ein Rückhalt von Schwermetallen nur dann in nennenswertem Umfang möglich, wenn sie in partikulärer Form oder an Partikeln assoziiert vorliegen. In den weiteren Untersuchungen sollte sich zeigen, ob die bisher beobachteten Schwankungen der Zulaufkonzentrationen jahreszeitlich bedingt oder eher zufälliger Natur sind.

Danksagung

Dem Ministerium für Umwelt, Raumordnung und Landwirtschaft des Landes Nordrhein-Westfalen wird für die finanzielle Förderung des Untersuchungsvorhabens gedankt.

Literatur

[1] Grotehusmann, D.: Versickerung von Niederschlagsabflüssen unter Berücksichtigung des Grundwasserschutzes. Schriftenr. Stadtentwässerung und Gewässerschutz Nr. 12, SuG-Verlagsgesellschaft, Hannover 1995.

[2] Kolb, F. R.: Niederschlagswasser – Verschmutzung, Kontaminationen, Versickerungsmethoden und Kostenentwicklung. Wasser-Abwasser-Praxis 4, 20–28 (1998).

[3] Berbee, R., Rijs, G., de Brouwer, R. u. van Veizen, L.: Characterization and treatment of runoff from highways in the Netherlands paved with impervious and pervious asphalt. Water Environ. Res. *71*, 2, 183–190 (1999).

[4] Heinzmann, B.: Beschaffenheit und Bedeutung städtischer Regenabflüsse im Trennsystem. Gas-Wasserfach, Wasser-Abwasser *135*, 7, 381–390 (1994).

[5] Sontheimer, H., Frick, B., Fettig, J., Hörner, G., Hubele, C. u. Zimmer, G.: Adsorptionsverfahren zur Wasserreinigung, S. 42 u. 47. DVGW-Forschungsstelle, Karlsruhe 1985.

Prüfung der biologischen Abbaubarkeit von schwerlöslichen und oberflächenaktiven Stoffen in einem neuen Testsystem auf Basis des Zahn-Wellens-Tests

Determination of the Biodegradability of Poorly Soluble and Adsorbing Substances in a New Test System Based on the Zahn-Wellens-Test

Stefan Meinecke, Claudia Norr** und *Holger Brackemann***

Schlagwörter

Biologische Abbaubarkeit, Inhärente Abbaubarkeit, Mineralisierung, Stoffuntersuchung, Stoffbewertung, Zahn-Wellens-Test

Summary

Based on the Zahn-Wellens-Test (OECD 302 B, DIN EN ISO 9888, 67/548/EWG) a test system for the determination of the inherent biodegradability of poorly soluble and adsorbing substances is described.
The apparatus consists of a closed system with air circulation improve oxygen transportation, rapid stripping of carbon dioxide and mixing of the test solution.
The set up enables the parallel determination of carbon dioxide production (via conductivity measurement) and oxygen consumption (via pressure measurement). Both parameters indicate the total mineralisation of organic substances. The measured values are computer-assisted taken up continuously at adjustable intervals. Sequential work by laboratory personnel is not necessary. The functional reliability of the device has been demonstrated in degradation experiments with selected soluble and poorly soluble test substances.

Zusammenfassung

Zur Bestimmung der inhärenten biologischen Abbaubarkeit wurde auf Basis des Zahn-Wellens-Tests (OECD 302 B, DIN EN ISO 9888, 67/548/EWG) ein Verfahren entwickelt, das auch die Prüfung von schwerlöslichen, adsorbierbaren und oberflächenaktiven Substanzen ermöglicht.
Basis des Verfahrens ist ein geschlossenes System. Die Kreislaufführung des Luftvorrates dient der Verbesserung des Sauerstofftransportes und zur Durchmischung des Testansatzes. Der gewählte Versuchsaufbau ermöglicht die Bestimmung der Sauerstoffabnahme und der Kohlendioxid-Entwicklung. Diese beiden Summenparameter weisen einen direkten Bezug zur Mineralisation auf und können für eine höhere Ergebnissicherheit parallel bestimmt werden. Die Messung wird halbkontinuierlich computergestützt durchgeführt und bedarf während der Inkubationsphase keiner weiteren Betreuung. Anhand von verschiedenen löslichen und schwerlöslichen Testsubstanzen konnte beispielhaft die Funktionsfähigkeit der entwickelten Messapparatur nachgewiesen werden.

* Dipl.-Ing. Stefan Meinecke, Dr. Claudia Norr, Umweltbundesamt, FG IV 2.6 – Untersuchung und Bewertung wassergefährdender Stoffe, Schichauweg 58, 12307 Berlin, E-Mail-Adresse: wgk@uba.de.

** Dr. Holger Brackemann, Umweltbundesamt, FG II 3.1 – Übergreifende Angelegenheiten, Gewässergüte und Wasserwirtschaft, Bismarckplatz 1, 14193 Berlin.

1 Einleitung

Die biologische Abbaubarkeit von Stoffen ist ein wesentliches Kriterium für die Bewertung von Stoffen, um deren Umweltgefährlichkeit zu beurteilen. Entsprechend findet die Abbaubarkeit eines Stoffes als ein wesentliches Bewertungskriterium in vielen nationalen und internationalen Vorschriften und Gesetzen Berücksichtigung, wie z. B. im Chemikalienrecht, Gefahrstoffrecht [1] oder für die Einstufung in Wassergefährdungsklassen [2].

In den meisten Regelungsbereichen kommt dabei eine zwei- bzw. dreistufige Testhierarchie zur Anwendung:

- Tests zur Prüfung der leichten Abbaubarkeit,
- Tests zur Prüfung der inhärenten Abbaubarkeit,
- Simulationstests.

Bei den Testverfahren zur leichten und inhärenten Abbaubarkeit handelt es sich um Batch-Verfahren, die mit verhältnismäßig geringem technischen und finanziellen Aufwand durchzuführen sind. Kennzeichnend für die inhärenten Testverfahren ist eine im Vergleich deutlich höhere Test- und Inokulumkonzentration. Zur Bestimmung der leichten Abbaubarkeit gibt es eine große Auswahl an genormten Testverfahren (z. B. OECD 301 A-F) [3], während eine Prüfung der inhärenten Abbaubarkeit auf 2 Testverfahren beschränkt ist. Der weitverbreitete und international anerkannte Zahn-Wellens-Test [4 bis 6] ist aufgrund des Analyseparameters DOC bzw. CSB nur für die Prüfung von leicht löslichen, nicht adsorbierenden Stoffen geeignet. Zur Prüfung schwerlöslicher Testsubstanzen steht als genormtes Verfahren nur der sehr aufwendige und außerhalb Japans kaum angewendete MITI-II-Test [7], ein modifizierter Respirometertest, zur Verfügung.

Es ist also sinnvoll, die Möglichkeiten zur Untersuchung der inhärenten Abbaubarkeit um ein geeignetes Testverfahren zur Prüfung schwerlöslicher und adsorbierender Stoffe zu ergänzen.

Methoden für die parallele Bestimmung des Sauerstoffverbrauchs und der Kohlendioxidproduktion wurden bereits in der Literatur beschrieben. Einige dieser Methoden verwenden einen Respirometer für die Sauerstoffverbrauchsmessung [8 und 9]. Diese Messmethodik stellt hohe Anforderungen an die Temperaturstabilität und ist vergleichsweise teuer. Problematisch ist auch, dass das entstehende Kohlendioxid nicht aktiv aus der wässrigen Phase ausgestrippt werden kann und so eine zeitliche Verzögerung der Detektion nicht ausgeschlossen ist. In einem einfacher gestalteten Verfahren, vorgeschlagen von *Benz* et al. [10] ist eine kontinuierliche Messung der Kohlendioxid-Entwicklung nicht möglich. Das Verfahren erlaubt lediglich die Bestimmung des Anfangs- und Endwertes.

Ausgehend vom Zahn-Wellens-Test wurde in dieser Arbeit ein neuer Test entwickelt, der neben der Prüfung von leicht löslichen Stoffen auch für Abbauuntersuchungen von Problemstoffen (schwerlösliche, adsorbierende oder oberflächenaktive Stoffe) angewendet werden kann. Die Anordnung ist ein geschlossenes System, in dem der Abbau über den Sauerstoffverbrauch (Druckabfall) und die Kohlendioxidproduktion (Leitfähigkeitsänderung in einer Absorberlösung) verfolgt wird. Besonderes Augenmerk wurde bei der Entwicklung darauf gelegt,

- ein nahezu automatisch arbeitendes System zu erhalten,
- im Vergleich zum Respirometer geringere Anschaffungskosten zu erzielen,

- handelsübliche Geräte und Materialien zu verwenden und auf Sonderanfertigungen, soweit möglich, zu verzichten,
- mindestens 2 unabhängige Parameter zur Verfolgung des Abbaus parallel zu bestimmen,
- optional die Bestimmung weiterer Parameter zu ermöglichen,
- mit kleinen Modifikationen auch die Prüfung der leichten und der anaeroben Abbaubarkeit vornehmen zu können.

2 Materialien und Methoden

2.1 Testapparatur

Jeder einzelne Messansatz besteht aus den Komponenten Kulturflasche, Waschflasche (mit Kohlendioxid-Absorberlösung), Leitfähigkeitselektrode, Drucksensor, einer Membranpumpe sowie Verbinder und Teflonschläuchen. Der schematische Aufbau ist in Bild 1 dargestellt.

In dem geschlossenen System wird die vorhandene Luft mittels einer Membranpumpe durch die Testlösung und anschließend durch die Absorberlösung geführt. Die Luftzirkulation dient neben der Sauerstoffversorgung der Bakterien und dem Ausstrippen des entstehenden Kohlendioxids auch der Durchmischung der Testlösung. Durch tangentiale Anordnung der Belüftungseinrichtung wird die Flüssigkeit in eine leichte Drehbewegung versetzt. Bei ausreichender Strömungsgeschwindigkeit kann so auf die Verwendung eines Magnetrührers verzichtet werden.

Die für den Zahn-Wellens-Test vorgeschriebene Temperaturkonstanz von 22,5 ± 2,5 °C stellt aufgrund der Temperaturabhängigkeit der Druckmessung ein Problem dar. Bei Verzicht auf eine kostenintensive Thermostatisierung müssen die Messwerte rechnerisch kompensiert werden. Hierzu ist eine zusätzliche Temperaturmessung notwendig. Die Messsignale werden über einen Multiplexer (Leitfähigkeit, Temperatur) bzw. über Analog/Digital-Wandler (Druck) an einen handelsüblichen Personalcomputer übermittelt und gespeichert.

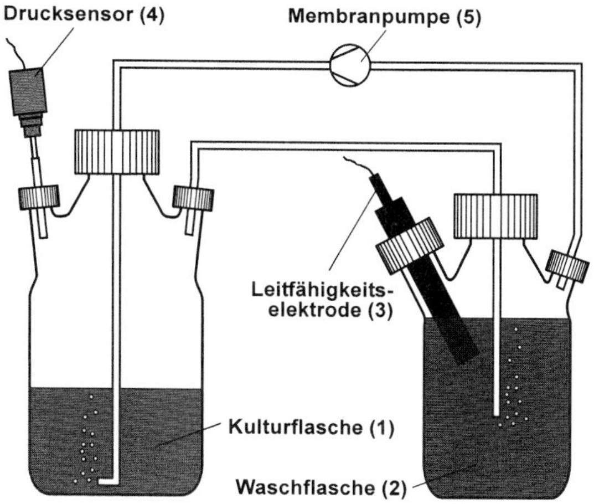

Bild 1. Schematischer Versuchsaufbau.

2.2 Versuchsdurchführung

Der Test wurde weitgehend nach den Vorgaben des Zahn-Wellens-Tests [4 bis 6] durchgeführt. Die Testlösung bestand aus einem anorganischen Medium entsprechend OECD 302 B [4] mit der Testsubstanz als einzige Kohlenstoffquelle. Testansätze und Kontrollen (Ansätze ohne Testsubstanzzugabe) wurden jeweils doppelt hergestellt und gemessen. Hinzu kam ein weiterer Ansatz mit der Referenzsubstanz Diethylenglykol um die Aktivität des verwendeten Belebtschlamms zu prüfen.

Als Absorberreagenz wurde eine 0,0175 molare Bariumhydroxid-Lösung verwendet.

Schwerlösliche Substanzen wurden direkt ins Testmedium appliziert. Folgende Modifikationen gegenüber dem klassischen Zahn-Wellens-Test wurden vorgenommen:

- Testdurchführung im geschlossenen System,
- Begrenzung der Inokulumkonzentration auf 0,3 g/l,
- Begrenzung der Testsubstanzkonzentration entsprechend des individuellen biologischen Sauerstoffbedarfs (BSB) unter Berücksichtigung des Sauerstoffvorrates im Testsystem,
- 1 Tag Vorkonditionierung zur Verringerung der Grundaktivität des Belebtschlamms.

Die Versuche wurden unter üblichen Laborbedingungen ohne spezielle Thermostatisierung durchgeführt (Bild 2).

In Tabelle 1 sind alle verwendeten Geräte sowie Versuchsbedingungen, soweit von OECD 302 B abweichend, zusammengefasst.

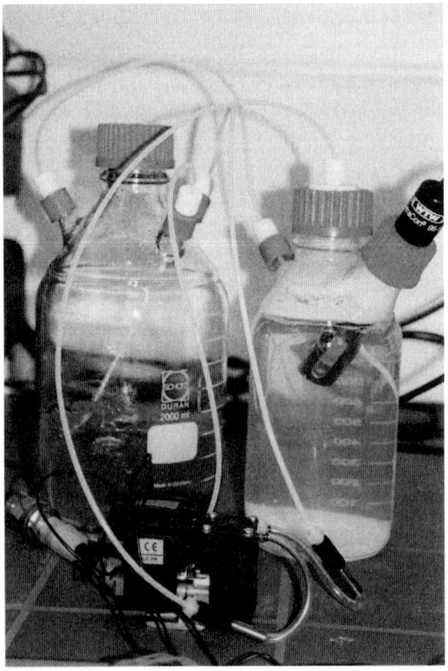

Bild 2. Versuchsdurchführung.

Tabelle 1. Verwendete Geräte und Versuchsbedingungen (sofern von OECD 302 B abweichend).

Gerät/Parameter	Spezifikation
Leitfähigkeitsmessgerät	LF 3000, Fa. WTW
Druckaufnehmer	PDCR 910, PMP 4010 Fa. Druck Limited, England
Membranpumpen	NMP 30, Fa. KNF Neuberger
Testgefäße	2 l Kulturflaschen mit Gl 45- und 3 × Gl 18-Gewinde, Fa. Ochs
Waschflaschen	1 l Flaschen mit Gl 45-, Gl 32- und Gl 18-Gewinde, Fa. Ochs
Volumen Testlösung	750 ml
Absorptionslösung	1000 ml $Ba(OH)_2$ (0,0175 m)
Luftvolumen	1690 ml
Belüftungsrate	ca. 1000 ml/min
Inokulumkonzentration	300 mg/l TS
Vorkonditionierung	24 h

2.3 Durchgeführte Untersuchungen

Die Funktionsfähigkeit des Aufbaus wurde an 3 leicht löslichen Substanzen, Diethylenglykol, Phenol und Chloralhydrat nachgewiesen. Phenol und Diethylenglykol sind leicht bzw. inhärent abbaubare Substanzen. Chloralhydrat gilt als nicht inhärent abbaubar [11] und wurde als Negativkontrolle getestet.

Die Eignung als Testsystem für schwerlösliche Stoffe wurde anhand der Testsubstanzen Ölsäure-2-ethylhexylester, Isopropylmyristat und Palmitinsäure überprüft. Adsorbierende Testsubstanzen mit tensidischem Charakter können aufgrund der Luftzirkulation und der damit verbundenen Schaumbildung nur mit Hilfe eines Antischaummittels geprüft werden. Das verwendete Antischaummittel darf dabei während des Testzeitraums nicht abbaubar sein. Nach Voruntersuchungen zur Antischaumwirkung und Bakterientoxizität wurde das Antischaummittel TEGO Antifoam 793, ein modifziertes Polyetherpolysiloxan, als geeignet ausgewählt und im Testsystem auf seine Abbaubarkeit überprüft.

Tabelle 2. Physikalisch-chemische Daten und Testkonzentrationen der geprüften Substanzen.

Testsubstanz	Wasserlöslichkeit (mg/l, 20 °C)	ThSB (mg/mg)	ThOC (mg/mg)	Testkonzentration (mg/l)
Phenol	90.000	2,38	0,766	145,2
Diethylenglykol	mischbar	1,51	0,453	224,5
TEGO Antifoam 793	mischbar (Herstellerangabe)	1,97	0,51	302,7
Chloralhydrat	4740.000	0,193	0,145	1757
Isononylphenol, ethoxyliert (9EO)	Mischbar	2,23	0,643	151
Ölsäure-2-ethylhexylester	<1	3,04	0,791	108,2
Isopropylmyristat	<1	2,9	0,755	117
Palmitinsäure	<1	2,87	0,749	118,2

In Tabelle 2 sind die für die Prüfung wichtigen Daten zu den verwendeten Testsubstanzen aufgeführt. Die schwer wasserlöslichen Substanzen wurden, soweit flüssig, direkt mittels Pipette appliziert. In Vorversuchen erfolgte jeweils die Kalibrierung der Pipetten auf die schwerlösliche Flüssigkeit. Schwerlösliche Feststoffe wurden auf einem Glasträger direkt eingewogen und in das Testgefäß eingebracht.

2.4 Berechnung der Testergebnisse

Sowohl Druck- als auch Leitfähigkeitsmessungen sind temperaturabhängig. Für die Leitfähigkeitsmessungen wurden Messgeräte mit automatischer Temperaturkompensation (Kompensation auf eine Referenztemperatur) verwendet. Bei der Druckmessung in einem geschlossenen System sind die Gasausdehnung, der Wasserdampfdruck, die Flüssigkeitsausdehnung und die Wasserlöslichkeit der Gase temperaturabhängige Größen, die bei Temperaturschwankungen ab 0,5 °C das Messergebnis nachhaltig beeinflussen und berücksichtigt werden müssen. Da auch Drucksensoren selbst eine Temperaturempfindlichkeit aufweisen, wurden für die Messungen ausschließlich temperaturkompensierte Druckaufnehmer verwendet.

2.4.1 Sauerstoffverbrauch

Um auf eine aufwendige Thermostatisierung verzichten zu können, wurde für jeden Ansatz bei jedem Messzyklus auch die Temperatur erfasst, und mittels dieser Werte eine Korrektur der Druckmessung vorgenommen. Die temperaturabhängige Änderung des Flüssigkeitsvolumens und die temperaturabhängige Löslichkeit von Sauerstoff und Stickstoff können im vorgegebenen Temperaturbereich von 20–25 °C vernachlässigt werden.

Die Umrechnungen auf die Referenztemperatur 22 °C wurden entsprechend den Gleichungen 1–3 durchgeführt:

$$P_{korrigiert} = P_{Wasserdampf} + P_{Luft} \quad (1)$$

$P_{Wasserdampf}$ = 2642 Pa (Wasserdampfsättigungsdruck bei 22 °C)

$$P_{Luft} = (P_t - P_{H_2O(\vartheta)}) * 295.15/T_t \quad (2)$$

P_t = zum Zeitpunkt t gemessener Druck in Pa
295,15 = Referenztemperatur (22 °C) in K
T_t = zum Zeitpunkt t gemessene Temperatur in K

$$P_{H_2O(\vartheta)} = 288{,}68 * (1{,}098 + (\vartheta/100\,°C))^{8{,}02} \quad (3)$$

ϑ = gemessene Temperatur in °C

Gleichung 3 ist eine Näherungsgleichung für den Temperaturbereich 0 bis 30 °C [12].

Der Sauerstoffverbrauch wird aus den temperaturkorrigierten Druckwerten wie folgt berechnet:

$$BSB_t = (P_0 - P_t)/(P_0 * v_{O_2}) * m_{O_2} \text{ in mg} \quad (4)$$

P_0 = gemessener Druck zu Beginn des Tests in mbar
P_t = gemessener Druck zum Zeitpunkt t in mbar
v_{O_2} = Raumanteil Sauerstoff in der Luft bei vollständiger Wasserdampfsättigung.

m_{O_2} ist der systemspezifische Sauerstoffvorrat in mg zum Zeitpunkt 0, der für das vorgestellte Testsystem 475,42 mg/l beträgt. Die Berechnung ergibt sich aus:

$$m_{O_2} = m_L * \xi_{O_2} + V_F * c_{O_2} \tag{5}$$

m_L = Luftvorrat im Testsystem in mg
V_F = Flüssigkeitsvolumen in l
C_{O_2} = Sauerstoffkonzentration in der Testflüssigkeit in mg/l (im vorgeschlagenen Verfahren identisch mit der Sättigungskonzentration)
ξ_{O_2} = Massenanteil Sauerstoff in der Luft zum Zeitpunkt O

Der prozentuale Abbau ist nach der folgenden Gleichung berechnet worden:

$$D_{Test} = 100 * (BSB_{Test} - BSB_{Blank})/ThSB \text{ in } \% \tag{6}$$

BSB_{Test} = Biologischer Sauerstoffbedarf des Ansatzes mit der Testsubstanz in mg/l
BSB_{Blank} = Biologischer Sauerstoffbedarf des Blank-Ansatzes (Ansatz ohne Testsubstanz) in mg/l
ThSB = theoretischer Sauerstoffbedarf in mg/l

2.4.2 Kohlendioxidproduktion

Die Bestimmung der Kohlendioxidproduktion basiert auf der Leitfähigkeitsänderung einer Bariumhydroxid-Lösung [13]. In Anwesenheit von Kohlendioxid wird schwerlösliches Bariumcarbonat gebildet. Die Leitfähigkeit nimmt hierbei annähernd proportional ab.

Bariumhydroxid wurde Natriumhydroxid wegen der größeren Leitfähigkeitsänderung vorgezogen. Um Messfehler durch Bariumcarbonatablagerungen auf der Elektrode zu minimieren, wurden ausschließlich Leitfähigkeitsmesszellen mit 4-Elektrodensystem eingesetzt.

Die Berechnung der Kohlendioxidproduktion basiert auf einer empirisch ermittelten Gleichung, die für 1 l einer 0,05 molaren Bariumhydroxidlösung ermittelt wurde:

$$m_{CO_2} = 602{,}54 - 27{,}528 * \chi - 0{,}148 * \chi^2 \text{ in mg} \tag{7}$$

χ = Leitfähigkeit in mS/cm

Durch Differenzbildung kann so aus einer beliebig konzentrierten ($\leq 0{,}05$ mol/l) Bariumhydroxidlösung die Kohlendioxidproduktion ermittelt werden:

$$m_{CO_2} = 27{,}52 * (\chi_0 - \chi_t) + 0{,}148 * (\chi_0^2 - \chi_t^2) \text{ in mg} \tag{8}$$

χ_0 = Leitfähigkeit zu Beginn des Tests in mS/cm
χ_t = Leitfähigkeit zum Zeitpunkt t in mS/cm

Der prozentuale Abbau berechnet sich analog zu Gleichung 6 aus der ermittelten Kohlendioxidproduktion und der theoretischen Kohlendioxidmenge der Testsubstanz.

3 Ergebnisse

Um die Eignung des Produktes TEGO Antifoam 793 als Antischaummittel für die Ermittlung des inhärenten Abbaus von Tensiden zu prüfen, wurden Voruntersuchungen zur Bakterientoxizität und zur notwendigen Einsatzkonzentration durchgeführt. Die vom Hersteller empfohlenen Zugaben von 5 mg Antischaummittel pro 100 mg Tensid musste wegen der starken Schaumbildung infolge der kontinuierlichen Belüftung je nach Tensid leicht erhöht werden.

Eine Konzentration von 10 mg TEGO Antifoam 793 pro 100 mg Tensid war aber in jedem Fall ausreichend.

Die Bakterientoxizität von TEGO Antifoam 793 wurde nach DIN EN ISO 10712 [14] geprüft. Bis zur höchsten Testkonzentration von 800 mg/l konnte keine Hemmung der Zellvermehrung von *Pseudomonas putida* festgestellt werden.

TEGO Antifoam 793 sowie weitere lösliche und schwerlösliche Testsubstanzen wurden mit dem vorgestellten Testsystem auf inhärente biologische Abbaubarkeit untersucht. Die Ergebnisse sind in Tabelle 3 zusammengefasst.

Tabelle 3. Prozentualer Abbau der Testsubstanzen nach 28 Tagen.

Testsubstanz	Sauerstoffzehrung Abbau in %	CO_2-Freisetzung Abbau in %
Phenol	72	80
Diethylenglykol	72	68
(Referenzsubstanz, Ansätze aus verschiedenen	88	78
Testreihen)	(–)*	80
	70	87
TEGO Antifoam 793	11	13
Isononylphenol, ethoxyliert (9EO)	24	21**
Chloralhydrat	<0 (Hemmung)	<0 (Hemmung)
Ölsäure-2-ethylhexylester	67,8*	78
Isopropylmyristat	74*	69
Palmitinsäure	64	63*

Die Ergebnisse zum Abbau der Testsubstanzen sind als Mittelwert von Doppelansätzen angegeben. * Messungen eines Ansatzes waren nicht auswertbar. Das Ergebnis bezieht sich hier auf die Auswertung eines Ansatzes. ** Abweichung des Abbaugrades zwischen den beiden Parallelen.

Exemplarisch sind für Diethylenglykol und TEGO Antifoam 793 der Verlauf der Druckentwicklung unter Berücksichtigung der gemessenen und rechnerisch kompensierten Druckwerte, des berechneten Sauerstoffverbrauchs und der aus der Leitfähigkeitsmessung abgeleiteten Kohendioxidentwicklung dargestellt (Bild 3 bis 5).

In Bild 6 ist für TEGO Antifoam 793, Nonylphenol, ethoxyliert mit 9 EO (Marlophen), und die Referenzsubstanz Diethylenglykol der aus den Parallelansätzen gemittelte prozentuale Abbau aufgetragen.

TEGO Antifoam 793 erreicht einen Abbaugrad von 12 bzw. 13 % und ist nach OECD-Kriterien als nicht inhärent abbaubar zu betrachten. Da die Abbaubarkeit von TEGO Antifoam 793 mit einer mehr als 10-fach höheren Konzentration getestet wurde als für den Einsatzzweck als Antischaumzusatz empfohlen, ist eine Prüfung von Tensiden bei Zugabe von TEGO Antifoam 793 ohne nennenswerten Einfluss auf das Testergebnis.

Isononylphenol, ethoxyliert mit 9 EO-Einheiten, wurde mit Zusatz von Antifoam geprüft. Die Ergebnisse sind in Tabelle 3 und Graphik 6 dargestellt. Der erzielte Abbaugrad von 24 bzw. 21 % ist niedriger als in zuvor durchgeführten CO_2-Headspacetests (Inokulumkonzentration 4 mg/l) mit erzielten Abbauwerten von 36 % und 42 %. In einem weiteren CO_2-Headspacetest mit adaptiertem Inokulum wurden 39 % erzielt. Alle Angaben beziehen sich hierbei

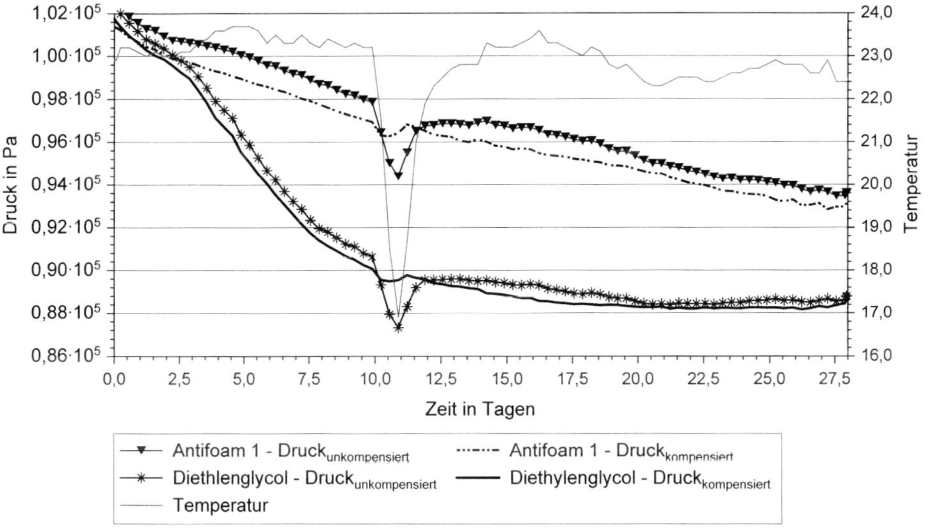

Bild 3. Druckentwicklung und Druckentwicklung nach rechnerischer Kompensation von TEGO Antifoam 793 und Diethylenglykol.

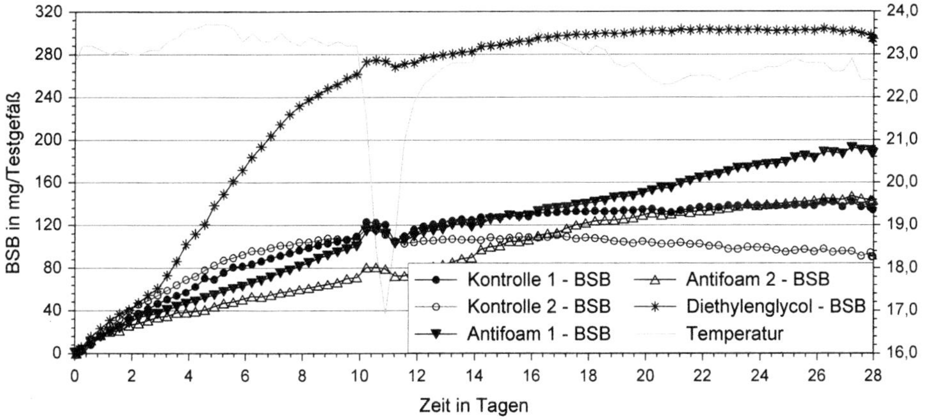

Bild 4. CO_2-Entwicklung von TEGO Antifoam 793 und Diethylenglykol.

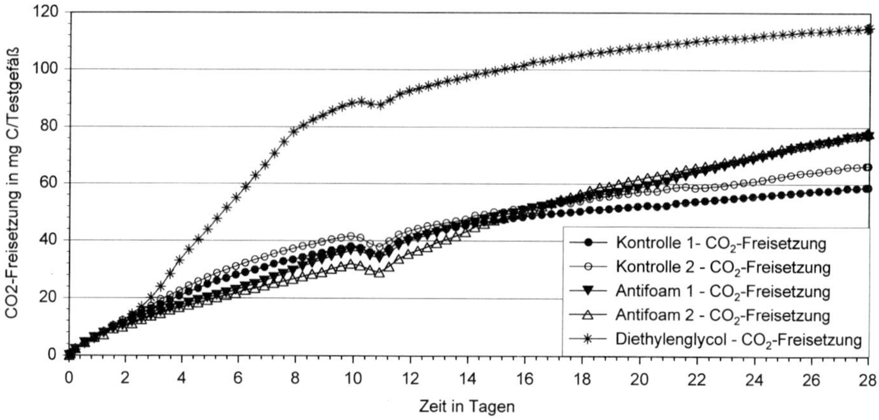

Bild 5. CO_4-Produktion von TEGO Antifoam 793 und Diethylenglykol in mg C/Testgefäß.

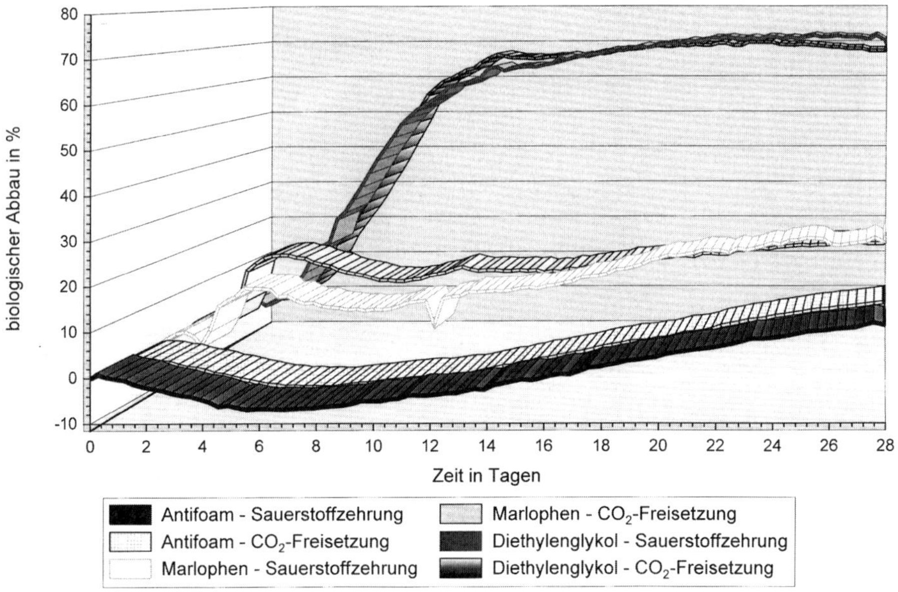

Bild 6. Abbau von TEGO Antifoam 793, Diethylenglykol und Isononylphenol, ethoxyliert mit 9 EO (Marlophen).

auf einen Testzeitraum von 28 Tagen (eigene Untersuchungen veröffentlicht in [15]). Die Bakterientoxizität nach DIN 38412 T 8 wird vom Hersteller mit $EC_{10}>10$ g/l angegeben [16], so dass toxische Effekte nicht als Ursache für den niedrigeren Abbaugrad in Frage kommen.

Die wasserlöslichen Testsubstanzen Phenol und Diethylenglykol wurden vollständig abgebaut. Das als Negativprobe eingesetzte Chloralhydrat zeigte hingegen keinen Abbau. Die schwerlöslichen Testsubstanzen wurden entsprechend den Erwartungen abgebaut. Der im Verhältnis zu den schwerlöslichen Flüssigkeiten niedrigere Abbaugrad von Palmitinsäure ist auf die geringere Bioverfügbarkeit des Feststoffes zurückzuführen.

4 Schlußbetrachtung

Das neu entwickelte Testverfahren stellt eine sinnvolle Ergänzung zum Zahn-Wellens-Test dar. Es können sogenannte Problemstoffe, insbesondere schwerlösliche Stoffe, auf ihre Abbaubarkeit untersucht werden. Durch die kontinuierliche Belüftung ist auch bei schwerlöslichen, flüssigen Stoffen eine ausreichende Sauerstoffversorgung gegeben.

Mit Hilfe des Antischaummittels TEGO Antifoam 793 ist auch eine Prüfung von Tensiden möglich. TEGO Antifoam ist bis 800 mg/l nicht bakterientoxisch und schwer abbaubar. In den Einsatzkonzentrationen als Antischaummittel ist keine nennenswerte Verfälschung des Abbauergebnisses von Tensiden zu befürchten. Für alle getesteten Substanzen zeigten die Messungen des Sauerstoffverbrauchs und der Kohlendioxidentwicklung gute Übereinstimmung. Die erzielten Abbaugrade entsprechen den Erwartungen, basierend auf Literaturwerten [11, 15 bis 17] und eigenen Untersuchungen mit anderen Testverfahren. Lediglich der im Vergleich mit früheren Prüfungen niedrigere Abbaugrad von Nonylphenol, ethoxyliert, ist überraschend.

Wie in Bild 4 gut zu erkennen, ist unter den gewählten Bedingungen mit einer Inokulumkonzentration von 300 mg/l und Testsubstanzkonzentrationen von ca. 330 mg/l theoretischem BSB noch eine recht hohe Grundatmung zu verzeichnen. Bezogen auf die abbaubare Referenzsubstanz Diethylenglykol beträgt das Verhältnis Substratatmung/Grundatmung ungefähr 1:1. Bei nicht vollständig abbaubaren Substanzen bzw. Substanzen, die aufgrund von toxischen Eigenschaften nicht in beliebigen Konzentrationen prüfbar sind, wird dieses Verhältnis kleiner, mit der Konsequenz, dass Schwankungen der Grundatmung einen größeren Effekt auf die berechnete Abbaurate haben. Um diesen Einfluss zu reduzieren, sollte ein optimales Verhältnis von Substratkonzentration und Inokulumkonzentration gewählt werden. Zu beachten ist, dass es aufgrund des begrenzten Sauerstoffvorrates zu keiner Sauerstoffunterversorgung kommen darf. Im Zahn-Wellens-Test sind Inokulumkonzentrationen von 200 bis 1000 mg/l vorgegeben. Somit ist z. B. für die Prüfung von toxischen Substanzen noch Spielraum vorhanden, die Grundatmung durch Reduzierung der Inokulumkonzentration um bis zu 33 % zu senken. Eine weitere Reduzierung der Grundatmung ist durch Verlängerung der Vorkonditionierungsphase von 1 Tag auf 3 Tage denkbar. Im Vergleich zum Zahn-Wellens-Test wird nicht die Elimination (als DOC) der Testsubstanz sondern die Mineralisierung in Form von Sauerstoffverbrauch und Kohlendioxidproduktion bestimmt. Da ein Teil des umgesetzten Substrates nicht für die Energiegewinnung sondern auch zu Biomasse umgesetzt wird, ist der Abbaugrad bezogen auf die Mineralisierung natürlicherweise geringer als der Abbaugrad bezogen auf die Elimination.

Für die Akzeptanz des Testverfahrens sind daher die Grenzwerte für die inhärente Abbaubarkeit in den entsprechenden Vorschriften und Regelungen, z. B. Gefahrstoffverordnung [1], Risk Assesment [18] zu diskutieren. Eine vergleichbare Regelung wie bei den Testverfahren auf leichte Abbaubarkeit, hier gelten für Eliminationstests Grenzwerte von 70 % Elimination, für alle anderen Testverfahren 60 % Abbau, wäre nur konsequent.

Das Umweltbundesamt sieht die Möglichkeit, mit diesem Verfahren eine Lücke im Instrumentarium zur Bestimmung der inhärenten Abbaubarkeit zu schließen, und strebt die internationale Standardisierung an.

Ziel unserer weiteren Arbeiten ist, durch Detailverbesserungen die Anwenderfreundlichkeit des Testsystems weiter zu erhöhen und die Messapparatur in einem Gehäuse mit Steuerung und Messsensorik zu einer kompakten Geräteeinheit (akuteller Entwicklungsstand siehe Bild 7) zusammenzufassen. Eine experimentelle Überprüfung der Eignung des Testsystems zur Prüfung der leichten und der anaeroben Abbaubarkeit schließt sich an.

Bild 7.
Aktueller Stand der Prototypentwicklung.

Literaturverzeichnis

[1] Weimann, W., Thomas, H.-P. u. Klein, H. A.: Gefahrstoffverordnung mit Chemikaliengesetz Teil I; Carl Heymann Verlag, Köln, 1999.
[2] Bundesministerium der Justiz (Hrsg.): Verwaltungsvorschrift wassergefährdender Stoffe – VwVwS; Bundesanzeiger Nr. 98a, 29. Mai 1999.
[3] OECD 301 A-F: Guidline for testing of chemicals, ready biodegradability, 1992.
[4] OECD 302 B: Guidline for testing of chemicals, inherent biodegradability, Zahn-Wellens-Test, 1992.
[5] DIN EN ISO 9888: Wasserbeschaffenheit, Bestimmung der aeroben biologischen Abbaubarkeit organischer Stoffe in einem wässrigen Medium, Statischer Test (Zahn-Wellens-Test), 1998.
[6] EG-Amtsblatt: Anhang 5 der Richtlinie 67/548/EWG Teil C.9, 1988.
[7] OECD 302 C: Guidline for testing of chemicals, inherent biodegradability, MITI(II)-Test, 1992.
[8] Govind, R., Gao, C., Lai, L. u. Tabak, H. H.: Continuous, automated and simultaneous measurement of oxygen uptake and carbon dioxide evolution in biological systems; Water environment research *69*, 73–80 (1997).
[9] Schäfer, A., Müller, W.-R. u. Engel, C.: Kontinuierliche CO_2-Messung im Respirometer als zusätzliches Abbaukriterium; Gas-Wasserfach, Wasser-Abwasser *138*, 570–576 (1997).
[10] Benz, M., Peter, G. u. Baumann, U.: Simultane Bestimmung von BSB und CO_2-Produktion; Chemie in Labor und Biotechnik *48*, 418–421 (1997).
[11] Umweltbundesamt (Hrsg.): Dokumentation wassergefährdender Stoffe – Datenblattsammlung; S-Hirzel Verlag, Stuttgart Loseblattsammlung, 1997–2000.
[12] Hygrotec GmbH (Hrsg.): Feuchtemeßtechnik – Klimatechnische Begriffe, Feuchtemeßverfahren, Formeln und Konstanten; Titisee-Neustadt, 1998.
[13] Gesellschaft Deutscher Chemiker und Deutsches Institut für Normung (Hrsg.): Deutsche Einheitsverfahren zur Wasser-, Abwasser- und Schlammuntersuchung, Bestimmung der Summe des gelösten Kohlendioxids (G1). Wiley-VCH/Beuth, Weinheim/Berlin, 1999.
[14] DIN EN ISO 10712 Wasserbeschaffenheit – Pseudomonas putida Wachstumshemmtest (Pseudomonas-Zellvermehrungshemmtest), 1996.
[15] Reynolds, P., Painter, H., Gunby, A. u. Thornton, A.: Surfactant ring test – I; EU Report No.: 4697, 1999.
[16] Contensino Chemicals GmbH (Hrsg.): Sicherheitsdatenblatt zu Marlophen NP 9, Marl, 1998.
[17] Howard, P. H.: Handbook of environmental degradation rates; Lewis Publishers Chelsea, 1991.
[18] ECB (Hrsg.): Technical guidance documents in support of the commission directive 93/67/EEC on risk assessment for new notified substances and the commission regulation (EC) 1488/94 on risk assessment for existing substances; Ispra, 1996.

Die Entwicklung einer Hochleistungstiefenfiltration zur Abwasserreinigung

On the Development of a High Rate Deep Bed Filtration System for Waste Water Treatment

André Lerch, Andreas Nahrstedt*, Rolf Gimbel*, Stephen Gray*** und *Nicholas Booker***

Schlagwörter

Abwasserfiltration, Aufwärtsfiltration, Flockung, Partikelelimination, synthetische Filtermaterialien, Tiefenfiltration, Kläranlagenüberlauf

Summary

High rate filtration (20–50 m/h) of sewage by coarse plastic media has been investigated, with a long term view to developing a technology for the compact treatment of sewer overflows and for replacing primary sedimentation tanks. The subject of this work was the development and investigation of dual filter media systems for sewage treatment and determination of how filter media type and flocculation chemicals can be used to enhance the separation of solids in this high rate filtration process. The aim of the dual filter system is to achieve high TSS removals at fast filtration rates (20–50 m/h) while simultaneous decreasing the dose of flocculation chemicals to its minimum. Therefore, two sets of experiments were carried out. The first experiment was a screening experiment to investigate different combinations of filter media and their influence on total suspended solids (TSS) reduction and turbidity reduction for screened sewage. Hence, a series of removal curves were measured for those media combinations with a filtration velocity of 30 m/h, with and without adding flocculation chemicals. Further investigations of one chosen combination of filter media were done. The second experimental part of this work was based on a statistical quadratic standard response surface experiment which investigated the influence of filtration velocity and flocculation dose on the retention efficiency of the chosen dual media system. Again a series of breakthrough curves were measured for the parameters TSS, turbidity, and chemical oxygen demand (COD). The statistical evaluation of the second experiment delivered regression polynomial equations for these parameters which were used to visualise isolines as response surfaces. These surfaces showed the calculated results of the polynomial equations against the investigated filtration velocity and flocculation dose range. These results of the experiments could be confirmed with computer aided calculations.

Zusammenfassung

Im Hinblick auf die Entwicklung einer kompakten Abwasserreinigungstechnologie zur Behandlung von Kläranlagenüberläufen, bzw. als Ersatz von Sedimentationsbecken in der Vorklärung, wurde eine Hochleistungstiefenfiltration mittels offener, poröser Filterkörper

---

* Dipl.-Ing. A. Lerch, Dr.-Ing. A. Nahrstedt, Prof. Dr.-Ing. habil. R. Gimbel, Gerhard-Mercator-Universität Duisburg, Fachbereich Maschinenbau, Fachgebiet Verfahrenstechnik/Wassertechnik, 47048 Duisburg und IWW Rheinisch-Westfälisches Institut für Wasserforschung gemeinnützige GmbH, Moritzstr. 26, 45476 Mülheim/Ruhr.

** Dr. S. Gray, Dr. N. Booker, CSIRO Molecular Science, Private Bag 10, Clayton South MDC, VIC 3169, Australien.

aus Kunststoff zur Filtration von Roh-Abwasser untersucht. Gegenstand dieser Arbeit war die Entwicklung und Untersuchung eines zweistufigen Hochleistungstiefenfilters zur Abwasserreinigung und die Bestimmung der Einflüsse der eingesetzten Filtermaterialien und Flockungs- und Flockungshilfsmittel auf eine Verbesserung der Abscheideleistung des Filtersystems. Ziel war es, eine hohe Abscheideleistung und Trübstoffspeicherkapazität bei höheren Filtrationsgeschwindigkeiten (20 m/h–50 m/h) zu ermöglichen und gleichzeitig den Einsatz von Flockungs- und Flockungshilfsmitteln zu verringern. Hierfür wurden zwei Untersuchungsreihen durchgeführt. Bei der ersten Untersuchungsreihe handelte es sich um ein Screening-Experiment, bei dem verschiedene Kombinationen an Filtermaterialien hinsichtlich ihrer Eignung zur Abscheidung abfiltrierbarer Stoffe (TSS = Total Suspended Solids) und Trübungselimination aus dem Roh-Abwasser untersucht wurden. Für die verschiedenen Kombinationen wurden Durchbruchskurven bei einer Filtrationsgeschwindigkeit von $v_f = 30$ m/h mit und ohne Einsatz von Flockungs- und Flockungshilfsmitteln aufgenommen. Nach Auswertung des Screening-Experimentes wurde eine geeignete Filtermaterialienkombination ausgewählt und weiterführende Untersuchungen durchgeführt. In der zweiten Versuchsreihe wurde auf der Basis der statistischen Versuchsplanung ein Versuchsplan 2. Ordnung bearbeitet, welcher den Einfluss der Filtrationsgeschwindigkeit und Flockungsmittelzugabe auf den Rückhaltewirkungsgrad der ausgewählten Filtermaterialienkombination ermitteln sollte. Hierfür wurden Durchbruchskurven der untersuchten Parameter TSS, Trübung und chemischer Sauerstoffbedarf (CSB, bzw. COD = Chemical Oxygen Demand) aufgenommen. Die statistische Auswertung der zweiten Untersuchungsreihe lieferte Regressionspolynome, welche zur Visualisierung von Isolinien als sog. Antwortoberflächen genutzt wurden. Die ermittelten Antwortoberflächen dienten als Diskussionsgrundlage und zur Ableitung der besten Abscheideraten. Die ermittelten Versuchsergebnisse konnten mittels modelltheoretischen Berechnungen bestätigt werden.

1 Einleitung

Dispergierte Wasserinhaltsstoffe mit einem Durchmesser kleiner als 50 µm beinhalten i. d. R. die größte Fracht an umweltbelastenden und gesundheitsbedenklichen Stoffen im Abwasser [1]. Zu dieser Gruppe zählen bspw. auch Mikroorganismen und Viren. Kolloidale Wasserinhaltsstoffe besitzen zudem eine große spezifischen Oberfläche, auf der sich gelöste Wasserinhaltsstoffe anreichern können, die als problematisch eingestuft werden. Eine effiziente Elimination bedenklicher Wasserinhaltsstoffe basiert daher in einem wesentlichen Maß auf einer effizienten Abscheidung von Partikeln und Kolloiden. Die Effizienz der gegenwärtigen Technologien zur Partikelelimination beruht häufig auf einer zuvor durchgeführten Modifizierung der physikalischen oder chemophysikalischen Eigenschaften der Partikel mit dem Ziel, das eigentlich angewandte Abscheideverfahren zu vereinfachen. So wird zum Beispiel die Schwerkraftabscheidung kleiner Partikel bei der Sedimentation wesentlich verbessert, wenn diese durch den Einsatz von Flockungs- und Flockungshilfsmitteln in Flockenverbände eingebunden werden, welche dann aufgrund ihrer höheren Dichte und Größe mit wesentlich höheren Sinkgeschwindigkeiten abgeschieden werden können. Dennoch ist die Abscheiderate der Partikel einer der wesentlichen limitierenden Faktoren für die Aufbereitungsgeschwindigkeit eines Abwassers (Flächenbelastung), und bietet damit ein beträchtliches Potential für eine Leistungssteigerung. Das CSIRO Molecular Science in Melbourne [2] entwickelte daher die Idee, mittels einer Hochleistungstiefenfiltration die Effizienz der Abscheidung suspendierter und kolloidaler Partikel zu verbessern. Da das IWW parallel dazu mit der Entwicklung und Modellierung der Tiefenfiltration mit „Permeablen Synthetischen Kollektoren (PSK)" eine analoge Technologie anstrebt [3], entstand eine Kooperation. Gegenstand des Forschungsprojekts war die Untersuchung einer zweistufigen Tiefenfiltration mit aufwärts gerichteter Strömungsführung mit dem Ziel, eine hohe Abscheideleistung und Trübstoffspeicherkapazität bei höheren Filtrationsgeschwindigkeiten zu ermöglichen und gleichzeitig den Einsatz von Flockungsmitteln zu verringern. Zur Behandlung von Überläufen der Abwasserkanalisation, die in Australien öfter in Folge von Sturmereignissen mit Niederschlagsmengen bis zu 100 mm und mehr am Tag auftreten, wurde ein schnell arbeitendes, platzsparendes Verfahren mit niedrigen Investitionskosten angestrebt. Anfallende Betriebskosten sind hierbei aufgrund des intermittierenden Einsatzes nur von sekundärer Bedeutung. Nur bei einem Ersatz von Sedimentationsbecken einer Vorklärung durch Hochleistungstiefenfilter müssten die Betriebskosten (Energiekosten, Manpower, Flockungschemikalien etc.) wie allgemein üblich Berücksichtigung finden.

Im Folgenden werden Forschungsergebnisse zur Hochleistungstiefenfiltration von Roh-Abwässern und der Einfluss der eingesetzten Filtermaterialien auf die Abscheiderate partikulärer Wasserinhaltsstoffe dargestellt. Die beim CSIRO Molecular Science in Melbourne ermittelten Versuchsergebnisse konnten anschließend am IWW auf der Basis des Zellenmodells von HAPPEL [4] für die Tiefenfiltration rechnerisch bestätigt und insbesondere neuere Erkenntnisse über den Einfluss der Schwerkraft bei der Aufstromfiltration für ausgewählte Filtermaterialien verdeutlicht werden.

2 Experimentelle Vorgehensweise

Wie in Bild 1 dargestellt, bestand die Versuchsanlage aus zwei in Reihe geschalteter Filtersäulen, welche die Untersuchung einer zweistufigen Filtration ermöglichte. Beide Säulen waren mit Druckaufnehmern ausgestattet, was die Aufnahme des Druckverlustanstiegs innerhalb der

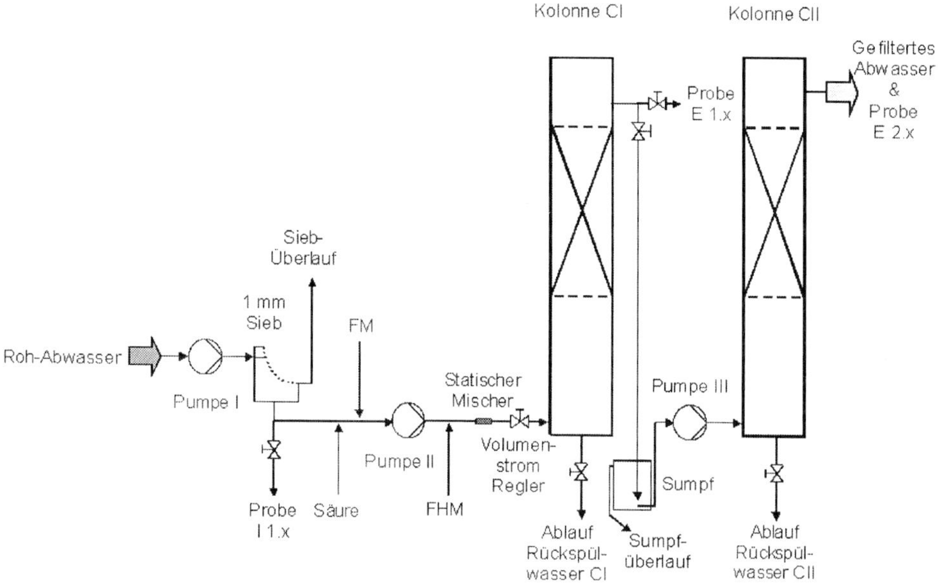

Bild 1. Schematischer Aufbau der Versuchsanlage zur Hochleistungstiefenfiltration.

Schüttung ermöglichte. Zur Beprobung des filtrierten Abwassers waren hinter jeder Säule entsprechende Probenahmestellen eingerichtet (vgl. Bild 1). Um die Ausbildung einer Oberflächenfiltration im Einströmungsbereich des Filtermaterials zu vermeiden wurden die Filtersäulen während der Versuche aufwärts durchströmt. Zum Rückspülen wurden die Filter abwärts durchströmt.

Die Pilotanlage befand sich an der „Melbourne Water's Eastern Treatment Plant". Als Roh-Abwasser wurde der Zulauf der Vorklärbecken der Kläranlage nach Passage eines Rechenwerks mit 75 mm und 19 mm Spaltweite verwendet. Des weiteren wurde der Zulauf zur Versuchsanlage aus Betriebssicherheitsgründen über ein Sieb mit der Maschenweite 1 mm filtriert. Die Flockung wurde vor der ersten Filtersäule vorgenommen. Schwefelsäure wurde zur Einstellung des pH-Wertes auf pH 6±0,1, Aluminiumsulfat (Alum) wurde als Flockungsmittel (10 mg/l Al^{3+}) und das Polyelektrolyt Zetag 32 (Allied Colloids), ein kationisches Polyacrylamid niedriger Ladungsdichte und hohem Molekulargewichtes, wurde als Flockungshilfsmittel verwendet. Die Säure und das Flockungsmittel wurden vor einer Kreiselpumpe (Pumpe II) dosiert, so dass eine ausreichende Ein- und Durchmischung in den turbulenten Fließzonen der Pumpe gewährleistet war. Der Volumenstrom des Zulaufs wurde mittels eines elektro-magnetischen Durchflussaufnehmers gemessen und mit Hilfe eines Membranventils auf die entsprechende Durchflussrate eingestellt. Die Einmischung des Flockungshilfsmittels wurde durch einen statischen Mischer vor dem Membranventil gewährleistet.

Das Abwasser trat am Boden in die Kolonne CI ein. Die Kolonne CI war 2,5 m hoch und hatte einen Durchmesser von 250 mm. Die Rückspülung des Filtermaterials erfolgte in abwärtsgerichteter Strömungsführung, wobei die Expansion des Filterbettes mittels eines Rührersystems, bestehend aus einer Welle, an der 4 Blätter radial gleichmäßig verteilt angebracht waren, unterstützt wurde. Nach der mechanischen Agitation des Filtermaterials sanken die abgeschiedenen Feststoffe zu Boden und konnten von dort über einen Ablauf abgezogen werden. Vier Druckaufnehmer waren über die Höhe des Filterbettes verteilt zur Aufnahme des Druckverlustanstieges in die Säule eingebaut. Im unteren Teil der Kolonne CI war zur Kontrolle des pH-Wertes im Zulauf eine pH-Elektrode eingebaut. Der gemessene pH-Wert wurde auch als Stellgröße zur Säuredosierung verwendet.

Nach Verlassen der ersten Säule wurde das Filtrat der ersten Kolonne in einem Behälter (Sumpf) aufgefangen und von dort mit Hilfe der Pumpe III in die Kolonne CII gepumpt. Kolonne CII war 2 m hoch und hatte einen Durchmesser von 150 mm. Die Kolonne CII war mit drei Druckaufnehmern zur Aufnahme des Druckverlustanstieges im Filterbett ausgestattet. Das Gesamtfiltrat der Versuchsanlage wurde wieder in den Zulauf der Kläranlage geleitet.

Die an den in Bild 1 dargestellten Probenahmestellen (Probe) entnommenen Proben, wurden hinsichtlich Trübung, abfiltrierbarer Stoffe (TSS), chemischen Sauerstoffbedarfs (CSB, bzw. COD) und pH-Wert analysiert.

3 Ergebnisse und Diskussion

Die erste Filtersäule wurde mit synthetischem Filtermaterial aus hochporösen Kunststoffeinzelkörpern befüllt und diente zur Grobabscheidung einer hohen Fracht größerer Partikel, während die zweite Filtersäule mit Filtermaterial aus Kunststoffkörpern mit niedrigerer Porosität zur Feinreinigung diente. Zunächst wurde ein Screening zur Ermittlung des Leistungsvermögens verschiedener Filtermaterialkombinationen in der ersten und zweiten Filterstufe (Kolonne) durchgeführt. Die Kombinationen mit den vielversprechendsten Ergebnissen wurden anschließend zur Optimierung der Verfahrensbedingungen in ausführlicheren Versuchen eingesetzt.

3.1 Screening

Das Screening wurde bei einer Filtrationsgeschwindigkeit von $v_f = 30$ m/h mit und ohne Zusatz von Flockungs- und Flockungshilfsmittel durchgeführt. Als Flockungsmittel wurde Aluminiumsulfat (10 mg/l Al^{3+}, Akzo Nobel) bei einem pH-Wert von 6 und als Flockungshilfsmittel wurde Zetag 32 (Allied Colloids) eingesetzt. Drei verschiedene Filtermaterialien kamen in der ersten Filtersäule (Kolonne CI) zum Einsatz und sind im Bild 2 dargestellt. Diese Filtermaterialien waren Pall-Ringe aus Polypropylen (PP), KMT-Körper aus PP, welche üblicherweise für die Rektifikation oder zum Strippen eingesetzt werden, und das vom CSIRO entwickelte Filtermaterial Star, ebenfalls aus PP.

In der zweiten Filtersäule kamen vier verschiedene Filtermaterialien zum Einsatz. Diese Filtermaterialien waren Discs aus PP, KMT aus PP, Balls (Polystyrolkugeln, PS) und Fasernetze aus Polyethylen (PE). Bezüglich des Filtermaterials KMT, welches schon mit den untersuchten Filtermaterialien der Kolonne CI vorgestellt wurde, muss hier angemerkt werden, dass kein Versuch durchgeführt wurde, in dem KMT sowohl in der ersten als auch in der zweiten Kolonne gleichzeitig eingesetzt wurde. Diese Anordnung hätte lediglich einer Filtration mit einem Filtermaterial (Einschichtfilter) und erhöhter Betttiefe entsprochen. Die eingesetzten Filtermaterialien sind mit Ausnahme des Filtermaterials KMT (vgl. Bild 2) in Bild 3 dargestellt.

PALL- Ringe KMT STAR

Bild 2. Illustration der eingesetzten Filtermaterialien der Kolonne CI.

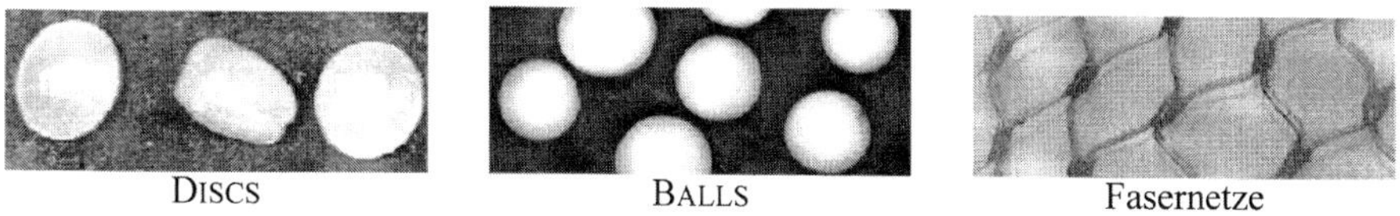

DISCS BALLS Fasernetze

Bild 3. Illustration der eingesetzten Filtermaterialien der Kolonne CII.

Tabelle 1. Eigenschaften der eingesetzten Filtermaterialien.

Filtermaterial	Werkstoff	Größe (L × D) in (mm × mm)	ges. Bettporosität in %	Schütthöhe in m
Pall-Ringe	PP	16 × 16	87	1
KMT	PE	8 × 8	78	1
Star	PP	~13 × 16	58	0,85
Discs	PP	3 × 5	35	1
Balls	PS	4^{++} bis 7^{++}	40	1
Fasernetze	PE	5 × 0,2/1	79	1

$^{++}$ Durchmesser

Die Eigenschaften der untersuchten Filtermaterialien sind in Tabelle 1 zusammengefasst dargestellt.

Wie in Bild 4 dargestellt, erzeugten die Filtermaterialien Star und KMT bei einer Filtrationsgeschwindigkeit von $v_f = 30$ m/h im Mittel die höchste Elimination abfiltrierbarer Stoffe (TSS) im Ablauf der ersten Filtersäule CI. Der Index (F) wurde zur Indizierung der Versuche gewählt, welche mit Zusatz an Flockungschemikalien durchgeführt wurden.

Man erkennt, dass das Filtermaterial KMT die beste Elimination lieferte. In den Versuchen mit Flockungschemikalieneinsatz wurde durchschnittlich eine Elimination abfiltrierbarer Stoffe (TSS) von ca. 66 % erreicht. Allerdings war die hier berechnete Standardabweichung mit $\sigma = 0{,}162$ eine der höchsten im statistischen Untersuchungsraum. Die Ergebnisse zeigten weiter, dass eine durchschnittliche prozentuale Elimination an abfiltrierbaren Stoffen (TSS) mit 67 % und einer Standardabweichung von $\sigma = 0{,}069$ ohne Flockungsmittelzugabe erreicht werden konnte. Ähnlich gute Ergebnisse konnten auch vom Filtermaterial Star ohne Zusatz an Flockungs- und Flockungshilfsmitteln erzielt werden, wobei auch hier die berechnete Stan-

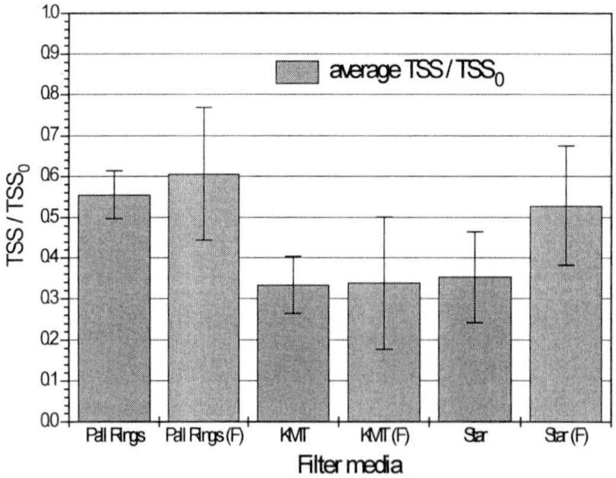

Bild 4. Durchschnittliche TSS/TSS_0 Werte der in Kolonne CI eingesetzten Filtermaterialien mit (F) und ohne Einsatz von Flockungschemikalien bei einer Filtrationsgeschwindigkeit von $v_f = 30$ m/h und TSS_0 von ca. 450 mg/l.

dardabweichung mit $\sigma = 0{,}111$ relativ hoch war. Allerdings bleibt hier anzuführen, dass die gemessene Elimination teilweise bis zu 80 % betrug. Wurden Flockungschemikalien eingesetzt, so war die prozentuale Elimination mit ca. 47 % eher schlecht. Die schlechtesten Versuchsergebnisse mit prozentualen Eliminationen an abfiltrierbaren Stoffen von ca. 40 % bis 45 %, für Versuche mit und ohne Einsatz an Flockungschemikalien, lieferte das Filtermaterial Pall-Ringe.

Die Mittelwerte abfiltrierbarer Stoffe im Ablauf der Filtersäule CII sind in Tabelle 2 (ohne Flockung) dargestellt. Die Ergebnisse zeigen, dass abhängig von der eingesetzten Filtermaterialkombination die Elimination abfiltrierbarer Stoffe, verglichen mit den Untersuchungsergebnissen des Ablaufs der Kolonne CI, um weitere 10 %–15 % gesteigert werden konnte. Ohne den Einsatz von Flockungschemikalien wurden Eliminationen von 70 % bis 80 % erreicht. Dies entspricht einer Konzentration an abfiltrierbaren Stoffen von 40 bis 70 mg/l im Ablauf der Filtersäule CII.

Tabelle 2. Durchschnittliche TSS-Elimination (in %) eines Roh-Abwassers für verschiedene Kombinationen von Filtermaterial ohne Zusatz von Flockungschemikalien ($v_f = 30$ m/h).

Filtermaterial in Säule CI	Durchschnittlich erzielte TSS Elimination in % Filtermaterial in Säule CII			
	Discs	KMT	Balls	Fasernetze
Pall-Ringe	72	52	55	47
KMT	78	–	77	75
Star	81	65	77	83

Ähnliche Ergebnisse wurden auch bei den Versuchen mit Einsatz von Flockungschemikalien erzielt (vgl. Tabelle 3), wobei sogar eine TSS-Elimination von ca. 90 % mit der Filtermaterialkombination Star/Fasernetze erreicht werden konnte.

Trotz guter Ergebnisse musste der Einsatz einiger Filtermaterialien für die weiteren Versuche verworfen werden, da sie schlechte Rückspüleigenschaften aufwiesen. Dies galt insbesondere für die Fasernetze. Als Ergebnis der Sichtung wurde daher festgelegt, die weiteren und umfassenderen Versuche mit der Kombination der Filtermaterialien Star/Discs durchzuführen.

Tabelle 3. Durchschnittliche TSS-Elimination (in %) eines Roh-Abwassers für verschiedene Kombinationen von Filtermaterial mit Zusatz von Flockungschemikalien ($v_f = 30$ m/h, 10 mg/l Al^{3+}, 1,5 mg/l Zetag 32).

Filtermaterial in Säule CI	Durchschnittlich erzielte TSS Elimination in % Filtermaterial in Säule CII			
	Discs	KMT	Balls	Fasernetze
Pall-Ringe	55	65	50	60
KMT	85	–	80	79
Star	75	60	74	90

3.2 Optimierung der Verfahrensbedingungen

Mit Hilfe der statistischen Versuchsplanung wurde ein Versuchsplan 2. Ordnung aufgestellt und zur Optimierung der Verfahrensbedingungen des zweistufigen Filters mit den Filtermaterialien Star/Discs durchgeführt. Als variable Einflussgrößen wurden die Filtrationsgeschwindigkeit und die dosierte Polyelektrolytmenge verwendet. Das Screening zeigte zwar für den Einsatz von Flockungschemikalien nur wenig verbesserte Ergebnisse, aber es lag die Vermutung nahe, dass dieser Einfluss mit zunehmender Dosiermenge und Filtrationsgeschwindigkeit an Signifikanz gewinnen würde. Deshalb wurde für die Untersuchungen die Polyelektrolytkonzentration im Bereich von 0 bis 4 mg/l und die Filtrationsgeschwindigkeit im Bereich von 20 bis 50 m/h variiert. Wenn eine Flockulation mit Polyelektrolyt vorgenommen wurde, so wurde zuvor eine Flockung mit Aluminiumsulfat (10 mg/l Al^{3+}, Akzo Nobel) durchgeführt. Die dabei erzielten Ablaufkonzentrationen an abfiltrierbaren Stoffen (TSS) sind exemplarisch im nachfolgenden Bild 5 für den Ablauf der Kolonne CII dargestellt.

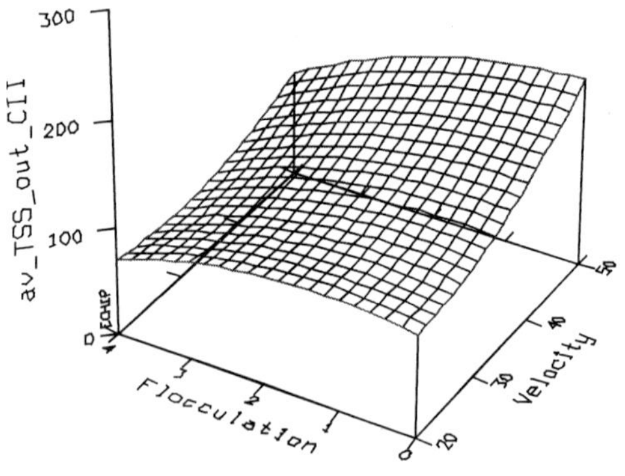

Bild 5. Mittlere TSS-Konzentration im Ablauf der Filtersäule CII (av_TSS_out_CII in mg/l) in Abhängigkeit der Filtrationsgeschwindigkeit (Velocity in m/h) und Polyelektrolytdosis (Flocculation in mg/l).

Bild 5 verdeutlicht, dass mit zunehmender Filtrationsgeschwindigkeit eine TSS-Konzentrationserhöhung im Filterablauf einhergeht, d. h., dass hohe Filtrationsgeschwindigkeiten und niedrige Dosiermengen an Polyelektrolyt die Abscheideleistung des zweistufigen Tiefenfilters verschlechterten. Dieser Effekt war zu erwarten und lässt sich auf eine größere Scherbeanspruchung und geringere Verweilzeiten der Partikel bzw. Flocken im Filterbett und auf der abscheidenden Oberfläche zurückführen. Es wurden Abscheideleistungen für die abfiltrierbaren Stoffe (TSS) von bis zu 80 % in der zweistufigen Filteranlage bei einer Filtrationsgeschwindigkeit von 30 m/h ohne Dosierung von Flockungs- und Flockungshilfsmitteln erzielt.

Eine Erhöhung der Polyelektrolytdosis verringerte die TSS-Konzentration im Ablauf der Filtersäule CII und verminderte gleichzeitig den Einfluss der Filtrationsgeschwindigkeit. Es konnten Abscheideleistungen für die abfiltrierbaren Stoffe (TSS) von bis zu 90 % und für die Trübung von 88 % (vgl. Bild 6) in der zweistufigen Filteranlage bei 35 m/h mit maximaler Dosierung von Flockungsmittel und Flockungshilfsmittel gemessen werden. Bei weiterer Steigerung der Filtrationsgeschwindigkeit konnten vergleichbar gute Versuchsergebnisse ermittelt werden. Der positive Einfluss der Polyelektrolytdosis war bei niedrigen Filtrationsgeschwindigkeiten gering, nahm aber mit ansteigender Filtrationsgeschwindigkeit stetig zu.

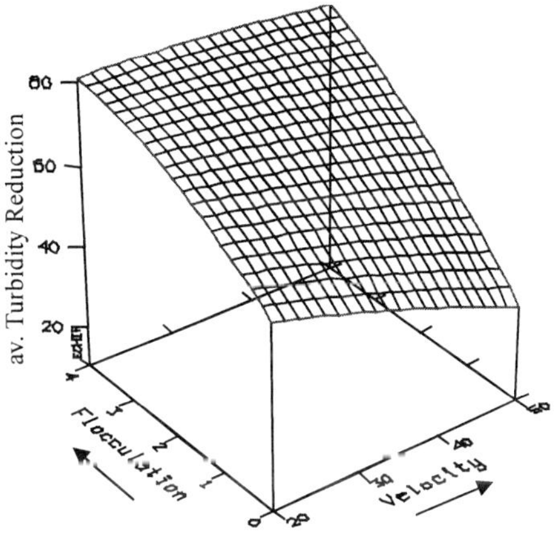

Bild 6. Mittlere Trübungselimination (av. Turbidity Reduction in %) in Abhängigkeit der Filtrationsgeschwindigkeit (Velocity in m/h) und Polyelektrolytdosis (Flocculation in mg/l).

Das Verhalten der COD-Elimination entsprach weitgehend dem der TSS-Elimination, d. h., dass die größten Eliminationen von bis zu 65 % im Bereich niedriger Filtrationsgeschwindigkeit und hoher Polyelektrolytdosis gemessen wurden, vgl. Bild 7.

Auch hier zeigte sich, dass eine Erhöhung der Polyelektrolytdosis den Einfluss der Filtrationsgeschwindigkeit verringerte. Das ähnliche Verhalten der COD- und TSS-Werte war ebenfalls zu erwarten, da die Filter den COD-Anteil verringern, der von dispergierten Partikeln verursacht wird. Der COD-Anteil von gelösten organischen Verbindungen bleibt weitgehend unberührt.

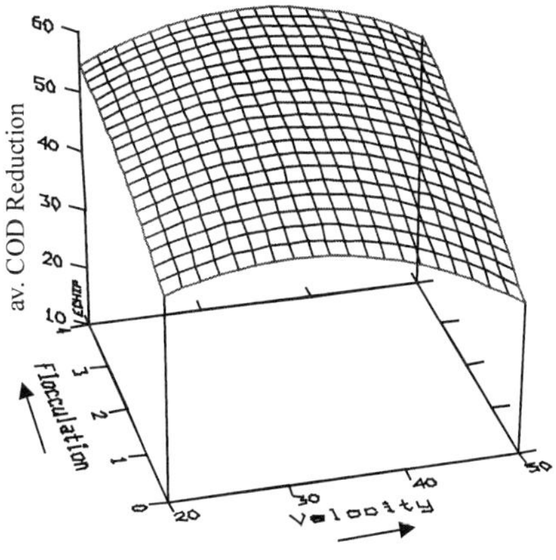

Bild 7. Mittlere COD-Reduzierung (av. COD Reduction in %) in Abhängigkeit der Filtrationsgeschwindigkeit (Velocity in m/h) und Polyelektrolytdosis (Flocculation in mg/l).

Die bisher gezeigten Versuchsergebnisse der in Melbourne durchgeführten Experimente konnten am IWW auf der Basis des Zellenmodells von HAPPEL für die Tiefenfiltration rechnerisch bestätigt und insbesondere neuere Erkenntnisse über den Einfluss der Schwerkraft bei der Aufstromfiltration für ausgewählte Filtermaterialien verdeutlicht werden.

Partikeltransport im unbeladenen Filterbett kann mittels verschiedener vereinfachender Modelle berechnet werden. Hierbei wird angenommen, dass die Strömung entweder innerhalb von Kapillaren oder an der Oberfläche von idealisierten Filterkörpern, den sog. Kollektoren, verschiedener Geometrien oder durch sogenannte Zellenmodelle für Kollektoren, welche ein Element des Filterbetts inklusive dessen Porenraums repräsentieren, fließt. Für das Zellenmodell von HAPPEL wird eine laminare, axialsymmetrische Strömung in einer Kugel- oder Zylinderschale um den Kollektor vorausgesetzt, welches die Einführung einer Stromfunktion zur Beschreibung des Strömungsfeldes um den Kollektor ermöglicht. Weitere Voraussetzungen sind die freie An- und Abströmung auf dem Zellenrand mit der Filtrationsgeschwindigkeit v_f in Richtung der Hauptströmung, die Annahme, dass keine Schubspannungen am Modellrand übertragen werden, d. h., dass keine Wechselwirkungen mit der Umgebung stattfinden und dass die Geschwindigkeit des Fluids an der Kollektoroberfläche gleich Null ist. Das gesamte Filterbett kann man sich vorstellen als eine Kombination dieser Zellen. Der Kollektor ist idealisiert als Kugel oder als Zylinder mit unendlicher Länge. Die Geometrie des Partikels ist ebenfalls als Kugel idealisiert. Alle Oberflächen werden als absolut glatt, d. h. ohne Erhebungen und Vertiefungen angesehen [5].

Die numerische Integration der abgeleiteten Stromfunktionen wurde innerhalb des Projektes mit einer vom IWW entwickelten Software berechnet [6]. Das Programm wurde für die entsprechenden Bedürfnisse zur Berechnung von Abscheidegraden für verschiedene Kollektorgeometrien, Partikeldurchmesser, Partikeldichten und Filtrationsgeschwindigkeiten adaptiert. Hierfür war es notwendig, dass die für die Happelzelle berechneten Ergebnisse auf das gesamte Filterbett bezogen wurden. Der Abscheidegrad ist definiert als das Verhältnis der Partikel, welche in die Happelzelle eintreten und mit dem Kollektor zusammentreffen, zur Summe aller Partikel die in die Happelzelle eintreten [7]. Bei den Berechnungen des Abscheidegrades wurde davon ausgegangen, dass alle Partikel, welche den Kollektor berühren, zu 100 % dort einer stabilen Haftung unterliegen und somit aus der Strömung eliminiert werden. In den nachfolgenden Bildern und deren Erläuterungen wird entsprechend auch von Elimination gesprochen.

Die untersuchten Partikeldurchmesser variierten im Bereich von 1 µm bis zu 2 mm. Dieser Bereich wurde gewählt, damit die erwartete große Streuung der Partikelverteilungen des Roh-Abwassers, besonders im Fall der Flockungsmitteldosierung, berücksichtigt werden konnte. Die Partikeldichte wurde für die Berechnungen im Bereich von 1000 kg/m^3 bis 1300 kg/m^3 variiert. Für die numerische Integration wurden die Kollektoren Star und Discs entsprechend modelliert. Aufgrund der teilweise komplizierten Form der Kollektoren war es für die Berechnungen nötig, deren geometrische Form entsprechend zu approximieren. Das im Rahmen dieses Projektes vom CSIRO entwickelte Filtermaterial Star ähnelt von der äußeren Form einem Stern (vgl. Bild 2). Das Filtermaterial war bei einem äußeren Durchmesser von ca. 16 mm durchschnittlich 13 ± 2 mm lang. Am massiven Kunststoffkern traten 4 Flügel mit einer Dicke von 2 mm aus. Jeder dieser Flügel konnte als einzelner Kollektor mit der Form einer Scheibe betrachtet werden. Für die Haftung eines Partikels am Kollektor sind i. d. R. die umströmten Flächen des Kollektors von besonderer Bedeutung. Berücksichtigt man, dass die Kollektoren im Filterbett ungeordnet verteilt sind, so können vereinfachend nur die Randbereiche der Scheiben als umströmte Flächen angesehen werden. Aus diesen Annahmen heraus kann dann das Filtermaterial Star vereinfachend modelliert werden als Zylinder mit einem Durchmesser von 2 mm, analog zur Dicke der Flügel. Als Porosität des Modells wird die Bettporosität einer Schüttung des Filtermaterials Star (vgl. Tabelle 1) verwendet. Das Filtermaterial Discs bestand ebenfalls aus einem massiven Kunststoffkörper. Es hatte die Form kleiner Linsen mit einem Durchmesser von ca. 5 mm und einer Höhe von ca. 3 mm (vgl. Bild 3). Aufgrund der ungeordneten Verteilung des Filtermaterials in der Schüttung wurde hier als Modell eine Kugel mit einem Durchmesser von 5 mm gewählt. Als Porosität des Modells wird die Bettporosität einer Schüttung des Filtermaterials Discs (vgl. Tabelle 1) verwendet.

In den nachfolgenden Eliminationskurven der Bilder 8 bis 10 wurden die Eliminationen in Abhängigkeit des Partikeldurchmessers bei gleichen Filtergeschwindigkeiten aufgetragen, wie sie auch in dem quadratischen Antwortoberflächenexperiment untersucht wurden. Zwei wesentliche Aspekte müssen hier aber noch genannt werden. Aufgrund der Geometrie und Definition der Happelzelle, welche den untersuchbaren Bereich für Partikeldurchmesser in Relation zur Schüttungsporosität setzt und somit limitiert, konnten für das Modell des Filtermaterials Discs nur Partikel bis zu einem Durchmesser von 700 µm in den Berechnungen berücksichtigt werden. Der zweite Aspekt ist, dass Partikel mit einem großen Durchmesser und einer hohen Dichte aufgrund von Sedimentation nicht in die Happelzelle eintreten können. Die Versuche wurden mit aufwärtsgerichteter Strömungsführung betrieben, so dass nur Partikel mittels einer durchschnittlichen Strömungsgeschwindigkeit, welche größer als ihre Sedimentationsgeschwindigkeit war, in das Filterbett eingetragen werden konnten. Um diesen Aspekt in den Modellrechnungen zu berücksichtigen wurde eine entsprechende Abfrage in das Programm integriert. Diese Abfrage basiert auf dem Gesetz von Stokes und berechnete die Differenz zwischen Leerrohrgeschwindigkeit und Sedimentationsgeschwindigkeit der Partikel. Partikel die so beschaffen waren, dass sie innerhalb des Strömungsfeldes im Leerrohr sedimentieren konnten, werden also zu 100 % zurückgehalten und wurden daher in den Modellrechnungen nicht berücksichtigt. Die maximale noch ins Filterbett eingetragene Partikelgröße wurde mit einem Rhombus-Symbol in den nachfolgenden Bildern gekennzeichnet. Des weiteren konnte das Berechnungsmodell keine Sedimentationseffekte von Partikeln beschreiben, welche aufgrund von herabgesetzten Strömungsgeschwindigkeiten innerhalb des Filterbettes resultierten. Diese herabgesetzten Strömungsgeschwindigkeiten können im Filterbett lokal, aufgrund nur schwach durchströmter Zonen, auftreten und ermöglichen sol-

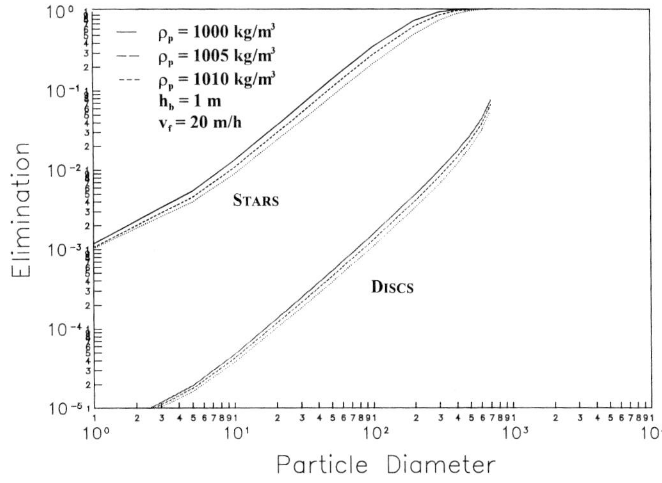

Bild 8. Eliminationsleistungen in Abhängigkeit des Partikeldurchmessers (Particle Diameter in µm) für verschiedene Filtermaterialien und Partikeldichten bei einer Filtrationsgeschwindigkeit von 20 m/h.

chen Partikeln zu sedimentieren, deren Sedimentationsgeschwindigkeit größer ist als die herabgesetzte Strömungsgeschwindigkeit.

Die Bilder 8 bis 10 zeigen ausgewählte Eliminationskurven für die modellierten Filtermaterialien Star und Discs, verschiedene Partikeldichten und Filtrationsgeschwindigkeiten.

Bild 8 zeigt Eliminationskurven der modellierten Filtermaterialien für verschiedene Partikeldichten bei einer Filtrationsgeschwindigkeit von 20 m/h. Für das Filtermaterial Star werden die besten Eliminationen über den gesamten Bereich der Partikeldurchmesser berechnet. Diese Elimination ist ca. hundertfach größer als die berechnete für das Filtermaterial Discs. Das Modell berechnet eine 100 %ige Abscheidung für Partikel größer als 400 µm und die Kurven liegen im gesamten Bereich der Partikeldurchmesser für alle gezeigten Partikeldichten eng beieinander. Für das Filtermaterial Discs wurden wesentlich niedrigere Abscheidungsraten berechnet, aber auch hier liegen die Kurven relativ eng beieinander. Des weiteren ist in Bild 8 ersichtlich, dass die Steigungen der Kurven im Bereich von 10 µm bis zu 200 µm nahezu gleich sind.

In den Bildern 9 und 10 werden Kurven für Partikel mit höheren Dichten und größeren Filtrationsgeschwindigkeiten dargestellt. In Bild 9 sind Kurven für Partikeldichten von 1000 kg/m^3, 1050 kg/m^3 und 1100 kg/m^3 bei einer Filtrationsgeschwindigkeit von 35 m/h aufgeführt. Es ist ersichtlich, dass die dargestellten Kurven aufgrund ihrer unterschiedlichen Steigungen nicht mehr eng beieinander liegen.

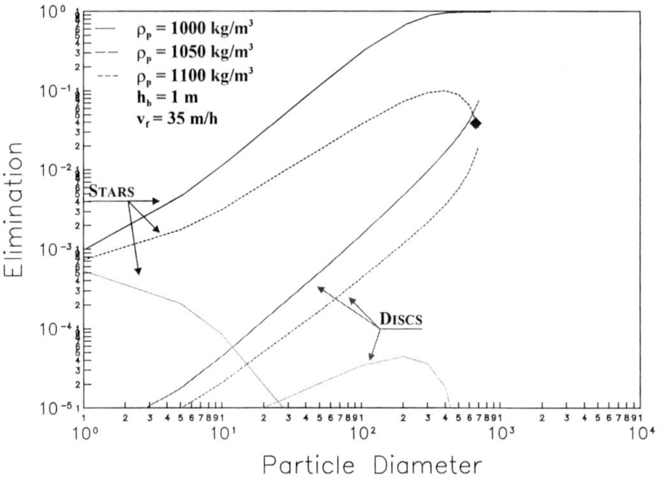

Bild 9. Eliminationsleistungen in Abhängigkeit des Partikeldurchmessers (Particle Diameter in µm) für verschiedene Filtermaterialien und Partikeldichten bei einer Filtrationsgeschwindigkeit von 35 m/h.

Dieser Effekt konnte aber nicht allein von der erhöhten Filtrationsgeschwindigkeit verursacht werden, da es sich zeigte, dass nahezu keine Veränderungen für die kleineren Partikeldichten erkennbar waren. Bild 10 zeigt Eliminationsleistungen für die untersuchten Filtermaterialien bei einer Filtrationsgeschwindigkeit von 50 m/h und den Partikeldichten von 1000 kg/m^3, 1050 kg/m^3 und 1100 kg/m^3. Im Vergleich zu Bild 9 ist offensichtlich, dass eine Steigerung der Filtrationsgeschwindigkeit im Aufstrombetrieb die berechneten Eliminationsgrade in einem größeren Partikeldurchmesserspektrum ansteigen lässt.

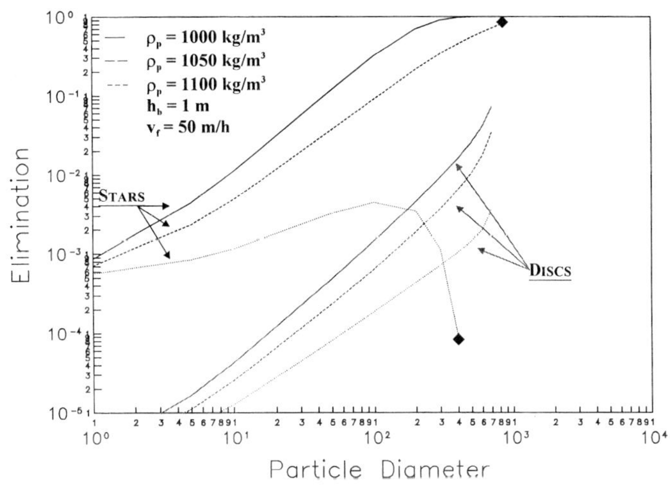

Bild 10. Eliminationsleistungen in Abhängigkeit des Partikeldurchmessers (Particle Diameter in µm) für verschiedene Filtermaterialien und Partikeldichten bei einer Filtrationsgeschwindigkeit von 50 m/h.

Es konnte festgestellt werden, dass die berechneten Eliminationen hauptsächlich von der Filtrationsgeschwindigkeit und dem Partikeldurchmesser beeinflusst werden. Die berechneten Partikeleliminationen für Partikeldichten bis zu 1100 kg/m^3 stiegen mit zunehmender Filtergeschwindigkeit. Dies galt nicht für Partikel mit einer Dichte von 1000 kg/m^3, d. h. ohne Sedimentation und für sehr kleine Partikel, deren Sedimentation vernachlässigbar ist. Der Effekt einer steigenden Partikelelimination bei steigender Filtrationsgeschwindigkeit war für größere Partikeldurchmesser stärker ausgeprägt als für kleinere. Dieser Effekt kann durch Sedimentationseffekte erklärt werden. Die Sedimentationsgeschwindigkeit eines Partikels ist proportional zum Quadrat des Partikeldurchmessers und zur Differenz zwischen der Partikeldichte und Dichte des Fluids, d. h., je größer das Partikel desto eher wird es im Aufstrom seine Partikelbahn in Richtung Schwerkraft verlassen und dem Kollektor ausweichen. Allerdings wird für die Sedimentation Zeit gebraucht, d. h., dass die Verweilzeit des Partikels in der Nähe des Kollektors für diesen Prozess ausreichend groß sein muss. Diese Verweilzeit ist umgekehrt proportional zur Filtrationsgeschwindigkeit, d. h., je höher die Filtrationsgeschwindigkeit desto niedriger ist die Verweilzeit des Partikels in der Nähe der Kollektoroberfläche. Je höher die Filtrationsgeschwindigkeit desto weniger Zeit bleibt dem Partikel für die Ausweichbewegung und es kollidiert eher mit der Kollektoroberfläche. Eine Überlagerung dieser Einflüsse mit dem sog. Sperreffekt, d. h Transport des Partikels an die Kollektoroberfläche aufgrund des Abstandes seiner Partikelbahn zur Kollektoroberfläche, welcher kleiner ist als der Radius des Partikels, führt zu den beschriebenen Effekten und ist ebenfalls für die Maxima bzw. Wendepunkte in den Eliminationskurven im Partikeldurchmesserbereich von 100 µm bis 1 mm verantwortlich.

Auch wenn die vorgestellten Modellberechnungen nur den Partikeltransport berücksichtigen und die Partikelhaftung mit zunehmender Filtergeschwindigkeit konsequent abnehmen wird ist zu erwarten, dass die mit zunehmender Filtergeschwindigkeit verbesserte Transportwirksamkeit die abnehmende Haftwahrscheinlichkeit zum Teil kompensiert.

Literatur

[1] Booker, N. A., Ocal, G. u. Priestley, A. J.: Novel high rate processes for sewer overflow treatment. Wat. Sci. Tech. *34*, Nr. 3–4, 103–109.

[2] Booker, N. A., Cooney, E. L. u. Priesltey, A. J.: Innovative physioco-chemical wastewater treatment downunder. Chemical Water and Wastewater Treatment – IV, Proceedings of the 7th Gothenburg Symposium, Sept 23–25, Edinburgh, Ed. Hahn, H. H.; Hoffman, E. and Ødegaard, H., Springer, 277–286 (1996).

[3] Gimbel, R., Esperschidt, K. u. Nahrstedt, A.: Modelling of rapid filtration processes: Modelling, laboratory-scale and pilot plant investigations of deep bed filtration with Permeable Synthetic Collectors (PSC), IWSA – 22. World Water Congress, 18.–24. September 1999, Buenos Aires, SS12-1-SS12-6 (1999).

[4] Rajagopalan, R. u. Tien, C.: Trajectory analysis of deep bed filtration with the sphere-in-cell porous media model, AIChE J. 22, 523–533 (1976).

[5] Nahrstedt, A.: Zum dynamischen Filtrationsverhalten von Schüttschichten aus permeablen synthetischen Kollektoren bei der Trübstoffabscheidung aus wäßrigen Suspensionen. Dissertation an der Gerhard-Mercator Universität Duisburg, 1999.

[6] Mulder, T.: Untersuchungen zur Entwicklung permeabler Hohlkörperkollektoren zur Trübstoffabscheidung aus wäßrigen Lösungen in Schüttbettfiltern. Dissertation an der Gerhard-Mercator Universität Duisburg, 1990.

[7] Guzy, C. J., Bonano, J. u. Davis, E. J.: The analysis of flow and colloidal particle retention in fibrous media. Journal of Colloid and Interface Science, Vol. *95*, No. 2, 533 (1983).

Vom Wasser, *95*, 191–204 (2000)

Elution von sulfonathaltigen Betonzusatzmitteln aus Zementstein

Elution of Sulfonated Concrete Admixtures from Hardened Cement Paste

Hartmut Herb, Rainer Köster und *Wolfgang H. Höll**

Schlagwörter

Betonzusatzmittel, sulfonierte Naphthalin-Formaldehyd-Kondensate, Naphthalinsulfonate, Größenausschlusschromatographie, Elution, Diffusion

Summary

The elution behavior of sulfonated concrete admixtures from hardened cement paste was investigated with regard to the possible emissions of aromatic sulfonates from concrete buildings in the aquatic environment. Leaching experiments were used to examine the mechanism of release under practical conditions. Size exclusion chromatography was established to determine sulfonated admixtures like sulfonated naphthalene formaldehyde condensates which are technical products with a broad molecular weight distribution. It was shown that only monomeric sulfonates were eluted. Oligomers and polymers which form the major part of the admixture are immobilized in the cementious matrix. The mechanism of release is controlled by diffusion analogously to the release of other cement compounds like alkali metals. A diffusion model can applied to estimate effective diffusion coefficients of species based on data obtained.

Zusammenfassung

Das Elutionsverhalten von sulfonathaltigen Betonzusatzmitteln aus Zementstein wurde vor dem Hintergrund untersucht, ob Betonbauwerke, die mit betonzusatzmittelhaltigem Beton hergestellt wurden, über den Wasserpfad eine potentielle Emissionsquelle für aromatische Sulfonate darstellen. Hierzu wurden statische Fest/Flüssig-Verteilungsexperimente eingesetzt, um den Mechanismus der Mobilisierung von Betonzusatzmitteln unter möglichst praxisnahen Bedingungen aufzuklären. Zur Bestimmung der sulfonathaltigen Betonzusatzmittel, die wie sulfonierte Naphthalin-Formaldehyd-Kondensate technische Produkte mit breiter Molmassenverteilung darstellen, wurde nach Adaption die wässerige Größenausschlusschromatographie angewendet. Es zeigte sich, dass nur monomere Sulfonate eluiert werden. Die höherkondensierten Verbindungen, die den Großteil des Betonzusatzmittels darstellen, bleiben immobilisiert. Die Mobilisierung von monomeren Sulfonaten verläuft analog der von anderen Zementkomponenten wie Alkalimetalle unter einem diffusionskontrollierten Mechanismus, dadurch lassen sich nach Modellierung effektive Diffusionskoeffizienten der Spezies berechnen.

---

* Dipl.-Chem. H. Herb, Prof. Dr. R. Köster und Prof. Dr.-Ing. W. H. Höll, Forschungszentrum Karlsruhe GmbH, Institut für Technische Chemie, Bereich Wasser- und Geotechnologie, Postfach 3640, D-76021 Karlsruhe.

1 Einleitung

Beton ist der Massenbaustoff unserer Zeit, wobei die Fortschritte der modernen Betontechnologie insbesondere auf die Entwicklung und den Einsatz von Betonzusatzmitteln (BZM) zurückzuführen sind. Betonzusatzmittel sind laut Definition Substanzen, die durch chemische und/oder physikalische Wirkung die Eigenschaften des frischen als auch des erhärteten Betons gezielt verändern [1]. Betonzusatzmittel sind in entsprechende Wirkungsgruppen eingeteilt, wobei verflüssigende BZM in Form von sogenannten Verflüssigern und Fließmitteln mengenmäßig die wichtigsten Wirkungsgruppen bilden [2]. Sie dienen zur Verbesserung der Verarbeitbarkeit des frischen Betons, um möglichst optimale Festbetoneigenschaften, wie beispielsweise Druckfestigkeit zu erreichen. Als Grundstoffe für verflüssigende BZM kommen sulfonierte Polymere in Form von Ligninsulfonaten, sulfonierten Melamin-Formaldehyd-Kondensaten und sulfonierten Naphthalin-Formaldehyd-Kondensaten zum Einsatz.

Diese aromatischen Sulfonate finden auch in anderen chemischen Industriezweigen Verwendung. Beispielweise werden sulfonierte Naphthalin-Formaldehyd-Kondensate als synthetische Gerbstoffe, Textilhilfsmittel und Dispergiermittel eingesetzt [3]. Sie sind hydrophil und daher gut wasserlöslich. Sie stellen anthropogene Verbindungen dar und sind biologisch nicht leicht abbaubar. Sulfonathaltige BZM werden in die „Wassergefährdungsklasse 1: schwach wassergefährdend" eingestuft [4]. Neben monomeren Naphthalinsulfonaten treten oligomere Kondensationsprodukte in industriellen Kläranlagenabläufen und Fließgewässern auf. Ebenso konnten diese Verbindungen in Wasserwerken, welche Uferfiltrat als Rohwasser verwenden, in Konzentrationen im unteren µg/l-Bereich nachgewiesen werden [5].

Prinzipiell ist es denkbar, dass Betonbauwerke, deren Betone unter Verwendung von verflüssigenden BZM hergestellt werden, während ihrer Bau- und Nutzungsphase über den Wasserpfad aromatische Sulfonate freisetzen und diese damit diffus in die Umwelt eintragen. Bislang ist keine Einschätzung dieser komplexen Transportprozesse möglich. Daher sind Untersuchungen zur Freisetzung von verflüssigenden Betonzusatzmitteln aus Zementstein, d. h. zuschlagfreie erhärtete Zement-Wasser-Gemische, die als Modellmatrix für zementgebundene Baustoffe dienen, notwendig. Die Wirkung der verflüssigenden Betonzusatzmittel basiert auf der Sorption an den Zementpartikeln [6]. Die Zuschlagstoffe in Form von Sand und Kies dienen nur als Füller. Geeignete Elutionsexperimente können dabei eingesetzt werden, um den Mechanismus der Mobilisierung von BZM aufzuklären.

2 Experimentelles

2.1 Elutionsexperimente

Zu den Untersuchungen der Elution wurden statische Fest/Flüssig-Verteilungsexperimente in Form von Standtests herangezogen. In diesen Elutionstests wurden monolytische Probekörper in geschlossenen Behältern mit einem Eluenten in einem Volumenverhältnis von 1 zu 5 in Kontakt gebracht. Zu festgelegten Zeitabständen mit unterschiedlicher Intervalldauer wurde der Eluent komplett ausgewechselt. Die Behälter befanden sich in einem auf 20 °C thermostatisierten Wasserbad. Nach zwei Monaten wurden die Versuche beendet. Die Daten des Elutionsexperiments (s. Tabelle 1) sind z. T. an den genormten niederländischen Tests NEN 7345 angelehnt, der zur Charakterisierung des Elutionsverhalten von anorganischen Komponenten aus Abfall- und Baustoffen entwickelt wurde [7].

Tabelle 1. Daten der Experimente zum Mechanismus der Elution.

Art des Experiments	statisch, Standtest in geschlossenen Behältern
Feststoff	monolytische Zementsteinprobekörper
Eluent	Modellwasser
Feststoff/Eluentverhältnis	1 zu 5 (bez. auf Volumen)
Eluenterneuerung	nach 6, 24, 54, 96, 216, 384, 864 und 1536 h
Temperatur	20 °C

Als Eluent wurde ein Modellwasser verwendet, das aus Reinstwasser und anorganischen Salzen bestand[1]. Auf die Verwendung von salzfreiem Reinstwasser wurde verzichtet, da ein lösender Angriff auf die Zementsteinmatrix durch extrem weiches Wasser vermieden werden sollte [8]. Als Feststoff wurden mit BZM dotierte Zementsteine verwendet, die unter definierten Bedingungen hergestellt und gelagert wurden. Es wurde dabei ein Portlandzement CEM I 32,5 R eingesetzt, da diese Zementsorte in der Baupraxis breite Verwendung findet [9]. Als Modellsubstanz für sulfonathaltige BZM wurde sulfoniertes Naphthalin-Formaldehyd-Kondensat (SNF) in einem Gehalt von 0,8 % (Trockensubstanz bezogen auf die eingesetzte Zementmasse) verwendet. Die Strukturformel eines sulfonierten Naphthalin-Formaldehyd-Kondensates ist in Bild 1 dargestellt.

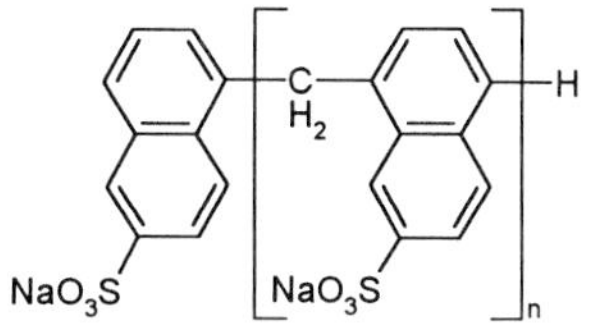

Bild 1. Strukturformel eines sulfonierten Naphthalin-Formaldehyd-Kondensates.

Dieser Gehalt liegt im Bereich der üblichen Dosierungen in der Baupraxis [4]. Die Herstellung der Probekörper erfolgte in Anlehnung an die Norm DIN EN 196-3 „Prüfverfahren für Zement, Bestimmung der Erstarrungszeiten und Raumbeständigkeit" [10]. Das BZM wurde vor dem Mischen mit Zement im Zugabewasser gelöst. Als Formen wurden Kunststoffbehälter verwendet, wodurch zylindrische Probekörper mit einem Volumen von 100 ml und einer Oberfläche von ca. 120 cm^2 erhalten werden konnten. Die Lagerung erfolgte 28 Tage bei einer Temperatur von 20 °C und einer relativen Luftfeuchte von ca. 98 % im Klimaraum. Die Daten der Zementsteinprobekörper sind in der Tabelle 2 zusammengestellt.

[1] Zusammensetzung des Modellwassers: c(NaCl) = 2 mmol/l, c($CaCl_2 \cdot 2\,H_2O$) = 1 mmol/l, c($MgSO_4 \cdot 7 \cdot H_2O$) = 0,4 mmol/l, c($NaHCO_3$) = 0,87 mmol/l, pH = 8,2, elektrische Leitfähigkeit κ_{25} = 0,64 mS/cm

Tabelle 2. Daten der Zementsteinprobekörper.

Form	monolytische Zylinder mit V = 100 cm^3, A = 120 cm^2
Zement	Portlandzement CEM I 32,5 R
Wasserzementwert[2)]	0,5
BZM-Gehalt	Massenanteil = 0,8 % SNF (bez. auf $m_{(Zement)}$)
Dichte	1900 kg/m^3
Lagerung	28 d bei 20 °C, 98 % relative Luftfeuchte

2.2 Analytische Methoden

a) Bestimmung der sulfonathaltigen Betonzusatzmittel

Zur Bestimmung der sulfonathaltigen Betonzusatzmittel wurde nach Adaption der Trenn- und Detektionsparameter die wässerige Größenausschlusschromatographie (Size exclusion chromatography, SEC) angewendet. Als HPLC (Hochleistungsflüssigkeitschromatographie)-Gerät wurde ein HP 1100-System (Hewlett-Packard) verwendet. Die Detektion von sulfonierten Naphthalin-Formaldehyd-Kondensaten erfolgte mittels eines Fluoreszenzdetektors HP 1046 A (Hewlett-Packard). Die alkalischen Eluatproben wurden vor der SEC-Messung mit einer Mischung von $NaHSO_4$ (0,5 mol/l) und Natriumacetat (0,5 mol/l) stabilisiert.

Das BZM wurde freundlicherweise von einer Bauchemie-Firma aus Süddeutschland zur Verfügung gestellt. Hierbei wurde nur sulfoniertes Naphthalin-Formaldehyd-Kondensat als Natriumsalz ohne Additive wie Entschäumer, die in der Baupraxis in den veredelten BZM-Zubereitungen vorhanden sind, eingesetzt [4]. Polymerstandards in Form von Polystyrolsulfonatstandards (Natriumsalze) mit Molmassen von 208 bis 270 000 g/mol wurden von Polymer Standards Service bezogen. Für die monomeren Verbindungen wurde 2-Naphthalinmonosulfonat (> 98 %) und 2,6-Naphthalindisulfonat (97 %) in Form von Natriumsalzen als Referenzverbindungen verwendet (Handelsprodukte von Sigma-Aldrich). Das Reinstwasser für die HPLC wurde mit einem Milli-Q System (Millipore) hergestellt. Acetonitril wurde in HPLC-Qualität, die Salze für Laufmittelelektrolyt, Probenaufbereitung und Modellwasser wurden in p. a.-Qualität von Merck bezogen. Alle in dieser Arbeit angegebenen Konzentrationen und Gehalte beziehen sich auf die Trockensubstanzen in Form von Natriumsalzen.

b) Weitere Bestimmungen

Von den Eluaten wurde die Konzentration von Lithium neben den Kationen des Modellwassers durch ICP-AES (Atom-Emissionsspektroskopie mit induktiv gekoppeltem Plasma) bestimmt, um das Elutionsverhalten der Betonzusatzmittel mit dem von anderen typischen Zementkomponenten wie Alkalimetalle zu vergleichen. Lithium wurde vor allem deshalb ausgewählt, da dieses Element in ähnlich niedrigen Konzentrationen wie die Betonzusatzmittel-Verbindungen in den Eluaten auftritt. Der Lithium-Gehalt im Zement wurde nach HNO_3/HF-Aufschluss ebenfalls durch ICP-AES bestimmt.

[2)] Der Wasserzementwert w/z ist definiert als das Massenverhältnis von Wasser zu Zement

3 Größenausschlusschromatographie zur Bestimmung der Betonzusatzmittel

Die Größenausschlusschromatographie (SEC) wurde ausgehend von den Eigenschaften der BZM (polymer, wasserlöslich, schwerflüchtig) durch entsprechende Parameteroptimierung insbesondere durch Auswahl von Säulenmaterial und Laufmittel speziell an die Analyse der BZM adaptiert (s. Tabelle 3). Als Säulenmaterial erwies sich Hydroxylethylmetacrylat-Gel mit einer Porengröße von 1000 Å als geeignet. Die optimale Laufmittelzusammensetzung konnte mit einer Mischung von wässeriger Na_2SO_4-Lösung (0,1 mol/l, 61 %) und Acetonitril (39 %) erreicht werden. Die Detektion der sulfonierten Naphthalin-Formaldehyd-Kondensate erfolgte mittels eines UV-Photodiodenarraydetektor (DAD) und eines Fluoreszenzdetektors (FLD) bei entsprechenden Wellenlängen. Die Molmassenkalibrierung erfolgte durch direkte Kalibrierung mit eng verteilten Polystytrolsulfonatstandards aufgrund der strukturellen Ähnlichkeit zu den BZM, da von den sulfonierten Naphthalin-Formaldehyd-Kondensaten bislang keine Polymerstandards zur Verfügung stehen.

Tabelle 3. Bedingungen zur SEC-Analyse von SNF.

Säulenmaterial	Hydroxiliertes Ethylmethacrylat (HEMA)-Gel, (Polymer Standards Service, Mainz)
Porengröße	1000 Å
Säulenkombination	Vorsäule (50 x 7,8 mm) + Trennsäule (300 x 7,8 mm)
Laufmittel (isokratisch)	Volumenanteil = 61 % wässerige Na_2SO_4-Lösung (0,1 mol/l) Volumenanteil = 39 % Acetonitril
Flussrate	1 ml/min
Probevolumen	5 µl
Temperatur	25 °C
Molmassenkalibrierung	direkt, mit eng verteilten Polystyrolsulfonatstandards (Natriumsalze)
DAD (HP 1100)	λ = 232/296 nm
FLD (HP 1046 A)	λ_{Ex} = 230 nm λ_{Em} = 340/358 nm

In Bild 2 ist die Verteilungskurve von SNF (Originalsubstanz) dargestellt. Es erfolgte eine Auftrennung in höhermolekulare Verbindungen bei geringen Retentionszeiten und monomeren Verbindungen bei hohen Retentionszeiten. Unter der Voraussetzung, dass die Extinktionskoeffizienten der Verbindungen unabhängig von der Molmasse sind, lassen sich nach Molmassenkalibrierung mit Polystyrolsulfonaten und Integration der Verteilungskurve innerhalb dieser Grenzen die Molmassenanteile von SNF angeben (Tab. 4).

Tabelle 4. Molmassenanteile von SNF durch Bestimmung mit SEC; Molmassenbereichsgrenzen bestimmt durch Kalibrierung mit Polystyrolsulfonaten.

Molmassenbereich	g/mol	> 30000	30000 bis 10000	10000 bis 5000	5000 bis 2000	2000 bis 1000	< 1000
Anteil	%	4	19	18	23	11	25

Von Naphthalinsulfonaten sind im Gegensatz zu den anderen BZM wie z. B. Ligninsulfonate monomere Verbindungen verfügbar. Der Vergleich in Bild 2 mit den gemessenen Referenzverbindungen, 2,6-Naphthalindisulfonat (NDS) und 2-Naphthalinmonosulfonat (NMS), zeigt, dass es sich um diese Verbindungen bzw. um Isomere davon handelt. Bei den Peaks, deren Retentionszeiten zwischen NDS und NMS liegen, handelt es sich um nicht identifizierte Monomere. Die Nachweisgrenze beträgt bei Fluoreszenzdetektion für NMS ca. 0,1 µg/l. Durch SEC der monomeren Referenzverbindungen und ergänzende Messungen mit Ionenpaarchromatographie wurden die isomeren NDS- (2,3 %) und NMS-Verbindungen (4,1 %) im Betonzusatzmittel genau quantifiziert [11]. Die Ergebnisse zeigen, dass die SEC geeignet ist, BZM-Verbindungen zu quantifizieren. Exaktere Bestimmungen hinsichtlich der Molmassenverteilung lassen sich nach Molmassenkalibrierung mit bislang nicht verfügbaren strukturell identischen Polymerstandards erzielen.

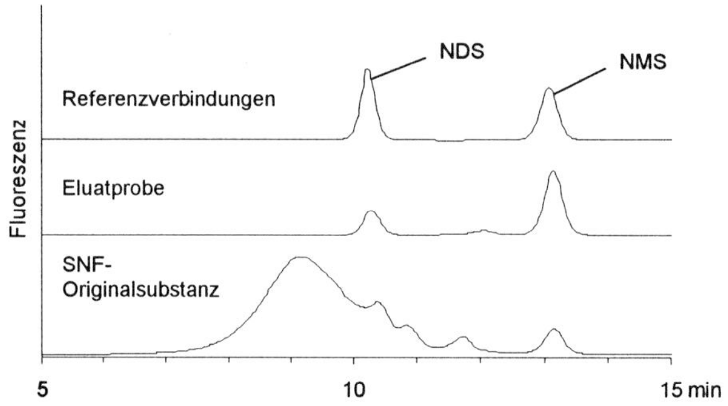

Bild 2. Gelchromatogramme der SNF-Originalsubstanz, einer Eluatprobe eines Probekörpers nach 6 h Elution sowie der Referenzverbindungen 2,6-Naphthalindisulfonat (NDS) und 2-Naphthalinmonosulfonat (NMS).

4 Ergebnisse und Diskussion der Elutionsexperimente

In Bild 2 sind die Gelchromatogramme der Originalsubstanz des eingesetzten sulfonierten Naphthalin-Formaldehyd-Kondensate, eines Standards mit den Referenzverbindungen 2,6-Naphthalindisulfonat und 2-Naphthalinmonosulfonat sowie eines Eluats nach 6 h Elution gezeigt. Im Eluat waren nur monomere Verbindungen zu detektieren, wobei der Vergleich mit den gemessenen Referenzverbindungen, 2,6-Naphthalindisulfonat (NDS) und 2-Naphthalinmonosulfonat (NMS), zeigt, dass es sich um diese Verbindungen bzw. um Isomere handelt. Oligo- und polymere BZM-Verbindungen wurden im Eluat nicht nachgewiesen. Qualitativ traten in allen Eluaten, die bei fortschreitender Versuchsdauer analysiert wurden, ausschließlich monomere BZM-Verbindungen auf. Die höher kondensierten Verbindungen sind in der Zementsteinmatrix immobilisiert und für die Elution nicht verfügbar. Diese Ergebnisse lassen für die Praxis darauf schließen, dass ein Eintrag von höhermolekularen Sulfonaten in die Umwelt nicht über Bauwerke, die mit sulfonathaltigem Beton hergestellt wurden, erfolgt. Monomere Verbindungen sind in der Zementsteinmatrix schwächer sorbiert und damit für die Elution verfügbar. Dies gilt für erhärteten Beton und somit für die Nutzungsphase eines Betonbauwerkes. In der Postnutzungsphase der Betonbauwerke können durch Abbruch- und Aufbereitungsprozesse neue Kontaktflächen entstehen, die eine Elution auch von höhermolekularen Verbindungen bewirken können.

Die Messung der monomeren BZM-Verbindungen Naphthalinmonosulfonate (NMS) und Naphthalindisulfonate (NDS) in den Eluatproben mittels SEC erfolgte unter Kalibrierung mit Standardlösungen von 2-Naphthalinmonosulfonat und 2,6-Naphthalindisulfonat. In Tabelle 5 sind neben den eluierten Mengen an NMS und NDS, auch die entsprechenden Werte für das Alkalimetall Lithium in den einzelnen Intervallen dargestellt.

Tabelle 5. Eluierte Mengen der Spezies NMS, NDS und Li in den jeweiligen Intervallen (neben der Intervall Nr. ist die Zeit t_n in h am Ende des Intervalls angegeben) und eluierte Gesamtmenge am Ende des Versuchszeitraumes.

Spezies		Intervall Nr. mit t_n in h								Gesamt
		1	2	3	4	5	6	7	8	nach
		6	25	56	100	228	421	868	1588	64 d
NMS	mg/m^2	6.6	5.3	5.3	5.5	11.5	11.5	18.8	20.1	85
NDS	mg/m^2	3.2	1.5	1.5	1.5	3.2	3.1	5.2	5.3	25
Li	mg/m^2	3.3	2.9	2.6	2.6	5.2	5.2	8.5	9.5	42

Die Werte der eluierten Mengen an den monomeren BZM-Verbindungen NMS und NDS in den Intervallen korrelieren sowohl untereinander als auch mit den eluierten Mengen des Lithiums. Die Elution der monomeren Sulfonate verläuft somit analog der von weiteren typischen Zementkomponenten wie Alkalimetalle. Am Ende der Elutionsdauer nach 64 d werden aus den Probekörpern bezogen auf das Inventar an jeweiliger Spezies mit 85 mg/m^2 2,4 % des Inventars an NMS freigesetzt. Bei NDS und Lithium betragen die entsprechenden Werte 1,3 % (NDS) und 11,0 % (Li). Von der Verbindung mit zwei Sulfonsäuregruppen wird also im Vergleich zur monosubstituierten Verbindung nur etwa die Hälfte des Inventars eluiert.

Zur Modellierung der Daten wurde ausgehend vom 2. *Fick*schen Gesetz das eindimensionale Diffusionsmodell aus dem unendlichen Halbraum zugrundegelegt, woraus sich unter Berücksichtigung elutionstechnischer Größen als Lösung Gleichung 1 ableiten lässt [12].

$$E_t = 2 \cdot C_0 \cdot \rho \left(\frac{D_e \cdot t}{\pi} \right)^{\frac{1}{2}} \tag{1}$$

mit E_t: Menge eluierter Spezies in mg/m² zur Zeit t
C_0: Inventar der eluierten Spezies im Feststoff in mg/kg
ρ: Dichte des Feststoffs in kg/m³
D_e: effektiver Diffusionskoeffizient in m²/s
t: Elutionsdauer in s

Bei doppelt logarithmischer Auftragung der eluierten Gesamtmenge E_t gegen die Elutionsdauer t muss sich bei Gültigkeit von Gleichung 1 im Diagramm eine Gerade mit der Steigung von $m = 0{,}5$ ergeben. Generell ist anhand der Werte der Steigungen der dominierende Mechanismus der Elution zu erkennen. Bei geringeren Steigungen ($< 0{,}35$) ist der Effekt der Anfangsauswaschung der elutionsdominierende Mechanismus, bei größeren Steigungen ($> 0{,}65$) liegen matrixauflösende Effekte vor [7].

Die eluierten Mengen E_t sind in Bild 3 in einem doppelt logarithmischen Diagramm gegen die Elutionsdauer t aufgetragen. Die Kurvenanpassung der E_t- Werte erfolgt durch Bildung von Ausgleichsgeraden mittels linearer Regression. Dabei sind die Werte des 1. Intervalls nicht berücksichtigt, da durch den Effekt der Anfangsauswaschung, der insbesondere bei NDS auftritt, die Werte erhöht sind und damit die Auswertung verfälschen. Ebenso bleiben die Werte des 8. Intervalls unberücksichtigt, um störende Effekte wie Verarmung an Spezies oder Veränderung der Matrix bei hohen Elutionszeiten zu umgehen [7].

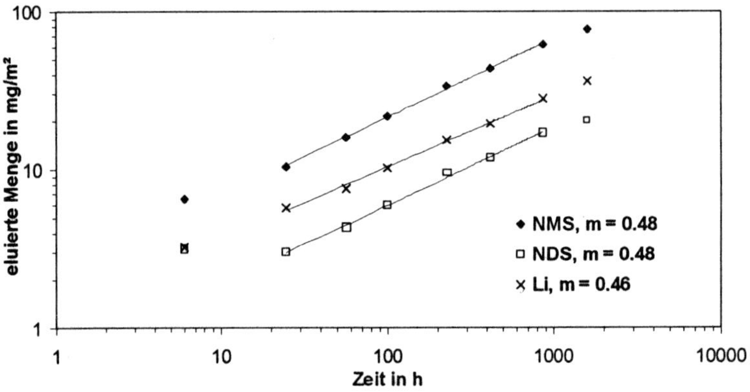

Bild 3. Elutionsverlauf der Spezies Naphthalinmonosulfonat (NMS), Naphthalindisulfonat (NDS) und Lithium mit Steigungen *m* der Ausgleichsgeraden nach Kurvenanpassung mittels linearer Regression.

Die Steigungen der resultierenden Ausgleichsgeraden für die untersuchten Spezies NMS, NDS und Lithium liegen im Bereich des theoretischen Wertes von $m = 0{,}5$ für die Diffusion. Die Ergebnisse belegen, dass die Porendiffusion durch das makroskopisch kontinuierliche mit Flüssigkeit gefüllte Kapillarporensystem in der Zementsteinmatrix den wesentlichen Transportmechanismus für die monomeren BZM-Verbindungen und für Alkalimetalle darstellt. Die Elution von Schwermetallen aus zementgebundenen Baustoffen verläuft nach demselben Mechanismus [13].

Da die Elution von NDS und NMS analog von Lithium diffusionskontrolliert abläuft, kann entspechend des angewendeten, eindimensionalen Diffusionsmodells aus dem unendlichen

Halbraum (Gleichung 1) der effektive Diffusionskoeffizient D_e der entsprechenden Spezies in der Zementsteinmatrix berechnet werden:

$$D_e = \frac{E_t^2 \cdot \pi}{4 \cdot t \cdot C_0^2 \cdot \rho^2}$$

Es gilt dabei die Voraussetzung, dass das gesamte Inventar der Spezies eluierbar ist. Das Inventar C_0 an Spezies wird rechnerisch aus der Zusammensetzung der Probekörper ermittelt, da bei der Herstellung der Gehalt an Zement, Wasser und Betonzusatzmittel und somit auch an den monomeren Verbindungen NDS und NMS festliegen. Ebenso ist das Inventar an Lithium im Zementsteinprobekörper durch den Gehalt des Lithiums im eingesetzten Zement bekannt (36 mg/kg Zement).

Tabelle 6. Berechnete effektive Diffusionskoeffizienten D_e der eluierten Spezies in der Zementsteinmatrix; zum Vergleich die Literaturwerte der Diffusionskoeffizienten D_L in freier Lösung bei 20 °C: NMS (als 1-NMS) und NDS (als 1,5-NDS) [14], Lithium [15].

		NMS	NDS	Li
D_e	m^2/s	$5.8 \cdot 10^{-15}$	$1.4 \cdot 10^{-15}$	$1.2 \cdot 10^{-13}$
D_L	m^2/s	$7.6 \cdot 10^{-10}$	$7.7 \cdot 10^{-10}$	$1.1 \cdot 10^{-9}$

Die Ergebnisse zeigen, dass durch die Einbindung in die Zementsteinmatrix die effektiven Diffusionskoeffizienten der untersuchten Spezies um bis zu 6 Größenordnungen gegenüber den Werten in freier Lösung herabgesetzt sind. Die effektiven Diffusionskoeffizienten und daraus resultierenden Elutionsraten sind von der Kapillarporosität der Zementsteinmatrix abhängig. Damit sollten Faktoren, welche die Kapillarporosität beeinflussen, entsprechende Auswirkungen auf die freigesetzten Mengen an Spezies haben. Zementgebundene Baustoffe werden mit zunehmendem Alter, d. h. fortschreitendem Hydratationsgrad durch Abnahme der Radien der Kapillarporen dichter. Zudem wird die Elution vom Wasserzementwert maßgeblich beeinflusst. Je höher der Wasserzementwert, desto höher ist das Kapillarporenvolumen der Zementsteinmatrix [16]. Somit werden die effektiven Diffusionskoeffizienten und somit die Elutionsraten mit zunehmendem Alter und abnehmendem Wasserzementwert geringer. In der Praxis können die Elutionsraten bei Betonen aufgrund eines ungenügenden Verbundes zwischen Zementstein und Zuschlagstoffen sowie durch Mikrorisse bei unzureichender Nachbehandlung erhöht sein.

Literatur

[1] DIN 1045, Beton und Stahlbeton, Bemessung und Ausführung. Deutsches Institut für Normung, Beuth Verlag, Berlin 1988.

[2] Spanka, G. u. Thielen, G.: Untersuchungen zum Nachweis von verflüssigenden Betonzusatzmitteln und zu deren Sorptions- und Elutionsverhalten. Beton, *5*, 320–327 (1995).

[3] Kosswig, K.: Tenside. In: Ullmanns Enzyclopädie der technischen Chemie, *16*, S. 476, 4. neubearbeitete und erweiterte Aufl., Verlag Chemie, Weinheim 1982.

[4] Betonzusatzmittel und Umwelt. Sachstandsbericht, Industrieverband Bauchemie und Holzschutzmittel e.V, Januar 1996.

[5] Lange, F. T., Redín , C., Brauch, H.-J. u. Eberle, S. H.: Auftreten aromatischer Sulfonate in Industrieabwasser, Flußwasser, Uferfiltrat und in der Trinkwasseraufbereitung. Vom Wasser, *90*, 121–134 (1998).

[6] Spanka, G., Grube, H. u. Thielen, G. (1995b): Wirkungsmechanismen verflüssigender Betonzusatzmittel I.. Beton, *11*, 802–808 (1995).

[7] NEN 7345, Leaching characteristics of solid earthy and stony building and waste materials. Leaching tests. Determination of the leaching of inorganic components from building and monolytic waste materials with the diffusion test. Nederlands Normalisatie-instituut 1995.

[8] Lunk, P.: Feuchtigkeits- und Schadstoffaufnahme. In: Feuchtigkeitstransport und Dauerhaftigkeit von Beton, WTA-Schriftenr., *3*, 51–78 (1992).

[9] Zahlen aus der Zementindustrie. Bundesverband der Deutschen Zementindustrie e. V., Ausgabe 1996.

[10] DIN EN 196-3, Prüfverfahren für Zement, Teil 3, Bestimmung der Erstarrungszeiten und der Raumbeständigkeit. Deutsches Institut für Normung, Beuth Verlag, Berlin 1994.

[11] Herb, H.: Dissertation an der Universität Karlsruhe (TH), in Vorbereitung.

[12] Crank, J.: The mathematics of diffusion, S. 32, 2. Auflage, Clarendon Press, Oxford 1975.

[13] Schießl, P., Rankers, R. u. Hohberg, I.: Umweltverträglichkeit von zementgebundenen Baustoffen – Sachstandsbericht – Aachen: Institut für Bauforschung, Forschungsbericht Nr. F 366, S. 69 (1991).

[14] Ulmer, M.: Zur Adsorption aromatischer Sulfonate an Aktivkohle. Dissertation an der Universität Karlsruhe, S. 37–41 (1998).

[15] Gmelin: Handbuch der Anorganischen Chemie, Lithium Ergänzungsband, 8. Aufl., S. 351–352, Verlag Chemie, Weinheim 1960.

[16] Taylor, H. F. W.: Cement Chemistry. S. 255 f., Academic Press Limited, London 1990.

Sonderdruck aus **VOM WASSER** 95. Band 2000

Arsenentfernung in der Wasseraufbereitung mittels korrosionsinduzierter Adsorption

Arsenic Removal by Corrosion-Induced Adsorption

Karsten Karschunke, Martin Gorny und *Martin Jekel**

Schlagwörter

Arsenentfernung, Trinkwasseraufbereitung, Eisenkorrosion, Adsorption, Eisenhydroxid

Summary

The aim of a co-operation project 'Removal of arsenic in water purification by means of corrosion-induced adsorption' between the TU Berlin and the Universidad de Antofagasta in Chile is to develop a new method for the removal of arsenic in small water supply systems which is economical and requires little maintenance. Iron hydroxide particles, which are a product of the corrosion of iron by the dissolved oxygen, are used for the adsorption of pentavalent arsenate ions. In this paper the results of fundamental experiments on a laboratory scale will be described. In these experiments small filter columns, that were filled with packed steel wool, were fed with arsenic-spiked Berlin drinking water.
With suitable conditions (4 g steel wool, 56 mm of bed length, 11 mL bed volume, 2–3,3 m/h filtration rate, 56–100 s retention time) it was possible to reduce the arsenic concentration from 500 µg/L to less than 10 µg/L arsenate(V) for a throughput of 12 000 bed volumes. Specific arsenic loadings of 18 and 27 mgAs/gFe were achieved.

Zusammenfassung

Im Rahmen eines Kooperationsprojektes ‚Arsenentfernung in der Wasseraufbereitung mittels korrosionsinduzierter Adsorption' zwischen der TU Berlin und der Universidad de Antofagasta in Chile soll ein kostengünstiges und wartungsarmes Verfahren zur Arsenentfernung in kleinen und dezentralen Wasserversorgungssystemen entwickelt werden.
Eisenhydroxidpartikel, die als Produkt der Sauerstoffkorrosion von Eisen in Wasser entstehen, sollen zur Adsorption von fünfwertigen Arsenationen genutzt werden. Hier wird von grundlegenden Versuchen im Labormaßstab berichtet, in denen mit Stahlwolle gepackte Kleinfiltersäulen mit arsenangereichertem Berliner Trinkwasser beschickt wurden. Es gelang unter geeigneten Bedingungen (4 g Stahlwolle, 56 mm Betthöhe, 11 mL Bettvolumen, 2–3,3 m/h Leerrohrgeschwindigkeit, 56–100 s Verweilzeit), bei einer Zulaufkonzentration von 500 µg/L Arsenat mehr als 12 000 Bettvolumina so zu reinigen, dass im Ablauf weniger als 10 µg/L Arsenat gelöst vorlagen. Dabei wurden Beladungen zwischen 18 und 27 mgAs/gFe erreicht.

* Dipl.-Ing. Karsten Karschunke, Dipl.-Ing. Martin Gorny und Prof. Dr.-Ing. habil. M. Jekel, Technische Universität Berlin, Fachgebiet Wasserreinhaltung, Sekr. KF 4, Straße des 17. Juni 135, D-10623 Berlin.

1 Einleitung

Arsen stellt als kanzerogen wirkender anorganischer Wasserinhaltsstoff auch bei niedrigen Konzentrationen im Trinkwasser eine Gesundheitsgefahr für die Konsumenten dar, so dass eine weitgehende Entfernung auch von geogen bedingten Arsenbelastungen anzustreben ist und die Grenzwerte entsprechend abgesenkt wurden [1]. Die in Deutschland 1996 erfolgte Absenkung von 50 µg/L auf den später vorgeschlagenen WHO-Leitwert von 10 µg/L wird in der ab 2001 in Kraft tretenden EU-Trinkwasserrichtlinie nachvollzogen. Dadurch wird in einigen Ländern, beispielsweise dem EU-Beitrittskandidaten Ungarn, entsprechender Nachrüstungsbedarf in der Wasseraufbereitung verursacht.

In einigen außereuropäischen Ländern ist die Problematik weitaus gravierender. Neben den schon länger bekannten Fällen in Taiwan [2] und Chile [3] wurde in den letzten Jahren besonders über die weitläufige Grundwasserbelastung in Bangladesch [4] und Indien [5] mit mehreren Millionen Betroffenen berichtet. Besondere Beachtung erfordert dabei, dass im ländlichen Raum oft Rohwässer mit Arsengehalten über 500 µg/L ohne jegliche Aufbereitung genutzt werden.

Derartige Problemfälle erfordern kostengünstige und wartungsarme Verfahren für den Einsatz in kleineren und dezentralen Wasserversorgungssystemen. Ein solches Verfahren soll in einem von DFG (Deutsche Forschungsgemeinschaft) und BMZ (Bundesministerium für wirtschaftliche Zusammenarbeit und Entwicklung) finanzierten Kooperationsprojekt der TU Berlin mit der Universidad de Antofagasta in Chile entwickelt werden. Ähnlich wie schon etablierte Verfahren [6] basiert das Verfahren auf der Adsorption von fünfwertigen Arsenationen an Eisenhydroxid. Das Eisenhydroxid wird jedoch nicht durch Dosierung von Flockungsmittel zur Verfügung gestellt, sondern simultan durch gezielte Sauerstoffkorrosion von Roheisenmaterialien im Wasser gebildet. Suspendierte arsenbeladene Eisenhydroxidpartikel können anschließend durch Sandfiltration aus dem Wasser entfernt werden.

Im Fachgebiet Wasserreinhaltung der TU Berlin erfolgen Untersuchungen zur Eisenkorrosion und simultanen Arsenadsorption an gepackten Kleinfiltersäulen und im Batchtest. Eine Pilotanlage in Antofagasta, Chile, einer Region mit arsenhaltigen Wasservorkommen im Bereich von 300-800 µg/L, ermöglicht die Überprüfung der Resultate sowie die Anpassung und Optimierung des Verfahrens unter Feldbedingungen.

2 Material und Methoden

2.1 Versuchsaufbau und Materialien

Der Versuchsaufbau, schematisch dargestellt in Bild 1, besteht aus vier parallel im Durchfluss betriebenen Kleinfiltersäulen von 16 mm Durchmesser mit separater Chemikaliendosierung. Im Zu- und Ablauf besteht die Möglichkeit zur elektronischen Sauerstoffmessung sowie zur Probenahme.

Die Kleinfiltersäulen werden mit verschiedenen Roheisenmaterialien gepackt, beispielsweise handelsüblicher Stahlwolle verschiedener Herkunft und Feinheit, Eisengranulat oder Drahtmaterial. Die spezifische Oberfläche in m^2/g wird, sofern nicht vom Hersteller angegeben, durch eigene Messungen mit Hilfe eines Mikroskops abgeschätzt. Die Säulen werden im

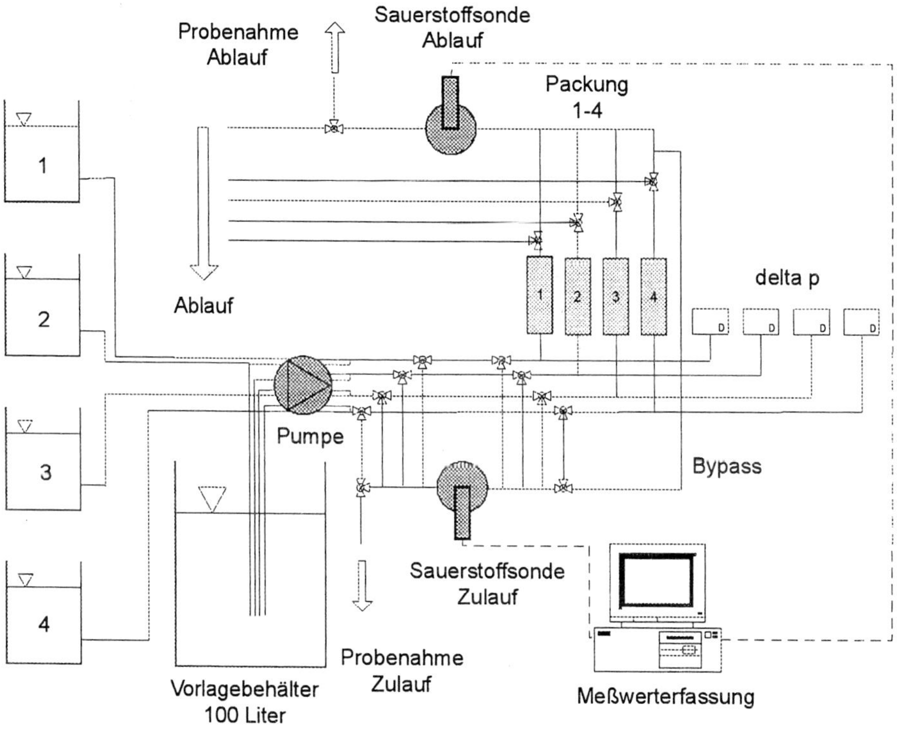

Bild 1. Versuchsaufbau zur simultanen Korrosion und Arsenadsorption.

Versuch für ca. zwei Wochen mit Berliner Trinkwasser durchströmt und täglich beprobt. Dem Wasser wurde fünfwertiges Arsen in einer Konzentration von ca. 500 µg/L zudosiert.

2.2 Messgrößen und Methoden

Mit der täglichen Messung und Beprobung sollen Aussagen über die momentane Korrosion des Eisens und die Arsenentfernungsleistung gewonnen werden.

Zur Bewertung der Korrosion dient die Messung der Sauerstoffkonzentration in Zu- und Ablauf. Aus der Differenz lässt sich unter Annahme einer vollständigen Oxidation zum Fe (III) entsprechend der Reaktionsgleichung (1) der momentane Eisenumsatz stöchiometrisch ermitteln, unabhängig davon, ob die gebildeten Eisenhydroxide im Ablauf erscheinen oder als Deckschicht oder Partikel in der Packung verbleiben.

$$4\ Fe^0 + 3\ O_2 + 6\ H_2O \rightleftharpoons 4\ Fe(OH)_{3,s} \qquad (1)$$

Aus diesen Messungen lässt sich die spezifische Korrosionsrate in g/m^2d ableiten, die auch als freigesetzte Eisenkonzentration in mg/L dargestellt werden kann. Diese Methode wurde von A. Kuch ursprünglich zur Untersuchung von Korrosionsvorgängen in Trinkwasserleitungen entwickelt [7].

Ein Teil der Ablaufprobe wird sofort mit einer Porenweite von 0,2 µm membranfiltriert, um gelöste und kolloidal vorliegende Stoffe differenzieren zu können.

Für die tägliche Probenahme wird die Konzentration an Gesamt-Eisen mit der Phenanthrolinmethode photometrisch gemessen (Fa. Hach). In den am Versuchsende aufgelösten Packungen wird die Eisenkonzentration mit Flammen-AAS bestimmt. In allen Proben wird die Konzentration an Gesamt-Arsen mit Hydrid-AAS bestimmt. Zusätzlich wird in einigen Ablaufproben Arsen(III) gemessen. Die Arsenbestimmung mit selektiver Vorreduktion ist von W. Driehaus beschrieben [8].

2.3 Plausibilitätsprüfung durch Massenbilanzen

Nach Versuchsende werden die Säulen entleert und der Packungsinhalt nach einer magnetischen Trennung von Eisenoxid und metallischem Eisen quantifiziert. Zusammen mit den Zu- und Ablaufmessungen ermöglicht dieses Vorgehen einen Vergleich zwischen dem Ergebnis der Sauerstoffdifferenzenmethode und der real vorhandenen Eisenoxidmasse sowie eine vollständige Massenbilanz für Eisen und Arsen, einschließlich der Ermittlung von Beladungen.

3 Ergebnisse

Exemplarisch werden hier die Ergebnisse eines 15tägigen Versuchs vorgestellt. Die Versuchsparameter zu Versuchsbeginn sind in Tabelle 1 dargestellt. Ab dem dritten Tag wurde Arsen zudosiert. Während des Versuches wurden rund 200 L Wasser durchgesetzt, das entspricht knapp 20 000 Bettvolumina, 14 000 Bettvolumina davon waren mit Arsen versetzt. Spätere Versuche zeigten, dass eine Arsendosierung von Beginn an die Arsenentfernung nicht einschränkt.

Tabelle 1. Filterparameter im beschriebenen Versuch.

Parameter	Einheit	Wert	Parameter	Einheit	Wert
Durchmesser	m	0,016	Q	L/h	0,66
Betthöhe	m	0,054	Filtergeschw.	m/h	3,3
Fe-Masse	g	4,1	EBCT	s	59
Porosität	—	0,95	pH-Wert	—	7,6–7,9
O_2 im Zulauf	mg/L	6,5–7,5	O_2 im Ablauf	mg/L	0,3–4,0

In Bild 2 zeigt sich bis zum Durchsatz von 12 000 Bettvolumina, dass gleichmäßig große Mengen an Eisenionen freigesetzt werden. Die Korrosionsprodukte verblieben zum Großteil in der Packung, was beim Betrachten des gelöst und partikulär abgegebenen Eisens in der Eisenmassenbilanz in Bild 6 zu erkennen ist. Dieser an sich positive Effekt verursachte ab einem Durchsatz von 12 000 Bettvolumina den in Bild 3 zu sehenden starken Anstieg der Druckverluste und ein Absinken der Filtergeschwindigkeit, dargestellt in Bild 4. Mit dem Absinken der Filtergeschwindigkeit verringert sich auch die spezifische Korrosionsrate, ein

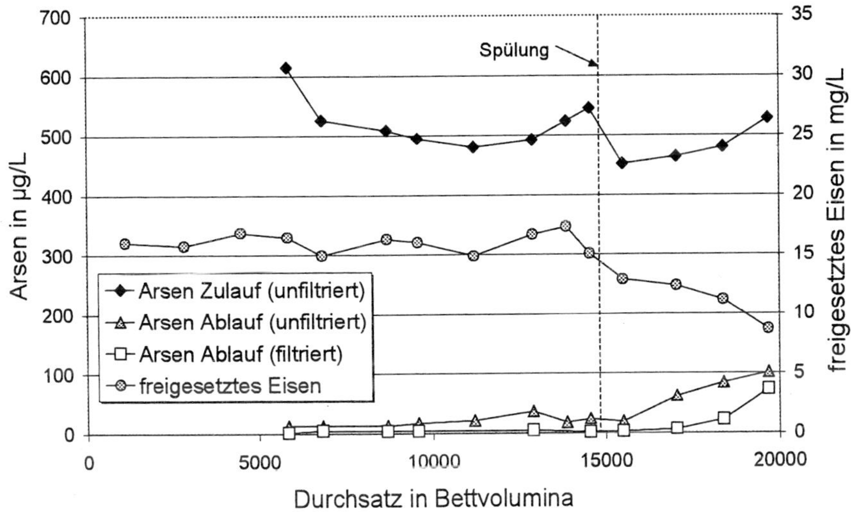

Bild 2. Verlauf der Arsenkonzentrationen und der Eisenfreisetzung.

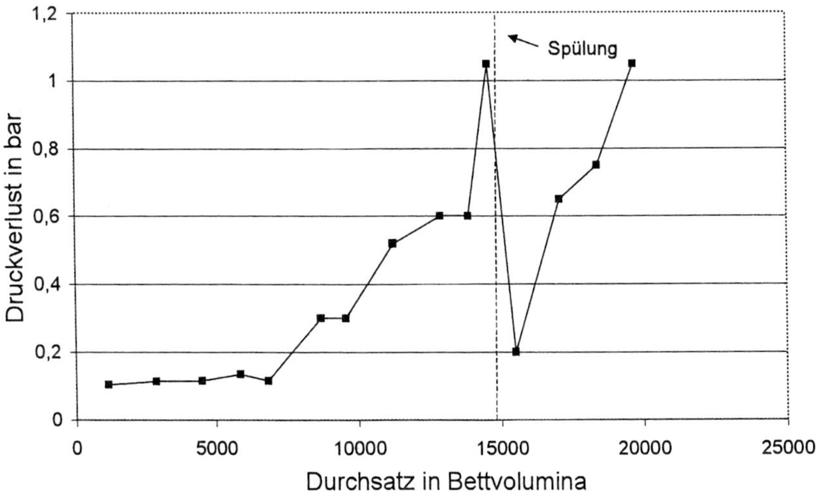

Bild 3. Verlauf des Druckverlustes.

Indiz für eine Transportlimitierung des Sauerstoffs, die, wie in Bild 5 zu sehen, in Versuchen mit variablen Filtergeschwindigkeiten bestätigt werden konnte. Eine Spülung mit erhöhtem Volumenstrom nach einem Durchsatz von 14 700 Bettvolumina sorgte für einen erhöhten Partikelaustrag und ließ die Korrosionsrate und Filtergeschwindigkeit deutlich ansteigen. Trotz eines raschen Absinkens der Korrosionsrate konnten bis zum Versuchsende 85 % des Eisens umgesetzt werden.

Solange eine gleichmäßig hohe Eisenfreisetzung erreicht wurde, konnte, wie in Bild 2 zu sehen, im filtrierten Ablauf eine Arsenkonzentration von unter 20 µg/L sichergestellt werden.

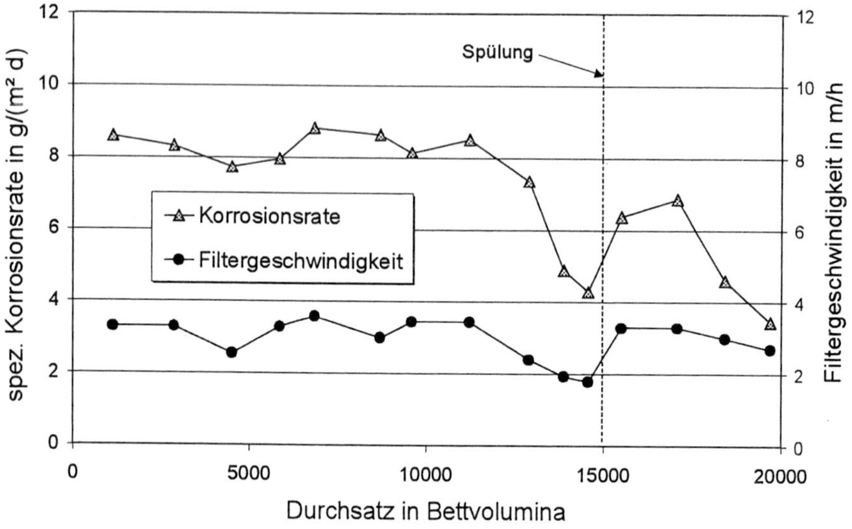

Bild 4. Verlauf der Korrosionsrate und der Filtergeschwindigkeit.

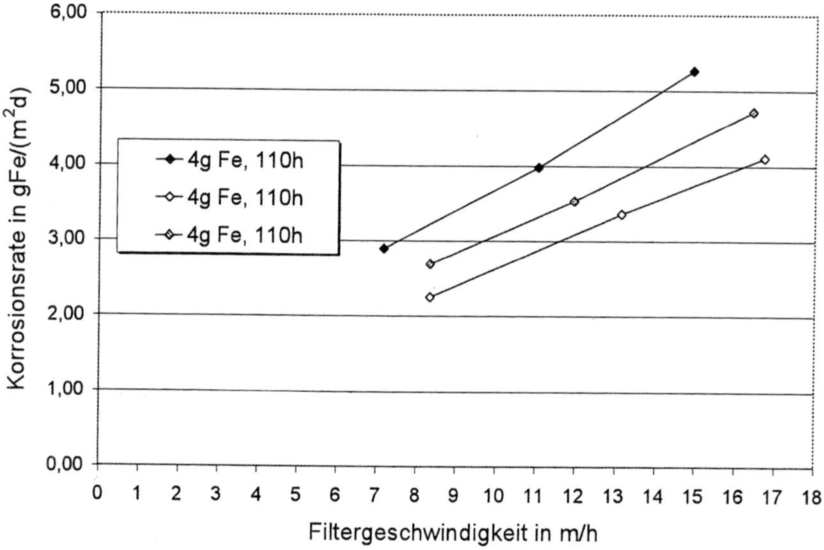

Bild 5. Abhängigkeit der Korrosionsgeschwindigkeit von der Filtergeschwindigkeit.

Durch die Spülung konnten zwar die Korrosionsrate und die Filtergeschwindigkeit deutlich erhöht werden, die Konzentration an freigesetzten Eisenionen stieg aber nicht deutlich an und somit nahm die Arsenkonzentration im Ablauf auch nur vorübergehend ab. Sie stieg im filtrierten Ablauf bis zum Versuchsende auf 100 µg/L. Im unfiltrierten Ablauf erfolgte der Anstieg nach der Spülung rascher, was für einen erhöhten Austrag an partikulärem Eisenhydroxid wegen der verstärkten Kanalbildung durch die Spülung spricht. Bei einer Ablauf-

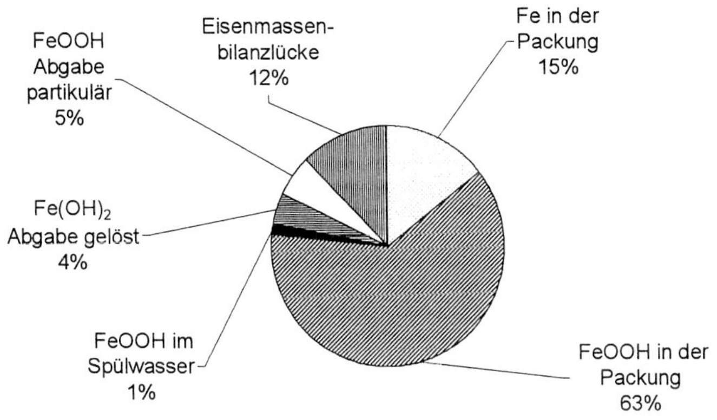

Bild 6. Massenbilanz nach Versuchsende für Eisen.

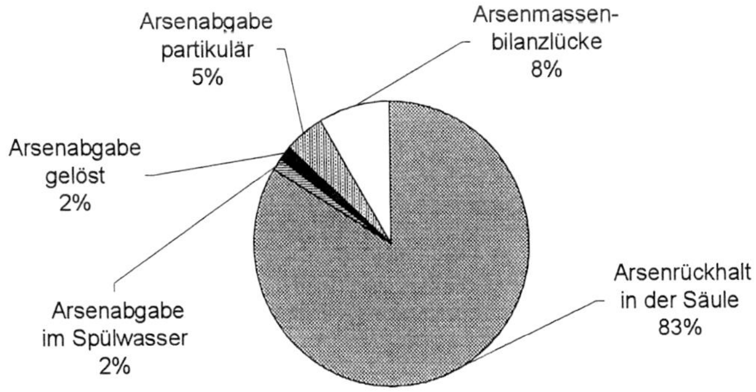

Bild 7. Massenbilanz nach Versuchsende für Arsen.

konzentration von 100 µg/L für Arsen ergibt sich für das produzierte Eisenhydroxid eine mittlere Beladung von 27 mgAs/gFe.

Über den Verbleib von Eisen und Arsen während des Versuchs geben die in Bild 6 und Bild 7 dargestellte Massenbilanz für Eisen beziehungsweise Arsen Auskunft. Der größte Anteil verblieb in der Packung, und auch die arsenbeladenen Eisenpartikel im Ablauf wären durch eine folgende Sandfiltration dem Wasser leicht zu entziehen.

Ein Auftreten von Arsen (III) im Ablauf wurde nicht beobachtet. Eine befürchtete Reduktion von Arsen (V) an der metallischen Eisenoberfläche findet offensichtlich nicht statt. Auch bei Versuchen, in denen in der Kleinfiltersäule der Sauerstoff vollständig gezehrt wurde, wurde dieses Verhalten nicht beobachtet.

4 Bewertung und Ausblick

Die Ergebnisse belegen, dass sich durch natürliche Sauerstoffkorrosion von Roheisenmaterial in Trinkwasser ausreichend Rost zur adsorptiven Entfernung von hohen Arsenkonzentrationen produzieren und bei kurzen Verweilzeiten nutzen lässt. Dabei sind Ablaufkonzentrationen im Bereich des WHO-Leitwertes zu erreichen. Die erzielbaren Beladungen reichen an die aus der Flockung mit Eisenchlorid bekannten Werte heran.

Ein deutliches Hindernis auf dem Weg zur Anwendung stellen die betrieblichen Probleme dar, vor allem der mit der Zeit zunehmende Druckverlust durch die zurückgehaltenen Korrosionsprodukte. Das Ergebnis sind sinkende Durchflussraten oder Kanalbildung mit deutlich schlechteren Korrosions- und Arsenentfernungsraten. Die im Labor durchgeführte Spülung wäre in der Anwendung nicht so einfach zu realisieren.

Daher laufen zur Zeit Untersuchungen zur Lösung dieses Problems durch

- Verbesserung der Packungsstruktur oder
- Verhinderung der Deckschichtbildung durch elektrochemische Beeinflussung.

Parallel zu den Arbeiten in Berlin werden an einer Pilotanlage in Nordchile ähnliche Versuche mit einem Durchsatz von ca. 50 L/h bei 10 cm Säulendurchmesser durchgeführt. Dort kommt ebenfalls die Sauerstoffdifferenzenmethode zur Bestimmung der Eisenfreisetzung und der Korrosionsrate zum Einsatz. Es konnten bisher ähnliche Ergebnisse erzielt werden.

Der Einfluss der Wasserqualität auf die Korrosionsrate und die Arsenadsorption erfolgt in separaten Versuchen unter idealisierten Bedingungen im Batch-Test.

Danksagung

Wir danken dem BMZ und der DFG für die Finanzierung des Forschungsprojektes und dem Laborteam für seine tatkräftige Unterstützung.

Literatur

[1] Dieter, H. H.: Gesundheitliche und toxikologische Eckdaten zur Bewertung von Arsen im Trinkwasser. In: M. Jekel (Hrsg.): Arsen in der Trinkwasserverordnung, DVGW Schriftenr. Wasser Nr. 82, 11–30, Karlsruhe 1993.

[2] Chen, S.L, Dzeng, S. R., Yng, M. H., Chlu, K. H., Shleh, G. M. u. Wal, C. M.: Arsenic species in groundwaters of the blackfoot disease area, Taiwan. Environ. Sci. and Technology *28,* 877–881 (1994).

[3] Karcher, S., Caceres, L., Jekel, M. u. Contreras, R.: Arsenic removal from water supplies in northern chile using ferric chloride coagulation. J. of the Charted Institution of Water and Environ. Management *13*, 164–169 (1999).

[4] Jezierski, H., Karschunke, K. u. Plöthner, D.: Arsenkontamination von Trinkwasser in Bangladesch. Wasser und Abfall *10,* 19–23 (1999).

[5] Guha Mazumder, D. N., Haque, R., Ghosh, N., De, B. K., Santra, A., Chakraborti, D. u. Smith, A. H.: Arsenic levels in drinking water and the prevalence of skin lesions in West Bengal, India. Int. J. of Epidemiology *27,* 871–877 (1998).

[6] Seith, R. u. Jekel, M.: Aufbereitung arsenhaltiger Grundwässer. Beitrag zum Wasserkalender 1998, 88–110, E. Schmidt. Berlin 1998.

[7] Kuch, A, Sontheimer, H. u. Wagner, I.: Die Messung der Aufeisenung im Trinkwasser – Ein neues Verfahren zur Beurteilung von Deckschichten in schwarzen Stahlrohren. Werkstoffe und Korrosion *34*, 107–111 (1983).

[8] Driehaus, W. u. Jekel, M.: Determination of As(III) and total arsenic by on-line pretreatment in hydride generation atomic absorption spectrometry. Fresenius J. of Anal. Chem. *343*, 352–356 (1992).

Sonderdruck aus **VOM WASSER** 95. Band 2000

Elektrochemische Oxidation von komplex gebundenem Cyanid in Modell-Lösungen und realen Abwässern

Electrochemical Oxidation of Complex Cyanide in Model Solutions and Industrial Waste Waters

Derk Horstkotte und *Dietrich Wabner**

Schlagwörter

Komplexes Cyanid, Abwasserbehandlung, Elektrolyse, Bleidioxid-Anoden, Industrieabwasser, Advanced Oxidation Process

Summary

The aim of this work was to investigate the oxidation of complex cyanide with lead dioxide coated anodes. Potassium ferrocyanide, which was used as model substance was oxidised completely. The complex cyanide was oxidised to cyanate and successively to nitrate and ammonium. Beside these products the formation of free cyanide was observed. The amount of the formed free cyanide was even greater when rising the pH level. Experiments with cyanide containing industrial waste waters had shown that the free and also the complex cyanide could be destroyed. In addition to this, the chemical oxygen demand (COD) was essentially lowered. In addition to the anodical destruction of cyanide metals like copper, silver and gold had been removed from the waste waters by cathodic separation. In order to estimate the efficiency of the cyanide oxidation finally the anodical current efficiencies of the model solutions and different waste waters were compared.

Zusammenfassung

Ziel dieser Arbeit war es, die Oxidation von komplex gebundenem Cyanid an β-Bleidioxid-Anoden zu untersuchen. Es konnte gezeigt werden, dass Kaliumhexacyanoferrat(II) als Modellsubstanz für komplex gebundenes Cyanid an Bleidioxid vollständig abgebaut wird. Primäres Produkt dieser Oxidation ist Cyanat, im weiteren Verlauf der Reaktion wird auch Nitrat und Ammonium gebildet. Neben diesen Produkten konnte auch die Entstehung von freiem Cyanid beobachtet werden. Die Menge des entstandenen freien Cyanids war um so größer, je höher der pH-Wert der behandelten Lösung war. Anhand von Untersuchungen mit realen Abwässern konnte gezeigt werden, dass auch hier nicht nur das freie, sondern auch das komplexe Cyanid abgebaut werden konnte. Zusätzlich wurde auch der Chemische Sauerstoffbedarf erheblich vermindert. Neben der anodischen Cyanidzerstörung konnten durch kathodische Abscheidung auch Metalle wie Kupfer, Silber und Gold gut aus den Abwässern entfernt werden. Zum Vergleich der Effektivität der Cyanidoxidation in Modell-Lösungen und realen Abwässern aus der metallverarbeitenden Industrie wurden abschließend die anodischen Stromausbeuten gegenübergestellt.

* Dr. D. Horstkotte, Prof. Dr. D. Wabner, Arbeitsgruppe Angewandte Elektrochemie und Chemische Umwelttechnik, T.U. München, Lichtenbergstr. 4, D-85748 Garching, Tel.: 089/28913086, Fax: 089/28914599, e-mail: aae@lrz.tum.de.

1 Einleitung

Die Entgiftung cyanidischer Abwässer stellt nach wie vor ein hochaktuelles Problem dar. Blausäure und ihr Anion, das Cyanid, sind extrem toxische Verbindungen und bereits in sehr geringen Dosen tödlich, auch für Mikroorganismen in biologischen Abwasserreinigungsanlagen. Ins Abwasser gelangen Cyanide durch Spülvorgänge in cyanidverarbeitenden Betrieben, z. B. Galvaniken, Härtereien und bei der Acrylnitrilherstellung, aber auch als unvermeidliche Nebenprodukte bei thermischen Umsetzungen kohlenstoff- und stickstoffhaltiger Verbindungen wie z. B. in Erdölraffinerien und Kokereien. Der größte Teil des im Abwasser enthaltenen Cyanids besteht nicht aus freien Cyanid-Ionen, sondern aus komplex gebundenem Cyanid.

Hierbei handelt es sich insbesondere um die teilweise sehr stabilen Cyanokomplexe der Schwermetalle Eisen, Nickel, Chrom und Kupfer. Diese Cyanokomplexe sind weit weniger giftig als freies Cyanid, gelangen sie jedoch in Oberflächengewässer, so kommt es unter Einwirkung von Sonnenlicht zur teilweisen Dissoziation und damit zur Freisetzung von freiem Cyanid [1]. Durch herkömmliche Oxidationsverfahren, wie sie der Stand der Technik in der Cyanidentgiftung darstellt, sind diese Komplexe in der Regel nicht zu zerstören.

2 Experimentelles

Als Anodenmaterial wurde Titanstreckmetall verwendet, welches mit β-Bleidioxid beschichtet wurde [2]. Diese Anoden wurden mit Titanstreckmetall-Kathoden zu Stacks zusammengebaut, so dass jede Anode von zwei Kathoden umgeben war. Die Abbauversuche wurden in einem Batchreaktor durchgeführt, welcher mit einer Temperaturregelung und einem Rührer versehen war. Als Modellsubstanz wurde Kaliumhexacyanoferrat(II) eingesetzt, da es einer der stabilsten Cyanidkomplexe ist (die Dissoziationskonstante beträgt 10^{-37}). Der Cyanidgehalt der Modellabwässer betrug 600 mg/L, die angelegte Stromdichte 10 mA/cm^2. Die Cyanidanalytik erfolgte nach DIN 38 405 D 13-1 durch Zersetzung des Komplexes mit Salzsäure und Absorption der entstehenden Blausäure in Natronlauge, anschließend wurde die Cyanidmenge mit einer ionensensitiven Elektrode bestimmt. Die Abbauprodukte wurden mit einem Ionenchromatograph DX 500 mit Leitfähigkeitsdetektor (Fa. Dionex, Idstein) qualitativ und quantitativ erfasst.

3 Ergebnisse und Diskussion

3.1 Untersuchungen anhand von Modell-Lösungen

Die elektrochemische Oxidation des Eisencyano-Komplexes gelingt bis zur Nachweisgrenze, diese liegt bei der Verwendung von Cyanid-sensitiven Elektroden bei 0,1 mg/L (Gesamtcyanid). Als Oxidationsprodukte konnten Cyanat, Nitrat und Ammonium identifiziert werden. Die Oxidation von Cyanid-Ionen zum Cyanat (Gl. 1) wird schon seit längerem in der Literatur beschrieben [3]. Die weitere Oxidation zum Nitrat (Gl. 2) wurde von einigen Autoren vermutet [4], konnte bisher nur an β-Bleidioxidanoden beobachtet werden.

Aus Bild 1 wird deutlich, dass auch eine Weiterreaktion von Nitrat unter den gegebenen Bedingungen möglich ist. In früheren Untersuchungen [5] konnte festgestellt werden, dass Nitrat elektrochemisch zu Nitrit und weiter bis zum Ammonium reduziert werden kann (Gl. 3 und 4).

$$CN^- + 2\,OH^- \rightarrow OCN^- + H_2O + 2\,e^- \quad (1)$$

$$OCN^- + 4\,OH^- \rightarrow NO_3^- + 2\,H_2O + 4\,e^- \quad (2)$$

$$NO_3^- + H_2O + 2\,e^- \rightarrow NO_2^- + 2\,OH^- \quad (3)$$

$$NO_3^- + 6\,H_2O + 8\,e^- \rightarrow NH_3 + 9\,OH^- \quad (4)$$

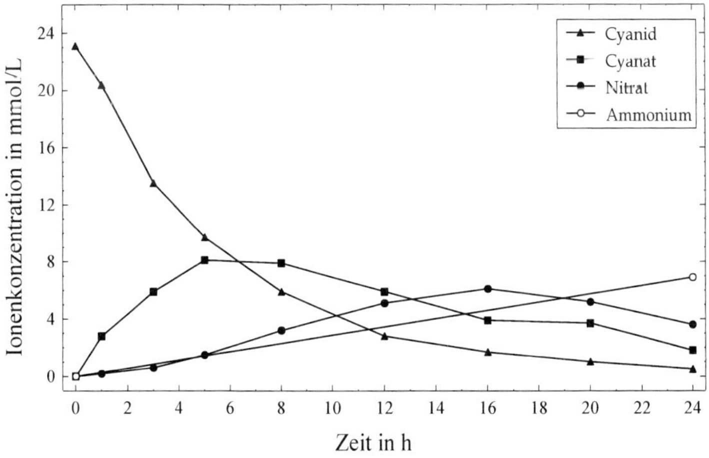

Bild 1. Abbau von Kaliumhexacyanoferrat(II) und Produktverteilung während der Elektrolyse (pH 10,5).

Um festzustellen, ob die OH^--Konzentration Einfluss auf die Abbaugeschwindigkeit hat, wie Gl. 1 vermuten lässt, wurden Abbauversuche bei verschiedenen pH-Werten durchgeführt. Eine pH-Abhängigkeit der Cyanidoxidation konnte nicht festgestellt werden, jedoch wurde die Bildung von freiem Cyanid beobachtet. Wie aus Bild 2 zu erkennen ist, ist hier eine deutliche pH-Abhängigkeit zu beobachten. Durch welchen Mechanismus es bei der elektrochemischen Oxidation von Kaliumhexacyanoferrat(II) zur Bildung von freiem Cyanid kommt, konnte noch nicht zweifelsfrei geklärt werden. Es gibt Hinweise, dass OH-Radikale für die Zerstörung des Hexacyanoferrats verantwortlich sind, dabei wird von einer direkten Oxidation des an Eisen koordinierten Cyanids zum Cyanat ausgegangen [6]. Vermutlich wird durch die Oxidation der Cyanid-Liganden die Stabilität des Komplexes stark vermindert, wodurch die Dissoziation beschleunigt wird.

Da freies Eisen bei alkalischen pH-Werten nicht löslich ist und als $Fe(OH)_3$ ausfällt, wird die als Gleichgewichtsreaktion verlaufende Dissoziation begünstigt.

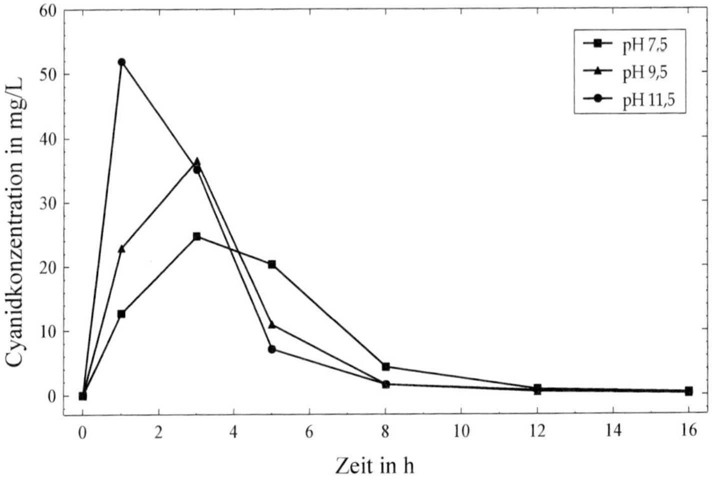

Bild 2. Bildung von freiem Cyanid beim Abbau von Kaliumhexacyanoferrat(II) in Abhängigkeit vom pH-Wert.

3.2 Behandlung realer Abwässer

Auch in realen Abwasserproben konnte die vollständige Oxidation von Cyano-Komplexen nachgewiesen werden. Bild 3 zeigt den Abbau des Gesamtcyanids von Abwasser I aus der Elektronikschrottaufbereitung. Hier konnte nicht nur das zu über 90 % komplex gebundene Cyanid abgebaut werden, sondern auch der hohe Chemische Sauerstoffbedarf (CSB) von 31550 mg/L O_2 innerhalb von 12 Stunden um 40 % reduziert werden.

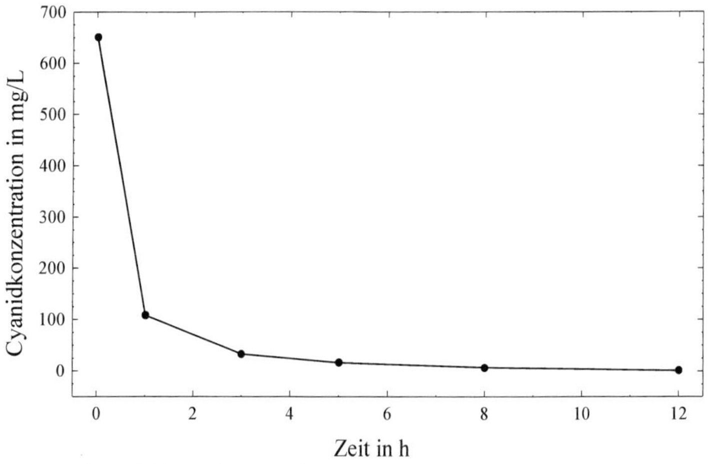

Bild 3. Cyanidabbau Abwasser I.

Zusätzlich zur anodischen Cyanidentgiftung wurde an den Kathoden elementares Gold abgeschieden. Dies eröffnet die Möglichkeit der Metallrückgewinnung. In der galvanischen Industrie wird die Rückgewinnung von Edelmetallen bereits betrieben, aufgrund des niedrigen Abscheidungspotentials und dem Wert der Metalle ist ein solchen Verfahren durchaus wirtschaftlich [7]. Bei der Verwendung von β-Bleidioxid-Anoden kann zusätzlich zur Metallabscheidung anodisch Cyanid entgiftet werden, wodurch die Wirtschaftlichkeit erheblich gesteigert wird.

Bild 4 zeigt den Cyanidabbau von Abwasser II, dieses wurde aus dem ersten Spülbecken einer galvanischen Versilberung entnommen. Innerhalb von 4 Stunden konnte das Gesamtcyanid von 2140 mg/L auf 52 mg/L abgebaut werden. Der CSB betrug ursprünglich 3990 mg/L O_2 und konnte um 64 % gesenkt werden.

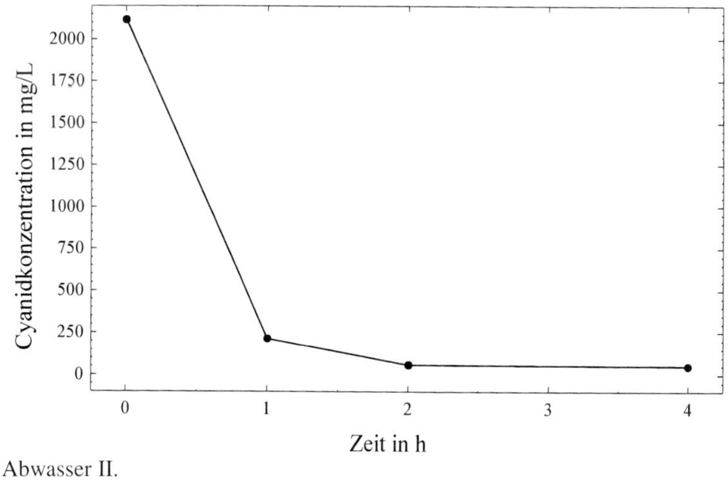

Bild 4. Cyanidabbau Abwasser II.

3.3 Stromausbeuten

Die Stromausbeuten wurden für einen 50 %igen Cyanidabbau berechnet, zugrunde gelegt wurde die Reaktion von Cyanid zum Cyanat. Die Weiteroxidation zum Nitrat wurde nicht berücksichtigt, da sie stark vom pH-Wert der Lösung abhängt und daher nicht vollständig ist. Tab. 1 zeigt die ermittelten Werte für die Modell-Lösungen und die realen Abwässer.

Tabelle 1. Stromausbeuten.

Elektrolyt	ursprüngliche Cyanidkonzentration in mg/L	Stromausbeute in %
KCN-Lösung	600,0	16,5
$K_4[Fe(CN)_6]$-Lösung	600,0	8,5
Abwasser I	650,9 davon freies CN^-: < 0,2	22,4
Abwasser II	2140,0 davon freies CN^-:1690,0	76,1

Die Tabelle macht deutlich, dass in Modell-Lösungen beim Abbau von freiem Cyanid bessere Stromausbeuten erzielt werden als bei der Oxidation von komplex gebundenem Cyanid. Bei der Behandlung der Abwässer werden zum Teil deutlich höhere Stromausbeuten erreicht. Dies ist zum einen auf die höhere Cyanidkonzentration zurückzuführen, zum anderen ist dies durch die Anwesenheit von katalytisch wirksamen Substanzen zu erklären. In diesem Zusammenhang sind vor allem Chlorid- und Kupfer-Ionen zu nennen.

Die elektrochemische Cyanidoxidation mit Bleidioxid-Anoden weist einige Vorteile gegenüber den bisher eingesetzten Entgiftungsverfahren auf. Zu nennen sind in diesem Zusammenhang:

- Kein Einsatz von Chemikalien nötig
- Dadurch keine zusätzliche Aufsalzung des Abwassers
- Oxidation von komplexem Cyanid möglich, im Gegensatz zu den bisher üblichen Entgiftungsverfahren
- Keine AOX-Bildung wie bei der Oxidation mit Chlorbleichlauge
- Gleichzeitige Abscheidung von Schwermetallen an der Kathode mit der Möglichkeit zur Wiederverwendung (vor allem in der Galvanik)

Danksagung

Wir bedanken uns herzlich bei der Deutschen Bundesstiftung Umwelt in Osnabrück, die diese Arbeit finanziell gefördert hat (Az: 10157).

Literatur

[1] H. Thielemann, Photolyse wäßriger zyanidhaltiger Lösungen nach Überführung in stabile Komplexe, gi, *115,* 4, 212–214 (1994).
[2] W. Tillmetz, M. Gnann u. D. Wabner, Elektrode, Verfahren zu ihrer Herstellung und ihre Verwendung, Patentschrift, DE 34 32 652 C2 (1986).
[3] J. Dziewinski, S. Marczak u. W. Smith, Electrochemical destruction of mixed wastes, Chem. Tech. *26,* 4, 30–33 (1996).
[4] P. Tissot u. M. Fragniere, Anodic oxidation of cyanide on a reticulated threedimensional electrode, J. Appl. Electrochem., *24,* 509–512 (1994).
[5] D. Horstkotte u. M. Petzoldt, Entwicklung eines Kombinationsverfahrens zur chemisch-biologischen Behandlung cyanidbelasteter Abwässer, Abschlußbericht, Deutsche Bundesstiftung Umwelt, Az: 10157 (1999).
[6] M. D. Gurol u. T. E. Holden, The effect of copper and iron complexation on removal of cyanide by ozone, Ind. Eng. Chem. Res., *27,* 7, 1157–1162 (1988).
[7] W. Götzelmann, Die elektrolytische Metallrückgewinnung, Wirtschaftlichkeit und praktischer Einsatz, Galvanotechnik, *70,* 596–603 (1979).

Sonderdruck aus **VOM WASSER** 95. Band 2000

^{1}H-NMR-Untersuchungen der Komplexbildung von aromatischen Aminen und Cucurbituril in wässrigen Lösungen

^{1}H-NMR Spectroscopic Studies of the Complex Formation between aromatic Amines and Cucurbituril in Aqueous Solutions

Klaus Jansen, Andreas Wego, Hans-Jürgen Buschmann und *Eckhard Schollmeyer**

Schlagwörter

Cucurbituril, Aromaten, Kernresonanzspektroskopie, Einschlusskomplexe, Grundwassersanierung

Summary

Cucurbituril is a macrocyclic ligand with a rigid hydrophobic cavity. This cavity is accessible through two portals formed by six carbonyl groups. Ions are complexed by cucurbituril through ion dipole interactions. Uncharged organic compounds are included within the endolipophilic cavity of cucurbituril. Aromatic amines both have unpolar molecule parts and polar substituents. The complex formation of cucurbituril with o-phenylene diamine and 4-methyl aniline is investigated by proton resonance spectroscopy (1H-NMR) using DCl/D_2O as solvent. The proton signals of the guest substances are shifted. This can be explained by the inclusion of the aromatic molecule parts of the model substances within the cavity of the macrocyclic ligand.

Zusammenfassung

Cucurbituril ist ein makrozyklischer Ligand mit einem starren, hydrophoben Hohlraum. Dieser Hohlraum ist durch zwei Portale zugänglich, die durch je sechs Carbonylgruppen gebildet werden. Ionen werden von Cucurbituril über Ion-Dipol-Wechselwirkungen komplexiert. Neutrale organische Verbindungen werden in den endolipophilen Hohlraum von Cucurbituril eingelagert. Aromatische Amine besitzen sowohl einen unpolaren Molekülteil als auch eine polare funktionelle Gruppe. Durch Protonenresonanzspektroskopie (1H-NMR) wird die Komplexbildung von Cucurbituril mit o-Phenylendiamin und 4-Methylanilin untersucht. Man beobachtet im Kernresonanzspektrum eine Verschiebung der Protonensignale der Gastverbindungen. Das ist durch die Einlagerung der aromatischen Molekülteile dieser Modellverbindungen in den Hohlraum des Makrozyklus zu erklären.

* Dipl.-Chem. K. Jansen, Dipl.-Chem. A. Wego, Dr. H.-J. Buschmann und Prof. Dr. E. Schollmeyer, Deutsches Textilforschungszentrum Nord-West e. V., Adlerstr. 1, D-47798 Krefeld, e-mail: buschmann@dtnw.de.

1 Einleitung

Makrozyklische, starre Wirtmoleküle besitzen einen Hohlraum, in den andere Moleküle eingelagert werden können [1]. Derartige Wirtmoleküle sind z. B. Cyclodextrine und Cucurbituril (siehe Bild 1). Die Cyclodextrine wurden 1891 von Villiers entdeckt [2]. Freudenberg beschrieb sie 1948 als aus α-(1,4)-glycosidisch gebundenen Glucopyranose-Einheiten aufgebaute makrozyklische Verbindungen [3]. Sie besitzen einen endolipophilen Hohlraum, in dem organische Moleküle (Gastmoleküle) durch Einlagerung komplexiert werden können. Von Komplex(verbindung)en bzw. Koordinationsverbindungen spricht man, wenn in der ersten Koordinationssphäre um ein oder mehrere Zentralatome ein oder mehrere Moleküle bzw. Ionen gruppiert sind.

Nur wenige Jahre nach der Entdeckung der Cyclodextrine gelang Behrend 1905 die Darstellung eines hochsymmetrischen Kondensationsproduktes aus Harnstoff, Glyoxal und Formaldehyd [4]. Die starre, zyklische Käfigstruktur mit hexagonaler Symmetrie wurde erst 1981 kristallografisch aufgeklärt [5]. Sie ist der der Cyclodextrine recht ähnlich. Der hydrophobe Hohlraum ist durch zwei Portale zugänglich, die aus je 6 Carbonylgruppen gebildet werden (siehe Bild 1). Cucurbituril bildet in wässriger Lösung Komplexe mit Alkali- und Erdalkaliionen [6, 7], wobei die freien Elektronenpaare der Carbonylgruppen mit den Ionen in Wechselwirkung treten. Aliphatische Amine [8], Alkohole, Carbonsäuren, Nitrile [9, 10], Aminosäuren, Aminoalkohole [11] und Farbstoffe [12–16] werden ebenfalls durch Cucurbituril komplexiert. Dabei wird die Gastsubstanz ganz oder teilweise in den Hohlraum des makrozyklischen Liganden eingelagert.

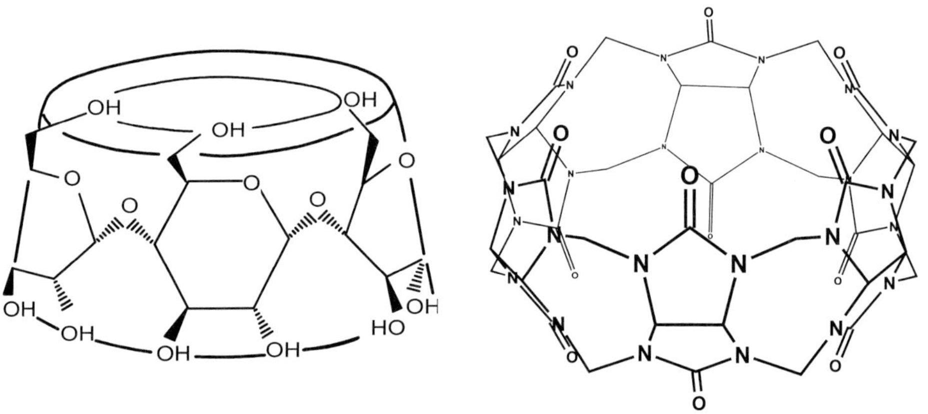

Bild 1. Schematische Struktur von Cyclodextrin (links) und Cucurbituril (rechts).

Makrozyklische Wirtmoleküle bilden jedoch mit Gastmolekülen nicht immer Einschlusskomplexe [17]. So beobachteten Stetter et al., dass makrozyklische Liganden mit aromatischen Gruppen definierte Verbindungen mit Benzol bilden [18]. Er schloss daraus fälschlicherweise, dass Benzol durch π-π-Wechselwirkungen in den Makrozyklus eingelagert wird. Wie röntgenografische Untersuchungen allerdings später zeigten, bilden sich nur Addukte der makrozyklischen Liganden mit Benzol [19].

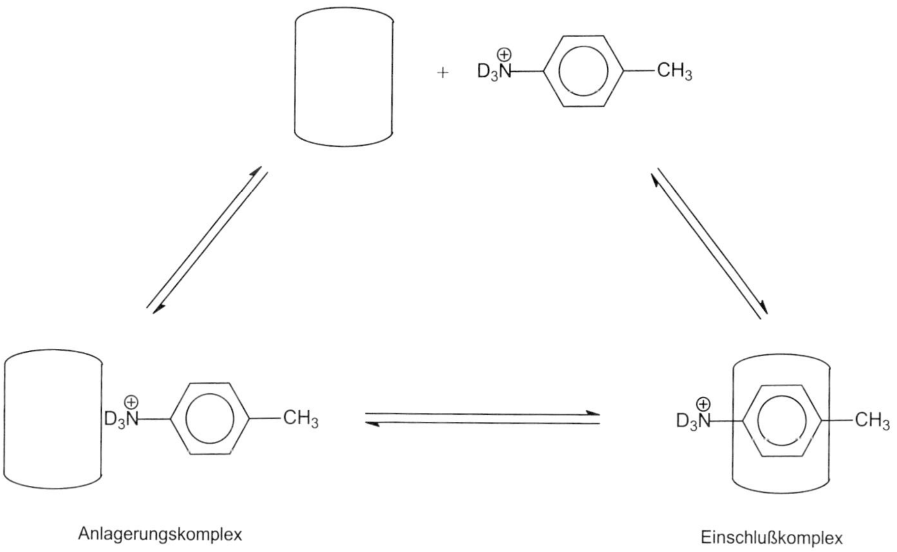

Bild 2. Bildung des Anlagerungs- und des Einschlusskomplexes von aromatischen Ammoniumverbindungen mit makrozyklischen Liganden in DCl/D_2O.

Wie in Bild 2 dargestellt, ist bei der Komplexierung von aromatischen Aminen mit Cyclodextrinen bzw. Cucurbituril in Lösung prinzipiell die Bildung von zwei unterschiedlichen Komplexen möglich, wie sie auch durch kinetische Messungen bestätigt wird [7]:

1. Der erste, kinetisch begünstigte Komplex ist der *Anlagerungskomplex.* Die protonierten Aminogruppen der Gastsubstanz treten in Wechselwirkung mit den freien Elektronenpaaren der Carbonylgruppen an den Portalen des Cucurbiturils. Der aromatische Molekülteil der Gastverbindung befindet sich in der Lösung.
2. In *Einschlusskomplexen* beobachtet man ebenfalls Ion-Dipol-Wechselwirkungen zwischen den protonierten Aminogruppen und den Carbonylgruppen des Komplexbildners. Die Bildung des Einschlusskomplexes erfolgt durch die Einlagerung des Gastmoleküls in den Hohlraum des Wirtmoleküls. Da es sich um einen Gleichgewichtsprozess handelt, kann dieser Komplex wieder in einen Anlagerungskomplex oder Gast- und Wirtverbindung zerfallen.

Die Stabilitätskonstanten der gebildeten Komplexe sind dafür ausschlaggebend, in welchem Verhältnis beide Spezies tatsächlich in Lösung vorliegen. Eine geeignete Messmethode zur Untersuchung der Komplexe in Lösung ist die Protonenresonanzspektroskopie (^{1}H-NMR-Spektroskopie). Durch den Einschluss der Gastsubstanz in den Hohlraum und die damit verbundene Abschirmung der Protonen, werden die den Protonen zugeordneten Signale in den ^{1}H-Spektren im Vergleich zum nicht eingeschlossenen Molekül deutlich verschoben. Dies ist durch die Untersuchung der Komplexe von Cyclodextrinen mit unterschiedlichen substituierten aromatischen Molekülen hinreichend bekannt [20–22].

Einschlusskomplexe von Cucurbituril mit aliphatischen Aminen konnten ^{1}H-NMR-spektroskopisch von Mock et al. nachgewiesen werden [23, 24]. Auch bei der Bildung schwacher Komplexe mit aliphatischen Alkoholen und Carbonsäuren wurde deren Einschluss im Hohlraum des Makrozyklus mit Hilfe der Kernresonanzspektroskopie gezeigt [9]. Es bleibt daher zu klären, ob auch sterisch anspruchsvolle Gastsubstanzen, wie aromatische Amine, in Lösung in den Hohlraum von Cucurbituril eingelagert werden, oder ob sich nur Anlagerungskomplexe bilden.

2 Experimentelles

Cucurbituril wird, wie in der Literatur beschrieben, dargestellt und gereinigt [4]. o-Phenylendiamin und 4-Methylanilin (Fluka) werden als organische Modellsubstanzen ohne weitere Reinigung eingesetzt. Als Lösemittel wird 20 %ige DCl (99,5 Atom-% D, Aldrich) für die ^{1}H-NMR-spektroskopischen Untersuchungen verwendet. Interner Standard ist Na-Trimethylsilyltetradeuteropropionat.

Zu Referenzmessungen werden je 15–30 mg der Modellsubstanzen in 2 ml 20 %iger DCl gelöst. Der Nachweis der Komplexbildung in Lösung erfolgt durch Mischen von 15–30 mg der jeweiligen Substanzen mit 30–50 mg Cucurbituril in 2 ml 20 %iger DCl.

Alle NMR-Experimente werden auf einem 300 MHz Spektrometer der Firma Bruker (WM 300) bei 25 °C durchgeführt.

3 ^{1}H-NMR-spektroskopische Untersuchungen der Komplexierung von aromatischen Aminen mit Cucurbituril in wässrigen Lösungen

Die Protonenresonanzspektroskopie ermöglicht eine Aussage darüber, ob sich die Aromaten außerhalb oder innerhalb des Hohlraums eines makrozyklischen Liganden befinden.

Cucurbituril besitzt drei nicht chemisch äquivalente Arten von Wasserstoffatomen (siehe Bild 3). Bezogen auf die C_6-Achse des Liganden, besitzt jede Glycoluril-Einheit zwei äquatoriale Protonen (H_a). Die geminalen Wasserstoffatome der CH_2-Gruppen zwischen den Glycoluril-Einheiten können in je ein axiales (H_b) und ein äquatorial zur C_6-Achse orientiertes Proton (H_c) unterteilt werden. In den Spektren wird das Dublett bei 4,45 ppm durch die Resonanz des axial orientierten Protons in den CH_2-Gruppen hervorgerufen. Das zweite Dublett dieser geminalen Protonen und das Singulett der Wasserstoffatome in den Glycoluril-Einheiten fallen in ihrer chemischen Verschiebung nahezu zusammen. Dieses Multiplett ist bei einer Verschiebung von 5,70 ppm in den Spektren zu sehen. Die Kopplung der geminalen Protonen beträgt $J = 15,5$ Hz.

In den Bildern 4 und 5 sind die ^{1}H-NMR-Spektren der Modellsubstanzen o-Phenylendiamin und 4-Methylanilin in Anwesenheit von Cucurbituril dargestellt. Die größten Signale (7,30 ppm bzw. 7,50 ppm) in den ^{1}H-NMR-Spektren werden durch das Lösemittel hervorgerufen.

Die übrigen Signale zeigen das Gleichgewicht der freien bzw. in den Hohlraum des Liganden eingelagerten aromatischen Aminen. Die Signale der Aminprotonen der Modellaromaten sind durch den H-D-Austausch in Lösung nicht im Spektrum vorhanden. Die 4 aromatischen Wasserstoffatome des p-Phenylendiamins bewirken ein Multiplett mit einer Verschiebung von 7,75 ppm (Bild 5). Die Multipletts bei 6,55 ppm und 6,71 ppm entsprechen den Resonanzen der im Hohlraum von Cucurbituril befindlichen aromatischen Wasserstoffatomen des o-Phenylendiamins.

NMR-spektroskopische Untersuchungen der Komplexierung von 4-Methylanilin durch Cucurbituril zeigen ebenfalls das gleichzeitige Vorliegen von aromatischen Protonen, die

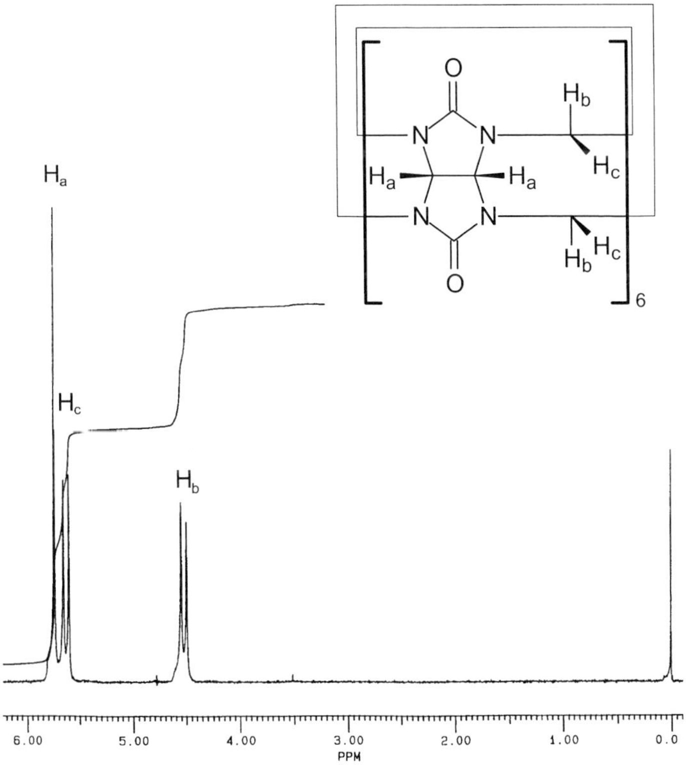

Bild 3. ^{1}H-NMR-Spektrum und chemische Struktur von Cucurbituril. Chemisch äquivalente Protonen tragen denselben Index (300 MHz, 20 % DCl, Standard: Na-Trimethylsilyltetradeuteropropionat).

sich innerhalb und außerhalb des Hohlraums von Cucurbituril befinden. Das Singulett bei 7,36 ppm kann den 4 aromatischen Wasserstoffen, das Singulett bei 2,37 ppm den 3 Protonen der Methylgruppe im unkomplexierten 4-Methylanilin zugeordnet werden. Die Dubletts bei 6,50 ppm und 6,55 ppm mit der Kopplungskonstante J = 8,6 Hz beweisen den Einschluss der vicinalen aromatischen Wasserstoffatome in den Hohlraum des Komplexbildners. Durch die Bildung des Einschlusskomplexes wird auch das Signal der 3 Methylprotonen um 0,37 ppm auf 2,00 ppm verschoben (Bild 4).

Die genaue Resonanzfrequenz der Wasserstoffatomkerne hängt in charakteristischer Weise von der Umgebung der Atomkerne ab. Der Einschluss einer Gastsubstanz in den hydrophoben Hohlraum von Cucurbituril bewirkt eine Abschirmung der eingeschlossenen Kerne von dem äußeren Magnetfeld und so die Abnahme der Resonanzfrequenz ν. Das Signal des abgeschirmten Kerns ist im Vergleich zum nicht abgeschirmten Kern zu höherem Feld verschoben.

Die Hochfeldverschiebung von Protonensignalen komplexierter aliphatischer Amine ist bereits in der Literatur beschrieben [23, 24]. Das gleichzeitige Vorliegen von Modellaromaten, die sich innerhalb bzw. außerhalb des Hohlraums von Cucurbituril befinden, und die Feinstruktur der Signale zeigen, dass die reversible Bildung des Einschlusskomplexes langsam auf der NMR-Zeitskala verläuft [25].

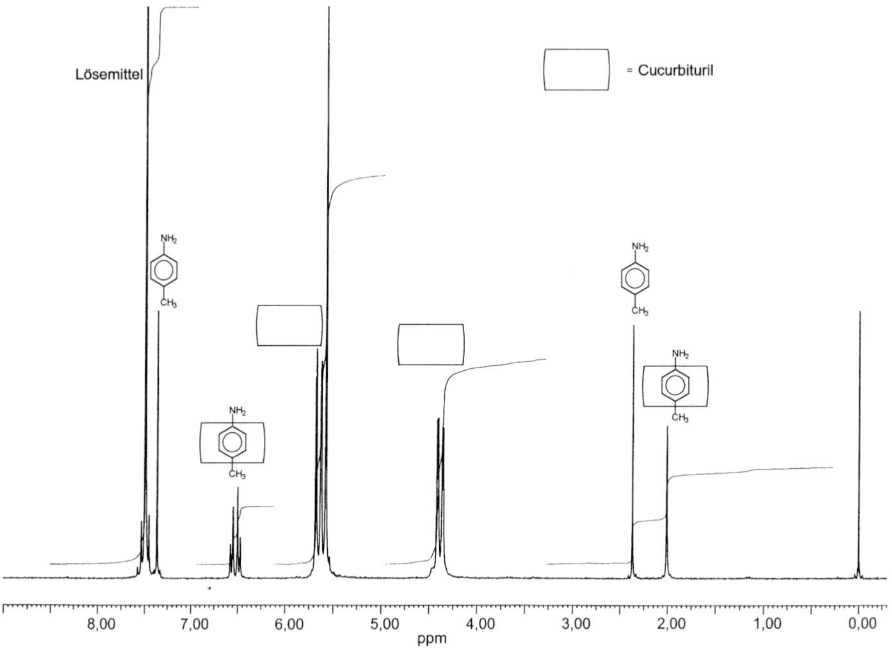

Bild 4. ^{1}H-NMR-Spektrum des Komplexes von 4-Methylanilin mit Cucurbituril (300 MHz, 20 % DCl, Standard: Na-Trimethylsilyltetradeuteropropionat).

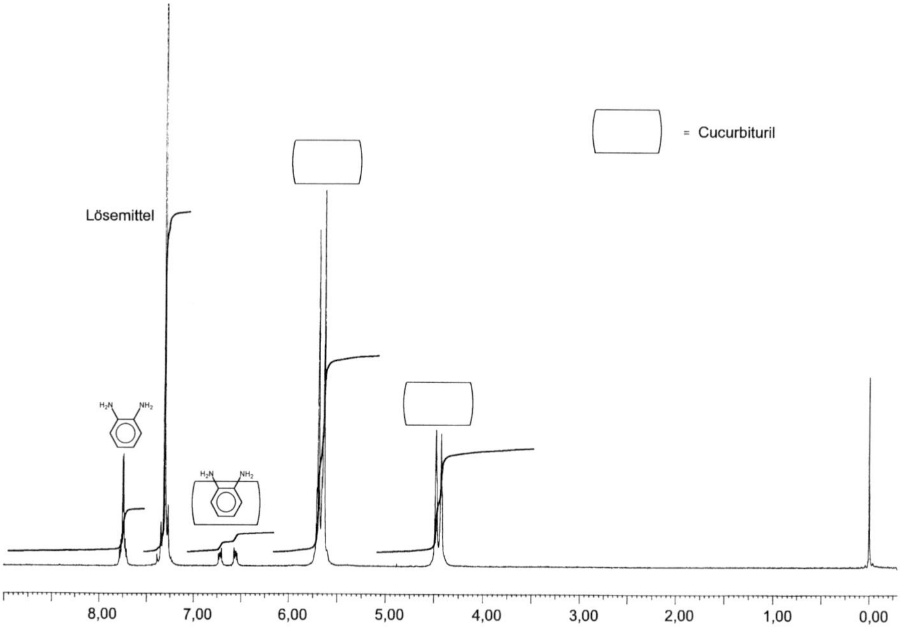

Bild 5. ^{1}H-NMR-Spektrum des Komplexes von o-Phenylendiamin mit Cucurbituril (300 MHz, 20 % DCl, Standard: Na-Trimethylsilyltetradeuteropropionat).

Die kernresonanzspektroskopischen Messungen gestatten jedoch keine Aussage darüber, in welchem Verhältnis der Einschlusskomplex zum Anlagerungskomplex in Lösung vorliegt. Die frei in Lösung vorliegenden Modellsubstanzen und deren Anlagerungskomplexe lassen sich durch Protonenresonanzspektroskopie nicht unterscheiden (siehe Bild 2).

Aus der Literatur ist bekannt, dass die Stellung der Substituenten in einem aromatischen Ring deutlichen Einfluss auf die Bildung von Komplexen mit Cucurbituril hat [26]. Orthoständige Substituenten behindern durch ihre hohe Raumerfüllung die Komplexbildung. Substituenten in para-Stellung ragen nach Einschluss des Aromaten in den Hohlraum durch die Portale in die Lösung und behindern so die Bildung des Einschlusskomplexes nicht. Aus diesem Grund wird das para-Isomer eines aromatischen Kohlenwasserstoffs bevorzugt vor dem meta- bzw. ortho-Isomer komplexiert. Die hier dargestellten Ergebnisse zeigen, dass auch bei orthoständigen Substituenten der aromatische Kern der Amine in den Hohlraum des Komplexbildners eingeschlossen wird.

4 Schlussbetrachtung

Am Beispiel der organischen Modellsubstanzen o-Phenylendiamin und p-Methylanilin wurde die Komplexbildung von Cucurbituril mit aromatischen Aminen untersucht. ^{1}H-NMR-spektroskopische Untersuchungen zeigen, dass sich die aromatischen Amine im Hohlraum des Cucurbiturils befinden. Da dieser starre Hohlraum eine definierte Größe besitzt, können sich nur Komplexe mit einer 1:1 Stöchiometrie bilden. Dies unterscheidet die Bildung eines Einlagerungskomplexes von der Adsorption, wie sie an Aktivkohle bekannt ist.

Die Protonensignale der Gastsubstanzen in Anwesenheit von Cucurbituril zeigen im Vergleich zur reinen Substanz in Lösung eine Hochfeldverschiebung. Das bedeutet, dass die Cavität von Cucurbituril im Gegensatz zur freien Lösung eine abschirmende Umgebung für die Protonen darstellt. Diese Ergebnisse können durch ^{1}H-NMR-spektroskopische Messungen mit anderen aromatischen Verbindungen, z. B. mit p-Chloranilin und Anilin, verifiziert werden.

Die hier dargestellten grundlegenden Untersuchungen dienen zum Verständnis des Abtrennungsmechanismus von aromatischen Aminen aus wässrigen Lösungen. Da neue selektive Methoden zur Entfernung von Schadstoffen aus Grund- und Abwässern in zunehmendem Maße an Bedeutung gewinnen, ist eine Abtrennung von aromatischen Verbindungen bei der Sanierung von Schadenfällen durch Cucurbituril denkbar. Es bleibt zu klären, ob die Regenerierung der gebildeten Cucurbituril-Aromat-Einschlusskomplexe wie bei Farbstoffkomplexen durch Ozonbehandlung erfolgen kann.

Danksagung

Wir danken dem Projektträger Wassertechnologie des BMBF (02WT9730/1) für die finanzielle Unterstützung.

Literatur

[1] Cram, D. J.: Von molekularen Wirten und Gästen sowie ihren Komplexen (Nobel-Vortrag). Angew. Chem. *100,* 1041–1052 (1988).

[2] Villiers, A.: Sur la fermentation de la fécule par l'action du ferment butyrique. Compt. Rend. Acad. Sci. Paris *112,* 536–538 (1891).

[3] Freudenberg, K. u. Cramer, F.: Die Konstitution der Schardinger-Dextrine α, β und γ. Z. Naturforschg. *B3,* 464 (1948).
[4] Behrend, R., Meyer, E. u. Rusche, F.: Über Condenationsproducte aus Glycoluril und Formaldehyd. Justus Liebigs Ann. Chem. *339,* 1–39 (1905).
[5] Freeman, W. A., Mock, W. L. u. Shih, N.-Y.: Cucurbituril. J. Am. Chem. Soc. *103,* 7367–7368 (1981).
[6] Buschmann, H.-J., Jansen, K., Meschke, C. u. Schollmeyer, E.: Thermodynamic data for the complex formation between Cucurbituril and alkali and alkaline earth cations in aqueous formic acid solution. J. Sol. Chem. *27,* 135–140 (1998).
[7] Hoffmann, R., Knoche, W., Fenn, C. u. Buschmann, H.-J.: Host-guest complexes of Cucurbituril with the 4-methylbenzylammonium ion, alkali-metal cations and NH^{+}_{4}. J. Chem. Soc. Faraday Trans. *90,* 1507–1511 (1994).
[8] Meschke, C., Buschmann, H.-J. u. Schollmeyer, E.: Complexes with Cucurbituril with alkyl mono- and diammonium ions in aqueous formic acid studied by calorimetric titrations. Thermochim. Acta *297,* 43–48 (1997).
[9] Buschmann, H.-J., Jansen, K. u. Schollmeyer, E.: Cucurbituril as host molecule for the complexation of aliphatic alcohols, acids and nitriles in aqueous solution. Thermochim. Acta *346,* 33–36 (2000).
[10] Buschmann, H.-J., Jansen, K. u. Schollmeyer, E.: The complex formation of α,ω-dicarboxylic acids and α,ω-diols with Cucurbituril and α-Cyclodextrin. The first step to the formation of rotaxanes and polyrotaxanes of the polyester type. Acta Chim. Slov. *46,* 405–411 (1999).
[11] Buschmann, H.-J., Jansen, K. u. Schollmeyer, E.: The complexation of amino acids and amino alcohols by Cucurbituril in aqueous formic acid studied by calorimetric titrations. Thermochim. Acta *317,* 95–98 (1998).
[12] Buschmann, H.-J., Jonas, C. u. Schollmeyer, E.: The selective removal of dyes from waste water. European Water Pollution Control *6,* 21–24 (1996).
[13] Buschmann, H.-J.: Cucurbiturilkomplexe mit Farbstoffen und anderen Molekülen. Schriftenreihe Biologische Abwasserreinigung *9,* 101–129. Technische Universität Berlin, Berlin 1997.
[14] Karcher, S., Kornmüller, A. u. Jekel, M.: Effects of alkali and alkaline-earth cations of the removal of reactive dyes with Cucurbituril. Acta hydrochim. hydrobiol. *27,* 38–42 (1999).
[15] Karcher, S., Kornmüller, A. u. Jekel, M.: Reactive dye removal by sorption/complexation with Cucurbituril. Advanced Wastewater Treatment, Recycling and Reuse, Milano 14.–16. Sept.1998.
[16] Karcher, S., Kornmüller, A. u. Jekel, M.: Removal of reactive dyes with the cage compound cucurbituril. Schriftenreihe Biologische Abwasserreinigung *9,* 131–152. Technische Universität Berlin, Berlin 1997.
[17] Cramer, F.: Einschlußverbindungen. Springer-Verlag, Berlin 1954.
[18] Stetter, H. u. Roos, E.-E.: Zur Kenntnis der makrozyklischen Ringsysteme, II. Mitteil.: Über die Bis-[N,N'-alkylenbenzidine]. Chem. Ber. *88,* 1390–1395 (1955).
[19] Hilgenfeld, R. u. Saenger, W.: Stetters's complexes are no intermolecular inclusion compounds. Angew. Chem. Suppl. 1690–1701 (1982).
[20] Schneider, H.-J., Blatter, T. u. Simova, S.: NMR and fluorescence studies of cyclodextrin complexes with guest molecules containing both phenyl and naphthyl units. J. Am. Chem. Soc. *113,* 1996–2000 (1991).
[21] Lehmann, J., Kleinpeter, E. u. Krechl, J.: ^{1}H NMR spectroscopy as a probe of intermolecular interactions in β-cyclodextrin inclusion compounds. J. Inclusion Phenom. Mol. Recognit. Chem. *10,* 233–239 (1991).
[22] Wood, D. J., Hruska, F. E. u. Saenger, W.: ^{1}H NMR study of the inclusion of aromatic molecules in α-Cyclodextrin. J. Am. Chem. Soc. *99,* 1735–1740 (1977).
[23] Mock, W. L.: Cucurbituril. Topics in Current Chemistry *175,* 2–24 (1995).
[24] Mock, W. L. u. Shih, N.-Y.: Structure and selectivity in host-guest complexes of Cucurbituril. J. Org. Chem. *51,* 4440–4446 (1986).
[25] Strehlow, H.: Magnetische Kernresonanz und chemische Struktur. Steinkopf-Verlag, 1968.
[26] Jansen, K., Wego, A., Buschmann, H.-J. u. Schollmeyer, E.: Einfluß von Salzen und Huminstoffen auf die Komplexbildung von Aromaten mit dem makrozyklischen Liganden Cucurbituril. Vom Wasser *94,* 177–190 (2000).

Sonderdruck aus **VOM WASSER** 95. Band 2000

Schwermetallextraktion mittels multifunktioneller Extraktionsmittel-Imprägnierter Polymere

Extraction of Heavy Metals with Extractant-Impregnated Resins

Andreas Wildberger, Alex Schöneberger und *Hans Jörg Bart**

Schlagwörter

Schwermetallextraktion, Extraktionsmittel-Imprägnierte Polymere, Kinetik, Reaktionsgleichgewichte, Simulation

Summary

The extraction of zinc from aqueous solution using Extractant-Impregnated-Polymers (EIP) was investigated. Di(2-ethylhexyl)phosphoric acid (D2EHPA) was used as an ion exchanger. The porous support material used was Deloxan APII®, an aminopolysiloxane. The extraction kinetics were found to be fast. In a detailed analysis of the reactions, a model was developed describing the distribution equilibria, which adequately correlates the experimental data.

Zusammenfassung

Zur Extraktion des Schwermetalls Zink wurden aus Deloxan APII® und Di(2-ethylhexyl) phosphorsäureester (D2EHPA) hergestellte Extraktionsmittel-Imprägnierte Polymere (EIP) eingesetzt. Diese multifunktionellen EIPs ermöglichen eine schnelle Stoffabtrennung. Der Schwerpunkt dieser Arbeit beschäftigt sich mit der Untersuchung der beim Extraktionsprozeß ablaufenden chemischen Reaktionen. Darauf aufbauend wurde ein Modell zur Gleichgewichtssimulation entwickelt, das eine gute Korrelation der experimentellen Daten erlaubt.

1 Einleitung

Eine effiziente Technik zur Schwermetallentfernung ist die Reaktivsorption [1-2]. Sie stellt eine synergetische Kombination der Reaktivextraktion und der Adsorption dar. Bei diesem Verfahren wird ein flüssiger Ionentauscher, der selektiv eine chemische Substanz aus einer wäßrigen Lösung extrahieren kann, auf einem makroporösen Trägermaterial immobilisiert. Die so gewonnenen Extraktionsmittel-Imprägnierten Polymere (EIP) sind eine Alternative zu festen Ionenaustauscherharzen bei der Reinigung niedrig konzentrierter schwermetallhaltiger Abwässer. Die im Wasser gelösten Ionen gehen dabei mit dem Ionenaustauscher, der auf dem Polymer adsorbiert ist, eine reversible chemische Reaktion ein und werden somit aus der flüssigen, wäßrigen Phase abgetrennt.

* Dipl.-Chem. A. Wildberger, Dipl.-Ing. A. Schöneberger und Prof. Dipl.-Ing. Dr. techn. H.-J. Bart, Universität Kaiserslautern, Lehrstuhl für Thermische Verfahrenstechnik, Paul-Ehrlich Str. 44, D-67663 Kaiserslautern, http://www.uni-kl.de/LS-Bart.

Die Reaktivsorption stellt ein Verfahren dar, welches höhere Verteilungskoeffizienten als die Reaktivextraktion erreicht, was gerade bei verdünnten Lösungen vorteilhaft ist [3-4]. Dieser Effekt beruht auf der hohen Konzentration des Ionenaustauschers, da dieser im Gegensatz zur Flüssig-Flüssig-Extraktion unverdünnt eingesetzt wird. Ein weiterer Vorteil dieser Technik ist die hohe Selektivität durch die Möglichkeit aus einer Vielzahl von billigen, flüssigen Ionenaustauschern für das Trennproblem den idealen Ionenaustauscher oder eine geeignete Ionenaustauschermischung auswählen zu können.

Der Einsatzbereich des Verfahrens kann neben der Schwermetallentfernung aus Abwässern auch beispielsweise die Aufarbeitung von Fermentationsprodukten in der Biotechnologie sein [5]. Des weiteren ist zur Zeit der Einsatz von EIPs im Hinblick auf Anwendungsbereiche, wie z. B. die Aufarbeitung radioaktiver Abwässer, die Gewinnung von Gold aus cynanidhaltiger Lösung sowie die Trennung der Selten-Erdmetalle Gegenstand der aktuellen Forschung [2].

Im Rahmen dieser Arbeit wurden die chemisch auftretenden Reaktionsabläufe bei der Schwermetallextraktion mittels multifunktioneller Extraktionsmittel-Imprägnierter Polymere im Hinblick auf eine technische Umsetzung des Verfahrens untersucht. Für eine verfahrenstechnische Prozeßauslegung sind Informationen zur Reaktionskinetik und zum Reaktionsgleichgewicht notwendig. Als Testsystem wurde die Extraktion von Zink mit dem Kationenaustauscher Phosphorsäuredi-2-ethylhexylester (D2EHPA) immobilisiert auf dem Aminopolysiloxanharz (Deloxan APII®) untersucht.

2 Herstellung der Extraktionsmittel-Imprägnierten Polymere

Die verwendeten EIPs wurden nach der „Dry Impregnation Method“ hergestellt [6]. Der Ionenaustauscher (D2EHPA) wird, verdünnt in einem leicht flüchtigen Lösungsmittel (Hexan), mit dem polymeren Träger (Deloxan APII®) in Kontakt gebracht. Anschließend wird das Lösungsmittel abdekandiert und letzte Reste im Vakuum entfernt. Wie Bild 1 zeigt, können durch verschiedene Ausgangskonzentrationen an Ionenaustauscher in der Imprägnierlösung unterschiedliche Beladungen an Ionenaustauscher eingestellt werden. Die unterschiedlichen Symbole zeigen das große Maß der Reproduzierbarkeit anhand von drei verschiedenen Imprägnierreihen.

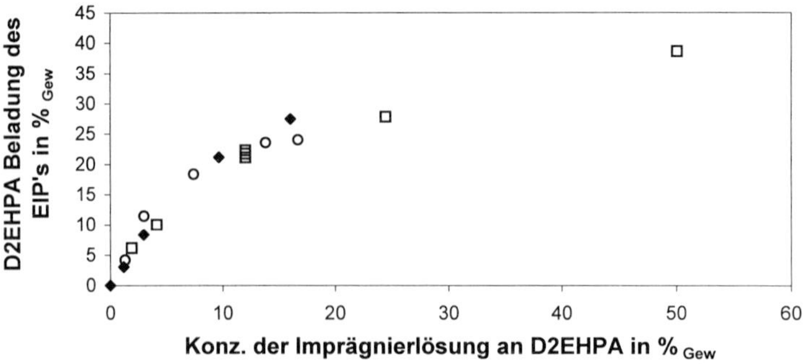

Bild 1. Imprägnierung.

3 Ergebnisse und Diskussion

Es konnte in Rührkesselexperimenten gezeigt werden, daß durch die Verwendung makroporöser Trägermaterialien, wie z. B. Deloxan APII®, der Stoffübergang enorm beschleunigt werden kann. Das Reaktionsgleichgewicht bezüglich der Zinksorption stellt sich binnen weniger Minuten ein, wogegen bei der Verwendung von kleinporigerem Material, wie z. B. XAD-4® (Polystyrol/Divinylbenzol Copolymer), unter sonst gleichen Bedingungen dies erst nach mehreren Stunden erreicht wird (s. Bild 2).

Deloxan APII® besitzt ungeachtet der leicht höheren Porengröße im Vergleich zu diesen Amberliten eine engere Porenverteilung (s. Bild 3), wodurch es zu einer geringeren Hemmung des Stoffaustausches kommt.

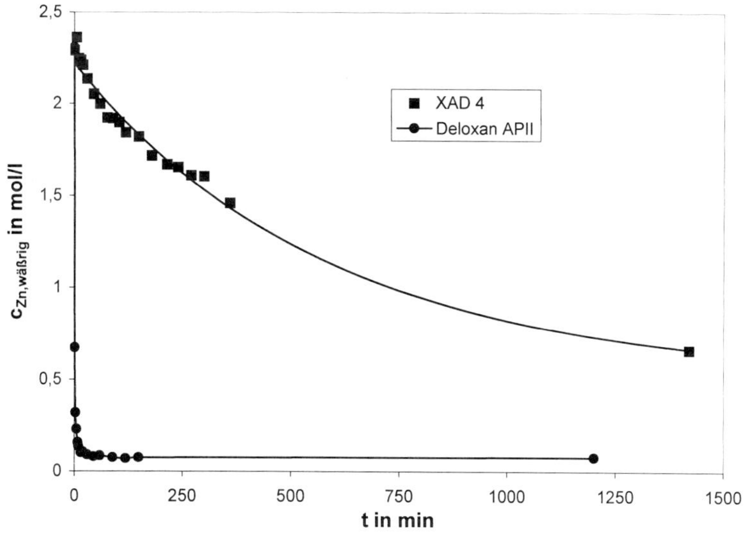

Bild 2. Vergleich der Reaktionskinetik von XAD-4® und Deloxan APII® bei der Zinksorption.

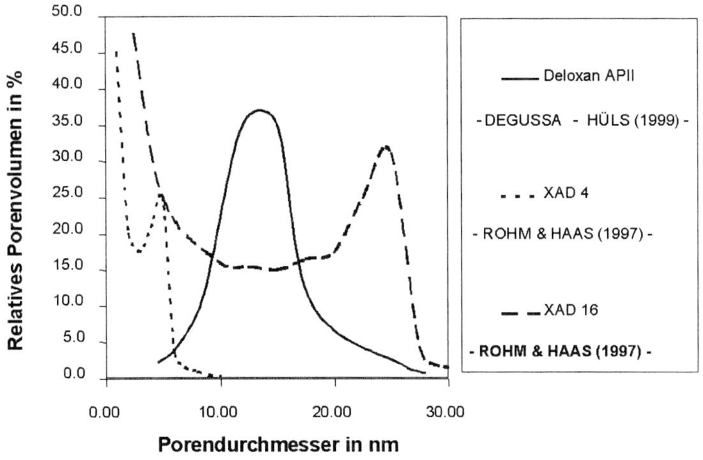

Bild 3. Vergleich der Porenverteilung von Deloxan APII®, XAD 4® und XAD 16®.

Die eingesetzten, aus dem makroporösen Deloxan APII® und D2EHPA hergestellten EIPs tragen kationenaustauschende (Phosphorsäurefunktion des imprägnierten Ionenaustauschers D2EHPA) und anionenaustauschende (am Trägermaterial Deloxan APII® vorhandene Aminofunktion) Gruppen. Durch diese Multifunktionalität können beim Extraktionsvorgang mehrere Reaktionen ablaufen, weshalb zur weiteren Systemcharakterisierung Gleichgewichtsuntersuchungen ($T = 298$ K) im Stoffsystem D2EHPA, Deloxan AP II®, Salzsäure, Zinkchlorid durchgeführt wurden [7]. In Bild 4 ist dazu der Verteilungskoeffizient D als Funktion des pH-Wertes dargestellt, wobei:

$$D_{Zn} = \frac{c_{Zn}^{organisch}}{c_{Zn}^{wäßrig}} \qquad (1)$$

c_{Zn} die Konzentration an Zink auf wäßriger, bzw. organischer Seite darstellt.

Bei mittleren bis hohen Ionentauscherbeladungen kann die Zink-D2EHPA-Reaktion im betrachteten pH-Bereich nach Gleichung (2) beschrieben werden und steht somit in Einklang mit Untersuchungen bezüglich der Zink-D2EHPA-Reaktion an EIPs, hergestellt aus unfunktionalisierten Trägermaterialien [8-9]. Die Zinkionen reagieren dabei mit den Dimeren, $\overline{R_2H_2}$, des Ionenaustauschers.

$$Zn^{2+} + \overline{2R_2H_2} \rightleftharpoons \overline{ZnR_2(RH)_2} + 2H^+ \qquad (2)$$

Auch die von *Cortina* erhaltene Gleichgewichtskonstante der Zink-Dimer-Reaktion (s. Gleichung 2) konnte mit einem Wert von $-\log K = 1{,}29$ bestätigt werden.

Bei geringeren Ionenaustauscherbeladungen wird jedoch eine deutliche Abweichung vom linearen Zusammenhang bei logarithmischer Auftragung (s. Bild 4) festgestellt, was durch weitere Teilreaktionen bedingt ist (s. Gleichungen 3 bis 6). Diese Teilreaktionen verlaufen über die anionenaustauschende Gruppe des EIP's. Es handelt sich hierbei um folgende Reaktionen:

1. Die Reaktion zwischen Aminogruppe und der Salzsäure nach Gleichung (3):

$$\overline{R_3N} + HCl \rightleftharpoons \overline{R_3NHCl} \qquad (3)$$

mit einer Gleichgewichtskonstanten K von ca. $5 \cdot 10^5$.

2. In Konkurrenz zu der ersten Reaktion steht die Reaktion von Zinkchlorid mit dem Amin unter Bildung eines Dichlorozinkkomplexes,

$$ZnCl_2 + \overline{2R_3N} \rightleftharpoons \overline{(R_3N)_2ZnCl_2} \qquad (4)$$

mit einer Gleichgewichtskonstanten K von 14,7.

3. Bei sehr niedrigen pH-Werten reagiert Zinkchlorid mit der nach Gleichung (3) gebildeten Ammoniumfunktion unter Bildung eines Tetrachlorozinkatkomplexes,

$$ZnCl_2 + \overline{2R_3NHCl} \rightleftharpoons \overline{(R_3NH)_2ZnCl_4} \qquad (5)$$

mit einer Gleichgewichtskonstanten K von 0,85.

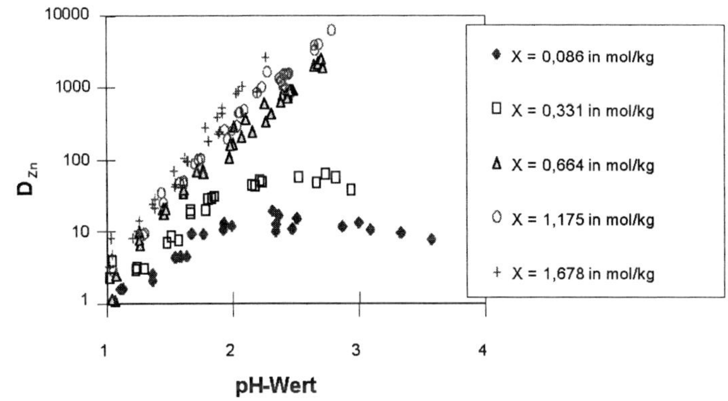

Bild 4. Experimentell ermittelte Zinkverteilung im Multikomponentensystem (Parameter X: D2EHPA-Beladung).

4. Außerdem wurde eine Reaktion zwischen dem Ionenaustauscher und der Aminogruppe gefunden. Das Molverhältnis zwischen dem Dimeren des Ionenaustauschers und Amin beträgt bei dieser Reaktion 1:2.

$$2\overline{R_3N} + \overline{H_2R_2} \rightleftharpoons \overline{(R_3N)_2(H_2R_2)} \qquad (6)$$

Wird nun die Gleichgewichtskonstante der Reaktion (6) über die Ionenaustauscherbeladung aufgetragen (s. Bild 5) wird deutlich, daß es von niedriger zu hoher D2EHPA-Beladung zum Mechanismuswechsel kommt.

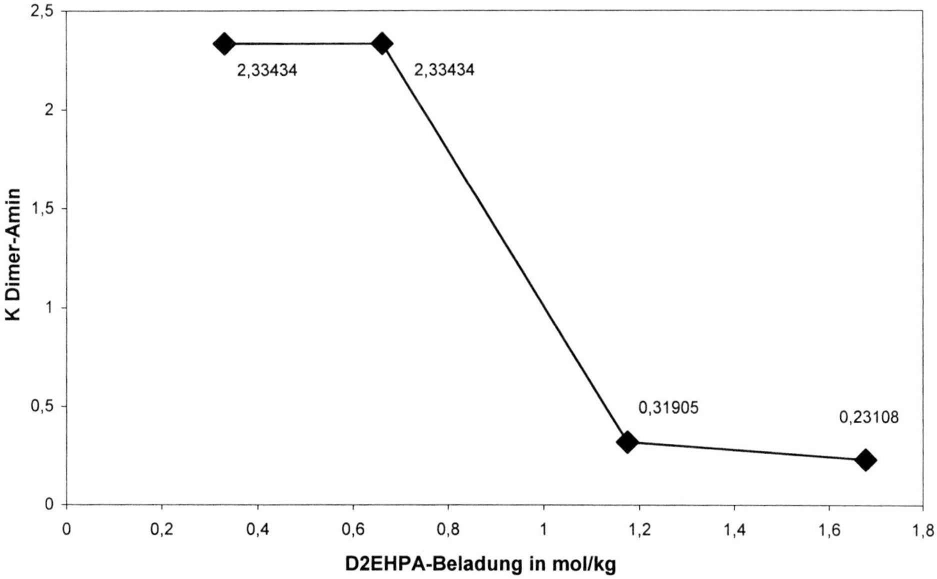

Bild 5. Änderung der Gleichgewichtskonstanten der Dimer-Amin Reaktion.

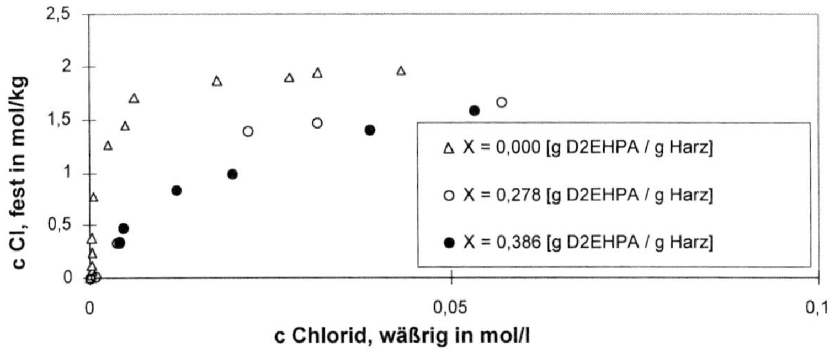

Bild 6. Coextraktion von Chlorid bei verschiedenen D2EHPA-Beladungen.

Die Gleichgewichtskonstante der Ionenaustauscher-Amin Reaktion fällt sprunghaft von einem hohen Wert bei niedriger Ionenaustauscherbeladung zu einem relativ niedrigem Wert bei hoher Ionenaustauscherbeladung. Dies kann so gedeutet werden, daß der Ionenaustauscher bei niedrigen Beladungen zu einem großen Teil chemisorbiert vorliegt. Ab einer Beladung von ca. 0,6 mol/kg kann der eingesetzte Ionenaustauscher nicht mehr vollständig chemisch gebunden werden und wird physikalisch an das Trägermaterial sorbiert. Die Gleichgewichtskonstante der Ionenaustauscher-Amin Reaktion nach Gleichung (6) sinkt und bleibt ab einem Wert von ca. 1,1 mol/kg D2EHPA-Beladung konstant. Dadurch gewinnt ab diesem Schwellenwert von ca. 0,6 mol/kg D2EHPA-Beladung die eigentliche Ionenaustauschreaktion nach Gleichung (2) stärker an Bedeutung und dominiert das Extraktionsgeschehen. Wie aus Bild 4 zu erkennen, wird ein linearer Verlauf des Verteilungskoeffizienten erhalten, welcher durch Gleichung (2) gut beschrieben werden kann.

Auch die Coextraktion von Chlorid aus salzsaurer Lösung, welche nach Gleichung (3) verläuft, wird mit zunehmender Ionenaustauscherbeladung geringer (s. Bild 6).

Zur vollständigen theoretischen Gleichgewichtsbeschreibung der Zinksorption mittels des eingesetzten multifunktionellen EIP's aus salzsaurer Lösung und über sämtliche Ionenaustauscherbeladungen müssen im untersuchten Arbeitsbereich mindestens drei der fünf beobachteten Teilreaktionen berücksichtigt werden. Dies sind die Reaktion zwischen Salzsäure und der Aminofunktion des Polymers nach Gleichung (3), die Reaktion zwischen dem Ionenaustauscher und dieser Aminofunktion nach Gleichung (6), sowie die Reaktion zwischen Zink und dem Phosphorsäureester nach Gleichung (2). Mit Hilfe dieses vereinfachten stöchiometrischen Gleichgewichtsmodelles jedoch läßt sich die Zinksorption in Abhängigkeit von der Ionenaustauscherbeladung, der Schwermetallausgangskonzentration, Salzeinflüssen und pH-Wert sehr gut beschreiben. Experimentell erhaltene Daten und theoretische Beschreibung stimmen sowohl bei kleineren und mittleren (s. Bild 7), als auch bezüglich der hohen Beladungen (s. Bild 8) sehr gut überein.

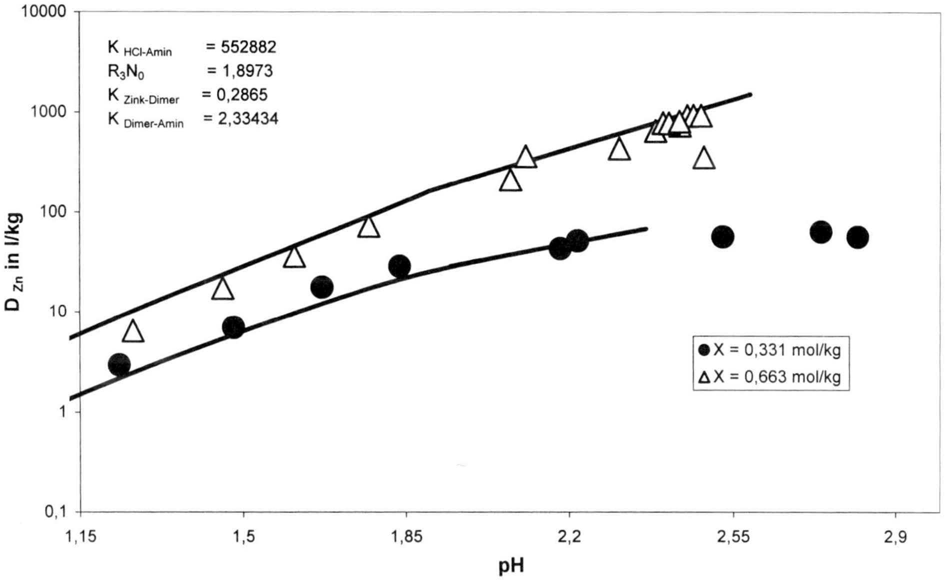

Bild 7. Simulation der Zinksorption bei geringer Ionenaustauscherbeladung.

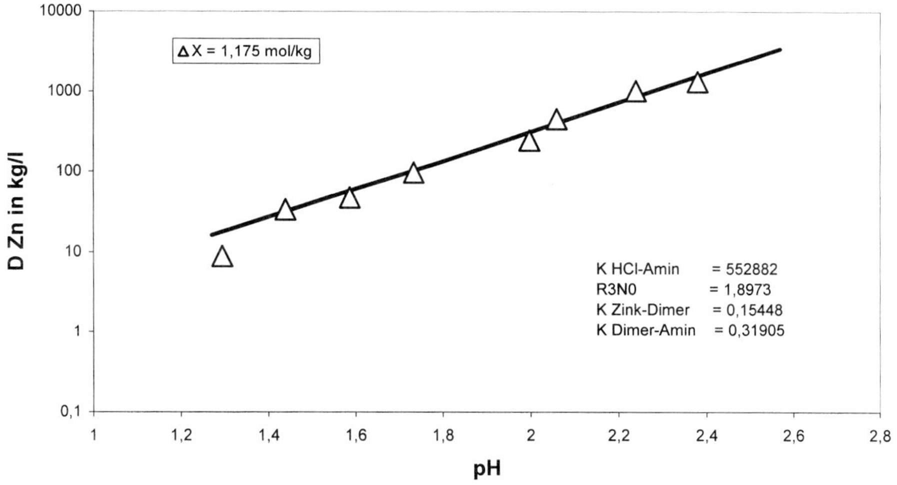

Bild 8. Simulation der Zinksorption bei hoher Ionenaustauscherbeladung.

4 Schlußfolgerungen

Für die technische Umsetzung dieses Verfahrens ist die Stoffaustauschgeschwindigkeit von zentraler Bedeutung. Das Reaktionsgleichgewicht muß sich binnen weniger Minuten einstellen. Diese Voraussetzung erfüllen die hier zur Zinksorption eingesetzten, aus Deloxan APII® und D2EHPA hergestellten Extraktionsmittel-Imprägnierten Polymere. Des weiteren sind für eine verfahrenstechnische Prozeßauslegung Informationen zum Reaktionsgleichgewicht notwendig. In dieser Arbeit konnte ein Modell zur Gleichgewichtssimulation entwickelt werden, das eine gute Korrelation der experimentellen Daten erlaubt.

Danksagung

Für die Förderung der Arbeit danken wir der Deutschen Bundesstiftung Umwelt.

Literatur

[1] Schöneberger, A., Bart, H.-J., Nanoti, A. u. Wildberger, A.: Extraction Chromatography: Equilibria and Kinetics. Proceed. ISEC'99. Elsevier, (2000) in press.

[2] Cortina, J. L. u. Warshawsky, A.: Developments in Solid-Liquid Extraction by Solvent-Impregnated Resins. Ion Exchange and Solvent Extraction, S. 195-289. Marcel Dekker, New York 1997.

[3] Schöneberger, A. u. Bart, H.-J.: Kinetik und Gleichgewichte bei der Extraktionschromatographie. Chem.-Ing.-Techn. *70*, 1175-1176 (1998).

[4] Bart, H.-J. u. Traving, M.: Reaktivsorption – Rückgewinnung von organischen Wertstoffen aus verdünnten Lösungen. Chem.-Ing.-Techn. *70*, 1152-1153 (1998).

[5] Traving, M.: Reaktivsorption, ein Verfahren zur Aufarbeitung von Fermentationen und hochverdünnten Lösungen. Dissertation an der Universität Kaiserslautern, Lehrstuhl für Thermische Verfahrenstechnik im Fachbereich Maschinenbau und Verfahrenstechnik (2000).

[6] Warshawsky, A.: Extraction with Solvent-Impregnated Resins. Ion Exchange and Solvent Extraction, S. 229-310. Marcel Dekker, New York 1981.

[7] Wildberger, A.: Untersuchungen zu dem Reaktionsgleichgewicht bei der Schwermetallsorption mittels Extraktionsmittel-Imprägnierter Polymere. Diplomarbeit an der Universität Kaiserslautern, Lehrstuhl für Thermische Verfahrenstechnik im Fachbereich Maschinenbau und Verfahrenstechnik (1999).

[8] Cortina, J. L., Miralles, N., Aguilar, M. u. Sastre, A. M.: Extraction Studies of Zn (II), Cu (II) and Cd (II) with Impregnated and Levextrel Resins Containing Di(2-ethylhexyl)phosphoric Acid (Lewatit 1026 Oc). Hydrometallurgy *36*, 131-142 (1994).

[9] Cortina, J. L., Miralles, N., Aguilar, M. u. Sastre, A. M.: Solvent Impregnated Resins Containing Di(2-ethyl-hexyl)phoshoric Acid, II. Study of the Distribution Equilibria of Zn (II), Cu (II) and Cd (II). Solvent Extr. Ion Exch. *12(2)*, 371-391 (1994).

Fate of Surfactants and their Metabolites in Waste Water Treatment Plants

Verhalten von Detergentien und deren Metabolite in Kläranlagen

Peter Eichhorn, Mira Petrovic**, Damià Barceló* and *Thomas P. Knepper*

Keywords

Surfactants, metabolites, waste water treatment plants, liquid chromatography/mass spectrometry

Zusammenfassung

Eine Auswahl relevanter anionischer und nicht-ionischer Tenside sowie deren Metabolite wurde nach Festphasenanreicherung in spanischen und deutschen Kläranlagenzu- und -abläufen mittels Flüssigchromatographie-Massenspektrometrie quantitativ bestimmt. Die im allgemeinen hohen Eliminationsraten der Ausgangsverbindungen lagen im Bereich von 95 bis 100 % mit Ausnahme der Nonylphenolethoxylate, für die ein Wert von durchschnittlich 88 % erhalten wurde. Der mikrobielle Abbau der Tenside wurde anhand der Homologenverteilung einzelner Tensidkomponenten detailliert untersucht. Die Quantifizierung der während der Abwasserbehandlung aus den Tensiden gebildeten Abbauprodukte wie Sulfophenylcarboxylate, Nonylphenoxycarboxylate und Nonylphenol ergab Mittelwerte im Bereich von 50–150 $\mu g\ L^{-1}$, 20–110 $\mu g\ L^{-1}$ und 20–140 $\mu g\ L^{-1}$. Durch zeitaufgelöste Analytik von stark Tensid-belasteten Zuläufen einer kommunalen Kläranlage konnte eine illegale industrielle Einleitung belegt werden.

Summary

A series of selected priority anionic and non-ionic surfactants together with their major metabolites were quantified in influents and effluents of waste water treatment plants (WWTP) in Spain and Germany, applying liquid chromatography coupled to mass spectrometry after solid-phase extraction. Generally high removal efficiencies of parent compounds were measured ranging between 95 and 100 % with the exception of NPEO with an average removal of 88 %. Microbial degradation was investigated in detail through the monitoring of individual homologues of single compounds. Quantification of relevant breakdown intermediates such as sulfophenyl carboxylates, nonylphenoxy carboxylates and nonylphenol formed out of surfactants mainly during waste water treatment yielded average values of 50–150 $\mu g\ L^{-1}$, 20–110 $\mu g\ L^{-1}$ and 20–140 $\mu g\ L^{-1}$ respectively. Time resolved analysis gave evidence for the discharge of a contaminated waste water polluted with high amounts surfactants into a municipal WWTP, which may be considered as illicit action.

* Dipl.-Chem. P. Eichhorn, Dr. Th. P. Knepper, ESWE-Institute for Water Research and Water Technology, Söhnleinstraße 158, 65201 Wiesbaden, Germany.
Correspondance: Dr. Th. P. Knepper, Tel.: ++49-6 11-7 80 43 58; Fax: ++49-6 11-7 80 43 75; e-mail: thomas.knepper@stadtwerke-wiesbaden.de

** Dr. M. Petrovic, Prof. Dr. D. Barceló, IIQAB-CSIC, Jordi Girona 18–26, 08034 Barcelona, Spain.

1 Introduction

Production, Use and Relevance

Surfactants, which are classified as anionic, non-ionic, cationic and amphoteric are surface-active compounds used in industrial processes as well as in households. Industrial and commercial use is slightly less than their application in households as washing and cleaning agents and for personal hygiene [1]. The total quantity of surfactants produced all over the world in 1996 was 10.2 million metric tons with a prognosed upwards trend for the year 2005 of 3.6 % [1]. Of the slightly more than 2 million metric tons used in Western Europe, 40 % of them were anionic, 50 % non-ionic, and 10 % cationic and amphoteric. With this they have one of the highest production rate of all organic chemicals.

After their usage in aqueous systems surfactants reach the waste water treatment plants (WWTP). Although the legislator prescribes their primary degradability, they cannot be completely mineralized because of insufficient hydraulic retention times. After waste water treatment surfactants together with their biochemical degradation products (metabolites) may arrive in the surface waters serving as receiving water and therefore are supposed to be relevant for the aquatic system [2]. In addition, surfactants adsorbed onto the biological sewage sludge are carried out in original or partly degraded form when excess sludge is removed. If the sludge is used for fertilizing purposes in agriculture, these compounds reach the soils where they are possibly further degraded or transported into ground and surface water.

Not only the extreme amounts of surfactants emitted into the sewage plants and thereby into the surface waters, but also a broad variety of chemical structures combined with their high water solubility, the critical interface and the persistence of some of the known metabolites makes them to a group of environmental pollutants with high priority. One of the known persistent type of metabolites is nonylphenol (NP), which has toxic effects on the biocoenosis in the biological sewage treatment process. The estrogenic effect of NP [3], as shown by *in-vitro* and *in-vivo* experiments, is four to six order of magnitude lower than that of the endogenous 17β-estradiol [4]. However, because of its lipophilicity it shows considerable potential to bioaccumulate in freshwater organisms and it has been reported that concentrations found in sewage effluents (low μg L^{-1} levels) can induce hormonal response in some fish species [3]. Chronic toxicity data of non-ionic surfactants to algae, fish and (in)vertebrates range from 0.1 to 20 mg L^{-1}, dependent on substances and experimental conditions [5]. The toxicity of surfactants has been shown to go hand in hand with their lipophilicity [6, 7], e. g. the longer the alkyl chain, the more toxic the compound.

It seems to be obvious that besides the surfactants, the fate of the corresponding metabolites has also to be studied. From highest priority are those formed from the predominantly used anionic and non-ionic surfactants:

From the anionic surfactants the most relevant group are the linear alkyl benzenesulfonates (LAS, Fig. 1), which are produced with an annual global production volume of more than 2 million tons [1]. Commercial LAS are applied mainly in the formulation of laundry detergents and are generally a mixture of several alkyl homologues of 4-benzenesulfonate ranging from C_{10} to C_{13}, whereas each of these homologues consists of a varying number of positional isomers. In general, in the WWTP a very efficient removal of up to 99 %, mainly via biodegradation (about 70–80 %) occurs. LAS represent a class of environmentally relevant compounds and several papers document the presence of LAS together with their degradation

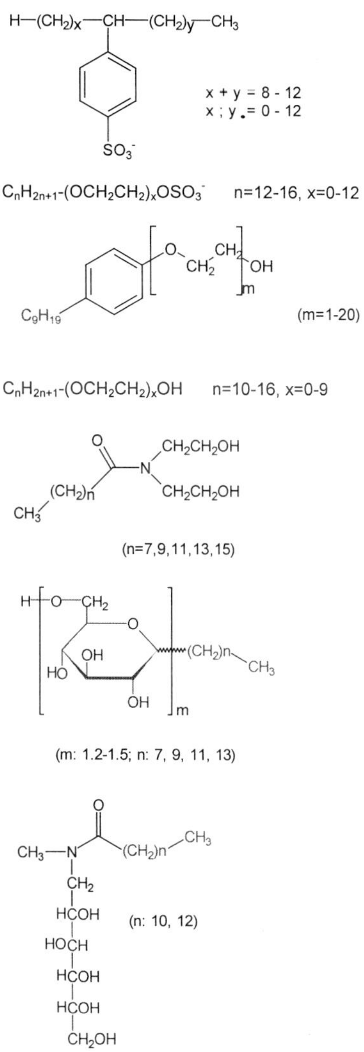

Figure 1. Investigated target compounds and chemical structures.

products in sewage and surface water [8–10]. Their fate and toxicity to aquatic organisms have aroused considerable interest and has been studied thoroughly in the literature [11–14].

Another important group of anionic surfactants are alkyl ethersulfates (AES, Fig. 1) which are used in laundry and cleaning detergents as well as in cosmetic products. The typical commercial AES have an alkyl chain length distribution from C_{12} to C_{18} and an ethoxylene distribution from 0 to 12 with an average of 3 ethoxylene units. Recently AES have been included in monitoring studies [15,16] as well as in a theoretical approach for the prediction of their occurrence in waste water demonstrating clearly their environmental relevance [17].

The majority of the non-ionic surfactants such as alcohol ethoxylates (AEO) and nonylphenol ethoxylates (NPEO) (Fig. 1) contain an ethoxylate chain, which can be considered as their most characteristic chemical feature. Beside that coconut diethanol amide (CDEA), alkyl polyglucosides (APG) and alkyl glucamides (AG) were focus of our interest (Fig 1.). Due to their specific physico-chemical properties these compounds find their application in the fields of industry, processing technology and science. The properties of non-ionic surfactants which make them beneficial for detergents include their relative ionic insensitivity and their sorptive behavior [18]. The sales and captive use of non-ionic surfactants in Western Europe is a growing market with an expected increase from 825,000 t in the year 1996 to an estimated amount of 935,000 t in the year 2005 for only the ethoxylated non-ionics [1].

Because of their poor degradability and the formation of persistent metabolites the Parcom Member States decided to phase out the use of NPEO by the year 2000. In Western Europe and the U. S. NPEO in household detergents have been completely replaced by AEO. Mainly because of its lower production costs NPEO are still being used in substantial amounts in institutional and industrial applications. A recent survey of European coastal waters has revealed that NP and short chain NPEO are found in relatively remote, estuarine sediments across Western Europe [19], while AEO can be found in relatively high concentrations in influents of WWTP [20].

Due to the task of the industry in developing more sustainable products, which are supposed to be highly biodegradable, the production of surfactants on the basis of "regrowing resources" is increasing year after year [1]. One of the main basic compounds for those new detergents are aminosugars. For example $C_{12/14}$-N-methyl glucamides are remarkable degreasing agents. APG in turn are non-ionic surfactants produced from renewable feedstocks such as glucose and fatty alcohols derived from starch and palm oil [21]. They have already been identified since 1893 but it is only in the last few years that they have been manufactured at industrial scale. The global production rate in 1997 amounted to 80,000 t [1]. These surfactants consist of a complex mixture of a variety of homologues and isomers, including stereoisomers, binding isomers and ring isomers within the glucose moiety (Fig. 1). Even if it is unlikely that APG or AG will become a main surfactant like soap, LAS, AES or AEO, they play an important role as co-surfactant in personal care products and laundry detergents. Until now less is known about their metabolism in the environment [22–25]. A reason for that is not at least the very difficult analysis of these already very polar and complex precursor compounds being enhanced by the complex sewage water matrix.

Analysis

Commercial mixtures of surfactants consist of several tens to hundreds of homologues, oligomers and isomers of anionic, non-ionic, cationic and amphoteric compounds. Therefore, their identification and quantification in the environment is complicated and cumbersome. The request for more specific analytical methods has prompted a replacement of all the separate steps in traditional, usually non-chromatographic methods of analysis by chromatographic tools [26]. Detection, identification and quantification of these compounds in aqueous solutions, even in the form of matrix-free standards, face the analyst with considerable problems. Still today the standardized analysis of surfactants is not done by substance-specific methods, but by sum parameter analysis on spectrophotometric and titrimetric basis [27]. These substance-class-specific determination methods are not only quite insensitive, but also very unspecific and therefore interfere with other compounds of similar structure. In parallel neither primary degradation products nor strongly modified metabolites as formed during waste water treatment are detected. High polarity is one of the reasons why the ionic surfactants and especially their metabolites are difficult to detect. This property, however, is important for the tasks of surface-active compounds, but is also the reason for their high water solubility. Due to this fact their extraction and concentration from the water phase, which can be carried out in very different ways, is not always easy. In order to study the fate of surfactants, it is essential to have an accurate and sensitive method which enables the determination of even low concentrations of the metabolites. It is concluded that the most appropriate procedure for this purpose is high performance liquid chromatography (HPLC) in reversed-phase (RP), associated with preliminary techniques of concentration and purification by solid-phase extraction (SPE). However, the complex metabolite mixtures and a lack of reference standards currently limit the applicability of HPLC with ultraviolet or fluorescence detection methods. Only a mass spectrometer can be of support for assigning a definitive identity to a chromatographic peak with a sufficient sensitivity [28–32]. Furthermore, the knowledge gained from the fragmentation pattern can be used to get structural information of compounds without the need of having reference compounds. In rapid succession new interfaces like Atmospheric Pressure Chemical Ionization (APCI) and Electrospray Ionization (ESI) were successfully applied to solve a large number of analytical problems with these substance classes [28].

In order to do structure analysis on the metabolites and to improve the sensitivity for the detection of various surfactants and their metabolites in the environment, the use of different MS/MS-techniques is very useful if not necessary [31].

Environmental fate

Although there is no complete knowledge about the microbial degradation pathway of the main surfactants, there are generally accepted schemes about the formation of their major degradation products. For example, the degradation of LAS as it occurs in the environment and in WWTP yields the sulfophenylcarboxylates (SPC) [33–36]. It starts with an oxidative conversion of one terminal methyl group of the alkyl chain into a carboxylic group (ω-oxidation) followed by successive oxidative shortening of the alkyl chain by two carbon units (β-oxidation) (Fig. 2). Beta-oxidation and subsequently chain shortening become hindered when the side chains are shortened to a series of mostly chiral SPC-species with six to ten carbon atoms [36, 37].

Metabolism of several surfactants was studied on a laboratory scale bioreactor (LSBR) to gather information about the degradation behavior and to obtain eventually poorly degradable metabolites. Degradation of LAS yielded additionally to the known SPC also intermediates of β-oxidation, the α,b-unsaturated SPC. Besides identifying as much as possible degradation products, evidence was presented that LAS are degraded by ubiquitously present microorganisms exclusively via ω- and subsequent β-oxidation [32].

The aerobic biodegradation of NPEO was also kinetically investigated in the same LSBR revealing a relatively fast primary degradation of NPEO with > 99 % after 4 days [38]. Contrary to the generally proposed degradation pathway of ethoxylene chain shortening (Fig. 3a), in our experiments it could be shown that the initiating step of the aerobic degradation is ω-carboxylation of the individual ethoxylate chains: metabolites with long carboxylated ethoxylene chains were identified (NPEC; e. g. $A_9PE_{14}C$; Fig. 3b). Further degradation proceeds gradually into short chain carboxylated EO with the most abundant species being NPE_2C. The oxidation of the nonyl chain goes hand in hand with this degradation, leading to metabolites having both a carboxylated ethoxylene and alkyl chain of varying length (CAPEC).

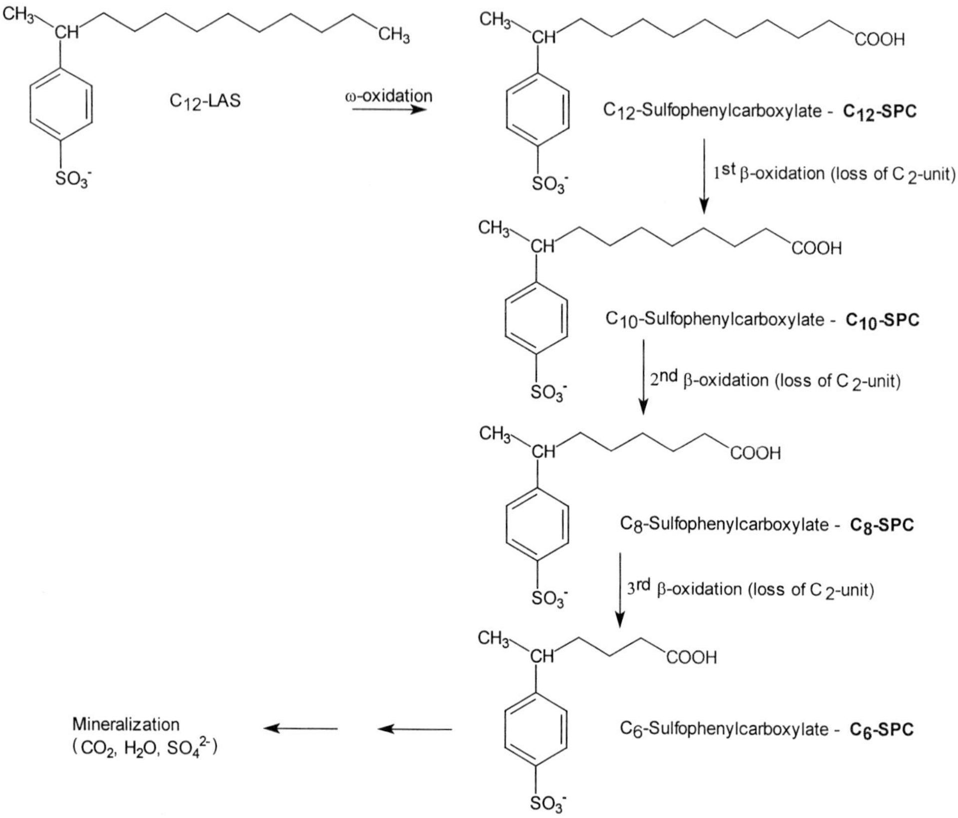

Figure 2. Metabolic pathway of aerobic LAS degradation.

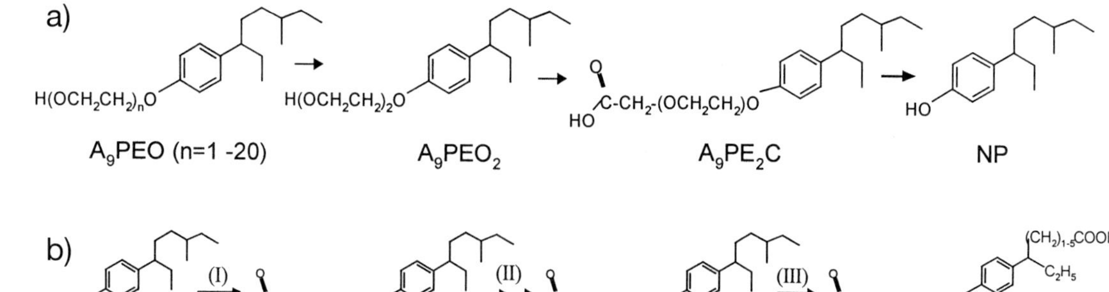

Figure 3. Metabolic pathway of a) anaerobic/aerobic biodegradation according to [56] and b) aerobic nonylphenol ethoxylate biodegradation (from [38]).

The initial step in the biodegradation of AEO, as laboratory experiments [39, 40] have shown, is a central fission at the ether bridge between the alkyl group and the polyethoxy moiety leading to the formation of polyethylene glycols (PEG). This process is followed by oxidative cleavage of C_2 units that results in formation of monocarboxylated and dicarboxylated species. Another biodegradation pathways proposed for AEO are (i) progressive shortening of alkyl chain and (ii) ω-glycol or/and ω-alkyl oxidation and formation of carboxylated forms.

An aerobic biodegradation study carried out with C_{10}-N-methyl-glucamide revealed a postulated metabolism including ω-oxidation of the alkyl chain followed by subsequent β-oxidations [25]. Identification and formation of "C_4-glucamide acid" as a degradation intermediate was confirmed by mass spectrometric studies, whereas higher homologue acids being presumed precursors of C_4-glucamide acid were not detectable probably due to rapid breakdown. In case of investigating the biodegradation of isomer pure alkyl monoglucosides, no metabolites such as e. g. polyglucoside alcanoic acids were detected. A degradation pathway was proposed including the cleavage of the glucosidic bond as initial step [24].

The purpose of the monitoring campaign presented in this paper is to improve the knowledge on fate of surfactants and metabolites formed in WWTP including so far less investigated compounds, how they correspond to laboratory data and to compare levels among different European WWTP.

2 Experimental

2.1 Materials

All solvents and chemicals were reagent grade. The individual polyethoxylated compounds polyethylene glycols (PEG), nonylphenol ethoxylates (NPEO) and alcohol ethoxylates (AEO) were from Kao Corporation (Barcelona, Spain). The standards of alcohol ethoxylates (AEO) were individual pure C_{10} through C_{16} ethoxylates with an even number of carbon atoms and an average of 4 ethoxy units. The standard of NPEO contained chain isomers and oligomers with an average of 6 ethoxy units. Polyethylene glycols used were PEG_4 and PEG_7.

Individual SPC standards (2-SPC_2, 3-SPC_4, 5-SPC_5), 4-nonylphenol (NP) and nonylphenoxycarboxylate ($NPE_{1+2}C$) were kindly provided by Dr. F. Ventura, (AGBAR, Aigües de Barcelona, Barcelona/Spain). 2-SPC_{11} was a gift from Prof. E. González-Mazo, Cadiz/Spain. A mixture of coconut diethanol amides (CDEA) and C_{12}/C_{14}-N-methyl glucamides (AG) was kindly supplied by Dr. H. Fr. Schröder, Aachen/Germany. The proportional composition of the different homologues is C_7 (7 %), C_9 (7.5 %), C_{11} (60.9 %), C_{13} (18 %) and C_{15} (6.6 %) for the CDEA and C_{12} (75 %) and C_{14} (25 %) for the AG.

Commercial LAS with a low dialkyl tetralinsulfonates content (< 0.5 %) were supplied by Petroqumica Española S. A. in a single standard mixture with the proportional composition of the different homologues as follows: C_{10}, 3.9 %; C_{11}, 37.4 %; C_{12}, 35.4 % and C_{13}, 23.1 %. The reference compound LAS_{12} was a gift from Petresa, Madrid/Spain (purity: 99.5 % LAS_{12}). Individual pure C_8, C_{10} and C_{12}-monoglucosides were purchased from Sigma (Deisenhofen, Germany).

2.2 Selection of waste water treatment plants and sampling

Influent and effluent waters were collected in amber glass bottles as 24-h composite samples from two WWTP located in the Catalonian region in Spain ($WWTP_{E2}$ and $WWTP_{E3}$). In the third $WWTP_{E1}$ influent and effluent waters were collected at different time of day (morning, afternoon, night) in order to follow different inputs of domestic and industrial waste water. The characteristical data of the selected WWTP are given in Table 1. Furthermore, influent samples from a municipal WWTP ($WWTP_{G1}$; Table 1) receiving discontinuously discharges of waste water heavily loaded with amounts of surfactants were analyzed for two different surfactants, one of them being indicative of this waste water.

Table 1. Technical characteristics of investigated WWTP.

	$WWTP_{E1}$	$WWTP_{E2}$	$WWTP_{E3}$	$WWTP_{G1}$
Type of treatment	Biological	Physico-chemical	Physico-chemical	Biological
Input (m^3/day)	20,000	30,000	14,000	600
Type of wastewater	Domestic Industrial (tannery)	Domestic Industrial (chemical, tannery, food)	Domestic Industrial (textile)	Domestic Industrial (surfactant formulating)
Number of habitants in the area	60,000	120,000	43,000	3,500
Time of hydraulic retention (day)	1.1		–	0.5
BOD_5 (influent) (mg L^{-1})	875	375	370	400[a]
Average BOD_5 elimination (%)	> 97	> 60	> 60	95–98

[a] values up to 2,500 mg L^{-1} can be reached in case of illegal surfactant emission.

2.3 Sample preparation

Samples were preserved with formaldehyde (3 %, v/v) and stored at 4°C immediately after sampling. All samples were preconcentrated on SPE cartridges within 24 hours in order to avoid any degradation and loss of sample integrity.

LAS, NPEO, NP, NPE_1C, NPE_2C, AEO, PEG and CDEA. An Automated Sample Preparation with Extraction Columns system (ASPEC XL) fitted with an external 306 LC pump for the dispensing of samples through the SPE cartridges and with a 817 switching valve for the selection of samples, all from Gilson (Villiers-le-Bel, France) was used for preconcentration of water samples. Portions (200 mL) of the filtered samples were extracted by disposable LiChrolut C_{18} 6 mL-cartridge columns packed with 500 mg of octadecylsilica (Merck). The sorbent was previously conditioned with 7 mL of methanol and 3 mL of water at a flow rate of 1 mL min^{-1}. The sample was percolated at a flow rate of 5 mL min^{-1}. After preconcentration the sorbent was completely dried to avoid hydrolysis. The drying step was carried out using a Baker LSE 12g apparatus connected to a vacuum system set at −15 psi.

Elution was performed by adding 2x5 mL of methanol/dichloromethane (9:1) to the cartridge and waiting 5 min between the two aliquots in order to keep a good contact time between the solvent and the adsorbed compounds. The extracts were evaporated to dryness with a stream of N_2 and re-dissolved in 1 mL methanol. Finally, 20 µL were injected into the LC system.

LAS, SPC and AES. The filtrates (100 mL, or 10 mL for strongly polluted samples) were adjusted to pH 2.0 by adding sulfuric acid and passed through glass cartridges under vacuum filled with 500 mg RP-C_{18}-material (Merck). The cartridges were conditioned with 2x2 mL hexane, 2x2 mL acetone, 2x2 mL methanol, 6x2 mL water (pH 2.0) prior to this. After drying the adsorbent material under a gentle nitrogen stream for 60 min the enriched carboxylic acids were eluted from the cartridge with 3x2 mL methanol. After concentration of the eluates under nitrogen until dryness, they were reconstituted with 1 mL water/acetonitrile (95:5) containing 5 mM acetic acid (HOAc) and 5 mM triethylamine (NEt_3). The injection volume into the LC-MS was 50 µL.

APG and AG. The filtered samples were extracted in the same way as described above for SPC using the more polar solid-phase extraction material LiChrolut EN (200 mg) instead. After elution with methanol the extracts were taken up in 1 mL of water/acetonitrile (90:10) and 50 µL were injected for analysis.

2.4 Liquid chromatography

LAS, NPEO, NP, NPE_1C, NPE_2C, AEO, PEG and CDEA. The HPLC system consisted of an HP 1100 autosampler with the volume injection set to 20 µL and an HP 1090 A LC pump both from Hewlett Packard (Palo Alto, CA, USA). Chromatographic separation was done using a reversed-phase C_{18} analytical column (LiChrospher 100 RP-18) of 250x4 mm and 5-µm particle diameter preceded by a guard column (4x4 mm, 5-µm) of the same packing material from Merck.

Non-ionic surfactants (NPEO, AEO, PEG and CDEA) were separated using the mobile phase methanol/acetonitrile (50:50) (A) and water (B), both acidified with 0.5 % of acetic acid. The following solvent programming was used: initial conditions 70 % B, linearly decreased to 10 % B in 10 min, linearly decreased to 0 % B in 10 min, kept isocratic for 10 min.

The LAS, NP and NPEC were separated using the following mobile phase: acetonitrile/water (80:20) (A) and water (B), both containing 0.05 % HOAc and 0.05 % NEt_3. The elution gradient started with 50 % B, was kept isocratic for 5 min and than was linearly decreased to 0 % B in 15 min. The flow-rate in both cases was 1 mL min^{-1}.

LAS, SPC and AES. A Model 200 liquid chromatograph (PERKIN ELMER Corp., Norwalk/USA) equipped with a Rheodyne Model 7125 injector (PE autosampler series 200) having a 100-µL loop was used. The flow rate was 0.2 mL min^{-1}. The HPLC separation was achieved on a 5-µm, 250x2.1 mm i. d. C_{18} reversed-phase column (Hypersil ODS, MZ, Mainz/Germany). For a successful separation of strongly polar anionic compounds on reversed-phase columns, ion-pair chromatography with HOAc/NEt_3 was performed.

For the simultaneous HPLC-separation of LAS and SPC the eluent A consisted of water/acetonitrile (95:5) containing 5 mM HOAc and 5 mM NEt_3 and eluent B was acetonitrile/water (80:20) also containing 5 mM HOAc and 5 mM NEt_3. The gradient was held linear at 100 % A for 3 min and then increased to 100 % B in 15 min which was held constantly for additional 5 min. Then it was brought back in 1 min to initial composition and equilibrated for 20 min. In case of analyzing LSBR samples for SPC the injection volume was 10 µL.

The separation of AES was done using the same eluents under following conditions: after 3 min of isocratic elution with 60 % B, the portion of B was increased linearly within 20 min to 100 %, held constantly for 7 min and afterwards reset in 1 min to the initial status for equilibration (17 min). The injection volume was 50 µL.

APG and AG. The separations were carried out on a Superspher 60 RP-select B (5 µm) column (125 x 2.1 mm I. D.) using the same conditions: Mobile phase A consisted of 95 % water (adjusted with ammonia to pH 7.9) / 5 % acetonitrile and mobile phase B consisted of 80 % acetonitrile / 20 % water (adjusted with ammonia to pH 7.9). The gradient was initially held constant at 100 % A for 2 min, then progressed within 2 min to 75 % A. In the following 15 min the portion of B was increased linearly to 50 %. Then A was further reduced to 30 % within 1 min and held constant for another 3 min. Finally, the eluent composition was reset to the starting conditions and held until equilibration. Flow rate was 0.2 mL min^{-1}, and the volume of injection was 50 µL.

2.5 Mass spectrometry

LAS, NPEO, NP, NPE_1C, NPE_2C, AEO, PEG and CDEA. Detection was carried out using a HP 1040 M diode array UV-Vis detector coupled in series with the LC-MSD HP 1100 mass selective detector (Hewlett Packard, Palo Alto, CA, USA), equipped with an atmospheric pressure ionization source that can use either an APCI or ESI interface.

Non-ionic surfactants (NPEO, AEO, PEG and CDEA) were analyzed using APCI interface under positive ionization (PI) conditions. Characteristic peaks checked in PI mode were 271 and 291 *m/z* units for $NPEO_x$, *m/z* 151 and 195 for AEO and *m/z* 101 and 133 for PEG. In addition, polyethoxylated surfactants were identified by checking the characteristic pattern showing $[M+H]^+$ ion for each compound and equidistant signals with mass differences of $\pm m/z$ 44 related to the various ethoxylated oligomers. Different CDEA-homologues were identified by their characteristic peak of *m/z* 106, and by molecular ions of *m/z* from 232 to 344 corresponding to the homologues with odd number of carbon atoms from C_7 to C_{15}.

The NP and NPEC were quantified using an ESI interface under negative ionization (NI) conditions by monitoring *m/z* values corresponding to $[M\text{-}H]^-$ ions (*m/z* 219 for NP and *m/z* 277 for NPEC). LAS (C_{10}–C_{13}) were quantified by their $[M\text{-}H]^-$ ions with *m/z* values of 297, 311, 325 and 339, respectively.

LAS, SPC, AES, APG and AG. The LC-ES-MS analyses were performed on an API 150 MCA single quadrupole mass spectrometer (Perkin Elmer Sciex, Thornhill, Ontario/Canada) equipped with an atmospheric pressure ionization (API) source, via a Turbo Ionspray interface. A negative ionization voltage of −3 kV was applied to the needle tip. The extraction lens (orifice voltage) was operated at different cone voltages in order to obtain abundant molecular ions and fragments, respectively: -26 V (SPC), -90 V (*m/z* 183 of SPC), -30 V for AES, -28 V for APG and -35 V for AG. The acquisition was done in selected ion monitoring mode with the following molecular ions: *m/z* 257 to m/z 355 with $\Delta m/z = 14$ for the alkyl homologues from SPC_5 to SPC_{12}, *m/z* 319, 347, 375, for the C_{10}-, C_{12}- and C_{14}-monoglucoside , and *m/z* 294 and 348 for the C_{12}- and C_{14}-glucamide, respectively. For confirmative purposes fragments were likewise registered: *m/z* 183 for SPC, 194 for AG and 161 for APG. The mass spectrometric analysis of AES included the three alkyl homologues C_{12}, C_{14} and C_{16} each of them with 0 to 5 ethoxy units corresponding to the molecular ions $[M-H]^-$ with $\Delta m/z = 44$ of 265 to 485 (C_{12}), 293 to 513 (C_{14}), and 321 to 541 (C_{16}).

A gas flow of 1.53 L min^{-1} was used for the additional pneumatic nebulization, whereas a drying gas flow (5.0 purity nitrogen) of 7 L min^{-1} was applied. The ion source temperature was held at 400 °C.

2.6 Limits of detection (LOD) and recoveries

The recoveries (percent of standard added to sample recovered during extraction) and reproducibility (relative standard deviation for triplicate analysis) of the method were determined by spiking experiment. The ground water spiked with 100 μg L^{-1} of standard mixture of non–ionic surfactants, LAS and their degradation products was analyzed applying the method described above, together with a blank sample (no spiked sample).

Limits of detection of target compounds (LOD) were calculated by a signal–to–noise ratio of 3 (the ratio between intensity of signal of each compound in standard solution obtained with SIM conditions and intensity of noise). The recoveries and limits of detection are reported in Table 2.

Table 2. Recoveries and limits of detection obtained for the preconcentration of spiked water samples using SPE-LC-(APCI/ESI)MS.

Compound	Recovery (%) (RSD, N = 3)	LOD (μg L^{-1})
LAS	97 (8) C_{10}LAS	0.05 C_{10}LAS[a]
	96 (5) C_{11}LAS	0.10 C_{11}LAS[a]
	94 (6) C_{12}LAS	0.10 C_{12}LAS[a]
	90 (10) C_{13}LAS	0.15 C_{13}LAS[a]
SPC	52 (5)	0.1[b]
AES	92 (6)	0.2[b]
NPEO	102 (5)	0.5[a]
NPEC	88 (7)	0.2[a]
NP	91 (9)	0.4[a]
AEO	101 (8) C_{10}EO	0.15 C_{10}EO[a]
	98 (6) C_{12}EO	0.10 C_{12}EO[a]
	84 (11) C_{14}EO	0.10 C_{14}EO[a]
PEG	67 (9)	0.70[a]
CDEA	90 (12) total CDEA	0.05 C_7DEA[a]
		0.04 C_9DEA[a]
		0.03 C_{11}DEA[a]
		0.02 C_{13}DEA[a]
		0.01 C_{15}DEA[a]
APG	81 (6)	0.1[b]
AG	89 (3) C_{12}AG	0.1 C_{12}AG[b]
	91 (3) C_{14}AG	0.3 C_{14}AG[b]

[a] concentration factor 200, [b] concentration factor 100.

3 Results and discussion

3.1 Analytical methods

The SPE-LC-MS method used in this work is designed to isolate and quantify a broad range of organic compounds, providing sensitivity and selectivity of detection. For optimum detection of all target compounds, ranging in polarity from non-polar to very polar compounds, both APCI under positive ionization (PI) conditions and ESI under negative ionization (NI) conditions have to be used. All non-ionic surfactants were detectable in positive ion-mode using an APCI interface. Using a gradient elution on a C_{18} reversed-phase column, AEO separate on the basis of alkyl-chain length while the ethoxymers co-elute. Information on the oligomeric distribution of AEO and NPEO homologues can be readily obtained by extracting chromatograms for m/z values showing characteristic mass shift of $m/z = 44$ (mass of one ethoxylate moiety). Figure 4 shows a full scan (+)-LC-APCI-MS chromatograms of standard mixture, $WWTP_{E1}$ influent and effluent. Using the specificity of a MS detector low detection limits were achieved permitting the monitoring of these compounds in WWTP.

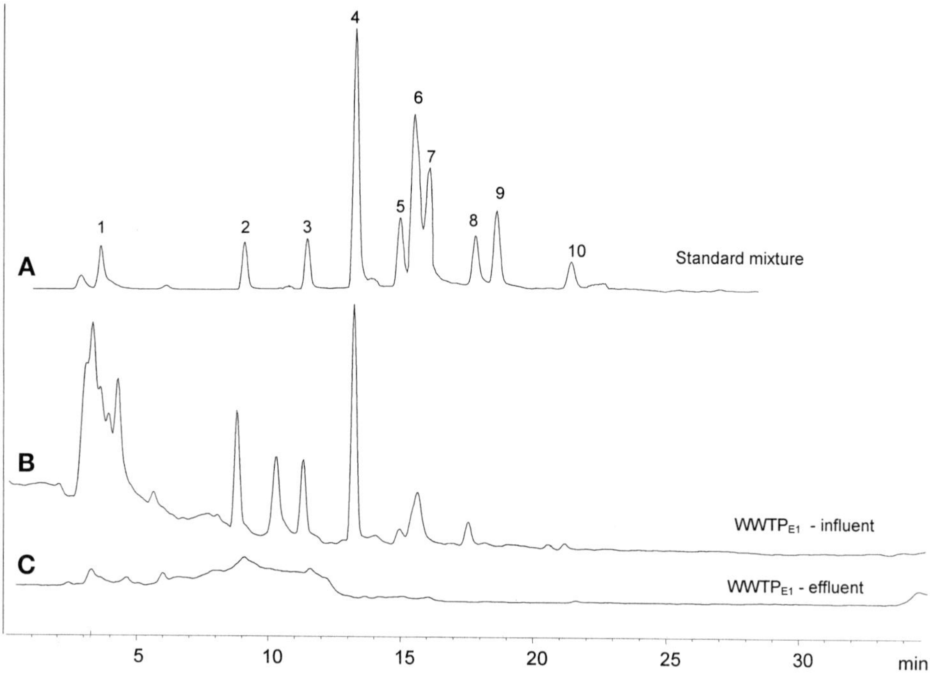

Figure 4. LC-MS chromatograms obtained by APCI interface under positive ionization conditions: (A) TIC chromatogram of composite working standard solution **1**: PEG, **2**: C_7DEA, **3**: C_9DEA, **4**: C_{11}DEA, **5**: C_{10}EO, **6**: C_{13}DEA, **7**: NPEO, **8**: C_{12}EO, **9**: C_{15}DEA, **10**: C_{14}EO; (B) TIC chromatogram of influent water ($WWTP_{E1}$); (C) TIC chromatogram of effluent water ($WWTP_{E1}$).

3.2 Monitoring of waste water treatment plants (WWTP)

Three selected WWTP in Spain (Table 3) were monitored for the occurrence of selected anionic and non-ionic surfactants used in both the domestic and industrial field by determining their concentrations in influent and effluent samples as well as the levels of their relevant breakdown intermediates.

LAS as the most widely used anionic surfactant was detected in influent samples of $WWTP_{E1\text{-}3}$ at concentrations between 2.0 and 3.2 mg L^{-1} (Table 3), i. e. levels which can be found at the lower end of the range reported in two recent monitoring programs of Dutch and U. S. WWTP with concentrations amounting to 3.4–8.9 mg L^{-1} [15] and 1.8–6.1 mg L^{-1} [16], respectively. Together with the corresponding effluent values of 10–91 µg L^{-1} total removal efficiencies were calculated to be between 96.5 % for $WWTP_{E2}$ and 99.5 % for $WWTP_{E1}$ (Table 4). Slightly higher removal averages were described in the two cited studies with 99.2 and 99.9 %, respectively.

Table 3. Concentrations of surfactants and their metabolites in selected WWTP (µg L^{-1}).

	$WWTP_{E1}$		$WWTP_{E2}$		$WWTP_{E3}$	
	influent (n = 3)	effluent (n = 3)	influent	effluent	influent	effluent
LAS	2020	10	2620	91	3170	75
SPC	6	49	12	63	19	158
NPEO	203	13	73	8	256	49
NPEC	n q.	113	n. q.	17	14	25
NP	22	144	< 0.4	21	< 0.4	84
AEO	414	9	275	12	451	5
PEG	2500	23	310	5	2080	38
CDEA	347	4	273	11	472	3
APG	6.5	n. d.	16	n. d.	13	n. d.
AG	36	0.2	26	< 0.1	45	< 0.1

n. q.: not quantified due to the interferences; n. d.: not detected.

Table 4. Elimination efficiencies of selected surfactants in different WWTP (%).

	$WWTP_{E1}$	$WWTP_{E2}$	$WWTP_{E3}$
LAS	99.5	96.5	97.6
NPEO	93.6	89.0	80.9
AEO	99.2	95.6	98.8
CDEA	98.8	96.0	99.4
APG	100	100	100
AG	99.4	100	100

LAS concentrations and elimination rates determined in German WWTP [41, our own unpublished data] are in the same range as reported above. Results obtained from hourly taken mixed influent samples additionally showed that there is a strong correlation between washing activities and LAS concentration with a maximum from 17:00 to 23:00 hours [41]. Due to the reasons described below such a correlation could not be observed in the samples taken hourly at $WWTP_{E1}$ (data not shown).

In Fig. 5 the alkyl homologue distribution of LAS in two influent samples ($WWTP_{E1}$ and $WWTP_{G1}$) and of a typical laundry detergent is displayed. It can be seen that the relative concentration of the higher homologues LAS_{12} and LAS_{13} is lower than that in the detergent. This is likely due to a partial removal of these species during transportation of the waste water in the sewage system [15, 42] which also may explain the relatively low levels of detected LAS in the influent, since the longer alkyl chain homologues exhibit both higher degradation rate [43] and adsorption tendency [44] due to higher lipophilicity. This effect is more significant in the $WWTP_{E1}$ sample where the transport in the connecting sewage channel can make up to 25 km corresponding to several hours of residence time in the drainage system.

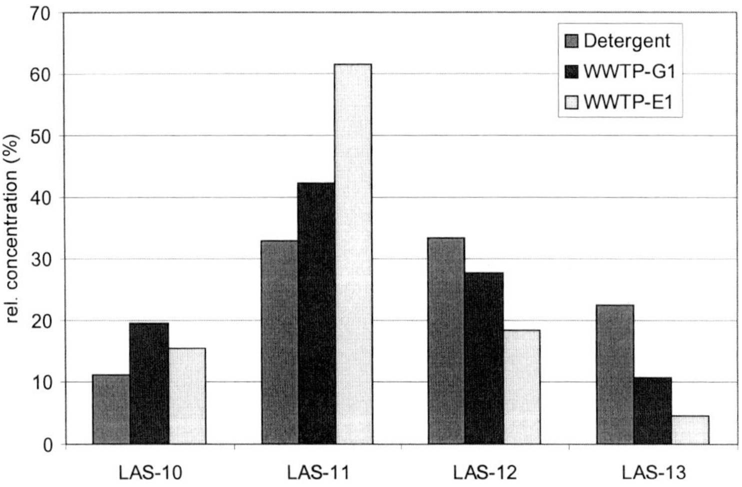

Figure 5. LAS alkyl homologue distribution in detergent and WWTP influents.

The active processes of biodegradation occurring in the sewer system are additionally confirmed by the positive detection of SPC in the influent samples where they are detected at concentrations of 6 to 19 $\mu g\ L^{-1}$ (Table 3). Higher levels of SPC between 49 and 158 $\mu g\ L^{-1}$ were found in the corresponding effluent after microbial formation out of LAS. The residual fractions of SPC entering the receiving water are to a minor degree consequence of an unfinished degradation in the WWTP arising from a limited hydraulic retention time but is mainly due to their strong resistance against further breakdown. As it was recently shown by our group [32] a series of phenyl isomers is no more amenable to biodegradation. Those intermediates originating from LAS with a more central position of the phenyl ring on the alkyl chain yield very recalcitrant SPC species (Fig. 6). Evidence had been given through comparison of the peak pattern of individual SPC from different sources such as WWTP effluent and surface water

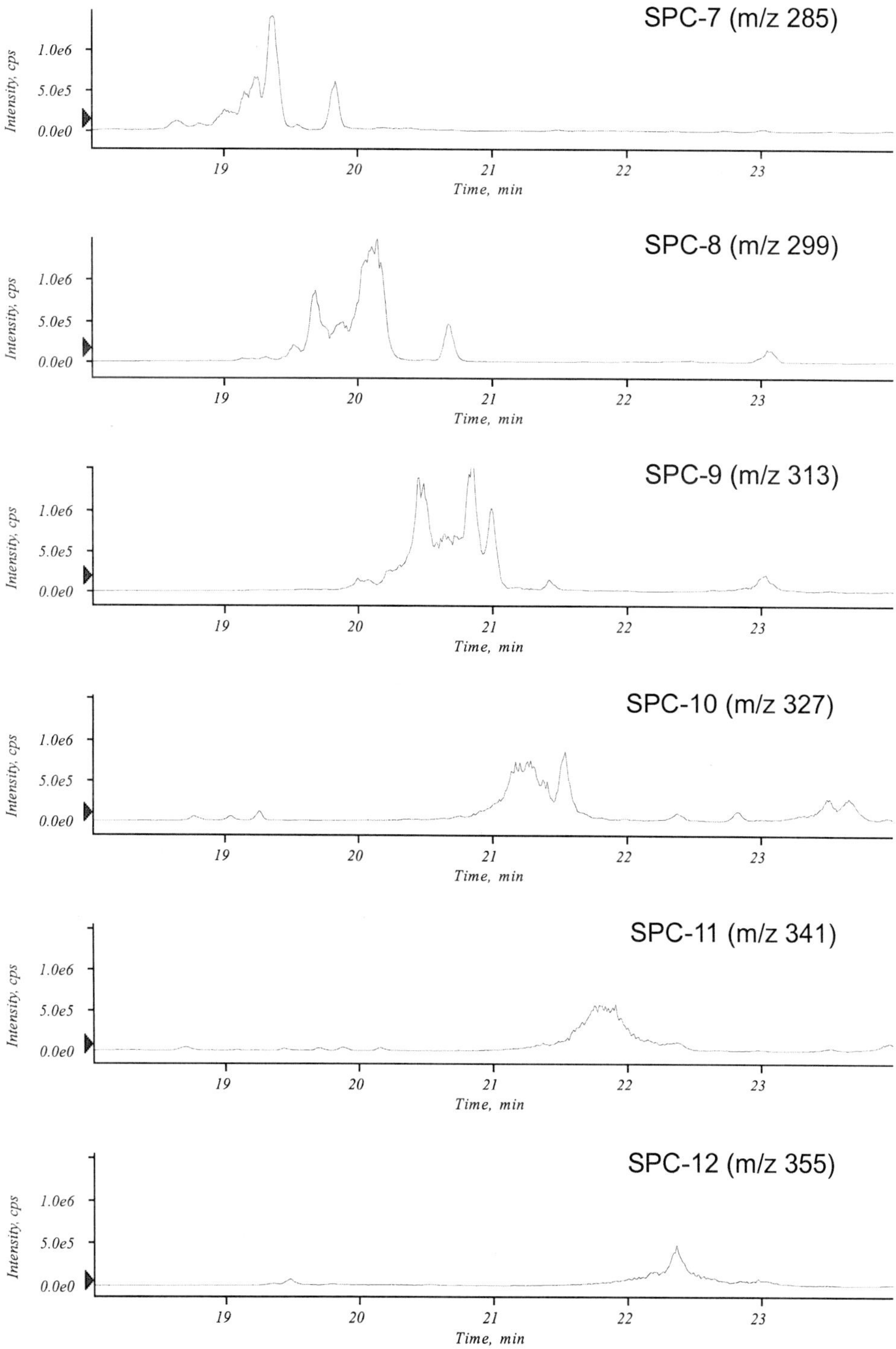

Figure 6. LC/MS (XIC) of SPC_7 to SPC_{12} species in effluent from $WWTP_{E3}$.

with the one of samples from a laboratory scale bioreactor analyzed after reaching a steady state in LAS/SPC metabolism showing all a very similar peak pattern.

In view of relative distribution of individual SPC species in the three $WWTP_{E1-3}$, a similar pattern is observed in all effluent samples (Fig. 7). The most abundant species in $WWTP_{E1}$ and $WWTP_{E2}$ are SPC_7 and SPC_8, while the relative maximum in $WWTP_{E3}$ centers at SPC_9 possibly because of a lower extent of SPC degradation occurred during waste water treatment explaining also the finding that relative high amounts of SPC_{10} and SPC_{11} compared to those in $WWTP_{E1}$ and $WWTP_{E2}$ are found. Generally, the pattern are in agreement with the fact that the degradation rate of single SPC homologues decreases with progressing alkyl chain shortening [36,37] leading to the enrichment of short to mid-chain intermediates. Almost identical patterns were also found in further so far investigated samples from Germany [45] and the Philippines [46]. Regarding SPC_6 a slight underestimation of its concentration is possible since quantification was done on the basis of SPC_{11} assuming identical instrumental response factors for the series of analyzed SPC homologues. While SPC_7 to SPC_{12} elute within a rather short retention time interval between 19 and 22.5 min (Fig. 6), SPC_6 is already detected after 12 min corresponding to an eluent composition with a higher water content which likely leads to a decrease in ionization efficiency [47]. The deprotonated molecular mass ions of the short chain SPC_{2-5} were also acquired, but the presence of these compounds was not detected in these investigated samples. This might result from the low recoveries of these highly polar compounds, as already described by Riu et al. [29]. In order to investigate also these species, a more sophisticated analytical method would have been needed [30], which was not applied in this case.

The values of NPEO determined in the influents of $WWTP_{E1-3}$ were in the range between 73 and 256 μg L^{-1} whereas the described metabolites NP and NPEC could already be detected in levels up to 22 μg L^{-1} (Table 3). These data are congruent with data from a Dutch survey, where NPEO in the influents of domestic WWTP were between 2 and 170 μg/l and NP below detection limit up to 23 μg L^{-1} (n = 8) [48]. Higher values were measured in influents

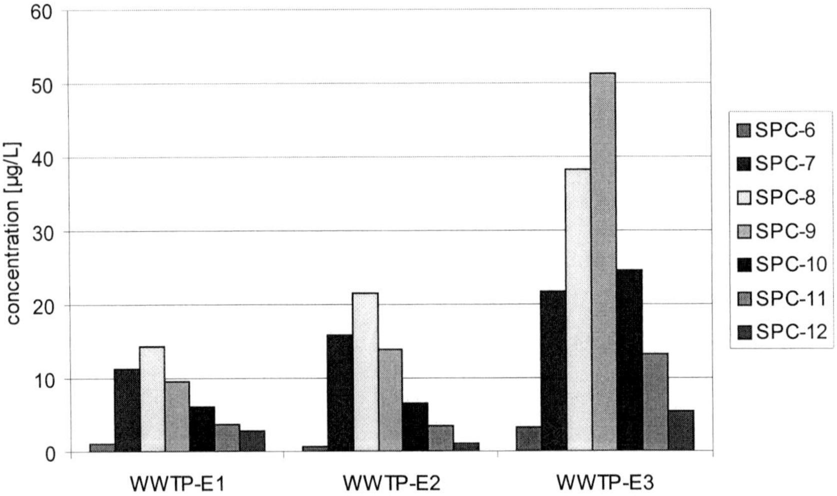

Figure 7. SPC alkyl homologue distribution in WWTP effluents.

of industrial WWTP with NPEO up to 2300 μg L^{-1} and NP up to 400 μg L^{-1} (n = 8). The presence of NP and NPEC in the influents cannot only be attributed to the metabolism of NPEO but also their entry in WWTP, resulting from application in other fields, has to be taken into account. For example NP is also used as ingredient of pesticide formulations and NPE_1C as corrosion inhibiting agent.

As for the elimination efficiency of NPEO during the waste water treatment process values from 81 to 94 % were calculated (Table 4). However, as discussed above, their removal led to the formation of transformation products (NP and $NPE_{1+2}C$) that are much more resistant to further microbial degradation. Concentrations of these compounds in effluents were significantly higher than in influents, and overall elimination of nonylphenolic compounds during sewage treatment is very low, especially in $WWTP_{E1}$. According to Ahel [49], approximately 60 to 65 % of all nonylphenolic compounds introduced to WWTP are discharged into the environment; 19 % in the form of NPEC, 11 % in the form of lipophilic NP_1EO and NP_2EO, 25 % in the form of NP and 8 % as untransformed NPEO. They also estimated that 92–96 % of NP is discharged from the WWTP via digested sludge and only 4–8 % via secondary effluents. More polar NPEC are mainly discharged via secondary effluents and concentrations reported were 2.1–7.6 times higher than in primary effluents. $WWTP_{E1}$ receives 30–60 % of waste water from tannery industry, and high concentrations of NP (up to 220 μg L^{-1}) were repeatedly observed in secondary effluents. Very high concentrations of NP were also found in digested sludge from this WWTP (up to 170 mg kg^{-1}) [50] and high concentrations observed in effluent may be due to the non-equilibrated distribution of NP between water phase and sludge due to the saturation of the latter. This may also be the reason why values analyzed in $WWTP_{E1\text{-}3}$ are in general much higher than those determined in a Dutch survey with concentrations of NPEO, even in the industrial effluent, being below 15 μg L^{-1} and for NP below 1.2 μg L^{-1} [48]. Values determined in a German survey from WWTP effluents gave values of NP between 0.3 and 1.0 μg L^{-1} and NPE_1C in a range between 1.7 and 5.4 μg L^{-1} [51].

Coconut diethanol amide (CDEA) surfactants were found in influent waste water in concentrations from 270 to 470 μg L^{-1} (Table 3). These non-ionic surfactants are mainly used in household and hand dish-washing formulations. Concentrations found in effluent waters (3-11 μg L^{-1}) indicates efficient elimination (Table 4) whereas nothing is known about the formation of persistent metabolites.

Alcohol ethoxylates (AEO) were detected in influent waters at concentrations of 275 to 451 μg L^{-1} (Table 3). Their elimination ranged from 95.6 % ($WWTP_{E2}$) to 99.2 % ($WWTP_{E1}$) (Table 4). As mentioned before, the degradation pathway of AEO includes formation of PEG and different acidic forms of PEG, such as monocarboxylated and dicarboxylated species. They were detected in effluent samples but not quantified due to the lack of standards. PEG were found at high concentrations (310–2500 μg L^{-1}) in influent waste waters and were efficiently removed during waste water treatment (> 98.5 %). Most commercial formulations contain large amounts of PEG formed as by-products in manufacturing processes, because it is too expensive to separate them from the final products. So far it can be stated that the higher contribution of industrial discharge in the influent, the higher is the concentration of PEG. In this sense, PEG can be taken as an effective marker of industrial activity.

The concentrations of APG and AG measured in the influent samples ranged from 7–13 and 26–45 μg L^{-1}, respectively (Table 3). They are therefore less abundant than LAS and AEO reflecting their lower application volume due to predominant use as co-surfactant, whereas the other two surfactants can make up the main surface-active agent in formulations used in household products. Although only the alkyl monoglucosides were taken into account for quantification (due to commercial availability of homologue pure compounds) the values can be considered as rather reliable as the mean degree of polymerization of APG ranges between 1.2 and 1.5 (Fig. 1). In the effluent samples APG are not detected and AG only reach a maximum concentration of 0.2 μg L^{-1} in $WWTP_{E1}$ while in two other samples their levels are below 0.1 μg L^{-1}. The corresponding overall removal efficiencies exceed 99.4 % and even reach 100 % in most cases (Table 4). Hence, the excellent compatibility of the two investigated sugar-based surfactants with environmental requirements is confirmed by these data, which are also in the same range as so far obtained data from German WWTP [24, 25].

Unlike NPEO and LAS meriting special attention due to formation of partially recalcitrant metabolites, APG and AG do not yield any persistent breakdown intermediates. While APG are presumably degraded via scission of the glucosidic bond [24] releasing uncritical products, one intermediate of AG degradation resulting from the oxidation of the alkyl chain was reported [25]. Although this species turned out to be totally degraded in a laboratory assay, further research is currently under progress to investigate the metabolite's potential to enter the receiving water body.

Finally, it is worth to note that the concentrations of the analyzed surfactants and their metabolites were related to the entering and out-going water thereby not taking into account their possible elimination path during mechanical and/or biological treatment via adsorption onto sludge. This route, however, can play an important role in the overall removal of surfactants from the aqueous phase. For example, the levels of LAS in German WWTP ranged from 0.18–0.43 g kg^{-1} in aerobic sludge, while in digested sludge 1.3–9.9 g kg^{-1} were found [52]. The application of such sludge onto agricultural land with the real purpose to fertilize and condition the soil opens a way for LAS to enter the environment. In Denmark it is discussed at the moment to regulate the levels of LAS in sludge at a maximum value of 1.3 g kg^{-1} dw in order to be allowed for application onto agricultural fields. Their further fate including degradation, leaching and adsorption under these predominantly anaerobic conditions is at present in the focus of several investigations [52–55].

3.3 Waste water treatment plant (WWTP) receiving shock loads of surfactant waste water

A further WWTP was monitored receiving discontinuously heavily contaminated waste water from a company formulating personal care products such as shower gels, shampoos and foam baths. Due to low capacity of the examined WWTP receiving normally municipal sewage from 3,500 inhabitants (Table 1), the discharges of this industrial sewage strongly impact the operation of this plant. For identification of surfactants being indicative of this water, a full-scan chromatogram of an influent extract was registered in the range from $225 \leq m/z \leq 775$ (Fig. 8) revealing that cocamido propylbetaines and alkyl ethersulfates (AES) were the most abundant surfactants being both known as main ingredients in many products used for household products like shower gel, hand dish washing agent and cleansing agents. In the following, the latter one was taken into account for quantitative analysis together with LAS which did not occur at elevated levels in the incoming water.

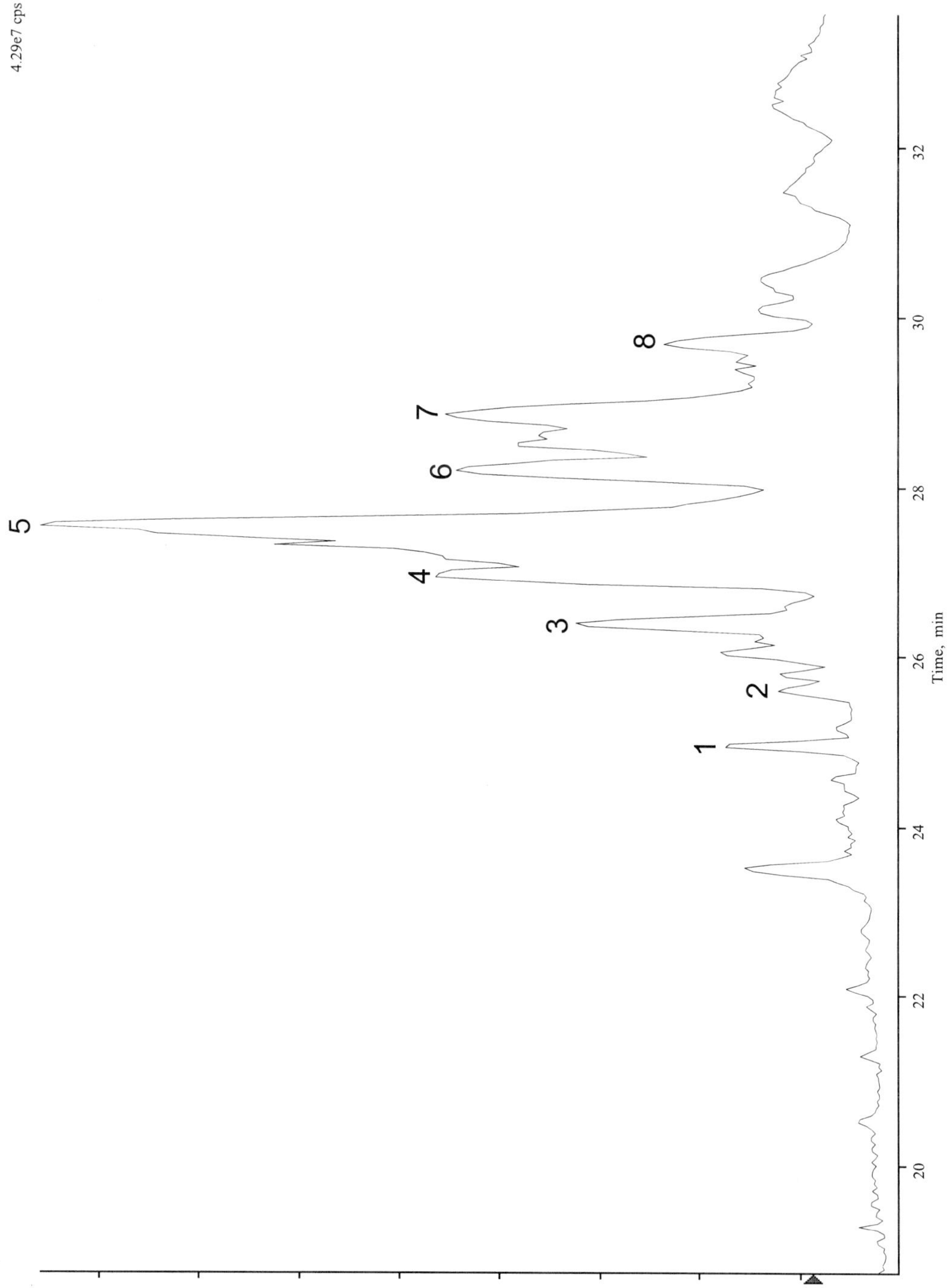

Figure 8. (−)-LC-ES-MS chromatogram of influent sample containing waste water from surfactants formulating industry: **1**: C_8-cocamido propylbetaine, **2**: C_{10}-cocamido propylbetaine, **3**: C_{12}-AE_0S, **4**: C_{12}-AE_1S (coeluting with LAS_{11}), **5**: C_{14}-AE_0S, **6**: C_{14}-AE_1S (coeluting with LAS_{13}), **7**: C_{16}-AE_0S, **8**: C_{16}-AE_1S.

The levels of AES in the influent samples of the studied WWTP are listed in Table 5. The concentrations of LAS are likewise given. Whereas in the normal domestic sewage the levels of AES, showing a day-time dependent profile influenced by washing and cleaning activities of the population, vary between 0.27 and 4.6 mg L^{-1} and are therewith in good agreement with values found in other German WWTP [41] as well as in Dutch and U. S. WWTP (1.2 to 6.0 mg L^{-1} [41] and 0.1 to 1.2 mg L^{-1} [16], respectively), a very strong increase in concentration can be observed when the influent is polluted with the industrial waste water. The AES in the grab-samples taken from the WWTP influent during the discharge time were found to be 46 mg L^{-1} and 298 mg L^{-1}, respectively. At the same time the levels of LAS remained within a range of 0.30–6.0 mg L^{-1}.

The loads of AES reached such high levels that their mass spectrometric detection which do not cause problems in normal domestic sewage water, interfered partially with the detection of the two LAS homologues LAS_{11} and LAS_{13} having molecular ions with the same mass as the monoethoxylated ^{34}S-isomers of C_{12}-AES and C_{14}-AES. To overcome this problem disabling a quantification of LAS via their molecular ions, the fragment m/z 183 was used for quantitative analysis (Fig. 8).

Table 5. Concentrations of surfactants in $WWTP_{G1}$ (influent) receiving industry waste water (mg L^{-1}).

Sampling time	Day 1 14:00–16:00 h	Day 2 08:00–15:00 h	Day 3 07:00–14:00 h	Day 4 07:00–10:00 h	Day 5[a] 10:00 h	Day 19 08:00 h	Day 19[a] 09:00 h
AES	1.2	0.65	0.27	0.14	46	4.6	298
LAS	6.0	2.2	0.76	0.30	0.42	1.7	4.9

[a] Sample taken after waste water discharge from industry.

4 Conclusion

A broad series of priority anionic and non-ionic surfactants together with their relevant breakdown intermediates such as SPC, NPEC and NP, mainly formed during waste water treatment, could be quantified in corresponding WWTP influent and effluent samples. The selective and sensitive determination of these analytes in the complex matrix waste water could be only achieved through the use of liquid chromatography coupled to mass spectrometry after solid-phase extraction. Generally high removal efficiencies of parent compounds ranging between 95 and 100 % with the exception of NPEO with an average removal of 88 % were calculated.

Even if such high elimination rates were achieved, one has to obey the formation of recalcitrant metabolites out of the parent surfactants. These metabolites being partially very resistant against further degradation are of special interest since they enter the receiving surface waters at μg L^{-1} concentrations where subsequently interactions with aquatic organisms may lead to adverse effects as e. g. in case of NP. Furthermore, the withdrawal of such contaminated surface water for drinking water production purposes has to be critically observed.

It showed to be valuable to always include the influents to the WWTP, since the initial load is quite often determining also the elimination rate and also conclusions can be made on sources of unexpected high loads of incoming surfactants, which might hamper their further degradation. It seems, that in countries with a in general warmer climate in WWTP with only physico-chemical treatment similar elimination rates of surfactants are achieved compared to those exhibiting an additional biological treatment step. But this has to be investigated more thoroughly under similar conditions on the incoming waste.

The discharge of a contaminated waste water polluted with high amounts of even *per se* readily degradable surfactants into a municipal WWTP may be considered as illicit action. It clearly demonstrates the need of the discharging company for the construction and operation of an own WWTP allowing an effective reduction of these surfactant loads prior to the release into the examined municipal WWTP.

Acknowledgements

This work was financially supported by the European Union, project PRISTINE (ENV4-CT97-0494). M. Petrovic acknowledges the grant from Spanish Ministry of Education and Culture (SB97-B09092411). We thank Dr. F. Ventura, AGBAR, Barcelona/Spain for synthesizing the standards and Luis Berna, Petresa S. A., Madrid for providing LAS and SPC references compounds. Dr. K.-H. Bauer from the Riedwerke Groß-Gerau/Germany, is acknowledged for providing waste water samples.

References

[1] Karsa, D. R.: Coming clean: the world market for surfactants. Chem. Ind. *9*, 685–691 (1998).
[2] Council Directive 82/242 EEC of March 31, 1982: On the approximation of the laws of the Member States relating to methods of testing degradability of non-ionic surfactants on amending Directive 73/404/EEC.
[3] Jobling, S. and Sumpter, J. P.: Detergent components in sewage sludge effluent are weakly estrogenic to fish. Aquat. Toxicol. *27*, 361–372 (1993).
[4] Körner, W., Hanf, V., Schuller, W., Bartsch, M., Zwirner, M. and Hagenmaier, H.: Validation and application of a rapid in vitro assay for assessing the estrogenic potency of halogenated phenolic chemicals. Chemosphere *37*, 2395–2407 (1989).
[5] Lewis, M. A.: Chronic and sublethal toxicity of surfactants to aquatic animals: A review and risk assessment. Wat. Res. *25*, 101–113 (1991).
[6] Scholz, N.: Ecotoxicology of surfactants. Tenside Surf. Det. *34*, 229–232.
[7] Verge, C. and Moreno, A.: Effects of anionic surfactants on *daphnia magna*. Tenside Surf. Det. *37*, 1–4 (2000).
[8] Marcomini, A. and Giger, W.: Behaviour of LAS in sewage treatment. Changes in the homolog and isomer distributions of linear alkylbenzenesulfonates. Tenside Surf. Det. *25*, 226–229 (1988).
[9] Field, J. A., Field, T. M., Poiger, T. and Giger, W.: Determination of secondary alkane sulfonates in sewage wastewaters by solid-phase extraction and injection-port derivatization gas chromatography/mass spectrometry. Environ. Sci. Technol. *28*, 497–503 (1994).
[10] González-Mazo, E., Honing, M., Barceló, D. and Gómez-Parra, A.: Monitoring long-chain intermediate products from the degradation of linear alkylbenzene sulfonates in the marine environment by solid-phase extraction followed by liquid chromatography/ionspray mass spectrometry. Environ. Sci. Technol. *31*, 504–510 (1997).

[11] Krueger, C. J., Barber, L. B., Metge, D. W. and Field, J. A.: Fate and transport of linear alkylbenzenesulfonate in a sewage-contaminated aquifer: a comparison of natural-gradient pulsed tracer tests. Environ. Sci. Technol. *32*, 1134–1142 (1998).
[12] González-Mazo, E., Forja, J. M. and Gómez-Parra, A.: Fate and distribution of linear alkylbenzene sulfonates in the littoral environment. Environ. Sci. Technol. *32*, 1636–1641 (1998).
[13] Schöberl, P., Bock, K. J. and Huber, L.: Ecologically relevant data on surfactants in detergents and cleaning agents. Tenside Surf. Det. *25*, 86–98 (1988).
[14] Di Corcia, A, Crescenzi, C., Marcomini, A. and Samperi, R.: Fate of linear alkyl benzenesulfonates, coproducts, and their metabolites in sewage treatment plants and in receiving waters. Environ. Sci. Technol. *33*, 4119–4125 (1999).
[15] Matthijs, E., Holt, M., Kiewiet, A. and Rijs, G.: Environmental monitoring for linear alkylbenzene sulfonate, alcohol ethoxylate, alcohol sulfate, and soap. Environ. Toxicol. Chem. *18*, 2634–2644 (1999).
[16] McAvoy, D. C., Dyer, S. D., Fendinger, N. J., Eckhoff, W. S., Lawrence, D. L. and Begley, W. M. Removal of alcohol ethoxylates, alkyl ethoxylate sulfates, and linear alkylbenzene sulfonates in wastewater treatment. Environ. Toxicol. Chem. *17*, 1705–1711 (1998).
[17] Van de Plassche, E., de Bruijn, J. H. M., Stephenson, R. R., Marshall, S. J., Feijtel, T. C. J. and Belanger, S. E.: Predicted no-effect concentrations and risk characterization of four surfactants: linear alkyl benzene sulfonates, alcohol ethoxylates, alcohol ethoxylated sulfates, and soap. Environ. Toxicol. Chem. *18*, 2653–2663 (1999).
[18] Falbe, J.: Surfactants in consumer products, Springer Verlag, Heidelberg (1987).
[19] De Beer, K. G. M., van der Wielen, F. W. M., Kiewiet, A. T. and de Voogt, P.: Analysis of AP and APE in marine sediments. Draft Report to DIIFFCHEM. ETC-UvA, Amsterdam (1996).
[20] Kiewiet, A. T., van der Stehen, J. M. D. and Parsons, J. R.: Trace analysis of ethoxylated nonionic surfactants in samples of influent and effluent of sewage treatment plants by high-performance liquid chromatography. Anal. Chem. *67*, 4409–4415 (1996).
[21] Tsushima, R.: Surfactants and related products from natural raw materials. Proceedings of the 4th World Surfactants Congress, Barcelona, *Vol I*, 43–56 (1996).
[22] Stalmans, M., Matthijs, E., Weeg, E. and Morris, S.: The environmental properties of glucose amide – a new nonionic surfactant. SÖFW Journal *13*, 3–10 (1993).
[23] Glod, G., Campbell, P. M., Feijtel, T. C. J., Masscheleyn, P. H., Matthijs, E. and Rottiers, A.: Environmental risk assessment of $C_{12\text{-}14}$ glucose amide, poster presentation, Annual meeting of German Chemical Society, Subdivision surfactant chemistry, May, 3-4th 1999. Würzburg/Germany.
[24] Eichhorn, P. and Knepper, T. P.: Investigations on the metabolism of alkyl polyglucosides and their determination in waste water by means of liquid chromatography-electrospray-mass spectrometry. J. Chrom. A *854*, 221–232 (1999).
[25] Eichhorn, P. and Knepper, T. P.: Fate studies of the nonionic surfactant alkylglucamide by liquid chromatography/mass spectrometry. J. Mass. Spectrom. *35*, 468–475 (2000).
[26] Kiewiet, A. T. and de Voogt, P.: Chromatographic tools for analyzing and tracking nonionic surfactants in the aquatic environment, J. Chromatogr. A *733*, 185–192(1996).
[27] German standard methods for the examination of water, waste water and sludge, general measures of effects and substances (group H).
a) determination of methylene blue active substances (H23-1)
b) determination of bismuth active substances (H23-2)
c) determination of the disulfine blue active substances (H20)
VCH Weinheim (1992).
[28] Castillo, M., Riu, J., Ventura, F., Boleda, R., Scheding, R., Schroeder, H. F., Nistor, C., Émneus, J., Eichhorn, P., Knepper, T. P., Jonkers, C. C. A., de Voogt, P., González-Mazo, E., Léon, V. M. and Barceló, D.: Inter-laboratory comparison of liquid chromatographic techniques and enzyme-linked immunosorbent assay for the determination of surfactants in wastewaters. J. Chrom. A *889*, 195–209 (2000).
[29] Riu, J., González-Mazo, E., Gómez-Parra, A. and Barceló, D.: Determination of parts per trillion level of carboxylic degradation products of linear alkylbenzenesulfonates in coastal water by solid-phase extraction followed by liquid chromatography/ionspray/mass spectrometry using negative ion detection. Chromatographia, *50*, 275–281 (1999).

[30] Knepper T. P. and Kruse, M.: Investigations into the formation of sulfophenylcarboxylates (SPC) from linear alkylbenzenesulfonates (LAS) by liquid chromatography/mass spectrometry. Tenside Surf. Det. *37*, 41–47 (2000).
[31] Schröder, H. Fr. and Fytianos, K.: Organic pollutants in biological waste water treatment. Results of mass and tandem mass spectrometry of the flow injection mode compared with liquid chromatographic examination: polar compounds under positive ionization. Chromatographia *50*, 583–595 (1999).
[32] Knepper, T. P. and Eichhorn, P.: Aerobic degradation of linear alkylbenzenesulfonate (LAS) surfactant via ω-oxygenation followed by β-oxidations: Evidence through liquid chromatography – electrospray mass spectrometry. Environ. Toxicol. Chem. (submitted).
[33] Schöberl, P.: Basic principles of LAS biodegradation. Tenside Surf. Det. *26*, 86–94 (1989).
[34] Dong, W., Radajewski, S., Eichhorn, P., Denger, K., Knepper, T. P., Murrell, J. C. and Cook, A. D.: Linear alkylbenzenesulfonate (LAS) surfactant: bacterial communities initiate catabolism by various ω-oxygenations followed by β-oxidation, ring cleavage, and desulfonation. Environ. Toxicol. Chem. (submitted).
[35] Denger, K. and Cook, A. M. J.: Linear alkylbenzenesulphonate (LAS) bioavailable to anaerobic bacteria as a source of sulphur. J. Appl. Microbiol. *86*, 165–168 (1999).
[36] Swisher, R. D.: Surfactant Biodegradation, 2nd ed., Marcel Dekker, Inc. New York (1987).
[37] Kanz, C., Nölke, M., Fleischmann, T., Kohler, H.-P. E. and Giger, W.: Separation of chiral biodegradation intermediates of linear alkylbenzenesulfonates by capillary electrophoresis. Anal. Chem. *70*, 913–917 (1998).
[38] Jonkers, N., Knepper, T. P. and De Voogt, P.: Aerobic biodegradation of nonylphenol ethoxylates in river water using liquid chromatography – electrospray tandem mass spectrometry. Environ. Sci. Technol. (accepted).
[39] Cresenzi, C., Di Corcia, A. and Samperi, R.: Determination of nonionic polyethoxylate surfactants in environmental waters by liquid chromatography/electrospray mass spectrometry. Anal. Chem. *67*, 1797–1804 (1995).
[40] Patterson, S. J., Scott, C. C. and Tucker, K. B. E. J.: Nonionic detergent degradation: III. Inital mechanism of the degradation. J. Am. Oil Chem. Soc. *47*, 37–41 (1970).
[41] Schröder, F. R., Schmitt, M. and Reichensperger, U.: Effect of waste water treatment technology on the elimination of anionic surfactants. Waste Management. *19*, 125–131 (1999).
[42] Moreno, A., Ferrer, J. and Berna, J. L.: Biodegradability of LAS in a sewer system. Tenside Surf. Det. *27*, 312–315 (1990).
[43] Moreno, A., Ferrer, J., Bravo, J, Berna, J. L. and Cavalli, L.: Effect of the alkyl chain and concentration of linear alkylbenzene sulfonate on biodegradation kinetics. Tenside Surf. Det. *35*, 375–378 (1998).
[44] Westall, J. C., Chen, H., Zhang, W. and Brownawell, B. J.: Sorption of linear alkylbenzenesulfonates on sediment materials. Environ. Sci. Technol. *33*, 3310–3118 (1999).
[45] Eichhorn, P. and Knepper, T. P.: Occurrence of sulfophenylcarboxylates in the Rhine river and their behavior during drinking water production. (in preparation).
[46] Eichhorn, P., Flavier, M. E., Paje, M. L. and Knepper, T. P.: Occurrence and fate of linear and branched alkybenzenesulfonates and their metabolites in surface waters in the Philippines. Sci. Total Environ. (in press).
[47] Ikonomou, M. G., Blades, A. T. and Kebarle, P.: Electrospray-ion spray: a comparison of mechanisms and performance. Anal. Chem. *63*, 1989–1998 (1991).
[48] Belfroid A. C., Murk, T., de Voogt, P., Schäfer, A., Rijs, G. B. J. and Vethaak, D.: Hormoonontregelaars in water. Oriënterende studie naar de aanwezigheid van oestrogeen-actieve stoffen in watersystemen en afvalwater in Nederland. RIZA /RIKZ-rapport 99.007/99.024, Lelystad/Den Haag, (1999).
[49] Ahel, M., Giger, W. and Koch, M.: Behaviour of alkylphenol polyethoxylate surfactants in the aquatic environment-I. Occurrence and transformation in sewage treatment. Wat. Res. *28*, 1131–1142 (1994).
[50] Petrovic, M. and Barceló, D.: Determination of anionic and non-ionic surfactants, their degradation products and endocrine-disrupting compounds in sewage sludge by liquid chromatography-mass spectrometry. Anal. Chem. (in press).

[51] Spengler, P., Körner W. and Metzger, J. W.: Schwer abbaubare Substanzen mit östrogener Wirkung im Abwasser von kommunalen und industriellen Kläranlagenabläufen. Vom Wasser *93*, 141–157 (1999).
[52] Solbe, J., Berna, J. L., Feijtel, T. J., Fox, K. K., Heinze, J., Marshall S. J. and Cavalli, L.: Terrestrial risk assessment of linear alkyl benzenesulfonate in sludge-amended soils. 5th World Surfactant Congress, Florence, Italy (2000).
[53] Prats, D., Rodríguez, M., Llamas, J. M., Muela, M. A., de Ferrer, J., Moreno, A. and Berna, J. L.: The use of specific analytical methods to assess the anaerobic biodegradation of LAS (linear alkylbenzene sulfonate). 5th World Surfactant Congress, Florence, Italy (2000).
[54] Berna, J. L., Battersby, N., Cavalli, L., Fletcher, R., Guldner, A., Schowanek, D. and Steber, J. Assessment of the environmental relevance of anaerobic biodegradation of surfactants. 5th World Surfactant Congress, Florence, Italy (2000).
[55] Reemtsma, T., Savric, I., Hartig, C. and Jekel, M. PCB and LAS as indicators of accumulation, biodegradation and transport processes in sewage farm soils. In: Eganhouse, R. B. (Ed.) Molecular Markers in Environmental Geochemistry, Chap. 14,. Am. Chem. Soc. Symp. Ser. *671*, Washington, 213–230 (1997).
[56] Thiele, B., Günther, K. and Schwuger, M.: Alkylphenol ethoxylates: Trace analysis and environmental behavior. Chem. Rev. *97*, 3247–3272 (1997).

Nachweis ausgewählter Pharmaka in Bremer Wässern

Determination of Selected Pharmaceutical Products in Water of Bremen

Vera Suling und *Wolfram Thiemann**

Schlagwörter

Pharmaka, Clofibrinsäure, Diclofenac, Acetylsalicylsäure, Abwasser, Festphasenextraktion, GC/MS

Summary

The selected pharmaceutical compounds clofibric acid, acetylsalicylic acid (ASA) and diclofenac were identified in water samples (sewage plant, influent and effluent; hospital waste water and water of the river Weser) in and around Bremen.
A suitable analytical procedure for these compounds based on solid phase extraction with octadecyl-column, subsequent derivatization and measurement with GC/MS was developed and optimized.
The investigation of waste water samples from sewage treatment plants in Bremen yielded concentrations of the substances up to 14 µg/l (ASA) in the influent. In the effluents the examined substances were present to a significantly smaller extent (peak value for ASA 0,3 µg/l). This can be explained by the elimination during clarification, which, however, is incomplete. In the hospital waste water samples, as expected, relatively high concentrations of pharmaceutical compounds (ASA: ≤ 24 µg/l) were found.
Even in the river Weser the three compounds were detected still at concentrations up to 44 ng/l. The three pharmaceutical compounds showed no acute toxicity within the given concentration levels, neither on luminescent bacteria nor on daphnia.

Zusammenfassung

Die ausgewählten Arzneimittelwirkstoffe Clofibrinsäure, Acetylsalicylsäure (ASS) und Diclofenac wurden in Wasserproben (Kläranlagenzu- und -abläufe, Krankenhausabwässer und Weserwasser) des Bremer Raumes nachgewiesen.
Ein für diese Verbindungen geeignetes Analyse-Verfahren mit Festphasenextraktion über Oktadecyl-Trennsäulen, anschließender Derivatisierung und Bestimmung über GC/MS wurde entwickelt und optimiert.
Die Untersuchung von Abwasserproben der Bremer Kläranlagen auf diese drei Substanzen ergab Konzentrationen im Zulauf bis zu 14 µg/l (ASS). In den Ablaufproben waren die Konzentrationen deutlich geringer (Höchstwert für ASS 0,3 µg/l). Dies kann durch die Eliminierung während der Klärung begründet werden, die allerdings nicht vollständig erfolgt. Die Krankenhausabwasserproben enthielten erwartungsgemäß ebenfalls teilweise relativ hohe Konzentrationen an Arzneimittelwirkstoffen (ASS: ≤ 24 µg/l).
Selbst in der Weser konnten die drei Substanzen noch mit Werten bis zu 44 ng/l nachgewiesen werden. Die drei Arzneimittelwirkstoffe für sich allein betrachtet besaßen in den aufgefundenen Konzentrationen keine akute Leuchtbakterien- und Daphnientoxizität.

---

* Dipl.-Chem. V. Suling, Prof. Dr. W. Thiemann, Universität Bremen, FB 02, Institut für Physikalische und Umweltchemie, Leobener Straße NW 2-B, Postfach 330 440, D-28359 Bremen.

1 Einleitung

Seit einigen Jahren werden vermehrt Belastungen von Gewässern durch Arzneimittelrückstände festgestellt. Es konnte bereits eine Vielzahl von Verbindungen, wie z. B. Lipidsenker, Antiphlogistika (Analgetika, Antirheumatika) [1, 2, 3], Betablocker, Bronchospasmolytika [4] und sogar Östrogene [5] in Kläranlagenzu- und -abläufen, in Oberflächenwässern und sogar z. T. in Trinkwässern [6] detektiert werden. Die Auswirkungen auf die Umwelt, beispielsweise auf das aquatische Ökosystem, sind noch weitgehend unerforscht. Es wird zudem vermehrt der Verdacht geäußert, dass letztlich auch das Hormonsystem von Menschen und Tieren durch die Aufnahme einiger Arzneimittelrückstände, die in Oberflächenwasser und Trinkwasser enthalten sind, beeinflusst werden kann und damit die Fortpflanzungsfähigkeit von Menschen und Tieren sowie das Artengefüge in Ökosystemen gefährdet werden.

Aufgrund unzureichender Datenlage und fehlender Risikobewertung gibt es bisher noch keinerlei rechtliche Regelungen oder Grenzwerte für Arzneimittelrückstände in der Umwelt.

Obwohl weltweit bereits einige Forschungsarbeiten zu diesem Thema durchgeführt wurden und für viele Gewässer, vor allem in Deutschland, die Gehalte von nachgewiesenen Pharmaka bekannt sind, sind die Gewässer im Bremer Raum bisher noch nicht auf derartige Wirkstoffe untersucht worden.

Ziel ist es darum aufzuzeigen, ob und mit welchen Konzentrationen Pharmaka in der aquatischen Umwelt im Bremer Raum auftreten. Es wurden Abwässer (Kläranlagen- und Krankenhausabwasser) und Flusswasser (Weserwasser) aus dem Bremer Raum auf die drei ausgesuchten Arzneimittelrückstände Clofibrinsäure (Metabolit von drei Lipidsenkern), Diclofenac (Antirheumatikum) und Acetylsalicylsäure (Analgetikum) untersucht.

Darüber hinaus erfolgte eine Bestimmung des toxischen Potentials dieser Wirkstoffe mit Hilfe zweier biologischer Testverfahren, des Leuchtbakterien- und des Daphnientests, gemäß den entsprechenden DIN-Vorschriften [7, 8].

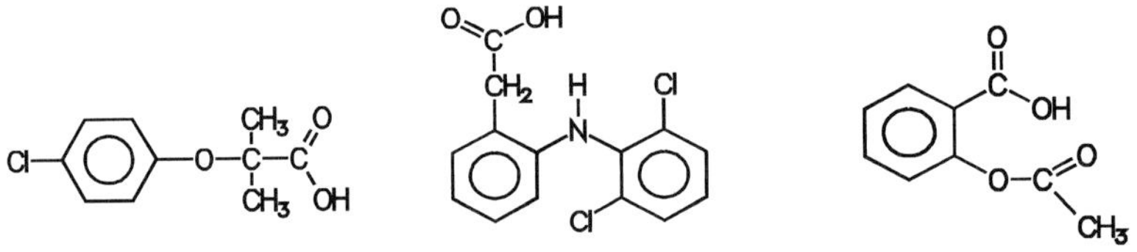

Clofibrinsäure Diclofenac Acetylsalicylsäure

Bild 1. Untersuchte Arzneimittelwirkstoffe.

2 Experimentelles

2.1 Probenahme

Im Rahmen der Arbeit wurden qualifizierte Stichproben der Zuläufe und Abläufe von kommunalen Kläranlagen in Bremen-Seehausen (im März und im Mai 1998) und Bremen-Farge (im Mai 1998) genommen. In der Kläranlage Seehausen werden täglich ca. 130.000 m^3 häusliches und industrielles Abwasser des Stadtgebietes Bremen (ohne Bremen-Nord) und einiger angeschlossener Nachbargemeinden behandelt (bei Regen zusätzlich bis zu 200.000 m^3 Regenwasser).

In der Kläranlage Farge wird sowohl das Abwasser der Einwohner als auch der Gewerbe- und Industriebetriebe aus Bremen-Nord und der Gemeinde Schwanewede geklärt. An einem Tag werden dort ca. 18.000 m^3 Abwasser gereinigt (bei Regen kann sich die Menge hier maximal verdreifachen).

Im Rahmen einer Weser-Messfahrt im Juni 1998 mit der MS „Bakensand", dem Schiff der Bezirksregierung Weser/Ems, wurde die Weser an verschiedenen ausgewählten Stellen beprobt und auf die genannten Pharmakarückstände untersucht.

Probenahmestellen auf der Weser:
1. Probe: km 65 (Unterweser), Bremerhaven
2. Probe: km 46 (Unterweser), vor Zufluss der Kläranlage Brake
3. Probe: km 30 (Unterweser), vor Zufluss der Kläranlage Bremen-Farge
4. Probe: km 15 (Unterweser), vor Zufluss der Kläranlage Bremen-Seehausen
5. Probe: km 365,5 (Mittelweser), Sielwall in Bremen
6. Probe: km 362 (Mittelweser), Weserwehr in Bremen

Obwohl mittlerweile bei Untersuchungen anderer Flüsse, wie Rhein, Elbe, Neckar oder Mosel, Pharmaka-Rückstände im ng/l- bis µg/l-Bereich nachgewiesen wurden [3], war eine Untersuchung dieser Substanzgruppe im Weser-Messprogramm noch nicht enthalten. Im Juli 1998 wurden Krankenhausabwässer zweier ausgewählter Bremer Krankenhäuser, dem Zentralkrankenhaus St.-Jürgen-Straße und dem Zentralkrankenhaus Bremen-Nord, untersucht. Am Zentralkrankenhaus St.-Jürgen-Straße wurden Proben an zwei Messstellen entnommen. An der ersten Messstelle wurde das Abwasser aus der „Inneren Medizin" gesammelt, während das Abwasser aus der zweiten Messstelle das Abwasser aus der „Radiologie" umfasste. Bei der Probe aus dem Zentralkrankenhaus Bremen-Nord handelte es sich um eine Misch-Abwasserprobe, die nach Zusammenführung der gesamten Teilabwasserströme des Krankenhauses genommen wurde.

2.2 Versuchsdurchführung

Alle Proben wurden vor Beginn der eigentlichen Aufarbeitung durch Glasfaserfilter filtriert, um Partikel und Schwebstoffe zu entfernen. 1 Liter (10 Liter bei Weserwasser) Probenlösung wurde mit Salzsäure auf pH 1-2 eingestellt. Es wurde Methanol (10 ml) zur dynamischen Solvatisierung hinzugegeben. Als interner Standard wurde 2,4-Dichlorbenzoesäure[1)] (1 µg) hinzugefügt. Die Festphasenextraktion wurde mit Oktadecyl-Einmal-Trennsäulen (Baker) durchgeführt. Zur Konditionierung wurden nacheinander Aceton (5 ml), Methanol (5 ml) und bidestilliertes Wasser (5 ml; mit Salzsäure auf pH <2 angesäuert) über die Säulen gegeben. Nach vollständiger Probenaufgabe und gründlichem Spülen mit angesäuertem bidestillierten Wasser wurde die Trennsäule im Stickstoffstrom vollständig getrocknet. Die Elution erfolgte mit

---

[1)] 2,4-Dichlorbenzoesäure sollte als interner Standard nicht mehr verwendet werden, da sie unter Umständen natürlich vorkommen kann [9]. In den hier untersuchten Proben war dies jedoch nicht der Fall.

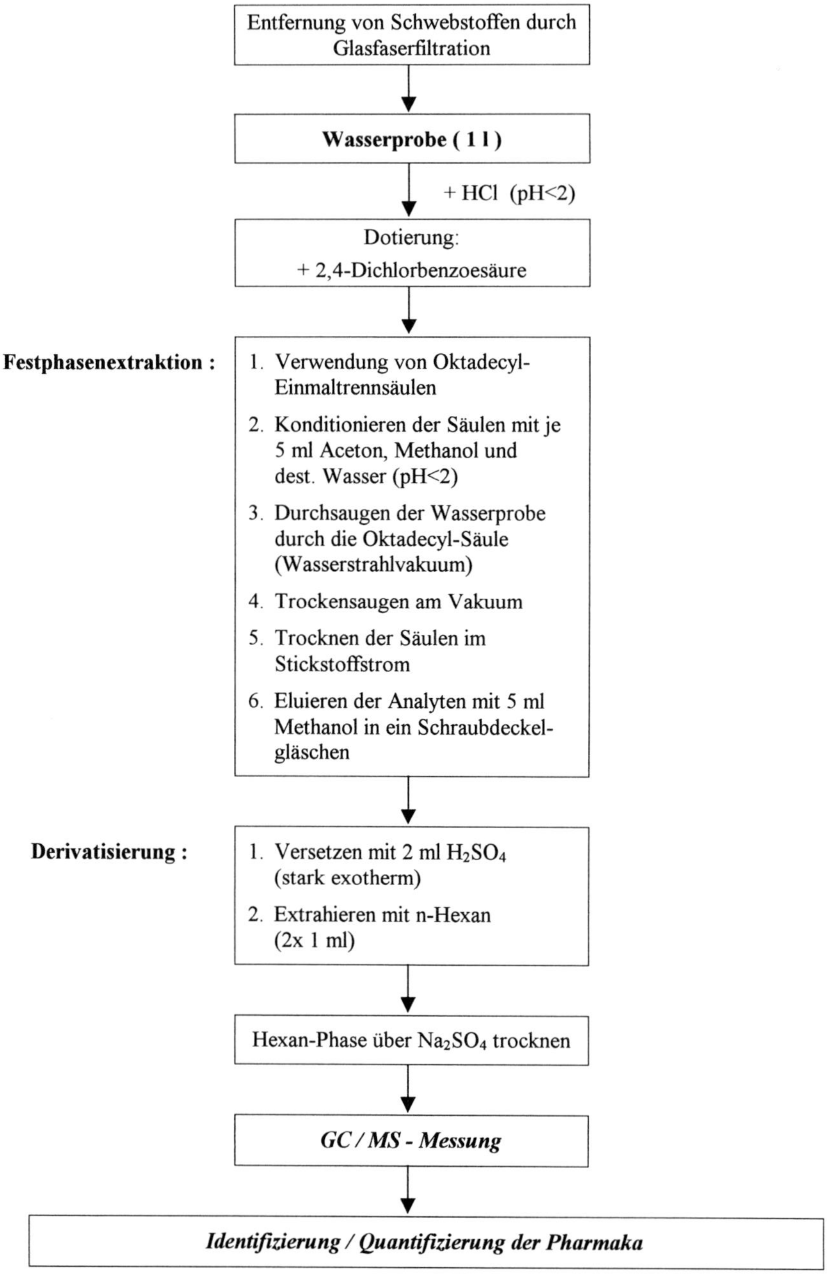

Bild 2. Analysenschema der Pharmaka.

Methanol (5 ml). In einem anschließenden Derivatisierungsschritt wurde die Säurefunktion der Analyten mit Methanol verestert.

Zur Methanol-Lösung wurde dazu vorsichtig konzentrierte Schwefelsäure (2 ml) gegeben (stark exotherme Reaktion!). Die Schwefelsäure wirkt dabei als Katalysator und beseitigt außerdem störende schwefelhaltige Verunreinigungen und Huminstoffe.

Nach Abkühlung der Lösung wurde mit n-Hexan (2× mit je 1 ml) extrahiert. Die Hexan-Phase wurde über Na_2SO_4 getrocknet und anschließend direkt am GC/MS-Gerät vermessen. Die Substanzen wurden jeweils über die Retentionszeit (die Standards Clofibrinsäure, Diclofenac und ASS wurden von der Firma Sigma, 2,4-Dichlorbenzoesäure von der Firma Riedel-de-Haën bezogen), den Hauptpeak im Massenspektrum und über zwei sogenannte Qualifier (Absicherungsmassen) identifiziert und quantifiziert.

2.3 Analytik

2.3.1 GC/MS

Zur Messung der angereicherten Proben kam ein GC/MS-Gerät der Firma Shimadzu mit einem Quadrupol-Detektor zum Einsatz. Die spezifischen Daten zum GC/MS-System und die chromatographischen Bedingungen sind im folgenden aufgeführt.

Gaschromatograph:	Shimadzu GC-17A+QP-5000
Trennsäule:	60 m Fused-silica-Kapillartrennsäule Filmdicke: 0,25 µm:, ID = 0,25 mm
Stationäre Phase:	unpolare Säule, DB5-MS
Injektion:	Split 1:3
Injektionsvolumen:	2 µl
Injektionstemperatur:	260 °C
Transferline:	320 °C
Temperaturprogramm:	50 °C, mit 3 °C/min auf 110 °C, mit 9 °C/min auf 280 °C, 2 min halten
Druckprogramm:	154 hPa, 0 min; 1,7 hPa/min; 188 hPa, 0 min; 5 hPa/min; 280 hPa, 2 min
Trägergas:	Helium 5,0
Fließgeschwindigkeit:	30 cm/min
Detektor:	MS (massenselektiver Detektor), Quadrupol
Ionisation, Spannung:	EI, 70 eV
Druck:	10^{-6} hPa
MS-Einstellung:	
Datenaufnahme:	Full-Scan und SIM (Einzelmassen-Registrierung)
Massenbereich:	im SIM eingegebene Massen: Clofibrinsäure: m/z 128, 130, 169 Acetylsalicylsäure: m/z 120, 152; 121 Diclofenac: m/z 214, 242, 309

2.3.2 Erfassung der Wiederfindungsraten, Standardabweichungen, Nachweis- und Bestimmungsgrenzen

Die Nachweisgrenzen wurden über ein Signal-zu-Rausch-Verhältnis von drei zu eins bestimmt. Die doppelte Nachweisgrenze wurde als Bestimmungsgrenze angegeben.

Tabelle 1. Wiederfindungsraten, Standardabweichungen (n = 6), Nachweis- und Bestimmungsgrenzen der untersuchten Substanzen (n = Anzahl der Messungen).

Substanz	Wiederfindung in %	relative Standard-abweichung in %	Nachweisgrenze in ng/l	Bestimmungs-grenze in ng/l
Acetylsalicylsäure	74,1	5,5	6	12
Clofibrinsäure	100	13,2	1	2
Diclofenac	72,4	12	1	2

3 Ergebnisse und Diskussion

Die drei ausgewählten Arzneimittelwirkstoffe Clofibrinsäure, Acetylsalicylsäure (ASS) und Diclofenac konnten in nahezu allen Wasserproben (Kläranlagenzu- und -abläufe, Krankenhausabwässer und Weserwasser) des Bremer Raumes nachgewiesen werden.

3.1 Auswertung der Kläranlagenbeprobung

Die drei Pharmaka wurden in allen Abwasserproben der Zu- und Abläufe der Bremer Kläranlagen Seehausen und Farge mit Konzentrationen im ng/l- bis µg/l-Bereich gefunden.

Die höchsten Werte fanden sich in den Zulaufproben. Die Substanzen konnten dort mit bis zu 14 µg/l (ASS) nachgewiesen werden. In den Ablaufproben sind die untersuchten Substanzen nur noch in geringerem Maße aufzufinden (Höchstwert für ASS 0,3 µg/l). Dies ist durch den (allerdings nicht quantitativen) mikrobiellen Abbau oder anderer Eliminierungsvorgänge während der Klärung zu begründen.

Acetylsalicylsäure ist im Zulaufwasser mit der bei weitem höchsten Konzentration aufzufinden. Sie wird verglichen mit den anderen beiden Verbindungen bei der Abwasserklärung auch mit der höchsten Effizienz eliminiert. Dadurch bedingt sind die Konzentrationen an Acetylsalicylsäure im Ablaufwasser dann sogar niedriger als diejenigen der Clofibrinsäure und des Diclofenac. Sowohl die Clofibrinsäure als auch das Diclofenac weisen ein wesentlich schlechteres Eliminationsverhalten in der Klärung auf. In Proben der Kläranlage Seehausen lagen die entsprechenden Konzentrationen im Ablauf sogar höher als im Zulauf. Eine Erklärung dafür ist, dass die Klärung des Zulaufwassers ca. zwei Tage dauert, die Zu- und Ablaufproben jedoch nicht zeitversetzt genommen wurden und damit nicht direkt korrelierbar sind. Eine schlechte Abbaubarkeit der Clofibrinsäure und des Diclofenacs in der Klärung ist jedoch dennoch anzunehmen.

In anderen in Deutschland untersuchten Kläranlagenabläufen konnten ebenfalls Arzneimittelwirkstoffe nachgewiesen werden. So wurde Clofibrinsäure mit einem maximalen Wert von

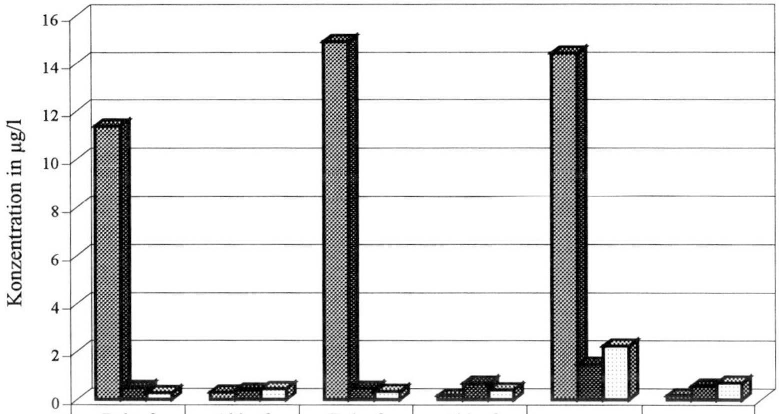

	Zulauf Seehausen März'98	Ablauf Seehausen März'98	Zulauf Seehausen Mai'98	Ablauf Seehausen Mai'98	Zulauf Farge Mai'98	Ablauf Farge Mai'98
ASS in µg/l	11,39	0,31	14,93	0,17	14,45	0,18
Clofibrinsäure in µg/l	0,49	0,4	0,47	0,7	1,48	0,57
Diclofenac in µg/l	0,28	0,45	0,35	0,4	2,24	0,7

Bild 3. Untersuchte Pharmaka in Bremer Kläranlagen.

1,55 µg/l, Acetylsalicylsäure mit 1,51 µg/l und Diclofenac sogar mit 6,22 µg/l gefunden [2, 10].

Obwohl die Konzentrationen dieser Stoffe in den Bremer Kläranlagen unter den oben genannten Maximalkonzentrationen liegen, erscheint ein direkter Vergleich problematisch, da es sich bei der Untersuchung der Bremer Kläranlagen nicht um kontinuierliche Messungen handelt, so dass hier über eventuelle Maximalwerte oder gar Monats- oder Jahresmittelwerte gegenwärtig keine Aussage gemacht werden kann.

Das Auftreten von Arzneimittelwirkstoffen in Kläranlagenabläufen in weiten Teilen der Bundesrepublik Deutschland lässt darauf schließen, dass eine vollständige Entfernung solcher Stoffe mit der heutigen Technologie nicht möglich ist. Über die Kläranlagenabläufe gelangen die Wirkstoffe in die Oberflächengewässer.

3.2 Auswertung der Weserbeprobung

Sogar in dem Fließgewässer Weser konnten die Arzneimittelwirkstoffe Clofibrinsäure, Acetylsalicylsäure und Diclofenac in allen untersuchten Proben im ng/l-Bereich nachgewiesen werden.

Acetylsalicylsäure weist auch hier von allen drei Verbindungen die jeweils höchste Konzentration auf. Vor Bremerhaven finden sich die jeweils geringsten Konzentrationen, da dort noch die größte Durchmischung mit Wasser aus der Nordsee stattfindet, die naturgemäß geringer mit Pharmaka-Rückständen belastet sein dürfte. Es ist ein leichter Anstieg der Konzentrationen stromaufwärts zu verzeichnen, d. h. je näher man zum Stadtgebiet Bremens

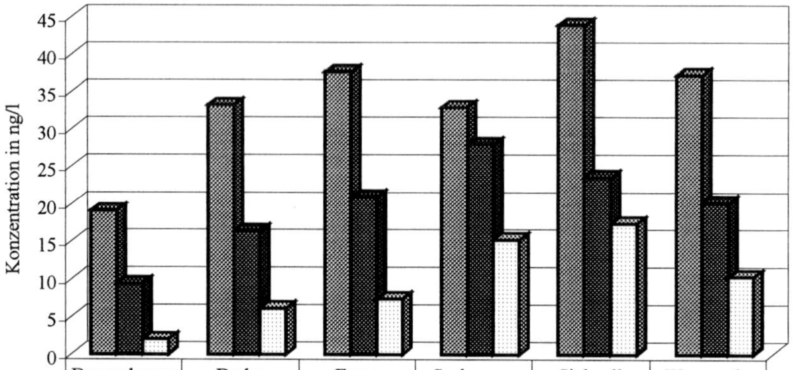

	Bremerhaven	Brake	Farge	Seehausen	Sielwall	Weserwehr
ASS in ng/l	19	33	38	33	44	37
Clofibrinsäure in ng/l	9	16	21	28	24	20
Diclofenac in ng/l	2	6	7	15	17	10

Bild 4. Untersuchte Pharmaka in der Weser.

kommt. Direkt vor dem Weserwehr ist wieder ein leichter Rückgang zu verzeichnen. Dabei muss jedoch berücksichtigt werden, dass eine vollständige Vermischung nicht direkt an den punktuellen Eintragsstellen, also den Kläranlagenabläufen selbst, erreicht wird, sondern erst jeweils ca. 5–10 km flussabwärts. Am Weserwehr wird deshalb vermutlich noch kein nennenswerter Eintrag aus Bremen bestimmbar sein.

Auch in anderen Flüssen, wie z. B. in Rhein, Main, Donau, Neckar und Elbe, wurden ebenfalls bereits Arzneimittelrückstände nachgewiesen [3]. Auch in verschiedenen Schweizer Seen und der Nordsee konnte zumindest die Clofibrinsäure gefunden werden [11].

3.3 Auswertung der Krankenhausabwasserbeprobung

Die Untersuchung von Krankenhausabwasser bestätigte den Eintragsweg der Arzneimittelwirkstoffe über das Krankenhausabwasser in das kommunale Abwasser.

Die Krankenhausabwässer zweier Bremer Krankenhäuser enthielten an allen drei Messstellen sehr hohe Werte für Acetylsalicylsäure (Spitzenwert: 24,6 µg/l). Diclofenac konnte im Abwasser der „Inneren Medizin" des Zentralkrankenhauses St.-Jürgen-Straße ebenfalls in verhältnismäßig hoher Konzentration (2,38 µg/l) nachgewiesen werden. An den anderen beiden Messstellen, „Radiologie-Abwasser" des Zentralkrankenhauses St.-Jürgen-Straße und „Gesamtabwasserstrom" des Zentralkrankenhauses Nord, wurden deutlich geringere Konzentrationen für Diclofenac ermittelt. Clofibrinsäure konnte im Abwasser der „Inneren Medizin" des Zentralkrankenhauses St.-Jürgen-Straße nicht nachgewiesen werden und auch an den zwei weiteren Messstellen in erheblich geringeren Konzentrationen als die anderen Verbindungen.

Bei anderen Untersuchungen im Bundesgebiet zeigten sich in Abläufen von Kläranlagen mit angeschlossenen Krankenhäusern bislang keine signifikant erhöhten Pharmaka-Konzen-

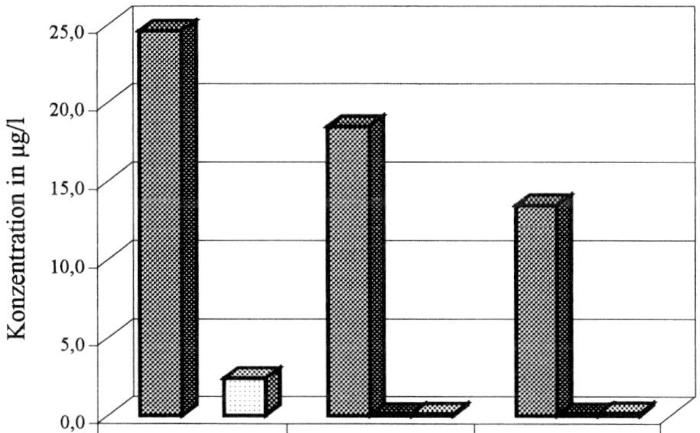

	ZK St.-J.-Str.--- Innere Medizin	ZK St.-J.-Str.--- Radiologie	ZK Nord
ASS in µg/l	24,6	18,5	13,5
Clofibrinsäure in µg/l	n.n.	0,06	0,06
Diclofenac in µg/l	2,38	0,11	0,13

Bild 5. Untersuchte Pharmaka in Krankenhausabwässern (n.n. = unterhalb der Nachweisgrenze).

trationen [2]. Somit ist die Herkunft der Substanzen vermutlich hauptsächlich auf diffuse Einträge aus bestimmungsgemäßer häuslicher Anwendung von Arzneimitteln und unsachgemäßer Entsorgung (z. B. über häusliche Toilette) zurückzuführen.

4 Abschließende Betrachtung

Werden andere Arbeiten, die sich mit dem Auftreten von Pharmaka in der aquatischen Umwelt befassen [1–6, 10–15], zu einer Gesamtbeurteilung der Situation herangezogen, so lässt sich feststellen, dass Clofibrinsäure und auch Diclofenac mittlerweile als „ubiquitär verbreitet einzustufen sind.

In den durchgeführten biologischen Testverfahren (Leuchtbakterien- und Daphnientest) wirkten die drei Verbindungen erst bei sehr viel höheren Konzentrationen als bisher in Umweltproben gemessen wurden akut toxisch.

Über eine mögliche chronische Toxizität, die bei pharmakologisch wirksamen Substanzen eher zu befürchten wäre, kann anhand der durchgeführten Versuche keine Aussage gemacht werden.

Literatur

[1] Stan, H.-J.; Heberer, T. u. Hinterhägner, M.: Vorkommen von Clofibrinsäure im aquatischen System – Führt die therapeutische Anwendung zu einer Belastung von Oberflächen-, Grund- und Trinkwasser. Vom Wasser *83,* 57–68 (1994).

[2] Stumpf, M.; Ternes, T. A.; Haberer, K., Seel, P. u. Baumann, W.: Nachweis von Arzneimittelrückständen in Kläranlagen und Fließgewässern. Vom Wasser *86,* 291–303 (1996).

[3] Sacher, F.; Lochow, E.; Bethmann, D. u. Brauch, H.-J.: Vorkommen von Arzneimittelwirkstoffen in Oberflächenwässern. Vom Wasser *90,* 233–243 (1998).

[4] Hirsch, R.; Ternes, T. A.; Haberer, K. u. Kratz, K.-L.: Nachweis von Betablockern und Bronchospasmolytika in der aquatischen Umwelt. Vom Wasser *87,* 263–274 (1996).

[5] Stumpf, M.; Ternes, T. A.; Haberer, K.; Seel, P. u. Baumann, W.: Nachweis von natürlichen und synthetischen Östrogenen in Kläranlagen und Fließgewässern. Vom Wasser *87,* 251–261 (1996).

[6] Heberer, T. u. Stan, H.-J.: Vorkommen von polaren organischen Kontaminanten im Berliner Trinkwasser. Vom Wasser *86,* 19–31 (1996).

[7] DIN 38412 Teil 34, Deutsche Einheitsverfahren zur Wasser-, Abwasser- und Schlammuntersuchung: Bestimmung der Hemmwirkung von Abwasser auf die Lichtemission von Photobacterium phosphoreum – Leuchtbakterien-Abwassertest mit konservierten Bakterien. 1993.

[8] DIN 38412 Teil 30, Deutsche Einheitsverfahren zur Wasser-, Abwasser- und Schlammuntersuchung: Bestimmung der nicht akut giftigen Wirkung von Abwasser gegenüber Daphnien über Verdünnungsstufen. 1989.

[9] Niedan, V. u. Schöler, H. F.: Natural formation of Chlorobenzoic acids (CBA) and distinction between PCB-degraded CBA. Chemosphere *35,* 1233–1241 (1997).

[10] Möhle, E.; Horvath, S.; Merz, W. u. Metzger, W.: Bestimmung von schwer abbaubaren organischen Verbindungen im Abwasser – Identifizierung von Arzneimittelrückständen. Vom Wasser *92,* 207–223 (1999).

[11] Buser, H.-R.; Müller, M. D. u. Theobald, N.: Occurrence of the Pharmaceutical Drug Clofibric Acid and the Herbicide Mecoprop in Various Swiss Lakes and in the North Sea. Environ. Sci. Technol. *32,* 188–192 (1998).

[12] Heberer, T. u. Stan, H.-J.: Polare Umweltkontaminanten im aquatischen System. GIT, Fachzeitschrift für das Labor, GIT-Verlag *8,* 718–720 (1995).

[13] Heberer, T.; Schmidt-Bäumler, K. u. Stan, H.-J.: Vorkommen und Bestimmung von Arzneimittelrückständen im Berliner Oberflächen- und Grundwasser. GDCh Wassertagung, Lindau 1997.

[14] Ternes, T. A.; Schuppert, B.; Hirsch, R.; Stumpf, M. u. Haberer, K.: Vorkommen von Pharmaka und Antiseptika in der aquatischen Umwelt. GDCh Wassertagung, Lindau 1997.

[15] Ternes, T. A.; Stumpf, M.; Schuppert, B. u. Haberer, K.: Simultaneous Determination of Antiseptics and Acidic Drugs in Sewage and River Water. Vom Wasser *90,* 295–309 (1998).

Untersuchungen zur konkurrierenden Sorption organischer Schadstoffe an Bodenmaterial

Investigations on Competitive Sorption of Organic Contaminants onto Soil Material

Bernd Schreiber und *Eckhard Worch**

Schlagwörter

Konkurrierende Sorption, IAS-Theorie, Pyren, Dibenzothiophen, Boden

Summary

The sorption capacity of soils and sediments towards organic contaminants is strongly influenced by the presence of other solutes in ground- and seepage waters. In order to quantify competitive sorption behaviour, batch experiments with two organic compounds (pyrene, dibenzothiophene (DBT)) and two mineral soil materials (Vermiculite, "Westerwälder Ton") were carried out.
Some of the batch experiments using bisolute mixtures exhibit a strong decrease of sorption, especially in the system DBT-Vermiculite. The influence on pyrene in the system pyrene-DBT-Vermiculite is lower due to the higher affinity of pyrene for soil material. Distinct competitive sorption of pyrene in the system pyrene-DBT-Westerwälder Ton shows the dependence of competitive effects on soil characteristics (C_{org}, mineral surface area) as organic contaminants of different hydrophobicity prefer different sorption mechanisms.
Furthermore nonlinearity of isotherms increases in comparison to single compound solution. Competitive behaviour of pyrene seems to be strongly pronounced at high concentrations, whereas sorption of DBT is mainly suppressed at low concentrations.
The input of single solute isotherm data into a model based on the IAS (Ideal Adsorbed Solution) Theory offers a possibility to predict multisolute sorption isotherms. In this case input parameters describing nonlinear Freundlich isotherms ($n < 1$) are more suitable for modelling bisolute isotherms than input parameters corresponding to linear isotherm shapes.

Zusammenfassung

Das Sorptionsvermögen organischer Kontaminanten an Böden und Sedimenten wird wesentlich durch organische Kosubstanzen beeinflußt. In Batchversuchen wurden Isothermen der Einzel- und Gemischadsorption von zwei Modellkontaminanten (Dibenzothiophen (DBT) und Pyren) an zwei ausgewählten mineralischen Bodenbestandteilen ermittelt. Hierbei zeigt sich eine zum Teil deutliche Verringerung der Sorptionskapazität in den Zweikomponentensystemen im Vergleich zu dem jeweiligen Einzelstoff. Insbesondere DBT wurde aufgrund der höheren Affinität von Pyren zum Bodenmaterial stärker verdrängt. Neben der Hydrophobizität der beteiligten Substanzen zeigte sich eine Abhängigkeit der Konkurrenzeffekte von den sorptionsrelevanten Eigenschaften der Modellböden (C_{org}-Gehalt, Mineraloberfläche).

* Dipl.-Geol. B. Schreiber, Prof. Dr. rer. nat. habil. E. Worch, Technische Universität Dresden, Institut für Wasserchemie, D-01062 Dresden.

Des weiteren nimmt die Nichtlinearität der Isothermen in Zweistoffsystemen zu. Die IAS (Ideal Adsorbed Solution)-Theorie erweist sich bei Vorliegen nichtlinearer Freundlich-Isothermen ($n<1$) als eine geeignete Methode zur Vorausberechnung von Gemischisothermen. Die Vorausberechnung von Gemischgleichgewichten auf der Basis linearer Einzelisothermen führt jedoch zu einer Unterschätzung des eintretenden Konkurrenzeffektes durch das IAST-Modell.

1 Einleitung

In Wässern, die mit natürlichen Festphasen in Kontakt stehen, stellt die Sorption einen wichtigen, die Mobilität gelöster Schadstoffe beeinflussenden Prozeß dar. Die Verteilungskoeffizienten zwischen der Festphase und der wäßrigen Phase werden in der Regel mit Hilfe von Batchversuchen und in Einzelstoffsystemen bestimmt. Unberücksichtigt bleibt hierbei meist der Einfluß organischer Begleitkomponenten z. B. in Grund- und Sickerwässern. Während einzelne relativ polare Komponenten des gelösten organischen Kohlenstoffes (DOC) lösungsvermittelnd für apolare Substanzen wirken, können Verdrängungseffekte zwischen unterschiedlichen hydrophoben organischen Substanzen an den Sorptionsplätzen von Bodenpartikeln zusätzlich als adsorptionshemmender Faktor wirken.

Einige Autoren, wie unter anderem *Rölke* [1], wiesen auf die Bedeutung der Konkurrenzsorption hin und auf die Notwendigkeit, bei der Modellierung des Schadstofftransportes eine Korrektur der Sorptionsparameter unter Einbeziehung aller relevanten Wasserinhaltsstoffe vorzunehmen.

Ziel der vorliegenden Untersuchungen war es, den Einfluß konkurrierender Substanzen auf das Sorptionsverhalten der jeweiligen Kontaminanten zu erfassen und zu quantifizieren. Hierzu sollte ein auf der IAS-Theorie (Ideal Adsorbed Solution Theory) basierendes Modell zur Vorausberechnung von Gemischisothermen auf seine Eignung für Wasser-Boden-Systeme geprüft werden.

2 Theoretische Grundlagen der IAS-Theorie

Die IAS-Theorie wurde von *Myers* und *Prausnitz* [2] auf der Grundlage der Grenzflächenthermodynamik für die Gasphasenadsorption entwickelt und später durch *Radke* und *Prausnitz* [3] auf die Adsorption aus verdünnten Lösungen übertragen. Der IAS-Theorie liegen folgende Annahmen zugrunde:

- Die Adsorbatphase wird als zweidimensionale Phase betrachtet, die im Gleichgewicht mit der flüssigen Phase steht.
- Flüssige Phase und Adsorbatphase verhalten sich ideal.
- Die Adsorbensoberfläche ist für alle Adsorptive gleichermaßen zugänglich.
- Die Gibbssche Fundamentalgleichung für die Adsorbatphase wird um einen Term erweitert, der die Grenzfläche A als extensive Variable und den Spreitungsdruck π als intensive Variable enthält. Der Spreitungsdruck (oder Oberflächendruck) π ist als Differenz der Oberflächenspannungen an den Grenzflächen Wasser-Feststoff und Adsorptivlösung-Feststoff definiert.

Aus den Gleichungen für die chemischen Potentiale der sich zwischen flüssiger Phase und Adsorbatphase verteilenden Komponenten des Adsorptivgemischs läßt sich eine, dem Raoultschen Gesetz analoge, Gleichgewichtsbeziehung herleiten:

$$c_i = c_i^0\ (\pi)\ z_i \tag{1}$$

c_i – Gleichgewichtskonzentration der Gemischkomponente i bei Gemischadsorption,
z_i – Stoffmengenanteil (Molenbruch) der Komponente i in der Adsorbatphase bei Gemischadsorption,
$c_i^0(\pi)$ – Gleichgewichtskonzentration der Komponente i bei Einzeladsorption und bei dem für die Gemischadsorption geltenden Spreitungsdruck π

Gleichung (1) gilt unter der Bedingung

$$\pi = \pi_{Gemisch} = \pi_1^0 = \pi_2^0 = \ldots = \pi_N^0 \tag{2}$$

π_i^0 – Spreitungsdruck der Komponente i bei Einzeladsorption

Zur Anwendung von Gleichung (1) benötigt man den Zusammenhang zwischen dem Spreitungsdruck π und der zugehörigen Gleichgewichtskonzentration bei der Einzeladsorption c_i^0. Dieser Zusammenhang ergibt sich aus der Gibbsschen Adsorptionsisotherme, einem Spezialfall der Gibbsschen Fundamentalgleichung:

$$\frac{\pi\ A}{R\ T} = \int_0^{c_i^0} \frac{q_i^0}{c_i^0}\ \mathrm{d}\ c_i^0 \tag{3}$$

q_i^0 – Gleichgewichtsbeladung zu c_i^0, R – Gaskonstante, T – Temperatur, A – Adsorbensoberfläche

Das Spreitungsdruckintegral (3) läßt sich lösen, wenn man für q_i^0 die jeweils gültige Einzelisothermengleichung einsetzt. Damit wird auch gleichzeitig ein Zusammenhang zu den Einzelisothermenparametern der Gemischkomponenten hergestellt. Lösungen des Spreitungsdruckintegrals für verschiedene Isothermengleichungen werden u. a. in [4] angegeben. Für den Fall der Freundlich-Isotherme

$$q_i^0 = K_i\ (c_i^0)^{n_i} \tag{4}$$

K_i, n_i – Isothermenparameter der Komponente i

ergibt sich nach Zusammenfassen des Spreitungsdrucks π mit den für das gegebene System konstanten Größen A, R und T zum Spreitungsdruckterm Φ:

$$\Phi = \frac{\pi\ A}{R\ T} = \frac{K_i}{n_i}\ (c_i^0)^{n_i} \tag{5}$$

bzw.

$$c_i^0 = \left(\frac{\Phi\ n_i}{K_i}\right)^{1/n_i} \tag{6}$$

Aus den Gleichungen (4) und (5) folgt außerdem:

$$q_i^0 = n_i \, \Phi \tag{7}$$

Da die Summe aller Molenbrüche gleich Eins sein muß, läßt sich Gleichung (1) auch in der Form

$$\sum_{i=1}^{N} z_i = \sum_{i=1}^{N} \frac{c_i}{c_i^0 \, (\pi)} = 1 \tag{8}$$

schreiben.

Einsetzen von Gleichung (6) in Gleichung (8) liefert dann die für Gleichgewichtsberechnungen zu verwendende Gleichung:

$$\sum_{i=1}^{N} z_i = \sum_{i=1}^{N} \frac{c_i}{\left(\frac{\Phi \, n_i}{K_i}\right)^{1/n_i}} = 1 \tag{9}$$

Die Lösung dieser Gleichung mittels eines geeigneten Iterationsverfahrens liefert bei bekannten Konzentrationen c_i und Einzelisothermenparametern K_i, n_i der Gemischkomponenten zunächst den Spreitungsdruckterm Φ und die Molenbrüche z_i.

Aus den thermodynamischen Grundlagen der IAS-Theorie folgt weiter für die Gesamtbeladung q_T:

$$q_T = \left[\sum_{i=1}^{N} \frac{z_i}{q_i^0}\right]^{-1} \tag{10}$$

oder mit Gleichung (7):

$$q_T = \left[\sum_{i=1}^{N} \frac{z_i}{\Phi \, n_i}\right]^{-1} \tag{11}$$

Damit ist dann auch die Gesamtbeladung q_T gegeben; die partiellen Beladungen q_i erhält man schließlich nach:

$$q_i = z_i \, q_T . \tag{12}$$

Die Gleichung (9) ist anwendbar für den Fall, daß die Gleichgewichtskonzentrationen der Komponenten als Eingangsgrößen der Berechnung bekannt sind. Eine Gleichgewichtsberechnung auf der Basis vorgegebener Ausgangskonzentrationen c_{0i} (Modellierung von Batch-Versuchen) ist möglich, wenn man die Grundgleichungen der IAS-Theorie mit der Bilanzgleichung

$$q_i = \frac{V}{m_A} (c_{0i} - c_i) \tag{13}$$

V – Volumen der Adsorptivlösung, m_A – Adsorbensmasse

verknüpft.

Aus der Kombination der Gleichung (13) mit den Gleichungen (1), (12) und (6) ergibt sich

$$\sum_{i=1}^{N} z_i = \sum_{i=1}^{N} \frac{c_{0i}}{\frac{m_A\, q_T}{V} + \left(\frac{n_i\, \Phi}{K_i}\right)^{1/n_i}} = 1 \qquad (14)$$

und unter zusätzlicher Berücksichtigung von Gleichung (11) erhält man

$$\sum_{i=1}^{N} \frac{1}{n_i\, \Phi} \cdot \frac{c_{0i}}{\frac{m_A\, q_T}{V} + \left(\frac{n_i\, \Phi}{K_i}\right)^{1/n_i}} = \frac{1}{q_T} \qquad (15)$$

Die Lösung dieses Gleichungssystems liefert mit den bekannten Werten für c_{0i}, m_A und V sowie n_i und K_i zunächst wieder z_i, Φ und q_T. Die partiellen Beladungen q_i ergeben sich dann aus Gleichung (12), die Gleichgewichtskonzentrationen c_i aus der Bilanzgleichung (13).

Das auf der Grundlage der IAS-Theorie erstellte Modell benötigt als Eingabeparameter die molaren Konzentrationen c der Adsorptive. Für den Vergleich der auf Basis von Massenkonzentrationen β ermittelten Sorptionsisothermen mit den Ergebnissen des IAST-Modells ist daher eine entsprechende Umrechnung erforderlich.

Spezialfall: Lineare Isothermen

Für die Adsorption einzelner Adsorptive an Boden- bzw. Sedimentmaterial – insbesondere in niedrigen Konzentrationen – werden häufig lineare Isothermen gefunden. Es ist daher von Interesse, zu prüfen, welche Aussagen die IAS-Theorie für den speziellen Fall liefert, daß alle Gemischkomponenten bei Einzeladsorption lineare Isothermen aufweisen. Dazu wird die lineare Isotherme als Grenzfall der Freundlich-Isotherme ($n = 1$) betrachtet.

Aus Gleichung (9) folgt mit $n_i = 1$:

$$\sum_{i=1}^{N} z_i = \sum_{i=1}^{N} \frac{K_i\, c_i}{\Phi} = 1 \qquad (16)$$

Außerdem ergibt sich aus den Gleichungen (7) und (10):

$$q_i^0 = \Phi = q_T \qquad (17)$$

Damit kann Gleichung (9) auch in der Form

$$\sum_{i=1}^{N} z_i = \sum_{i=1}^{N} \frac{K_i\, c_i}{q_T} = 1 \qquad (18)$$

geschrieben werden.

Da definitionsgemäß aber auch

$$\sum_{i=1}^{N} z_i = \sum_{i=1}^{N} \frac{q_i}{q_T} = 1 \qquad (19)$$

ist, folgt daraus, daß auch im Gemischsystem für jede Komponente die Einzelisotherme gilt:

$$q_i = K_i \, c_i . \tag{20}$$

Nach der IAS-Theorie sollten also bei der Gemischadsorption von Adsorptiven, deren Einzeladsorption mit linearen Adsorptionsisothermen beschrieben werden kann, keine Konkurrenzeffekte auftreten.

Es läßt sich leicht nachprüfen, daß diese Aussage dann nicht mehr gilt, wenn nur eines der Adsorptive nichtlineares Adsorptionsverhalten zeigt.

3 Material

Für die Sorptionsversuche wurden die Modellböden „Vermiculit" (Verm.) und „Westerwälder Ton" (WT) mit vorwiegend mineralischer Zusammensetzung ausgewählt, die sich hinsichtlich ihrer sorptionsrelevanten Eigenschaften, wie z. B. organischer Kohlenstoffgehalt (C_{org}) und äußere Mineraloberfläche, voneinander unterscheiden (Tabelle 1). Für die Untersuchungen kamen zwei organische Kontaminanten aus der Gruppe der Aromatischen Kohlenwasserstoffe, Dibenzothiophen (DBT) und Pyren, zum Einsatz. Pyren und Dibenzothiophen unterscheiden sich vor allem hinsichtlich ihrer Polarität (Tabelle 2).

Tabelle 1. Eigenschaften der eingesetzten Modellböden.

	Vermiculit	Westerwälder Ton
Herkunft	Transvaal/Südafrika	Westerwald/BRD
Mineralbestand (qualitativ)	Vermiculit, Biotit	Montmorillonit, Kaolinit, Quarz, Illit
C_{org} in g/g	0,00041	0,0016
Äußere Oberfläche A in m^2/g	4,14	35,20

Tabelle 2. Eigenschaften der Adsorptive.

	Dibenzothiophen 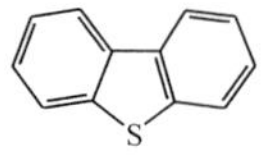	Pyren 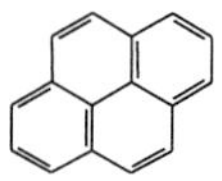
Chemische Formel	$C_{12}H_8S$	$C_{16}H_{10}$
Molare Masse in g/mol	184,26	202
Wasserlöslichkeit S_w in mg/L	1,03 [5]	0,14 [7]
log K_{ow}	4,38 [6]	5,32 [7]

4 Methoden

Die Batchversuche wurden in Erlenmeyerkolben unter Rühren der Boden-Wasser-Suspensionen ($V/m_{Verm.}$ = 20 mL/g, V/m_{WT} = 20 mL/g bzw. 100 mL/g) bis zur Einstellung des Sorptionsgleichgewichtes (= 10–12 °C) durchgeführt. Hierfür wurden Ausgangskonzentrationen β_0 von 10–800 µg/L bei DBT und ca. 1–70 µg/L bei Pyren gewählt. Zur *p*H-Einstellung wurden die in bidestilliertem Wasser angesetzten Lösungen mit $NaHCO_3$-Puffer versetzt. Des weiteren wurden den Lösungen je 5 mmol/L KCl zugeführt. Die Bestimmung der Gleichgewichtskonzentration β erfolgte mittels High Performance Liquid Chromatography (HPLC, Merck) und Fluoreszenzdetektion (Merck F-1080).

Auf den Zusatz einer bioziden Substanz konnte verzichtet werden, da nachgewiesen wurde, daß innerhalb der Rührzeit von 30 Stunden ein biologischer Abbau von DBT bzw. Pyren auszuschließen ist. Die Adsorbensbeladung wurde aus der Differenz zwischen Ausgangs- und Gleichgewichtskonzentration berechnet (Gl. (13)) sowie zum Teil zusätzlich durch Feststoff-Extraktion mittels Soxhletapparatur ermittelt.

Neben den zu untersuchenden Schadstoffen ist die bei dem Rührvorgang freigesetzte organische Matrix in der wäßrigen Phase zu berücksichtigen, die beim Westerwälder Ton zu DOC-Konzentrationen von etwa 7 mg/L (bei V/m_A = 20 mL/g) und beim Vermiculit von ca. 1 mg/L (bei V/m_A = 20 mL/g) führte.

Die Bestimmung des C_{org}-Gehaltes erfolgte mittels High-Temperature TOC Analyzer (Rosemount Analyt., DC-190) mit Feststoffmodul (Boat Sampler Model 184 S), die der Mineraloberfläche durch Stickstoffadsorption (BET-Methode).

5 Ergebnisse

Einzelstoffisothermen

In Bild 1 sind die Einzelstoffisothermen von DBT und Pyren für die verwendeten Sorbentien dargestellt. Der Isothermenverlauf ist in den betrachteten Konzentrationsbereichen annähernd linear mit Freundlich-Exponenten von 1,0 bis 1,08 mit Ausnahme des Systems Pyren-Vermiculit, bei dem die Isotherme eine konkave Form besitzt. Die Parameter der Freundlich-Isothermen sind in Tabelle 3 zusammengestellt. *Herbert* [8] verwies auf die Abhängigkeit der Isothermenform vom Verhältnis zwischen der Gleichgewichtskonzentration des Einzelstoffes und der Wasserlöslichkeit β/S_w. Im Fall der PAK-Vertreter Fluoranthen und Acenaphthylen war bei β/S_w unter 5 % ein linearer Isothermenverlauf zu beobachten.

In den hier untersuchten Systemen DBT-Vermiculit, DBT-Westerwälder Ton und Pyren-Westerwälder Ton wurden im Bereich $\beta/S_w < 9\,\%$ lineare Isothermenverläufe gefunden.

In höheren Konzentrationsbereichen werden zunehmend Sorptionsplätze mit niedrigerer Sorptionsenergie genutzt. Dadurch ergibt sich ein konkaver Isothermenverlauf, wie er z. B. in dem System Pyren-Vermiculit ($\beta/S_w < 18\,\%$) sowie bei erhöhten Gleichgewichtskonzentrationen von DBT an Vermiculit ($\beta/S_w < 50\,\%$) auftritt (siehe Bild 6).

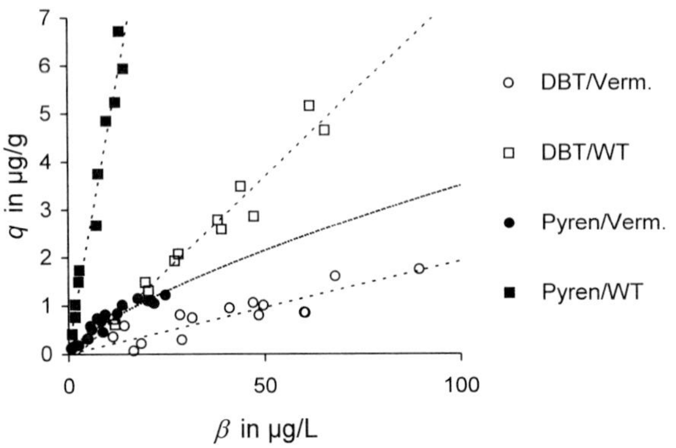

Bild 1. Adsorptionsisothermen der Einzelstoffe DBT und Pyren an Vermiculit (Verm.) und Westerwälder Ton (WT).

Tabelle 3. Adsorptionsparameter der Einzelstoff- und Gemischisothermen von DBT (n. b.: nicht bestimmt).

Adsorbens:	Vermiculit	Westerwälder Ton
Einzelsubstanz (β_i < 100 µg/L)		
K_i in (µg/g)/(µg/mL)^n	21,28	83,93
n	1,08	1,05
R	0,766	0,992
Einzelsubstanz (β_i < 500 µg/L)		
K_i in (µg/g)/(µg/mL)^n	3,1	n. b.
n	0,47	n. b.
R	0,976	n. b.
Stoffgemisch		
$\beta_{0(Pyren)}/\beta_{0(DBT)} \approx 0{,}7$		
K_i in (µg/g)/(µg/mL)^n	13,05	103,99
n	1,68	1,44
R	0,995	0,995

Gemischisothermen

Die Bilder 2 bis 6 zeigen eine Auswahl der aufgenommenen Adsorptionsisothermen im Zweistoffgemisch im Vergleich zu den jeweiligen Einzelstoffisothermen. Die Sorption sowohl von DBT als auch von Pyren wird in Anwesenheit der jeweiligen Kosubstanz verringert. Hierbei konnten folgende Beobachtungen gemacht werden:

DBT

- Die Gemischisothermen von DBT weisen sowohl an Westerwälder Ton als auch an Vermiculit einen konvexen Verlauf auf (Bild 2). Die formale mathematische Beschreibung der Konkurrenzisothermen mit der Freundlich-Gleichung ergibt gegenüber den Einzelstoffisothermen erhöhte Exponenten n (Tabelle 3).

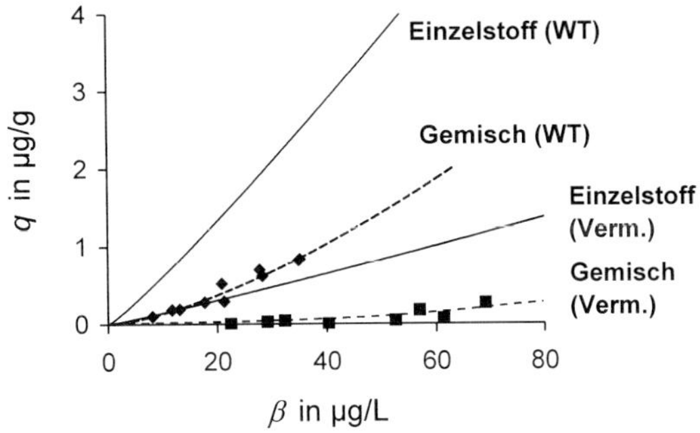

Bild 2. Vergleich der Isothermen von DBT als Einzelstoff und im Gemisch mit Pyren; Verhältnis der Ausgangskonzentrationen $\beta_{0(Pyren)}/\beta_{0(DBT)} \approx 0{,}7$.

- Bei einem Verhältnis der Ausgangskonzentrationen $\beta_{0(Pyren)}/\beta_{0(DBT)}$ von ca. 0,7 ist die Beladung von Westerwälder Ton mit DBT gegenüber der Beladung im Einzelstoffsystem auf ca. 1/3 reduziert (Bild 2), während an Vermiculit bei dem gleichen Konzentrationsverhältnis $\beta_{0(Pyren)}/\beta_{0(DBT)}$ insbesondere im Konzentrationsbereich < 50 µg/L nahezu keine Sorption von DBT mehr stattfindet. Es zeigt sich somit eine Verdrängung von DBT durch die hydrophobere Komponente Pyren.
- Bei höheren DBT-Konzentrationen ($\beta_{0(Pyren)}/\beta_{0(DBT)} \approx 0{,}1$) läßt sich keine Verringerung der Beladung feststellen. Die geringfügige Erhöhung der Beladung im Gemisch ist auf methodische Unsicherheiten zurückzuführen.

Pyren

- Die Sorption von Pyren ist von der DBT-Hintergrundkonzentration abhängig. So zeigt sich bei einem Verhältnis der Ausgangskonzentrationen $\beta_{0(Pyren)}/\beta_{0(DBT)}$ von ca. 0,7 keine wesentliche Veränderung der Isothermenposition (Bild 3). Bei einer höheren DBT-Hintergrundkonzentration ($\beta_{0(Pyren)}/\beta_{0(DBT)} \approx 0{,}1$) nimmt hingegen die Sorption von Pyren an Vermiculit ab (Bild 5).
- Im Gegensatz zu DBT nehmen die Pyren-Isothermen im Stoffgemisch einen zunehmend konkaven Verlauf an (Bilder 4 und 5, Tabelle 4). Ab einer Gleichgewichtskonzentration von etwa 3–5 µg/L flacht die Isotherme deutlich ab.

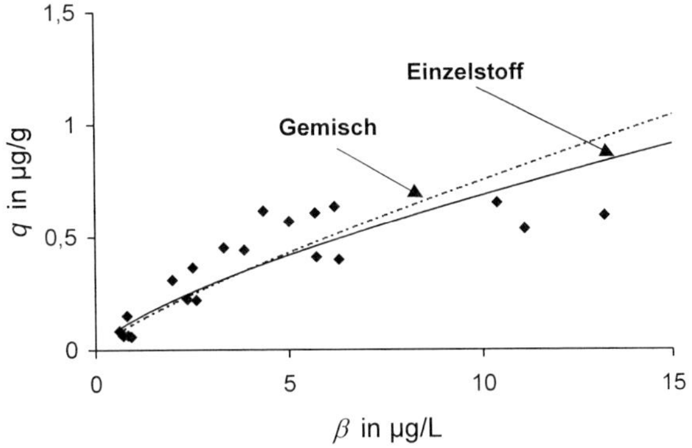

Bild 3. Adsorptionsisothermen von Pyren als Einzelstoff (durchgezogene Linie) und im Gemisch (Punkte, gestrichelte Linie) an Vermiculit; Verhältnis der Ausgangskonzentrationen $\beta_{0(Pyren)}/\beta_{0(DBT)} \approx 0{,}7$.

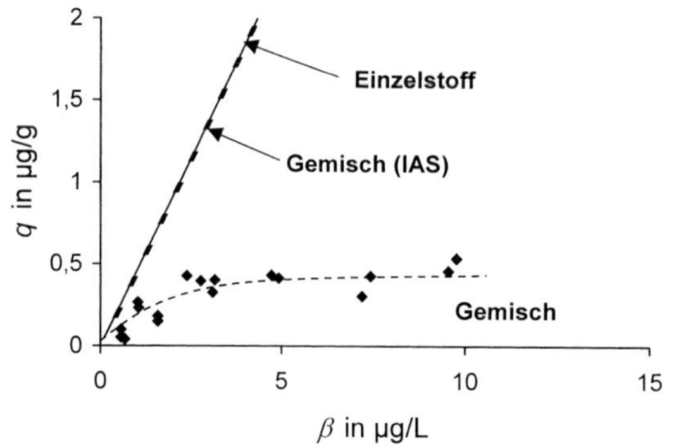

Bild 4. Adsorptionsisothermen von Pyren (Einzelstoff: durchgezogene Linie) und Pyren (Gemisch mit DBT) an Westerwälder Ton im Vergleich zu der vorausberechneten IAS-Gemischisotherme (gestrichelte Linie); $\beta_{0(Pyren)}/\beta_{0(DBT)} \approx 0{,}7$.

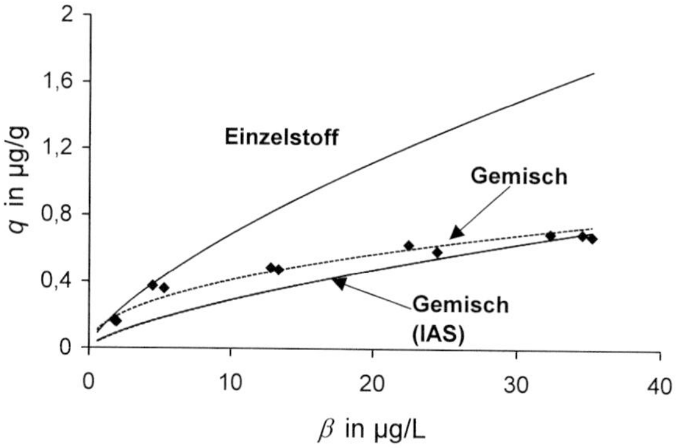

Bild 5. Vergleich der experimentellen Isothermen von Pyren (einzeln) und Pyren (Gemisch mit DBT) an Vermiculit mit der vorausberechneten Gemischisotherme (IAS); $\beta_{0(Pyren)}/\beta_{0(DBT)} \approx 0{,}1$.

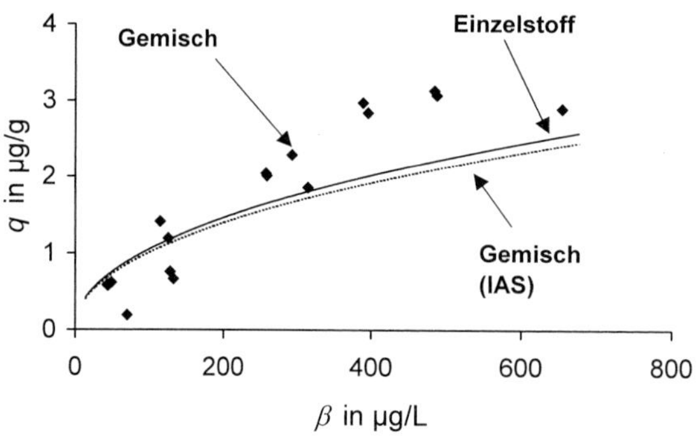

Bild 6. Experimentelle und vorausberechnete Isothermen von DBT an Vermiculit; $\beta_{0(Pyren)}/\beta_{0(DBT)} \approx 0{,}1$.

Tabelle 4. Adsorptionsparameter der Einzelstoff- und Gemischisotherme von Pyren.

Adsorbens:	Vermiculit	Westerwälder Ton
Einzelsubstanz		
K_i in (µg/g)/(µg/mL)^n	14,33	463,03
n	0,65	1,0
R	0,982	0,993
Stoffgemisch		
$\beta_{0(Pyren)}/\beta_{0(DBT)} \approx 0{,}7$		
K_i in (µg/g)/(µg/mL)^n	30,62	3,51
n	0,81	0,42
R	0,827	0,98

6 Diskussion

Hydrophobie der Sorptive

Im allgemeinen werden Substanzen mit einer geringeren Affinität zum Sorbens von den stärker sorbierenden Stoffen verdrängt [9]. Ein Maß für diese Affinität ist bei apolaren Substanzen wie den aromatischen Kohlenwasserstoffen, an denen keine funktionellen Gruppen vorhanden sind, die Hydrophobie. *Tebaay* [10] beobachtete in einem PAK-Gemisch bestehend aus Fluoranthen, Benzo(a)anthracen sowie Benzo(a)pyren eine deutliche Verdrängung der relativ polaren Komponente Fluoranthen mit einer Abnahme des Freundlich-Koeffizienten K um mehr als 50 % im Vergleich zum Einzelstoffsystem, während sich die Sorption von Benzo(a)anthracen und Benzo(a)pyren nicht verringerte.

Apolare Stoffe wie Pyren adsorbieren aufgrund von hydrophoben Verdrängungsprozessen aus der wäßrigen Phase an Mineraloberflächen [11]. Somit besteht bei Böden mit relativ geringen C_{org}-Gehalten eine gute Korrelation zwischen dem linearen Verteilungskoeffizienten K_d und der Mineraloberfläche. Bei Sorbentien mit vorherrschend mineralischer Adsorption wie dem Vermiculit ist die Verdrängung von DBT daher auf relativ starke Wechselwirkungen zwischen Pyren und den Mineraloberflächen zurückzuführen. Aufgrund der relativ starken Affinität von DBT zu organischem Material wirkt sich die Anwesenheit von Pyren auf die Sorption von DBT an dem $C_{org.}$-reicheren Westerwälder Ton geringer aus als an Vermiculit.

Anhand der Gemischisothermen ist erkennbar, daß sich DBT und Pyren gegenläufig verhalten: In niedrigen Konzentrationsbereichen wirkt sich die jeweilige Kosubstanz auf DBT stark, auf Pyren nahezu überhaupt nicht aus, während sich mit zunehmender Konzentration der Konkurrenzeffekt auf DBT geringfügig verringert, die Verdrängung von Pyren jedoch zunehmend stärker wird.

Wefer-Roehl [12] führt eine zunehmende Isothermensteigung von apolaren Stoffen im Gemisch bei erhöhten Adsorptivkonzentrationen auf hydrophobe Wechselwirkungen zurück, aus denen durch Clathratbildung von Wassermolekülen eine zusätzliche Verdrängung aus der wäßrigen Phase resultiert. Dieser Effekt kann bei hohen β/S_w-Verhältnissen zu einer gegenüber der Einzelstoffisothermen erhöhten Adsorption führen. Ein derartiger Prozeß würde jedoch auch für Pyren zutreffen, so daß eine Clathratbildung als Ursache für den konvexen Verlauf der DBT-Gemischisothermen unwahrscheinlich ist.

Der Übergang in einen plateauartigen Isothermenabschnitt bei Pyren an Westerwälder Ton (Bild 4) mit steigender Konzentration kann als das Erreichen der maximalen Sorptionskapazität gedeutet werden. Ein entsprechend deutlicher Konkurrenzeffekt ist nach *Schwuger* [9] im Fall einer gesättigten Sorbensbeladung gemäß dem Langmuir-Isothermentyp zu erwarten. Hierbei nimmt die aus dem Modellboden frei werdende organische Matrix, die insbesondere in Suspensionen des Westerwälder Tons zu einer Erhöhung der DOC-Konzentration in der Lösung führt (s. Abschn. 4), möglicherweise eine bedeutende Funktion als Lösungsvermittler an. Diese sogenannte „dritte Phase" bewirkt im Fall starker Konkurrenz um Sorptionsplätze eine verringerte Affinität von Pyren zum Adsorbens und somit die Ausbildung eines Plateaus der Isothermen in Bild 4.

Konzentrationsverhältnis

Neben den Eigenschaften der Sorptive und des Sorbens wird das sich einstellende Sorptionsgleichgewicht in einem Batchsystem maßgeblich vom Konzentrationsverhältnis der Adsorptive bestimmt. Die starke Abhängigkeit vom Konzentrationsverhältnis wurde auch von *Allen-King et al.* [13] am Beispiel des Zweistoffsystems Perchlorethylen-Trichlorethylen beobachtet. Demzufolge nahm der Verteilungskoeffizient von Perchlorethylen mit zunehmender Konzentration der polareren Kosubstanz Trichlorethylen (von 0 mg/L bis 500 mg/L) um einen Faktor von ca. 20 ab.

Nach *Chiou und Kile* [14] treten Konkurrenzeffekte durch Kosubstanzen bei der Sorption von apolaren Kontaminanten insbesondere dann auf, wenn β/S_w der Kosubstanz größer ist als β/S_w des Kontaminanten. So tritt eine Verdrängung von Pyren an Vermiculit bei einem Verhältnis $(\beta/S_{wDBT})/(\beta/S_{wPyren})$ von ca. 4:1 auf, während bei einem Verhältnis der relativen Konzentrationen $(\beta/S_{wDBT})/(\beta/S_{wPyren})$ von ca. 1:1 keine Abnahme der Beladung für Pyren zu beobachten war.

Anwendung der IAS-Theorie

In den Bildern 4, 5 und 6 sind neben den Einzelstoffisothermen der Systeme DBT-Vermiculit, Pyren-Vermiculit und Pyren-Westerwälder Ton sowie den experimentell ermittelten Gemischisothermen die nach der IAS-Theorie berechneten Gemischisothermen dargestellt. In Bild 4 kommt die berechnete Gemischisotherme mit der linearen Einzelstoffisotherme zur Deckung und weicht somit stark von der experimentell bestimmten Gemischisotherme ab. Im System DBT-Pyren-Vermiculit (Bild 5 und 6) zeigt sich hingegen eine Annäherung zwischen experimentell bestimmter und vorausberechneter Gemischisotherme.

Ähnliche Ergebnisse wurden von *McGinley et al.* [15] anhand von Batch- und Säulenversuchen mit den Substanzen Tetrachlorethylen und 1,2,4-Trichlorbenzol erzielt. Demzufolge wich eine mit Hilfe der IAS-Theorie berechnete Gemisch-Durchbruchskurve für Tetrachlorethylen mit annähernd linearer Isothermen ($n = 0{,}97$) kaum von der Durchbruchskurve des Einzelstoffes ab.

Entsprechend den theoretischen Ausführungen (Abschn. 2) und den Modellrechnungen in Bild 7 und 8 ist nach der IAS-Theorie bei linearen Einzelstoffisothermen beider Komponenten ($n = 1$) keine Konkurrenz zu erwarten.

Bei der Wahl eines Zweistoffsystems mit nur einer linearen ($n = 1$, Bild 7) und einer nichtlinearen Komponenten ($n \neq 1$) bei identischen K-Werten berechnet das Modell hingegen Konkurrenzeffekte, insbesondere bei der Komponente mit linearer Isotherme. Ferner wird bei Exponenten $n > 1$ als Eingangsparameter eine Gemischisotherme berechnet, die über der Einzelstoffisothermen liegt.

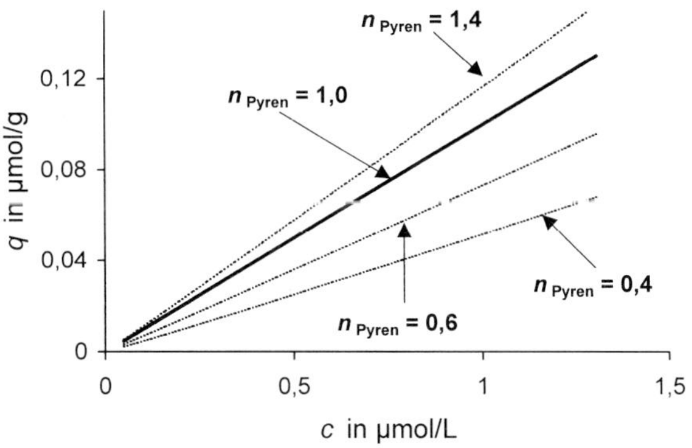

Bild 7. Einzelstoffisotherme (durchgezogen) und vorausberechnete IAS -Isothermen (gestrichelt) für DBT mit folgenden Modellvorgaben:
$c_{0i(DBT)} = c_{0i(Pyren)}$, $V/m_A =$ 100 mL/g
$K_{DBT} - K_{Pyren} - 0{,}1$ (µ)g/g)/(µg/mL)^n
$n_{DBT} = 1{,}0$
$n_{Pyren} = 0{,}4; 0{,}6; 1{,}0; 1{,}4$

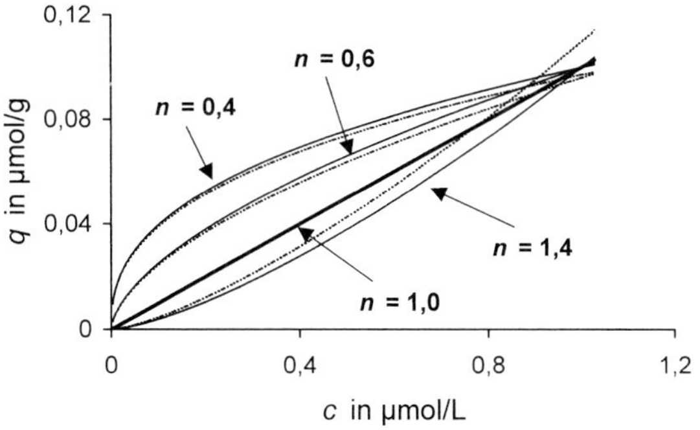

Bild 8. Einzelstoffisotherme (durchgezogen) und vorausberechnete IAS-Isothermen (gestrichelt) für Pyren; Modellvorgaben siehe Bild 7.

7 Schlußfolgerungen und Ausblick

Die Untersuchungen haben gezeigt, daß im Gemischsystem Dibenzothiophen-Pyren bei der Adsorption an Vermiculit und Westerwälder Ton zum Teil sehr deutliche Konkurrenzeffekte auftreten, die zu einer Reduzierung der Gleichgewichtsbeladungen gegenüber der Einzelstoff-adsorption führen. Das Ausmaß der Konkurrenzadsorption wird dabei sowohl durch die unterschiedliche Affinität der Gemischkomponenten zum Feststoff als auch durch deren Konzentrationsverhältnis bestimmt. Darüber hinaus ist die gegenseitige Beeinflussung der Adsorptive an den beiden untersuchten Feststoffen unterschiedlich stark ausgeprägt. Die Anwendung der aus der technischen Adsorption bekannten IAS-Theorie zur Modellierung des Gemischadsorptionsverhaltens führt nur in einem der beiden untersuchten Systeme zu einer akzeptablen Übereinstimmung zwischen Rechnung und Experiment. Im System Dibenzothiophen-Pyren-Vermiculit, bei dem beide Komponenten konkave, durch eine Freundlich-Isotherme mit $n < 1$

beschreibbare Einzelisothermen aufweisen, werden die Konkurrenzeffekte annähernd richtig wiedergegeben. Bei der Adsorption an Westerwälder Ton hingegen zeigen beide Komponenten einen linearen Einzelisothermenverlauf, was nach der IAS-Theorie zu einem Ausbleiben der gegenseitigen Beeinflussung im Gemischsystem führen sollte. Entgegen dieser Erwartung waren aber auch in diesem System Konkurrenzeffekte deutlich erkennbar. Anhand von Modellrechnungen konnte der relativ starke Einfluß der Freundlich-Exponenten n auf den Verlauf der berechneten Gemischisothermen gezeigt werden. Der exakten Bestimmung der Einzelisothermenparameter kommt daher eine große Bedeutung zu. In diesem Zusammenhang spielt auch die Wahl des Konzentrationsbereiches für die Isothermenbestimmung eine maßgebliche Rolle, wie der Vergleich der berechneten Isothermenparameter der Dibenzothiophen-Isotherme an Vermiculit für verschiedene Konzentrationsbereiche zeigt. Aufgrund der Komplexität der Adsorptionsprozesse an natürlichen Adsorbentien und der noch unzureichenden Datenbasis ist eine abschließende Bewertung der Anwendbarkeit der IAS-Theorie gegenwärtig nicht möglich. Die vorgestellten Ergebnisse sollten jedoch Anlaß sein, den Fragen der Konkurrenzadsorption an natürlichen Adsorbentien eine noch stärkere Beachtung zu schenken.

Literatur

[1] Rölke, P.: Untersuchungen zum Sorptionsverhalten von organischen Schadstoffen in einer braunkohlehaltigen, wassergesättigten Bodenzone. Diss. TU Dresden, Dresden 1997.

[2] Myers, A. L., Prausnitz, J. M.: Thermodynamics of mixed-gas adsorption. Amer. Inst. Chem. Eng. J. *11*, 121-127 (1965).

[3] Radke, C. J., Prausnitz, J. M.: Thermodynamics of multisolute adsorption from dilute liquid solutions. Amer. Inst. Chem. Eng. J. *18*, 761–768 (1972).

[4] Kümmel, R., Worch, E.: Adsorption aus wäßrigen Lösungen. Deutscher Verlag für Grundstoffindustrie, Leipzig 1990.

[5] Hellou, J., Mackay, D., Fowler, B.: Bioconcentration of polycyclic aromatic compounds from sediments to muscle of finfish. Environ. Sci. Technol. *29*, 2555–2560 (1995).

[6] Hassett, J., Means, J. C., Banwart, W. L., Wood, S. G.: Sorption properties of sediments and energy related pollutants. Report-No. EPA-600/3-80-041, U. S. EPA, Athens, Ga 1980.

[7] Worch, E.: Wasser- und Wasserinhaltsstoffe. Teubner-Verlag, Leipzig 1997.

[8] Herbert, M.: Laboruntersuchungen zur Verteilung von polycyclischen aromatischen Kohlenwasserstoffen (PAK) unter wassergesättigten Bedingungen. Vom Wasser *81*, 225–241 (1993).

[9] Schwuger, M. J.: Lehrbuch der Grenzflächenchemie. Georg Thieme Verlag, Stuttgart/New York 1996.

[10] Tebaay, R. H.: Untersuchungen zu Gehalten, zur mikrobiellen Toxizität und zur Adsorption und Löslichkeit von PAKs und PCBs in verschiedenen Böden Nordrhein-Westfalens. Bonner Bodenkundl. Abhandlungen 14, Bonn 1994.

[11] Katgely, M.: Lysimeter-, Labor- und Geländeuntersuchungen zum Migrationsverhalten von polyzyklischen aromatischen Kohlenwasserstoffen (PAK) an bindigen und nicht bindigen Sedimenten des Ruhrreviers. Diss. TU Clausthal 1997.

[12] Wefer-Roehl, A.: Polycyclische Aromatische Kohlenwasserstoffe (PAK) in feinkörnigen Sedimenten: Adsorption und mikrobieller Abbau. Schriftenreihe AGK 31, Karlsruhe 1994.

[13] Allen-King, R. M., Groenevelt, H., Warren, C. J., Mackay, D. M.: Non-linear chlorinated-solvent sorption in four aquitards. J. Contam. Hydrol. *22*, 203–221 (1996).

[14] Chiou, C. T. und Kile, D. E.: Deviations from sorption linearity on soils of polar and nonpolar organic compounds at low relative concentrations. Environ. Sci. Technol. *32*, 338–343 (1998).

[15] McGinley, P. M., Katz, L. E., and Weber Jr., W. J.: Competitive sorption and displacement of hydrophobic organic contaminants in saturated subsurface soil systems. Wat. Resourc. Res. *32*, 3571–3577 (1996).

November 2000

Richtlinien für die Autoren der Schriftenreihe VOM WASSER

Notice to Authors of VOM WASSER

1 Allgemeines

Zur Veröffentlichung in der Schriftenreihe VOM WASSER werden folgende Beiträge in deutscher (vorzugsweise) und englischer Sprache angenommen:

- Wissenschaftliche Originalbeiträge, die andernorts noch nicht veröffentlicht wurden. Diese werden in einem Referee-System bewertet.
- Übersichtsbeiträge, die länger sein können und ein Forschungsgebiet umfassender darstellen als eine Originalarbeit und vom Redaktionskollegium (RK) bearbeitet werden.
- Praxisbeiträge, die aus laufenden Arbeiten von Behörden, Wasserlabors, Wasserwerken, Abwasserverbänden u. ä. berichten (Bearbeitung vom RK).
- Kurzbeiträge, mit max. 10 Manuskriptseiten, wie „Ausführliche Abstracts" oder Zusammenfassungen von Dissertationen, Forschungsvorhaben oder von Tagungen (Bearbeitung vom RK).

Die Manuskripte (zweifach auf Papier: Original und Kopie; einfach auf Datenträger Diskette mit MS-WORD-Versionen) sind an den Obmann des Redaktionskollegiums zu senden, der die Manuskripteingänge bestätigt.

Die Anschrift des Obmanns lautet:
Prof. Dr.-Ing. Martin Jekel
TU Berlin, Sekr. KF 4
Fachgebiet Wasserreinhaltung
Strasse des 17. Juni 135
10623 Berlin
Tel.:030-314-25058/23339 oder 25480 (Fr. Dr. Putschew)
Fax: 030-314-23313
e-mail: <vomwasser@TU-Berlin.DE>

Die *Manuskripte* sollen in einer für die Publikation geeigneten straffen Form abgefaßt sein. Zu ausführliche Einführungen oder historische Überblicke sind zu vermeiden. Auf bekannte Tatsachen ist nur kurz, z. B. durch Literaturzitate, hinzuweisen. Experimentelle Details sollen in besonderen Abschnitten „Experimentelles" oder „Arbeitsvorschrift" zusammengefaßt werden. Der Text ist durch Zwischenüberschriften sinnvoll zu gliedern. Empfohlen wird die Anwendung der DIN 1421, „Gliederung und Benummerung in Texten".
Tabellen und *Bilder* dienen der übersichtlichen Darstellung und sollen zur Texterklärung beitragen. Eine Mehrfachwiedergabe gleicher Sachverhalte durch Tabellen *und* Bilder muß unterbleiben.
Die Autorenrichtlinien sind unbedingt zu beachten. Sie werden in jedem Band publiziert.

2 Terminierung

Redaktionskollegium und Verlag streben an, die beiden jährlich erscheinenden Bände im April bzw. November auszuliefern. Der Umfang der Bände ist begrenzt. Der Zeitpunkt des Eintreffens eines Manuskriptes beim Obmann und das Ausmaß der erforderlichen Bearbeitung ist maßgebend dafür, in welchem Band die Arbeit erscheinen wird. *Letzter Abgabetermin für die bearbeiteten Manuskripte beim Obmann des Redaktionskollegiums ist für den November-Band der 15. Juni, für den April-Band der 1. Oktober.*

3 Äußere Form und Umfang des Manuskripts

Alle Manuskripte sollen auf Blättern im A4-Format einseitig mit doppeltem Zeilenabstand und je 60 Anschlägen pro Zeile geschrieben werden; linker Rand zum Heften 2 cm breit, rechter Rand zur redaktionellen Bearbeitung 6 cm breit. Die Manuskriptseiten sind fortlaufend zu numerieren.

A) Der Umfang der Manuskripte (ohne Bilder in der Anlage) darf folgende Seitenzahlen nicht überschreiten:
   - wissenschaftliche Originalbeiträge und Praxisbeiträge: max. 30 Schreibmaschinenseiten
   - Übersichtsbeiträge: max. 50 Schreibmaschinenseiten
   - Kurzbeiträge: max. 10 Schreibmaschinenseiten

4 Titel des Beitrags

Der deutsche und – darunter der englische – Titel des Beitrages ist möglichst prägnant und kurz zu halten; bei Manuskripten in englischer Sprache ist die Reihenfolge umzukehren. Der englische Titel hat große Anfangsbuchstaben.

5 Name und Anschrift des Autors

Der Überschrift folgen: Ausgeschriebene Vor- und Zunamen der Autoren, ohne Titel. Ein hochgestelltes * hinter den Autorennamen verweist auf die unten auf der ersten Seite angeführten vollständigen Anschriften aller Autoren (Titel, abgekürzter Vorname und Name). Unter den Namen der Autoren kann ggf. eine Widmung folgen.

6 Schlagwörter

Etwa 5 bis 8 Schlagwörter sollen dem rasch Lesenden eine Einschätzung der Arbeit ermöglichen. Sie sollen aussagekräftig sein. (Nicht: Wasseranalyse, Gewässer, Trinkwasseraufbereitung u. ä.) Treffende Schlagworte sind auch zum Auffinden des Beitrags bei Datenbankrecherchen sehr wichtig.

7 Zusammenfassung

Die dem Text vorangestellten „Summary" und „Zusammenfassung" (bei englischsprachlichen Arbeiten in umgekehrter Reihenfolge) berichten im Sinne einer Kurzinformation über Aufgabenstellung, Lösungsweg, wichtigste Ergebnisse, Nutzanwendung u. ä.. Der Umfang beider, die grundsätzlich die gleiche Information vermitteln, darf zusammen 60 Schreibmaschinenzeilen, siehe Punkt 3, auf keinen Fall überschreiten.

8 Text

Bei der Abfassung des Manuskripts ist zu beachten:

8.1 Es gilt die neue Rechtschreibung einschließlich Abkürzungen nach Duden; mit Bindestrichen sparsam umgehen.

8.2 Nicht allgemein bekannte *Abkürzungen* sind beim ersten Auftreten zu *erläutern*, z. B. RO (Reverse Osmosis). Mit Abkürzungen sparsam umgehen.

8.3 Für technisches und chemisches Vokabular – außer Element- und Verbindungsnamen – siehe Jansen/Mackensen: „Rechtschreibung der technischen und chemischen Fremdwörter" (VDI-Verlag).

8.4 Für die Schreibweise chemischer Elemente sowie die *Nomenklatur* und Schreibweise von Verbindungen sind maßgebend DIN 32 640 sowie „Internationale Regeln für die chemische Nomenklatur und Terminologie" (VCH Verlagsgesellschaft).

8.5 Bei der Angabe *physikalischer Größen* und *Einheiten* sind die gesetzlichen Vorschriften und die damit in Beziehung stehenden Normen und Publikationen zu beachten, insbesondere:

- DIN 1301, Teil 1 bis 3, „Einheiten"
- DIN 1304, Teil 1, „Allgemeine Formelzeichen"
- DIN 1310, „Zusammensetzung von Mischphasen"
- DIN 1313, „Physikalische Größen und Gleichungen"
- DIN 32625, „Stoffmenge und davon abgeleitete Größen"
- DIN 38402, Teil 1, „Angabe von Analysenergebnissen"
- Parameterliste für die Angabe von Ergebnissen bei der Wasser-, Abwasser- und Schlammuntersuchung, Vom Wasser 63 (1984)
- Hochmüller, K.: „Zur Angabe von Analysenergebnissen", Vom Wasser 63 (1984)

8.6 *Formeln und Gleichungen* sind deutlich zu schreiben und ggf. von Hand ins Manuskript einzusetzen. Strukturformeln auf gesondertem Blatt ausführen. Alle verwendeten Formelzeichen und ggf. deren Einheiten unbedingt erläutern! Besonders wichtige oder mehrfach erwähnte Gleichungen sind am rechten Rand durch arabische Zahlen in runden Klammern fortlaufend zu numerieren und ggf. auf sie im weiteren Text mit Gl. (X) hinzuweisen.
Ziffer 1 und Buchstabe „*l*" müssen ebenso wie Buchstabe O und Ziffer 0 leicht zu unterscheiden sein. Bei Indizes sind Groß- oder Kleinbuchstaben deutlich kenntlich zu machen. Bei Verwendung einzelner Zeichen aus Spezialschriften ist dies durch Hinweise am Rand zu verdeutlichen, z. B. α.

8.7 Eine *Berechnungsmethode* ist so vollständig darzustellen, dass man sie nachrechnen kann.

8.8 Hinweise für den Setzer sollen mit normalem Schreibgerät (ausgenommen Bleistift), keinesfalls aber farbig gegeben werden. Die Anmerkungen sind in doppelte Klammern zu setzen, z. B. α.

8.9 Hervorhebungen, z. B. einzelner Wörter, sind durch untergezogene Wellenlinien für den *Kursivsatz* zu kennzeichnen (bitte sparsam verwenden).
Autorennamen und Namen von Organismen werden im Text kursiv geschrieben.

9 Bilder (nicht: Abbildungen!)

Vgl. hierzu Merkblatt, *Anhang 1:* Formale Anforderungen an Bilder.
Ihre Zahl ist auf das notwendige Maß zu beschränken. Alle Bilder sind *einfarbig* darzustellen und fortlaufend zu numerieren. Auf jedes Bild ist im Text hinzuweisen. Die Bilder nicht in den Text einkleben, sondern mit Autorennamen und Bildnummer versehen dem Manuskript separat beilegen.
Durch *Farbpfeile* mit der Nummer ist am Rand des Manuskriptes auf den Bildhinweis aufmerksam zu machen. Zu jedem Bild gehört eine Bildunterschrift. Unterschriften ggf. mit Legenden sind auf einem *separaten* Blatt zusammenzustellen.
In *Diagrammen* die Achsen mit Größen und Einheiten *parallel* zur Abszisse und möglichst auch zur Ordinate kennzeichnen. Wichtig: Die Einheit steht nicht in Klammern. Richtig ist z. B.: DOC, mg/l oder DOC in mg/l.

10 Tabellen

Tabellen sind fortlaufend zu numerieren. Im Text ist auf jede Tabelle mit ihrer Nummer hinzuweisen. Kleinere Tabellen können direkt in den Text eingearbeitet, größere sollen auf einem gesonderten Blatt aufgeführt werden. Zu jeder Tabelle gehört eine *Überschrift.* Für alle in der Tabelle enthaltenen Größen deren Einheit – üblicherweise im Kopf der Tabelle – anführen; Symbole ggf. erläutern.

11 Schlußbetrachtung

Falls es für erforderlich gehalten wird, die Ergebnisse der Arbeit abschließend zu diskutieren oder auch mit einem Ausblick zu verbinden, kann dies in einer Schlußbetrachtung geschehen. Sie soll sich jedoch von der *Zusammenfassung* deutlich unterscheiden.

12 Literatur

Hinweise sind durch auf Zeile gestellte Zahlen in eckigen Klammern ([.]) oder auch in Schrägstrichen (/./), in aufsteigender Reihenfolge in den laufenden Text einzufügen. Bei mehreren Hinweisen zu einer Textstelle z. B. die Schreibweise /1,2,3/ verwenden. Das Verzeichnis der Literatur ist am Ende des Beitrages unter der Überschrift Literatur anzufügen. Die Titel der Zeitschriften sind nach „International Serials Catalogue" oder

„Chemical Abstracts Service Source Index" abzukürzen, Auswahl siehe *Anhang 2.* Bitte auf *Eindeutigkeit* achten, z. B. Angabe der Heftnummer, wenn Seitennumerierung mit jedem Heft neu beginnt.

Beispiel für Zeitschriftenzitat:

[1] Halme, E.: Kanzerogene Wirkung von zinkhaltigem Trinkwasser. Städtehygiene *20*, 174-175 (1969). (Kursivsatz für die Band-Nr.!)

Beispiel für Buchzitat:

[3] Fieser, L. F. und Fieser, M.: Organische Chemie, 2. Aufl., S. 357. Verlag Chemie, Weinheim 1968. (Erscheinungsjahr ohne Klammer!)

Bei zwei Autoren „u." zwischen die Namen setzen, bei mehreren mit Komma trennen und vor dem letzten Namen „u." setzen. Bei mehr als drei Autoren nur den Ersten nennen und „u. a." anfügen; „u." und „u. a." auch bei fremdsprachigen Zitaten benutzen, jedoch den Titel der Arbeit nicht übersetzen.
In fremdsprachigen Literaturzitaten werden sowohl die Buchtitel als auch die Titel von fremdsprachigen Zeitschriftenbeiträgen klein geschrieben.

13 Fußnoten

Erläuterungen zum Text (z. B. Hinweise auf Herstellerfirma) sind als Fußnoten, z. B. [1)] fortlaufend zu numerieren und jeweils auf der Manuskriptseite anzubringen, zu der die Erläuterung gehört.

14 Korrekturen

Korrekturen in Manuskript und im Korrekturabzug (Umbruch) sind nach Duden bzw. nach DIN 16511 als Randkorrekturen mit Korrekturzeichen vorzunehmen. Im Umbruch sollten sich Korrekturen *nur noch auf Druckfehler* beschränken.
Der Umbruch soll innerhalb von einer Woche nach Erhalt korrigiert an den Bearbeiter weitergeleitet werden.

15 Sonderdrucke

Je Beitrag erhalten die Autoren 30 kostenlose Sonderdrucke, die an den federführenden Autor verschickt werden. Weitere Sonderdrucke können bestellt werden. Dazu liegt den Korrekturabzügen ein Bestellformular und eine Preisliste bei.

Anhang 1: Formale Anforderungen an Bilder

Um ein sowohl in technischer als auch in formaler Hinsicht einwandfreies Reproduktionsergebnis zu erhalten, sind folgende Prämissen zu beachten:

Die *Größe der Beschriftung* ist so zu wählen, dass die Buchstabenhöhe von Versalien nach dem Verkleinern die zum Druck und nach DIN erforderliche Größe von 1,5 bis 2 mm hat. Beispiel: Bei einem Maßstab von 50 % müssen die Versalien der kleinsten verwendeten Schrift mindestens 3. die der größten mindestens 4 mm groß sein. Strichzeichnungen sind als Zeichnungsoriginale oder als Laser-, nicht als Nadeldrucke oder als Kopien zu liefern; dies würde die Qualität der gedruckten Bilder erheblich mindern. Die Striche müssen tiefschwarz sein. Bitte achten Sie bei Vorlagen mit großem Reproduktionsmaßstab darauf, dass nach der Verkleinerung eine einwandfreie Trennung der einzelnen Elemente gewährleistet ist.
Zur Reduzierung der hohen Fixkosten sollen die Bilder so geliefert werden, dass sie als Tableau aufgenommen, also mit einheitlichem Maßstab reproduziert werden können.
Fotos (z.B. von Apparaturen) bitte als Hochglanzabzüge liefern, möglichst einfarbig.
Fotos sind auf der Rückseite, alle anderen Bilder auf der Vorderseite am Rand mit Bleistift zu beschriften mit Bildnummer, Name des Autors, Kurztitel.
Der Verlag (Herr Maier, telefonisch zu erreichen unter der Nr. 0 62 01/6 06-2 64) berät Sie gerne.

Anhang 2: Abkürzungen der im Wasserfach gängigen Zeitschriften und Serien

Appendix: Abbreviations of Journals according to „International Serials Catalogue“

Abwassertechnik	Abwassertechnik
Acta Hydrobiologica	Acta Hydrobiol.
Agua	Agua
Allgemeine Fischerei-Zeitung	Allg. Fisch. Ztg.
American Journal of Public Health	Am. J. Public Health
Analyst (London)	Analyst (London)
Analytical Chemistry	Anal. Chem.
Angewandte Chemie	Angew. Chem.
Aqua	Aqua
Archiv für Hydrobiologie	Arch. Hydrobiol.
Atomwirtschaft, Atomtechnik	Atomwirtsch. Atomtechn.
Berichte der Dortmunder Stadtwerke AG	Ber. Dortmunder Stadtwerke AG
Berichte der Abwassertechnischen Vereinigung	Ber. Abwassertech. Ver.
Binnengewässer	Binnengewässer
Biotechnology and Bioengineering	Biotechnol. Bioeng.
Bundesgesundheitsblatt	Bundesgesundheitsblatt
Chemical Abstracts	Chem. Abstr.
Chemical Engineering New York	Chem. Eng. (N. Y.)
Chemie-Ingenieur-Technik	Chem.-Ing.-Tech.

Chemie für Labor und Betrieb	Chem. Labor. Betr.
Chemie-Technik (Heidelberg)	Chem.-Tech. (Heidelberg)
Deutsche Fischerei Zeitung	Dtsch. Fisch. Ztg.
Deutsche Gewässer-Kundliche Mitteilungen	Dtsch. Gewässer-Kd. Mitt.
DIN Mitteilungen	DIN Mitt.
Environmental Research	Environ. Res.
Environmental Science and Technology	Environ. Sci. Technol.
Fette, Seifen, Anstrichmittel	Fette, Seifen, Anstrichm.
Fischereiforschung	Fischereiforschung
Fischwirt	Fischwirt
Fresenius'Zeitschrift für Analytische Chemie	Fresenius Z. Anal. Chem.
Fortschritte der Wasserchemie und ihrer Grenzgebiete	Fortschr. Wasserchem. ihrer Grenzgeb.
Forum Umwelthygiene	Forum Umw. Hyg.
Gas- und Wasserfach, Wasser-Abwasser	Gas-Wasserfach, Wasser-Abwasser
Gas, Wasser, Abwasser	Gas, Wasser, Abwasser
Gesundheits-Ingenieur	Gesund.-Ing.
Gesundheitstechnik	Gesundheitstechnik
Hydrobiologia	Hydrobiologia
Industrial Wastes (Chicago)	Ind. Wastes (Chicago)
Industrial Water Engineering	Ind. Water Eng.
Industrieabwässer	Industrieabwässer
Informationsblatt, Föderation Europäischer Gewässerschutz	Informationsbl., Foed, Eur. Gewässerschutz
International Water Supply Association Congress	Int. Water Supply Assoc. Congr.
Journal of Chromatographie Science	J. Chromatogr. Sci.
Journal of Chromatograhpie	J. Chromatogr.
Journal of the American Water Works Association	J. Am. Water Works Assoc.
Journal of the Water Pollution Control Federation	J. Water Pollut. Control Fed.
Korrespondenz Abwasser	Korr. Abw.
Mitteilungen der Vereinigung der Großkesselbetreiber	Mitt. Ver. Großkesselbetr.
Münchener Beiträge zur Abwasser-, Fischerei- und Flußbiologie	Muenchener Beitr. Abwasser-, Fisch-, Flußbiol.
Oesterreichische Abwasser-Rundschau	Oesterr. Abwasser-Rundsch.
Oesterreichische Wasserwirtschaft	Oesterr. Wasserwirtsch.
Schweizerische Zeitschrift für Hydrologie	Schweiz. Z. Hydrol.
Tenside	Tenside
Vom Wasser	Vom Wasser
Wasser, Luft und Betrieb	Wasser, Luft, Betr.
Wasser und Boden	Wasser, Boden
Wasserwirtschaft	Wasserwirtschaft
Wasserwirtschaft-Wassertechnik	Wasserwirtsch.-Wassertechn.
Water	Water
Water, Air and Soil Pollution	Water, Air, Soil Pollut.
Water and Wasters Engineering	Water Wastes Eng.
Water and Waste Treatment	Water Waste Treat.

Water and Water Engineering	Water Water Eng.
Water, Bodem, Lucht	Water, Bodem, Lucht
Water Pollution Abstracts	Water Pollut. Abstr.
Water Pollution Control	Water Pollut. Control
Water Pollution Control Research Series	Water Pollut. Control Res. Ser.
Water Pollution Research	Water Pollut. Res.
Water Research	Water Res.
Water & Sewage Works	Water Sew. Works
Water Treatment and Examination	Water Treat. Exam.
Werkstoffe und Korrosion	Werkst. Korros.
WHO Pesticide Residues Series	WHO Pestic. Residues Ser.
Wiener Mitteilungen: Wasser – Abwasser – Gewässer	Wien. Mitt.
Zeitschrift für Anorganische und Allgemeine Chemie	Z. Anorg. Allg. Chem.
Zeitschrift für die Gesamte Hygiene und ihre Grenzgebiete	Z. Gesamte Hyg. ihre Grenzgeb.
Zeitschrift für Wasser und Abwasser Forschung	Z. Wasser Abwasser Forsch.

Falls hier nicht aufgeführte Zeitschriften-Kurzbezeichnungen bei Literaturangaben benötigt werden, kann man versuchen, diese sinngemäß zu bilden, wobei folgende Abkürzungen anzuwenden sind:

Abstracts	Abstr.
Acta	Acta
Advances	Adv.
American	Am.
Angewandte	Ang.
Annalen	Ann.
Archiv	Arch.
Association	Assoc.
Beitraege	Beitr.
Bulletin	Bull
Deutsche	Dtsch.
Environment	Environ.
Fortschritte	Fortschr.
Institut	Inst.
International	Int.
Jahrbuch	Jahrb.
Journal	J.
Marine	Mar.
Mitteilungen	Mitt.
Proceedings	Proc.
Progress	Prog.
Research	Res.
Report	Rep.
Review	Rev.
Revue	Rev.
Schriftenreihe	Schriftenr.
Science	Sci.
Technical	Tech.
United States	U.S.
Universität	Univ.
Zeitschriften	Z.

Register

Vorabdruck neuer „Deutscher Einheitsverfahren zur Wasser-, Abwasser- und Schlammuntersuchung“

Prepublication of New Standard Methods for the Examination of Water, Waste Water and Sludge

DEUTSCHE NORM **Entwurf** **Juni 2000**

Deutsche Einheitsverfahren zur Wasser-, Abwasser- und Schlammuntersuchung Gemeinsam erfassbare Stoffgruppen (Gruppe F) Teil 22: Bestimmung von Glyphosat und Aminomethylphosphonsäure (AMPA) in Wasser durch Hochleistungs-Flüssigkeitschromatographie (HPLC), Nachsäulenderivatisierung und Fluoreszenzdetektion (F 22)	DIN 38407-22

ICS 13.060.50 Einsprüche bis 2000-09-30

German standard methods for the examination of water, waste water, and sludge – Jointly determinable substances (group F) – Part 22: Determination of Glyphosate and AMPA by high performance liquid chromatography (HPLC), post-column derivatization and fluorescence detection (F 22)

Méthodes normalisées allemandes pour l'analyse des eaux, des eaux résiduaires et des boues – Substances déterminables ensemble (groupe F) – Partie 22: Dosage de Glyphosate et AMPA avec la chromatographie liquide de haute performance (HPLC), dérivatisation de pile finale et détection fluorescence (F 22)

Anwendungswarnvermerk

Dieser Norm-Entwurf wird der Öffentlichkeit zur Prüfung und Stellungnahme vorgelegt.

Weil die beabsichtigte Norm von der vorliegenden Fassung abweichen kann, ist die Anwendung dieses Entwurfes besonders zu vereinbaren.

Stellungnahmen werden erbeten an den Normenausschuss Wasserwesen (NAW) im DIN Deutsches Institut für Normung e. V., 107772 Berlin (Hausanschrift: Burggrafenstr. 6, 10787 Berlin).

Vorwort

Diese Norm wurde gemeinsam mit der Wasserchemischen Gesellschaft - eine Fachgruppe in der Gesellschaft Deutscher Chemiker - aufgestellt (siehe Anhang A).

Es ist erforderlich, bei den Untersuchungen nach dieser Norm Fachleute oder Facheinrichtungen einzuschalten und bestehende Sicherheitsvorschriften zu beachten.

Bei Anwendung der Norm ist im Einzelfall je nach Aufgabenstellung zu prüfen, ob und inwieweit die Festlegung zusätzlicher Randbedingungen erforderlich ist.

Zu DIN 38407 "Deutsche Einheitsverfahren zur Wasser-, Abwasser- und Schlammuntersuchung – Gemeinsam erfassbare Stoffgruppen (Gruppe F)" gehören weitere Teile. Eine Übersicht der Gruppen A bis T der "Deutschen Einheitsverfahren" enthält Anhang A.

Anhang A ist informativ.

Fortsetzung Seite 2 bis 20

Normenausschuss Wasserwesen (NAW) im DIN Deutsches Institut für Normung e. V.

Ref. Nr. E DIN 38407-22 : 2000-06
Preisgr. 09 *Vertr.-Nr. 0009*

Einleitung

Glyphosat ist ein nicht-selektives Blattherbizid, das zumeist in Form seines Isopropylammonium- bzw. Trimethylsulfonium-Salzes (Glyphosat-trimesium) in verschiedenen Pflanzenschutzmitteln enthalten ist und - z. T. in Kombination mit anderen herbiziden Wirkstoffen - zur Unkrautbekämpfung in der Pflanzenproduktion sowie zur Vegetationskontrolle auf Verkehrsflächen eingesetzt wird. Als Hauptabbauprodukt entsteht Aminomethylphosphonsäure (AMPA), das auch beim Abbau anderer Phosphonsäuren gebildet werden kann.

1 Anwendungsbereich

Das Verfahren ist geeignet zur Bestimmung von Glyphosat und seinem Hauptabbauprodukt AMPA (siehe Tabelle 1) in Trink-, Grund- und Oberflächenwasser in Massenkonzentrationen > 0,05 µg/l. An Schwebstoff adsorbierte Anteile werden mit diesem Verfahren nicht erfasst.

Tabelle 1 – Physikalische und chemische Daten [1],[2]

Trivialname	Glyphosat	AMPA
Chemische Bezeichnung	N-(Phosphonomethylglycin)	Aminomethylphosphonsäure
Molare Masse	169,08 g/mol	111,04 g/mol
Schmelzpunkt	200 °C (unter Zersetzung)	285 °C (unter Zersetzung)
Löslichkeit in Wasser	1,2 g je 100 ml bei 25 °C	5,8 g je 100 ml bei 25 °C

2 Normative Verweisungen

Diese Norm enthält durch datierte oder undatierte Verweisungen Festlegungen aus anderen Publikationen. Diese normativen Verweisungen sind an den jeweiligen Stellen im Text zitiert, und die Publikationen sind nachstehend aufgeführt. Bei datierten Verweisungen gehören spätere Änderungen oder Überarbeitungen dieser Publikationen nur zu dieser Norm, falls sie durch Änderung oder Überarbeitung eingearbeitet sind. Bei undatierten Verweisungen gilt die letzte Ausgabe der in Bezug genommenen Publikation einschließlich Änderungen.

DIN 12036, *Laborgeräte aus Glas – Enghals-Standflaschen mit Kegelschliff und Stopfen.*

DIN 12039, *Laborgeräte aus Glas – Weithals-Standflaschen mit Kegelschliff und Stopfen.*

DIN 12242-1, *Laborgeräte aus Glas – Kegelschliffe für austauschbare Verbindungen – Maße, Toleranzen.*

DIN 12387, *Laborgeräte aus Glas – Erlenmeyerkolben mit Kegelhülse, Kegel 1:10.*

DIN 12680, *Laborgeräte aus Glas – Messzylinder – Mit Hauptpunkte-Ringteilung.*

DIN 38402-12, *Deutsche Einheitsverfahren zur Wasser-, Abwasser- und Schlammuntersuchung – Allgemeine Angaben (Gruppe A) – Probenahme aus stehenden Gewässern (A 12).*

DIN 38402-13, *Deutsche Einheitsverfahren zur Wasser-, Abwasser- und Schlammuntersuchung – Allgemeine Angaben (Gruppe A) – Probenahme aus Grundwasserleitern (A 13).*

DIN 38402-14, *Deutsche Einheitsverfahren zur Wasser-, Abwasser- und Schlammuntersuchung – Allgemeine Angaben (Gruppe A) – Probenahme von Roh- und Trinkwasser (A 14).*

DIN 38402-15, *Deutsche Einheitsverfahren zur Wasser-, Abwasser- und Schlammuntersuchung – Allgemeine Angaben (Gruppe A) – Probenahme von Fließgewässern (A 15).*

DIN 38402-51, *Deutsche Einheitsverfahren zur Wasser-, Abwasser- und Schlammuntersuchung – Allgemeine Angaben (Gruppe A) – Kalibrierung von Analysenverfahren, Auswertung von Analysenergebnissen und lineare Kalibrierfunktionen für die Bestimmung von Verfahrenskenngrößen (A 51).*

DIN EN ISO 1042, *Laborgeräte aus Glas – Messkolben (ISO 1042:1998); Deutsche Fassung EN ISO 1042 : 1999.*

3 Grundlage des Verfahrens

Glyphosat und AMPA werden aus der angesäuerten Wasserprobe an einem Kationenaustauscher angereichert und das salzsaure Eluat zur Reinigung über einen Anionenaustauscher filtriert. Anschließend wird das Filtrat zur Trockne eingeengt, und der Rückstand wird für die HPLC-Messung in einer Pufferlösung aufgenommen [3].

Bei entsprechender Messempfindlichkeit des Fluoreszenzdetektors steht ein alternatives Verfahren zur Probenvorbereitung zur Verfügung. Hierbei wird die angesäuerte Wasserprobe über ein Adsorbens filtriert und das Filtrat zur Trockne eingeengt.

Glyphosat und AMPA werden durch isokratische HPLC an einem Kationenaustauscher aufgetrennt und direkt einer zweistufigen Nachsäulenderivatisierung zugeführt, wobei im ersten Schritt Glyphosat durch Oxidation mit Natriumhypochlorit zu Glycin umgesetzt wird (siehe Gleichung 1).

$$\underset{\text{Glyphosat}}{HOOCCH_2NHCH_2PO_3H_2} \xrightarrow[40\ °C]{OCl^-} \underset{\text{Glycin}}{HOOCCH_2NH_2} \qquad (1)$$

Im zweiten Schritt werden die primären Amine Glycin und AMPA mit Phthaldialdehyd (OPA) in Gegenwart von Thiofluor® derivatisiert. Die entstehenden Isoindolderivate werden durch Fluoreszenzdetektion nachgewiesen (siehe Gleichung 2) [3],[4].

CHO $\qquad$ $SCH_2CH_2N(CH_3)_2$

RCH_2NH_2 + $\qquad$ + $HSCH_2CH_2N(CH_3)_2$ $\qquad$ N – CH_2R $\qquad$ (2)

CHO $\qquad$ 25 °C

R = – COOH bzw. – PO_3H_2

Glycin $\qquad$ AMPA

4 Störungen

4.1 Störungen bei der Probennahme und der Probenaufbereitung

Um Störungen bei der Probennahme zu vermeiden, die Probe wie in Abschnitt 8 angegeben und unter Beachtung der Festlegungen nach DIN 38402-12 bis DIN 38402-15 nehmen. Schwebstoffe in der Wasserprobe können die in den Säulen oder Kartuschen vorgelegten Materialien verstopfen; um derartige Verstopfungen zu vermeiden, die Wasserprobe vor der Probenaufbereitung durch ein Glasfaserfilter filtrieren.

4.2 Störungen bei der HPLC

4.2.1 Peaküberlagerung

Verbindungen, die fluoreszieren oder die Fluoreszenz unterdrücken und ähnliche chromatographische Eigenschaften wie die zu bestimmenden Substanzen haben, stören die Bestimmung und können je nach Ausmaß die Richtigkeit des Ergebnisses beeinträchtigen. Unsymmetrische und gegenüber den Referenzsubstanzen verbreiterte Peaks weisen auf Peaküberlagerungen hin. Eine Auswertung des Signals ist in diesen Fällen nicht zulässig.

Üblicherweise werden zu Beginn der Chromatographie fluoreszierende Begleitstoffe eluiert, die zu einer Beeinträchtigung der Peakintegration beim Glyphosat-Peak führen können. Die Peakintegration ist daher bei allen Proben zu kontrollieren und gegebenenfalls zu korrigieren.

4.2.2 Instabile Retentionszeiten

Vorausgesetzt, die HPLC-Pumpe arbeitet einwandfrei und es liegt keine Leckage vor, weisen stetig ansteigende Retentionszeiten der Substanzen bei der chromatographischen Trennung an Kationenaustauschern auf eine Kontamination der stationären Phase mit Eisen(III)-Ionen hin. Die Kontamination kann aus Proben oder aus dem HPLC-System stammen und lässt sich durch Spülen der Vor- und Trennsäule mit etwa 10 ml eines Phosphorsäure-Puffers (siehe 7.25) beseitigen.

4.2.3 Keine reproduzierbaren Peakflächen

Abnehmende Peakflächen für Glyphosat bei gleichzeitig ansteigenden Peakflächen für AMPA können auf eine zu geringe Konzentration des Oxidationsmittels hinweisen. In diesem Fall die Oxidationslösung mit frischer Natriumhypochlorit-Lösung neu ansetzen. Werden auch danach die ursprünglichen Peakflächen nicht erreicht, kommen andere Ursachen in Betracht, z. B. eine von der Einstellung abweichende Temperatur des Reaktors, Quench-Effekte durch Systemverunreinigungen oder eine veränderte Messempfindlichkeit des Fluoreszenzdetektors.

4.2.4 Grüner Niederschlag in der Derivatisierungslösung

Nach etwa zwei- bis dreitägigem Gebrauch können grüne Niederschläge in der Derivatisierungslösung auftreten, die bei der üblichen Gebrauchszeit der Lösung von etwa einer Woche jedoch zu keinen Störungen führen, sofern vor und nach der Reagenzpumpe geeignete Filtereinrichtungen verwendet werden.

Die Niederschläge sind in Methanol leicht löslich.

4.2.5 Driften der Basislinie und hohe Untergrundfluoreszenz

Wenn die Reinheit des Eluenten und der Reagenzlösungen den Anforderungen entspricht und trotzdem eine hohe Untergrundfluoreszenz oder eine stark driftende Basislinie auftritt, so ist dies ein Hinweis für Verschmutzungen der Durchflusszelle des Fluoreszenzdetektors. In diesem Fall die Durchflusszelle zunächst mit Isopropanol, z. B. mittels einer Spritze, spülen. Tritt auch danach unverändert hohe Grundfluoreszenz auf, sollte die Detektorzelle mit jeweils 10 ml Salpetersäure (siehe 7.11), Wasser (siehe 7.1) und Isopropanol (siehe 7.12) gereinigt werden.

4.2.6 Schwankungen der Basislinie

Periodische Schwankungen der Basislinie deuten auf eine zu hohe Restpulsation der Pumpen hin, die besonders bei hoher Messempfindlichkeit des Fluoreszenzdetektors zu Störungen bei der Peakerkennung und -integration führen. Die Störungen können von der HPLC-Pumpe oder den Reagenzpumpen ausgehen und lassen sich meist durch Verwendung zusätzlicher Pulsationsdämpfer beheben.

5 Bezeichnung

Bezeichnung des Verfahrens zur Bestimmung von Glyphosat und AMPA durch Hochleistungs-Flüssigkeits-chromatographie, Nachsäulenderivatisierung und Fluoreszenzdetektion (F 22):

Verfahren DIN 38407 – F 22

6 Geräte

6.1 Allgemeines

Die verwendeten Glasgeräte müssen frei von Substanzen sein, die zu Störungen bei der Bestimmung von Glyphosat und AMPA führen können. Bei Glasgeräten ist hierzu üblicherweise eine Behandlung mit Wasser unter Zusatz eines Tensids und anschließendes Spülen mit Aceton ausreichend.

6.2 Enghals-Standflasche für die Probenahme, Nennvolumen z. B. 1 000 ml, vorzugsweise aus braunem Glas mit Glasstopfen NS 29/32 nach DIN 12242-1, z. B. StandflascheDIN 12036 – E 1 000 – G

6.3 Glasfaserfilter aus Borosilicatglas, Faserdurchmesser 0,75 µm bis 1,5 µm, frei von organischen Bindemitteln

6.4 pH-Messgerät, mit Elektrode für pH-Bereich 0 bis 14

6.5 Magnetrührer, mit Magnetrührstab, Länge etwa 40 mm, PTFE-ummantelt (PTFE : Polytetrafluorethen)

6.6 Weithals-Glasflasche zur Aufbewahrung von Austauschermaterial, Nennvolumen 1 000 ml, aus braunem Glas mit Deckelstopfen NS 60/46 nach DIN 12242-1, z. B. StandflascheDIN 12039 – W 1 000 – G

6.7 Chromatographiesäule aus Glas, für die Anreicherung der Wasserprobe und Reinigung des Extraktes, z. B. Länge 100 mm, Innendurchmesser 12 mm, mit Glasfritte Porosität 2 und Ablaufhahn mit Küken aus PTFE

6.8 Glaswolle oder Glasfritten zur Abdeckung der Säulenpackung

6.9 Messzylinder, Nennvolumen 10 ml, 100 ml und 250 ml, z. B. Messzylinder DIN 12680 – MH 10

ANMERKUNG Anstelle von Messzylindern dürfen auch Flaschenaufsatz-Dosiergeräte aus Glas und/oder PTFE verwendet werden.

6.10 Tropftrichter mit Druckausgleich, Nennvolumen 250 ml, mit NS 14/23 und Ablaufhahn mit Küken aus PTFE

6.11 Glasgefäß zum Auffangen von Eluaten, z. B. Erlenmeyerkolben, Nennvolumen 50 ml, z. B. Kolben DIN 12387 – E 50ANS 29

6.12 Einmalspritze aus Polypropen oder Glas, Nennvolumen 20 ml, mit Luerkonus

6.13 Kartusche aus Polypropen oder Glas mit Lueradapter, gefüllt mit einem Adsorbens (siehe 7.9)

6.14 Glasgefäß zum Einengen von Extrakten, z. B. Spitzkolben, Nennvolumen 25 ml bzw. 100 ml, mit Glasstopfen NS 14/23 nach DIN 12242-1

6.15 Vorrichtung zum Einengen der Extrakte, z. B. Rotationsverdampfer mit Vakuumkonstanthalter und thermostatisierbarem Wasserbad

6.16 Vakuumfiltrationsgerät aus Glas, z. B. Saugflasche, Nennvolumen 1 000 ml, und Filteraufsatz, Nennvolumen 250 ml, mit PTFE-beschichtetem Lochsieb für Membranfilter, Durchmesser 47 mm

6.17 Membranfilter, z. B. aus Celluloseacetat, Durchmesser 47 mm, zur Filtration von Pufferlösungen

6.18 Mikrofilter, z. B. mit Membran aus Nylon, Porenweite 0,45 µm, zur Klarfiltration der Extrakte für die HPLC-Messungen

6.19 Probenflaschen aus Glas, Volumen etwa 2 ml, mit inertem Verschluss, z. B. mit PTFE-beschichtetem Septum, zur Aufbewahrung der Extrakte

6.20 Messkolben, Nennvolumen 10 ml, 100 ml und 1 000 ml, z. B. Messkolben DIN EN ISO1042 A10 – C

6.21 Mikroliterspritzen, Nennvolumen 50 µl, 100 µl, 250 µl, 500 µl und 1 000 µl

ANMERKUNG Zum Ansetzen der Bezugslösungen (siehe 7.29) sind Präzisionshubpipetten mit Spitzen aus Glas ebenfalls geeignet.

6.22 Hochleistungs-Flüssigkeitschromatograph mit Datenauswertesystem, ausgelegt für den vorgesehenen Arbeitsbereich mit

a) pulsationsarmer analytischer Pumpe, geeignet für isokratische Arbeitsweise;

b) manuellem oder automatischem Probenaufgabesystem für Probenvolumina bis 100 µl;

c) Entgasungseinrichtung, z. B. Helium oder Vakuum-Entgaser zur Entgasung des Eluenten;

d) Säulenofen oder -thermostat;

e) Fluoreszenzdetektor, vorzugsweise mit Monochromator auf der Anregungs- und Emissionsseite; Filtergeräte sind ebenfalls geeignet (siehe 9.4.3).

ANMERKUNG Wegen der besonderen Störanfälligkeit der für die chromatographische Trennung von Glyphosat und AMPA üblichen Phasen gegenüber Eisen(III)-Ionen sollten alle Materialien, die mit dem Eluenten vor der Säule in Kontakt kommen, vorzugsweise aus nicht eisenhaltigen Werkstoffen bestehen. Dies gilt besonders für Eluentenfilter, die aus Titan, Glas oder geeigneten Kunststoffen, z. B. PEEK (Poly-Ether-Ether-Keton) bestehen müssen.

6.23 Analytische Trennsäule, Länge bis 250 mm, Innendurchmesser bis 4,6 mm, mit vorzugsweise stark saurem Kationenaustauscher auf Polystyrol-Divinylbenzolbasis, Kalium-Form, mit Vorsäule gleichen Materials. Das Material muss eine vollständige Trennung von Glyphosat und AMPA ermöglichen (siehe Bild 1 und Tabelle 2).

ANMERKUNG 1 Zur Trennung von Glyphosat und AMPA sind stark basische Anionenaustauscher ebenfalls geeignet.

ANMERKUNG 2 Spezielle HPLC-Säulen zur Trennung von Glyphosat und AMPA sind im Handel erhältlich.

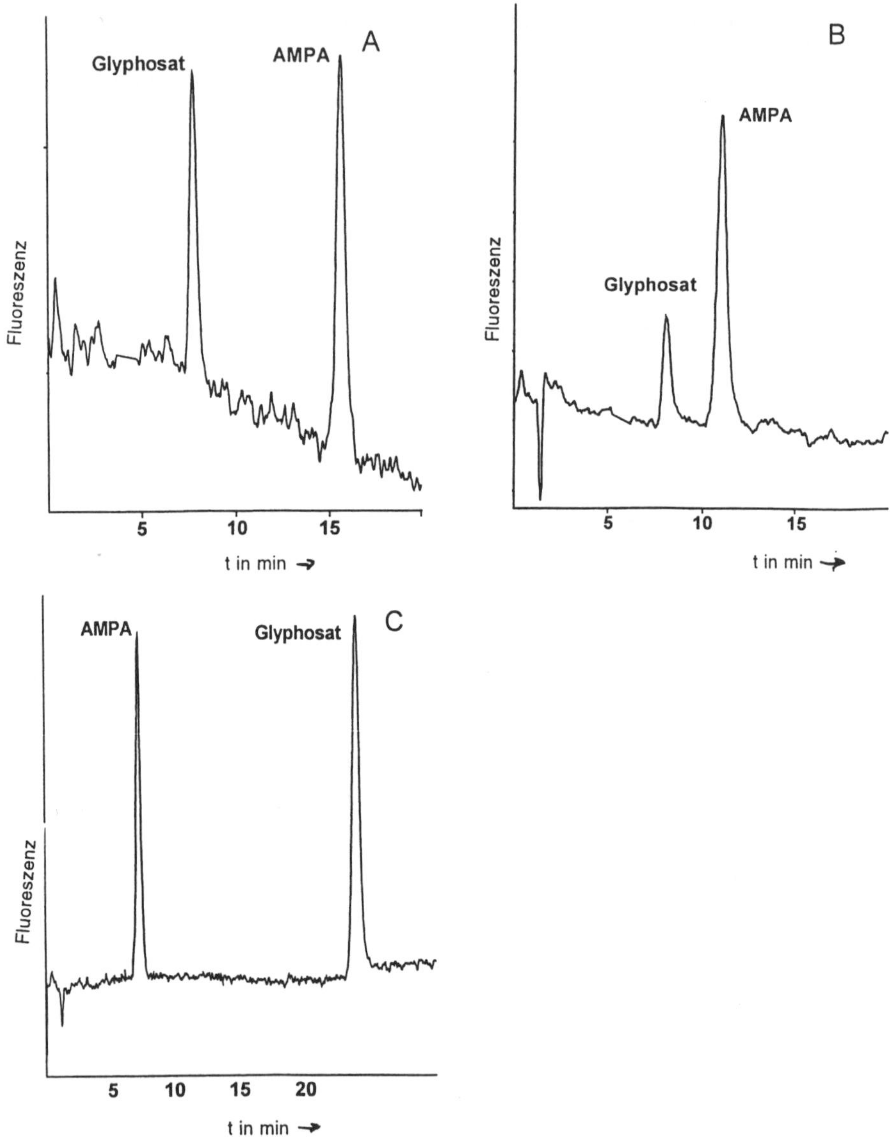

Bild 1 – Chromatographische Trennung von Glyphosat und AMPA

Arbeitsbedingungen siehe Tabelle 2

Tabelle 2 – Arbeitsbedingungen für isokratische Trennung und Nachsäulenderivatisierung (Beispiele)

Chromatogramm A	
Injektion	100 µl Standardlösung (ρ = 1 pg/µl) in Kaliumdihydrogenphosphat, pH = 2,05
Säule	Kennbuchstabe A
Säulentemperatur	55 °C
Eluent	Pufferlösung, Kaliumdihydrogenphosphat/Phosphorsäure, pH = 2,05
Volumenfluss	0,4 ml/min
Druck	50 bar
Reagenzpumpe 1	Oxidationslösung (950 ml Fertigpuffer mit 50 µl Natriumhypochlorit)
Volumenfluss	0,2 ml/min
Temperatur, Reaktorspule 1	40 °C
Reagenzpumpe 2	Derivatisierungslösung (950 ml Fertigpuffer mit 2 g Thiofluor® und 10 ml Phthaldialdehyd-Lösung in Methanol (ρ = 20 mg/ml))
Volumenfluss	0,3 ml/min
Temperatur, Reaktorspule 2	Raumtemperatur
Detektion	Fluoreszenz: Anregungswellenlänge 340 nm, Bandbreite 18 nm, Emissionswellenlänge 440 nm, Bandbreite 10 nm; Cut-Off-Filter 390 nm
Chromatogramm B	
Injektion	100 µl Standardlösung (ρ = 10 pg/µl) in Kaliumdihydrogenphosphat, pH = 2,05
Säule	Kennbuchstabe B
Volumenfluss	0,4 ml/min
Druck	40 bar
übrige Arbeitsbedingungen siehe Chromatogramm A	
Chromatogramm C	
Injektion	100 µl Standardlösung (ρ = 10 pg/µl) in Kaliumdihydrogenphosphat, pH = 2,05
Säule	Kennbuchstabe C
Säulentemperatur	40 °C
Eluent	0,01 mol/l Phosphorsäure, pH 2,22
Volumenfluss	0,4 ml/min
Druck	80 bar
übrige Arbeitsbedingungen siehe Chromatogramm A	

6.24 Nachsäulenderivatisierungssystem

a) zwei pulsationsarme Reagenzienpumpen, ausgelegt für analytische Flussraten;

b) Reagenzienflaschen aus Glas, 1 000 ml, mit dichtschließender Schraubkappe und Ventilen, geeignet für die Entnahme der Reagenzienlösungen unter Druck;

c) Reaktorspule, z. B. aus PTFE, Innendurchmesser etwa 0,25 mm, Volumen etwa 500 µl, thermostatisierbar im Bereich von 30 °C bis 60 °C;

d) Reaktorspule,z. B. aus PTFE, Innendurchmesser etwa 0,25 mm, Volumen etwa 100 µl;

e) totvolumenarme T-Verbindungsstücke;

f) Vorrichtung für die Inertisierung der Reagenzlösungen mit Helium oder Stickstoff.

Zum Aufbau des Nachsäulenderivatisierungssystems und Anschluss an das HPLC-Gerät siehe Bild 2.

Das Nachsäulenderivatisierungssystem muss so ausgelegt sein, dass keine störende Peakverbreiterung auftritt.

ANMERKUNG 1 Wegen der Aggressivität der Reagenzlösungen sollten die Werkstoffe, die mit den Lösungen in Kontakt kommen, aus korrosionsfesten Materialien, z. B. PEEK oder PTFE bestehen.

ANMERKUNG 2 Kompaktsysteme und einzelne Bauteile zum Aufbau eines Nachsäulenderivatisierungssystems sind im Handel erhältlich.

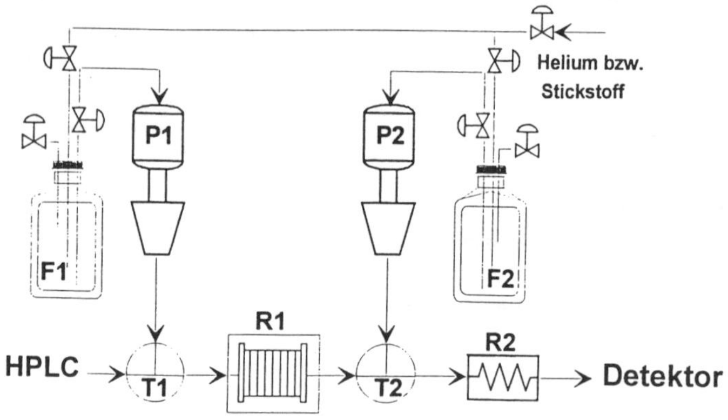

Legende

F1	Reagenzienflasche für die Oxidationslösung
P1	Reagenzienpumpe
F2	Reagenzienflasche für die Derivatisierungslösung
P2	Reagenzienpumpe
T1, T2	T-Verbindungsstücke
R1	Reaktorspule 1, beheizbar
R2	Reaktorspule 2

Bild 2 – Aufbau und Flussschema der Nachsäulenderivatisierung

7 Reagenzien

7.1 Allgemeines

Die für die Probenaufbereitung verwendeten Chemikalien dürfen nicht zu Störungen bei der Bestimmung von Glyphosat und AMPA führen. Durch Prüfung des Blindwertes sicherstellen, dass die Chemikalien den Reinheitsanforderungen genügen (siehe Abschnitt 12). Die für die HPLC und die Nachsäulenderivatisierung verwendeten Chemikalien und das Wasser sollten der Qualität "für die HPLC" entsprechen und bei den gewählten Detektionsbedingungen eine möglichst geringe Fluoreszenz aufweisen.

7.2 Salzsäure, w(HCl) = 30 %

7.3 Salzsäure, c(HCl) = 0,02 mol/l

7.4 Salzsäure, c(HCl) = 6 mol/l

7.5 Eisen(III)-chlorid-Lösung, $c(FeCl_3)$ = 0,1 mol/l

7.6 Chelatbildender Kationenaustauscher, schwach sauer, auf Polystyrol-Divinylbenzolbasis, Korngröße 75 µm bis 150 µm, Imidoessigsäuregruppe, Na-Form

Der Kationenaustauscher muss vor der Verwendung von der Natrium-Form in die Eisen(III)-Form überführt werden.

Hierzu z. B. 500 g des Harzes in 2 000 ml deionisiertem Wasser aufschwemmen und 50 ml Salzsäure (siehe 7.4) sowie 1 000 ml Eisen(III)-chlorid-Lösung (siehe 7.5) zufügen. Die Mischung 10 min mit einem Magnetrührer (siehe 6.5) rühren; nach dem Absetzen des Harzes das überstehende Wasser abdekantieren und verwerfen. Den Vorgang zweimal mit einem Gemisch aus 1 000 ml deionisiertem Wasser und 500 ml Eisen(III)-chlorid-Lösung wiederholen. Das Harz anschließend zweimal mit jeweils 2 000 ml Salzsäure (siehe 7.3) waschen und in einer Glasflasche (siehe 6.6) unter deionisiertem Wasser bei etwa 4 °C aufbewahren.

Bei sachgerechter Lagerung ist das Harz mindestens drei Monate stabil.

ANMERKUNG Geeignete Kationenaustauscher in Fe(III)-Form sind im Handel erhältlich.

7.7 Anionenaustauscher, stark basisch, auf Polystyrol-Divinylbenzolbasis, Korngröße etwa 38 µm bis 75 µm, Trimethylammonium, Chlorid-Form

Zur Vorbereitung des Anionenaustauschers, z. B. 500 g des Harzes in 1 000 ml deionisiertem Wasser aufschwemmen und die Mischung etwa 30 min mit einem Magnetrührer (siehe 6.5) rühren. Nach dem Absetzen des Harzes überstehendes Wasser abdekantieren und verwerfen. Waschvorgang zweimal wiederholen und das Harz unter deionisiertem Wasser in einer Glasflasche (siehe 6.6) bei etwa 4 °C aufbewahren.

Bei sachgerechter Lagerung ist das Harz mindestens drei Monate stabil.

7.8 Methanol, CH_3OH

7.9 Adsorbens für die Reinigung der Wasserprobe, aus mikroporösem Polystyrol-Divinylbenzol mit hoher spezifischer Oberfläche, z. B. > 900 m^2/g

7.10 Helium, Volumenkonzentration mindestens 99,999 %, für die Entgasung des Eluenten und zur Inertisierung der Reagenzlösungen

ANMERKUNG 1 Zur Entgasung des Eluenten sind Vakuumentgaser ebenfalls geeignet.

ANMERKUNG 2 Zur Inertisierung der Reagenzlösungen darf auch Stickstoff verwendet werden.

7.11 Salpetersäure, $w(HNO_3) = 65$ %

7.12 Isopropanol, C_3H_8O

7.13 Natriumchlorid, NaCl

7.14 Kaliumdihydrogenphosphat, KH_2PO_4

7.15 Kaliumdihydrogenphosphat-Puffer-Lösung, $c(KH_2PO_4) = 0{,}005$ mol/l, mit Phosphorsäure (siehe 7.24) eingestellt auf pH (2,05 ± 0,1)

Die Lösung unter Verwendung des Filtrationsgerätes (siehe 6.16) durch ein Membranfilter (siehe 6.17) filtrieren.

Der Puffer ist, bei 4 °C gelagert, mindestens eine Woche haltbar.

7.16 Natriumhydroxid, NaOH

7.17 Kaliumhydroxid-Lösung, $c(KOH) = 0{,}005$ mol/l

7.18 Natriumhypochlorit-Lösung, $w(NaOCl)$ mindestens 12 %

Die Lösung bei etwa 4 °C in einem dichtschließenden Gefäß aufbewahren. Sie ist bei sachgerechter Lagerung mindestens ein Monat haltbar.

7.19 Borsäure, H_3BO_3

7.20 Phthaldialdehyd-Lösung, $\rho(C_8H_6O_2) = 10$ mg/ml bis 20 mg/ml

Z. B. 100 mg Phthaldialdehyd in einem 10-ml-Messkolben wägen, in Methanol (siehe 7.8) lösen und die Lösung mit Methanol bis zur Marke auffüllen.

Die Lösung jeweils vor dem Gebrauch frisch ansetzen.

7.21 Thiofluor®, $(CH_3)_2NCH_2CH_2SH$

ANMERKUNG Nach [3] kann zur Herstellung der Derivatisierungslösung (siehe 7.23) anstelle von Thiofluor® auch 2-Mercaptoethanol verwendet werden.

7.22 Oxidationslösung

Zur Herstellung der Oxidationslösung zunächst eine Pufferlösung ansetzen.

Hierzu z. B. 11,6 g Natriumchlorid (siehe 7.13), 13,6 g Kaliumdihydrogenphosphat (siehe 7.14) und 5 g Natriumhydroxid (siehe 7.16) in einem 1 000-ml-Messkolben vorlegen, in Wasser (siehe 7.1) lösen und die Lösung mit Wasser bis zur Marke auffüllen.

Pufferlösung unter Verwendung eines Vakuumfiltrationsgerätes (siehe 6.16) durch ein Membranfilter (siehe 6.17) filtrieren und entgasen.

Z. B. 1 000 ml dieser Pufferlösung in einer Reagenzienflasche (siehe 6.24) vorlegen und mit 50 µl Natriumhypochlorit-Lösung (siehe 7.18) versetzen.

Die Oxidationslösung vor dem Gebrauch frisch ansetzen; sie ist etwa 5 Tage haltbar.

ANMERKUNG Pufferlösungen zur Herstellung der Oxidationslösung sind im Handel erhältlich.

7.23 Derivatisierungslösung

Zur Herstellung der Derivatisierungslösung zunächst eine Pufferlösung ansetzen.

Hierzu z. B. 25 g Borsäure (siehe 7.19) und 11 g Natriumhydroxid (siehe 7.16) in einem 1 000-ml-Messkolben vorlegen, in Wasser (siehe 7.1) lösen und die Lösung mit Wasser bis zur Marke auffüllen. Pufferlösung unter Verwendung eines Vakuumfiltrationsgerätes (siehe 6.16) durch ein Membranfilter (siehe 6.17) filtrieren und entgasen.

Z. B. 1 000 ml dieser Pufferlösung in einer Reagenzienflasche (siehe 6.24) vorlegen und etwa 10 min mit Helium (siehe 7.10) entgasen. Anschließend 2 g Thiofluor® (siehe 7.21) und 10 ml Phthaldialdehyd-Lösung (siehe 7.20) zufügen. Messkolben der Phthaldialdehyd-Lösung mit 2 x 5 ml Methanol (siehe 7.8) nachwaschen und die Waschlösung ebenfalls zu der Pufferlösung geben.

Die Derivatisierungslösung vor dem Gebrauch frisch ansetzen; sie ist etwa 5 Tage haltbar.

Der Volumenanteil an Methanol in der Derivatisierungslösung muss mindestes 1 % betragen (siehe 4.2.4).

ANMERKUNG 1 Pufferlösungen zur Herstellung der Derivatisierungslösung sind im Handel erhältlich.

7.24 Phosphorsäure, $w(H_3PO_4) = 85$ %

7.25 Phosphorsäurepuffer, pH etwa 1,2; zur Konditionierung der Trennsäule

Z. B. 0,35 g Kaliumdihydrogenphosphat (siehe 7.14) und 4,6 g Phosphorsäure (siehe 7.24) in einem 100-ml-Messkolben (siehe 6.20) vorlegen, in Wasser (siehe 7.1) lösen und die Lösung mit Wasser bis zur Marke auffüllen.

ANMERKUNG Phosphorsäurepuffer zur Konditionierung von Kationenaustauschersäulen sind im Handel erhältlich.

7.26 Referenzsubstanzen (siehe Tabelle 1), Reinheit mind. 99 %

7.27 Lösungen der Einzelsubstanzen

Z. B. (10 ± 0,1) mg der jeweiligen Referenzsubstanz (siehe Tabelle 1) in jeweils einem 100-ml-Messkolben (siehe 6.20) vorlegen, mit Wasser (siehe 7.1) lösen und den Messkolben mit Wasser bis zur Marke auffüllen.

Die Lösungen werden in entsprechenden Verdünnungen für die Zuordnung der Signale im Chromatogramm benötigt (siehe Abschnitt 10).

7.28 Stammlösung

Z. B. 1 ml der jeweiligen Lösung der Einzelsubstanz (siehe 7.27) in einem 100-ml-Messkolben (siehe 6.20) vorlegen und die Lösung mit Wasser (siehe 7.1) bis zur Marke auffüllen.

1 µl dieser Stammlösung enthält 1 ng der jeweiligen Einzelsubstanz.

7.29 Bezugslösungen für die Kalibrierung

Die Lösungen durch entsprechende Verdünnungen der Stammlösung (siehe 7.28) herstellen, als Lösemittel den für die HPLC verwendeten Eluenten einsetzen.

Für das Verfahren A z. B. 100 µl der Stammlösung (siehe 7.28) in einem 10-ml-Messkolben (siehe 6.20) vorlegen und mit dem Eluenten bis zur Marke auffüllen.

1 µl dieser Bezugslösung enthält 10 pg der jeweiligen Einzelsubstanz.

Für das Verfahren B, z. B. 50 µl der Stammlösung (siehe 7.28) in einem 100-ml-Messkolben (siehe 6.20) vorlegen und mit dem Eluenten bis zur Marke auffüllen.

1 µl dieser Bezugslösung enthält 0,5 pg der jeweiligen Einzelsubstanz.

Die Lösungen (siehe 7.27 bis 7.29) sind bei etwa 4 °C vor Licht und Verdunstung geschützt mindestens sechs Monate haltbar.

8 Probenahme

Zur Probenahme Enghals-Flaschen (siehe 6.2) verwenden und die Flaschen vollständig mit dem zu untersuchenden Wasser füllen.

Die Angaben nach DIN 38402-12 bis DIN 38402-15 beachten.

Wasserprobe so bald wie möglich nach der Probenahme aufarbeiten; ist eine Lagerung der Probe nicht zu vermeiden, kann die Probe bei etwa 4 °C bis zu 5 Tage aufbewahrt werden.

ANMERKUNG Für die Untersuchung aufgearbeitete Proben dürfen vor dem Einengen zur Trockne (siehe 9.2.3 bzw. 9.3) bei etwa - 20 °C tiefgefroren und so mindestens einen Monat aufbewahrt werden.

9 Durchführung

9.1 Allgemeines

Es werden zwei Verfahren zur Probenaufarbeitung beschrieben:

Bei Verfahren A werden die Substanzen an einem Kationenaustauscher angereichert; Verfahren B geht von einem geringeren Volumen der Wasserprobe aus, das nach Reinigung direkt zur Trockne eingeengt wird. Für dieses Verfahren muss der Fluoreszenzdetektor eine entsprechend hohe Messempfindlichkeit aufweisen. Für eine Bezugslösung mit einer Massenkonzentration von ρ(Glyphosat) = 0,5 pg/µl muss unter den üblichen Messbedingungen ein Signal-zu-Rauschen-Verhältnis von mindestens 6 : 1 erhalten werden.

Schwebstoffe durch Filtration der Wasserprobe über ein Glasfaserfilter (siehe 6.3) entfernen (siehe 4.1).

9.2 Probenaufarbeitung: Verfahren A

9.2.1 Allgemeines

Die zur Durchführung des Verfahrens notwendigen Mengen an Reagenzien sind abhängig von dem eingesetzten Volumen der Wasserprobe. Sie sind nachfolgend beispielhaft für ein Probevolumen von 200 ml angegeben.

9.2.2 Anreicherung

- 200 ml der Wasserprobe mit Salzsäure (siehe 7.2) auf einen pH-Wert von 2,0 ± 0,1 einstellen.
- Etwa 6 ml des nach 7.6 vorbereiteten Kationenaustauschers in eine mit Wasser (siehe 7.1) gefüllte Säule (siehe 6.7) einschlämmen und die Packung mit etwas Glaswolle (siehe 6.8) abdecken; die Packungshöhe sollte mindestens 5 cm betragen.
- Überstehendes Wasser ablassen und die angesäuerte Wasserprobe über den Kationenaustauscher geben, z. B. mittels eines Tropftrichters (siehe 6.10); dabei eine Tropfgeschwindigkeit von 6 ml/min bis 8 ml/min einstellen.

Die Säule darf nicht trockenlaufen.

- Säulenpackung bei geöffnetem Ablaufhahn mit 20 ml Wasser (siehe 7.1) und anschließend mit 40 ml Salzsäure (siehe 7.3) nachwaschen, Waschlösungen verwerfen.
- Substanzen mit Salzsäure (siehe 7.4) bei einer Tropfgeschwindigkeit von etwa 4 ml/min eluieren, dabei die Säure soweit in die Säule einfließen lassen, bis die Elutionsfront etwa 1 cm vor dem Säulenausgang steht; das bis dahin anfallende Eluat verwerfen.
- Anschließend mit 10 ml Salzsäure (siehe 7.4) eluieren und den Extrakt in einem Glasgefäß (siehe 6.11), z. B. 50-ml-Erlenmeyerkolben, auffangen.
- Extrakt in dem Glasgefäß mit 4 ml Salzsäure (siehe 7.2) versetzen und nach 9.2.3 reinigen.

9.2.3 Reinigung des Extraktes

- Etwa 6 ml des nach 7.7 vorbereiteten Anionenaustauschers in eine mit Wasser (siehe 7.1) gefüllte Säule (siehe 6.7) einschlämmen und die Packung mit etwas Glaswolle (siehe 6.8) abdecken; die Packungshöhe sollte mindestens 5 cm betragen.
- Überstehendes Wasser ablassen und die Säulenpackung mit 10 ml Salzsäure (siehe 7.4) spülen.
- Extrakt (siehe 9.2.2) über den Anionenaustauscher geben und das Eluat in einem Glasgefäß (siehe 6.14), z. B. einem 100-ml-Spitzkolben, auffangen.

Bei der Probenaufgabe darf die Säulenpackung nicht beschädigt werden, damit das orangegelbe Eisen(III)-chlorid nicht durch die Säule sickert.

- Glasgefäß des Extraktes mit zweimal 2 ml Salzsäure (siehe 7.4) nachwaschen, die Extraktlösungen ebenfalls über den Anionenaustauscher geben und die Eluate in dem Glasgefäß (siehe 6.11) sammeln.
- Eluat in dem Glasgefäß zur Trockne einengen, z. B. am Rotationsverdampfer (siehe 6.15) bei etwa 50 °C und kontrolliertem Druck, dabei den Druck allmählich auf etwa 20 hPa absenken.
- Rückstand in 1 ml des für die HPLC verwendeten Eluenten (siehe 9.4.1) lösen.
- Lösung durch ein Mikrofilter (siehe 6.18) in ein Probenfläschchen (siehe 6.19) filtrieren und bis zur HPLC-Analyse kühl aufbewahren.

9.3. Probenaufarbeitung: Verfahren B

- Etwa 100 ml der Wasserprobe mit 30%iger Salzsäure (siehe 7.2) auf einen pH-Wert von 2,0 ± 0,1 einstellen.
- Sorbens in der Kartusche oder Glassäule (siehe 6.13) mit 5 ml Methanol (siehe 7.8) konditionieren und anschließend mit Wasser (siehe 7.1) überschichten.

Das Sorbens darf nicht trockenlaufen.

- Etwa 20 ml der angesäuerten Wasserprobe in eine Einmalspritze (siehe 6.12) aufziehen, die Spritze über einen Adapter mit der Kartusche oder Glassäule verbinden und die Wasserprobe durch das Sorbens drücken; dabei das Eluat bis zu etwa 5 ml verwerfen.
- Anschließend eine Eluatmenge von z. B. (10 ± 0,1) g in ein Glasgefäß (siehe 6.14), z. B. einen 25-ml-Spitzkolben, wägen.
- Eluat in dem Glasgefäß zur Trockne einengen, z. B. am Rotationsverdampfer (siehe 6.15) bei etwa 50 °C und kontrolliertem Druck, dabei den Druck allmählich auf etwa 20 hPa absenken.
- Rückstand in 1 ml des für die HPLC verwendeten Eluenten (siehe 9.4.1) aufnehmen, die Lösung durch ein Mikrofilter (siehe 6.18) in ein Probenfläschchen (siehe 6.19) filtrieren und bis zur HPLC-Analyse kühl aufbewahren.

9.4 Hochleistungs-Flüssigkeitschromatographie

9.4.1 Chromatographische Trennung

- Zur Trennung von Glyphosat und AMPA Trennsäulen (siehe 6.23) verwenden und die Trennung unter isokratischen Bedingungen, z. B. mit Pufferlösung (siehe 7.15) durchführen, dabei die Trennsäule thermostatisieren, z. B. bei 55 °C.

Die zu bestimmenden Substanzen müssen vollständig voneinander getrennt sein. Dabei muss ihre Retention so optimiert sein, dass die Gegenwart von organischen Begleitstoffen zu keiner Störung der Bestimmung führt (siehe 4.2.1 und Bild 3). Unter Verwendung der Pufferlösung nach 7.15 wird mit den üblichen Kationenaustauschersäulen (siehe 6.23) meist eine den Anforderungen entsprechende Trennung erzielt. Bei unzureichender Trennung oder zu geringer Retention der Substanzen eine Trennsäule anderer Selektivität verwenden, da durch Variation der Ionenstärke und des pH-Wertes meist keine Verbesserung der Trennung erzielt werden kann. (Beispiele siehe Bild 1 und Tabelle 2).

- Injektionsvolumen so wählen, dass keine zusätzliche Peakverbreiterung auftritt, z. B. bei einer Trennsäule mit einem Innendurchmesser von 4 mm ein Injektionsvolumen von höchstens 100 µl.

Um die Qualität der Trennung sicherzustellen, sollte die Trennsäule im verwendeten Gerät eine theoretische Bodenzahl für Glyphosat von mindestens 500 aufweisen.

- Die Peakasymmetrie darf für AMPA einen Wert von T = 2,0 (T = Asymmetriefaktor) nicht überschreiten. Die Parameter nach den Gleichungen 3 bzw. 4 berechnen; sie sind beispielhaft für ein typisches Chromatogramm angegeben (siehe Bild 3 und [5], [6], [7]).

Das Signal-zu-Rauschen-Verhältnis darf bei einer Massenkonzentration entsprechend der unteren Arbeitsbereichsgrenze nicht geringer sein als 6 : 1.

$$n = 5{,}54 \left(\frac{t_R}{b_{0,5}} \right)^2 \qquad (3)$$

Dabei ist

n die theoretische Bodenzahl, Dimension 1;
t_R die Retentionszeit des Peaks im Chromatogramm, in Minuten;
$b_{0,5}$ die Breite des Peaks auf halber Höhe, in Minuten.

sowie

$$T = \frac{b}{a} \qquad (4)$$

Dabei ist

T der Peakasymmetriefaktor, Dimension 1;
a die Strecke, gemessen von der linken Peakflanke bis zum Peaklot bei 10 % der Peakhöhe, in Millimeter;
b die Strecke, gemessen von der rechten Peakflanke bis zum Peaklot bei 10 % der Peakhöhe, in Millimeter.

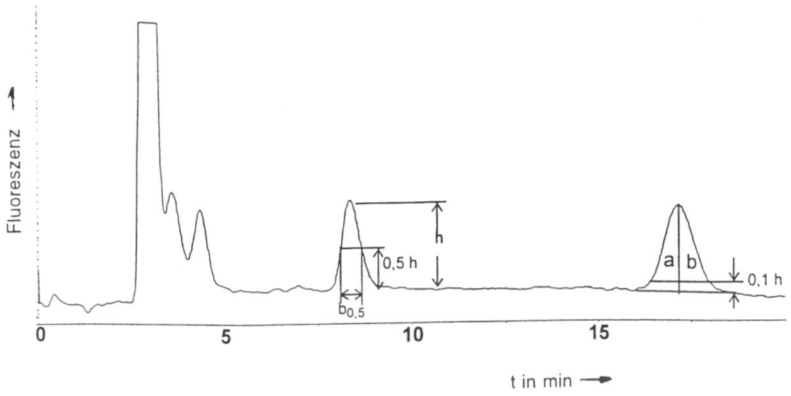

Legende

Glyphosat
t_R = 8,48 min
$b_{0,5}$ = 0,58 min
n = 1184

AMPA
a = 4,7 mm
b = 5,4 mm
T = 1,15

Bild 3 – HPLC-Chromatogramm einer dotierten Trinkwasserprobe

Bei der Verwendung der üblichen Kationenaustauscher in der Kaliumform sollte die Trennsäule nach jeder Analyse mit mindestens 0,4 ml Kaliumhydroxid-Lösung (siehe 7.17) je Milliliter Leervolumen der Trennsäule gespült und anschließend mit dem Eluenten konditioniert werden.

9.4.2 Inbetriebnahme des HPLC-Gerätes und des Nachsäulenderivatisierungssystems

- Bei der Inbetriebnahme des HPLC-Gerätes, des Nachsäulenderivatisierungssystems und des Fluoreszenzdetektors die Anleitungen der Gerätehersteller beachten.

Zum Anschluss der Geräte siehe Bild 2.

- HPLC-Gerät mit dem entgasten Eluenten in Betrieb nehmen (siehe 9.4.1).
- Oxidations- und Derivatisierungslösung, z. B. nach 7.22 bzw. 7.23, in den Reagenzienflaschen frisch ansetzen und die Flaschen an das System anschließen (siehe Bild 2).
- In beide Reagenzienlösungen etwa 5 min intensiv Helium (siehe 7.10) oder Stickstoff einleiten, Gasauslassventile an den Reagenzienflaschen schließen und die Flaschen unter konstanten Gasdruck, z. B. 0,5 bar, setzen.
- Temperatur des Reaktors für die Oxidation einstellen, z. B. auf 40 °C.

ANMERKUNG 1 Bei der Oxidation von Glyphosat zum Glycin (siehe Gleichung (2)) wird AMPA durch Mineralisierung teilweise zerstört. Die Umsätze sind abhängig von der Massenkonzentration des Oxidationsmittels, der Verweilzeit der Lösung in der Reaktorspule und von der Reaktortemperatur.

- Reagenzienpumpen in Betrieb nehmen.

Die Einstellung der Volumenflüsse für die Reagenzienlösungen ist u. a. abhängig von dem Volumenfluss des Eluenten und muss so gewählt werden, dass der pH-Wert der Gesamtlösung vor Eintritt in die zweite Reaktorspule > 10 beträgt (Beispiele für Arbeitsbedingungen siehe Tabelle 2).

Die Reagenzienpumpen dürfen erst in Betrieb genommen werden, wenn die HPLC-Pumpe den üblichen Arbeitsdruck erreicht hat, damit eine Kontamination der Trennsäule mit den Reagenzienlösungen vermieden wird. Bei der Außerbetriebnahme müssen die Reagenzienpumpen aus diesem Grund vor der HPLC-Pumpe abgeschaltet werden.

- Messsystem equilibrieren, bis stabile Messbedingungen vorliegen (siehe 9.4.4)

Die Equilibrierungszeit hängt u. a. vom verwendeten Fluoreszenzdetektor ab und kann bei hoher Messempfindlichkeit bis zu mehreren Stunden betragen.

ANMERKUNG 2 Kürzere Einstellzeiten können gegebenenfalls dadurch erreicht werden, dass zunächst nur die HPLC-Pumpe in Betrieb genommen und die Säule mit dem Eluenten bei geringem Fluss, z. B. 0,05 ml/min, über Nacht equilibriert wird.Bei der Messung sollte die Grundfluoreszenz möglichst niedrig sein; bei hoher Grundfluoreszenz und bei stark driftender Basislinie liegen Störungen vor (siehe 4.2.5 und 4.2.6).

9.4.3 Detektion

- Die vom Hersteller garantierten Spezifikationen hinsichtlich Basislinienrauschen und Basisliniendrift regelmäßig prüfen. Werden die Spezifikationen nicht erreicht, die in der Betriebsanleitung angegebenen Hinweise zum Erkennen und Beheben von Störungen befolgen.
- Zur Detektion von Glyphosat und AMPA einen Fluoreszenzdetektor (siehe 6.22) verwenden, und für die Anregung eine Wellenlänge von z. B. 330 nm und für die Emission eine Wellenlänge von z. B. 450 nm wählen (siehe Bild 4). Bei diesen Messbedingungen sollte zur Reduzierung von Streulicht auf der Emissionsseite ein Filter von z. B. 390 nm verwendet werden.

Filterfluorimeter sind ebenfalls geeignet; die Messbedingungen sollten dabei denen von Monochromatorgeräten entsprechen.

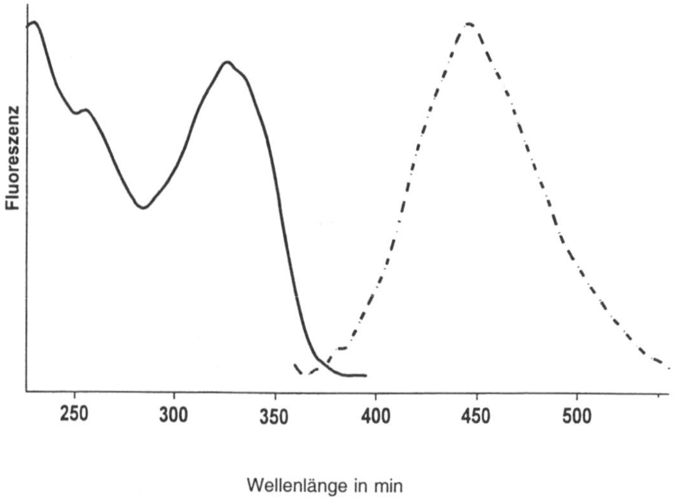

Bild 4 – Anregungs- und Emissionsspektrum des Glyphosat-Derivates

Messung während der Chromatographie, Eluent: 5 mmol/l Kaliumdihydrogenphosphat-Puffer, pH = 2, Bandbreiten jeweils 20 nm

_______ Anregungswellenlänge 230 nm bis 400 nm, Emissionswellenlänge 450 nm

\- - - - - - - Emissionswellenlänge 350 nm bis 600 nm, Anregungswellenlänge 230 nm

Lösemittel: 5 mmol Kaliumdihydrogenphosphat

ANMERKUNG Das Anregungsspektrum und Emissionsspektrum des AMPA-Derivates zeigt den gleichen Verlauf wie die entsprechenden Spektren des Glyphosat-Derivates.

9.4.4 Probenmessung

- Eine der Bezugslösungen (siehe 7.29) injizieren und die Messungen solange wiederholen, bis reproduzierbare Retentionszeiten und Peakflächen vorliegen.

ANMERKUNG Reproduzierbare Retentionszeiten werden üblicherweise nach zwei bis drei Injektionen der Bezugslösung erreicht.Beträgt die Abweichung der ermittelten Massenkonzentration bei der Messung einer Bezugslösung bei einer der Substanzen mehr als z. B. 10 % des Sollwertes und können Störungen ausgeschlossen werden (siehe 4.2), zunächst neue Bezugslösungen ansetzen und die Messungen wiederholen. Bestätigt sich das Ergebnis, eine neue Kalibrierung (siehe Abschnitt 10) vornehmen.

- Nach der Messung von drei bis fünf Proben, je nach Stabilität des Messsystems, wieder eine Bezugslösung zur Kontrolle injizieren und gegebenenfalls die Retentionszeiten für die Peakzuordnung den aktuellen Retentionszeiten anpassen.
- Bei jeder einzelnen Probe die Peakintegration auf Richtigkeit prüfen und gegebenenfalls korrigieren (siehe 4.2.1).

Liegt die ermittelte Massenkonzentration bei der Probenmessung für eine Substanz oberhalb des kalibrierten Messbereiches, die Messlösung entsprechend verdünnen und die Messung wiederholen.

9.4.5 Identifizierung der Substanzen

Aufgrund der hohen Spezifität des Verfahrens gilt im Sinne dieser Norm die Anwesenheit einer einzelnen Verbindung in der Probe als nachgewiesen, wenn

- die Retentionszeit der Substanz in dem Chromatogramm der Probe mit der unter gleichen Bedingungen gemessenen Retentionszeit der Referenzsubstanz in dem Chromatogramm einer Bezugslösung übereinstimmt (Grenzabweichungen ± 1 %, höchstens jedoch 10 s).

Ein positiver Befund kann nach verschiedenen Verfahren abgesichert werden, sofern nach fachlichem Ermessen notwendig:

a) durch Verwendung einer Trennsäule anderer Selektivität, z. B. Anionenaustauscher (siehe Bild 1);

b) durch Anwendung eines unabhängigen Verfahrens, z. B. HPLC-Vorsäulenderivatisierung.

10 Kalibrierung

- Zur Aufstellung der Bezugsfunktionen eine Kalibrierung des HPLC-Bestimmungsschrittes (Grundkalibrierung) mit externem Standard durchführen; dabei zweckmäßigerweise beide Verbindungen in einem Arbeitsgang untersuchen.

Voraussetzung hierzu ist die Kenntnis der Retentionszeiten der Einzelsubstanzen. Diese werden mit den Lösungen der Einzelsubstanzen (siehe 7.27) unter den vorgegebenen chromatographischen Bedingungen ermittelt.

- Das Bestimmungsverfahren so gestalten, dass sich für jede zu bestimmende Verbindung eine lineare Abhängigkeit von Messsignal zur Konzentration ergibt (siehe DIN 38402-51).

ANMERKUNG Die Fluoreszenzmessung zeigt nur in einem begrenzten Bereich eine lineare Abhängigkeit des Messsignals von der Konzentration. Bei höheren Konzentrationen können Quencheffekte auftreten.

- Den Kalibrierbereich den realen Anforderungen anpassen, z. B. für die Untersuchung von Trink- und Grundwasser nach Verfahren A einen Kalibrierbereich von 10 pg/µl bis 100 pg/µl für die Einzelsubstanz wählen.

Zur Bedeutung der im folgenden Text verwendeten Indizes siehe Tabelle 3.

Tabelle 3 – Bedeutung der Indizes

Index	Bedeutung
i	Identität der Substanz
e	Messgröße bei Kalibrierungen
j	fortlaufende Zahl bei Wertepaaren

Für jede zu bestimmende Substanz eine Bezugsfunktion aus mindestens fünf verschiedenen Konzentrationen durch Injektion der Bezugslösungen (siehe 7.29) aufstellen.

- Das Injektionsvolumen sowohl bei der Kalibrierung als auch bei der Probenmessung gleich groß halten (siehe 9.4.1).
- Die Bezugsfunktionen graphisch darstellen. Hierzu die Messwerte y_{iej} (Peakfläche, Peakhöhe oder Integrationseinheiten) für jede Substanz i als Ordinate und die zugehörige Massenkonzentration ρ_{iej} als Abszisse auftragen.

– Für die so erhaltenen Messwertereihe aus den Wertepaaren y_{iej} und ρ_{iej} durch lineare Regression die Ausgleichsgerade nach Gleichung (5) ermitteln:

$$y_{ie} = m_i \, \rho_{ie} + b_i \tag{5}$$

Dabei ist

y_{ie} der Messwert der Substanz i bei der Kalibrierung in Abhängigkeit von ρ_{ie}, Einheit auswertungsabhängig, z. B. Flächenwert;

ρ_{ie} die Massenkonzentration der Substanz i (externer Standard in der Bezugslösung), in Picogramm je Milliliter;

m_i die Steigung der Ausgleichsgeraden der Substanz i, z. B. Flächenwert · Mikroliter durch Picogramm;

b_i der Achsenabschnitt der Ausgleichsgeraden der Substanz i auf der Ordinaten, Einheit auswertungsabhängig, z. B. Flächenwert.

Die für eine Substanz ermittelte Bezugsfunktion gilt nur für den geprüften Kalibrierbereich; sie ist abhängig vom Betriebszustand des HPLC-Gerätes, des Nachsäulenderivatisierungs-Systems und des Fluoreszenzdetektors und muss regelmäßig durch Messung von Bezugslösungen (siehe 7.29) geprüft werden (siehe 9.4.4).

11 Bestimmung der laborinternen Wiederfindungsrate

Die laborinternen substanzbezogenen Wiederfindungsraten auf verschiedenen Konzentrationsniveaus gleichmäßig verteilt über den festgelegten Arbeitsbereich ermitteln. Dabei vorzugsweise von den gleichen Konzentrationsniveaus wie bei der Erstellung der Kalibrierfunktionen (siehe Abschnitt 10) ausgehen. Aus den einzelnen Wiederfindungsraten die mittlere substanzbezogene Wiederfindungsrate berechnen.

$\overline{A}_i$ für eine typische Wasserprobe berechnen.

– Hierzu z. B. 200 ml Wasser (siehe 7.1) mit 1 ml einer der Bezugslösungen (siehe 7.29) versetzen und die Wasserprobe nach Abschnitt 9 aufarbeiten und analysieren.

– Für jede Substanz i die mittlere Wiederfindungsrate nach den Gleichungen (6) und (7) berechnen:

$$A_{i,n} = \frac{\rho_{i,ngef}}{\rho_{i,nsoll}} \tag{6}$$

$$\overline{A}_i = \frac{\sum_{N-1}^{N} A_{i,N}}{N} \tag{7}$$

Dabei ist

$A_{i,n}$ die Wiederfindungsrate der Substanz i auf dem Konzentrationsniveau n, Dimension 1;

$\rho_{i,ngef}$ die wiedergefundene Massenkonzentration der Substanz i auf dem Konzentrationsniveau n, berechnet nach Gleichung (5), in Mikrogramm je Liter;

$\rho_{i,nsoll}$ die vorgegebene (nominale) Massenkonzentration der Substanz i auf dem Konzentrationsniveau n, in Mikrogramm je Liter;

$\overline{A}_i$ die mittlere Wiederfindungsrate der Substanz i, dimensionslos;

N die Anzahl der Einzelmesswerte A_i.

Die mittleren Wiederfindungsraten sollten in einem Bereich von 0,8 bis 1,1 liegen, wobei die Standardabweichungen einen Wert von 0,1 nicht überschreiten sollten. Geringere Wiederfindungsraten und höhere Streuungen weisen auf Schwierigkeiten bei der Probenaufarbeitung hin.

Die mittleren substanzbezogenen Wiederfindungsraten müssen bei der Erarbeitung und bei jeder Änderung des Verfahrens (Durchführung, Reagenzien, Geräte, Personal) ermittelt werden. Ihre Gültigkeit sollte bei der Untersuchung von Proben in der Analysenserie mit zwei Wiederfindungsraten bei 20 % und 80 % des Arbeitsbereiches nachgewiesen werden. Liegen die Wiederfindungsraten im Bereich der dreifachen Standardabweichung der mittleren Wiederfindungsraten, ist die Gültigkeit nachgewiesen. Anderenfalls müssen die mittleren Wiederfindungsraten neu bestimmt werden.

12 Blindwertmessungen

Anhand von Blindwertmessungen den einwandfreien Zustand der Geräte und der Reagenzien kontrollieren.

- Zur Durchführung der Blindwertmessungen, z. B. 200 ml Wasser (siehe 7.1) in der gleichen Weise wie eine Probe aufarbeiten und analysieren (siehe Abschnitt 9).

Bei einem Nachweis von Substanzen in einer Blindwertprobe, die zu Störungen bei der Bestimmung von Glyphosat oder AMPA führen, die Kontaminationsquelle durch systematische Untersuchungen ermitteln und beseitigen.

13 Auswertung

Die Massenkonzentration ρ_i der Substanz i in der Wasserprobe nach den Gleichungen (8) und (9) berechnen:

$$\rho_i = \frac{(y_i - b_i)\,V_0}{m_i\,V_p\,\overline{A}_i} \tag{8}$$

$$V_p = \frac{G}{d} \tag{9}$$

Dabei ist

ρ_i	die Massenkonzentration der Substanz i in der Wasserprobe, in Mikrogramm je Liter;
y_i	der Messwert der Substanz i, z. B. Flächenwert;
m_i, b_i	siehe Gleichung (5);
V_0	das Volumen der Messlösung (Extrakt), aus der injiziert wurde, in Milliliter;
V_p	das Volumen der Wasserprobe, in Milliliter, gegebenenfalls berechnet nach Gleichung (9);
$\overline{A}_i$	siehe Gleichung (7);
G	das Gewicht der aufgearbeiteten Wasserprobe, in Gramm;
d	die Dichte der Wasserprobe, in Gramm je Milliliter; die Dichte wird mit 1 g/ml angenommen.

14 Angabe des Ergebnisses

Alle Messergebnisse sind mit einer gewissen Unschärfe behaftet; diese relative Unschärfe ist häufig im unteren Anwendungsbereich des Verfahrens am größten.

Quantitative Angaben zur Messergebnisunschärfe in einem anderen Konzentrationsbereich können im Einzelfall aus der Dokumentation der Qualitätssicherungsdaten eines Laboratoriums (z.B. Spannweiten-Kontrollkarten bei Doppelbestimmungen) abgeschätzt werden. Eine weitere Möglichkeit zur Abschätzung ist mit der externen analytischen Qualitätssicherung gegeben, bei der durch Ringversuche die Messergebnisunschärfe im Vergleich der Messwerte mehrerer Laboratorien erfasst werden kann.

Quantitative Angaben zur Messergebnisunschärfe für einen bestimmten Konzentrationsbereich folgen nach Abschluss eines Ringversuches.

Matrixeinflüsse können die Messergebnisunschärfe erheblich beeinflussen.

Die Massenkonzentrationen von Glyphosat und AMPA werden in Mikrogramm je Liter, gerundet auf zwei signifikante Stellen, angegeben. Bei Werten < 0,10 µg/l wird auf 0,01 µg/l gerundet.

BEISPIEL

Glyphosat	gemessen	1,54	µg/l	angegeben	1,5	µg/l
		0,154	µg/l	angegeben	0,15	µg/l
		0,0549	µg/l	angegeben	0,06	µg/l

15 Analysenbericht

Der Analysenbericht muss sich auf dieses Verfahren beziehen und folgende Einzelheiten enthalten:

a) Bezeichnung des Verfahrens;

b) Identität der Wasserprobe;

c) Angabe des Ergebnisses nach Abschnitt 14;

d) Angaben zur Probenahme und zur Probenkonservierung;

e) Darstellung des nach diesem Verfahren gewählten Verfahrensweges;

f) jede Abweichung von diesem Verfahren und Angaben aller Umstände, die das Ergebnis beeinflusst haben.

16 Verfahrenskenndaten

Die Verfahrenskenndaten folgen nach Durchführung des Ringversuches.

Anhang A
(informativ)

Erläuterungen

Die in Tabelle A.1 dieser Norm mit den Kennbuchstaben A bis C benannten Säulen sind unter folgenden Handelsnamen bekannt:

Tabelle A.1 – Handelsnamen von Trennsäulen

Kennbuchstaben nach Tabelle 2	Handelsname	Länge mm	Innendurchmesser mm
A	Pickering-Glyphosate Column, Cation Exchange, K^+	150	4
B	PRP-X400, Hamilton, K^+	250	4,1
C	CarboPac PA-100, NR_4^+	250	4

Die vorliegende Norm enthält das vom Normenausschuss Wasserwesen (NAW) im DIN und von der Wasserchemischen Gesellschaft - eine Fachgruppe in der Gesellschaft Deutscher Chemiker - gemeinsam erarbeitete Deutsche Einheitsverfahren

"Bestimmung von Glyphosat und Aminomethylphosphonsäure (AMPA) in Wasser durch Hochleistungs-Flüssigkeitschromatographie (HPLC), Nachsäulenderivatisierung und Fluoreszenzdetektion (F 22)".

Die als DIN-Normen veröffentlichten Einheitsverfahren sind beim Beuth Verlag GmbH einzeln oder zusammengefasst erhältlich. Außerdem werden die genormten Einheitsverfahren in der Loseblatt-Sammlung "Deutsche Einheitsverfahren zur Wasser-, Abwasser- und Schlammuntersuchung" gemeinsam vom Beuth Verlag GmbH und dem Wiley-VCH Verlag publiziert.

Alle für die Abwasserverordnung (AbwV) - enthalten in der neuen Verordnung zu § 7a des Gesetzes zur Ordnung des Wasserhaushaltes (WHG) über "Anforderungen an das Einleiten von Abwasser in Gewässer und zur Anpassung des Abwasserabgabengesetzes" - relevanten Einheitsverfahren sind zusammen mit der AbwV und dem WHG und allen noch fortgeltenden Abwasserverwaltungsvorschriften als Loseblattsammlung "Analysenverfahren in der Abwasserverordnung - Rechtsvorschriften und Normen" mit dem Ergänzungsband 1 (DIN-Normen) und dem Ergänzungsband 2 (DIN-EN- und DIN-EN-ISO-Normen) herausgegeben worden.

Normen oder Norm-Entwürfe mit dem Gruppentitel "Deutsche Einheitsverfahren zur Wasser-, Abwasser- und Schlammuntersuchung" sind in folgende Gebiete (Haupttitel) aufgeteilt:

Allgemeine Angaben (Gruppe A) (DIN 38402)

Sensorische Verfahren (Gruppe B) (DIN 38403)

Physikalische und physikalisch-chemische Kenngrößen (Gruppe C) (DIN 38404)

Anionen (Gruppe D) (DIN 38405)

Kationen (Gruppe E) (DIN 38406)

Gemeinsam erfassbare Stoffgruppen (Gruppe F) (DIN 38407)

Gasförmige Bestandteile (Gruppe G) (DIN 38408)

Summarische Wirkungs- und Stoffkenngrößen (Gruppe H) (DIN 38409)

Biologisch-ökologische Gewässeruntersuchung (Gruppe M) (DIN 38410)

Mikrobiologische Verfahren (Gruppe K) (DIN 38411)

Testverfahren mit Wasserorganismen (Gruppe L) (DIN 38412)

Einzelkomponenten (Gruppe P) (DIN 38413)

Schlamm und Sedimente (Gruppe S) (DIN 38414)

Suborganismische Testverfahren (Gruppe T) (DIN 38415)

Außer den in der Reihe DIN 38402 bis DIN 38415 genormten Untersuchungsverfahren liegen eine Reihe Europäischer und Internationaler Normen als DIN EN-, DIN EN ISO- und DIN ISO-Normen vor, die ebenfalls Bestandteil der "Deutschen Einheitsverfahren" sind.

Über die bisher erschienenen Teile dieser Normen gibt die Geschäftsstelle des Normenausschusses Wasserwesen (NAW) im DIN Deutsches Institut für Normung e.V., Telefon (030) 26 01 - 25 49, oder der Beuth Verlag GmbH, 10772 Berlin (Hausanschrift: Burggrafenstr. 6, 10787 Berlin), Auskunft.

Literaturhinweise

[1] *Perkow, W.: Wirksubstanzen der Pflanzenschutz- und Schädlingsbekämpfungsmittel, Paul Parey Verlag, Berlin, 2. Auflage, 1992.*

[2] *Environmental Health Criteria 159, Glyphosat; World Health Organization Geneva, 1994.*

[3] *Methodensammlung zur Rückstandsanalytik von Pflanzenschutzmitteln, VCH Verlagsgesellschaft mbH, Weinheim, Band II, 10. Lieferung 1989.*

[4] *Analysis of Glyphosat in drinking water by direkt aqueous injection HPLC with postcolumn derivatization. U.S. Environmental Protection Agency, US-EPA, Method 547, 1990.*

[5] *Engelhardt, H.: Hochdruck-Flüssigkeits-Chromatographie, Springer Verlag Berlin Heidelberg, New York, 2. Auflage 1977.*

[6] *Meyer, V.: Praxis der Hochleistungs-Flüssigkeitschromatographie, Verlag Diesterweg Salle Verlag, Verlag Sauerländer, Frankfurt am Main, 4. Auflage 1986*

[7] *Unger, K. K.: Handbuch der HPLC, Teil 1: Leitfaden für Anfänger und Praktiker, GIT Verlag, Darmstadt, 2. Auflage 1995.*

DEUTSCHE NORM *Entwurf* **September 2000**

Deutsche Einheitsverfahren zur Wasser-, Abwasser- und Schlammuntersuchung

Gemeinsam erfassbare Stoffgruppen (Gruppe F)

Bestimmung von Dalapon, Trichloressigsäure und ausgewählten weiteren Halogenessigsäuren mittels Gaschromatographie (GC-ECD und/oder GC-MS) nach Flüssig-Flüssig-Extraktion und Derivatisierung (F 25)

DIN 38407-25

Einsprüche bis 2000-12-31

ICS 13.060.50

German standard methods for the examination of water, waste water, and sludge; Jointly determinable substances (group F); Determination of dalapon, trichloroacetic-acid and selected haloacetic acids by gas chromatography (GC-ECD and/or GC-MS) after liquid-liquid-extraction and derivatisation (F 25)

Méthodes normalisées allemandes pour l´analyse des eaux, des eaux résiduaires et des boues; Substances déterminables ensemble (groupe F); Dosage de dalapon, de l´acide-trichloroacetique et d'acides haloacétiques additionnels avec la chromatographie en phase gazeuse (GC-ECD et/ou GC-MS) après extraction liquide et derivatisation (F 25)

Anwendungswarnvermerk

Dieser Norm-Entwurf wird der Öffentlichkeit zur Prüfung und Stellungnahme vorgelegt.

Weil die beabsichtigte Norm von der vorliegenden Fassung abweichen kann, ist die Anwendung dieses Entwurfes besonders zu vereinbaren.

Stellungnahmen werden erbeten an den Normenausschuss Wasserwesen (NAW) im DIN Deutsches Institut für Normung e. V., 10772 Berlin (Hausanschrift: Burggrafenstraße 6, 10787 Berlin).

Vorwort

Diese Norm wurde gemeinsam mit der Wasserchemischen Gesellschaft - eine Fachgruppe in der Gesellschaft Deutscher Chemiker - aufgestellt (siehe Anhang B).

Es ist erforderlich, bei den Untersuchungen nach dieser Norm Fachleute oder Facheinrichtungen einzuschalten und bestehende Sicherheitsvorschriften zu beachten.

Bei Anwendung der Norm ist im Einzelfall je nach Aufgabenstellung zu prüfen, ob und inwieweit die Festlegung zusätzlicher Randbedingungen erforderlich ist.

Zu DIN 38407 "Deutsche Einheitsverfahren zur Wasser-, Abwasser- und Schlammuntersuchung — Gemeinsam erfassbare Stoffgruppen — (Gruppe F)" gehören weitere Teile. Eine Übersicht der Gruppen A bis T der "Deutschen Einheitsverfahren" enthält Anhang B.

Die Anhänge A und B sind informativ.

Fortsetzung Seite 2 bis 27

Normenausschuss Wasserwesen (NAW) im DIN Deutsches Institut für Normung e.V.

Ref. Nr. E DIN 38407-25 : 2000-09

Preisgr. 12 *Vertr.-Nr. 0012*

WARNUNG

Diazald und Diazomethan sind als giftig, karzinogen und mutagen einzustufen. Darüber hinaus kann Diazomethan bei nicht sachgemäßer Anwendung, und insbesondere in höheren Konzentrationen, zur Explosion führen.

Einleitung

Zur Bestimmung von Dalapon (2,2-Dichlorpropionsäure), Trichloressigsäure und anderen Halogenessigsäuren stehen verschiedene Verfahren zur Verfügung (siehe Anhang B).

In dieser Norm wird ein gaschromatographisches Verfahren zur Bestimmung von Dalapon, Trichloressigsäure und anderen Halogenessigsäuren (siehe Tabelle 1) nach Flüssig-Flüssig-Extraktion und Methylierung mit Diazomethan beschrieben.

1 Anwendungsbereich

Das Verfahren gilt für die Bestimmung von Dalapon, Trichloressigsäure (TCA) und ausgewählten weiteren Halogenessigsäuren (siehe Tabelle 1) mittels Gaschromatographie in Grund- und Trinkwasser. In Abhängigkeit von der Matrix kann für TCA und Dalapon von einem Arbeitsbereich oberhalb von 0,05 µg/l, für die übrigen Halogenessigsäuren oberhalb von 0,5 µg/l [1)] ausgegangen werden. Die Detektion mittels ECD (Elektroneneinfangdetektor) ermöglicht im Allgemeinen niedrigere Bestimmungsgrenzen, die Detektion mittels Massenspektrometrie führt zu einer spezifischen Identifizierung.

Die Anwendbarkeit des Verfahrens auf weitere, in Tabelle 1 nicht genannte Verbindungen ist nicht ausgeschlossen; sie muss jedoch im Einzelfall geprüft werden.

Bei der Analytik anderer Wässer (z. B. Oberflächenwasser) können Störungen auftreten.

Tabelle 1 — Halogencarbonsäuren, deren Bestimmung nach diesem Verfahren erprobt wurde

Nr.	Name	Summenformel	CAS-Nr. [a)]	Molare Masse g/mol
1	Bromchloressigsäure	$C_2H_2BrClO_2$	5589-96-3	173,4
2	Dalapon	$C_3H_4Cl_2O_2$	75-99-0	143,0
3	Dibromessigsäure	$C_2H_2Br_2O_2$	631-64-1	217,8
4	Dichloressigsäure	$C_2H_2Cl_2O_2$	79-43-6	128,9
5	Monobromessigsäure	$C_2H_3BrO_2$	79-08-3	138,9
6	Monochloressigsäure	$C_2H_3ClO_2$	79-11-8	94,5
7	Trichloressigsäure (TCA)	$C_2HCl_3O_2$	76-03-9	163,4

[a)] CAS: Chemical Abstracts System

[1)] Genaue Angaben folgen nach Abschluss eines Ringversuches.

2 Normative Verweisungen

Diese Norm enthält durch datierte oder undatierte Verweisungen Festlegungen aus anderen Publikationen. Diese normativen Verweisungen sind an den jeweiligen Stellen im Text zitiert, und die Publikationen sind nachstehend aufgeführt. Bei datierten Verweisungen gehören spätere Änderungen oder Überarbeitungen dieser Publikationen nur zu dieser Norm, falls sie durch Änderung oder Überarbeitung eingearbeitet sind. Bei undatierten Verweisungen gilt die letzte Ausgabe der in Bezug genommenen Publikation (einschließlich Änderungen).

DIN 12036, *Laborgeräte aus Glas — Enghals-Standflaschen mit Kegelschliff und Stopfen.*

DIN 12241-1, *Laborgeräte aus Glas — Kegelschliffe für austauschbare Verbindungen — Maße, Toleranzen.*

DIN 12242-1, *Laborgeräte aus Glas — Kegelschliffe für austauschbare Verbindungen — Maße, Toleranzen.*

DIN 12394, *Laborgeräte aus Glas — Destillationskolben.*

DIN 12451, *Laborgeräte aus Glas — Scheidetrichter mit austauschbarem Hahnküken.*

DIN 12567, *Laborgeräte aus Glas — Tropftrichter, zylindrisch, Ablaufrohr mit verlängertem Kegelschliffkern.*

DIN 12576, *Laborgeräte aus Glas —Liebigkühler mit Kegelschliffen, Ausführung nach West.*

DIN 12594, *Laborgeräte aus Glas — Schliffbauteile.*

DIN 12596, *Laborgeräte aus Glas — Gas-Waschflaschen — Form nach Drechsel.*

DIN 12680-1, *Laborgeräte aus Glas — Messzylinder mit Strichteilung.*

DIN 12691, *Laborgeräte aus Glas — Vollpipetten mit einer Marke — schnellablaufend, Wartezeit 15 Sekunden, Klasse AS.*

DIN 19265, *pH-Messung — pH-Messumformer — Anforderungen.*

DIN 38402-12, *Deutsche Einheitsverfahren zur Wasser-, Abwasser- und Schlammuntersuchung — Allgemeine Angaben (Gruppe A) — Probenahme aus stehenden Gewässern (A 12).*

DIN 38402-13, *Deutsche Einheitsverfahren zur Wasser-, Abwasser- und Schlammuntersuchung — Allgemeine Angaben (Gruppe A) — Probenahme aus Grundwasserleitern (A 13).*

DIN 38402-14, *Deutsche Einheitsverfahren zur Wasser-, Abwasser- und Schlammuntersuchung — Allgemeine Angaben (Gruppe A) — Probenahme von Rohwasser und Trinkwasser (A 14).*

DIN 38402-15, *Deutsche Einheitsverfahren zur Wasser-, Abwasser- und Schlammuntersuchung — Allgemeine Angaben (Gruppe A) — Probenahme aus Fließgewässern (A 15).*

DIN 38402-51, *Deutsche Einheitsverfahren zur Wasser-, Abwasser und Schlammuntersuchung — Allgemeine Angaben (Gruppe A) — Kalibrierung von Analysenverfahren, Auswertung von Analysenergebnissen und lineare Kalibrierfunktionen für die Bestimmung von Verfahrenskenngrößen (A 51).*

DIN EN ISO 1042, *Laborgeräte aus Glas - Messkolben (ISO 1042 : 1998); Deutsche Fassung EN ISO 1042 : 1999.*

3 Grundlage des Verfahrens

Nach dem Ansäuern der Wasserprobe werden Dalapon, Trichloressigsäure und andere Halogenessigsäuren mittels Flüssig-Flüssig-Extraktion aus der Wasserprobe extrahiert. Die extrahierten Stoffe werden durch Einengen des Probenextrakts konzentriert, mit Diazomethan derivatisiert und nach gaschromatographischer Trennung mit einem Elektroneneinfangdetektor und/oder einem massenspektrometrischen Detektor (MS) quantitativ bestimmt.

4 Störungen

4.1 Störungen bei der Extraktion

Die Phasentrennung kann durch Schwebstoffe gestört werden. Daher Schwebstoffe in der Wasserprobe vor der Anreicherung über einen Glasfaserfilter abfiltrieren. Störungen durch Emulsionsbildung am besten durch Zentrifugieren beseitigen.

4.2 Störungen bei der Gaschromatographie und Massenspektrometrie

Die Betriebsbedingungen des verwendeten Gerätes nach den Angaben des Herstellers einstellen und regelmäßig kontrollieren.

Störungen können zum Beispiel durch das Injektionssystem oder durch unzureichende Trennung hervorgerufen werden. Die Leistungsfähigkeit und Stabilität des Analysensystems sollte geprüft werden (z. B. durch Verwendung eines Messstandards).

Erhebliche Störungen können durch die Verwendung unzureichend gereinigter Reagenzien verursacht werden (siehe 7.1). Störungen des ECD-Chromatogramms können auch durch das Derivatisierungsreagenz hervorgerufen werden. Auf die Einhaltung der Temperatur bei der Herstellung des Derivatisierungsreagenzes muss sorgfältig geachtet werden (siehe 7.19).

5 Bezeichnung

Bezeichnung des Verfahrens zur Bestimmung von Dalapon, Trichloressigsäure und ausgewählten weiteren Halogenessigsäuren mittels Gaschromatographie (GC-ECD und/oder GC-MS) nach Flüssig-Flüssig-Extraktion und Derivatisierung (F 25):

Verfahren DIN 38407 — F 25

6 Geräte

Geräte oder Geräteteile, die mit der Wasserprobe oder dem Extrakt in Berührung kommen, müssen frei von Rückständen sein, die zum Blindwert beitragen.

Vorzugsweise werden Geräte aus Glas, nichtrostendem Stahl und PTFE (Polytetrafluorethen) verwendet.

6.1 Standflaschen aus Glas, aus braunem Glas, Nennvolumen 250 ml, z. B. Standflasche DIN 12036 – E 250 – G

6.2 Messzylinder, Nennvolumen 250 ml und 500 ml, z. B. Messzylinder DIN 12680-1 – ME 250

6.3 Messkolben, Nennvolumen 10 ml, 25 ml, 50 ml und 100 ml, z. B. Messkolben DIN EN ISO 1042 – A10 – C

6.4 Vollpipetten, verschiedene Nennvolumina zwischen 1 ml und 50 ml, z. B. Vollpipette DIN 12691 – VPAS 1

6.5 Eindampfvorrichtung zum Einengen der Probenextrakte

6.6 Glasgefäße mit Verschluss zum Auffangen der Extrakte, z. B. Messkolben oder graduierte Glasgefäße mit inertem Verschluss, passend zur Eindampfvorrichtung; bei Autosamplerbetrieb Probenflaschen (Vials) aus Glas mit PTFE-beschichtetem Septumzum Aufbewahren der Probenextrakte

6.7 Muffelofen zum Ausglühen des Natriumchlorids

6.8 Magnetrührer mit Magnetrührstab, PTFE-ummantelt

6.9 Mikroseparator, z. B. Mikroseparator mit Kernschliff NS 19/26 nach DIN 12242-1

6.10 Scheidetrichter, Nennvolumen 250 ml und 500 ml, z. B. Scheidetrichter DIN 12451 - L 250

6.11 Destillationsapparatur zur Herstellung von Diazomethan (z. B. nach Bild 1), u. a.bestehend aus:

- Destillationskolben, Nennvolumen 250 ml, z. B. Kolben DIN 12394 – ZNS 250 – 19;
- Tropftrichter, Nennvolumen 100 ml, z. B. Tropftrichter DIN 12567–19–100;
- Vigreux-Kolonne (350 mm) mit Kegelschliff DIN 12241-1 – NS 29/32;
- Destillieraufsatz, z. B. Destillieraufsatz DIN 12594, Form EDS;
- Liebig-Kühler, z. B. Liebig Kühler DIN 12576 – L 250-29;
- Messkolben, Nennvolumen 100 ml, z. B. Messkolben DIN EN ISO 1042 – A100 –C;
- Gas-Waschflaschen, Nennvolumen 250 ml, z. B. Waschflasche DIN 12596 - B 250 (als Sicherheitsflasche und zur Absorption von Diazomethan).

6.12 Kapillargaschromatograph mit Elektroneneinfangdetektor (ECD); Gasversorgung entsprechend den Angaben des Geräteherstellers

Zur Identifizierung der Stoffe nach Tabelle 1 mittels Elektroneneinfangdetektor werden sowohl von jeder Probe wie von jeder Bezugslösung mindestens zwei Chromatogramme benötigt, die mit Kapillarsäulen unterschiedlicher Polarität gewonnen wurden (siehe 9.5.1). Daher sollten vorzugsweise Geräte mit Doppelinjektions- bzw. Simultaninjektions- und Doppeldetektionssystemen eingesetzt werden.

6.13 Kapillargaschromatograph mit massenspektrometrischem Detektor (MS); Gasversorgung entsprechend den Angaben des Geräteherstellers

6.14 Injektor, ausgerüstet für Aufgaben mit bzw. ohne Split durch Septum oder Direktaufgabe (on-column-Einspritztechnik) oder mit temperaturgesteuerter Aufgabetechnik

6.15 Kapillarsäulen zur Gaschromatographie (Beispiele siehe Anhang A). Vorzugsweise Trennsäulen einer Länge ≥ 50 m verwenden

6.16 Glasfaserfilter aus Borosilicatglas, Faserdurchmesser 0,75 µm bis 1,5 µm, mit anorganischem Bindemittel

6.17 pH-Messgerät, z. B. nach DIN 19265

6.18 Injektionsspritzen, Nennvolumen z. B. 5 µl oder 10 µl

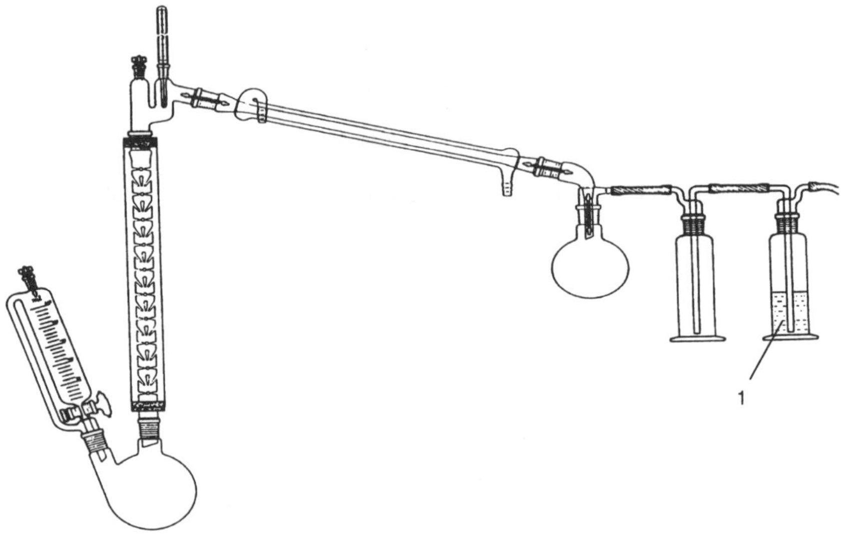

Legende

1 Essigsäure (w = 10 %) zum Absorbieren des austretenden Diazomethans

Bild 1 — Beispiel für eine Destillationsapparatur zur Herstellung von Diazomethan

7 Reagenzien

7.1 Allgemeines

Als Reagenzien werden, soweit erhältlich, solche des Reinheitsgrades „zur Rückstandsanalyse", verwendet. Der Gehalt der Reagenzien und des Wassers an Verunreinigungen, die zum Blindwert beitragen, muss vernachlässigbar klein sein. Der Blindwert muss regelmäßig und vor allem bei Verwendung einer neuen Charge geprüft werden.

7.2 Betriebsgase für die Gaschromatographie und Massenspektrometrie nach den Angaben des Geräteherstellers

7.3 Stickstoff, hochrein, Volumenkonzentration mindestens 99,996 %, z. B. zum Einengen der Eluate

7.4 Diethylether, $C_4H_{10}O$

Anmerkung Ein etwaider Zusatz zur Stabilisierung kann Störungen verursachen.

7.5 Ethanol, C_2H_5OH

7.6 Lösemittel, z. B. Ethylacetat, $C_4H_8O_2$; Aceton, C_3H_6O

7.7 MTBE (Methyl-tert.-butylether), $C_5H_{12}O$

7.8 Benzoesäure, $C_7H_6O_2$

7.9 N-Methyl-N-nitroso-4-toluolsulfonamid, $C_8H_{10}N_2O_3S$, Diazald

7.10 Natriumchlorid, NaCl (4 h auf 550 °C erhitzt)

7.11 Kaliumhydroxid-Lösung, c(KOH) = 2 mol/l

7.12 Natriumhydroxid-Lösung, c(NaOH) 0,1 mol/l

7.13 Natriumthiosulfatpentahydrat, $Na_2S_2O_3 \cdot 5\ H_2O$

7.14 Phenolphthalein

7.15 Essigsäure, CH_3COOH, (w = 10 %)

7.16 Mineralsäure, z. B. Salzsäure, (w = 25 %)

7.17 Methylierte Referenzsubstanzen

Referenzsubstanzen (methylierte Derivate der Stoffe nach Tabelle 1) mit definierter Konzentration zur Herstellung von Bezugslösungen für den gaschromatographischen Bestimmungsschritt (siehe 10.1)

7.17.1 Stammlösungen der methylierten Referenzsubstanzen

— Z. B. je 50 mg einer methylierten Referenzsubstanz in einem 100-ml-Messkolben vorlegen, mit MTBE (siehe 7.7) lösen und bis zur Marke auffüllen.

Die Lösungen bei −18 °C lichtgeschützt aufbewahren; sie sind nur begrenzt haltbar, ihre Konzentrationen regelmäßig prüfen.

7.17.2 Zwischenverdünnungen der methylierten Referenzsubstanzen

— Z. B. je 2 ml einer Stammlösung der methylierten Referenzsubstanzen (siehe 7.17.1) in einem 100-ml-Messkolben vorlegen und mit MTBE (siehe 7.7) bis zur Marke auffüllen.

Die Lösungen bei −18 °C lichtgeschützt aufbewahren; sie sind nur begrenzt haltbar, ihre Konzentrationen regelmäßig prüfen.

7.17.3 Bezugslösungen für die Mehrpunktkalibrierung der methylierten Referenzsubstanzen

— Die Bezugslösungen durch entsprechende Verdünnung der Zwischenverdünnungen (siehe 7.17.2) mit Lösemittel herstellen.

Die Bezugslösungen im Kühlschrank aufbewahren; sie sind nur begrenzt haltbar, ihre Konzentrationen regelmäßig prüfen.

7.18 Nicht-methylierte Referenzsubstanzen

Referenzsubstanzen (nach Tabelle 1) mit definiertem Gehalt zur Herstellung von Bezugslösungen für die Ermittlung der Wiederfindungen (Summe aus Extraktions- und Derivatisierungsausbeute) (siehe 10.4) sowie für die Kalibrierung über das Gesamtverfahren (siehe 10.2 und 10.3).

7.18.1 Stammlösungen der nicht-methylierten Referenzsubstanzen

— Z. B. je 50 mg einer nicht-methylierten Referenzsubstanz in einem 100-ml-Messkolben vorlegen, mit MTBE (siehe 7.7) lösen und bis zur Marke auffüllen.

Die Lösungen bei −18 °C lichtgeschützt aufbewahren; sie sind nur begrenzt haltbar, ihre Konzentrationen regelmäßig prüfen.

7.18.2 Zwischenverdünnungen der nicht-methylierten Referenzsubstanzen

— Z. B. je 1 ml einer Stammlösung der nicht-methylierten Referenzsubstanzen (siehe 7.18.1) in einem 100-ml-Messkolben vorlegen und mit MTBE (siehe 7.7) bis zur Marke auffüllen.

Die Lösungen bei −18 °C lichtgeschützt aufbewahren; sie sind nur begrenzt haltbar, ihre Konzentrationen regelmäßig prüfen.

7.18.3 Bezugslösungen für die Mehrpunktkalibrierung der nicht-methylierten Referenzsubstanzen

— Die Lösungen durch entsprechende Verdünnung der Zwischenverdünnungen (siehe 7.18.2) mit MTBE (siehe 7.7) herstellen.

Die Bezugslösungen im Kühlschrank aufbewahren; sie sind nur begrenzt haltbar, ihre Konzentrationen regelmäßig prüfen.

7.19 Herstellung von Diazomethan

Diazomethan wird z. B. in einer Destillationsapparatur nach Abschnitt 6, Bild 1, hergestellt.

Aus Sicherheitsgründen sollten der Apparatur zwei Waschflaschen nachgeschaltet werden (Warn- und Sicherheitshinweise beachten). Die erste Waschflasche bleibt leer und dient als Sicherung gegen zurückschlagende Flüssigkeit, die zweite Waschflasche enthält Essigsäure (siehe 7.15).

— In einem 250 ml-Reaktionskolben 8 ml einer 60 %igen Kaliumhydroxid-Lösung (siehe 7.11) und 10 ml Ethanol (siehe 7.5) vorlegen.

— 5,0 g Diazald (siehe 7.9) in 45 ml Diethylether (siehe 7.4) suspendieren und in einen Tropftrichter überführen. An Stelle von Diethylether darf auch MTBE (siehe 7.7) verwendet werden.

— Nach vorsichtigem Erwärmen des Reaktionskolbens auf zunächst 60 °C (im Wasserbad) tropfenweise (innerhalb von 20 min) die etherische Lösung (Diethylether bzw. MTBE) in den Reaktionskolben zugeben. Wird MTBE verwendet, die Temperatur ggf. geringfügig höher einstellen, um ein gleichmäßiges Destillieren sicherzustellen.

Das nun entstehende Diazomethan zusammen mit dem mitdestillierenden Ether (Diethylether bzw. MTBE) in der durch eine Eis-Kochsalz-Mischung gekühlten Vorlage auffangen.

Nach Beendigung der Reaktion nochmals etwa 10 ml Ether (Diethylether bzw. MTBE) zügig in den Reaktionskolben geben und die verbleibenden Reste des Diazomethans überdestillieren. Die Vorlage verschließen und bei etwa –18 °C lagern.

Anmerkung Die während der Herstellung von Diazomethan benutzten Geräte, die mit dem Reagenz Diazald in Berührung gekommen sind, werden mit Essigsäure (siehe 7.15) gereinigt. Es empfiehlt sich, nach der Reinigung des Scheidetrichters und des Reaktionskolbens die übrige Apparatur durch Destillieren mit 50 ml Ethanol (siehe 7.5) zu reinigen.

Die Konzentration von Diazomethan in der etherischen Lösung (Derivatisierungsreagenz) lässt sich z. B. titrimetrisch prüfen:

— Zu 3 ml einer 0,2 mol/l ethanolische Benzoesäure-Lösung (siehe 7.8) 1 ml der Diazomethan-Lösung zufügen. Mit 0,1 mol/l Natriumhydroxid-Lösung (siehe 7.12) gegen Phenolphthalein (siehe 7.14) als Indikator titrieren.

7.20 Interner Standard

BEISPIEL 2-Brompropionsäure oder 2,3-Dichlorpropionsäure (siehe 10.3)

8 Probennahme und Probenaufarbeitung

Um Störungen zu vermeiden, Proben unter Berücksichtigung der Festlegungen nach DIN 38402-12 bis DIN 38402-15 nehmen.

Zur Probennahme sorgfältig gereinigte, vorzugsweise braune Standflaschen (siehe Abschnitt 6) verwenden, die vor dem Einsatz mit dem Probenwasser gespült werden; die Schliffstopfen in gleicher Weise behandeln.

Chlorhaltigen Wasserproben geeignete Reduktionsmittel (z. B. Vorlage von Natriumthiosulfat nach 7.13) zufügen, so dass sich eine Konzentration von etwa 100 mg/l ergibt.

Die Standflaschen vollständig mit dem zu untersuchenden Wasser füllen.

Ist eine Lagerung nicht zu vermeiden, die Wasserprobe bei 4 °C im Dunkeln aufbewahren.

Die Wasserproben so bald wie möglich (in jedem Fall innerhalb von 3 Tagen nach der Probenahme) aufarbeiten.

9 Durchführung

9.1 Probenvorbereitung und Extraktion

9.1.1 Probenvorbereitung

— Zur Extraktion 200 ml ± 10 ml der zur untersuchenden Wasserprobe in einem Messzylinder abmessen oder das Volumen der Wasserprobe durch Wägung bestimmen.

— Den internen Standard (siehe 7.20) zugeben, falls eine Kalibrierung mit internem Standard über das Gesamtverfahren durchgeführt werden soll.

— Mit Mineralsäure (siehe 7.16) auf einen pH-Wert von 0,8 bis 1,0 einstellen.

— Die Wasserprobe mit etwa 20 g Natriumchlorid (siehe 7.10) versetzen.

— Die Wasserprobe nach 9.1.2 bzw. 9.1.3 extrahieren.

9.1.2 Extraktion durch Rühren mit Magnetrührer und Mikroseparator

— Einen Magnetrührstab in das Probengefäß (z. B. 250-ml-Standflasche nach Abschnitt 6) geben und 20 ml MTBE (siehe 7.7) hinzufügen, die Wasserprobe mittels Magnetrührer bei einer Drehzahl von etwa 1 000 min^{-1} 5 min bis 10 min rühren und anschließend etwa 5 min stehenlassen.

— Die organische Phase im Mikroseparator abtrennen. Hierzu Wasser (siehe 7.1) in den Trichter des aufgesetzten Mikroseparators einfüllen, bis der Flüssigkeitsspiegel der organischen Phase so hoch gestiegen ist, dass der Probenextrakt mit einer Pipette für die weitere Bearbeitung entnommen werden kann.

9.1.3 Extraktion durch Ausschütteln im Scheidetrichter

— Die Wasserprobe im Scheidetrichter zweimal mit 20 ml MTBE (siehe 7.7) jeweils 20 min ausschütteln. Hierzu nach jedem Extraktionsschritt die organische Phase abtrennen und sammeln. Nach Abschluss der Extraktion die organischen Phasen vereinigen.

9.2 Anreicherung und Derivatisierung

— Den Extrakt (nach 9.1.2 bzw. 9.1.3) vorsichtig auf ein Endvolumen von etwa 0,8 ml bis 0,9 ml einengen (z. B. im N_2-Strom oder am Rotationsverdampfer unter vermindertem Druck, 400 hPa, 30 °C).

— Ein ausreichendes Volumen (etwa 100 µl bis 200 µl) an Diazomethan-Lösung bis zu einer bestehenden Gelbfärbung zugeben (Herstellung siehe 7.19).

— Den Kolben mit einem Stopfen verschließen und etwa 15 min im Dunkeln aufbewahren.

— Nach Ablauf der Reaktionszeit die Lösung mit Stickstoff auf ein Volumen nicht kleiner als 0,8 ml einengen, um überschüssiges Diazomethan zu entfernen.

— Im Falle einer Kalibrierung mit externem Standard (siehe 10.2) mit MTBE (siehe 7.7) auf genau 1 ml auffüllen.

Anmerkung Bei eventuell auftretenden Interferenzen und Störkomponenten kann eine Reinigung des methylierten Extraktes über Adsorptionschromatographie (Kieselgel, Florisil) hilfreich sein.

9.3 Gaschromatographie

— Geräteparameter nach der Betriebsanleitung der Hersteller optimieren.

— Zur Trennung Kapillarsäulen (siehe Abschnitt 6; Beispiele siehe Anhang A) verwenden.

9.4 Blindwertmessungen

Anhand regelmäßiger Blindwertmessungen den einwandfreien Zustand der Geräte und Reagenzien kontrollieren.

— Zur Durchführung der Blindwertmessungen 200 ml Wasser (siehe 7.1) in der gleichen Weise wie eine reale Probe aufarbeiten und analysieren.

— Treten störende Blindwerte auf, die Ursache hierfür durch systematische Untersuchungen klären, damit die Kontaminationsquelle beseitigt werden kann.

9.5 Identifizierung einzelner Verbindungen

9.5.1 Vorgehensweise mit Elektroneneinfangdetektor (GC-ECD)

Einzelne Verbindungen in der Probe werden mittels Elektroneneinfangdetektor (ECD) nachgewiesen, indem die Retentionszeiten (*RT*), die den jeweiligen Peaks in den Proben-Chromatogrammen entsprechen, mit den unter gleichen Bedingungen gemessenen Retentionszeiten der Substanzpeaks in Gaschromatogrammen einer Bezugslösung verglichen werden.

Die notwendige Sicherheit bei der Zuordnung über den Vergleich der Retentionszeiten ist dann erreicht, wenn die Retentionszeit der jeweiligen Substanz im ECD-Chromatogramm innerhalb einer Grenzabweichung von $RT = \pm 0{,}02$ min liegt, verglichen mit der unter gleichen Bedingungen gemessenen Retentionszeit der jeweiligen Substanz im Chromatogramm einer Bezugslösung.

Enthält das Gaschromatogramm des Probenextraktes bei der substanzspezifischen Retentionszeit auf einer Kapillarsäule keinen Peak, so wird die Verbindung als nicht nachgewiesen betrachtet.

Tritt dagegen bei einer bestimmten, substanzspezifischen Retentionszeit ein Peak auf, so ist das Vorhandensein der gesuchten Verbindung möglich. Die Identität muss jedoch durch weitere Untersuchungen gesichert werden. Tritt bei der vergleichenden Prüfung auf einer zweiten Kapillarsäule einer anderen Polaritätsgruppe[2]) bei der substanzspezifischen Retentionszeit ebenfalls ein Peak auf, so ist die Identität der Substanz sehr wahrscheinlich. Bei wenig belasteten Wässern oder solchen, bei denen eine Vorinformation über Probenherkunft und deren Matrix gegeben ist, kann die Identität als gesichert angesehen werden.

---

[2]) Je größer der Polaritätsunterschied der beiden Kapillarsäulen ist, desto sicherer ist in der Regel die Aussage (siehe Beispielchromatogramme im Anhang A).

Bei Wasserproben mit komplexer Matrix kann die Entscheidung über die gesicherte Identität der Verbindung auf einer dritten Kapillarsäule bzw. auch mittels der Massenspektrometrie in Form der GC-MS-Kopplung (siehe 9.5.2) herbeigeführt werden.

Die Empfindlichkeit des Elektroneneinfangdetektors (ECD) ist für die Methylester der Stoffe aus Tabelle 1 sehr unterschiedlich. Bei allen quantitativen Messungen ist daher darauf zu achten, dass die Signale für die jeweilige Substanz im Arbeitsbereich des ECD liegen. Soweit notwendig, Verdünnungen der Lösungen bzw. der Probenextrakte herstellen.

Anmerkung In bestimmten Fällen ist damit zu rechnen, dass das Detektorsignal des Elektroneneinfangdetektors (ECD) keine lineare Abhängigkeit von der Konzentration einer Substanz zeigt. In solchen Fällen kann aus den bei einer Mehrpunktkalibrierung erhaltenen Wertepaaren eine quadratische Regressionsfunktion als Bezugskurve erstellt werden.

9.5.2 Vorgehensweise mit Massenspektrometrie (GC-MS)

Die einzelne Verbindung in der Probe gilt als identifiziert, wenn

— die Retentionszeiten (*RT*) der jeweiligen Substanz im Totalionenstromchromatogramm bzw. im Einzelmassenchromatogramm innerhalb einer Grenzabweichung von *RT* = ± 0,02 min liegen, verglichen mit den unter gleichen Bedingungen gemessenen Retentionszeiten der jeweiligen Substanz im Totalionenstromchromatogramm bzw. dem Einzelmassenchromatogramm einer Bezugslösung

und wenn entweder

— komplette, vom Untergrund bereinigte Massenspektren der Bezugsverbindungen mit den an der jeweiligen Retentionszeit im Totalionenstromchromatogramm der Wasserprobe vorliegenden, gleichfalls untergrundbereinigten Massenspektren innerhalb aus der Erfahrung festzulegender Grenzen übereinstimmen

oder

— wenn zumindest ausreichend charakteristische Molekül- und Fragmentionen der Bezugsverbindungen (siehe Tabelle 2) mit denen der zu identifizierenden Verbindungen in ihren relativen Peakintensitäten innerhalb aus der Erfahrung festzulegender Grenzen übereinstimmen.

Anmerkung 1 Allgemein gilt die Bedingung, dass im Massenspektrum nach Untergrundsubtraktion kein Ion signifikanter Intensität mit einer größeren Masse als die für eine zu identifizierende Verbindung höchstmögliche Masse vorhanden sein sollte.

Anmerkung 2 Die Identifizierung allein über das Molekülion bzw. über ein Hauptfragmention reicht häufig nicht aus; zur Absicherung ist mindestens eine weitere typische Fragmentmasse (siehe Tabelle 2) heranzuziehen.

Anmerkung 3 Die Identifizierung mit Einzelmassenregistrierung (SIM-Verfahren) oder mit Mehrmassenregistrierung (MID-Verfahren) ermöglicht zwar niedrigere Nachweisgrenzen, sie basiert jedoch auf einem wesentlich geringeren Informationsgehalt und kann daher nur bei Untersuchungen mit einem Vorwissen über die Probenmatrix herangezogen werden. Bei unzureichendem Vorwissen über die Wasserprobe sollten zur weiteren Absicherung mindestens zwei weitere charakteristische Massen herangezogen werden (siehe Tabelle 2).

Tabelle 2 — Quantifizierungsmassen (EI, 70 eV)

Bezugsverbindung (Methylester der Stoffe aus Tabelle 1)	Beispiele der zur Quantifizierung auszuwählenden Ionen (m/z)
Bromchloressigsäure-methylester	127, 129, 131
Dalapon-methylester	61, 97, 99
Dibromessigsäure-methylester	171, 173, 175
Dichloressigsäure-methylester	83, 85, 87
Monobromessigsäure-methylester	93, 95, 121, 123
Monochloressigsäure-methylester	77, 79, 108, 110
Trichloressigsäure-methylester	117, 119, 121
Beispiel für internen Standard (informativ)	
2-Brompropionsäure-methylester	87, 107, 109
2,3-Dichlorpropionsäure-methylester	97, 99, 121

10 Kalibrierung

10.1 Allgemeines

— Für jede gesuchte Verbindung das Bestimmungsverfahren mit Einzel- oder zweckmäßigerweise mit Multikomponenten-Bezugslösungen kalibrieren.

— Das gesamte Bestimmungsverfahren so gestalten, dass sich eine lineare Abhängigkeit vom Messsignal zur Konzentration ergibt.

— Den linearen Arbeitsbereich mit mindestens fünf Konzentrationsniveaus (möglichst äquidistant) ermitteln (siehe DIN 38402-51).

Die für eine Substanz ermittelte Kalibrierfunktion gilt nur für den damit abgedeckten Konzentrationsbereich; sie ist außerdem abhängig vom Betriebszustand des Gaschromatographen und muss regelmäßig geprüft werden.

Für die Aufstellung der Bezugsfunktionen werden wahlweise drei verschiedene Arbeitsweisen angegeben, wobei der Konzentrationsbereich der Bezugslösungen den Gehalten der Substanzen in den Proben anzupassen ist (siehe 7.17 und 7.18; Herstellung der Bezugslösungen):

— Kalibrierung des Gaschromatographie-Bestimmungsschrittes (siehe 10.2).

— Kalibrierung des Gesamtverfahrens mit externem Standard (unter Einbeziehung des Extraktionsschrittes, siehe 10.3).

— Kalibrierung des Gesamtverfahrens mit internem Standard (unter Einbeziehung des Extraktionsschrittes, siehe 10.4).

Zur Bedeutung der im folgenden Text verwendeten Indizes siehe Tabelle 3.

Tabelle 3 — Bedeutung der Indizes

Index	Bedeutung
i	Identität der Substanz
e	Messgrößen bei Kalibrierungen
I	Interner Standard
g	Gesamtverfahren
j	fortlaufende Zahl bei Wertepaaren

10.2 Kalibrierung des Gaschromatographie-Bestimmungsschrittes

— Für jede zu bestimmende Substanz eine Bezugsfunktion aus mindestens fünf Punkten aufstellen; dabei zweckmäßigerweise alle in Tabelle 1 genannten Halogencarbonsäuren in einem Arbeitsgang untersuchen.

Voraussetzung ist die Kenntnis der Retentionszeiten der jeweiligen Einzelsubstanzen. Diese werden mit den Lösungen der Einzelsubstanzen (siehe 7.17 bzw. 7.18) ermittelt.

Die Aufstellung der Bezugsfunktion wird nach Injektion der Bezugslösungen (siehe 7.17.3 bzw. 7.18.3 nach Methylierung) vorgenommen. Das Injektionsvolumen ist sowohl bei der Kalibrierung als auch bei der Probenmessung (siehe 10.4) gleich groß zu halten.

— Die Bezugsfunktion graphisch darstellen.

— Hierzu die Messwerte y_{iej} (Peakflächen, Peakhöhen oder Integrationseinheiten) für jede Substanz i auf der Ordinate und die zugehörigen Massenkonzentrationen ρ_{iej} auf der Abszisse auftragen.

Für die so erhaltene Messwertreihe aus den Wertepaaren y_{iej} und ρ_{iej} durch lineare Regression die Ausgleichsgerade nach Gleichung (1) ermitteln (Bei Nichtlinearität nach 9.5.1 verfahren):

$$y_{\text{ie}} = m_{\text{i}} \cdot \rho_{\text{ie}} + b_{\text{i}} \tag{1}$$

Dabei ist

y_{ie} der Messwert der Substanz i bei der Kalibrierung in Abhängigkeit von ρ_{ie}, Einheit auswertungsabhängig, z. B. Flächenwert;

m_{i} die Steigung der Bezugsgeraden der Substanz i (entspricht dem stoffspezifischen Responsfaktor), z. B. in [Flächenwert · Mikrogramm je Liter];

ρ_{ie} die Massenkonzentration der Substanz i (externer Standard in der Bezugslösung), in Mikrogramm je Liter;

b_{i} der Achsenabschnitt der Bezugsgeraden auf der Ordinate.

10.3 Kalibrierung mit externem Standard über das Gesamtverfahren

— Für die Kalibrierung des Gesamtverfahrens z. B. jeweils 200 ml Wasser (siehe 7.1) mit 1 ml einer der Bezugslösungen (siehe 7.18.3) versetzen.

— Diese Lösungen wie in Abschnitt 9 beschrieben aufarbeiten und analysieren.

— Analog dem Kalibrierverfahren nach 10.1 aus den erhaltenen Wertepaaren y_{iegj} und ρ_{iegj} die Bezugsfunktion graphisch darstellen.

— Durch lineare Regression die Ausgleichsgerade nach Gleichung (2) ermitteln:

$$y_{\text{ieg}} = m_{\text{ig}} \cdot \rho_{\text{ieg}} + b_{\text{ig}} \tag{2}$$

Dabei ist

y_{ieg} der Messwert der Substanz i bei der Kalibrierung in Abhängigkeit von ρ_{ieg}, Einheit auswertungsabhängig, z. B. Flächenwert;

m_{ig} der Steigung der Bezugsgeraden der Substanz i (entspricht dem stoffspezifischen Responsfaktor), z. B. in [Flächenwert · Mikrogramm je Liter];

ρ_{ieg} die Massenkonzentration der Substanz i in der Bezugslösung, in Mikrogramm je Liter;

b_{ig} der Achsenabschnitt der Bezugsgeraden auf der Ordinate.

10.4 Kalibrierung mit internem Standard über das Gesamtverfahren

Der Einsatz eines internen Standards macht die Konzentrationsbestimmung unabhängig von einem möglichen Dosierfehler bei der Injektion. Darüber hinaus werden Fehler vermieden, die sowohl durch geringfügige Probenverluste während einzelner Schritte der Probenaufbereitung als auch durch Einstellung des zu vermessenden Probenextraktes auf ein exaktes (meist kleines) Endvolumen auftreten können. Ferner wird die Konzentrationsbestimmung bedingt unabhängig von Matrixeffekten in der Wasserprobe, wenn die Wiederfindungen bei der gesuchten Substanz i und bei dem internen Standard annähernd gleich sind.

Als interner Standard wird eine Substanz gewählt, die ähnliche physikalisch-chemische Eigenschaften besitzt, wie die zu bestimmenden Substanzen (Extraktionsverhalten, Retentionszeit, vergleichbares Verhalten bei der Derivatisierung). Der interne Standard selbst darf nicht in der zu untersuchenden Wasserprobe enthalten sein. Die Eignung einer Substanz muss in Abhängigkeit von der Problemstellung geprüft werden (siehe 7.20). Es können auch mehrere interne Standards verwendet werden.

Der interne Standard I wird der Wasserprobe vor der Analyse (siehe Abschnitt 9) in bekannter Masse zugesetzt. Die Massenkonzentration ρ_{I} muss für eine Kalibrierung und Probenserie gleich sein.

— Für die Kalibrierung des Gesamtverfahrens z. B. jeweils 200 ml Wasser (siehe 7.1) mit 1 ml einer der Bezugslösungen (siehe 7.18.3) versetzen. Alle Bezugslösungen enthalten den internen Standard in der gleichen Massenkonzentration ρ_{I}.

— Diese Lösungen wie in Abschnitt 9 beschrieben aufarbeiten und analysieren.

— Analog dem Kalibrierverfahren nach 10.2 aus den erhaltenen Wertepaaren der Verhältnisse $y_{\text{iegj}}/y_{\text{Iegj}}$ und $\rho_{\text{iegj}}/\rho_{\text{Iegj}}$ die Bezugsfunktion graphisch darstellen.

— Durch lineare Regression die Ausgleichsgerade nach Gleichung (3) ermitteln:

$$\frac{y_{\text{ieg}}}{y_{\text{Ieg}}} = m_{\text{iIg}} \cdot \frac{\rho_{\text{ieg}}}{\rho_{\text{Ieg}}} + b_{\text{iIg}} \tag{3}$$

Dabei ist

y_{Ieg} der Messwert des internen Standards I bei der Kalibrierung in Abhängigkeit von ρ_{Ieg}, Einheit auswertungsabhängig, z. B. Flächenwert;

m_{iIg} Steigung der Bezugsgeraden des Messwertverhältnisses von y_{ieg} $/y_{Ieg}$ (Responsfaktor);

y_{ieg}, ρ_{ieg} siehe Gleichung (2)

ρ_{Ieg} die Massenkonzentration des internen Standards I in der Bezugslösung in Mikrogramm je Liter, die Massenkonzentration wird stets gleich groß gehalten;

b_{iIg} Achsenabschnitt der Bezugsgeraden auf der Ordinate.

10.5 Bestimmung der laborinternen prozentualen Wiederfindung

Zuverlässige Wiederfindungen werden erhalten, wenn zunächst die Wiederfindungen auf verschiedenen Konzentrationsniveaus, gleichmäßig verteilt über den Arbeitsbereich, bestimmt werden. Die Einzelergebnisse werden zu einer mittleren, substanzbezogenen Wiederfindung $\overline{A}_i$ zusammengefasst.

— Zur Bestimmung der Wiederfindung z. B. jeweils 200 ml Wasser (siehe 7.1) mit 1 ml einer der Bezugslösungen (siehe 7.18.3) dotieren und in gleicher Weise aufarbeiten und analysieren wie eine reale Wasserprobe.

— Unter Zuhilfenahme des Kalibrierverfahrens nach 10.2 und 10.3 die substanzbezogene, mittlere Wiederfindung $\overline{A}_i$ für die Substanz i nach den Gleichungen (4) und (5) bestimmen:

$$\overline{A}_i = \frac{\sum_{N=1}^{n} A_{i,N}}{n} \tag{4}$$

$$A_{i,N} = \frac{\rho_{i,Ngef}}{\rho_{i,Nsoll}} \cdot f \tag{5}$$

Dabei ist in den Gleichungen (4) und (5)

n die Anzahl der Einzelmesswerte A_i;

$A_{i,N}$ die Wiederfindung der Substanz i auf dem Konzentrationsniveau N, in Prozent;

$\overline{A}_i$ die mittlere Wiederfindung der Substanz i, in Prozent;

$\rho_{i,Ngef}$ die wiedergefundene Massenkonzentration der Substanz i auf dem Konzentrationsniveau N, berechnet nach Gleichung (1), in Mikrogramm je Liter;

$\rho_{i,N\,soll}$ die vorgegebene Massenkonzentration der Substanz i auf dem Konzentrationsniveau N, in Mikrogramm je Liter;

f der Umrechnungsfaktor, hier $f = 100$.

Mit den in Abschnitt 9 angegebenen Extraktionsverfahren werden im Allgemeinen Wiederfindungsraten von > 65 % bis 70 % erzielt [3]. Niedrige und schwankende Wiederfindungen deuten auf Matrixeffekte und/oder Schwierigkeiten bei der Extraktion hin.

11 Auswertung

11.1 Berechnung der Einzelergebnisse bei der Kalibrierung mit externem Standard über das Gesamtverfahren

Die Massenkonzentration ρ_{ig} der Substanz i in der Wasserprobe nach Gleichung (6) berechnen:

$$\rho_{i,g} = \frac{y_{ig} - b_{ig}}{m_{ig}} \tag{6}$$

Dabei ist

ρ_{ig} die Massenkonzentration der gesuchten Substanz i in der Wasserprobe, in Mikrogramm je Liter;

y_{ig} der Messwert für die gesuchte Substanz i in der Wasserprobe, z. B. Flächenwert;

m_{ig}, b_{ig} siehe Gleichung (2).

11.2 Berechnung der Einzelergebnisse bei der Kalibrierung mit internem Standard über das Gesamtverfahren

Die Massenkonzentration ρ_{ig} der Substanz i in der Wasserprobe wird nach Gleichung (7) berechnet, wobei das Verhältnis der Messwerte y_{ig} der Substanz i zum Messwert y_{Ig} des internen Standards I in der Messlösung in die nach ρ_{ig} aufgelöste Gleichung (3) eingesetzt wird. Dabei ist es vorteilhaft, die gleiche Massenkonzentration des internen Standards für die Probenserie und Kalibrierserie einzuhalten; in diesem Fall kann der Zahlenwert von ρ_{Ig} aus Gleichung (7) und ρ_{Ieg} aus Gleichung (3) gleich 1 gesetzt werden.

$$\rho_{ig} = \frac{\frac{y_{ig}}{y_{Ig}} - b_{iIg}}{m_{iIg}} \cdot \rho_{Ig} \tag{7}$$

Dabei ist

ρ_{ig}, y_{ig} siehe Gleichung (6);

y_{Ig} der Messwert des internen Standards I in der Wasserprobe, z. B. Flächenwert;

b_{iIg}, m_{iIg} siehe Gleichung (3);

ρ_{Ig} die Massenkonzentration des internen Standards I in der Wasserprobe, in Mikrogramm je Liter.

---

[3]) Genaue Angaben folgen nach Durchführung eines Ringversuches.

12 Angabe der Ergebnisse

Das beschriebene gaschromatographische Verfahren mit EC-Detektion liefert für jede der verwendeten Säulen und/oder Detektionsarten ein individuelles Einzelergebnis. Das quantitative Endergebnis wird wie folgt aus den Einzelergebnissen ermittelt:

a) Den Mittelwert bilden, wenn die Differenz der Einzelwerte weniger als 10 % beträgt (bezogen auf das niedrigere Ergebnis);

b) Im Falle einer größeren Differenz den niedrigeren Wert wählen, vorausgesetzt, der niedrigere Wert ist nicht auf ein Leck im gaschromatographischen System zurückzuführen.

Der höhere Wert kann das Resultat einer Peaküberlagerung sein. Ein derartiges Ergebnis ist als Messwert zu kennzeichnen, der nur aus einer Trennung stammt.

Alle Messergebnisse sind mit einer gewissen Unschärfe behaftet; diese relative Unschärfe ist häufig im unteren Anwendungsbereich des Verfahrens am größten.

Die Messergebnisunschärfe in einem anderen Konzentrationsbereich kann im Einzelfall aus der Dokumentation der Qualitätssicherungsdaten eines Laboratoriums (z. B. Range-Kontrollkarten bei Doppelbestimmungen) abgeschätzt werden. Eine weitere Möglichkeit zur Abschätzung ist mit der externen analytischen Qualitätssicherung gegeben, bei der durch Ringversuche die Messergebnisunschärfe im Vergleich der Messwerte mehrerer Laboratorien erfasst werden kann.

Matrixeinflüsse können die Messergebnisunschärfe erheblich verändern.

Es werden auf 1 µg/l gerundete Werte angegeben, jedoch nicht mehr als zwei signifikante Stellen. Bei Massenkonzentrationen unter 0,1 µg/l wird nur eine signifikante Stelle angegeben.

BEISPIEL	Trichloressigsäure	23	µg/l
	Monobromessigsäure	1,4	µg/l
	Bromchloressigsäure	0,37	µg/l
	Dalapon	0,08	µg/l

13 Analysenbericht

Der Analysenbericht muss sich auf dieses Verfahren beziehen und folgende Einzelheiten enthalten:

a) Bezeichnung des Verfahrens;

b) Identität der Wasserprobe;

c) Angabe des Ergebnisses nach Abschnitt 12;

d) jede Abweichung von diesem Verfahren und Angabe aller Umstände, die gegebenenfalls das Ergebnis beeinflusst haben.

14 Verfahrenskenndaten

Die Verfahrenskenndaten folgen nach Durchführung des Ringversuches.

Anhang A
(informativ)
Beispiele für Gaschromatogramme und Massenspektren der methylierten Halogencarbonsäuren nach Tabelle 1

A.1 Gaschromatogramm 1

Kapillarsäule:	DB 1 (J&W), Länge 60 m, Durchmesser 0,25 mm, Filmdicke 0,25 µm
Injektion:	2 µl, Splitless (0,5 min), 280 °C
Trägergas:	Helium; Kopfdruck 1,6 bar
Temperaturprogramm:	45 °C, 1 min; 4 °C/min bis 95 °C, 4 min; 20 °C/min bis 300 °C, 15 min
Detektor:	ECD, 300 °C

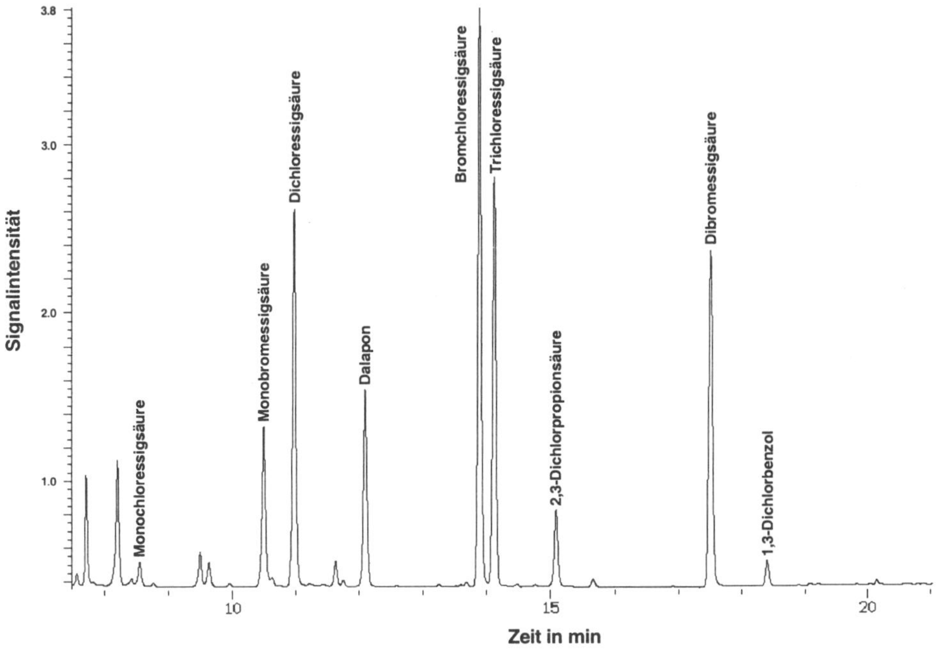

Bild A.1 — Gaschromatogramm 1

A.2 Gaschromatogramm 2

Kapillarsäule:	DB 1 (J&W), Länge 60 m, Durchmesser 0,25 mm, Filmdicke 1,0 µm
Injektion:	ATAS Optik 2: 40 °C; 10 °C/s bis 300 °C 2 µl, Splitless (1,0 min)
Trägergas:	Helium; EPC: 14 psi bis 24 psi
Temperaturprogramm:	40 °C, 10 min; 3 °C/min bis 160 °C, 0 min; 20 °C/min bis 300 °C, 10 min
Detektor:	Finnigan MAT, GC/Q, Ion-Trap-MS

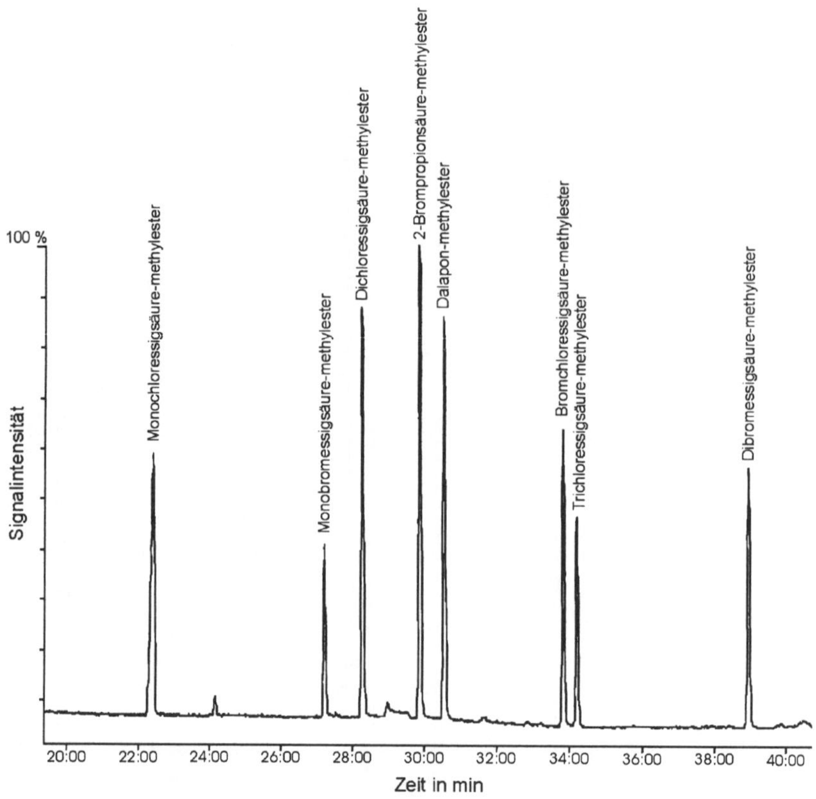

Bild A.2 — Gaschromatogramm 2

A.3 Gaschromatogramm 3

Kapillarsäule:	CP-Sil 8 CB MS (Fa. Chrompack), Länge 60 m, Durchmesser 0,25 mm, Filmdicke 0,15 µm
Injektion:	Kaltaufgabesystem (Gerstel, KAS): 50 °C; 10 °C/s bis 250 °C; 90 s; 2 µl, Splitless
Trägergas:	Helium; 0,70 ml/min
Temperaturprogramm:	40 °C; 5 °C/min bis 150 °C; 20 °C/min bis 250 °C
Interface:	Direktkopplung, 280 °C
Massenspektrometer:	Hewlett Packard, HP 5970 B MSD, 70 eV, SIM

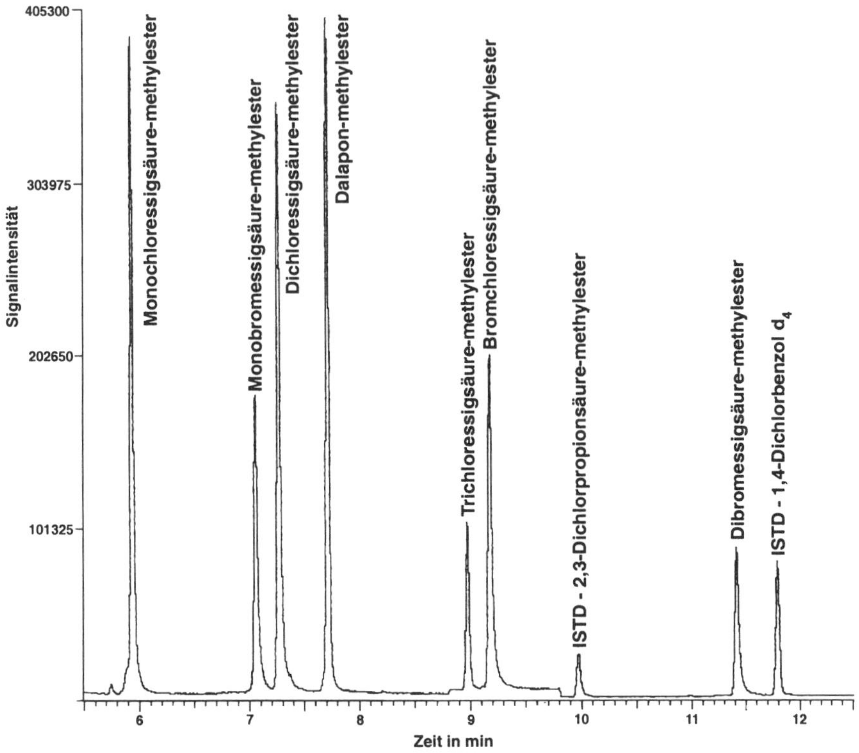

Bild A.3 — Gaschromatogramm 3

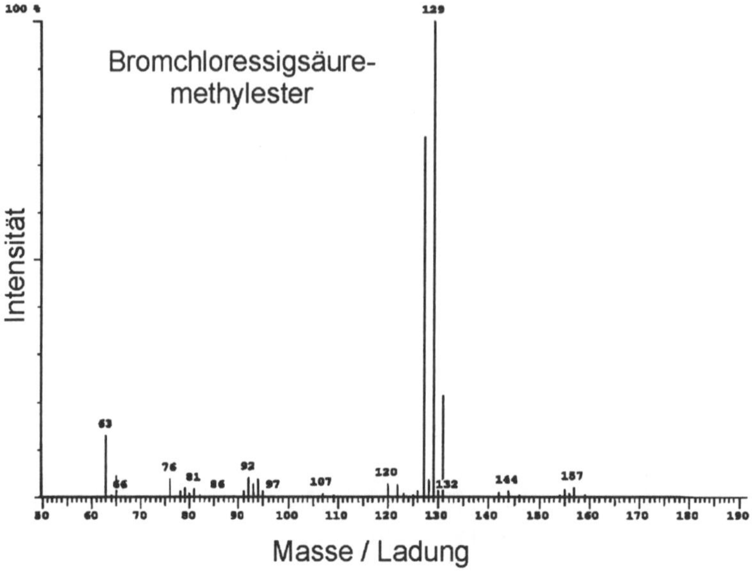

Bild A.4 — Bromchloressigsäure-methylester

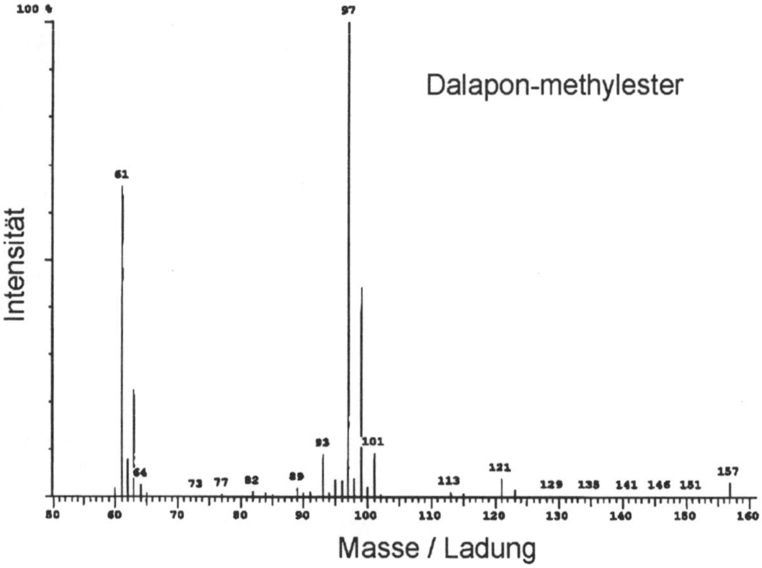

Bild A.5 — Dalapon-methylester

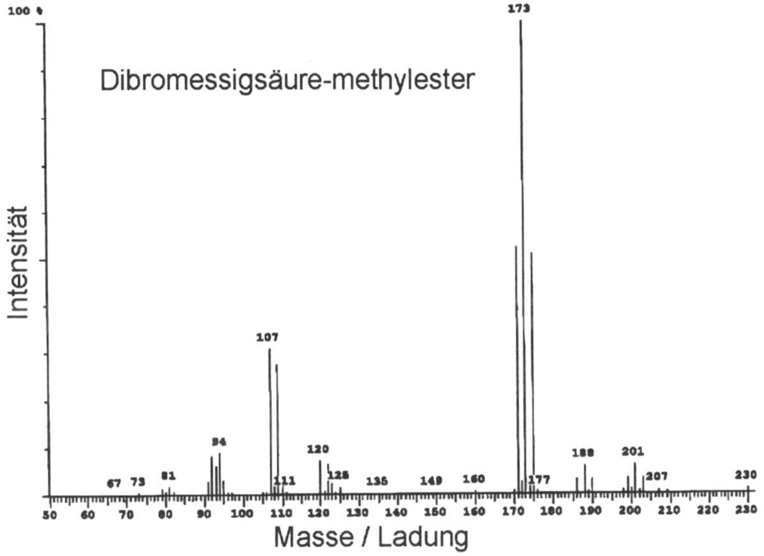

Bild A.6 — Dibromessigsäure-methylester

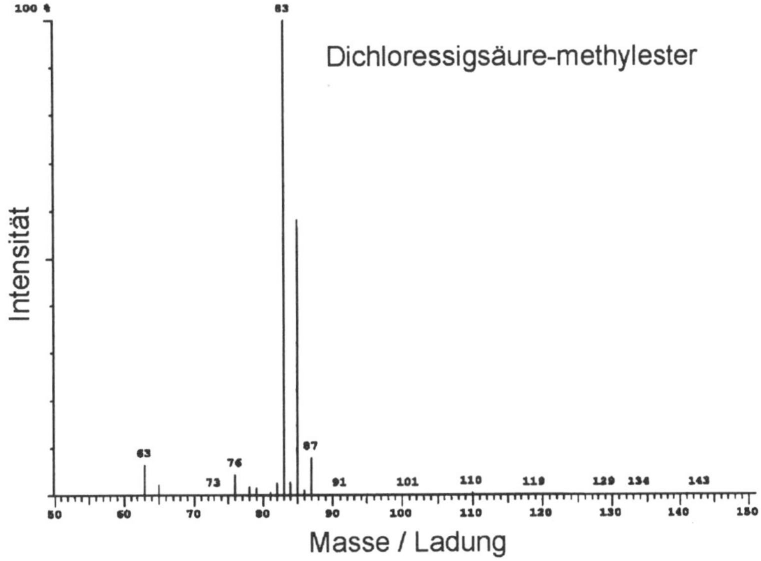

Bild A.7 — Dichloressigsäure-methylester

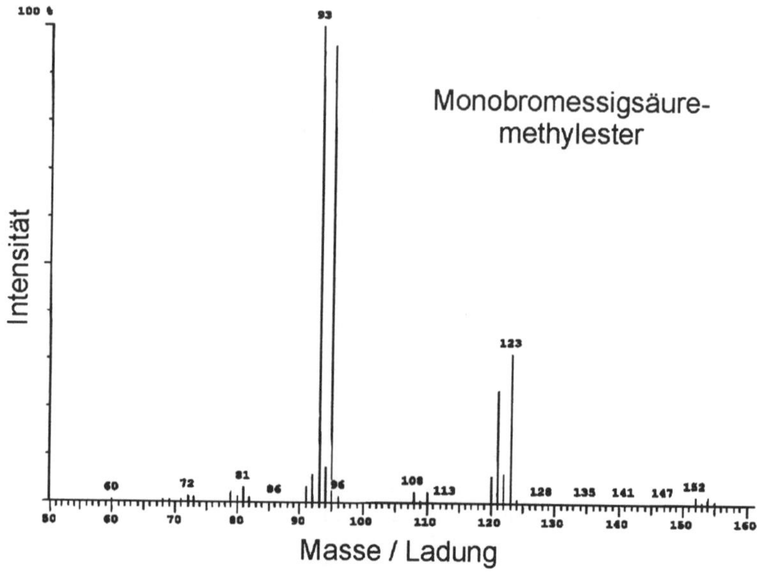

Bild A.8 — Monobromessigsäure-methylester

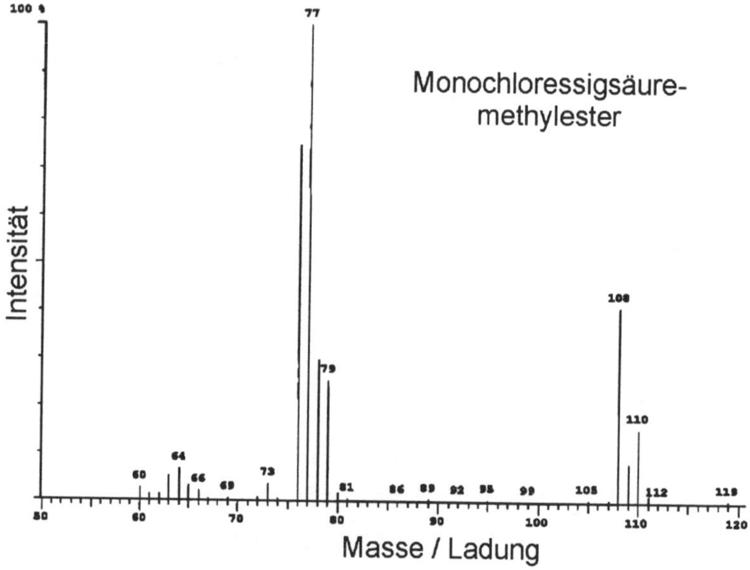

Bild A.9 — Monochloressigsäure-methylester

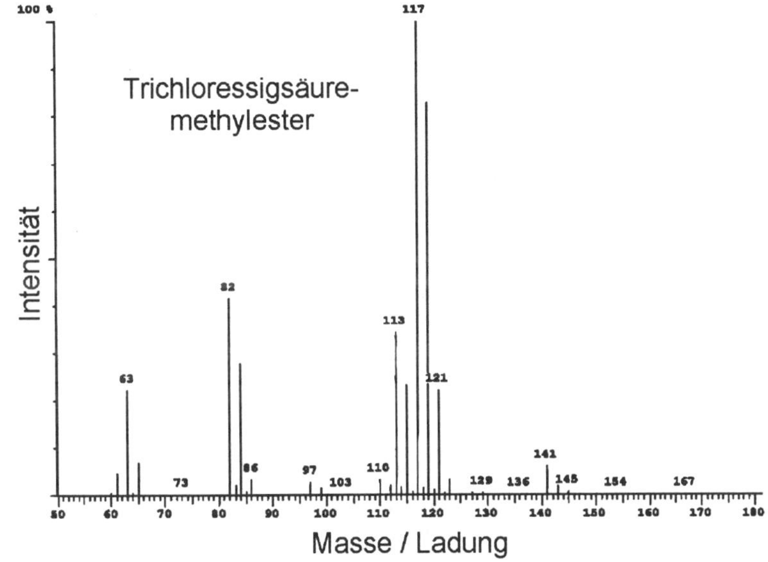

Bild A.10 — Trichloressigsäure-methylester

Anhang B
(informativ)
Erläuterungen

Die vorliegende Norm enthält das vom Normenausschuss Wasserwesen (NAW) im DIN und von der Wasserchemischen Gesellschaft - eine Fachgruppe in der Gesellschaft Deutscher Chemiker - gemeinsam erarbeitete Deutsche Einheitsverfahren

"Bestimmung von Dalapon, Trichloressigsäure und ausgewählten weiteren Halogenessigsäuren mittels Gaschromatographie (GC-ECD und/oder GC-MS) nach Flüssig-Flüssig-Extraktion und Derivatisierung (F 25)".

Die als DIN-Normen veröffentlichten Einheitsverfahren sind beim Beuth Verlag GmbH einzeln oder zusammengefasst erhältlich. Außerdem werden die genormten Einheitsverfahren in der Loseblatt-Sammlung "Deutsche Einheitsverfahren zur Wasser-, Abwasser- und Schlammuntersuchung" gemeinsam vom Beuth Verlag GmbH und dem Wiley-VCH Verlag publiziert.

Alle für die Abwasserverordnung (AbwV) - enthalten in der neuen Verordnung zu § 7a des Gesetzes zur Ordnung des Wasserhaushaltes (WHG) über "Anforderungen an das Einleiten von Abwasser in Gewässer und zur Anpassung des Abwasserabgabengesetzes" - relevanten Einheitsverfahren sind zusammen mit der AbwV und dem WHG und allen noch fortgeltenden Abwasserverwaltungsvorschriften als Loseblattsammlung "Analysenverfahren in der Abwasserverordnung - Rechtsvorschriften und Normen" mit dem Ergänzungsband 1 (DIN-Normen) und dem Ergänzungsband 2 (DIN-EN- und DIN-EN-ISO-Normen) herausgegeben worden.

Normen oder Norm-Entwürfe mit dem Gruppentitel "Deutsche Einheitsverfahren zur Wasser-, Abwasser- und Schlammuntersuchung" sind in folgende Gebiete (Haupttitel) aufgeteilt:

Allgemeine Angaben (Gruppe A)	(DIN 38402)
Sensorische Verfahren (Gruppe B)	(DIN 38403)
Physikalische und physikalisch-chemische Kenngrößen (Gruppe C)	(DIN 38404)
Anionen (Gruppe D)	(DIN 38405)
Kationen (Gruppe E)	(DIN 38406)
Gemeinsam erfassbare Stoffgruppen (Gruppe F)	(DIN 38407)
Gasförmige Bestandteile (Gruppe G)	(DIN 38408)
Summarische Wirkungs- und Stoffkenngrößen (Gruppe H)	(DIN 38409)
Biologisch-ökologische Gewässeruntersuchung (Gruppe M)	(DIN 38410)
Mikrobiologische Verfahren (Gruppe K)	(DIN 38411)
Testverfahren mit Wasserorganismen (Gruppe L)	(DIN 38412)
Einzelkomponenten (Gruppe P)	(DIN 38413)
Schlamm und Sedimente (Gruppe S)	(DIN 38414)
Suborganismische Testverfahren (Gruppe T)	(DIN 38415)

Außer den in der Reihe DIN 38402 bis DIN 38415 genormten Untersuchungsverfahren liegen eine Reihe Europäischer und Internationaler Normen als DIN-EN-, DIN-EN-ISO- und DIN-ISO-Normen vor, die ebenfalls Bestandteil der "Deutschen Einheitsverfahren" sind.

Über die bisher erschienenen Teile dieser Normen gibt die Geschäftsstelle des Normenausschusses Wasserwesen (NAW) im DIN Deutsches Institut für Normung e.V., Telefon (030) 26 01 – 24 23, oder der Beuth Verlag GmbH, 10772 Berlin (Hausanschrift: Burggrafenstr. 6, 10787 Berlin), Auskunft.

Literaturhinweise

DIN 38407-20, *Deutsche Einheitsverfahren zur Wasser-, Abwasser- und Schlammuntersuchung — Gemeinsam erfassbare Stoffgruppen (Gruppe F) — Bestimmung von Bentazon, Bromoxynil und acht ausgewählten Phenoxyalkancarbonsäuren mittels Gaschromatographie und massenspektrometrischer Detektion nach Fest-Flüssig-Extraktion und Derivatisierung (F 20).*

[1] Howard, S. F. und Yip G.: Diazomethane Methylation of a Mixture of Chlorophenoxy Acids and Dinitrophenols. J. Assoc. Off. Anal. Chem. 54, S. 970-974 (1971)

[2] Hodgeson. J., Collins, J., und Barth, R. E.: Determination of Haloacetic Acids in Drinking Water by Liquid-Liquid Extraction, Derivatization, and Gas Chromatography with Electron Capture Detection. U.S.EPA Method 552, Cincinnati, Ohio (1990)

Deutsche Einheitsverfahren zur Wasser-, Abwasser- und Schlammuntersuchung

Einzelkomponenten (Gruppe P)

Teil 10: Bestimmung von sechs organischen Komplexbildnern durch Gaschromatographie mit stickstoffsensitiver und massenspektrometrischer Detektion (P 10)

DIN 38413-10

ICS 13.060.50

Einsprüche bis 2000-09-30

German standards methods for the examination of water, waste water and sludge – Single components (group P) – Part 10: Determination of six organic complexing agents by gas chromatography with nitrogen sensitive and mass spectrometric detection (P 10)

Méthodes normalisées allemandes pour l'analyse des eaux, des eaux résiduaires et des boues – Composants particuliers (groupe P) – Partie 10: Dosage de six réactifs complexants organiques par chromatographie en phase gazeuse avec la détection de l'azote sensitif et spectrométrie en masse (P 10)

Anwendungswarnvermerk

Dieser Norm-Entwurf wird der Öffentlichkeit zur Prüfung und Stellungnahme vorgelegt.

Weil die beabsichtigte Norm von der vorliegenden Fassung abweichen kann, ist die Anwendung dieses Entwurfes besonders zu vereinbaren.

Stellungnahmen werden erbeten an den Normenausschuss Wasserwesen (NAW) im DIN Deutsches Institut für Normung e. V., 10772 Berlin (Hausanschrift: Burggrafenstraße 6, 10787 Berlin).

Vorwort

Diese Norm wurde gemeinsam mit der Wasserchemischen Gesellschaft - eine Fachgruppe in der Gesellschaft Deutscher Chemiker - aufgestellt (siehe Anhang B).

Es ist erforderlich, bei den Untersuchungen nach dieser Norm Fachleute oder Facheinrichtungen einzuschalten und bestehende Sicherheitsvorschriften zu beachten.

Bei Anwendung der Norm ist im Einzelfall je nach Aufgabenstellung zu prüfen, ob und inwieweit die Festlegung zusätzlicher Randbedingungen erforderlich ist.

Zu DIN 38413 "Deutsche Einheitsverfahren zur Wasser-, Abwasser- und Schlammuntersuchung – Einzelkomponenten (Gruppe P)" gehören weitere Teile. Eine Übersicht der Gruppen A bis T der "Deutschen Einheitsverfahren" enthält Anhang B.

Die Anhänge A und B sind informativ.

Fortsetzung Seite 2 bis 14

Normenausschuss Wasserwesen (NAW) im DIN Deutsches Institut für Normung e. V.

Ref. Nr. E DIN 38413-10 : 2000-06
Preisgr. 08 Vertr.-Nr. 0008

1 Anwendungsbereich

Diese Norm legt ein Verfahren zur Bestimmung der in Tabelle 1 genannten organischen Komplexbildner in Trink-, Grund-, Oberflächen- und Abwasser fest. Das Verfahren ist geeignet für einen Konzentrationsbereich von 0,5 µg/l bis 200 µg/l, wenn ein Probenvolumen von 50 ml bis 100 ml eingesetzt wird. Bei Verdünnung ändert sich der Konzentrationsbereich. Die Tabelle 1 enthält Komplexbildner, deren Bestimmung nach diesem Verfahren erprobt wurde.

Tabelle 1 — Liste der Komplexbildner

Nr.	Name	Summenformel	Molare Masse *M* g/mol	CAS [a]-Nummer
1	Ethylendinitrilotetraessigsäure (EDTA)	$C_{10}H_{16}O_8N_2$	292,25	60-00-4
2	Nitrilotriessigsäure (NTA)	$C_6H_9O_6N$	191,14	139-13-9
3	Diethylentrinitrilopentaessigsäure (DTPA)	$C_{14}H_{23}O_{10}N_3$	393,35	67-43-6
4	Methylglycindiessigsäure (MGDA)	$C_7H_{11}O_6N$	205,17	29578-05-0
5	ß-Alanindiessigsäure (ß-ADA)	$C_7H_{11}O_6N$	205,17	6245-75-0
6	1,3-Propylendinitrilotetraessigsäure (1,3-PDTA)	$C_{11}H_{18}O_8N_2$	306,27	1939-36-2

[a] CAS: Chemical Abstracts System

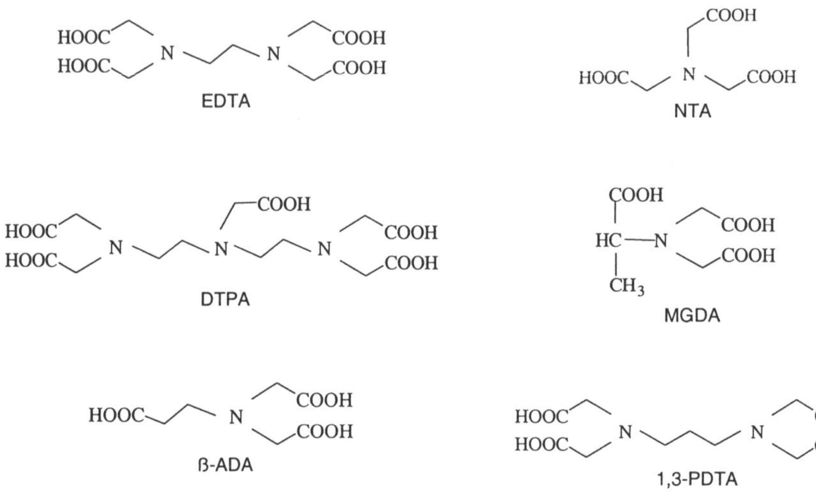

Bild 1 — Vereinfachte Strukturformel der Komplexbildner aus Tabelle 1

Für Abwasser ist zur Verminderung von Matrixeinflüssen ein geringeres Probevolumen, z. B. 5 ml oder 10 ml, vorteilhaft.

Nach diesem Verfahren sind auch weitere Komplexbildner ähnlicher Konstitution bestimmbar. Voraussetzung ist jedoch deren gleichartiges Verhalten bei der Probenvorbereitung, der Veresterung und deren Differenzierung bei der Gaschromatographie. Dies muss im Einzelfall geprüft werden.

2 Normative Verweisungen

Diese Norm enthält durch datierte oder undatierte Verweisungen Festlegungen aus anderen Publikationen. Diese normativen Verweisungen sind an den jeweiligen Stellen im Text zitiert, und die Publikationen sind nachstehend aufgeführt. Bei datierten Verweisungen gehören spätere Änderungen oder Überarbeitungen dieser Publikationen nur zu dieser Norm, falls sie durch Änderung oder Überarbeitung eingearbeitet sind. Bei undatierten Verweisungen gilt die letzte Ausgabe der in Bezug genommenen Publikation einschließlich Änderungen.

DIN 12331, *Laborgeräte aus Glas — Becher.*

DIN 12680-2, *Laborgeräte aus Glas — Messzylinder mit Hauptpunkte-Ringteilung.*

DIN 12691, *Laborgeräte aus Glas — Vollpipetten mit einer Marke; schnellablaufend, Wartezeit 15 Sekunden, Klasse AS.*

DIN 19265, *pH-Messung — pH-Messzusatz — Anforderungen.*

DIN 32645 *Chemische Analytik — Nachweis-, Erfassungs- und Bestimmungsgrenze — Ermittlung unter Wiederholbedingungen — Begriffe, Verfahren, Auswertung.*

DIN EN ISO 1042, *Laborgeräte aus Glas — Messkolben (ISO 1042:1999), Deutsche Fassung EN ISO 1042:1999.*

DIN ISO 3696, *Wasser für analytische Zwecke — Anforderungen und Prüfungen — Identisch mit ISO 3696:1987.*

3 Grundlagen des Verfahrens

Die mit Formaldehyd konservierte Wasserprobe wird zunächst ohne, dann mit Zugabe von Salzsäure oder Ameisensäure zur Trockne eingedampft. Durch Veresterung werden die Komplexbildner in die jeweiligen Propyl- oder Butylester überführt. Aus dem Reaktionsgemisch werden die gebildeten Ester nach Zugabe von Wasser mit n-Hexan extrahiert, aus diesem Extrakt gaschromatographisch getrennt und mit Hilfe eines stickstoffsensitiven, vorzugsweise aber massenspektrometrischen Detektors quantifiziert.

Als interner Standard über das Gesamtverfahren wird 1,2-Diaminopropan-N,N,N',N'-tetraessigsäure (DPTA) für die Bestimmung von EDTA, DTPA und 1,3-PDTA verwendet.

Optional können ^{13}C-markierte Standards für die Gaschromatographie mit massenspektrometrischer Detektion verwendet werden.

Als Kontrollstandards für die Gaschromatographie mit stickstoffsensitiver Detektion dienen Hepta- und/oder Octadecansäurenitril.

Als Kontrollstandard für die Gaschromatographie mit massenspektrometrischer Detektion kann 1-Chlortetradecan verwendet werden.

4 Störungen

Die sehr stabilen Komplexe der Schwermetalle, mit Ausnahme von denen des Bismuts, werden bei diesem Verfahren zersetzt und erfasst. Enthalten spezielle Proben Bismut in Konzentrationen > 100 µg/l, so sind Minderbefunde zu erwarten.

Bei höheren Salzgehalten (> 2 g/l NaCl entsprechend einer Leitfähigkeit von etwa 4 mS/cm) kann die vollständige Trocknung der eingedampften Probe problematisch sein, jedoch ist die restlose Entfernung des Wassers für die nachfolgende Veresterung zwingend notwendig (siehe 9.2). Bei Anwesenheit von Calcium-Ionen treten für EDTA bereits bei Konzentrationen ab etwa 200 mg/l Ca^{2+} Minderbefunde auf.

5 Bezeichnung

Bezeichnung des Verfahrens zur Bestimmung von sechs organischen Komplexbildnern mittels Gaschromatographie:

Verfahren DIN 38413-P 10

6 Geräte

6.1 Allgemeines

Alle Glasgeräte sollten nur für die Bestimmung der Komplexbildner verwendet werden. Es wird darauf hingewiesen, dass durch Spülmittel Kontaminationen auftreten können. Sofern Kontaminationen auftreten, die Glasgeräte beispielsweise mit Natriumhydroxid-Lösung (siehe 7.13) vorher reinigen.

6.2 Ultraschallbad

6.3 Trockenschrank mit Absaugvorrichtung, regelbar auf mindestens ± 3 °C

6.4 Ausblasvorrichtung mit einstellbarem Volumenstrom für Stickstoff, um verdampfende Flüssigkeitsoberflächen in Bewegung zu halten

6.5 Rotationsverdampfer

6.6 Heizblock, regelbar auf mindestens (90 ± 3) °C:
Beim Eindampfen (siehe 9.1) müssen die Probengefäße (siehe 6.8) bis zur Hälfte in die Bohrung des Heizblockes eintauchen (Metallringe unterlegen).

6.7 Pipetten, verschiedene Größen von 0,1 ml bis 10 ml, z. B. Vollpipette DIN 12691 – VPAS 0,1 oder automatische Pipetten

6.8 Einweg-Probenfläschchen (Vials) mit Polytetrafluorethen beschichteten Deckeleinlagen, Inhalt 3 ml und 12 ml

6.9 pH-Messgerät, ablesbar ab 0,1

6.10 Bechergläser, Nennvolumen 100 ml, 150 ml, 250 ml und 400 ml, z. B. Becher DIN 12331 – HF 100

6.11 Gaschromatograph mit massenspektrometrischem Detektor

6.12 Gaschromatograph mit stickstoffsensitivem (NPD) Detektor

6.13 Kapillarsäule für die Gaschromatographie, Fused Silica - Säule z. B.: Länge: 20 m bis 30 m; Innendurchmesser: 0,25 mm bis 0,33 mm; Filmdicke: 0,1 µm bis 0,3 µm; stationäre Phase: chemisch gebundene Phasen wie z. B. 100 % Dimethylpolysiloxan oder 95 % Dimethylpolysiloxan, 5 % Diphenylpolysiloxan (siehe Anhang A)

6.14 Mikroliterspritzen, Nennvolumen 5 µl, 10 µl, 100 µl, 1 000 µl

6.15 Messkolben, Nennvolumen 50 ml, 100 ml und 1 000 ml, z. B. Messkolben DIN EN ISO 1042 – A50–C

6.16 Messzylinder, Nennvolumen 25 ml, 50 ml und 100 ml, z. B. Messzylinder DIN 12680-2 – MH 25

6.17 Leitfähigkeitsmessgerät

6.18 Mikroseparator, z. B. nach [7]

7 Reagenzien

7.1 Allgemeines

Als Chemikalien sind, falls nicht anders vermerkt, mindestens solche des Reinheitsgrades "zur Analyse" zu verwenden.

7.2 Wasser, bidestilliert bzw. Grad 2 nach DIN ISO 3696

7.3 Betriebsgase für die Gaschromatographie und Massenspektrometrie nach Angaben des Herstellers

7.4 Stickstoff, Volumenkonzentration ≥ 99,996 %

7.5 n-Propanol, C_3H_8O oder **iso-Propanol**, C_3H_8O oder **n-Butanol**, $C_4H_{10}O$ für die Herstellung des Veresterungsreagenzes (siehe 7.7)

7.6 Ethansäurechlorid, C_2H_3OCl

7.7 Veresterungsreagenz

90 ml n-Propanol oder iso-Propanol oder n-Butanol (siehe 7.5) in einem geeigneten Gefäß vorsichtig mit 10 ml Ethansäurechlorid (siehe 7.6) unter Umschwenken versetzen (Vorsicht, starke Erwärmung).

Diese Lösung ist bei Raumtemperatur mindestens einen Monat verwendbar.

7.8 Bezugssubstanzen [1)]

7.8.1 Nitrilotriessigsäure (NTA), $C_6H_9O_6N$, Volumenkonzentration ≥ 99 %

7.8.2 Ethylendinitrilotetraessigsäure (EDTA), $C_{10}H_{16}O_8N_2$, Volumenkonzentration ≥ 99 %

7.8.3 Diethylentrinitrilopentaessigsäure (DTPA), $C_{14}H_{23}O_{10}N_3$, Volumenkonzentration ≥ 99 %

7.8.4 Methylglycindiessigsäure (MGDA), $C_7H_{11}O_6N$

---

1) Es können auch ^{13}C-markierte Bezugssubstanzen der Verbindungen siehe 7.8.1 bis 7.8.6 eingesetzt werden.

7.8.5 ß-Alanindiessigsäure (ß-ADA), $C_7H_{11}O_6N$

7.8.6 1,3-Propylendinitrilotetraessigsäure (1,3-PDTA), $C_{11}H_{18}O_8N_2$, Volumenkonzentration ≥ 99 %

7.8.7 1,2-Diamino-propan-N,N,N',N'-tetraessigsäure (DPTA), $C_{11}H_{18}O_8N_2$, Volumenkonzentration ≥ 98 %

7.9 Kontrollstandards für die Gaschromatographie

7.9.1 Octadecansäurenitril, $C_{18}H_{35}N$, Volumenkonzentration ≥ 98 %

7.9.2 Heptadecansäurenitril, $C_{17}H_{33}N$, Volumenkonzentration ≥ 98 %

7.9.3 1-Chlortetradecan, $C_{14}H_{29}Cl$, Volumenkonzentration ≥ 98 %

7.10 Formaldehyd-Lösung, HCHO, Volumenkonzentration = 37 %

7.11 n-Hexan, C_6H_{14}

7.12 Natriumsulfat, Na_2SO_4, wasserfrei

7.13 Natriumhydroxid-Lösung, c(NaOH) = 1 mol/l

7.14 Ameisensäure, HCOOH, Volumenkonzentration = 50 %

7.15 Salzsäure, c(HCl) = 5 mol/l

7.16 Salzsäure, c(HCl) = 1 mol/l

7.17 Stammlösungen für die Kalibrierung

Die Stammlösungen in Massenkonzentrationen von 1 g/l herstellen.

Von den Komplexbildnern (siehe 7.8.1 bis 7.8.8) jeweils 100 mg in einen 100-ml-Messkolben wägen, in etwa 2 ml Natriumhydroxid-Lösung (siehe 7.13) lösen und anschließend mit Wasser (siehe 7.2) auffüllen.

Die Stammlösungen sind mindestens 3 Monate haltbar.

7.18 Von diesen Stammlösungen (siehe 7.17) vor jeder Probenserie durch Verdünnen mit Wasser (siehe 7.2) Lösungen von 10 mg/l und 1 mg/l herstellen.

7.19 100 mg Octadecansäurenitril (siehe 7.9.1) und/oder Heptadecansäurenitril (siehe 7.9.2) in 100 ml n-Hexan (siehe 7.11) lösen. Die Lösungen bei 4 °C im Kühlschrank aufbewahren.

Für die Extraktion durch Verdünnen eine n-Hexan-Lösung mit der Massenkonzentration von 0,5 mg/l herstellen.

7.20 100 mg 1-Chlortetradecan (siehe 7.9.3) in 100 ml n-Hexan (siehe 7.11) lösen. Die Lösungen bei 4 °C im Kühlschrank aufbewahren.

Für die Extraktion durch Verdünnen eine n-Hexan-Lösung mit der Massenkonzentration von 0,5 mg/l herstellen.

8 Probenahme und Probenkonservierung

Die Wasserproben können sowohl in Glas- wie auch in Kunststoffflaschen entnommen werden. Zur Reinigung der Flaschen Hinweise beachten (siehe 6.1). Um Minderbefunde für einige Komplexbildner durch biologischen Abbau zu vermeiden, die Probe möglichst unmittelbar nach der Entnahme im Verhältnis 1 : 100 mit Formaldehyd-Lösung (siehe 7.10) versetzen. Die konservierten Proben können bei 4 °C bis zu einem Monat im Dunkeln aufbewahrt werden.

9 Durchführung

9.1 Probenvorbereitung

Die Probenvolumina direkt aus dem Überstand der abgesetzten Probe entnehmen. Alternativ kann die Probe auch zentrifugiert werden. Die Adsorption der sechs Komplexbildner an absetzbaren Stoffen kann vernachlässigt werden, muss aber bei Anwendung des Verfahrens auf weitere Komplexbildner für jeden dieser Stoffe geprüft werden.

Nach 10.2 wird der interne Standard DPTA (oder ^{13}C-markierte Verbindungen) annähernd in der zu erwartenden Konzentration der zu bestimmenden Komplexbildner zugegeben.

50 ml bis 100 ml der Probe vorzugweise im Trockenschrank bei 105 °C bis zur Trockne einengen. Den Trockenrückstand mit 10 ml Ameisensäure (siehe 7.14) oder 10 ml Salzsäure (siehe 7.16) aufnehmen und quantitativ in ein 12-ml-Probenfläschchen überführen. Die erhaltene saure Lösung (pH < 2) in einem Heizblock bei 90 °C unter Überleiten eines Stickstoffstromes bis zur Trockne eindampfen.

Bei Proben mit einem Gehalt an organischen Stoffen DOC > 20 mg/l ein kleineres Volumen der Probe verwenden; der DOC sollte 2 mg absolut nicht übersteigen (DOC = Dissolved Organic Carbon). Auch die Salzmatrix muss gegebenenfalls durch Verwendung aliquoter Anteile berücksichtigt werden (siehe Abschnitt 4). In diesem Fall können die kleineren Probenvolumina unmittelbar in die 12-ml-Einweg-Probenfläschchen (siehe 6.8) unter Hinzufügen von 2 ml Salzsäure (siehe 7.15) gegeben werden. Stark alkalische Abwässer erfordern gegebenenfalls die Zugabe einer größeren Menge Salzsäure.

9.2 Veresterung der Probe

Dem nach 9.1 erhaltenen getrockneten Rückstand 2 ml des Veresterungsreagenzes (siehe 7.7) zusetzen. Das Gefäß schließen und die Veresterung mindestens 30 min (Butylester) oder mindestens 3 h (Propylester) bei mindestens 90 °C in einem Heizblock (siehe 6.6) oder Trockenschrank (siehe 6.3) durchführen. Das Gefäß sollte dabei etwa bis zur Hälfte aus der Bohrung des Blocks herausragen.

ANMERKUNG Butylester sind leichter zu extrahieren, können aber durch höhere Siedepunkte bei der Gaschromatographie zu Problemen führen.

Nach dem Abkühlen das Gefäß öffnen. 1 ml der Hexan-Lösung mit dem Nitril-Kontrollstandard (siehe 7.19, bei stickstoffsensitiver Detektion) bzw. mit dem 1-Chlortetradecan-Kontrollstandard (siehe 7.20, bei massenspektrometrischer Detektion) der Massenkonzentration von 0,5 mg/l zugeben. Probenfläschchen kräftig schütteln. Inhalt in einen 50-ml-Messkolben überführen. Nach Zugabe von 1 ml Natriumhydroxid-Lösung (siehe 7.13) in das Probenfläschchen dieses mehrfach mit Wasser (siehe 7.2) nachspülen und den Messkolben mit Wasser (siehe 7.2) bis zur Marke auffüllen.

Den Messkolben etwa 1 min kräftig schütteln. Unmittelbar nach der Phasentrennung möglichst viel von der organischen Phase mit einer Pipette oder alternativ mit einem Mikroseparator (siehe 6.18) in ein 3-ml-Probenfläschchen überführen. Etwa 0,5 g Natriumsulfat (siehe 7.12) zugeben, schütteln und nach 5 min bis 10 min vom getrockneten Überstand einen möglichst großen Volumenanteil in ein 3-ml-Probenfläschchen pipettieren.

Der wasserfreie Extrakt kann zwei Wochen im Kühlschrank aufbewahrt werden.

Bei niedrigen Konzentrationen (1 µg/l bis 10 µg/l) wird der Hexan-Extrakt im Stickstoff-Strom bis auf etwa ein Zehntel seines Volumens eingeengt. Für diesen Konzentrationsbereich ist eine gesonderte Bezugskurve zu erstellen.

9.3 Gaschromatographische Bestimmung

- Vor der Analyse das GC-Analysensystem optimieren und stabilisieren;
- zur Vermeidung von Diskriminierungen bei der Probenaufgabe ist die Verwendung eines Kaltaufgabesystems von Vorteil, bei der Bestimmung von DTPA-Butylester ist es erforderlich;
- Kapillarsäulen verwenden;
- wegen ihrer hohen thermischen Stabilität quervernetzte, immobilisierte stationäre Phasen einsetzen (siehe 6.13 und Anhang A).

9.4 Identifizierung einzelner Verbindungen

9.4.1 Allgemeines

Einzelne Verbindungen in der Probe werden identifiziert, indem die Retentionszeiten der jeweiligen Peaks in den Proben-Gaschromatogrammen mit den unter den gleichen Bedingungen gemessenen Retentionszeiten der Substanzpeaks in Gaschromatogrammen einer Bezugslösung verglichen werden.

Enthält das Gaschromatogramm des Probenextraktes bei der substanzspezifischen Retentionszeit auf einer Kapillarsäule keinen Peak, so wird die Verbindung als nicht nachgewiesen betrachtet.

Tritt dagegen bei einer bestimmten, substanzspezifischen Retentionszeit ein Peak auf, so ist das Vorhandensein der gesuchten Verbindung möglich. Die Identität dieser Verbindung muss jedoch gegebenenfalls durch weitere Untersuchungen abgesichert werden.

9.4.2 Identifizierung einzelner Verbindungen mit stickstoff-sensitiver Detektion

Zur Identifizierung und quantitativen Bestimmung der Substanzen mittels GC-NPD zwei Trennsäulen mit unterschiedlichen stationären Phasen verschiedener Polarität verwenden. Eine Einzelkomponente muss durch Retentionszeitvergleich mit der Standardsubstanz nachgewiesen werden.

Bei wenig belasteten Wässern oder solchen, bei denen eine Vorinformation über Probenherkunft und deren Matrix gegeben ist, kann die Identifizierung auf einer Säule als wahrscheinlich angesehen werden.

9.4.3 Identifizierung einzelner Verbindungen mit massenspektrometrischer Detektion

Die einzelne Verbindung in der Probe gilt als identifiziert, wenn

- die Retentionszeiten der jeweiligen Peaks in den Totalionenstrom- bzw. Einzelmassenchromatogrammen mit den unter gleichen Bedingungen gemessenen Retentionszeiten der jeweiligen Substanzpeaks in den Totalionenstrom- bzw. Einzelmassenchromatogrammen einer Bezugslösung übereinstimmen

und

- wenn komplette, vom Untergrund bereinigte Massenspektren der Bezugsverbindungen mit den an der Retentionszeit im Totalionenstromchromatogramm der Wasserprobe vorliegenden, gleichfalls untergrundbereinigten Massenspektren übereinstimmen

oder

- wenn zumindest zwei ausreichend charakterisierte Ionen der Bezugsverbindungen (siehe Tabelle 2 und 3) mit denen der zu identifizierenden Verbindungen in ihrer relativen Peakintensität übereinstimmen.

Tabelle 2 — Liste der Massenfragmente der Bezugssubstanzen

Bezugsverbindung	Hauptfragmente M (m/z) g/mol (molare Masse)		
	n-Propylester	iso-Propyl-ester	n-Butylester
EDTA	(460), 373, 230, 146	(460), 373, 230	(516), 415, 258, 158
NTA	(317), 230, 146	(317), 230, 146	(359), 258, 158
DTPA	(673), 373, 244	(673), 516, 373, 244	(743), 415, 272, 158
MGDA	(331), 244, 160	(331), 244, 160	(373), 272, 216
ß-ADA	(331), 244, 230, 160	(331), 244, 160	(373), 272, 258
1,3-PDTA	(474), 387, 244	(474), 387, 244	(530), 158, 184
DPTA (interner Standard)	(474), 387, 244, 160	(474), 244, 202, 160	(530), 429, 272

Tabelle 3 — Liste der Massenfragmente der ^{13}C-markierten Bezugssubstanzen

Bezugs-verbindung	Hauptfragmente M (m/z) g/mol (molare Masse)		
	n-Propylester	iso-Propyl-ester	n-Butylester
^{13}C-EDTA	(464), 377, 232	(464), 377, 232	(520), 419, 260
^{13}C-NTA	(320), 233, 147	(320), 233, 149	(362), 261, 161
^{13}C-DTPA	(678), 521, 376, 246	(678), 521, 376, 246	(748), 577, 418, 274
^{13}C-MGDA	(333), 246, 158	(333), 246, 162	(375), 274, 218, 172
^{13}C-ß-ADA	(333), 246, 160	(333), 246, 162	(375), 274, 260, 174
^{13}C-1,3-PDTA	(478), 391, 232	(478), 391, 232	(534), 433, 260, 186, 160

9.5 Blindwertbestimmung

Die Verunreinigung von Glasgeräten und Chemikalien anhand regelmäßiger Blindwertbestimmungen prüfen.

Blindwertproben auf die gleiche Weise wie in 9.1 über den gesamten jeweils angewendeten Analysengang aufarbeiten und die Blindwerte nach 9.3 messen.

Der Messwert des Blindwertes darf bei Anwendung von 50 ml Probe nicht mehr als etwa 50 % der Bestimmungsgrenze (nach DIN 32645) der einzelnen Komplexbildner betragen.

10 Kalibrierung

10.1 Herstellung der Bezugslösungen

Für die Herstellung von Bezugslösungen aus den Stammlösungen der Komplexbildner (siehe 7.17) Verdünnungen von 10 mg/l und 1 mg/l (siehe 7.18) ansetzen. Die Kalibrierung muss den erwarteten Arbeitsbereich überdecken. Die Verdünnungen vor jeder Messreihe frisch herstellen. Hierzu z. B. für einen Bereich von 5 µg/l bis 100 µg/l die in Tabelle 4 angegebenen Volumina dosieren. Jeweils 2 ml Ameisensäure (siehe 7.14) oder Salzsäure (siehe 7.15) zugeben.

Tabelle 4 — Beispiele für Bezugslösungen (5 µg/l bis 100 µg/l)

Aliquot der verdünnten Stammlösung (10 mg/l) µl	Masse der Bezugssubstanz µg	entspricht einer Massenkonzentration (bei 50 ml Bezugslösung) von µg/l
25	0,25	5
50	0,5	10
100	1,0	20
200	2,0	40
300	3,0	60
400	4,0	80
500	5,0	100

Tabelle 5 — Beispiele für Bezugslösungen (0,5 µg/l bis 10 µg/l)

Aliquot der verdünnten Stammlösung (1 mg/l) µl	Masse der Bezugssubstanz µg	entspricht einer Massenkonzentration (bei 50 ml Bezugslösung) von µg/l
25	0,025	0,5
50	0,05	1
100	0,1	2
200	0,2	4
300	0,3	6
400	0,4	8
500	0,5	10

10.2 Kalibrierung mit internem Standard bzw. mit GC-Kontrollstandard

Die Anwendung eines internen Standards setzt voraus, dass diese Substanz oder eine andere mit gleichem chemischen und gaschromatographischen Verhalten nicht in der Wasserprobe enthalten ist.

Bei der Bestimmung von EDTA, DTPA und 1,3-PDTA mit DPTA als internem Standard über das Gesamtverfahren kalibrieren.

Bei der Bestimmung von NTA, ß-ADA und MGDA mit dem GC-Kontrollstandard kalibrieren.

In die Bezugslösungen wie auch in die Proben jeweils das gleiche Volumen an DPTA-Lösung dosieren, z. B. 200 µl von der nach 7.18 hergestellten Verdünnung von 10 mg/l, entsprechend einer Masse von 2 µg. Für die Bezugslösungen das gleiche Volumen wie für die Proben verwenden.

Proben nach 9.1 aufarbeiten, nach 9.2 verestern und extrahieren.

Standards nach Zugabe der Ameisensäure (siehe 7.14) oder der Salzsäure (siehe 7.16) zur Trockne eindampfen und nach 9.2 verestern und extrahieren.

Aus den Chromatogrammen die Bezugskurve wie folgt ermitteln:

- Peakhöhen bzw. -flächen der zu bestimmenden Substanzen und des internen Standards DPTA bzw. des GC-Kontrollstandards messen;
- Quotientenbildung aus den Messwerten der Substanzen und dem Messwert des internen Standards bzw. des GC-Kontrollstandards;

– aus den Wertepaaren der Quotienten und der zugehörigen Konzentrationen durch lineare Regression die Ausgleichsgerade berechnen oder graphisch in einem Koordinatensystem auftragen.

Es wird nach Gleichung (1) kalibriert:

$$y_{ie} = m_i \cdot \rho_{ie} + b_i \qquad (1)$$

Dabei ist

y_{ie} der Messwert aus den Chromatogrammen als Quotient aus Peakhöhe bzw. -fläche des Propyl- bzw. Butylesters des Komplexbildners i beim Konzentrationsniveau e und der Peakhöhe bzw. -fläche des internen Standards bzw. GC-Kontrollstandards;

ρ_{ie} die Massenkonzentration des Komplexbildners i auf dem Konzentrationsniveau e, in Mikrogramm je Liter;

m_i die Steigung der Bezugskurve des Komplexbildners i, abhängig vom stoffspezifischen Responsefaktor, in Liter je Mikrogramm;

b_i Schnittpunkt der Bezugskurve des Komplexbildners i auf der Ordinate, dimensionslos.

ANMERKUNG Auf Grund der ähnlichen chemisch-physikalischen Eigenschaften eignen sich ^{13}C-markierte Bezugssubstanzen besonders gut als interne Standards der jeweiligen Komplexbildner.

10.3 Auswertung

Voraussetzung für die folgenden Berechnungen der Massenkonzentrationen ρ in einer Wasserprobe ist, dass der Messwert im Kalibrierbereich liegt.

Es sollten nur Probenmessungen ausgewertet werden, bei denen die relative Wiederfindungsrate der zu bestimmenden Substanz, bezogen auf die Bezugslösung, mindestens 60 % beträgt. Dieses Kriterium ist erfüllt, wenn der Quotient der Verhältnisse aus den Signaleinheiten des DPTA bzw. NPA und des Kontrollstandards für die Gaschromatographie (siehe 7.8) in der Probe und der Verhältnisse aus den Signaleinheiten des DPTA bzw. NPA und des Kontrollstandards für die Gaschromatographie (siehe 7.8) in den Bezugslösungen > 0,6 ist.

Bei Anwendung des internen Standards wird durch Umstellung der Bezugsfunktion nach ρ (Gleichung 2) ausgewertet:

$$\rho = \frac{y_i - b_i}{m_i} \qquad (2)$$

Dabei ist

y_i der Messwert aus dem Chromatogramm der Probe als Quotient aus Peakhöhe bzw. -fläche des Propyl- bzw. Butylesters des Komplexbildners i und der Peakhöhe bzw. -fläche des internen Standards;

ρ_i die Massenkonzentration des Komplexbildners i, in Mikrogramm je Liter;

m_i, b_i siehe Gleichung (1).

Durch Einsetzen der aus den Chromatogrammen der Proben ermittelten Quotienten y_{ie} nach 10.2 wird direkt die Konzentration der Komplexbildner in der Wasserprobe bei einem Volumen von 50 ml erhalten.

11 Angabe der Ergebnisse

Für die Massenkonzentrationen der Komplexbildner werden auf 0,1 µg/l gerundete Werte, jedoch nicht mehr als zwei signifikante Stellen angegeben.

BEISPIEL

NTA	7,1 µg/l
EDTA	61 µg/l

12 Analysenbericht

Der Analysenbericht muss sich auf dieses Verfahren beziehen und folgende Einzelheiten enthalten:

a) Bezeichnung des Verfahrens;

b) Identität der Wasserprobe;

c) Angabe des Ergebnisses nach Abschnitt 11;

d) Art der Probenvorbehandlung und Detektion;

e) verwendete Bezugssubstanzen;

f) Angabe des Kalibrierverfahrens;

g) jede Abweichung von diesem Verfahren und Angabe aller Umstände, die gegebenenfalls das Ergebnis beeinflusst haben.

Anhang A
(informativ)

GC-Kapillaren (Beispiele)

Tabelle A.1 — GC-Kapillaren

Säulenmaterial	Stationäre Phase	Handelsname
Quarz	100% Dimethylpolysiloxan	Durabond-1, HP-1
Quarz	95% Dimethylpolysiloxan, 5% Diphenylpolysiloxan	Durabond-5, SE-54
Quarz	50% Dimethylpolysiloxan, 50% Diphenylpolysiloxan	OV-17, DB-17, HP-17

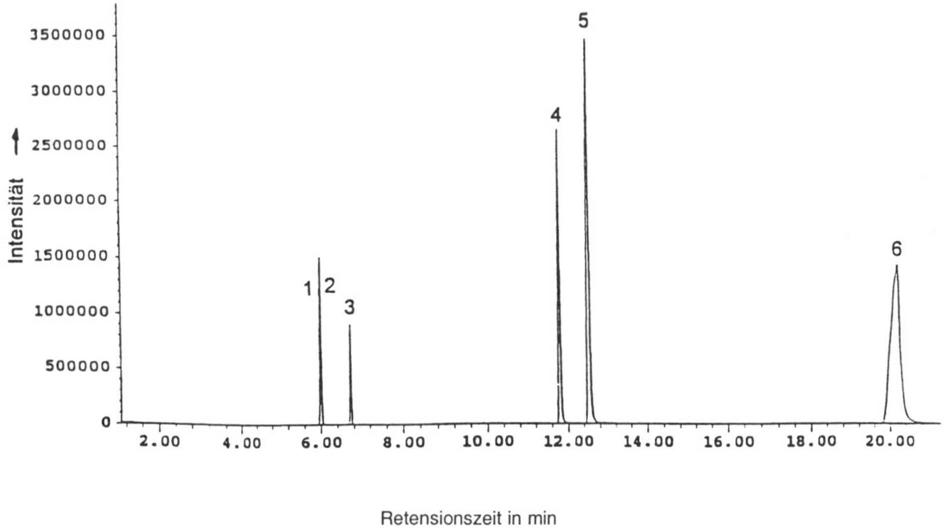

Bild A.1 — Beispiel für ein Gaschromatogramm

n-Butylester der Standards mit jeweils 100 µg/l NTA (1), MGDA (2), ß-ADA (3), EDTA (4), 1,3-PDTA (5) und DTPA (6)

Gaschromatographische Bedingungen:	Kaltaufgabesystem, 60 °C, 6 °C/s auf 290 °C (5 min)
Trennsäule:	DB1, 12 m x 0,2 mm x 0,33 µm
Temperaturprogramm:	150 °C (0,4 min), 30 °C/min auf 180 °C, 10 °C/min auf 290 °C (8,6 min)

BEISPIELE für Massenspektren

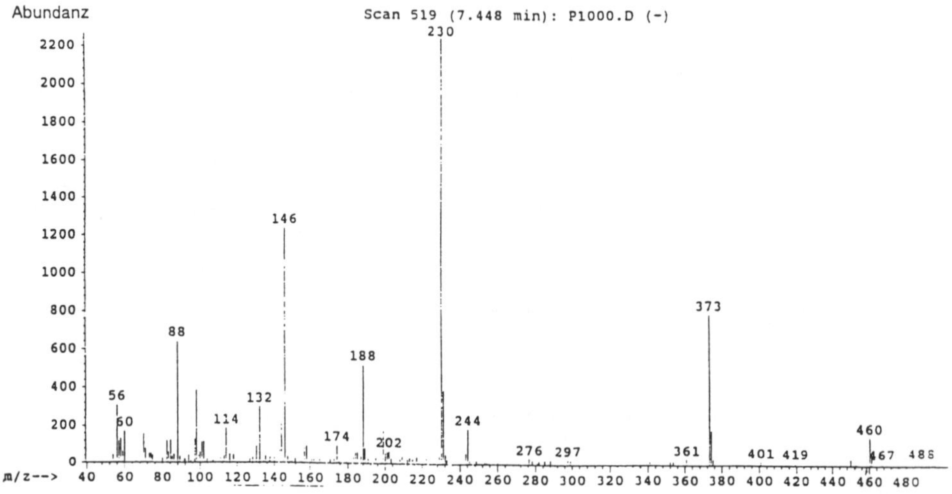

Bild A.2 — Massenspektrum des n-Butylesters von EDTA

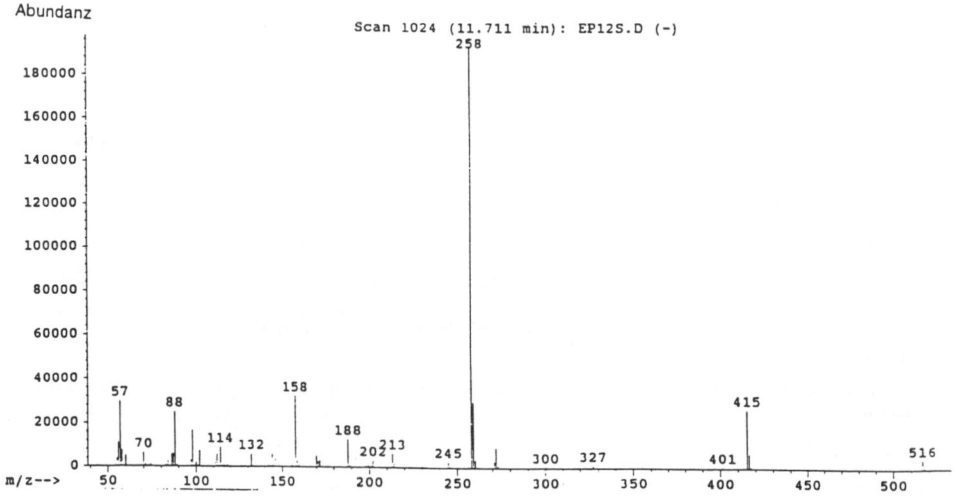

Bild A.3 — Massenspektrum des iso-Propylesters von EDTA

Anhang B
(informativ)

Erläuterungen

Die vorliegende Norm enthält das vom Normenausschuss Wasserwesen (NAW) im DIN und von der Wasserchemischen Gesellschaft - eine Fachgruppe in der Gesellschaft Deutscher Chemiker - gemeinsam erarbeitete Deutsche Einheitsverfahren

"Bestimmung von sechs organischen Komplexbildnern durch Gaschromatographie mit stickstoffsensitiver und massenspektrometrischer Detektion (P 10)".

Die als DIN-Normen veröffentlichten Einheitsverfahren sind beim Beuth Verlag GmbH einzeln oder zusammengefasst erhältlich. Außerdem werden die genormten Einheitsverfahren in der Loseblatt-Sammlung "Deutsche Einheitsverfahren zur Wasser-, Abwasser- und Schlammuntersuchung" gemeinsam vom Beuth Verlag GmbH und dem Wiley-VCH Verlag publiziert.

Alle für die Abwasserverordnung (AbwV) - enthalten in der neuen Verordnung zu § 7a des Gesetzes zur Ordnung des Wasserhaushaltes (WHG) über "Anforderungen an das Einleiten von Abwasser in Gewässer und zur Anpassung des Abwasserabgabengesetzes" - relevanten Einheitsverfahren sind zusammen mit der AbwV und dem WHG und allen noch fortgeltenden Abwasserverwaltungsvorschriften als Loseblattsammlung mit dem Ergänzungsband 1 (DIN-Normen) und dem Ergänzungsband 2 (DIN-EN- und DIN-EN-ISO-Normen) herausgegeben worden.

Normen oder Norm-Entwürfe mit dem Gruppentitel "Deutsche Einheitsverfahren zur Wasser-, Abwasser- und Schlammuntersuchung" sind in folgende Gebiete (Haupttitel) aufgeteilt:

Allgemeine Angaben (Gruppe A)	(DIN 38402)
Sensorische Verfahren (Gruppe B)	(DIN 38403)
Physikalische und physikalisch-chemische Kenngrößen (Gruppe C)	(DIN 38404)
Anionen (Gruppe D)	(DIN 38405)
Kationen (Gruppe E)	(DIN 38406)
Gemeinsam erfassbare Stoffgruppen (Gruppe F)	(DIN 38407)
Gasförmige Bestandteile (Gruppe G)	(DIN 38408)
Summarische Wirkungs- und Stoffkenngrößen (Gruppe H)	(DIN 38409)
Biologisch-ökologische Gewässeruntersuchung (Gruppe M)	(DIN 38410)
Mikrobiologische Verfahren (Gruppe K)	(DIN 38411)
Testverfahren mit Wasserorganismen (Gruppe L)	(DIN 38412)
Einzelkomponenten (Gruppe P)	(DIN 38413)
Schlamm und Sedimente (Gruppe S)	(DIN 38414)
Suborganismische Testverfahren (Gruppe T)	(DIN 38415)

Außer den in der Reihe DIN 38402 bis DIN 38415 genormten Untersuchungsverfahren liegen eine Reihe Europäischer und Internationaler Normen als DIN-EN-, DIN-EN-ISO- und DIN-ISO-Normen vor, die ebenfalls Bestandteil der "Deutschen Einheitsverfahren" sind.

Über die bisher erschienenen Teile dieser Normen gibt die Geschäftsstelle des Normenausschusses Wasserwesen (NAW) im DIN Deutsches Institut für Normung e.V., Telefon (030) 26 01 - 25 49, oder der Beuth Verlag GmbH, 10772 Berlin (Hausanschrift: Burggrafenstr. 6, 10787 Berlin), Auskunft.

Literaturhinweise

[1] Aue, W.; Hastings, C. R.; Gerhardt, K. O.; Pierce, J. O.; Hill, H. H. und Moseman, R.F.: The determination of partper-billion levels of citric and nitrilotriacetic acids in tap water and sewage, J. Chromatogr. 72, 259-267 (1972)

[2] Games, L. M.; Staubach, J. A. und Kappeler, T. U.: Analysis of nitrilotriacetic acid in environmental waters, Tenside Detergents, 18, 262-265 (1981)

[3] Wanke, T. und Eberle, S. H.: Die gaschromatographische Bestimmung von Diethylentriaminpentaessigsäure in Oberflächenwasser, Acta hydrochim. Hydrobiol. 20, 192-196 (1992)

[4] Schaffner, C. und Giger, W.: Determination of nitrilotriacetic acid in water by high-resolution gas chromatography, J. Chromatogr. 312, 413-421 (1984)

[5] Rudling, L.: Simultaneous determination of nitrilotriacetic acid, ethylenediaminetetraacetic acid and diethylenetriaminepentaacetic acid as their methyl ester derivates by GLC, Water Research 6, 871-876 (1972)

[6] Pool, W.: Gaschromatographic determination of nitrilotriacetic acid in water by derivatisation to the propylester, Leeuwenhoek Institut te Delft (Nederlands, 1982)

[7] Weil, L. und Quentin, K. E.: GWF Wasser/Abwasser 112, 184 (1971)

[8] Sacher, F.; Lochow, E. und Brauch, H.-J.: Synthetische orgnanische Komplexbildner - Analytik und Vorkommen in Oberflächenwassern, Vom Wasser 90, 31 - 41 (1998)

Deutsche Einheitsverfahren zur Wasser-, Abwasser- und Schlammuntersuchung

Schlamm und Sedimente (Gruppe S)

Teil 23: Bestimmung von 15 polycyclischen aromatischen Kohlenwasserstoffen (PAK) durch Hochleistungs-Flüssigchromatographie (HPLC) und Fluoreszenzdetektion (S 23)

DIN 38414-23

Einsprüche bis 30. Jun 2000

ICS 13.060.50

German standard methods for the examination of water, waste water, and sludge; Sludge and sediments (group S) – Part 23: Determination of 15 polycyclic aromatic hydrocarbons (PAH) by high performance liquid chromatography (HPLC) and fluorescence detection (S 23)

Méthodes normalisées allemandes pour l'analyse des eaux, des eaux résiduaires et des boues; Boues et sédiments (groupe S) – Partie 23: Dosage de 15 hydrocarbures polycycliques aromatiques avec la chromatographie liquide de haute performance (HPLC) et détection en fluorescence (S 23)

Anwendungswarnvermerk

Dieser Norm-Entwurf wird der Öffentlichkeit zur Prüfung und Stellungnahme vorgelegt.

Weil die beabsichtigte Norm von der vorliegenden Fassung abweichen kann, ist die Anwendung dieses Entwurfes besonders zu vereinbaren.

Stellungnahmen werden erbeten an den Normenausschuß Wasserwesen (NAW) im DIN Deutsches Institut für Normung e. V., 10772 Berlin (Hausanschrift: Burggrafenstr. 6, 10787 Berlin).

Vorwort

Diese Norm wurde gemeinsam mit der Wasserchemischen Gesellschaft - eine Fachgruppe in der Gesellschaft Deutscher Chemiker - aufgestellt (siehe Anhang A).

Es ist erforderlich, bei den Untersuchungen nach dieser Norm Fachleute oder Facheinrichtungen einzuschalten.

Bei Anwendung der Norm ist im Einzelfall je nach Aufgabenstellung zu prüfen, ob und inwieweit die Festlegung zusätzlicher Randbedingungen erforderlich ist.

Zu DIN 38414 "Deutsche Einheitsverfahren zur Wasser-, Abwasser- und Schlammuntersuchung – Schlamm und Sedimente (Gruppe S)" gehören weitere Teile. Eine Übersicht der Gruppen A bis T der "Deutschen Einheitsverfahren" enthält Anhang A.

Anhang A ist informativ.

Einleitung

Polycyclische aromatische Kohlenwasserstoffe (PAK) kommen als Nebenprodukte natürlicher und industrieller Verbrennungsprozesse in nahezu allen Schlämmen und Sedimenten vor. Der Massenanteil an PAK kann bei den üblichen Gewässersedimenten, bezogen auf die Summe der 15 PAK, bis zu etwa 10 mg/kg m_T betragen. Der PAK-Gehalt von Klärschlämmen kommunaler Herkunft beträgt bis zu etwa 20 mg/kg m_T.
Einzelne Verbindungen aus der Gruppe der PAK werden als cancerogen bzw. cancerogenverdächtig angesehen [1].

1 Anwendungsbereich

Das Verfahren gilt für die Bestimmung ausgewählter PAK (siehe Tabelle 1) in Klärschlamm und Gewässersediment mit einem Massenanteil m_T > 0,05 mg/kg.
Das Verfahren kann auch auf weitere, hier nicht genannte PAK erweitert werden, vorausgesetzt, daß die Richtigkeit jeweils abgesichert ist.

Fortsetzung Seite 2 bis 20

Normenausschuß Wasserwesen (NAW) im DIN Deutsches Institut für Normung e. V.

Ref. Nr. E DIN 38414-23 : 2000-03
Preisgr. 12 *Vertr.-Nr. 0012*

Tabelle 1: Benennung und Struktur der zu bestimmenden polycyclischen aromatischen Kohlenwasserstoffe (PAK)

Benennung Summenformel Molare Masse Kohlenstoffanteil CAS-Reg.-Nummer	Strukturformel	Benennung Summenformel Molare Masse Kohlenstoffanteil CAS-Reg.-Nummer	Strukturformel
Naphthalin $C_{10}H_8$ M = 128,2 g/mol 000091-20-3	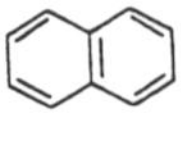	Chrysen $C_{18}H_{12}$ M = 228,3 g/mol 000218-01-9	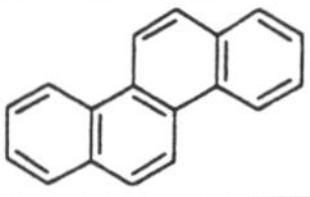
Acenaphthen $C_{12}H_{10}$ M = 154,2 g/mol 000083-32-9	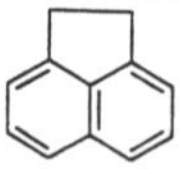	Benzo(k)fluoranthen [1]) $C_{20}H_{12}$ M = 252,3 g/mol 95,2 % C 000207-08-9	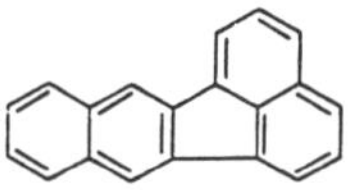
Fluoren $C_{13}H_{10}$ M = 166,2 g/mol 000086-73-7	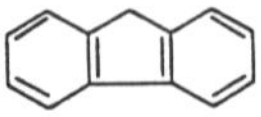	Benzo(b)fluoranthen [1]) $C_{20}H_{12}$ M = 252,3 g/mol 95,2 % C 000205-99-2	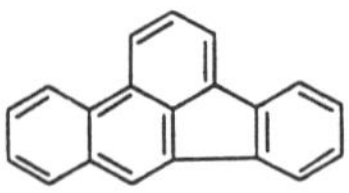
Phenanthren $C_{14}H_{10}$ M = 178,2 g/mol 000085-01-8	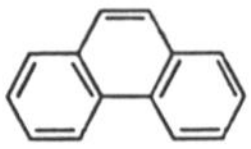	Benzo(a)pyren [1]) $C_{20}H_{12}$ M = 252,3 g/mol 95,2 % C 000050-32-8	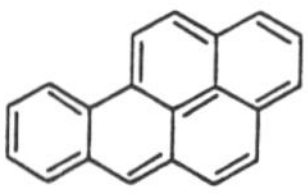
Anthracen $C_{14}H_{10}$ M = 178,2 g/mol 000120-12-7	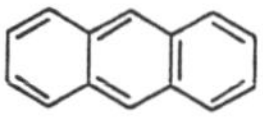	Dibenz(ah)anthracen $C_{22}H_{14}$ M = 278,4 g/mol 000053-70-3	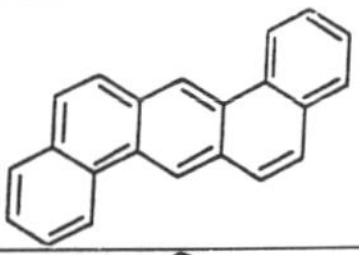
Fluoranthen [1]) $C_{16}H_{10}$ M = 202,3 g/mol 95,0 % C 000206-44-0	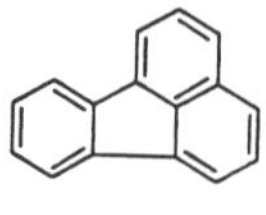	Benzo(ghi)perylen [1]) $C_{22}H_{12}$ M = 276,3 g/mol 95,6 % C 000191-24-2	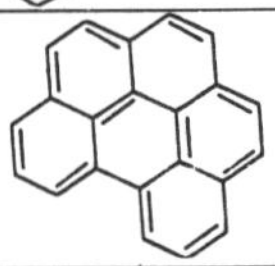
Pyren $C_{16}H_{10}$ M = 202,3 g/mol 000129-00-0	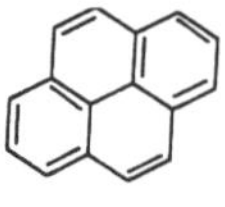	Indeno(1,2,3-cd)pyren [1]) $C_{22}H_{12}$ M = 276,3 g/mol 95,6 % C 000193-39-5	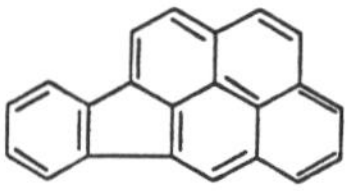
Benz(a)anthracen $C_{18}H_{12}$ M = 228,3 g/mol 000056-55-3	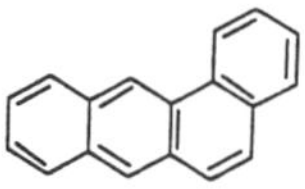		
[1]) PAK nach [2]			

ANMERKUNG: Die Stoffauswahl entspricht der US-EPA-Liste unter Auslassung von Acenaphthylen. Acenaphthylen ist mit diesem Verfahren nicht bestimmbar, da die Substanz nicht fluoreszenzaktiv ist.

2 Normative Verweisungen

Diese Norm enthält durch datierte oder undatierte Verweisungen Festlegungen aus anderen Publikationen. Diese normativen Verweisungen sind an den jeweiligen Stellen im Text zitiert, und die Publikationen sind nachstehend aufgeführt. Bei datierten Verweisungen gehören spätere Änderungen oder Überarbeitungen dieser Publikationen nur zu dieser Norm, falls sie durch Änderung oder Überarbeitung eingearbeitet sind. Bei undatierten Verweisungen gilt die letzte Ausgabe der in Bezug genommenen Publikation.

DIN 12039
Laborgeräte aus Glas – Weithals-Standflaschen mit Kegelschliff und Stopfen

DIN 12216
Laborgeräte aus Glas – Glasrohrenden mit Rundgewinde

DIN 12252
Laborgeräte aus Glas – Stopfen mit Kegelschliff

DIN 12242-1
Laborgeräte aus Glas – Kegelschliffe für austauschbare Verbindungen - Maße, Toleranzen

DIN 12680-1
Laborgeräte aus Glas – Meßzylinder mit Strichteilung

DIN 12691
Laborgeräte aus Glas – Vollpipetten mit einer Marke, schnellablaufend, Wartezeit 15 Sekunden, Klasse AS

DIN 38402-51
Deutsche Einheitsverfahren zur Wasser-, Abwasser- und Schlammuntersuchung – Allgemeine Angaben (Gruppe A) – Kalibrierung von Analysenverfahren, Auswertung von Analysenergebnissen und lineare Kalibrierfunktionen für die Bestimmung von Verfahrenskenngrößen (A 51)

DIN 38407-8
Deutsche Einheitsverfahren zur Wasser-, Abwasser- und Schlammuntersuchung – Gemeinsam erfaßbare Stoffgruppen (Gruppe F) – Bestimmung von 6 polycyclischen aromatischen Kohlenwasserstoffen (PAK) in Wasser mittels Hochleistungs-Flüssigkeitschromatographie (HPLC) mit Fluoreszenzdetektion (F 8)

DIN 38407-18
Deutsche Einheitsverfahren zur Wasser-, Abwasser- und Schlammuntersuchung – Gemeinsam erfaßbare Stoffgruppen (Gruppe F) – Bestimmung von 15 polycyclischen aromatischen Kohlenwasserstoffen (PAK) in Wasser durch Hochleistungs-Flüssigkeitschromatographie (HPLC) mit Fluoreszenzdetektion (F18)

DIN 38414-2
Deutsche Einheitsverfahren zur Wasser-, Abwasser- und Schlammuntersuchung – Schlamm und Sedimente (Gruppe S) – Bestimmung des Wassergehaltes und des Trockenrückstandes bzw. der Trockensubstanz (S 2)

DIN 38414-11
Deutsche Einheitsverfahren zur Wasser-, Abwasser- und Schlammuntersuchung – Schlamm und Sedimente (Gruppe S) – Probenahme von Sedimenten (S 11)

DIN 38414-21
Deutsche Einheitsverfahren zur Wasser-, Abwasser- und Schlammuntersuchung – Schlamm und Sedimente (Gruppe S) – Bestimmung von 6 polycyclischen aromatischen Kohlenwasserstoffen (PAK) mittels Hochleistungs-Flüssigkeitschromatographie (HPLC) und Fluoreszenzdetektion (S 21)

E DIN 38414-22 : 1996-05
Deutsche Einheitsverfahren zur Wasser-, Abwasser- und Schlammuntersuchung – Schlamm und Sedimente (Gruppe S) – Bestimmung des Gefriertrockenrückstandes und Herstellung der Gefriertrockenmasse eines Schlammes (S 22)

DIN EN ISO 1042
Laborgeräte aus Glas – Meßkolben (ISO 1042 : 1998); Deutsche Fassung EN ISO 1042 : 1999

DIN EN ISO 5667-13
Wasserbeschaffenheit – Probenahme – Teil 13: Anleitung zur Probenahme von Schlämmen aus Abwasserbehandlungs- und Wasseraufbereitungsanlagen

[1] Iarc monographs on the evaluation of the carcinogenic risk of chemicals to humans; Polynuclear Aromatic Compounds, Part 1, Chemicals, Evironmental and Experimental Data : International Agency for Research On Cancer, Volume 32 ,1983

[2] Verordnung über Trinkwasser und über Wasser für Lebensmittelbetriebe (Trinkwasserverordnung vom 05.12.1990), BGBL. I, S.2612 - 2629 (1990)

[3] Klärschlammverordnung (AbfKläV), BGBl. I, S. 912-916 (1992)

[4] ISO/FDIS 5667-15
Water quality – Smapling – Part 15: Guidance on preservation and handling of sludge and sediment samples

[5] Laboratoriumssicherheit; Vorläufige Empfehlungen für den Umgang mit pathogenen Mikroorganismen und für die Klassifikation von Mikroorganismen und Krankheitserregern nach den im Umgang mit ihnen auftretenden Gefahren. Bundesgesundheitsblatt 24, Nr. 22, S. 347-359 (30.10.1981)

[6] Engelhardt, H.: Hochdruck- Flüssigkeits-Chromatographie, Springer Verlag Berlin Heidelberg, New York, 2. Auflage 1977

[7] Meyer,V.: Praxis der Hochleistungs- Flüssigkeitschromatographie, Otto Salle Verlag, Verlag Sauerländer, Frankfurt am Main, 7. Auflage 1994

[8] Unger, K. K.: Handbuch der HPLC, Teil 1: Leitfaden für Anfänger und Praktiker, GIT Verlag, Darmstadt, 2. Auflage 1995

[9] Deutsche Einheitsverfahren zur Wasser-, Abwasser- und Schlammuntersuchung – Strategien für die Wasseranalytik: Verfahrensentwicklung, Validierung und Qualitätssicherung in der Routine

3 Grundlage des Verfahrens

Es werden zwei Verfahren für die Probenaufarbeitung von Klärschlamm und Sediment beschrieben:
Bei Verfahren A werden die PAK aus der homogenisierten Originalprobe in Gegenwart von Wasser und Natriumchlorid mit einem Gemisch von Aceton und Petroleumbenzin extrahiert. Anschließend wird ein Volumenanteil der organischen Phase in Gegenwart von Dimethylformamid eingeengt und der Extrakt für die HPLC-Messung mit Lösemittel auf ein definiertes Volumen eingestellt.
Bei Verfahren B wird die homogenisierte Probe durch Gefriertrocknung oder an der Luft getrocknet und die PAK aus der trockenen Probe mit Tetrahydrofuran bei 40 °C im Ultraschallbad extrahiert. Ein Volumenanteil des Extraktes wird mit Methanol verdünnt und analysiert.
Die PAK werden durch HPLC unter Gradientenbedingungen aufgetrennt und mittels Fluoreszenzdetektion (Wellenlängenprogramm) identifiziert und quantifiziert.

ANMERKUNG: In dieser Norm wird kein Verfahren zur Extraktreinigung vorgeschlagen, da störende Begleitstoffe durch die üblichen Verfahren unter Verwendung von Silicagel oder modifiziertem Silicagel kaum abgetrennt werden können, anderseits aber hierbei meist Verluste von PAK auftreten.

4 Störungen

4.1 Störungen bei der Probennahme und der Probenaufarbeitung

Bei der Probenahme sind die Angaben in DIN 38414-11 und DIN EN ISO 5667-13 zu beachten. Geräte und Behälter, die für die Probenahme, den -transport, die -lagerung und die -aufarbeitung eingesetzt werden, müssen aus Materialien bestehen, die den Gehalt der PAK in der Probe während der Kontaktzeit nicht verändern. Die Verwendung von Kunststoffmaterialien vermeiden, da die Adsorption von PAK an die Wandungen zu Minderbefunden führen kann.

Bei der Aufarbeitung von Proben nach Verfahren B beachten, daß bei der Probentrocknung Verluste an leichter flüchtigen PAK (Naphthalin, Acenaphthen und Fluoren) auftreten können (siehe Abschnitt 9).

Für die Extraktion nach Verfahren B wird unstabilisiertes Tetrahydrofuran eingesetzt (siehe 7.3 und 9.4.2), dessen Peroxidgehalt regelmäßig geprüft werden muß. Bei höheren Massenkonzentrationen an Peroxiden muß aufgrund von Oxidation mit Minderbefunden einzelner PAK gerechnet werden.

4.2 Störungen bei der HPLC

Substanzen, die fluoreszieren oder die Fluoreszenz unterdrücken und ähnliche chromatographische Eigenschaften wie die zu bestimmenden PAK haben, können die Bestimmung stören und je nach Massenkonzentration die Richtigkeit des Ergebnisses beeinträchtigen. Störungen durch Begleitstoffe treten besonders im Bereich von Naphthalin bis Phenanthren auf und können z. B. durch alkylierte PAK verursacht werden. Die Bestimmung von Naphthalin wird häufig durch eine Begleitsubstanz gestört, die bei Verwendung der üblichen Trennsäulen kurz vor dem Naphthalin-Peak eluiert und nur bei entsprechender Trennleistung ausreichend abgetrennt werden kann (siehe 9.5.2). Peaküberlagerungen durch Begleitstoffe können je nach Selektivität des Phasensystems besonders bei den Substanzen Acenaphthen, Fluoren und Dibenz(ah)anthracen auftreten. Unsymmetrische und gegenüber den Referenzsubstanzen verbreiterte Peaks weisen auf Peaküberlagerungen hin. Durch Aufnahme der Anregungs- und Emissionsspektren kann die Identität und die Peakreinheit geprüft werden (siehe 9.5.3).

In den Chromatogrammen von realen Proben sind die PAK teilweise nicht vollständig von den Begleitstoffen getrennt, so daß die Richtigkeit der Peakintegration in jedem Chromatogramm geprüft werden muß. Bei unvollständig getrennten PAK ist zur quantitativen Auswertung die Peakhöhe anstelle der Peakfläche zu bevorzugen. Bei Verwendung der üblichen Phasensysteme wird Benzo(b)fluoranthen häufig von Perylen überlagert. Der Einfluß der Überlagerung auf das quantitative Ergebnis für Benzo(b)fluoranthen ist bei entsprechender Wahl der Wellenlängenkombination jedoch vernachlässigbar (siehe Tabelle 2).

Lösemittelreste in der Meßlösung, z. B. Petroleumbenzin oder Aceton, beeinträchtigen die Reproduzierbarkeit der Retentionszeiten und führen zu einer zusätzlichen Peakverbreiterung bei den Zwei- und Dreiringsystemen. Der Einfluß ist abhängig von der Konzentration der Lösemittel und von der Beschaffenheit des Phasensystems. Diese Lösemittelreste müssen deshalb bei der Aufarbeitung der Extrakte aus der Meßlösung entfernt werden (siehe 9.3.2).

Tabelle 2: Detektionsbedingungen und Peakidentifizierung (Beispiele)

<table>
<tr><td>Peak Nr</td><td>PAK</td><td colspan="4">Fluoreszenz- Wellenlängenprogramme
Bandbreiten: Anregung 20 nm; Emission 20 nm</td></tr>
<tr><td></td><td></td><td colspan="2">Beispiel A</td><td colspan="2">Beispiel B</td></tr>
<tr><td></td><td></td><td>Anregung
nm</td><td>Emission
nm</td><td>Anregung
nm</td><td>Emission
nm</td></tr>
<tr><td>1</td><td>Naphthalin</td><td rowspan="4">275</td><td rowspan="4">350</td><td>220</td><td>335</td></tr>
<tr><td>2</td><td>Acenaphthen</td><td rowspan="2">265</td><td rowspan="2">350</td></tr>
<tr><td>3</td><td>Fluoren</td></tr>
<tr><td>4</td><td>Phenanthren</td><td rowspan="2">245</td><td rowspan="2">365</td></tr>
<tr><td>5</td><td>Anthracen</td><td>260</td><td>240</td></tr>
<tr><td>6</td><td>Fluoranthen</td><td rowspan="2">270</td><td rowspan="2">440</td><td rowspan="2">235</td><td rowspan="2">440</td></tr>
<tr><td>7</td><td>Pyren</td></tr>
<tr><td>8</td><td>Benz(a)anthracen</td><td rowspan="3">260</td><td rowspan="3">420</td><td rowspan="3">265</td><td rowspan="3">395</td></tr>
<tr><td>9</td><td>Chrysen</td></tr>
<tr><td>10</td><td>6-Methylchrysen [1])</td></tr>
<tr><td>11</td><td>Benzo(b)fluoranthen</td><td rowspan="5">290</td><td rowspan="5">430</td><td rowspan="5">290</td><td rowspan="5">430</td></tr>
<tr><td>12</td><td>Benzo(k)fluoranthen</td></tr>
<tr><td>13</td><td>Benzo(a)pyren</td></tr>
<tr><td>14</td><td>Dibenz(ah)anthracen</td></tr>
<tr><td>15</td><td>Benzo(ghi)perylen</td></tr>
<tr><td>16</td><td>Indeno(1,2,3-cd)pyren</td><td>250</td><td>500</td><td>300</td><td>500</td></tr>
<tr><td colspan="6">[1]) zusätzlich in den Chromatogramm (siehe Abschnitt 9)</td></tr>
</table>

5 Bezeichnung

Bezeichnung des Verfahrens zur Bestimmung von 15 PAK in Klärschlamm und Gewässersediment nach Extraktion mittels Hochleistungs-Flüssigkeitschromatographie und Fluoreszenzdetektion (S 23):

Verfahren DIN 38414 – S 23

6 Geräte

6.1 Allgemeines

Die verwendeten Glasgeräte müssen frei von PAK sein. Bei Glasgeräten ist hierzu eine Behandlung mit Wasser unter Zusatz eines Tensids und anschließendes Spülen mit Aceton üblicherweise ausreichend.

6.2 Weithals-Standflasche aus braunem Glas, Nennvolumen 1000 ml, mit Stopfen NS 60/46 nach DIN 12252, z. B. Weithals-Standflaschen DIN 12039 – W 1000 – G

ANMERKUNG: Zur Probenahme dürfen auch Weithals-Flaschen aus braunem Glas, Nennvolumen 1000 ml, mit Schraubverschluß und aluminiumkaschierter Dichtung aus Polyethen verwendet werden.

6.3 Meßzylinder, Nennvolumen 10 ml, 50 ml und 100 ml, z. B. Meßzylinder DIN 12680-1 – MH 10

ANMERKUNG: Anstelle von Meßzylindern dürfen auch Flaschenaufsatz-Dosiergeräte aus Glas und/oder PTFE (Polytetrafluorethen) verwendet werden.

6.4 Pasteurpipetten

6.5 Schüttelgerät, geeignet zur Aufnahme von Reagenzgläsern

6.6 Weithals-Flasche aus braunem Glas, Nennvolumen etwa 250 ml, mit Schraubverschluß und PTFE-beschichtetem System, z. B. Laborflasche mit Gewinde GL 45 nach DIN 12216 und Schraubverschlußkappe

6.7 Schüttelmaschine für Hin-und Herbewegung mit Einspannvorrichtung für 250-ml-Weithalsflaschen

6.8 Vollpipette aus Glas, Nennvolumen 5 ml, 10 ml und 25 ml, z. B. Pipette DIN 12691 – VPAS 5

6.9 Glasgefäße zum Einengen von Extrakten, z. B. Zentrifugengläser mit Spitzboden, Nennvolumen 10 ml (graduiert), Skalenteil 0,1 ml, Grenzabweichung ± 2 % Volumenanteil, und Glasstopfen NS 14/23 nach DIN 12242-1

6.10 Vorrichtung zum Einengen der Extrakte, z. B. Rotationsverdampfer mit Vakuumkonstanthalter und thermostatisierbarem Wasserbad

6.11 Tiefkühlschrank, möglichst mit Kontaktgefrierung, Temperaturbereich bis mindestens -35 ºC, Innenraum explosionsgeschützt

ANMERKUNG: Die Tiefkühlung der Proben ist auch in einem dafür eingerichteten Gefriertrockner möglich.

6.12 Gefriertrocknungsanlage, geeignet für Flachschalenbeschickung, für einen Druck ≤ 37 Pa, mit Einrichtung für druckgesteuerte Trocknung, Temperatur- und Druckmeßeinrichtung, Begasungseinrichtung (z. B. Trockenraum, Stickstoffbegasung). Die Anweisungen des Geräteherstellers beachten.

6.13 Flachschalen, z. B. aus Aluminium oder nichtrostendem Stahl, Durchmesser entsprechend der Größe der Stellflächen in der Gefriertrocknungsanlage, Bordhöhe etwa 2,5 cm. Der Schalenboden darf keine merklichen Bodenunebenheiten aufweisen.

ANMERKUNG: Zur Trocknung von Sedimenten an der Luft dürfen auch Schalen aus Porzellan, vorzugsweise mit flachem Boden, verwendet werden.

6.14 Flachsiebe mit Dichtungsrand, Maschenweite etwa 0,2 mm, aus nichtrostendem Stahl, Durchmesser dem der Flachschalen entsprechend.

6.15 Mörser und Pistill, z. B. aus Achat oder Zirconiumdioxid, Volumen etwa 200 ml

6.16 Weithals-Flasche aus braunem Glas, Nennvolumen etwa 100 ml, mit dichtschließendem Schraubverschluß, zur Aufbewahrung des Trockengutes

6.17 Extraktionsgefäß aus Glas, Nennvolumen etwa 20 ml, mit dichtschließendem Verschluß und Dichtung aus PTFE, z. B. Probenglas mit Schraubverschluß

6.18 Ultraschallgerät mit Heizung und Zeitschaltuhr sowie Vorrichtung zur Aufnahme der Extraktionsgefäße

6.19 Mikrofilter, mit lösemittelbeständiger, hydrophiler Membran, Porenweite 0,45 µm, zur Klarfiltration der HPLC-Extrakte, z. B. Membran aus regenerierter Cellulose

6.20 Probenflaschen aus Glas, Volumen etwa 2 ml, mit inertem Verschluß, z. B. mit PTFE- beschichtetem Septum, zur Aufbewahrung der Extrakte

6.21 Meßkolben, vorzugsweise aus braunem Glas, Nennvolumen 5 ml und 10 ml, z. B. Meßkolben DIN EN ISO 1042 – A5–C

6.22 Mikroliterspritzen, Nennvolumen 50 µl, 500 µl und 1000 µl

6.23 Hochleistungs-Flüssigkeitschromatograph, ausgelegt für den vorgesehenen Arbeitsbereich mit

a) Entgasungseinrichtung, z. B. Entgasung mit Helium oder Vakuum - Entgaser;
b) pulsationsarmem analytischem Pumpensystem, geeignet für die binäre Gradientenelution;
c) manuellem oder automatischem Probenaufgabesystem;
d) Säulenthermostat;
e) Fluoreszenzdetektor, mit Monochromator für Anregung und Emission, geeignet für die Programmierung der Wellenlängen und bevorzugt auch der Abschwächung (für mindestens sechs Wellenlängenpaare).

6.24 Analytische Trennsäule, Länge bis 250 mm, Innendurchmesser bis 4,6 mm, gepackt mit einem Material, Korngröße bis 5 µm, das eine Trennung der PAK nach den in 9.5.1 genannten Anforderungen ermöglicht (siehe Beispiele in den Bildern 1 bis 3 bzw. Tabelle 3).

ANMERKUNG: Spezielle HPLC- Säulen zur Trennung von PAK sind im Handel erhältlich.

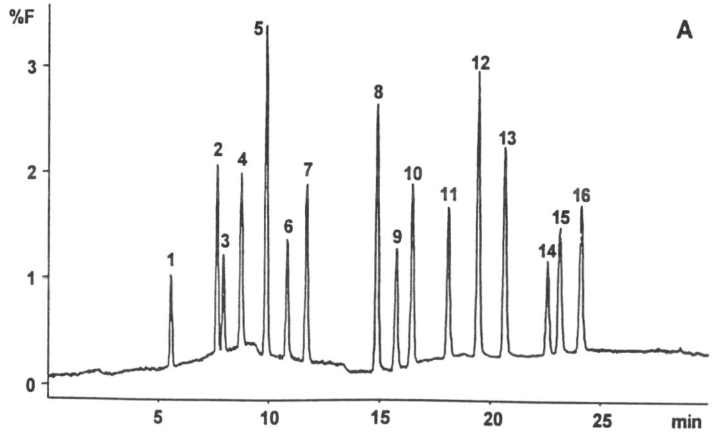

Bild 1: Trennung von PAK durch Gradientenelution (Beispiel A)

Chromatographische Bedingungen siehe Tabelle 3, Detektionsbedingungen und Peaknummern siehe Tabelle 2, Beispiel A

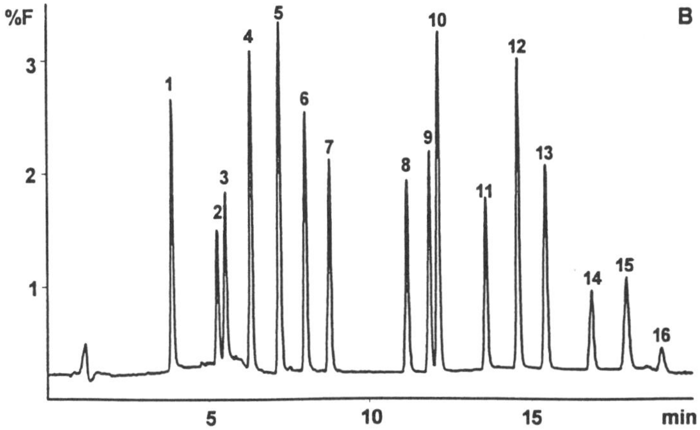

Bild 2: Trennung von PAK durch Gradientenelution (Beispiel B)

Chromatographische Bedingungen siehe Tabelle 3, Detektionsbedingungen und Peaknummern siehe Tabelle 2, Beispiel B

Tabelle 3: Arbeitsbedingungen für Gradiententrennung (Beispiele)

Chromatogramm A				
Säule	Kennbuchstabe A *)			
Injektion	5 µl PAK Bezugslösung, ρ_i = 5 pg/µl			
Gradient/ Eluent	Zeit min	Eluent	Volumenverhältnis	Gradient
	0 25 35	Acetonitril-Methanol 4:1 / Wasser	60 : 40 100 : 0 100 : 0	Anfangsbed. linear isokratisch
Volumendurchfluß	0 bis 26,5 min : 0,3 ml/min; 27 min bis 35 min : 0,5 ml/min			
Temperatur	40° C			
Druck	11,6 MPa bei Anfangsbedingungen			
Detektions-bedingungen	siehe Tabelle 2, Beispiel A			
Chromatogramm B				
Säule	Kennbuchstabe B *)			
Injektion	5 µl PAK Bezugslösung, ρ_i = 5 pg/µl			
Gradient/Eluent	Zeit min	Eluent	Volumenverhältnis	Gradient
	0 12 30	Acetonitril-Wasser	60 : 40 100 : 0 100 : 0	Anfangsbed. linear isokratisch
Volumendurchfluß	0,3 ml/min			
Temperatur	25° C			
Druck	17 MPa bei Anfangsbedingungen			
Detektions-bedingungen	siehe Tabelle 2, Beispiel B			
*) Handelsnamen der Säulen siehe Anhang A Weitere Beispiele siehe DIN 38407-18				

7 Reagenzien

7.1 Allgemeines

Als Chemikalien für die Probenvorbereitung solche des Reinheitsgrades "zur Rückstandsanalyse" verwenden. Durch Prüfung des Blindwertes sicherstellen, daß die Chemikalien und das Wasser keine PAK in nachweisbaren Konzentrationen enthalten (siehe Abschnitt 11). Die für die HPLC als Elutionsmittel verwendeten Lösemittel und das Wasser sollten der Qualität "zur HPLC" entsprechen und bei den gewählten Detektionsbedingungen eine möglichst geringe Fluoreszenz aufweisen.

7.2 Natriumchlorid, NaCl

7.3 Lösemittel

7.3.1 Lösemittel für die Probenaufarbeitung nach Verfahren A (siehe 9.3): Aceton, C_3H_6O; Petroleumbenzin, Siedebereich 40 °C bis 60 °C; N,N-Dimethylformamid, $(CH_3)_2NCHO$

7.3.2 Lösemittel für die Probenaufarbeitung nach Verfahren B (siehe 9.4): Tetrahydrofuran, C_4H_8O, ohne Stabilisator; Methanol, CH_3OH

Die Massenkonzentration an Peroxiden im Tetrahydrofuran (THF) muß geringer als 200 mg/l sein, da sonst Minderbefunde einzelner PAK auftreten.
Den Peroxidgehalt deshalb jeweils vor der Verwendung des Tetrahydrofurans messen, z. B. durch Verwendung von Peroxid-Teststäbchen.
Die Verwendung kleiner THF-Gebinde ist vorteilhaft. Angebrochene Gebinde kühl und vor Licht geschützt lagern.

7.3.3 Lösemittel für die HPLC: Acetonitril, CH_3CN; Methanol, CH_3OH

ANMERKUNG: Auf die Toxizität von Acetonitril wird ausdrücklich hingewiesen.

7.4 Stickstoff, Massenanteil mindestens 99,996 %, für das Einengen von Eluaten.

7.5 Helium, Massenanteil mindestens 99,999 %, für die Entgasung der Lösemittel bei der HPLC, sofern kein Vakuumentgaser verwendet wird.

7.6 Seesand, reinst, zur Prüfung des Blindwertes nach Abschnitt 11.

7.7 Lösungen von PAK

ANMERKUNG: Wegen der Toxizität der Substanzen [1] sollten anstelle von selbst angesetzten Lösungen nur im Handel erhältliche Standardlösungen verwendet werden. Hautkontakt vermeiden.

7.7.1 Lösungen der Einzelsubstanzen

Lösung der jeweiligen Referenzsubstanz (siehe Tabelle1) in Acetonitril, Massenkonzentration z. B. 10 µg/ml.
Die Lösungen werden in entsprechenden Verdünnungen für die Zuordnung der Signale im Chromatogramm benötigt (siehe Abschnitt 10).

7.7.2 PAK- Standardlösung

Zertifizierte Lösung der Referenzsubstanzen (siehe Tabelle 1) in Acetonitril, z. B. Ampulle mit etwa 1,2 ml Lösung, Massenkonzentration der Einzelsubstanz z. B. 10 µg/ml.

7.7.3 Stammlösung

Z. B. 1 ml der PAK-Standardlösung (siehe 7.7.2) in einen 10-ml-Meßkolben (siehe 6.21) vorlegen und die Lösung mit Acetonitril (siehe 7.3) bis zur Marke auffüllen.

1 µl dieser Stammlösung enthält 1 ng der jeweiligen Einzelsubstanz.

7.7.4 Bezugslösungen für die Mehrpunktkalibrierung

Die Lösungen durch entsprechende Verdünnungen der Stammlösung (siehe 7.7.3) herstellen; als Lösemittel Methanol oder Acetonitril (siehe 7.3), je nach Zusammensetzung der mobilen Phase, verwenden; z. B. 50 µl der Stammlösung in einem 5-ml-Meßkolben (siehe 6.21) vorlegen und mit Acetonitril bis zur Marke auffüllen.

1 µl dieser Bezugslösung enthält 10 pg der jeweiligen Einzelsubstanz.

ANMERKUNG: Bei Bezugslösungen, die in Methanol angesetzt sind, fällt die Peakverbreiterung bei den Zwei- und Dreiringsystemen üblicherweise geringer aus als bei Lösungen in Acetonitril.

Die Lösungen (siehe 7.7.1 bis 7.7.4) sind, bei 4° C vor Licht und Verdunstung geschützt, erfahrungsgemäß mindestens 6 Monate haltbar.

7.8 Referenzprobe oder Proben mit bekannten Massenanteilen an PAK

ANMERKUNG: Zertifizierte Referenzproben sind im Handel erhältlich.

8 Probennahme

Die Angaben nach DIN 38414-11 und DIN EN ISO 5667-13 sowie gegebenenfalls entsprechende Vorschriften zur Probennahme in der Klärschlammverordnung [3] beachten.
Materialien aus Kunststoff, ausgenommen solche aus PTFE, dürfen bei der Probennahme sowie bei der Aufarbeitung der Orginalprobe (siehe Abschnitt 9) nicht eingesetzt werden, da durch Adsorption an der Gefäßwandung Verluste entstehen können.

Die Probe in Weithals-Standflaschen (siehe 6.2) nehmen und bis zur Aufarbeitung kühl und vor Licht geschützt aufbewahren.

Originalproben bei etwa 4 °C aufbewahren und spätestens nach 1 Woche aufarbeiten. Sie können bei etwa -20° C tiefgefroren bis zu 6 Monaten gelagert werden.
Getrocknete Proben bei Raumtemperatur lagern und spätestens nach 6 Monaten extrahieren. Proben dürfen nur in dichtschließenden Gefäßen unter Ausschluß von Licht gelagert werden [4].

Die zu bestimmenden PAK liegen üblicherweise weitgehend an Partikel adsorbiert vor. Ihre Verteilung ist meist ungleichmäßig. Zur Herstellung einer repräsentativen Probe vorzugsweise Einzelproben nehmen und diese durch intensives Mischen homogenisieren.

9 Durchführung

9.1 Allgemeines

Es werden zwei Verfahren zur Probenaufarbeitung von Schlamm und Sediment beschrieben:
Bei Verfahren A wird die Originalprobe, bei Verfahren B die zuvor getrocknete Probe extrahiert. Die Trocknung der Probe kann in Abhängigkeit von der Matrix zu Verlusten bei den Substanzen Naphthalin, Acenaphthen und Fluoren führen.
Sollen die leichtflüchtigen PAK quantitativ erfaßt werden, die Aufarbeitung der Probe nach dem Verfahren A durchführen, sofern die Vergleichbarkeit der Ergebnisse für eine bestimmte Matrix nicht nachgewiesen wurde.

> ANMERKUNG 1: Zuverlässige Verfahren zur Bestimmung der Wiederfindungsraten für das Gesamtverfahren können nicht angegeben werden, da die Bindungsverhältnisse von dotierten PAK sich von denen der ursprünglich in der Probe vorhandenen PAK unterscheiden können.

Um die Vollständigkeit der Extraktion bei der Einübung des Verfahrens nachzuweisen, Referenzproben (siehe 7.8) verschiedener Herkunft und unterschiedlicher Konzentrationsbereiche untersuchen (siehe Abschnitt 12).

Zur Kontrolle einzelner Probenaufarbeitungsschritte kann die für die Extraktion vorgelegte Probe mit einer Kontrollsubstanz, z. B. 6-Methylchrysen, dotiert werden. Der Standard sollte dabei vorzugsweise in Acetonitril vorliegen und so dotiert werden, daß sein Massenanteil im oberen Arbeitsbereich zu erwarten ist. Als Kontrollsubstanzen sind auch einige perdeuterierte PAK, z. B. Benz(a)anthracen D12, geeignet. Die zur Plausibilitätskontrolle verwendeten Substanzen dürfen weder zu Störungen der zu bestimmenden PAK führen, noch durch Begleitstoffe gestört werden.

> ANMERKUNG 2: Zur Bestimmung der sechs PAK nach [2] darf alternativ auch das Verfahren DIN 38414-21 angewandt werden.

9.2 Homogenisierung

Probe durch manuelles Schütteln oder Rühren homogenisieren, bei Sedimenten zuvor gegebenenfalls überstehendes Wasser abgießen.

> ANMERKUNG: Zur Homogenisierung dürfen auch mechanische Geräte eingesetzt werden, soweit eine Kontamination der Probe auszuschließen ist.

Eine Erwärmung der Probe vermeiden, da hierdurch Verluste an leichtflüchtigen PAK auftreten können.

9.3 Probenaufarbeitung: Verfahren A

9.3.1 Extraktion der Originalprobe

Wassergehalt der Probe nach DIN 38414-2 oder durch Gefriertrocknung nach E DIN 38414-22 bestimmen.

Von der homogenisierten Originalprobe (siehe 9.2) je nach Wassergehalt (10 ± 01) g bis (50 ± 0,1) g in eine 250-ml-Weithalsflasche (siehe 6.6) wägen; der Anteil an Trockenmasse m_T im Extraktionsansatz muß mindestens 1 g betragen und sollte 10 g nicht überschreiten, Trockenmasse nach Gleichung (1) berechnen:

$$m_T = m_P \left(1 - \frac{W_w}{100}\right) \qquad (1)$$

Dabei ist:

m_T die Trockenmasse der Probe im Extraktionsansatz, in Gramm;

m_P die Masse der zur Extraktion vorgelegten Originalprobe, in Gramm;

W_w der Wassergehalt der Originalprobe, in Prozent.

Probe in der Flasche mit 100 ml Aceton (siehe 7.3) versetzen und soviel PAK-freies Wasser, z. B. nach 7.1, zufügen, daß der Extraktionsansatz insgesamt etwa 50 ml Wasser enthält; die zuzugebende Masse an Wasser nach Gleichung (2) berechnen:

$$m_{wz} = m_{ws} - \frac{m_p\ W_w}{100} \quad (2)$$

Dabei ist:

m_{wz} die Masse an Wasser, die dem Extraktionsansatz zuzugeben ist, in Gramm;

m_{ws} die Masse an Wasser, die im Extraktionsansatz vorhanden sein muß, m_{ws} = 50 g;

m_p die Masse der Originalprobe im Extraktionsansatz, in Gramm;

W_w siehe Gleichung (1).

Etwa 20 g Natriumchlorid (siehe 7.2) und 50 ml Petroleumbenzin (siehe 7.3) hinzufügen.

Flasche dicht verschließen und die Probe mindestens 6 h auf einer Schüttelmaschine (siehe 6.7) schütteln.

Probe bei etwa 4 °C absetzen lassen.

Mit einer Pipette (siehe 6.8) einen Volumenanteil der organischen Phase von 5 ml bis 25 ml (je nach Anteil der Trockenmasse) für die weitere Aufarbeitung entnehmen. Den Volumenanteil dabei nach Gleichung (3) bemessen:

$$V_A \geq k\ \frac{V_E}{m_T} \quad (3)$$

mit

$$k = \frac{V_0\ \rho_{ie1}}{G_u} \quad (4)$$

Dabei ist:

V_A das Teilvolumen des Gesamtextraktes, das aufgearbeitet wird, in Milliliter;

m_T siehe Gleichung (1);

V_E das Volumen des Gesamtextraktes, in Milliliter.

ANMERKUNG 1: Bei der Mischung von 100 ml Aceton, 50 ml Petroleumbenzin, 50 ml Wasser und 20 g NaCl bildet sich eine organische Phase von etwa 135 ml aus. Dieses Volumen wird für die Berechnung der Massenanteile an PAK in der Probe (siehe Abschnitt 13) zugrunde gelegt, da es sich durch die Gegenwart einer Schlamm- oder Sedimentprobe nicht signifikant verändert. Von einer Bestimmung des Volumens im Einzelfall wird aufgrund des unverhältnismäßig hohen Aufwandes abgesehen.

k der Verfahrensfaktor, in Gramm;

V_0 das Volumen der Meßlösung, aus der injiziert wird, in Milliliter;

ρ_{ie1} die Massenkonzentration der Substanz i in der Bezugslösung 1 (niedrigstes Konzentrationsniveau der Kalibrierung), in Pikogramm je Milliliter;

G_u die untere Anwendungsgrenze des Verfahrens in Milligramm je Kilogramm Trockenmassenanteil; G_u = 0,05 mg/kg m_T (siehe Abschnitt 1).

Extrakt in ein kalibriertes Glasgefäß (siehe 6.9) überführen und nach 9.3.2 anreichern.

ANMERKUNG 2: Der Extrakt enthält in einem Milliliter etwa 5 µl bis 10 µl Wasser. Hierdurch treten keine Störungen bei der weiteren Aufarbeitung und der HPLC-Messung auf.

9.3.2 Anreicherung

Extrakt (siehe 9.3.1) in dem Glasgefäß mit 250 µl N,N- Dimethylformamid (siehe 7.3) versetzen und kurz aufschütteln.

Extrakt auf ein Volumen von etwa 2 ml einengen, z. B. am Rotationsverdampfer (siehe 6.10) bei einer Badtemperatur von 30 °C unter kontrolliertem Druck; dabei den Druck allmählich auf etwa 200 hPa absenken.

Extrakt durch Überleiten eines schwachen Stickstoffstroms einengen, so daß keine Reste von Petroleumbenzin oder Aceton verbleiben, da die Anwesenheit dieser Lösemittel in der Meßlösung zu Störungen bei der HPLC- Analyse führt (siehe 4.2). Dabei darf der Extrakt höchstens auf ein Volumen von 200 µl bis 250 µl eingeengt werden, um Verluste an leichterflüchtigen PAK zu verhindern.

Extrakt mit Lösemittel auf ein definiertes Volumen, z. B. 2 ml, auffüllen, dabei das Lösemittel verwenden, das zum Ansetzen der Bezugslösungen verwendet wird (siehe 7.7.4).
Der Volumenanteil an Dimethylformamid in der Meßlösung sollte höchstens 25 % betragen, um Peakverbreiterung bei der HPLC-Analyse zu vermeiden.

Extrakt durch ein Mikrofilter (siehe 6.19) in ein Probenfläschchen (siehe 6.20) filtrieren und bis zur Analyse vor Licht und Verdunstung geschützt bei etwa 4 °C aufbewahren.

9.4 Probenaufarbeitung: Verfahren B

9.4.1 Probentrocknung

Von der homogenisierten Probe (siehe 9.2) soviel in eine Flachschale (siehe 6.13) wägen, daß eine Trockenmasse von etwa 10 g zu erwarten ist.
Die Schichttiefe der Probe in der Schale sollte 10 mm nicht überschreiten.

Probe in der Flachschale einfrieren und nach DIN 38414-21 gefriertrocknen.

Sedimentproben dürfen alternativ auch an der Luft, zweckmäßigerweise unter einem Abzug, getrocknet werden. Die Trocknung ist beendet, wenn die Gewichtsabnahme über eine Trocknungszeit von 2 h weniger als 1 % beträgt. Bei Sedimentproben mit einem Wassergehalt von etwa 60 % ist z. B. eine Trocknungszeit von mindestens 16 h notwendig.

Die trockene Probe in einem Mörser (siehe 6.15) mahlen und die Probe bis zur Extraktion in ein dichtschließendes Glasgefäß (siehe 6.16) überführen.

> ANMERKUNG: Gefriergetrocknete Proben sind hygroskopisch; sie nehmen bei offener Lagerung bereits nach kurzer Zeit Feuchtigkeit auf.

Wegen des unsterilen Zustands der getrockneten Masse bei der Bearbeitung der Probe, insbesondere bei Staub entwickelnden Arbeitsvorgängen, die hygienischen Anforderungen einhalten [4].

9.4.2 Extraktion der trockenen Probe

Von der gefriergetrockneten, homogenisierten Probe z. B. (5 ± 0,1) g in ein Glasgefäß (siehe 6.17) wägen und 10 ml Tetrahydrofuran (siehe 7.3) hinzufügen.

Das Phasenverhältnis so bemessen, daß die Probe vollständig von dem Extraktionsmittel überschichtet wird.

Glasgefäß dicht verschließen und die Probe intensiv mit dem Extraktionsmittel vermischen, z. B. unter Verwendung eines Reagenzglasschüttlers (siehe 6.5).

Glasgefäß mit der Probe in ein Ultraschallbad stellen und die Probe 30 min unter Einwirkung von Ultraschall bei einer Badtemperatur von etwa 40 °C extrahieren.

Bodensatz aufschütteln, z. B. unter Verwendung eines Reagenzglasschüttlers, und die Probe unter gleichen Bedingungen weitere 30 min im Ultraschall behandeln.

> ANMERKUNG 1: Die vorgenannten Bedingungen ergeben üblicherweise eine hohe Extraktionsausbeute an PAK. Andere Extraktionsmittel als Tetrahydrofuran, z. B. Acetonitril, Aceton oder Butanol, liefern geringere Ausbeuten. Bei höheren Temperaturen als 40 °C werden zunehmend Begleitstoffe extrahiert, die besonders bei Naphthalin zu Peaküberlagerungen führen können. Das Aufschütteln des Bodensatzes hat üblicherweise einen höheren Einfluß auf die Extraktionsausbeute als die Behandlung der Probe mit Ultraschall.

Probe in dem Glasgefäß bis zum Absetzen bei etwa 4 °C kühlen.

> ANMERKUNG 2: Durch Zentrifugieren der Probe in dem Glasgefäß, z. B. etwa 5 min bei 3000 min^{-1}, kann die Sedimentation beschleunigt werden.

Von der Lösemittelphase einen Volumenanteil, z. B. 1 ml, mittels einer Glasspritze entnehmen und in einen 5-ml-Meßkolben (siehe 6.21) überführen; Meßkolben mit Methanol (siehe 7.3) bis zur Marke auffüllen.

Der Volumenanteil an THF in der Meßlösung darf höchstens 20 % betragen, um Peakverbreiterung bei der HPLC-Analyse zu vermeiden.

Ein Aliquot der methanolischen Lösung durch ein Mikrofilter (siehe 6.19) in ein Probefläschchen (siehe 6.20) filtrieren und bis zur HPLC - Analyse kühl und vor Licht und Verdunstung geschützt aufbewahren.

9.5 Hochleistungs- Flüssigkeitschromatographie

9.5.1 Allgemeines

Bei der Inbetriebnahme des HPLC-Meßplatzes die Anleitungen des Geräteherstellers beachten. Die vom Hersteller angegebenen Spezifikationen hinsichtlich Basislinienrauschen und Basisliniendrift regelmäßig prüfen. Werden die Spezifikationen nicht erreicht, die in der Betriebsanleitung angegebenen Hinweise zum Erkennen und Beheben von Störungen befolgen.

9.5.2 Chromatographische Trennung

Zur Trennung der in Tabelle 1 genannten PAK die Trennsäulen nach 6.24 verwenden.

> ANMERKUNG 1: Um die Qualität der Trennung sicherzustellen, sollte die theoretische Bodenzahl der Trennsäule im verwendeten Gerät im K'-Bereich von 2 bis 5 mindestens 12 000 betragen. Der Faktor der Peakasymmetrie muß im gleichen Gerät zwischen 0,8 und 1,2 liegen. Die Bodenzahl und die Peakasymmetrie sind nur in isokratischen Systemen definiert. Die Bestimmung dieser Parameter ist beschrieben; z. B. [6], [7], [8].

Die Trennung der PAK durch Gradientenelution mit Wasser (siehe 7.1) und Lösemittel (siehe 7.3), je nach Beschaffenheit und Selektivität der stationären Phase, optimieren. Dabei die Anfangsbedingungen, das Gradientenprofil, die Endbedingungen und die Säulentemperatur variieren.

Die Trennung muß bei den Substanzen Acenaphthen/Fluoren und Dibenz(ah)anthracen / Benzo(ghi)perylen einer chromatographische Auflösung von mindestens R = 1,3 entsprechen (Gleichung 5). Bei den übrigen PAK muß die Auflösung mindestens R = 1,5 betragen. Zwischen Signalen, zwischen denen eine Umschaltung der Wellenlängen vorgenommen wird, muß die Auflösung mindestens R = 2,5 betragen (siehe 9.5.3).
Besonders die Trennung zwischen Benzo(ghi)perylen und Indeno(1,2,3-cd)pyren kann durch Optimierung der Säulentemperatur oft deutlich verbessert werden. Eine Thermostatisierung der Trennsäule im Bereich der Raumtemperatur hat sich dabei als günstig erwiesen.

Das Injektionsvolumen so bemessen, daß sich keine zusätzliche Peakverbreiterung ergibt, z. B. bei Säulen von 2 mm Innendurchmesser höchstens etwa 5 µl.

$$R = 1{,}77 \, \frac{t_{R2} - t_{R1}}{b_1 + b_2} \qquad (5)$$

Dabei ist:

R die Auflösung, dimensionslos;

t_R die Retentionszeit der Substanzen, zwischen denen die Auflösung berechnet wird, in Minuten; ($t_{R2} > t_{R1}$);

b die Peakbreite auf halber Höhe des Peaks, z. B. in Minuten.

Aus Gründen der Reproduzierbarkeit die Trennung der PAK unter thermostatisierten Bedingungen durchführen.

> ANMERKUNG 2: Zur Bestimmung der sechs PAK nach [2] darf die Trennung alternativ auch isokratisch durchgeführt werden. (siehe DIN 38414-21).

9.5.3 Detektion

Zur Detektion der PAK einen Fluoreszenzdetektor nach 6.23 verwenden und die hinsichtlich der Empfindlichkeit und Selektivität jeweils günstigsten Anregungs- und Emissionswellenlängen für das Wellenlängenprogramm auswählen (siehe Tabelle 2, Bild 1 bis 3).

Um gleichmäßigere Peakhöhen zu erzielen, sollte beim Umschalten der Wellenlängen gegebenenfalls gleichzeitig die Abschwächung des Detektorsignals geändert werden. Die gewählten Abschwächungen sind fester Bestandteil der Detektionsbedingungen und dürfen nach der Kalibrierung (siehe Abschnitt 10) nicht mehr geändert werden. Das bei geringer Abschwächung zunehmende Rauschen darf nicht zu Störungen bei der Peakintegration führen.

Die Änderungen der Wellenlängen und der Abschwächung dürfen zu keiner Beeinträchtigung der Peakauswertung führen und daher nur zwischen Signalen vorgenommen werden, die mit einer Auflösung von mindestes R = 2,5 voneinander getrennt sind (siehe 9.5.2).
Die Änderungen anhand typischer Proben optimieren; sie sollten zu Zeitpunkten vorgenommen werden, bei denen die Fluoreszenz möglichst gering ist. Bei hohen Fluoreszenzwerten kann die Umschaltung der Wellenlängen zu einem Versatz der Basislinie führen. Durch den Abgleich der Basislinie nach der Umschaltung auf den Nullwert können sich unter diesen Bedingungen Störungen bei der quantitativen Auswertung ergeben.

Den Sauerstoffgehalt durch Entgasung des Eluenten, z. B. mit Helium oder durch Verwendung eines Vakuum-Entgasers, möglichst niedrig und weitgehend konstant zu halten.

ANMERKUNG: Gelöster Sauerstoff im Eluenten führt bei der Messung einiger PAK, z. B. besonders bei Pyren, zur Fluoreszenzminderung, wechselnde Sauerstoffkonzentrationen beeinträchtigen die Reproduzierbarkeit der Messung.

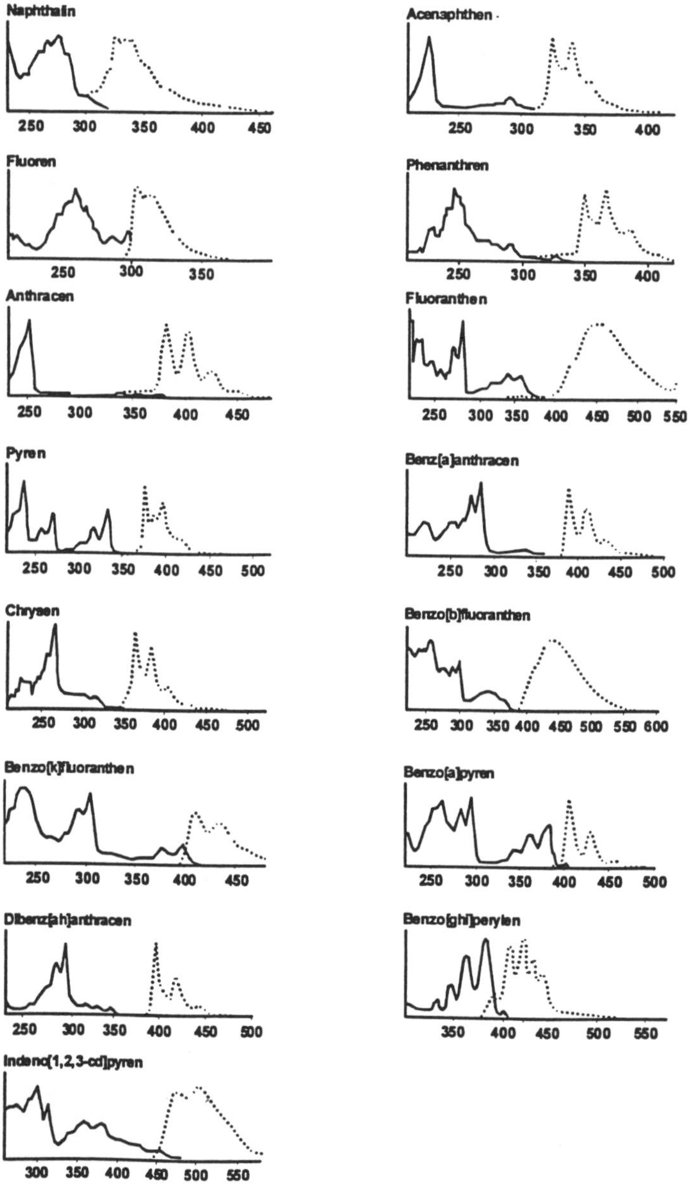

——— Anregungsspektren, - - - - - - Emissionsspektren
Bandbreiten: jeweils 45 nm, Lösemittel: Acetonitril

Bild 3: Anregungs-und Emissionsspektren von PAK

9.5.4 Identifizierung einzelner Verbindungen

Aufgrund der hohen Spezifität der Fluoreszenzmessung gilt im Sinne dieser Norm die Anwesenheit einer einzelnen Verbindung in der Probe als nachgewiesen, wenn die Retentionszeit der Substanz in dem Chromatogramm der Probe mit der unter gleichen Bedingungen gemessenen Retentionszeit der Referenzsubstanz in dem Chromatogramm einer Bezugslösung übereinstimmt (Grenzabweichungen +/- 1 %, höchstens jedoch 10 s).

Ein positiver Befund kann nach verschiedenen Verfahren abgesichert werden, sofern nach fachlichem Ermessen notwendig:

a) Durch Vergleich des Anregungs- und Emissionsspektrums einer durch Retentionszeit zugeordneten Substanz in der Probe mit den unter gleichen Bedingungen erhaltenen Spektren der Referenzsubstanz (siehe Bild 3).

b) Durch Anwendung eines unabhängigen Verfahrens, z. B. Gaschromatographie mit massenselektiver Detektion.

Bei höheren Massenkonzentrationen der Einzelsubstanzen ist eine Identifizierung auch über das Absorptionsspektrum durch zusätzliche Verwendung eines Diodenarray-Detektors möglich. Die Verwendung eines zweiten Detektors darf jedoch zu keiner störenden Peakverbreiterung bei der Fluoreszenzdetektion führen.

ANMERKUNG: Die Chromatogramme von Gewässersedimenten und Klärschlämmen zeigen meist ein typisches Peakmuster, sofern die PAK aus diffusen Quellen stammen (siehe Bild 4 und 5). Auffällige Änderungen gegenüber dem üblichen Peakmuster weisen auf andere Eintragsquellen hin.

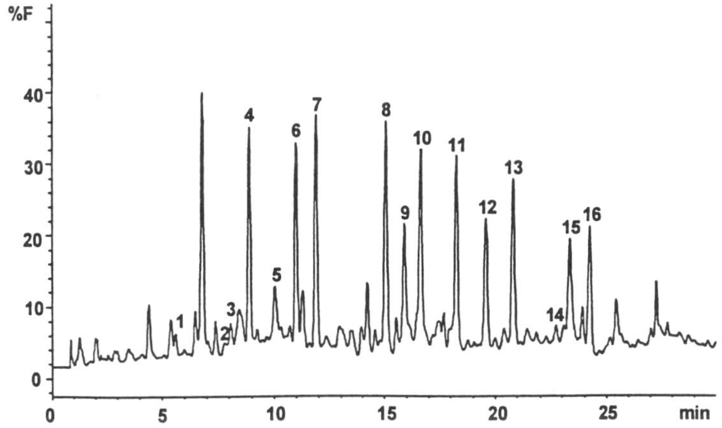

Bild 4: HPLC-Chromatogramm eines Extraktes von einem Gewässersediment

Chromatographische Bedingungen siehe Tabelle 3, Kennbuchstabe A; Detektionsbedingungen und Peaknummern siehe Tabelle 2, Beispiel A

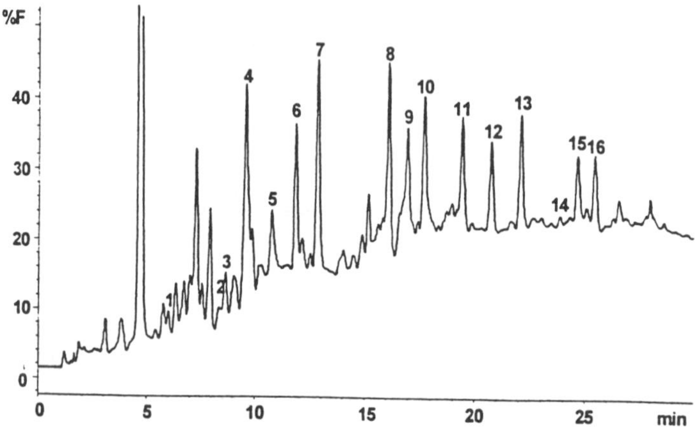

Bild 5: HPLC-Chromatogramm eines Extraktes von einem kommunalen Klärschlamm

Chromatographische Bedingungen siehe Tabelle 3, Kennbuchstabe A; Detektionsbedingungen und Peaknummern siehe Tabelle 2, Beispiel A

10 Kalibrierung

Zur Aufstellung der Kalibrierfunktionen eine Kalibrierung des HPLC- Bestimmungsschrittes (Grundkalibrierung) mit externem Standard durchführen; dabei zweckmäßigerweise alle in Tabelle 1 genannten Verbindungen in einem Arbeitsgang untersuchen.

Voraussetzung hierzu ist die Kenntnis der Retentionszeiten der Einzelsubstanzen. Diese werden mit den Lösungen der Einzelsubstanzen (siehe 7.7.1) unter den vorgegebenen chromatographischen Bedingungen ermittelt.

Das Bestimmungsverfahren so gestalten, daß sich für jede zu bestimmende Verbindung eine lineare Abhängigkeit des Meßsignals zur Konzentration ergibt (siehe DIN 38402-51).

ANMERKUNG: Die Fluoreszenzmessung zeigt nur in einem begrenzten Bereich eine lineare Abhängigkeit des Meßsignals von der Konzentration. Bei höheren PAK-Konzentrationen treten Quencheffekte auf.

Den Kalibrierbereich den realen Anforderungen anpassen, z. B. für die Untersuchung von Schlamm und Sediment einen Kalibrierbereich von 0,05 mg/kg m_T bis 0,5 mg/kg m_T für die Einzelsubstanz wählen.

Für jede zu bestimmende Substanz durch Injektion der Bezugslösungen (siehe 7.7.4) eine Bezugsfunktion aus mindestens fünf verschiedenen Konzentrationen aufstellen, dabei das Injektionsvolumen sowohl bei der Kalibrierung als auch bei der Probenmessung (siehe Abschnitt 12) gleich halten.

Zur Bedeutung der im folgenden Text verwendeten Indizes siehe Tabelle 4.

Tabelle 4: Bedeutung der Indizes

Index	Bedeutung
i	Identität der Substanz
e	Meßgrößen bei Kalibrierung
j	fortlaufende Zahl bei Wertepaaren

Die Bezugsfunktionen graphisch darstellen. Hierzu die Meßwerte y_{iej} (Peakfläche, Peakhöhe oder Integrationseinheiten) für jede Substanz i als Ordinate und die zugehörige Massenkonzentration ρ_{iej} als Abszisse auftragen.

Bei PAK, die in den Chromatogrammen von Proben nicht vollständig von Begleitstoffen getrennt sind, ist zur Aufstellung der Kalibrierfunktion als Meßwert die Peakhöhe zu bevorzugen, z. B. bei Naphthalin (siehe 4.2).

Für die so erhaltenen Meßwertreihen aus den Wertepaaren y_{iej} und ρ_{iej} durch lineare Regression die Ausgleichsgerade nach Gleichung (6) ermitteln:

$$y_{ie} = m_i \, \rho_{ie} + b_i \qquad (6)$$

Dabei ist:

y_{ie} der Meßwert der Substanz i bei der Kalibrierung in Abhängigkeit von ρ_{ie}, Einheit auswertungsabhängig, z. B. Flächenwert;

ρ_{ie} die Massenkonzentration der Substanz i (externer Standard in der Bezugslösung), in Pikogramm je Mikroliter;

m_i die Steigung der Ausgleichsgeraden der Substanz i, z. B. Flächenwert · Mikroliter durch Pikogramm;

b_i der Achsenabschnitt der Ausgleichsgeraden der Substanz i auf der Ordinaten, Einheit auswertungsabhängig, z. B. Flächenwert.

Die für eine Substanz ermittelte Bezugsfunktion gilt nur für den geprüften Kalibrierbereich; sie ist außerdem abhängig vom Betriebszustand des HPLC-Gerätes, besonders des Fluoreszenzdetektors, und muß regelmäßig durch Messung von Bezugslösungen (siehe 7.7.4) geprüft werden (siehe Abschnitt 12).

11 Blindwertmessungen

Den einwandfreien Zustand der Geräte und der Chemikalien anhand von Blindwertmessungen kontrollieren.

Hierzu z. B. 30 g Seesand (siehe 7.6) mit etwa 5 ml Wasser (siehe 7.1) aufschlämmen und diese Probe nach Abschnitt 9 aufarbeiten und analysieren.

Bei einem Nachweis von PAK in einer Blindwertprobe die Kontaminationsquelle durch systematische Untersuchungen einzelner Verfahrensschritte ermitteln und beseitigen.

12 Probenmessung

Vor der Messung von Proben das Meßsystem equilibrieren und die Zeiten für die einzelnen Wellenlängenschaltungen den aktuellen Retentionszeiten anpassen.

> ANMERKUNG: Reproduzierbare Retentionszeiten werden üblicherweise nach zwei bis drei Injektionen einer Bezugslösung (siehe 7.7.4) erreicht.

Beträgt die Abweichung der ermittelten Massenkonzentration bei der Messung einer Bezugslösung für eine oder mehrere Substanzen mehr als z. B. 10 % des Sollwertes, sind neue Bezugslösungen anzusetzen und die Messungen zu wiederholen. Bestätigt sich das Ergebnis, ist eine neue Kalibrierung (siehe Abschnitt 10) vorzunehmen.

Nach der Messung von drei bis fünf Proben, je nach Stabilität des Meßsystems, wieder eine Bezugslösung zur Kontrolle der Kalibrierung injizieren.

Anhand von Proben mit bekannten Massenanteilen an PAK, z. B. zertifizierte Referenzproben (siehe 7.8), die Richtigkeit des Gesamtverfahrens kontrollieren.

Bei jeder einzelnen Probe die Peakintegration auf Richtigkeit prüfen und gegebenenfalls korrigieren (siehe 4.2).

Liegt die ermittelte Massenkonzentration für eine Substanz in einer Probe oberhalb des kalibrierten Meßbereiches, die Meßlösung entsprechend verdünnen und die Messung wiederholen.

13 Auswertung

Die Massenkonzentration der Substanz i in der Meßlösung nach Gleichung (7) berechnen:

$$\rho_i = \frac{y_i - b_i}{m_i} \qquad (7)$$

Dabei ist:

ρ_i die Massenkonzentration der Substanz i in der Meßlösung, aus der injiziert wurde, in Nanogramm je Milliliter;

y_i der Meßwert der Substanz i, auswertungsabhängig, z. B. Flächenwert;

m_i, b_i siehe Gleichung (6).

Den Massenanteil der Substanz i in der Probe nach Gleichung (8) berechnen:

$$w_i = f\,\frac{V_E}{V_A}\cdot\frac{V_0}{m_T}\cdot\rho_i \qquad (8)$$

Dabei ist:

w_i der Massenanteil an der Substanz i, in Milligramm je Kilogramm Trockenmasse;

V_E das Volumen des Gesamtextraktes, in Milliliter;
Bei der Anwendung des Verfahrens A ist von einem Volumen von 135 ml auszugehen (siehe 9.3.1).

V_A der Volumenanteil des Gesamtextraktes, der untersucht wurde, in Milliliter;

V_0 das Volumen der Meßlösung, aus der injiziert wird, in Milliliter;

m_T die Trockenmasse der Probe, die extrahiert wurde, in Gramm, bei Anwendung des Verfahrens A berechnet nach Gleichung (1);

ρ_i siehe Gleichung 7;

f der Umrechnungsfaktor, $f = 0{,}001$.

ANMERKUNG: Die Extraktionsbedingungen sind so bemessen, daß bei den üblichen Gewässersedimenten und Klärschlämmen von einer weitgehend vollständigen Extraktion der PAK aus der Probe ausgegangen werden kann (siehe Abschnitt 9).

14 Angabe des Ergebnisses

Alle Meßergebnisse sind mit einer gewissen Unschärfe behaftet; diese relative Unschärfe ist häufig im unteren Anwendungsbereich des Verfahrens am größten.

Die Meßergebnisunschärfe in einem anderen Konzentrationsbereich kann im Einzelfall aus der Dokumentation der Qualitätssicherungsdaten eines Laboratoriums (z. B. Spannweiten-Kontrollkarten bei Doppelbestimmungen) abgeschätzt werden. Eine weitere Möglichkeit zur Abschätzung ist mit der externen analytischen Qualitätssicherung gegeben, bei der durch Ringversuche die Meßergebnisunschärfe im Vergleich der Meßwerte mehrerer Laboratorien erfaßt werden kann [9].
Quantitative Angaben zur Meßergebnisunschärfe für einen bestimmten Konzentrationsbereich folgen nach Abschluß eines Ringversuches.

Matrixeinflüsse können die Meßergebnisunschärfe erheblich verändern.

Es werden auf 1 mg/kg m_T gerundete Werte angegeben, jedoch nicht mehr als zwei signifikante Stellen.

BEISPIEL:

Fluoranthen	12 mg/kg m_T
Benzo(a)pyren	1,2 mg/kg m_T

15 Analysenbericht

Der Bericht soll sich auf dieses Verfahren beziehen und folgende Einzelheiten enthalten:

a) Identität der Wasserprobe;

b) Angaben zur Probennahme und zur Probenkonservierung;

c) Darstellung des nach diesem Verfahren gewählten Verfahrensweges;

d) Angabe des Ergebnisses nach Abschnitt 14;

e) jede Abweichung von diesem Analysenverfahren und Angabe aller Umstände, die gegebenenfalls das Ergebnis beeinflußt haben.

16 Verfahrenskenndaten

Die Verfahrenskenndaten folgen nach Abschluß eines Ringversuches.

Anhang A (informativ)

Erläuterungen

Die in Tabelle 3 dieser Norm mit den Kennbuchstaben A und B benannten Säulen sind unter folgenden Handelsnamen (siehe Tabelle 5) bekannt:

Tabelle 5: Handelsnamen von geeigneten Chromatographiesäulen

Kennbuchstaben nach Tabelle 3	Handelsnamen	Korngröße µm	Länge mm	Innendurchmesser mm
A	MZ-PAH	5	250	2,1
B	Pinnacel PAH	3	150	2,1

Die vorliegende Norm enthält das vom Normenausschuß Wasserwesen (NAW) im DIN und von der Wasserchemischen Gesellschaft - eine Fachgruppe in der Gesellschaft Deutscher Chemiker - gemeinsam erarbeitete Deutsche Einheitsverfahren

"Bestimmung von 15 polycyclischen aromatischen Kohlenwasserstoffen (PAK) durch Hochleistungs-Flüssigkeitschromatographie (HPLC) und Fluoreszenzdetektion (S 23)".

Die als DIN-Normen veröffentlichten Einheitsverfahren sind beim Beuth Verlag GmbH einzeln oder zusammengefaßt erhältlich. Außerdem werden die genormten Einheitsverfahren in der Loseblatt-Sammlung "Deutsche Einheitsverfahren zur Wasser-, Abwasser- und Schlammuntersuchung" gemeinsam vom Beuth Verlag GmbH und dem Wiley-VCH Verlag publiziert.

Alle für die Abwasserverordnung (AbwV) - enthalten in der neuen Verordnung zu § 7a des Gesetzes zur Ordnung des Wasserhaushaltes (WHG) über "Anforderungen an das Einleiten von Abwasser in Gewässer und zur Anpassung des Abwasserabgabengesetzes" - relevanten Einheitsverfahren sind zusammen mit der AbwV und dem WHG und allen noch fortgeltenden Abwasserverwaltungsvorschriften als Loseblattsammlung mit dem Ergänzungsband 1 (DIN-Normen) und dem Ergänzungsband 2 (DIN-EN- und DIN-EN-ISO-Normen) herausgegeben worden.

Normen oder Norm-Entwürfe mit dem Gruppentitel "Deutsche Einheitsverfahren zur Wasser-, Abwasser- und Schlammuntersuchung" sind in folgende Gebiete (Haupttitel) aufgeteilt:

Allgemeine Angaben (Gruppe A)	(DIN 38402)
Sensorische Verfahren (Gruppe B)	(DIN 38403)
Physikalische und physikalisch-chemische Kenngrößen (Gruppe C)	(DIN 38404)
Anionen (Gruppe D)	(DIN 38405)
Kationen (Gruppe E)	(DIN 38406)
Gemeinsam erfaßbare Stoffgruppen (Gruppe F)	(DIN 38407)
Gasförmige Bestandteile (Gruppe G)	(DIN 38408)
Summarische Wirkungs- und Stoffkenngrößen (Gruppe H)	(DIN 38409)
Biologisch-ökologische Gewässeruntersuchung (Gruppe M)	(DIN 38410)
Mikrobiologische Verfahren (Gruppe K)	(DIN 38411)
Testverfahren mit Wasserorganismen (Gruppe L)	(DIN 38412)
Einzelkomponenten (Gruppe P)	(DIN 38413)
Schlamm und Sedimente (Gruppe S)	(DIN 38414)
Suborganismische Testverfahren (Gruppe T)	(DIN 38415)

Außer den in der Reihe DIN 38402 bis DIN 38415 genormten Untersuchungsverfahren liegen eine Reihe Europäischer und Internationaler Normen als DIN-EN-, DIN-EN-ISO- und DIN-ISO-Normen vor, die ebenfalls Bestandteil der "Deutschen Einheitsverfahren" sind.

Über die bisher erschienenen Teile dieser Normen gibt die Geschäftsstelle des Normenausschusses Wasserwesen (NAW) im DIN Deutsches Institut für Normung e.V., Telefon (030) 26 01 - 25 49, oder der Beuth Verlag GmbH, 10772 Berlin (Hausanschrift: Burggrafenstr. 6, 10787 Berlin), Auskunft.

Literaturhinweise

DIN 12387
Laborgerät aus Glas – Erlenmeyerkolben mit Kegelhülse, Kegel 1 : 10

Unfallverhütungsvorschrift Biotechnologie, Berufsgenossenschaft Chemie

DEUTSCHE NORM Entwurf März 2000

Deutsche Einheitsverfahren zur Wasser-, Abwasser- und Schlammuntersuchung

Suborganismische Testverfahren (Gruppe T)

Teil 6: Bestimmung der nicht akut giftigen Wirkung von Abwasser auf die Entwicklung von Fischeiern über Verdünnungsstufen (T 6)

DIN 38415-6

Einsprüche bis 30. Jun 2000

ICS 13.060.30

German standard methods for the examination of water, waste water and sludge – Subanimal testing (group T) – Part 6: Determination of the non-acute-poisonous effect of waste water to fish eggs by dilution limits (T 6)

Méthodes normalisées allemandes pour l'analyse de eaux, des eaux résiduaires et des boues – Tests sous animaux (groupe T) – Partie 6: Détermination de l'effet toxicité non-acute des eaux résiduaires vis à vis des oeufs de poisson par des limites de dilution (T 6)

Vorwort

Diese Norm wurde gemeinsam mit der Wasserchemischen Gesellschaft - eine Fachgruppe in der Gesellschaft Deutscher Chemiker - aufgestellt (siehe Anhang A).

Es ist erforderlich, bei den Untersuchungen nach dieser Norm Fachleute oder Facheinrichtungen einzuschalten.

Bei Anwendung der Norm ist im Einzelfall je nach Aufgabenstellung zu prüfen, ob und inwieweit die Festlegung zusätzlicher Randbedingungen erforderlich ist.

Zu DIN 38415 "Deutsche Einheitsverfahren zur Wasser-, Abwasser- und Schlammuntersuchung – Anionen (Gruppe T)" gehören weitere Teile. Eine Übersicht der Gruppen A bis T der "Deutschen Einheitsverfahren" enthält Anhang A.

Anhang A ist informativ.

Einleitung

Fische spielen eine zentrale Rolle in der aquatischen Nahrungskette. Sie sind Konsumenten höherer Ordnung (häufig Endkonsumenten) und haben wichtige Regulationsfunktionen in aquatischen Ökosystemen. Sie sind in Testkonzepte mit aquatischen Organismen aus verschiedenen trophischen Ebenen fest eingebunden.

Als Testmaterial dienen Eier des Zebrabärblings (*Danio rerio* Hamilton-Buchanan). Der Zebrabärbling gehört innerhalb der Klasse der Knochenfische (Osteichthyes) zur Familie der Karpfenfische (Cyprinidae). Zebrabärblinge sind leicht zu hältern und produzieren ganzjährig transparente, nichtklebende Eier (Durchmesser etwa 1 mm). Die Embryonalentwicklung ist gut beschrieben. Der Zebrabärbling ist einer der wichtigsten Modellfische für die Erforschung der Entwicklungsbiologie der Wirbeltiere und wird als Testfisch u. a. auch in den OECD Guidelines 203, 204 und 210 empfohlen.

Die Entwicklung von befruchteten Fischeiern kann durch Abwasserinhaltsstoffe beeinträchtigt werden. Als Schädigung gelten der Tod der Embryonen, sowie definierte Störungen der Embryonalentwicklung, die zum Tod führen.

Fortsetzung Seite 2 bis 9

Normenausschuß Wasserwesen (NAW) im DIN Deutsches Institut für Normung e. V.

Ref. Nr. E DIN 38415-6 : 2000-03
Preisgr. 07 Vertr.-Nr. 0007

1 Anwendungsbereich

Das Verfahren gilt für behandeltes Abwasser. Es wird zur Bestimmung von Verdünnungsstufen als Maß für die innerhalb von 48 h nicht akut giftige Wirkung eines Abwassers gegenüber Fischeiern angewendet.

2 Normative Verweisungen

Diese Norm enthält durch datierte oder undatierte Verweisungen Festlegungen aus anderen Publikationen. Diese normativen Verweisungen sind an den jeweiligen Stellen im Text zitiert, und die Publikationen sind nachstehend aufgeführt. Bei datierten Verweisungen gehören spätere Änderungen oder Überarbeitungen dieser Publikationen nur zu dieser Norm, falls sie durch Änderung oder Überarbeitung eingearbeitet sind. Bei undatierten Verweisungen gilt die letzte Ausgabe der in Bezug genommenen Publikation.

DIN 12331
Laborgeräte aus Glas – Becher

DIN 12387
Laborgeräte aus Glas – Erlenmeyerkolben mit Kegelhülse, Kegel 1 : 10

DIN 12680
Laborgeräte aus Glas – Meßzylinder mit Strichteilung

DIN 12690
Laborgeräte aus Glas – Vollpipette mit einer Marke, Klasse A und Klasse B

DIN 12697
Laborgeräte aus Glas – Meßpipetten, schnellablaufend, Wartezeit 15 Sekunden, Klasse AS

DIN 12775
Laborgeräte aus Glas – Laborthermometer, Skalenwerte 0, 1 °C, 0,2 °C und 0,5 °C

DIN 38412-31
Deutsche Einheitsverfahren zur Wasser-, Abwasser- und Schlammuntersuchung – Testverfahren mit Wasserorganismen (Gruppe L) – Bestimmung der nicht akut giftigen Wirkung von Abwasser gegenüber Fischen über Verdünnungsstufen (L 31)

DIN EN ISO 1042
Laborgeräte aus Glas – Meßkolben (ISO 1042:1998); Deutsche Fassung EN ISO 1042 : 1999

DIN EN ISO 5667-3
Wasserbeschaffenheit – Probenahme – Teil 16: Anleitung zur Probenahme und Durchführung biologischer Testverfahren (ISO 5667-16 : 1998); Deutsche Fassung EN ISO 5667-16 : 1998

DIN EN ISO 7346-3
Wasserbeschaffenheit – Bestimmung der akuten letalen Toxizität von Substanzen gegenüber einem Süßwasserfisch (*Brachydanio rerio* Hamilton-Buchanan (Teleostei, Cyprinidae)) – Teil 3: Durchflußverfahren (ISO 7346-3 : 1996); Deutsche Fassung EN ISO 7346-3 : 1997

OECD-Guideline 203
Fish, Acute Toxicity Test

OECD-Guideline 204
Fish, Prolonged Toxicity Test: 14-Day Study

OECD-Guideline 210
Fish, Early-Life-Stage-Toxicity-Test

3 Begriffe

Für die Anwendung dieser Norm gelten die folgenden Begriffe:

3.1 Verdünnungsansatz

Gemisch aus Abwasser und Verdünnungswasser (siehe 8.6), in dem der Test durchgeführt wird [DIN 38412-31 : 1989-03].

3.2 Testansatz

Verdünnungsansatz mit befruchteten Fischeiern.

3.3 Kontrollansatz

Verdünnungswasser mit befruchteten Fischeiern.

3.4 Verdünnungsstufe *G* (auch: Verdünnungsfaktor)

Angabe des ganzzahligen Volumenverhältnisses einer Mischung von Abwasser mit Verdünnungswasser [DIN 38412-31 : 1989-03].

BEISPIEL:
Wird eine Abwasserprobe mit dem dreifachen Volumen an Verdünnungswasser auf insgesamt das vierfache Volumen verdünnt, so ist die Verdünnungsstufe $G = 4$.

3.5 G_{Ei}-Wert

Kleinster Wert von *G* des Testansatzes, in dem unter den Bedingungen dieser Norm mindestens 90 % der Embryonen keine Effekte im Sinne des Verfahrens aufweisen.

4 Störungen

Dunkel gefärbte oder getrübte Abwässer können die Eidifferenzierung erheblich erschweren. In solchen Fällen ist ein geändertes Ablaufschema bei Expositionsbeginn einzuhalten:

- Eiablage;
- Differenzierung in atretische (fehlentwickelte) bzw. unbefruchtete Eier und 4-Zell-Stadien;
- Überführung in Verdünnungswasser, siehe 8.6 (Kristallisierschalen);
- Überführung in Zellkulturplatten ohne Vorexposition.

Bei der Überführung in Zellkulturplatten ist der "Verdünnungsfehler" so klein wie möglich zu halten.

5 Grundlage des Verfahrens

In einer Verdünnungsreihe wird Abwasser, abgestuft nach ganzzahligen Volumenverhältnissen, mit Verdünnungswasser vermischt. Nach 48stündiger Exposition der befruchteten Fischeier in den Mischungen wird die Verdünnungsstufe ermittelt, in der keine akut giftige Wirkung festgestellt werden konnte.
Bei 26 °C schlüpfen die Embryonen nach 72 h bis 96 h. Die Versuchsdauer beträgt 48 h.

6 Bezeichnung

Bezeichnung des Verfahrens zur Bestimmung der nicht akut giftigen Wirkung von Abwasser auf die Entwicklung von Fischeiern (T 6):

Verfahren DIN 38415-6

7 Geräte

- Inversmikroskop und/oder Binokular mit Mindestvergrößerung 30x;
- Expositionsgefäße mit 2,5 ml bis 5 ml Inhalt und Flachboden, z. B. Zellkulturplatten aus Polystyrol (24 Wells);
- selbstklebende Folie zum Abdecken der Zellkulturplatten;
- Kühlbrutschrank oder Raumtemperierung 26 °C ± 1 °C, Lichtsteuerung bei Hälterung und Exposition;
- pH-Meßgerät;
- Sauerstoffmeßgerät;
- Laichschalen: Instrumentenschalen aus Kunststoff oder Glas;
- Pflanzenattrappen aus Glas oder Kunststoff;
- Pipette zum Aufnehmen der Eier, Kristallisierschalen;
- Glasgeräte zum Ansetzen der Konzentrationsstufen und des Verdünnungswassers (Meßkolben, Meßzylinder, Meßpipetten, Petrischalen);
- Aquarien für die Hälterung der Elterntiere.

8 Reagenzien

8.1 Allgemeines

Als Reagenzien werden nur solche des Reinheitsgrades "zur Analyse", als Wasser wird deionisiertes oder Wasser gleichen Reinheitsgrades verwendet.

8.2 Salzsäure, c(HCl) z. B. 0,1 mol/l

8.3 Natriumhydroxid-Lösung, c(NaOH) z. B. 0,1 mol/l

8.4 Natrium-Dodecylsulfat-Stammlösung, $\rho(C_{12}H_{25}NaO_4S)$ = 100 mg/l

0,05 g Natrium-Dodecylsulfat in 500 ml Wasser (siehe 8.6) geben und etwa 30 min rühren. Den pH-Wert auf 7,0 einstellen.

Die Lösung vor Gebrauch ansetzen.

8.5 3,4-Dichloranilin, $\rho(C_6H_5Cl_2N)$ = 100 mg/l

0,05 g Dichloranilin in 500 ml Wasser (siehe 8.6) geben und 24 h rühren. Den pH-Wert auf 7,0 einstellen.

8.6 Verdünnungswasser

Als Verdünnungswasser rekonstituiertes Wasser nach DIN EN ISO 7346-3 verwenden:

294,0 mg/l	Calciumchlorid, $CaCl_2 \cdot 2H_2O$,
123,3 mg/l	Magnesiumsulfat, $MgSO_4 \cdot 7H_2O$,
63,0 mg/l	Natriumhydrogencarbonat, $NaHCO_3$,
5,5 mg/l	Kaliumchlorid, KCl.

Das Wasser vor Zugabe der Testsubstanz bis zur Sauerstoffsättigung belüften und auf 26 °C ± 1 °C temperieren.

9 Hälterung und Eiproduktion

9.1 Allgemeines

Zur Eiproduktion Zuchttiere verwenden, die frei von äußerlich erkennbaren Krankheiten und zwischen 6 und 12 Monate alt sind.

Die Zuchttiere dürfen 6 Monate vor der Eiablage für Versuchszwecke nicht mehr mit Medikamenten (akut und/oder prophylaktisch) behandelt worden sein.

9.2 Ausstattung

9.2.1 Becken

Die Elterntiere in Aquarien hältern, in denen ausreichend Schwimmraum zur Verfügung steht, z. B. 1 Fisch je Liter Wasser.

9.2.2 Hälterungswasser

Standard-Verdünnungswasser verwenden (siehe 8.6). Als Alternative darf für die Hälterung der Zebrabärblinge zur Eiproduktion auch desinfektionsmittelfreies Trinkwasser verwendet werden. Die Sauerstoffsättigung sollte mindestens 80 %, die Temperatur 26 °C ± 1 °C betragen.

9.2.3 Futter

Handelsübliches Zierfischtrockenfutter.

Lebendfutter (z. B. Artemia spec. - Nauplien, Daphnien geeigneter Größe).

Überschußfütterung vermeiden.

Die Eier von Artemia spec. können über den Aquarienhandel bezogen werden. Die Bebrütungsbedingungen den Herstellerangaben entnehmen. Vor der Verfütterung die Nauplien mit Leitungswasser spülen (Entfernen des Salzes) und anschließend im Beckenwasser verteilen.

9.2.4 Licht

Fest eingestellter Hell-Dunkel-Rhythmus; ganzjährig, z. B. 16 h hell und 8 h dunkel oder 12 h hell und 12 h dunkel.

9.3 Eigewinnung

Balz und Eiablage finden innerhalb von etwa 30 min nach Beleuchtungsbeginn statt. Als Gruppenzusammensetzung hat sich ein Verhältnis von 2 : 1 (Männchen : Weibchen) bewährt.

Adulte Zebrabärblinge sind starke Laichräuber. Daher werden Laichschalen eingesetzt, die mit einem nichtrostenden Gitter abgedeckt sind. Als unterstützender taktiler Reiz zum Ablaichen werden Pflanzenattrappen aus Kunststoff oder Glas verwendet, die auf dem Gitter befestigt sind.

Etwa 30 min nach Einschalten des Lichts und vor der Fütterung die Laichschalen entnehmen.

Die transparenten Eier können im Schräglicht über einer schwarzen Unterlage leicht identifiziert werden.

Die Laichschalen sollten möglichst spät am Tag in die Becken zurückgestellt werden, oder sie werden am folgenden Tag vor oder unmittelbar nach dem Einschalten der Beleuchtung in die Becken eingebracht.

Die Befruchtungsraten sollten mehr als 50 % betragen. Eine Schätzung der Befruchtungsrate ist zulässig, siehe 9.3.1.

9.3.1 Hinweise zur Eidifferenzierung

Frisch abgelegte Eier weisen die folgenden Strukturen auf: Die Eihülle umgibt den perivitellinen Raum, in dem sich der Dotter befindet. Am animalen Pol, dem Dotter aufsitzend, wird die Keimscheibe ausgebildet. Bei befruchteten Eiern setzt bei 26 °C nach etwa 15 min die erste Zellteilung ein. Dann wird die Keimscheibe synchron in 4, 8, 16 und 32 Blastomeren geteilt (Discoidalfurchung). An diesen Stadien (ab vier Zellen!) sind befruchtete Eier eindeutig zu erkennen.

Nur solche in den Versuch einbeziehen.

Die Differenzierung innerhalb der ersten Stunde nach der Eiablage vornehmen.

Eier mit auffälligen Unregelmäßigkeiten bei der Teilung (Asymmetrien, Bläschenbildungen) oder Verletzungen der Eihülle verwerfen.

ANMERKUNG: Bei sehr kleinen, gänzlich weißen Eiern handelt es sich um in den Weibchen denaturierte Oozyten.

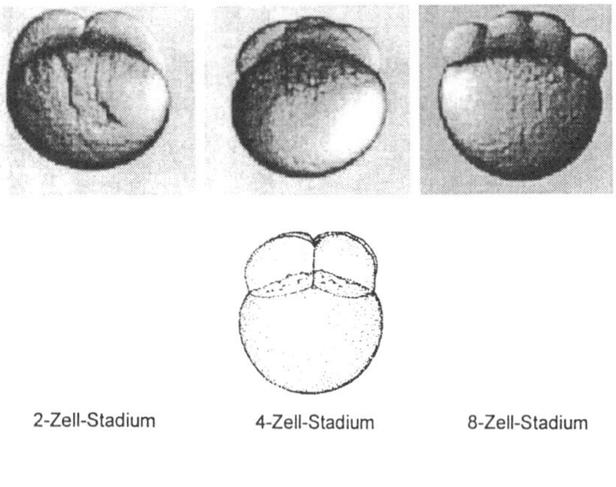

2-Zell-Stadium 4-Zell-Stadium 8-Zell-Stadium

Bild 1: Relevante Entwicklungsstadien für die Eidifferenzierung

10 Durchführung

10.1 Allgemeines

Die allgemeinen Hinweise nach DIN EN ISO 5667-16 beachten.

– Den pH-Wert des Abwassers durch Zusatz von Salzsäure (siehe 8.2) bzw. Natriumhydroxid-Lösung (siehe 8.3) auf 7,0 ± 0,2 einstellen.

Die Konzentration der zur Neutralisierung erforderlichen Säure oder Base so wählen, daß das zuzugegebende Volumen möglichst klein ist. Eine Über- oder Unterschreitung des Neutralpunktes vermeiden.

– Den Sauerstoffgehalt der Originalprobe bestimmen.

– Die Verdünnungsansätze aus 1 Volumenanteil Abwasser und dem erforderlichen Volumen Verdünnungswasser in der Folge nach Tabelle 1 einstellen.

Tabelle 1: Verdünnungsstufen

Vielfaches an Verdünnungswasser X	Verdünnungsstufe G	Vielfaches an Verdünnungswasser X	Verdünnungsstufe G
0	1	7	8
1	2	11	12
2	3	15	16
3	4	23	24
5	6	31	32

– Sicherstellen, daß die O_2-Konzentration in den verschiedenen Verdünnungsstufen bei Testbeginn 4 mg/l O_2 nicht unterschreitet und der jeweilige Sättigungswert nach gegebenenfalls notwendiger Belüftung nicht überschritten wird.

– Um einen möglichst frühen Expositionsbeginn sicherzustellen, etwa 40 Eier sofort in die vorbereiteten Verdünnungsansätze (vorzugsweise 100-ml-Glas-Kristallisationsschalen) überführen und anschließend nach befruchtet/unbefruchtet differenzieren.

Nur befruchtete Eier einzeln in die Wells überführen.

– Expositionsgefäße (Wells) mit je 2 ml Verdünnungsansatz beschicken.

– Je Verdünnungsstufe mindestens 10 befruchtete Eier einzeln in je 2 ml Verdünnungsansatz exponieren (bei Verwendung von 24-Well-Zellkulturplatten können folglich 2 Verdünnungsstufen auf einer Platte angesetzt werden).

– In die verbleibenden vier Wells der Zellkulturplatten Verdünnungswasser pipettieren und je ein Ei als interne Kontrolle überführen (4 Eier je Platte als interne Kontrolle).

– In gleicher Weise einen externen Kontrollansatz mit mindestens 10 befruchteten Eiern herstellen.

– Nach Überführung in die Wells kontrollieren, ob jedes Well korrekt belegt wurde.

– Die Zellkulturplatten mit Folien verschließen und bei 26 °C ± 1 °C 48 h inkubieren. Nach 48 h Eier/Embryonen untersuchen und die Effekte protokollieren.

10.2 Toxikologische Endpunkte

Nach 48 h die folgenden toxikologischen Endpunkte untersuchen und bestimmen:

– Zahl der koagulierten Eier
Koagulierte Keime sind selbst ohne Vergrößerung eindeutig zu erkennen. Sie sind milchig trüb und erscheinen im mikroskopischen Bild dunkel.

– Anlage der Somiten (siehe Bild 2)
Nach 24 h bei 26 °C ± 1 °C beträgt ihre Zahl etwa 20. Die genaue Zahl läßt sich jedoch zu diesem Zeitpunkt nur schwer bestimmen, da ein normal entwickelter Embryo bereits Spontanbewegungen zeigt, die eine Rotation des Embryos im Ei bewirken. Folglich genügt die Entscheidung "Somiten angelegt/nicht angelegt".

– Ablösung des Schwanzes vom Dotter (siehe Bild 2)
Protokollieren, ob sich der Schwanz des Embryos aufgrund seines Längenwachstums vom Dotter abgelöst hat oder nicht.

– Herzschlag
Feststellen, ob ein Herzschlag vorliegt oder nicht.

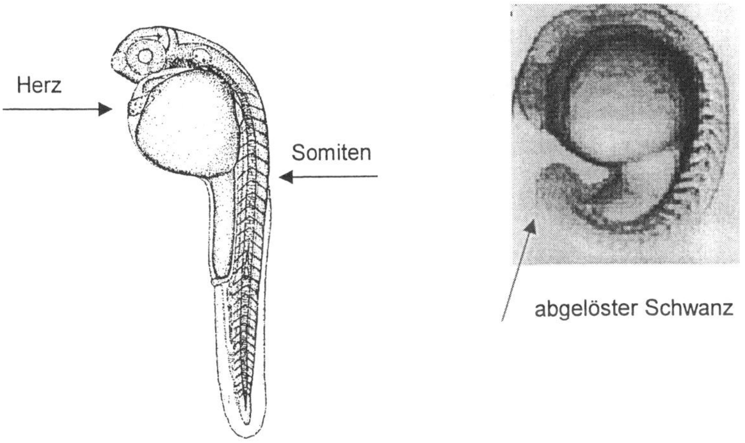

Bild 2: Toxikologische Endpunkte

Neben koagulierten Keimen entsprechen auch eine fehlende Anlage der Somiten, die fehlende Ablösung des Schwanzes oder ein fehlender Herzschlag einer letalen Wirkung. Weiterführende Untersuchungen haben gezeigt, daß Embryonen mit derartigen Fehlentwicklungen nicht schlüpfen.

Ein Embryo gilt nach 48 h als tot, wenn er entweder

- koaguliert ist,
- keine Somiten angelegt hat,
- der Schwanz nicht vom Dotter abgelöst ist, oder
- der Herzschlag nicht meßbar ist.

11 Gültigkeitskriterien

Der Test wird als gültig gewertet, wenn

- innerhalb des Testzeitraums von 48 h in der Kontrollgruppe (extern und intern) mindestens 90 % der Embryonen überleben und
- die Ergebnisse der Positivkontrolle im festgelegten Bereich liegen.

Für die Referenzsubstanzen (siehe 8.4 und 8.5) einmal je Monat den EC_{50}-Wert ermitteln und in Laborkontrollkarten festhalten.

Für jede Probe im Verlauf der Testdurchführung eine Konzentration einer Referenzsubstanz als Positivkontrolle einsetzen.

12 Auswertung

Es wird die Summe der Embryonen ermittelt, die nach 48 h tot sind (siehe 10.2). Ist eines der Kriterien nach 10.2 erfüllt, gilt der Embryo als tot.

Als Testergebnis gilt der kleinste Wert für die Verdünnungsstufe G (G_{Ei}-Wert) des Testansatzes, bei dem (90 % der Eier überleben. Diese Verdünnungsstufe wird als Testergebnis angegeben.

13 Angabe der Ergebnisse

Es werden nur ganzzahlige G-Werte angegeben.

BEISPIEL:
G_{Ei}-Wert = 2

14 Untersuchungsbericht

Der Bericht muß sich auf dieses Verfahren beziehen und folgende Angaben enthalten:

a) Identität des Abwassers;

b) pH-Wert der Original-Abwasserprobe;

c) Sauerstoffgehalt der einzelnen Konzentrationsstufen und der Kontrolle zu Beginn des Testes;

d) Angabe der Ergebnisse nach Abschnitt 13;

e) jede Abweichung von diesem Verfahren und Angabe aller Umstände, die gegebenenfalls das Ergebnis beeinflußt haben.

15 Verfahrenskenndaten

Die Verfahrenskenndaten folgen nach Abschluß eines Ringversuches.

Anhang A (informativ)

Erläuterungen

Die vorliegende Norm enthält das vom Normenausschuß Wasserwesen (NAW) im DIN und von der Wasserchemischen Gesellschaft - eine Fachgruppe in der Gesellschaft Deutscher Chemiker gemeinsam erarbeitete Deutsche Einheitsverfahren

"Bestimmung der nicht akut giftigen Wirkung von Abwasser auf die Entwicklung von Fischeiern über Verdünnungsstufen (T 6)".

Die als DIN-Normen veröffentlichten Einheitsverfahren sind beim Beuth Verlag GmbH einzeln oder zusammengefaßt erhältlich. Außerdem werden die genormten Einheitsverfahren in der Loseblatt-Sammlung "Deutsche Einheitsverfahren zur Wasser-, Abwasser- und Schlammuntersuchung" gemeinsam vom Beuth Verlag GmbH und dem Wiley-VCH Verlag publiziert.

Alle für die Abwasserverordnung (AbwV) - enthalten in der neuen Verordnung zu § 7a des Gesetzes zur Ordnung des Wasserhaushaltes (WHG) über "Anforderungen an das Einleiten von Abwasser in Gewässer und zur Anpassung des Abwasserabgabengesetzes" - relevanten Einheitsverfahren sind zusammen mit der AbwV und dem WHG und allen noch fortgeltenden Abwasserverwaltungsvorschriften als Loseblattsammlung mit dem Ergänzungsband 1 (DIN-Normen) und dem Ergänzungsband 2 (DIN-EN- und DIN-EN-ISO-Normen) herausgegeben worden.

Normen oder Norm-Entwürfe mit dem Gruppentitel "Deutsche Einheitsverfahren zur Wasser-, Abwasser- und Schlammuntersuchung" sind in folgende Gebiete (Haupttitel) aufgeteilt:

Allgemeine Angaben (Gruppe A)	(DIN 38402)
Sensorische Verfahren (Gruppe B)	(DIN 38403)
Physikalische und physikalisch-chemische Kenngrößen (Gruppe C)	(DIN 38404)
Anionen (Gruppe D)	(DIN 38405)
Kationen (Gruppe E)	(DIN 38406)
Gemeinsam erfaßbare Stoffgruppen (Gruppe F)	(DIN 38407)
Gasförmige Bestandteile (Gruppe G)	(DIN 38408)
Summarische Wirkungs- und Stoffkenngrößen (Gruppe H)	(DIN 38409)
Biologisch-ökologische Gewässeruntersuchung (Gruppe M)	(DIN 38410)
Mikrobiologische Verfahren (Gruppe K)	(DIN 38411)
Testverfahren mit Wasserorganismen (Gruppe L)	(DIN 38412)
Einzelkomponenten (Gruppe P)	(DIN 38413)
Schlamm und Sedimente (Gruppe S)	(DIN 38414)
Suborganismische Testverfahren (Gruppe T)	(DIN 38415)

Außer den in der Reihe DIN 38402 bis DIN 38415 genormten Untersuchungsverfahren liegen eine Reihe Europäischer und Internationaler Normen als DIN-EN-, DIN-EN-ISO- und DIN-ISO-Normen vor, die ebenfalls Bestandteil der "Deutschen Einheitsverfahren" sind.

Über die bisher erschienenen Teile dieser Normen gibt die Geschäftsstelle des Normenausschusses Wasserwesen (NAW) im DIN Deutsches Institut für Normung e.V., Telefon (030) 26 01 - 25 49, oder der Beuth Verlag GmbH, 10772 Berlin (Hausanschrift: Burggrafenstr. 6, 10787 Berlin), Auskunft.

Literaturhinweise

Fußmann, G. und Nagel, R. (1997): Laborvergleichsversuch - Embryotest mit dem Zebrabärbling Brachydanio rerio, Forschungs- und Entwicklungsvorhaben des Umweltbundesamtes, Abschlußbericht

Wasserbeschaffenheit

Bestimmung des Kohlenwasserstoff-Index

Teil 1: Verfahren nach Lösemittelextraktion und Gravimetrie
(ISO/DIS 9377-1 : 2000) Deutsche Fassung prEN ISO 9377-1 : 2000

DIN
EN ISO 9377-1

Einsprüche bis 30. Jun 2000

ICS 13.060.50

Water quality – Determination of hydrocarbon oil index – Part 1: Method using solvent extraction and gravimetry
(ISO/DIS 9377-1 : 2000); German version prEN ISO 9377-1 : 2000

Qualité de l'eau – Détermination de l'indice d'hydrocarbure – Partie 1: Méthode par extraction au solvant et gravimétrie
(ISO/DIS 9377-1 : 2000); Version allemande prEN ISO 9377-1 : 2000

Anwendungswarnvermerk

Dieser Norm-Entwurf wird der Öffentlichkeit zur Prüfung und Stellungnahme vorgelegt.

Weil die beabsichtigte Norm von der vorliegenden Fassung abweichen kann, ist die Anwendung dieses Entwurfes besonders zu vereinbaren.

Stellungnahmen werden erbeten an den Normenausschuss Wasserwesen (NAW) im DIN Deutsches Institut für Normung e. V., 10772 Berlin (Hausanschrift: Burggrafenstraße 6, 10787 Berlin).

Nationales Vorwort

Der hiermit der Öffentlichkeit zur Stellungnahme vorgelegte Europäische Norm-Entwurf ist die Deutsche Fassung des vom Technischen Komitee TC 230 "Wasseranalytik" (Sekretariat DIN) des Europäischen Komitees für Normung (CEN) ausgearbeiteten Entwurfes prEN ISO 9377-1, der nach einem positiven Abstimmungsergebnis innerhalb der CEN-Mitglieder als Europäische Norm EN ISO 9377-1 in deutsch, englisch und französisch herausgegeben wird.

Die nationalen Normenorganisationen sind verpflichtet, diese EN dann vollständig und unverändert in ihr nationales Normenwerk zu übernehmen.

Die vorbereitenden Arbeiten wurden von der Arbeitsgruppe "Physikalische und chemische Verfahren" (WG 1) des CEN/TC 230 durchgeführt, deren Federführung beim DIN lag. Für Deutschland war der Arbeitsausschuss NAW I 3 "Wasseruntersuchung" an der Bearbeitung beteiligt.

Nach einer auf Basis der Wiener Vereinbarung durchgeführten Parallelabstimmung in ISO und CEN wird dieses Bestimmungsverfahren als Europäische Norm in das DIN-Normenwerk übernommen.

Die als DIN-Normen veröffentlichten Einheitsverfahren sind beim Beuth Verlag einzeln oder zusammengefasst erhältlich. Außerdem werden die genormten Einheitsverfahren in der Loseblatt-Sammlung "Deutsche Einheitsverfahren zur Wasser-, Abwasser- und Schlammuntersuchung" gemeinsam vom Beuth Verlag GmbH und von dem Wiley-VCH Verlag publiziert. Die für das Wasserhaushaltsgesetz (WHG) und für das Abwasserabgabengesetz (AbwAG) relevanten Einheitsverfahren sind zusammen mit dem WHG und allen bisher erschienenen Abwasserverwaltungsvorschriften als DIN-Taschenbuch (DIN-TAB 230) herausgegeben worden.

Fortsetzung Seite 2
und 7 Seiten prEN

Normenausschuss Wasserwesen (NAW) im DIN Deutsches Institut für Normung e.V.

Ref. Nr. E DIN EN ISO 9377-1 : 2000-05
Preisgr. 07 *Vertr.-Nr. 2307*

Normen oder Norm-Entwürfe mit dem Gruppentitel "Deutsche Einheitsverfahren zur Wasser-, Abwasser- und Schlammuntersuchung" sind in folgende Gebiete (Haupttitel) aufgeteilt:

Allgemeine Angaben (Gruppe A)	(DIN 38402)
Sensorische Verfahren (Gruppe B)	(DIN 38403)
Physikalische und physikalisch-chemische Kenngrößen (Gruppe C)	(DIN 38404)
Anionen (Gruppe D)	(DIN 38405)
Kationen (Gruppe E)	(DIN 38406)
Gemeinsam erfaßbare Stoffgruppen (Gruppe F)	(DIN 38407)
Gasförmige Bestandteile (Gruppe G)	(DIN 38408)
Summarische Wirkungs- und Stoffkenngrößen (Gruppe H)	(DIN 38409)
Biologisch-ökologische Gewässeruntersuchung (Gruppe M)	(DIN 38410)
Mikrobiologische Verfahren (Gruppe K)	(DIN 38411)
Testverfahren mit Wasserorganismen (Gruppe L)	(DIN 38412)
Einzelkomponenten (Gruppe P)	(DIN 38413)
Schlamm und Sedimente (Gruppe S)	(DIN 38414)
Suborganismische Testverfahren (Gruppe T)	(DIN 38415).

Außer den in der Reihe DIN 38402 bis DIN 38415 genormten Untersuchungsverfahren liegen eine Reihe Internationaler und Europäischer Normen als DIN-EN-, DIN-EN-ISO- und DIN-ISO-Normen vor, die ebenfalls Bestandteil der "Deutschen Einheitsverfahren" sind.

Über die bisher erschienenen Teile dieser Normen gibt die Geschäftsstelle des Normenausschusses Wasserwesen (NAW) im DIN Deutsches Institut für Normung e. V., Telefon (030) 26 01 - 25 49, oder der Beuth Verlag GmbH, 10772 Berlin (Hausanschrift: Burggrafenstraße 6, 10787 Berlin), Auskunft.

EUROPÄISCHE NORM
EUROPEAN STANDARD
NORME EUROPÉENNE

ENTWURF
prEN ISO 9377-1

Februar 2000

ICS

Deutsche Fassung

Wasserbeschaffenheit

Bestimmung des Kohlenwasserstoff-Index

Teil 1: Verfahren nach Lösemittelextraktion und Gravimetrie
(ISO/DIS 9377-1 : 2000)

Water quality – Determination of hydrocarbon oil index – Part 1: Method using solvent extraction and gravimetry (ISO/DIS 9377-1 : 2000)

Qualité de l'eau – Détermination de l'indice d'hydrocarbure – Partie 1: Méthode par extraction au solvant et gravimétrie (ISO/DIS 9377-1 : 2000)

Dieser Europäische Norm-Entwurf wird den CEN-Mitgliedern zur CEN Parallel-Umfrage vorgelegt.

Der Text dieses Enwurfs umfasst den Text der ISO.

Wenn aus diesem Norm-Entwurf eine Europäische Norm wird, sind die CEN-Mitglieder gehalten, die CEN/CENELEC-Geschäftsordnung zu erfüllen, in der die Bedingungen festgelegt sind, unter denen dieser Europäischen Norm ohne jede Änderung der Status einer nationalen Norm zu geben ist.

Dieser Europäische Norm-Entwurf wurde von CEN in drei offiziellen Fassungen (Deutsch, Englisch, Französisch) erstellt. Eine Fassung in einer anderen Sprache, die von einem CEN-Mitglied in eigener Verantwortung durch Übersetzung in seine Landessprache gemacht und dem Zentralsekretariat mitgeteilt worden ist, hat den gleichen Status wie die offiziellen Fassungen.

CEN-Mitglieder sind die nationalen Normungsinstitute von Belgien, Dänemark, Deutschland, Finnland, Frankreich, Griechenland, Irland, Island, Italien, Luxemburg, Niederlande, Norwegen, Österreich, Portugal, Schweden, Schweiz, Spanien, der Tschechischen Republik und dem Vereinigten Königreich.

Warnvermerk: Dieses Schriftstück hat noch nicht den Status einer Europäischen Norm. Es wird zur Prüfung und Stellungnahme vorgelegt. Es kann sich noch ohne Ankündigung ändern und darf nicht als Europäische Norm in Bezug genommen werden.

CEN

EUROPÄISCHES KOMITEE FÜR NORMUNG
European Committee for Standardization
Comité Européen de Normalisation

Zentralsekretariat: rue de Stassart 36, B 1050 Brüssel

Inhalt

Vorwort

Der Text der Internationalen Norm vom Technischen Komitee ISO/TC 147 "Water quality" der "International Organization for Standardization" (ISO) wurde als Europäische Norm durch das Technische Komitee CEN/TC 230 "Wasseranalytik" übernommen, dessen Sekretariat vom DIN gehalten wird.

Dieses Dokument ist derzeit zur parallelen Umfrage vorgelegt.

Anerkennungsnotiz

Der Text der Internationalen Norm ISO/DIS 9377-1 : 2000 wurde von CEN ohne irgendeine Abänderung genehmigt.

ANMERKUNG: Die normativen Verweisungen auf internationale Publikationen sind im Anhang ZA (normativ) aufgeführt.

Einleitung

Es ist erforderlich, bei den Untersuchungen nach dieser Norm Fachleute oder Facheinrichtungen einzuschalten.

Bei Anwendung der Norm ist im Einzelfall je nach Aufgabenstellung zu prüfen, ob und inwieweit die Festlegung zusätzlicher Randbedingungen erforderlich ist.

1 Anwendungsbereich

Dieser Teil der ISO 9377 legt ein Verfahren zur Bestimmung des Kohlenwasserstoffindex in Wasser mittels Gravimetrie fest. Das Verfahren ist für alle Wässer geeignet und erlaubt die Bestimmung des Kohlenwasserstoffindex in Konzentrationen oberhalb 5 mg/l. Das Verfahren ist geeignet für die quantitative Bestimmung hochsiedender Kohlenwasserstoffe (z.B. Öle, Schmierstoffe). Die Massenkonzentration an tierischen und pflanzlichen Fetten darf 150 mg/l nicht überschreiten, da bei hohen Gehalten die Absorptionskapazität des Florisil gegebenenfalls nicht ausreicht.

ANMERKUNG : Zur Bestimmung von Mineralöl in Böden und Sediment siehe ISO/TR 11046.

2 Normative Verweisungen

Die folgenden normativen Dokumente enthalten Festlegungen, die durch die Verweisung in diesem Text auch Bestandteil der vorliegenden Internationalen Norm sind. Zum Zeitpunkt der Veröffentlichung dieser Internationalen Norm waren die angegebenen Ausgaben gültig. Alle normativen Dokumente unterliegen der Überarbeitung. Vertragspartner, deren Vereinbarungen auf diesem Teil der ISO 9377 basieren, werden gebeten, die Möglichkeit zu prüfen, ob die jeweils neuesten Ausgaben der im folgenden genannten Normen angewendet werden können. Mitglieder der IEC und ISO führen Verzeichnisse der gegenwärtig gültigen Internationalen Normen.

ISO 5667-3 : 1994
Water quality – Sampling – Part 3: Guidance on the preservation and handling of samples.

3 Störungen

Stoffe, die keine Kohlenwasserstoffe sind, aber an Florisil nicht zurückgehalten werden, stören die Bestimmung. In den meisten Fällen handelt es sich hierbei um halogenierte Kohlenwasserstoffe und andere Stoffe wie Ethoxylate geringer Polarität.

Oberflächenaktive Stoffe können den Extraktionsschritt stören.

4 Definitionen

Für die Zwecke dieser Internationalen Norm gilt folgende Definition:

4.1
Kohlenwasserstoff-Index nach Gravimetrie

Die Summe der mit einem Kohlenwasserstoff oder einer Mischung von Kohlenwasserstoffen extrahierbaren Stoffe, die an Florisil nicht adsorbieren und die gravimetrisch nach Trocknen bei 80 °C bestimmt werden.

ANMERKUNG: Verbindungen, für die diese Definition zutrifft, sind hauptsächlich unpolare, langkettige oder verzweigte alicyclische oder aromatische Kohlenwasserstoffe mit einem Siedepunkt > 250 °C.

5 Grundlage des Verfahrens

Die Wasserprobe wird mit dem Extraktionsmittel extrahiert. Polare Stoffe werden durch Behandlung mit Florisil abgetrennt. Der Rückstand wird gravimetrisch als Kohlenwasserstoffindex bestimmt.

6 Reagenzien

6.1 Allgemeines

Alle Reagenzien müssen vom Reinheitsgrad "zur Analyse" und für die Zwecke dieser Norm geeignet sein. Das Wasser zur Herstellung der Lösungen muß destilliertes oder Wasser vergleichbarer Reinheit sein.

ANMERKUNG : Deionat sollte in manchen Fällen nicht ohne vorangegangene Reinigung eingesetzt werden.

6.2 Extraktionsmittel

Petrolether (vorzugsweise), Siedebereich 40 °C bis 60 °C, oder Kohlenwasserstoff bzw. Kohlenwasserstoff-Mischung, Siedepunkt zwischen 36 °C und 68 °C.

Wird ein anderes Extraktionsmittel verwendet, sind Untersuchungen zur Vergleichbarkeit notwendig.

6.3 Natriumsulfat, wasserfrei, Na_2SO_4

6.4 Magnesiumsulfat-Heptahydrat, $MgSO_4 \cdot 7\ H_2O$

6.5 Mineralsäure, z. B. Salzsäure, *c*(HCl) = 12 mol/l (ρ = 1,19 g/ml)

6.6 Florisil, Korngröße 150 mm bis 250 mm (60 mesh bis 100 mesh), 16 h auf 140 °C erhitzt und im Exsikkator aufbewahrt.

ANMERKUNG: Florisil ist der Handelsname für eine künstliche Kieselerde, hauptsächlich aus Magnesiumsilicat bestehend.

6.7 Testlösung aus Stearyl-stearat, ($C_{36}H_{72}O_2$)

200 mg Stearyl-stearat in 200 ml Extraktionsmittel (6.2) lösen.

Diese Lösung wird verwendet, um die Wirksamkeit des clean-up-Schritts zu prüfen.

Die Lösung ist, im Kühlschrank fest verschlossen aufbewahrt, etwa 6 Monate haltbar.

7 Geräte und Ausrüstung

7.1 Allgemeines

Die Glasgeräte nach den üblichen Verfahren reinigen und die Reinheit prüfen (Blindwertmessung). Wenn nötig, die Glasgeräte mit Extraktionsmittel (6.2) spülen und erneut prüfen.

7.2 Schüttler oder Magnetrührgerät, mit Magnetrührstab, dessen Größe eine gründliche Durchmischung erlaubt.

7.3 Probenahmeflaschen, 250 ml und 1 000 ml, aus Glas, mit Glasschliffstopfen oder mit PTFE-überzogenem Schraubverschluss, (PTFE= Polytetrafluorethen). Die Flasche muss so beschaffen sein, dass sie für eine direkte Extraktion geeignet ist.

7.4 Zentrifuge

7.5 Zentrifugengläser, 100 ml, mit geeignetem (Schraub-)Verschluss

7.6 Scheidetrichter, oder anderes geeignetes Gerät zur Phasentrennung

7.7 Clean-up-Säulen, aus Glas, mit Glasfritte, Porenweite 2

7.8 Becher, 25 ml und 250 ml

7.9 Kuderna-Danish-Gerät, mit 250-ml-Kolben oder eine andere geeignete Konzentriervorrichtung, z. B. Rotationsverdampfer mit kontrollierter Druckminderungseinrichtung.

7.10 Analysenwaage, mit einer Wägegenauigkeit von 0,1 mg.

8 Probenahme und Probenkonservierung

Siehe auch ISO 5667-3.

Die Probenahmeflasche, 1 000 ml, (7.3) wägen (Masse m_2), etwa zu 60 % bis 80 % mit der Wasserprobe füllen, fest verschließen und wägen (m_1). Wird die Probe nicht am gleichen Tag in das Laboratorium gebracht, die Probe vor Ort mit Mineralsäure (6.5) auf etwa pH = 2 einstellen. Die Probe kühl aufbewahren (etwa 4 °C), so bald wie möglich extrahieren und innerhalb von 4 d analysieren.

Sind Emulsionen oder eine Konzentration an tierischem oder pflanzlichem Fett > 150 mg/l zu erwarten, zusätzlich eine kleinere Probe mit einer 250-ml-Flasche entnehmen.

9 Durchführung

9.1 Blindwertuntersuchung

Blindwertuntersuchungen mit jeder Probenserie und unter Berücksichtigung aller Reagenzien und der Glasgeräte in gleicher Weise wie für die Proben vornehmen, dabei 800 ml Wasser (6.1) anstelle der Probe einsetzen. Die Masse (m_B) des Kohlenwasserstoff-Extrakts von den Blindwertuntersuchungen notieren.

9.2 Extraktion

Direkt aus der Probenahmeflasche extrahieren.

Die Wasserprobe mit Mineralsäure auf pH = 2 ansäuern (wenn dies nicht, wie in Abschnitt 8 angegeben, vorgenommen wurde).

Etwa 80 g Magnesiumsulfat (6.4) je 800 ml Wasserprobe zufügen, um Emulsionen zu vermeiden.

ANMERKUNG 1: Die Zugabe von Magnesiumsulfat ist nicht notwendig, wenn bekannt ist, daß Wasserproben ohne Tendenz zur Emulsionsbildung untersucht werden.

ANMERKUNG 2: In Gegenwart höherer Tensidgehalte ist es vorteilhaft, zusätzlich etwas Natriumchlorid (etwa 2 g) zuzufügen, um die Phasentrennung zu erleichtern.

50 ml Extraktionsmittel (6.2) und einen Magnetrührstab zufügen, die Flasche verschließen. Die Flasche von Hand mehrere Male gut schütteln, dabei mehrmals im Abzug Druckausgleich herstellen. Danach wieder verschließen und 30 min auf dem Magnetrührer (7.2) intensiv rühren.

Den Inhalt der Probenahmeflasche in einen Scheidetrichter geben (7.6).

Für die Trennung der Phasen mindestens 30 min vorsehen.

Die wässrige Phase wieder in die Probenahmeflasche geben und die Extraktion mit 50 ml frischem Extraktionsmittel (6.2) wiederholen. Den Inhalt der Probenahmeflasche in den Scheidetrichter geben, die Phasen trennen und die flüssige Phase verwerfen.

10 g Natriumsulfat (6.3) in einen Scheidetrichter geben, diesen mit einigen ml Extraktionsmittel (6.2) spülen und die Lösung verwerfen.

Den Extrakt - jedoch nicht die gesamte organische Phase, um das Volumen des mitgerissenen Wassers klein zu halten - in den Scheidetrichter geben und das Eluat in einem Becher auffangen.

Den Scheidetrichter und das Natriumsulfat mit zwei bis drei kleinen Teilvolumina (3 ml bis 5 ml) Extraktionsmittel (6.2) spülen und wie in 9.3 beschrieben weiter verfahren.

Im Fall stabiler Emulsionen den Extrakt zentrifugieren: Die Extrakt-Phase zusammen mit der Emulsion in ein 100-ml-Zentrifugenglas (7.5) überführen und das Glas verschließen. Die Emulsium brechen durch Zentrifugieren des Extrakts.

ANMERKUNG 3: 10- bis 15-minütiges Zentrifugieren mit etwa 3 000 min^{-1} ist üblicherweise ausreichend.

9.3 Clean-up-Verfahren

Die Extrakt-Phase (9.2) in eine kleine Säule (7.7), gefüllt mit 5 g Florisil (6.6), überschichtet mit 2 g Natriumsulfat (6.3), überführen.

Die Extrakt-Phase durch die Säule in ein geeignetes Konzentriergefäß (siehe 7.9) geben.

Mit etwa 10 ml Extraktionsmittel (6.2) nachspülen.

Die Durchlaufgeschwindigkeit darf 5 ml/min nicht überschreiten.

9.4 Konzentrierungsschritt

Die Extrakt-Phase z. B. in einem Kuderna-Danish-Gerät (7.9) oder einem Rotationsverdampfer auf etwa 2 ml ± 1 ml einengen. Den konzentrierten Extrakt in einen zuvor gewogenen 25-ml-Becher (Masse = m_3) geben. Das Konzentriergefäß dreimal mit je etwa 1,5 ml Extraktionsmittel (6.2) spülen und die Lösungen ebenfalls in den Becher geben. Den Becher in ein Wasserbad setzen und unter dem Abzug das Extraktionsmittel vorsichtig verdampfen lassen.

Den Becher mit Inhalt in einem Ofen 15 min ± 0,5 min auf 80 °C ± 2 °C erhitzen. Den Becher in einem Exsikkator abkühlen lassen und erneut wägen (Masse = m_4).

9.5 Florisil-Eignungsprüfung

Die Eignung des Florisils in regelmäßigen Abständen und jeweils, wenn eine neue Charge an Florisil verwendet wird, prüfen.

Dazu eine Testlösung von Stearyl-stearat (6.7) verwenden.

Den clean-up-Schritt (9.3) mit 10 ml Stearyl-stearat-Lösung (6.7) durchführen, dann mit dem Extraktionsmittel (6.2) auf 25 ml auffüllen. Den Konzentrierungsschritt (9.4) durchführen und wägen.

Das Verhältnis der Stearylstearat-Lösung der mit Florisil behandelten und der unbehandelten Lösung bestimmen; das Verhältnis sollte kleiner als 1 sein. Wenn dies nicht der Fall ist, das Florisil nach 6.6 aktivieren.

Die Wiederfindungsrate des Stearystearats in der unbehandelten Lösung sollte > 90 % sein, Ist dies nicht der Fall, den Verdampfungsschritt kontrollieren.

10 Berechnung und Angabe der Ergebnisse

10.1 Berechnung

Den Kohlenwasserstoffindex nach folgender Gleichung berechnen:

$$\rho = \frac{m_4 m_3 m_B}{m_1 m_2} \cdot d$$

Dabei ist:

ρ die Massenkonzentration des Kohlenwasserstoffindex, in Milligramm je Liter;

m_4 die Masse des Bechers mit Inhalt in Milligramm;

m_3 die Masse des leeren Bechers, in Milligramm;

m_B die Masse aus dem Blindversuch, in Milligramm;

m_1 die Masse der vollen Probenahmeflasche, in Milligramm;

m_2 die Masse der leeren Probenahmeflasche, in Milligramm;

d die Dichte der Wasserprobe, in Milligramm je Liter.

Einen etwaigen Zusatz eines Konservierungsmittels in der Berechnung berücksichtigen

10.2 Angabe der Ergebnisse

Die Massenkonzentration an Mineralöl als Kohlenwasserstoffindex in Milligramm je Liter auf 2 signifikante Stellen angeben.

BEISPIEL : Kohlenwasserstoff-Index 15 mg/l

11 Analysenbericht

Der Analysenbericht muß folgende Einzelheiten enthalten:

a) Hinweis auf diese Internationale Norm;

b) Identität der Wasserprobe;

c) etwaiger Vorbehandlungsschritt, der für das Ergebnis von Bedeutung sein kann;

d) jede Vorkehrung, die in dieser Internationalen Norm nicht spezifiziert worden ist, und die das Ergebnis beeinflusst haben kann.

12 Ringversuchsdaten

Die Daten werden nach Durchführung des Ringversuchs (Januar 2000) eingearbeitet.

Anhang ZA (normativ)

Normative Verweisungen auf internationale Publikationen mit ihren entsprechenden europäischen Publikationen

Diese Europäische Norm enthält durch datierte oder undatierte Verweisungen Festlegungen aus anderen Publikationen. Diese normativen Verweisungen sind an den jeweiligen Stellen im Text zitiert, und die Publikationen sind nachstehend aufgeführt. Bei datierten Verweisungen gehören spätere Änderungen oder Überarbeitungen dieser Publikationen nur zu dieser Europäischen Norm, falls sie durch Änderung oder Überarbeitung eingearbeitet sind. Bei undatierten Verweisungen gilt die letzte Ausgabe der in Bezug genommenen Publikation.

Publikation	Jahr	Titel	EN/HD	Jahr
ISO 5667-3	1994	Water quality – Sampling – Part 3: Guidance on the preservation and handling of samples	EN ISO 5667-3	1995

Bezugsquellen-Nachweis

Abwasseranalysengeräte

Dr. Bruno Lange GmbH & Co. KG
PF 270247
40525 Düsseldorf
Photometer und Küvetten-Tests
zur Wasser- und Abwasseranalyse

MACHEREY-NAGEL GmbH & Co. KG
P. 101352, 52313 Düren, T. 02421/969-0

Abwasseranalysengeräte

Deutsche Metrohm, 70772 Filderstadt

Abwasserbehandlungsanlagen

ENVIRO-CHEMIE GmbH
64380 Roßdorf, Tel. 06154/6998-0, Fax-11

Abwasser-Niveaumeßgeräte

LESA, D-22179 Hamburg
Hegholt 59, Tel. 040/6410041-42
Telefax 040/6411836

Abwasserpumpen

Hidrostal GmbH
Albert-Einstein-Str. 15, 51674 Wiehl
Tel.: 02261/98600, Fax: 02261/986060

Aktivkohle

NORIT Deutschland GmbH
Adlerstraße 54
40211 Düsseldorf
Tel.: 0211/906020
Fax: 0211/161115

Kurt Obermeier GmbH & Co. KG
57305 Bad Berleburg Tel. 02751/524-0

Analysenautomaten

Deutsche Metrohm, 70772 Filderstadt

WTW GmbH, 82362 Weilheim, Tel. 0881/1830

Analysengeräte

Gröger & Obst GmbH
Marienstraße 4, 82335 Berg
Te1.:08151/51003 Fax:08151/51005

AOX-EOX-Bestimmung

Deutsche Metrohm, 70772 Filderstadt

Baugrubenpumpen

Hidrostal GmbH
Albert-Einstein-Str. 15, 51674 Wiehl
Tel.: 02261/98600. Fax: 02261/986060

Bohrspülungsadditive

Stockhausen GmbH & Co. KG,
Postfach 100452
D-47704 Krefeld, Tel.: 02151/38-01
Praestol-Marken, organische
synthetische hochmolekulare
Flockungsmittel
Stokopol-Marken, polymere
synthetische Spülungsadditive

Brauchwasserbehandlung

Degussa-Hüls AG
GB Industriechemikalien
60287 Frankfurt am Main
Telefon: 069/218-2604
Telefax: 069/218-2191

FISCHER technology GmbH
Gewerbepark Buschdorf
Ernst-Robert-Curtius-Str. 27, 53117 Bonn
Tel.: 0228/55960-0, Fax 0228/55960-27

Brunnensanierung

AOUAPLUS, GmbH & Co. KG
96317 Kronach, Fischbach 29
Tel.: 09261/6251-0
Fax:09261/6251-62

BSB5/CSB-Geräte

WTW GmbH, 82362 Weilheim, Tel. 0881/1830

Chemiepumpen

PHILIPP HILGE GMBH
Pumpenfabrik seit 1862, 55292 Bodenheim
Tel. (06135)750, Fax (06135)1737

Sterling SIHI GmbH
Lindenstr. 170, 25524 Itzehoe
Tel. 04821/771-01 , Fax 04821/771-274

Chemikalien zur Wasser- und Abwasserbehandlung

Chemische Fabrik Budenheim
Rudolf A. Oetker, D-55253 Budenheim
Tel. 06139/890 Fax 06139/89264

Degussa-Hüls AG
GB Industriechemikalien
60287 Frankfurt am Main
Telefon: 069/218-2604
Telefax: 069/218-2191

Sidra Wasserchemie GmbH
49479 Ibbenbüren, Tel.: 05459/54-0
06749 Bitterfeld, Tel.: 03493/7575-0
www.sidra.de, E-Mail:

Chlor

Kurt Obermeier GmbH & Co. KG
57305 Bad Berleburg Tel. 02751/524-0

Chlorbestimmungsgeräte

SWAN Analytische Instrumente GmbH
Ralf Rochelmeyer Gewerbegebiet Süd Nr. 4
D-98716 Geschwenda
Tel. 036205/9 00 13
Fax 036205/9 10 30

CSB-Apparaturen

Deutsche Metrohm, 70772 Filderstadt

CSB-Meßplätze

MACHEREY-NAGEL GmbH & Co. KG
P. 101352, 52313 Düren, T. 02421/969-0

WTW GmbH, 82362 Weilheim, Tel. 0881/1830

Desinfektionsmittel auf Persauerstoff-Basis

Degussa-Hüls AG
GB Industriechemikalien
60287 Frankfurt am Main
Telefon: 069/218-2604
Telefax: 069/218-2191

Dickstoffpumpen

Hidrostal GmbH
Albert-Einstein-Str. 15, 51674 Wiehl
Tel.: 02261/98600, Fax: 02261/986060

Dosieranlagen

LANG Apparatebau GmbH
83313 Siegsdorf

Dosierpumpen

LANG Apparatebau GmbH
83313 Siegsdorf
Dosiersteuerungen

Dosiersteuerungen

Ciba Spezialitätenchemie
Lampertheim GmbH
Water Treatments, Vertrieb Deutschland
Chemiestraße, 68623 Lampertheim
Tel.: 06206/15-3311 , Fax: 06206/15-3388

Durchflußmesser

KROHNE
Messtechnik GmbH & Co. KG
Postfach 10 08 62
47008 Duisburg
Telefon: 0203/301-0
Telefax: 0203/301-389
email: info-wasser@krohne.de

Durchflußmeßgeräte

A. KIRCHNER & TOCHTER GMBH
Gas- u. Flüssigkeitsmesser
47228 Duisburg, Dieselstr. 17
Tel.: 02065/63141 , Fax: -60813

Durchflußwächter

A. KIRCHNER & TOCHTER GMBH
Gas- u. Flüssigkeitsmesser
47228 Duisburg, Dieselstr. 17
Tel.: 02065/63141 , Fax: -60813

Düsen

JATO - Düsenbau AG, CH-6015 Reussbühl
Tel. 041-260-04 55, Fax 041-260-6358

Entschäumer

Kurt Obermeier GmbH & Co. KG
57305 Bad Berleburg Tel. 02751/524-0
Fabrikations-, Kreislauf- und
Kühlwasseraufbereitung

Fabrikations-, Kreislauf- und Kühlwasseraufbereitung

Degussa-Hüls AG
GB Industriechemikalien
60287 Frankfurt am Main
Telefon: 069/218-2604
Telefax: 069/218-2191

Fällungs- und Flockungsmittel

Ciba Spezialitätenchemie
Lampertheim GmbH
Water Treatments, Vertrieb Deutschland
Chemiestraße, 68623 Lampertheim
Tel.: 06206/15-3311 , Fax: 06206/15-3388

Filterdüsen

KLEEMEIER, SCHEWE + Co. KSH GMBH
Daimlerstr. 7, 32051 Herford
Telefon 05221-9346-0 Fax 49/5221-32656

Filterkies

Westdeutsche Ouarzwerke
Dr. Müller GmbH, 46256 Dorsten
Tel. 02362/2005-0, Fax 2005-99
Quarzwerke Ottendorf-Okrilla GmbH
01458 Ottendorf-Okrilla
Tel. 035205/527-0, Fax: 527-12

Filterkohle

Westdeutsche Ouarzwerke
Dr. Müller GmbH, 46256 Dorsten
Tel. 02362/2005-0, Fax 2005-99
Quarzwerke Ottendorf-Okrilla GmbH
01458 Ottendorf-Okrilla
Tel. 035205/527-0, Fax 527-12

Filtermedien

MACHEREY-NAGEL GmbH & Co. KG
P. 101352, 52313 Düren, T. 02421/969-0

Filtersand

Westdeutsche Ouarzwerke
Dr. Müller GmbH, 46256 Dorsten
Tel. 02362/2005-0, Fax 2005-99
Quarzwerke Ottendorf-Okrilla GmbH
01458 Ottendorf-Okrilla
Tel. 035205/527-0, Fax 527-12

Flockungshilfsmittel

Ciba Spezialitätenchemie
Lampertheim GmbH
Water Treatments, Vertrieb Deutschland
Chemiestraße, 68623 Lampertheim
Tel.: 06206/15-3311 , Fax: 06206/15-3388

SACHTLEBEN CHEMIE GmbH
Wasserchemie
Postfach 170454, 47184 Duisburg
Tel. 02066-222685, Fax 02066-222661
E-mail: hwacker@sachtleben.de

Stockhausen GmbH & Co. KG,
Postfach 100452
D-47704 Krefeld, Tel.: 02151/38-01
Praestol-Marken, organische
synthetische hochmolekulare
Flockungsmittel
Stokopol-Marken, polymere,
synthetische Spülungsadditive

Flockungsmittel

SACHTLEBEN CHEMIE GmbH
Wasserchemie
Postfach 170454, 47184 Duisburg
Tel. 02066-222685, Fax 02066-222661
E-mail: hwacker@sachtleben.de

Stockhausen GmbH & Co. KG,
Postfach 100452
D-47704 Krefeld, Tel.: 02151/38 01
Praestol-Marken, organische
synthetische hochmolekulare
Flockungsmittel
Stokopol-Marken, polymere,
synthetische Spülungsadditive

Füllstandsmeßgeräte

KROHNE
Messtechnik GmbH & Co. KG
Postfach 10 08 62
47008 Duisburg
Telefon: 0203/301-0
Telefax: 0203/301-389
email: info-wasser@krohne.de

LESA, D-22179 Hamburg
Hegholt 59, Tel. 040/6410041-42
Telefax 040/6411 836

Ionenaustauscher

Kurt Obermeier GmbH & Co. KG
57305 Bad Berleburg Tel. 02751/524-0
Kesselspeisewasserbehandlung

Kesselspeisewasserbehandlung

Chemische Fabrik Budenheim
Rudolf A. Oetker, D-55253 Budenheim
Tel. 06139/890 Fax 06139/89264

Klärschlammkonditionierung

Ciba Spezialitätenchemie
Lampertheim GmbH
Water Treatments, Vertrieb Deutschland
Chemiestraße, 68623 Lampertheim
Tel.: 06206/15-3311 , Fax: 06206/15-3388

Sidra Wasserchemie GmbH
49479 Ibbenbüren, Tel.: 05459/54-0
06749 Bitterfeld, Tel.: 03493/7575-0
www.sidra.de, E-Mail: info@sidra.de

Kohlensäure C02-Verfahren, Anlagen, Geräte

TV Kohlensäure
Technik und Vertrieb GmbH + Co.
Postfach 211406, 67063 Ludwigshafen
Tel. (0621)69001-0
Fax: (0621)69001-23
www.tv-co2.de

Kreiselpumpen

PHILIPP HILGE GMBH
Pumpenfabrik seit 1862, 55292 Bodenheim
Tel. (06135)750, Fax (06135) 1737

Sterling SIHI GmbH
Lindenstr. 170, 25524 Itzehoe
Tel. 04821/771-01, Fax 04821/771-274

Kühlwasserbehandlung

Chemische Fabrik Budenheim
Rudolf A. Oetker, D-55253 Budenheim
Tel. 06139/890 Fax 06139/89264

Laboreinrichtungen

JÜRGENS LABORBAU GMBH
Postfach 450208, 28296 Bremen
Tel. (0421)43840-0

Leitfähigkeitsmeßgeräte

SWAN Analytische Instrumente GmbH
Ralf Rochelmeyer Gewerbegebiet Süd Nr. 4
D-98716 Geschwenda
Tel. 036205/90013
Fax 036205/91030

WTW GmbH, 82362 Weilheim, Tel. 0881/1830

Leitfähigkeits-Messung

WTW GmbH, 82362 Weilheim, Tel. 0881/1830

Leitfähigkeitsmeß- und -regelgeräte

LANG Apparatebau GmbH
83313 Siegsdorf

Leuchtbakterientest

Dr. Bruno Lange GmbH & Co. KG
PF 270247
40525 Düsseldorf
Photometer und Küvetten-Tests
zur Wasser- und Abwasseranalyse

Niveauregelanlagen

LESA, D-22179 Hamburg
Hegholt 59, Tel. 040/6410041-42
Telefax 040/6411836

0_2-Messgeräte

WTW GmbH, 82362 Weilheim, Tel. 0881/1830

Ölwehrtechnik

Hydrotechnik Lübeck GmbH
Grootkoppel 33, 23566 Lübeck
Tel.: 0451/65175, Fax: 0451/623744
E-mail: hydrotechnik@edvs.de

Ozongeneratoren

Anseros, Klaus Nonnenmacher GmbH
Dischingerweg 11, D-72070 Tübingen
Tel. 07071/79950, Fax 07071/799595
e-mail address anseros@aol.com

FISCHER technology gmbh
Gewerbepark Buschdorf
Ernst-Robert-Curtius-Str. 27, 53117 Bonn
Tel.: 0228/55960-0, Fax 0228/55960-27

Sander-Elektroapparatebau
Am Osterberg 22, D-31311 Uetze-Eltze
T. 05173/9710 Fax 05173/971197
Ozonisatoren für Labor und Industrie

Ozon-Prozeßanalysatoren zur kontinuierlichen Messung von Ozon in der Gas- u. Wasserphase

Anseros, Klaus Nonnenmacher GmbH
Dischingerweg 11, D-72070 Tübingen
Tel. 07071/79950, Fax 07071/799595
e-mail address anseros@aol.com

FISCHER technology gmbh
Gewerbepark Buschdorf
Ernst-Robert-Curtius-Str. 27, 53117 Bonn
Tel.: 0228/55960-0, Fax 0228/55960-27

Peressigsäure

Degussa-Hüls AG
GB Industriechemikalien
60287 Frankfurt am Main
Telefon: 069/218-2604
Telefax: 069/218/2191

pH-Elektroden

SWAN Analytische Instrumente GmbH
Ralf Rochelmeyer Gewerbegebiet Süd Nr. 4
D-98716 Geschwenda
Tel. 036205/9 00 13
Fax 036205/9 10 30

pH-Meßgeräte

SWAN Analytische Instrumente GmbH
Ralf Rochelmeyer Gewerbegebiet Süd Nr. 4
D-98716 Geschwenda
Tel. 036205/9 00 13
Fax 036205/9 10 30

pH-Meß- und Regelgeräte

LANG Apparatebau GmbH
83313 Siegsdorf

SWAN Analytische Instrumente GmbH
Ralf Rochelmeyer Gewerbegebiet Süd Nr. 4
D-98716 Geschwenda
Tel. 036205/9 00 13
Fax 036205/9 10 30

pH-Meter

WTW GmbH, 82362 Weilheim, Tel. 0881/1830

Phosphate

Chemische Fabrik Budenheim
Rudolf A. Oetker, D-55253 Budenheim
Tel. 06139/890 Fax 06139/89264

Phosphatfällmittel

Ciba Spezialitätenchemie
Lampertheim GmbH
Water Treatments, Vertrieb Deutschland
Chemiestraße, 68623 Lampertheim
Tel.: 06206/15-3311 , Fax: 06206/15-3388

SACHTLEBEN CHEMIE GmbH
Wasserchemie
Postfach 170454, 47184 Duisburg
Tel. 02066-222685 Fax 02066-222661
E-mail: hwacker@sachtleben.de

Photometer

Dr. Bruno Lange GmbH & Co. KG
PF 270247
40525 Düsseldorf
Photometer und Küvetten-Tests
zur Wasser- und Abwasseranalyse

WTW GmbH, 82362 Weilheim, Tel. 0881/1830

Photometrische Wasseranalyse

MACHEREY-NAGEL GmbH & Co. KG
P. 101352, 52313 Düren, T. 02421/969-0

Polyaluminiumchlorid

SACHTLEBEN CHEMIE GmbH
Wasserchemie
Postfach 170454, 47184 Duisburg
Tel. 02066-222685 Fax 02066-222661
E-mail: hwacker@sachtleben.de

Pumpen

Hidrostal GmbH
Albert-Einstein-Str. 15, 51674 Wiehl
Tel.: 02261/98600. Fax: 02261/986060

Pumpen für aggressive Medien

Sterling SIHI GmbH
Lindenstr. 170, 25524 Itzehoe
Tel. 04821/771-01 , Fax 04821/771-274

Pumpen, wellendichtungslose

Sterling SIHI GmbH
Lindenstr. 170, 25524 Itzehoe
Tel. 04821/771-01, Fax 04821/771-274

Pumpensteuerungen

LESA, D-22179 Hamburg
Hegholt 59, Tel. 040/6410041-42
Telefax 040/6411836

Quarzkies

Westdeutsche Ouarzwerke
Dr. Müller GmbH, 46256 Dorsten
Tel. 02362/2005-0, Fax 2005-99
Quarzwerke Ottendorf-Okrilla GmbH
01458 Ottendorf-Okrilla
Tel. 035205/527-0 Fax 527-12

Quarzsand

Westdeutsche Ouarzwerke
Dr. Müller GmbH, 46256 Dorsten
Tel. 02362/2005-0, Fax 2005-99
Quarzwerke Ottendorf-Okrilla GmbH
01458 Ottendorf-Okrilla
Tel. 035205/527-0, Fax 527-12

Redoxmeßgeräte

SWAN Analytische Instrumente GmbH
Ralf Rochelmeyer Gewerbegebiet Süd Nr. 4
D-98716 Geschwenda
Tel. 036205/9 00 13
Fax 036205/9 10 30

Regeneriersalz für Wasserenthärtungsanlagen

Akzo Nobel Salz GmbH
Verkaufsbüro Hamburg
Am Sandtorkai 71
20457 Hamburg
Tel.: 040/3697700
Fax: 040/36977020

Sauerstoffmeßgeräte

SWAN Analytische Instrumente GmbH
Ralf Rochelmeyer Gewerbegebiet Süd Nr. 4
D-98716 Geschwenda
Tel. 036205/9 00 13
Fax 036205/9 10 30

WTW GmbH, 82362 Weilheim, Tel. 0881/1830

Schlammentwässerungshilfsmittel

Ciba Spezialitätenchemie
Lampertheim GmbH
Water Treatments, Vertrieb Deutschland
Chemiestraße, 68623 Lampertheim
Tel.: 06206/15-3311 , Fax: 06206/15-3388

SACHTLEBEN CHEMIE GmbH
Wasserchemie
Postfach 170454, 47184 Duisburg
Tel. 02066-222685 Fax 02066-222661
E-mail: hwacker@sachtleben.de

Schlammpumpen

Hidrostal GmbH
Albert-Einstein-Str. 15, 51674 Wiehl
Tel.: 02261/98600, Fax: 02261/986060

Schlammspiegelmeßgeräte

KROHNE
Messtechnik GmbH & Co. KG
Postfach 100862
47008 Duisburg
Telefon: 0203/301-0
Telefax: 0203/301-389
email: info-wasser@krohne.de

Schmutzwasserpumpen

Hidrostal GmbH
Albert-Einstein-Str. 15, 51674 Wiehl
Tel.: 02261/98600, Fax: 02261/986060

Schwermetallfällungsmittel

Degussa-Hüls AG
GB Industriechemikalien
60287 Frankfurt am Main
Telefon: 069/218-2604
Telefax: 069/218-3839

Schwimmende Tauchwände

Hydrotechnik Lübeck GmbH
Grootkoppel 33, 23566 Lübeck
Tel.: 0451/6 51 75, Fax: 0451/62 37 44
E-mail: hydrotechnik@edvs.de

Silikate

VAN BAERLE & CO., 64579 Gernsheim
Mainzer Str. 35, Tel.: 06258/940-0

Tauchpumpen

Hidrostal GmbH
Albert-Einstein-Str. 15, 51674 Wiehl
Tel.: 02261/98600, Fax: 02261/986060

PHILIPP HILGE GMBH
Pumpenfabrik seit 1862, 55292 Bodenheim
Tel. (06135)750, Fax (06135)1737

Testpapiere

MACHEREY-NAGEL GmbH & Co. KG
P. 101352, 52313 Düren, T. 02421/969-0

TOC-Analysatoren

Gröger & Obst GmbH
Marienstraße 4, 82335 Berg
Tel.: 08151/51003 Fax: 08151/51005

Trinkwasserbehandlung

Chemische Fabrik Budenheim
Rudolf A. Oetker, D-55253 Budenheim
Tel. 06139/890 Fax 06139/89264

Unterwasser-Farbfernseh-Untersuchung von Brunnen

AOUAPLUS, GmbH & Co. KG
96317 Kronach, Fischbach 29
Tel.: 09261/6251-0
Fax: 09261/6251-62

Vakuumpumpen

Sterling SIHI GmbH
Lindenstr. 170, 25524 Itzehoe
Tel. 04821/771-01, Fax 04821/771-274

Wasser- und Abwasseranalyse, Geräte und Schnellteste

MACHEREY-NAGEL GmbH & Co. KG
P. 101352, 52313 Düren, T. 02421/969-0

Wasseraufbereitung

CHRIST

Christ GmbH
Mittlerer Pfad 9, 70499 Stuttgart
Tel.: 0711/887160 Fax: 0711/8871677
e-mail: http://www.christ.ch

Wasserbehandlung

Chemische Fabrik Budenheim
Rudolf A. Oetker, D-55253 Budenheim
Tel. 06139/890 Fax 06139/89264

Wasserglas

VAN BAERLE & CO., 64579 Gernsheim
Mainzer Str. 35, Tel.: 06258/940-0

Zentrifugalpumpen

Hidrostal GmbH
Albert-Einstein-Str. 15, 51674 Wiehl
Tel.: 02261/98600, Fax: 02261/986060

Sterling SIHI GmbH
Lindenstr. 170, 25524 Itzehoe
Tel. 04821/771-01 , Fax 04821/771-274

Zerstäubungsdüsen

JATO - Düsenbau AG, CH-6015 Reussbühl
Tel. 041-260-0455, Fax 041-260-6358